炼油装置操作指南丛书

加氢裂化装置操作指南

(第二版)

李立权　孙建怀　编著

中国石化出版社

内 容 提 要

本书全面介绍了加氢裂化的基本知识，详述了加氢裂化工艺过程，对加氢裂化所涉及的实际问题进行了详细分析。全书涵盖加氢裂化的发展状况、原料和产品、催化剂和化学反应、工艺流程、操作调节、主要设备及防护、开停工操作、安全、事故分析与处理等内容。

本书理论与实际相结合，对生产装置操作、维护及事故处理有一定指导作用，可供炼油行业从事科研、教育、设计、生产及管理的人士阅读和参考，并可作为操作工人和技术人员的培训教材。

图书在版编目（CIP）数据

加氢裂化装置操作指南/李立权，孙建怀编著．—2版．—北京：中国石化出版社，2016.1（2025.2重印）
（炼油装置操作指南丛书）
ISBN 978-7-5114-3693-1

Ⅰ.①加… Ⅱ.①李… ②孙… Ⅲ.①石油炼制-加氢裂化-指南 Ⅳ.①TE624.4-62

中国版本图书馆CIP数据核字（2015）第304626号

中国石化出版社出版发行
地址：北京市东城区安定门外大街58号
邮编：100011　电话：(010)57512500
发行部电话：(010)57512575
http://www.sinopec-press.com
E-mail:press@sinopec.com
北京捷迅佳彩印刷有限公司印刷
全国各地新华书店经销
*
787毫米×1092毫米 16开本 25印张 630千字
2016年1月第2版　2025年2月第3次印刷
定价：68.00元

再版说明

2005年本书第一版出版时，中国石化运行10套加氢裂化装置，目前有20余套加氢裂化装置在运行；中国海油、兵器工业部、延长集团、中化集团、腾龙集团没有加氢裂化的企业，也投产了10余套加氢裂化装置；中国石化金陵分公司、中国石化扬子分公司等企业投产了第二套加氢裂化装置；神华集团投产了煤加氢裂化(煤直接液化)装置；延长集团投产了煤、油共炼的悬浮床加氢裂化装置；神驰集团沸腾床渣油加氢裂化装置在投产中。截至到2015年6月，中国石化、中国石油、中国海油、兵器工业部、延长集团、中金集团、恒力石化、盛宏集团、宝塔集团等企业规划建设的蜡油加氢裂化装置还有20余套；中国石化镇海分公司、中国石化茂名分公司等企业规划建设第三套加氢裂化装置；中国石化长岭分公司、中国石化安庆分公司、恒力石化等企业规划建设柴油加氢裂化装置；恒力石化、盛宏集团、中国石化镇海分公司等企业规划建设沸腾床渣油加氢裂化装置；中国石化茂名分公司、中科诚毅等企业规划建设悬浮床渣油加氢裂化装置。加氢裂化装置已从炼油企业的稀缺配置变成标准配置；中国将建成多种世界最大加氢裂化装置：7.5Mt/a蜡油加氢裂化装置、6.5Mt/a柴油加氢裂化装置和6.35Mt/a(高转化率)沸腾床加氢裂化装置；多种新型加氢裂化技术，如SSRS、SHEER等在中国首次工业化。本书结合以上特点，对第一版加氢裂化装置操作指南进行了补充和完善。

目前国内加氢裂化装置操作规程日趋完善和固化，新的单项技术、新的操作规程也在实践中得到应用，为此第二版补充、完善、调整和增加了相关的操作指南；第二版也适度压减了部分理论性表述。希望这些补充、完善、调整和增加对生产操作、科研、设计、高校及培训有所帮助。

目　录

第一章 概 述

1.1 加氢技术的定义、任务和发展

1.1.1 加氢技术的定义

加氢技术是指原料在氢压和催化剂条件下，通过加氢反应和(或)加氢裂化反应达到产品要求的一类工艺技术总称[1~2]。其特点为：一是必须有催化剂，因此，以氢作为稀释剂用于生产乙烯、丙烯的加氢裂解不属于此列[3~4]；二是必须以加氢反应为主，故以脱氢反应为主的催化重整亦不归属加氢技术。

一般来说，使用温度在600℃以上所进行的过程称为裂解；使用温度在600℃以下所进行的过程则称为裂化。由于石油炼制工业中加氢过程所使用的最大温度约500℃，所以人们以加氢裂化相称，而石油化学工业所使用的温度一般800~900℃，人们称为加氢裂解[4]。

1.1.2 加氢技术的任务

加氢技术的主要任务是改变原料化学组成、脱除杂质、改善产品质量、油(馏分油、渣油及页岩油)及煤的轻质化。

1.1.3 加氢技术的发展

18世纪70年代，BERTHELOT用新生态氢气在高氢压、260℃下转化烟煤为可馏出油品，突破了煤和石油的天然界限。

1910~1913年，BERGIUS在BERTHLOT工作的基础上，在高氢压及高温度下，用分子氢转化石油重油或煤为氢饱和的气体和馏分油，实现用高压加氢解决煤炭或石油氢含量的不足。

1924年巴地茹苯胺和碱制造公司发明抗硫催化剂，划分加工流程为液相加氢及气相加氢两大阶段，打开了加氢过程工业化的大门。

1926年德国为了从本国煤中稳定地获取液体燃料，实现了煤糊悬浮床液相加氢的工业化，生产汽油、中馏分油和重油。

1931年以硫化钨为催化剂的气相加氢工业化，脱除了中馏分油中的硫、氮化合物。

1937年以硫化钨-HF活化白土为催化剂，在压力22MPa、温度400~420℃、空速0.64h^{-1}条件下，将精制后的中馏分油转化为汽油和柴油的加氢裂化技术的工业化，构成了完整的老式的三段加氢技术。

1942年采用硫化钨-硫化镍-氧化铝催化剂的加氢裂化技术的工业化，完善了三段加氢技术的第三段，并在德国得到广泛的利用。仅第二次世界大战期间，在德国本土及捷克建设了12个加氢工厂，年生产能力4.0Mt/a，生产的大量航空燃料，成为希特勒侵略战争的重要物资。

这一时期的加氢称为古典加氢[1,5]。

1945年后，由于中东原油的大量开采，新的更为经济的、采用高效分子筛催化剂的流化催化裂化技术的应用以及经济效益因素等原因，使得人们对反应压力高、空速低、消耗氢

气多的煤及焦油高压加氢生产液体燃料失去了兴趣，导致了煤及焦油加氢过程发展的停止。但是在为了满足市场对高辛烷值汽油需求的情况下，催化重整得到极大发展，副产出大量氢气，为加氢技术工业应用的发展提供了新的机会。这一时期的新建装置主要为煤油、柴油二次加工的汽油、柴油、石蜡、润滑油基础油、催化原料油的加氢处理或加氢精制等。

1951 年我国恢复建设抚顺石油三厂[5]，用加氢裂化生产汽油和灯油。相继开发建立了煤焦油悬浮床反应器液相加氢裂化及煤焦油、页岩油气相预加氢及加氢裂化。

1959 年采用悬浮床反应器加工>325℃煤焦油。煤焦油加氢工业数据见表 1-1。

表 1-1 煤焦油加氢工业数据[5]

催化剂	MoO_3/半焦		催化剂	MoO_3/半焦	
反应条件	高压	中压	氢油体积比	930~990	1000
压力/MPa	20	7	催化剂加入量/%	0.5	
温度/℃	480~486	440~460	反应器入口固体/%	9.0	
空速/h^{-1}	0.8	0.59	沥青转化率/%	84	55.9
循环氢纯度/%	70	68~70	重油转化率/%	58	36.6

1959 年加利福尼亚研究公司(CRC)宣布发明异构裂化(ISOCRACKING)技术，并在加州美孚石油公司的里奇蒙炼油厂建立了 0.048Mt·a^{-1}的两段工业试验装置[1]。

1960 年环球油品公司(UOP)宣布发明最大轻油加氢裂化(LOMAX HYDROCRACKING)技术，并于 1961 年美国鲍威林石油公司的加州洛杉矶炼油厂建成了 0.11Mt·a^{-1}的两段工业装置[1]。

60 年代是加氢裂化工艺过程得到较大发展的时期，多采用两段工艺流程、贵金属无定形硅铝或非贵金属晶型硅铝载体催化剂，在较高压力下操作，以生产美国急需的汽油，并满足车用汽油提高辛烷值的要求[5~6]。

1963 年首套沸腾床渣油加氢裂化装置投产。

1966 年在“飞机、炸弹加坦克”(喷气燃料、重石脑油加低凝柴油)任务的指导下，我国依靠自己能力，在大庆建设了 0.4Mt·a^{-1}生产优质喷气燃料和柴油的加氢裂化装置，是世界上少数几个依靠自身力量开发加氢裂化技术，建设加氢裂化装置的国家之一[5]。

1969 年 IFP 开发的一段加氢裂化生产润滑油基础油技术在西班牙普伟托利亚诺炼油厂 0.15Mt·a^{-1}润滑油加氢裂化装置实现工业应用；同年 Chevron 开发的两段加氢裂化生产润滑油基础油技术在日本千叶炼油厂 0.525Mt·a^{-1}润滑油加氢裂化装置实现工业应用。

1977 年 BP 开发的催化脱蜡生产润滑油基础油技术在美国贝敦炼油厂 0.096Mt·a^{-1}润滑油催化脱蜡装置实现工业应用。

70 年代，优质喷气燃料和柴油的需求量逐年增加，而催化裂化质量差、数量少，促进了加氢裂化在生产中间馏分油的同时兼顾生产汽油，所加工的原料也逐渐以减压馏分油为主。

1981 年 Mobil 开发的选择性脱蜡生产润滑油基础油技术在澳大利亚 Adelaide 炼油厂 0.0768Mt·a^{-1}MLDW 装置实现工业应用。

1982 年 IFP 开发了中压加氢裂化技术，并在日本矿业株式会社知多炼油厂建设了 1.0Mt·a^{-1}中压加氢裂化装置，该装置的投产开启了中压加氢裂化技术的发展。

1986 年中国石化也开发了中压加氢裂化技术(MPHC)，并在中国石化荆门分公司投产。

1989 年中国石化开发了缓和加氢裂化技术(MHC)，并在中国石化齐鲁分公司投产，用于生产乙烯裂解料。

80 年代加氢裂化技术发展的趋势，除生产中间馏分油外，就是把富含烷烃的加氢裂化未转化油作催化裂化原料、生产乙烯的裂解料或生产高黏度指数的润滑油基础油。

但是在美国，由于火车用蒸汽机由柴油机替代，天然气的广泛应用以及海上运输战争物资的大量减少，导致重质油过剩。加之发展催化裂化带来的劣质循环油，要求发展一种技术来转化这些大量的重的劣质油为市场急需的轻油，近代加氢裂化技术应运而生[5~6]。

1993 年中国石化在镇海分公司投产了 0.8Mt · a^{-1} 加氢裂化装置，引领了中国加氢裂化技术的发展[7]。

1993 年 Chevron 开发的异构脱蜡生产润滑油基础油技术在美国 Richmond 炼油厂 0.8Mt · a^{-1}IDW 装置实现工业应用，成功生产出 API 第Ⅱ/Ⅲ类基础油。

1995 年中国石油克拉玛依分公司成功投产了 0.3Mt · a^{-1} 润滑油临氢降凝装置，生产出 60DN、300DN 中性基础油[8]。

1997 年中国石化开发了中压加氢改质技术(MHUG)，并在中国石化燕山分公司投产，该 1.0Mt · a^{-1}MHUG 装置用于生产煤油和柴油[9]。

1998 年中国石油吉林分公司成功投产了 0.2Mt · a^{-1}MCI 装置，该装置主要生产柴油[10]。

2004 年中国石油在抚顺分公司进行了 0.05Mt · a^{-1} 悬浮床加氢裂化工业示范装置运行，进行了三次工业试验[11]。

2005 年 Eni 公司进行了 0.06Mt · a^{-1} 的渣油加氢裂化技术(EST)工业示范装置运转；2007 年，基本完成了工业示范装置试验数据的收集工作[12]。

2007 年 UOP 获得 Canmet 技术，并将 Canmet 工艺与 UOP 的 Unionfining 和 Unicracking 工艺整合形成了 UOP Uniflex 技术，在加拿大 Montreal 炼油厂开展了 0.25Mt · a^{-1} 工业示范装置运行[12]。

2015 年中国石化开发的渣油加氢裂化技术(STRONG)，在金陵分公司开展了 0.05Mt · a^{-1} 工业示范装置运行。

1.2 加氢技术命名及分类

1.2.1 加氢技术命名[7]

1）根据加工原料不同进行命名：碳四加氢、碳五加氢、直馏汽油加氢、焦化汽油加氢、直馏柴油加氢、催化柴油加氢、焦化柴油加氢、蜡油加氢、常压渣油加氢、减压渣油加氢、汽柴油加氢、焦化全馏分油加氢、重整抽余油等。

2）根据所得目的产品不同进行命名：润滑油加氢、石蜡加氢、地蜡加氢、微晶蜡加氢、凡士林加氢、白油加氢、无味煤油加氢、铝轧油加氢、苯加氢等。

3）根据反应机理不同进行命名：加氢脱金属、丁二烯选择性加氢、喷气燃料加氢脱硫醇、柴油加氢脱芳、柴油加氢精制、蜡油加氢处理、蜡油加氢裂化、常压渣油加氢转化、减压渣油加氢脱硫、润滑油加氢脱酸、润滑油催化脱蜡(临氢择形裂化、临氢降凝、异构脱蜡)、蜡异构化、催化柴油加氢改质、加氢脱色[1]等。

4) 根据操作压力不同进行命名：馏分油高压加氢裂化、馏分油中压加氢裂化、馏分油高压加氢处理、馏分油中压加氢处理、喷气燃料低压加氢脱硫、润滑油高压加氢补充精制、催化柴油中压加氢改质等。

5) 根据反应苛刻度不同进行命名：石脑油加氢处理、柴油加氢精制、馏分油加氢裂化、馏分油缓和加氢裂化、减压渣油加氢转化等。

6) 根据反应器床型不同进行命名：馏分油固定床加氢处理、常压渣油沸腾床加氢裂化、减压渣油悬浮床加氢裂化、减压渣油移动床加氢转化等。

7) 根据工艺流程不同进行命名：单段一次通过加氢裂化、单段中油循环加氢裂化、单段尾油循环加氢裂化、两段加氢裂化、三段加氢工艺等。

8) 根据专有技术拥有者不同产生了许多商业名称：Chevron 公司的 Isocracking、RDS、VRDS、OCR-RDS、IDW、OCR、UFR；IFP 的 HYVAHL-F、HYVAHL-S、HYVAHL-M、Hydrocracking、Prime G、Prime G+、Arofing；UOP (包括 Unocal) 公司的 Unicracking、MDDW、Unicracking/HDS、RCD-unibon、MQD；Shell 公司的 Shell HDS、XHVI、Hycon；Guif 公司的 GUIF-Ⅰ、GUIF-Ⅱ、GUIF-Ⅲ；CDtech 公司的 CDHDS；Mobil 公司的 MLDW、MSDW、MWI；ExxonMobil 公司的 SCANFing；Columet 公司的 Hydrocal Ⅱ；HRI/OXY 的 H-Oil；Exxon 公司的 Residfining；Lummus/OXY/Amoco 公司的 LC-fining；Mobil/Kellogg/Akzo/Fina 公司的 MAKFing CFI、MAKFing MDDW、MAKFing MIDW、MAKFing HDAr、MAKFing HDC-MPHC；Lyondell 公司的 H-H、Duotreat；BP 公司的 Autofining、Ferrofing；FRIPP 的 MCI、OCT-M、OTA；RIPP 的 RICH、RIDOS、RHSS 等。

1.2.2 加氢技术分类

为了便于比较、评价和统一，很多组织、个人都试图对加氢技术进行分类，典型的几种分类方法如下[5]：

1) 20 世纪 60 年代 API 组织对多个炼油厂调查后，将加氢过程划分为：

(1) 加氢处理(记为 HT-Hydrotreating) 烃类在氢压和催化剂存在下，原料油的相对分子质量不降低、原料油分子重排程度很少的加氢过程；

(2) 加氢精制(记为 HF-Hydrorefining) 烃类在氢压和催化剂存在下，≤10%的原料油转化为产品分子小于原料分子的加氢过程；

(3) 加氢裂化(记为 HC-Hydrocracking) 烃类在氢压和催化剂存在下，≥50%的原料油转化为产品分子小于原料分子的加氢过程。

此分类方法存在的问题：加氢处理和加氢精制之间没有明确的分界线；大于 10%而小于 50%的原料油转化为产品分子小于原料分子的加氢过程没有明确的定义；由于多数加氢过程运转初期和运转末期转化率不同，目前的分类没有规定运转状态。

2) 有人在 Oil and Gas Journal(简写 OGJ)进行过以“原料油特性-过程的苛刻程度”规定的命名统一[5]，方法是：

(1) 原料油特性以 50%沸点小于或大于 260℃作为基点划分：D-馏分油、R-渣油，L~50%沸点<260℃、50%H~沸点>260℃；

(2) 过程的苛刻程度的主要指标是转化率：0%~100%。虽然可用压力、温度、催化剂等来表示，但这些项目会随着技术的发展而变化。如：

HD-85：指原料油为50%沸点>260℃馏分油，转化率85%的加氢裂化。

LD-8：指原料油为50%沸点<260℃馏分油，转化率8%的加氢精制。

此分类方法存在的问题：同一套加氢装置可加工不同的原料，在原料变化时，此分类也需调整，因此一套装置可能会产生多个名称。

3）IFP的命名[14]：

（1）加氢精制。石油馏分中存在的硫化物、氮化物、氧化物和有机金属化合物分子的氢解和不饱和的烯烃或芳烃分子的加氢反应。在处理过程中，待处理原料的平均相对分子质量及烃类分子的骨架结构只有极小的变化，所使用的催化剂为单功能催化剂。

（2）加氢转化。或多或少显著地改变烃类分子结构为目的的操作，所使用的催化剂为双功能催化剂。

4）OGJ的最新命名[15]：

随着时代的变化和技术的进步，分类的定义也在产生变化。1995年以前，OGJ在当年的"全球炼油调查"采用的分类说明中，加氢裂化指的是大于50%的原料油转化为产品分子小于原料分子的加氢过程；1999年OGJ当年的"全球炼油调查"采用的分类说明中，加氢裂化指的是大于10%的原料油转化为产品分子小于原料分子的加氢过程。此方法也是国内外目前通用的分类方法。

1.3 高压定义

不同的工艺过程有不同的数值，即使同一工艺过程随着时间和技术的进步也有不同的数值。如：

1）40年代煤和焦油的加氢过程，常用压力为32MPa，也有的高达70MPa，60年代重油加氢裂化使用的压力为12~20MPa[5]。

2）同一工艺过程中，不同的专业对压力的定义也不同。

（1）机械专业对压缩机的规定为[16]：0.2MPa<排气压力≤1.0MPa（定为低压），1.0MPa<排气压力≤10.0MPa（定为中压），10.0MPa<排气压力≤100.0MPa（定为高压），排气压力>100.0MPa则为超高压；

（2）管道专业将：压力≤1.6MPa定为低压，1.6MPa<排气压力≤10.0MPa定为中压，10.0MPa<排气压力≤85.0MPa定为高压，排气压力>85.0MPa则为超高压管道[17]；

（3）热工专业将0.35MPa蒸汽定为低低压蒸汽，1.0MPa蒸汽定为低压蒸汽，3.5MPa蒸汽定为中压蒸汽，9.8MPa蒸汽定为高压蒸汽。

3）同一专业内部对压力的定义也不同[18]。

（1）物性计算中将处于饱和压力或不过分高于大气压的情况，称为低压；高于饱和压力或过分高于大气压的情况，且须进行压力校正时的压力就称为高压；

（2）气液相平衡计算时低压<0.2MPa，中低压1.5~2.0MPa，5.5MPa就已经是高压。

4）近年OGJ在统计加氢裂化装置数据时，把高压和中压界限定为10MPa，反应压力≥10MPa为高压，反应压力<10MPa为中压[15]。

5）国外几家公司对加氢裂化压力的划分见表1-2。

表 1-2 加氢裂化压力的划分[5,14,19~20]

项目	IFP		UOP		MAKFing		OGJ
	氢分压/MPa	转化率/%	氢分压/MPa	转化率/%	总压/MPa	转化率/%	总压/MPa
高压	>9.5	50~100	>10.3	>50	10.3~20.6	70~100	>10
中压	5.5~9.5	40~70	7~10.3	40~50	6.9~10.3	20~70	<10
缓和	2~5.8	20~40	3.5~7	20~40			<10

1.4 三大加氢过程

1.4.1 加氢处理[1,5~7,14,19~21]

1）石脑油加氢处理/石脑油预加氢处理。主要是降低硫、氮、氧等杂质和饱和烯烃，改进安定性，满足催化重整原料的要求和生产溶剂油。石脑油加氢处理/石脑油预加氢处理典型操作条件见表 1-3。

表 1-3 石脑油加氢处理/石脑油预加氢处理典型操作条件

项目	直馏石脑油	直馏石脑油+30%减黏石脑油	热裂化+催化裂化石脑油
	35~200℃	35~200℃	35~200℃
氢分压/MPa	0.5~1.3	≥0.5	≥1.5
反应温度/℃	300~380	300~380	300~380
空速/h^{-1}	3~10	2~8	2~4
氢油体积比	40~300	100~300	200~350

2）煤油加氢处理：

(1) 灯用煤油加氢处理/芳烃饱和。主要是降低硫含量、脱除臭味，饱和部分芳烃以改善其燃烧性能，增加无烟火焰高度，减少灯芯上的积炭量。灯用煤油加氢处理/芳烃饱和典型操作条件见表 1-4。

表 1-4 灯用煤油加氢处理/芳烃饱和典型操作条件

氢分压/MPa	1.5~3.5	空速/h^{-1}	3~5
反应温度/℃	280~360	氢油体积比	50~150

(2) 喷气燃料加氢处理/芳烃饱和。主要是降低硫、氮含量，以减少对设备元件的腐蚀和改善储存安全性，降低芳烃含量，以减少火焰辐射，从而减轻对机械零件的损害。典型操作条件见表 1-5。

表 1-5 喷气燃料加氢处理/芳烃饱和典型操作条件

氢分压/MPa	0.5~3.5	空速/h^{-1}	1~5
反应温度/℃	180~280	氢油体积比	150~500

喷气燃料加氢处理的反应条件取决于对芳烃饱和的程度。中压加氢裂化产生的不合格喷气燃料加氢处理时，一般采用骨架镍催化剂或贵金属催化剂。

(3) 无味煤油加氢处理/芳烃饱和。主要是降低硫含量、氮含量、脱除臭味，饱和芳烃

(一般要求芳烃含量<1%),产品的主要用途:家用杀虫剂。此过程的典型操作条件见表1-6。

表1-6 无味煤油加氢处理/芳烃饱和典型操作条件

氢分压/MPa	10~12	空速/h^{-1}	0.5
反应温度/℃	280~360	氢油体积比	350~500

3)润滑油加氢脱酸。当润滑油馏分酸值较高时,为了减轻糠醛精制装置腐蚀并提供优质糠醛精制原料,各线润滑油馏分均可加氢脱酸,降低酸值,减小色度。操作条件见表1-7。

表1-7 润滑油加氢脱酸典型操作条件

氢分压/MPa	2.5~3.0	空速/h^{-1}	0.75~1.25
反应温度/℃	260~320	氢油体积比	350~500

4)选择性加氢:

(1)C_4选择性加氢。蒸汽裂解、催化裂化等装置产生的C_4组分中含有1、3-丁二烯、乙烯基乙炔等双烯烃、炔烃组分,用于生产高纯度的HDPE、LLDPE共聚单体1-丁烯时,须将丁二烯及炔烃选择性脱除,否则达不到共聚单体的质量要求;用于生产烷基化原料时,须将丁二烯选择性脱除,减少酸耗,提高烷基化油的辛烷值,增加丁烷产率。C_4选择性加氢典型操作条件见表1-8。

表1-8 C_4选择性加氢典型操作条件

反应压力/MPa	1.4~2.0	空速/h^{-1}	3~6
反应温度/℃	50~90	氢烃摩尔比	2.5~5

(2)C_5选择性加氢。催化裂化等装置产生的C_5组分,双烯烃容易在醚化催化剂上聚合,并形成胶质,堵塞催化剂孔道,降低催化剂寿命,使产品呈黄色,并有气味,须将丁二烯选择性脱除。典型操作条件见表1-9。

表1-9 C_5选择性加氢典型操作条件

反应压力/MPa	1.4~2.0	空速/h^{-1}	1~3
反应温度/℃	100~130	氢烃摩尔比	1~5

(3)重整抽余油选择性加氢。选择性脱除重整抽余油中的烯烃和芳烃,可生产符合医药、化工、橡胶工业及食品等行业广泛使用的溶剂油。典型操作条件见表1-10。

表1-10 重整抽余油选择性加氢典型操作条件

反应压力/MPa	0.05~2.0	空速/h^{-1}	1~4
反应温度/℃	160~200	氢油体积比	200~350

(4)裂解汽油选择性加氢/裂解汽油两段选择性加氢。蒸汽裂解、催化裂解等装置产生的裂解汽油经一段选择性加氢,脱除双烯烃和烷烯基芳烃,可得到安定性良好的高辛烷值汽油。经两段选择性加氢,脱除单烯烃及硫、氮、氧等杂质后,可作为芳烃原料。典型操作条件见表1-11。

表 1-11 裂解汽油选择性加氢/裂解汽油两段选择性加氢典型操作条件

项 目	一段	二段	项 目	一段	二段
氢分压/MPa	1.3~2.7	1.3~2.7	空速/h^{-1}	2~4	1.5~3
反应温度/℃	80~180	300~370	氢油体积比	150~300	300~400

(5) 催化(焦化)汽油选择性加氢/催化(焦化)汽油两段选择性加氢。世界上大多数国家的车用汽油主要由催化汽油组成，降低催化汽油含硫量是降低成品汽油含硫量的关键。催化裂化汽油含硫量是催化裂化原料油中含硫量和硫类型的函数。

一般催化裂化汽油硫的分布：轻汽油(C_5~120℃)占催化汽油的60%，含硫量占催化汽油含硫量的15%；中汽油(120~175℃)占催化汽油的25%，含硫量占催化汽油含硫量的25%；重汽油(175~220℃)占催化汽油的15%，含硫量占催化汽油含硫量的60%。针对催化汽油硫的分布情况，开发了降低硫含量的同时，减少氢耗和稀烃饱和，使汽油辛烷值的损失降到最低的一段和两段选择性加氢工艺，该工艺同样适用于焦化汽油选择性加氢。典型操作条件见表1-12。

表 1-12 催化(焦化)汽油选择性加氢/催化(焦化)汽油两段选择性加氢典型操作条件

项 目	一段	二段	项 目	一段	二段
氢分压/MPa	0.028~5.35	0.52~1.8	空速/h^{-1}	1~4	0.5~3
反应温度/℃	132~388	300~427	氢油体积比	150~356	300~400

1.4.2 加氢精制[1,5~7,14,16~21]

1) 柴油加氢精制。柴油加氢精制的目的是生产优质柴油或优质柴油的调和组分。

(1) 直馏柴油加氢精制。直馏柴油加氢精制条件比较缓和，一般只是为了脱硫、脱色和解决储存安定性问题。典型操作条件见表1-13。

表 1-13 直馏柴油加氢精制典型操作条件

氢分压/MPa	≤4.0	空速/h^{-1}	1~5
反应温度/℃	250~360	氢油体积比	300~500

(2) 柴油深度脱硫/两段深度脱硫。近年来日益严格的环境保护要求生产硫含量≤10μg·g^{-1}的超低硫柴油，柴油深度脱硫技术得以发展。见表1-14、表1-15。

表 1-14 不同硫含量条件下的加氢反应温度和催化剂活性的关系[31]

柴油加氢脱硫后的硫含量/(μg·g^{-1})	催化剂活性一定时的反应温度/℃	反应温度一定时的催化剂活性
500	基准	100
350	基准+7.2	130
200	基准+18.9	200
50	基准+47.2	525

表 1-15 柴油深度脱硫/两段深度脱硫典型操作条件[31]

项 目	一段	二段	项 目	一段	二段
氢分压/MPa	4.0~7.5	4.0~7.5	空速/h^{-1}	0.5~1.5	0.5~1.5
反应温度/℃	310~380	340~390	氢油体积比	710~980	300~500

(3) 生产清洁柴油加氢精制。21世纪的柴油规格要求降低硫含量、密度、95%点，提高十六烷值，限制稠环芳烃含量。由于不同国家、不同地区的要求不同，各国公司分别开发了自己的技术，派生了生产低硫/超低硫高十六烷值柴油技术、生产高十六烷值低密度柴油技术及生产高十六烷值低芳烃柴油技术。典型操作条件见表1-16。

表1-16 生产清洁柴油加氢精制典型操作条件

项 目	一段加氢	两段加氢	
		一段加氢	两段加氢
氢分压/MPa	10.5~13.3	3.5~5.6	5.3~13.2
反应温度/℃	260~413	350~380	300~380
空速/h^{-1}	1~2	1~3	1~3
氢油体积比	400~500	300~400	400~600

(4) 催化柴油加氢精制。由于催化柴油含有相当数量的硫、氮等杂质和一定数量的的烯烃和芳烃，硫和氮等杂质影响柴油安定性、色度，燃烧时发动机排气中SO_x、NO_x、颗粒物含量高，烯烃、芳烃等不饱和烃含量高，影响柴油安定性、十六烷值，燃烧时发动机冷启动性差、汽缸爆震、产生颗粒物，需要较为苛刻的反应条件以改善油品的安定性和满足环保的要求。典型操作条件见表1-17。

表1-17 催化柴油加氢精制典型操作条件

氢分压/MPa	3.9~7.9	空速/h^{-1}	1~3
反应温度/℃	300~360	氢油体积比	300~500

(5) 焦化、热裂化柴油加氢精制。焦化、热裂化柴油含有相当数量的硫、氮，溴价、实际胶质均明显高于催化柴油，其氮化合物，如二甲基吡啶及烷基胺类等碱氮化合物会使油品的颜色和安定性变坏，实际胶质含量高，影响柴油安定性，燃烧时发动机汽缸结垢，需要较为苛刻的反应条件以改善油品的安定性和满足环保的要求。见表1-18。

表1-18 焦化、热裂化柴油加氢精制典型操作条件

氢分压/MPa	3.9~7.9	空速/h^{-1}	1~2
反应温度/℃	320~380	氢油体积比	300~800

2) 石油蜡加氢精制。石油蜡加氢精制的目的是生产符合国标GB及国际标准(美国食品及医药管理局FDA、德国药典DAB、英国药典BP及法国CODEX)的石油蜡产品。

(1) 石蜡加氢精制。在不改变石蜡质量的主要指标(含油量、熔点、针入度、馏分、黏度等)情况下，降低稠环芳烃、着色物质和不稳定物质的含量，脱除硫、氧、氮等杂质，以改善颜色、气味和安定性，生产食品级、全精炼及半精炼等各种石蜡产品。操作条件见表1-19。

表1-19 石蜡加氢精制典型操作条件

氢分压/MPa	4.0~7.0	空速/h^{-1}	1~2
反应温度/℃	230~370	氢油体积比	300~800

产品适用于制造蜡烛及蜡制品；一般电讯器材及轻、化工原料；包装食品，诸如包奶酪及用于奢侈品(口香糖等)；生产清洁剂和防护制品、化妆品和医药制品。

(2) 微晶蜡加氢精制装置/微晶蜡一段串联加氢精制。微晶蜡是重质润滑油生产过程中脱沥青油经溶剂脱蜡后得到的固体产物，由于含有较多高度分枝的异构烷烃，结晶被抑制，导致成为微晶结构，熔点60~100℃，相对分子质量400~800，硫、氮、氧、金属、胶质等杂质含量高，需要较为苛刻的操作条件。见表1-20。

表1-20　微晶蜡加氢精制装置/微晶蜡一段串联加氢精制典型操作条件

项　目	微晶蜡加氢精制	微晶蜡一段串联加氢精制	
		一反	二反
氢分压/MPa	6.0~12	6.0~6.5	6.0~6.5
反应温度/℃	300~350	300~320	260~280
空速/h^{-1}	0.5~0.7	0.5	0.5
氢油体积比	300~1000	300~450	300~450

产品适用于防潮、防腐、黏结、上光、钝感、铸模、绝缘、橡胶、医药、化妆、食品及食品包装等。

(3) 凡士林加氢精制装置/凡士林一段串联加氢精制。凡士林是渣油蜡膏与润滑油基础油调和，再经深度精制而成的一类烃类脂。凡士林加氢的目的是脱除硫、氧、氮、胶质等杂质，饱和烯烃和芳烃(特别是降低稠环芳烃)。

在医药工业上主要用来调制外敷药膏；在食品工业上用于食品机械的防锈和作润滑剂、烘烤食品的脱模、分离和上光剂，酵母和蔗糖生产中的消泡剂。在一般机械工业上，用作机械和设备的防锈剂和润滑剂，也用于机器垫片和容器盖板的密封材料和电容器绝缘材料。见表1-21。

表1-21　凡士林加氢精制装置/凡士林一段串联加氢精制典型操作条件

项　目	凡士林加氢精制	凡士林一段串联加氢精制	
		一反	二反
氢分压/MPa	7.84~29	5.9~18	5.9~18
反应温度/℃	340~370	340~410	260~300
空速/h^{-1}	0.1~0.3	0.15	0.15
氢油体积比	500	300~500	300~500

3) 白油加氢精制装置/白油两段加氢精制/白油三段加氢精制。白油加氢精制是以加氢裂化尾油或经加氢处理的润滑油基础油为原料，直接使用高活性的催化剂加氢精制生产食品级或医药级白油。

白油两段加氢精制是以常规方法生产的润滑油馏分为原料，第一段降低硫、氮和芳烃含量，达到工业级白油的质量水平；第二段使芳烃进一步饱和，达到食品级或医药级白油的质量水平。

白油三段加氢精制是以减压馏分油为原料，第一段降低硫、氮和芳烃含量，第二段为蜡的异构化，降低凝点，达到工业级白油的质量水平；第三段使芳烃进一步饱和，达到食品级或医药级白油的质量水平。

工业级白油用于纺织工业作润滑剂及涂剂；用于橡胶工业作填充剂；用于农业作喷雾油；医药级白油用于化妆品及药品工业作脂剂、油膏及油剂的基础油；用于食品工业作润滑油及脱模油并用作牲畜饲料；用于塑料工业作聚合物的增塑剂及内部润滑剂。

国际上通用的标准为：美国食品及医药管理局 FDA、德国药典 DAB、英国药典 BP 及法国 CODEX。典型操作条件见表 1-22。

表 1-22 白油加氢精制装置/白油两段加氢精制/白油三段加氢精制典型操作条件

项 目	白油加氢精制	白油两段加氢精制		白油三段加氢精制		
		一段	二段	一段	二段	三段
氢分压/MPa	15~17	15~17	15~17	15~17	15~17	15~17
反应温度/℃	320~360	320~360	200~230	320~360	200~230	200~230
空速/h^{-1}	0.3~0.5	0.3~0.5	0.4~0.5	0.3~0.5	0.4~0.5	0.4~0.5
氢油体积比	300~400	300~400	200~300	300~400	200~300	200~300

4）润滑油加氢补充精制。经溶剂精制及溶剂脱蜡后的润滑油组分中，残留有少量溶剂及硫、氮、氧等杂质，这些物质的存在影响油品的颜色、安定性、抗乳化性、绝缘性和残炭值等，通过加氢补充精制，可改善润滑油组分的上述性能。操作条件见表 1-23。

表 1-23 润滑油加氢补充精制典型操作条件

氢分压/MPa	2.0~4.0	空速/h^{-1}	1.0~2.5
反应温度/℃	210~300	氢油体积比	50~150

1.4.3 加氢裂化[1,5~6,14,19,21~23]

1）缓和加氢裂化(MHC)。缓和加氢裂化是开发最早的中压加氢技术。20 世纪 80 年代以来，随着市场对中馏分油需求量的增加和弥补高压加氢裂化装置投资高的缺陷，国外多家公司纷纷对加氢脱硫装置进行改造，开发了一种操作条件缓和、进料范围广、产品范围灵活、经济效益好、尾油可做优质催化裂化原料或润滑油基础油(国内则将尾油做优质乙烯裂解原料)的新工艺——缓和加氢裂化技术。

由于 MHC 工艺同时进行脱硫、脱氮和裂化等反应，标准的加氢处理催化剂不具备 MHC 工艺所需要的裂化活性，其加氢功能也限制了转化率的进一步提高，因为焦炭的沉积会促使加氢反应的金属活性中心失活。操作条件见表 1-24。

表 1-24 缓和加氢裂化典型操作条件

转化率/%	~40%	空速/h^{-1}	0.5~2.0
氢分压/MPa	3.5~7.0	氢油体积比	356~900
反应温度/℃	343~427		

2）中压加氢裂化(MPHC)。为了在低投入下最大限度地生产优质中间馏分油，国内外相继开发了中压加氢裂化技术。典型操作条件见表 1-25。

表 1-25　中压加氢裂化典型操作条件

项　　目	MAK-MPHC[32]	IFP[33]
转化率/%	20~70	<50
反应压力/MPa	6.8~10.2	3.5~6.0
反应温度/℃	343~427	390~420
空速/h^{-1}	0.5~2.0	0.2~2.5
氢油体积比	356~1246	300~600

3）中压加氢改质(MHUG)。随着渣油催化裂化技术的发展，一方面增产了汽油、柴油馏分，扩大了轻质油品来源；另一方面也带来了柴油密度大，硫、氮等杂质含量高，十六烷值低，储存安定性差等问题。国内外相继开发了以催化裂化柴油和重柴油为原料的中压加氢改质技术，使催化裂化柴油质量大大改善，而且获得了高芳潜的石脑油，原料中催化裂化柴油比例越大，重石脑油芳潜含量越高。当加工催化裂化柴油和减一线混合油时，亦可得到优质乙烯裂解原料。操作条件见表 1-26。

表 1-26　中压加氢改质典型操作条件

氢分压/MPa	6.3~10.0	空速/h^{-1}	0.7~1.0
反应温度/℃	340~425	氢油体积比	600~1400

4）催化脱蜡。催化脱蜡又称临氢降凝、临氢选择催化脱蜡、临氢催化脱蜡、临氢择形裂化等。

催化脱蜡是典型的择形催化裂化反应，裂化反应在H^+中心上进行，遵循正碳离子反应机理。催化脱蜡催化剂以 ZSM 型分子筛为主体，由于受分子筛特殊孔道的限制，只允许小于 0.55nm 直链烷烃或带甲基侧链的正构烷烃进入孔道内反应。

(1) 馏分油催化脱蜡。汽油催化脱蜡的目的是将抗爆性能较差的直链烃除去以提高汽油的辛烷值，改善其抗爆性能；喷气燃料催化脱蜡的目的是降低其冰点，适应航空事业的要求；柴油催化脱蜡的目的是降低其凝点，适应严寒地区的要求。操作条件见表 1-27。

表 1-27　馏分油催化脱蜡典型操作条件

原　料	汽油	喷气燃料	柴油
氢分压/MPa	1.8~10	2.8~7.0	1.4~21
反应温度/℃	250~480	371~454	230~480
空速/h^{-1}	0.2~5.0	0.5~2	0.2~10
氢油体积比	500~1000	178~534	230~2670

(2) 润滑油催化脱蜡。润滑油原料中除含有各种有害及非理想组分外，还含有石蜡(或地蜡)，蜡影响润滑油的低温流动性，根据对各种润滑油的要求，必须进行不同程度的脱蜡。催化脱蜡所得产品可适应近年来越来越严格的环保法规要求，简化润滑油生产加工流程，提高产品收率和产品质量，降低生产成本。操作条件见表 1-28。

表 1-28　润滑油催化脱蜡典型操作条件

氢分压/MPa	2.8~21	空速/h^{-1}	0.15~5.0
反应温度/℃	230~454	氢油体积比	89~2000

(3) 异构脱蜡。广义地讲异构脱蜡也属催化脱蜡范畴。但从催化剂和反应机理来讲，又有根本的区别。异构脱蜡催化剂的加氢组分为贵金属，主反应为蜡的异构化，原料进异构脱蜡之前必须加氢处理，异构脱蜡之后必须加氢补充精制。操作条件见表1-29。

表1-29 异构脱蜡典型操作条件

项 目	加氢处理	异构脱蜡	加氢补充精制
氢分压/MPa	8.5~14.5	7.8~14.0	7.8~14.0
反应温度/℃	360~430	345~400	220~350
空速/h^{-1}	0.7~1.4	0.6~1.2	1.0~2.0
氢油体积比	500~900	500~900	500~900

异构脱蜡所得润滑油基础油硫、氮、芳烃含量少，反应性小，具有较好的氧化安定性、热稳定性，不易与添加剂发生反应，可生产符合API第Ⅱ、Ⅲ类基础油的要求及国内标准HVI、VHVI、UHVI各类基础油。

适用的原料：轻、中、重减压馏分油、脱沥青油、加氢裂化尾油、溶剂精制油等。

(4) 蜡异构化/蜡两段异构化。软蜡、加氢裂化松蜡或含蜡光亮油等高含蜡原料经蜡异构化/蜡两段异构化装置后，可生产高黏度指数或超高黏度指数润滑油基础油。如果加工含蜡量相对较低的加氢裂化松蜡，可采用单段流程。

5) 馏分油高压加氢裂化。高压加氢裂化的反应特点：脱金属、硫、氮、氧、饱和烯烃、部分饱和芳烃、临氢异构化、一次加氢裂化、二次加氢裂化、三次加氢裂化，所有反应耗氢、放热，过度裂化生成轻烃，消耗更多氢气，结焦导致催化剂失活，裂解反应在催化剂酸性中心上进行，都遵循正碳离子反应机理。

高压加氢裂化的产品性质特点：硫、氮、烯烃含量极低；烷烃裂解的同时深度异构，产品中C_4、C_5的异构/正构≥热力学平衡值；石脑油中单环芳烃、单环环烷烃浓度高；稠环芳烃可深度转化进入裂解产物中，绝大部分芳烃不在未转化原料中积累；未转化油具有高浓度的饱和烃(>90%)。

高压加氢裂化的操作特点：改变催化剂性能和反应条件，可控制裂解的深度和选择性；产品的液体收率大于100%；装置运转寿命与原料中杂质含量成反比；原料适应性广，产品灵活，采用不同的催化剂和操作方案，用不同原料可以有选择地生产液化石油气、石脑油、喷气燃料、柴油(或低凝柴油)、润滑油料、裂解制乙烯原料或催化裂化原料。

馏分油高压加氢裂化装置反应器均为固定床反应器；催化剂由具有加氢功能的金属组分和裂解功能的酸性载体组成，多数催化剂含有助剂。流程的选择取决于原料油性质、目的产品的品种和产品性质、催化剂性能、处理能力、供应设备情况、建设地点情况及对流程要求的灵活性。

(1) 馏分油固定床单段一次通过加氢裂化/馏分油固定床单段部分循环加氢裂化/馏分油固定床单段全循环加氢裂化(操作条件见表1-30)。

表1-30 馏分油固定床单段一次通过加氢裂化/馏分油固定床单段部分循环加氢裂化/馏分油固定床单段全循环加氢裂化典型操作条件

氢分压/MPa	10.5~17.5	空速/h^{-1}	0.4~1.2
反应温度/℃	400~460	氢油体积比	1000~2000

单段技术采用的催化剂均为无定形催化剂，馏分油单段加氢裂化要求催化剂不仅要有良好的加氢裂解性能，良好的抗硫、氮、氧化合物的毒害能力，还要有承受和延缓积炭生成的性能。加工的原料油应是优质原料油，产品以中馏分油为主。单段全循环流程可最大限度生产中馏分油；根据对尾油量的需求大小，采用单段一次通过流程或单段部分循环流程。

单段技术的优点：工艺流程相对简单，投资略省，可最大生产中间馏分油。

单段技术的缺点：反应温度高，易积炭，运转周期短，原料适应性差，调整产品结构的适应能力差。

（2）馏分油固定床单段串联一次通过加氢裂化/馏分油固定床单段串联部分循环加氢裂化/馏分油固定床单段串联中油循环加氢裂化/馏分油固定床单段串联全循环加氢裂化。

单段串联技术采用精制催化剂+裂化催化剂技术，裂化催化剂载体加入经特殊处理的分子筛，使载体酸性不太强而有较多的酸性中心，能抗NH_3对加氢裂化催化剂的抑制，并能通过改变分子筛的处理改性条件和加入量来调节酸性、控制需要的产品分布。目前世界范围内新建加氢裂化装置绝大部分采用单段串联技术。

单段串联技术的优点：反应温度低，温度稳定性好，不易积炭，运转周期长，原料适应性强，调整操作条件可最大生产液化石油气、重石脑油、喷气燃料、柴油、中间馏分油。

单段串联技术的缺点：工艺流程相对复杂，投资略大。操作条件见表1-31。

表1-31 馏分油固定床单段串联一次通过加氢裂化/馏分油固定床单段串联部分循环加氢裂化/馏分油固定床单段串联中油循环加氢裂化/馏分油固定床单段串联全循环加氢裂化典型操作条件

条件	精制	裂化	条件	精制	裂化
氢分压/MPa	10.5~17.5	10.3~17.2	空速/h^{-1}	0.8~1.8	0.8~1.8
反应温度/℃	360~410	365~410	氢油体积比	500~1000	1000~1500

（3）馏分油固定床两段加氢裂化。60年代由于裂化催化剂不能抗硫、氮，所以设计的加氢裂化装置均为两段流程，进料在裂化反应器上游要加氢处理，并在两段之间的分馏塔中把H_2S、NH_3汽提出去。近年来随着催化技术的发展，两段流程也有两种形式：第一段“既精制又裂化”时，则第一二段生成油均进入同一高压分离器并一起去分馏部分，共用一个循环氢系统；当第一段只精制或精制及少量裂化，且第二段裂化催化剂不抗NH_3时，则第一段生成油必须先汽提脱除H_2S、NH_3，才能进入第二段。第一二段具有独立的循环氢系统。

两段流程适用于生产石脑油产品和加工含氮量极高的劣质原料；如果装置规模过大，为避免反应器制造受限制，也可采用两段流程。操作条件见表1-32。

表1-32 馏分油固定床两段加氢裂化典型操作条件

条件	一段	二段	条件	一段	二段
氢分压/MPa	14~16	14~16	空速/h^{-1}	1.2~1.6	1.0~1.2
反应温度/℃	380~420	380~420	氢油体积比	800~1000	800~1000

近年来UOP公司主张用一段串联流程取代两段流程，并为此采取了一些措施：将蒸馏塔底油打回第一反应器入口以强化稠环芳烃的饱和反应，减少反应系统的稠环芳烃积累；在第一反应器中装入无定型加氢裂化催化剂，第二反应器中装入分子筛加氢裂化催化剂，并通过改变第一反应器中转化深度来满足对产品分布的要求。

(4) 润滑油固定床加氢裂化/润滑油固定床两段加氢裂化。由于炼制润滑油的原油越来越少，机械设备制造商对润滑油的要求越来越高，润滑油生产厂为了获得更高的效益，越来越多的采用加氢裂化技术生产润滑油基础油。

采用加氢裂化技术生产润滑油基础油有两种方法：燃料型加氢裂化尾油作润滑油基础油，但只能生产轻质基础油；润滑油加氢裂化，通过选择性加氢裂化反应，将非理想组分转化为理想组分，以提高基础油的黏度指数。

早期的润滑油加氢裂化装置多采用一段流程，后发现基础油存在安定性劣化问题，新建装置多采用两段流程。

润滑油加氢裂化装置的特点：基础油黏度指数高；黏度指数相同时，基础油收率比溶剂精制高；能使残渣油料转化为润滑油基础油；受原料限制很小，可用廉价的劣质原料制取高质量润滑油基础油。见表1-33。

表1-33 润滑油固定床加氢裂化/润滑油固定床两段加氢裂化典型操作条件

条件	一段	二段	条件	一段	二段
氢分压/MPa	13~21.7	17~21.4	空速/h^{-1}	0.4~1.0	0.5~1.0
反应温度/℃	320~441	260~370	氢油体积比	675~1450	415~890

6) 渣油加氢[23~24]。原油评价中大于350℃的渣油一般称常压渣油，大于500℃的渣油一般称减压渣油，图1-1表示了我国2008~2015年渣油加氢能力的变化。

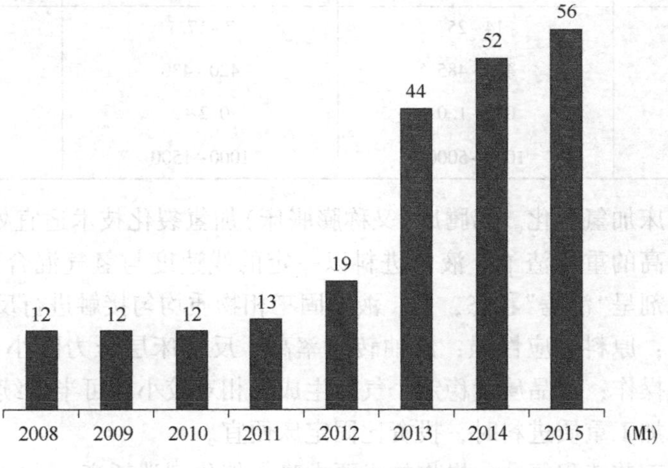

图1-1 我国渣油加氢能力的变化

(1) 固定床渣油加氢脱硫。目的：脱金属、脱硫、脱氮和沥青质解聚，其产品作为燃料油或催化裂化原料。

固定床渣油加氢脱硫原料中金属、硫、氮、胶质、沥青质含量高时，催化剂易堵塞、失活快、反应器压力降增加，出现沟流及热分布不均等，操作条件苛刻，装置运行周期短，一般为6~12月。Chevron开发的催化剂在线置换(OCR)工艺，可提高处理原料的灵活性，一般在进料中金属含量高于200μg·g^{-1}时，考虑采用OCR反应器。IFP开发了保护性反应器系统，使处理原料的含沥青量可以较高，金属含量可达300~400μg·g^{-1}。

渣油的硫、氮、金属是以复杂化合物的形式存在，比直馏油加氢要困难得多。操作条件见表 1-34。

表 1-34　固定床渣油加氢脱硫典型操作条件

原料油含硫量/%	3.0~4.0	反应温度/℃	350~450
脱硫油含硫量/%	1.0~1.5	空速/h^{-1}	0.5~1.0
氢分压/MPa	11.8~14.7	氢耗/%	0.8~1.3

(2) 渣油悬浮床单段一次通过加氢裂化/渣油悬浮床单段部分循环加氢裂化。随着渣油质量变差、燃料需求量下降、轻质油品需求量上升，悬浮床加氢裂化可解决固定床加氢脱硫装置随重金属、含氮化合物、胶质、沥青质含量的增加，双功能催化剂不能按正碳离子反应历程进行，生焦速度快、生焦量大，须连续地或定期地将含大量焦炭的催化剂从反应器中排出的问题，同时可提高轻质油收率，降低装置投资。

悬浮床反应器的特点：工艺流程比沸腾床加氢裂化简单；催化剂为粉状(仅几十至几微米)，悬浮于气体和液体混合物中；反应器内基本无内件；催化剂价格便宜，消耗量比沸腾床加氢裂化低。

早期选用固体粉末催化剂，80 年代后，由于环保要求日益严格，为了减少含大量固体粉末的残渣油量，开发了油溶型有机金属催化剂和水分散型催化剂。操作条件见表 1-35。

表 1-35　渣油悬浮床单段一次通过加氢裂化/渣油悬浮床单段部分循环加氢裂化典型操作条件

项　目	固体粉末	油溶型有机金属催化剂	水分散型催化剂
氢分压/MPa	14~25	7~17.1	10.3~17.2
反应温度/℃	420~485	420~480	365~410
空速/h^{-1}	0.3~1.0	0.2~2	0.8~1.8
氢油体积比	1000~5000	1000~1500	1000~1500

(3) 渣油沸腾床加氢裂化。沸腾床(又称膨胀床)加氢裂化技术适宜处理金属、硫、氮、胶质、沥青质含量高的重质渣油。液体进料以一定的线速度与氢气混合自下而上通过反应器，使小颗粒催化剂呈“沸腾”状态，气、液、固三相物质均匀接触进行反应。

主要技术优点：原料适应性强；渣油转化率高；反应床层压力降小；反应温度分布均匀，基本达到等温操作；产品质量稳定，气体生成量相对较小；可半连续排出老化催化剂和加进新鲜催化剂；加工重质进料时，投资比固定床便宜。

主要的缺点：工艺流程复杂，操作技术要求高；催化剂消耗高。

近年来的主要技术进展：开发了高活性(高脱硫率、高脱残炭率)、耐磨、长寿命新型镍钼催化剂；开发了能与固体催化剂一起使用的液体催化剂；开发了催化剂的再生技术，并将再生催化剂返回反应器循环使用；在两台反应器之间加一座汽提塔，提高装置的加工能力；与下游加氢处理或加氢裂化装置实现一体化。操作条件见表 1-36。

表 1-36　渣油沸腾床加氢裂化典型操作条件

氢分压/MPa	10~21	空速/h^{-1}	0.4~1.3
反应温度/℃	415~454	氢油体积比	500~1000

(4) 渣油移动床加氢裂化。渣油移动床加氢裂化技术是为了解决固定床加氢脱硫装置加工

高金属含量渣油时，催化剂周期寿命短，轻质油收率低而开发的一种工艺。操作条件见表1-37。

表1-37　渣油移动床加氢裂化典型操作条件

氢分压/MPa	15~20	空速/h^{-1}	0.5~1.5
反应温度/℃	415~454	氢油体积比	500~900

主要技术特点：反应器采用特殊内部结构，使催化剂床层在移动(装卸)时呈活塞式流动；在催化剂和工艺流体离开反应器之前，分离用的筛网不被破碎的或结块的催化剂堵塞；催化剂装卸靠高压闸阀和催化剂输送回路完成。

主要的缺点：一次性投资高，操作费用高。

1.5　加氢裂化技术发展的历史机遇[25~30]

随着国民经济的持续快速发展和环境保护的需要，必然刺激高质量石化产品需求的增长，清洁生产和生产清洁产品，从而促进炼油加氢技术的发展。

1)加工进口含硫、高硫、重质原油的需要[27~28]。

世界原油的开采已有100多年历史，浅层好开采的低硫原油越来越少，深层难开采的重质含硫或高硫原油越来越多。目前世界上含硫原油(硫含量0.5%~2.0%)和高硫原油(硫含量2.0%以上)的产量已占世界原油总产量的75%以上，其中硫含量1.0%以上原油占世界原油总产量的55%以上，硫含量2.0%以上原油占世界原油总产量的30%以上。图1-2为Hart能源公司预测的全球重质原油的产量。

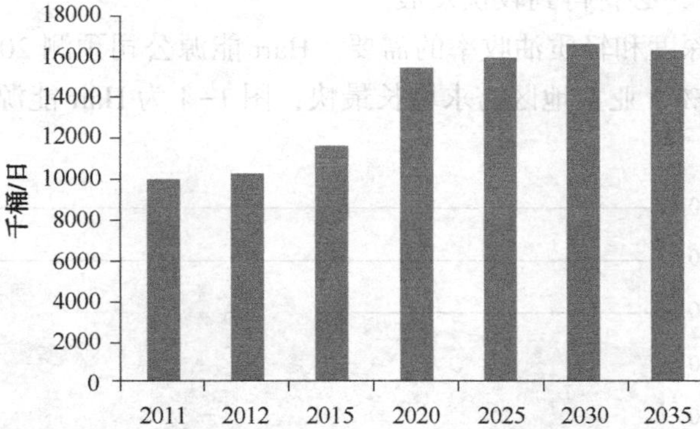

图1-2　2011~2035年全球重质原油的产量

1桶=158.987dm^3，1dm^3=$10^{-3}m^3$

随着我国国民经济的快速增长，原油消费量也相应增加。图1-3表明了2009~2013年我国炼油能力和原油加工量的变化。

表1-38列出了近年我国原油的进口量和对外依存度。

表1-38　近年我国原油的进口量和对外依存度

项　目	2009年	2010年	2011年	2012年	2013年
进口原油/10^3kt	375	427	448	465	475
原油加工量/10^3kt	203.78	239.31	252.54	271.09	282.14
对外依存度/%	54.34	56.04	56.37	58.30	59.40

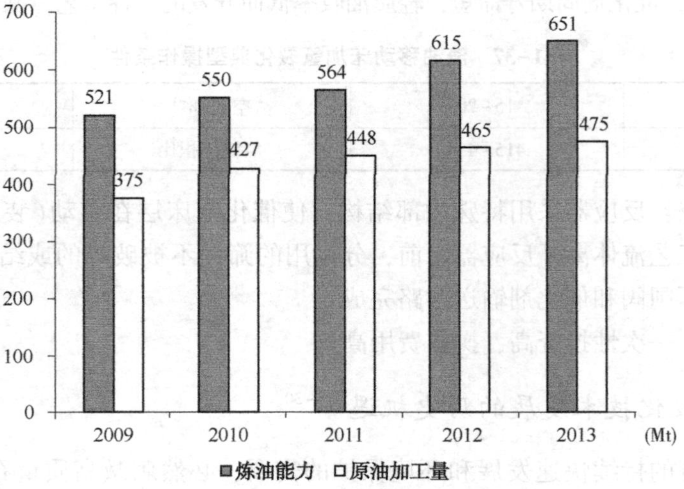

图 1-3　我国炼油能力和原油加工量

我国石油需求与可开采量之间的巨大差距，只有靠进口原油来弥补，自 1994 年我国变为石油净进口国以来，石油消费量不断飑升，而稳定可靠的最大原油来源为含硫、高硫和重质原油，国家按照“进油方便、出路畅通、靠近炼油厂、快速反应”的原则进行选址布局。新疆(加工哈萨克斯坦原油)、东北(加工俄罗斯原油)和沿海炼油厂(加工中东原油为主)将是含硫、高硫和重质原油的主要加工用户[28]。各类加氢技术均可直接加工含硫、高硫和重质原油的馏分油或渣油，必将得到较快发展。

2）提高原油加工深度和轻质油收率的需要。Hart 能源公司预测 2011~2035 年全球油品需求年均增长速度 1.2%，亚太地区需求增长最快，图 1-4 为 Hart 能源公司预测的全球油品需求展望。

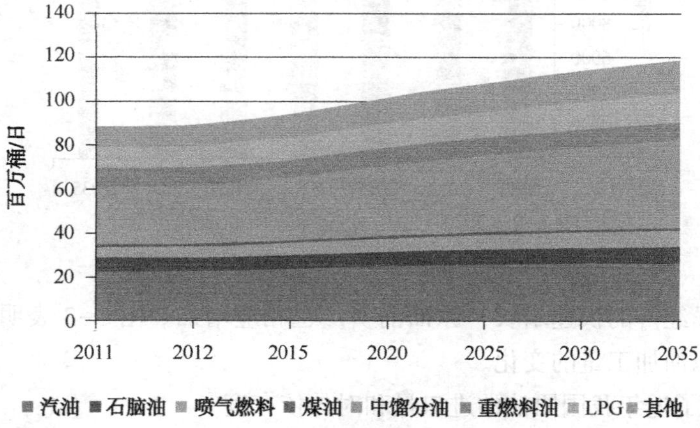

图 1-4　全球油品需求展望

1 桶 = 158.987dm^3，1dm^3 = $10^{-3}m^3$

虽然原油重质化、劣质化，但产品要求轻质化，因此企业要提高原油资源利用率，提高经济效益，必须采用深加工技术(如渣油加氢裂化)，提高轻质油收率，多出轻质油，少出燃料油。图 1-5 为 Hart 能源公司绘制的 2005~2015 年全球加氢裂化和加氢处理装置能力增长情况。

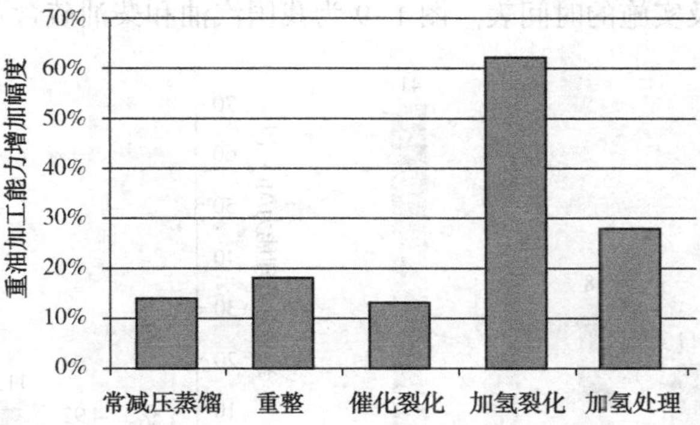

图 1-5 2005~2015 年全球加氢裂化和加氢处理装置能力增长

最大限度把原油转化为轻质交通运输和化工原料，仍将是炼油技术的主要发展方向。加氢裂化和加氢处理装置能力将持续增长。

3）调整产品结构的需要。馏分油加氢裂化可按最大量生产优质中间馏分油(喷气燃料和柴油)、最大量生产喷气燃料、最大量生产优质柴油、最大量生产石脑油、灵活生产石脑油和中间馏分油等多种方案生产。hart 能源公司预测全球中间馏分油占比将从 2011 年的 29% 上升到 2035 年的 34%。

润滑油加氢裂化可按最大量生产高档润滑油基础油、灵活生产燃料和润滑油基础油方案生产。

渣油加氢裂化可按全转化生产中间馏分油和蜡油、部分转化生产中间馏分油、蜡油和催化原料方案生产。

4）石油化工发展的需要。石油化工的发展导致中国需要大量资源，图 1-6 为 BP 能源的预测。

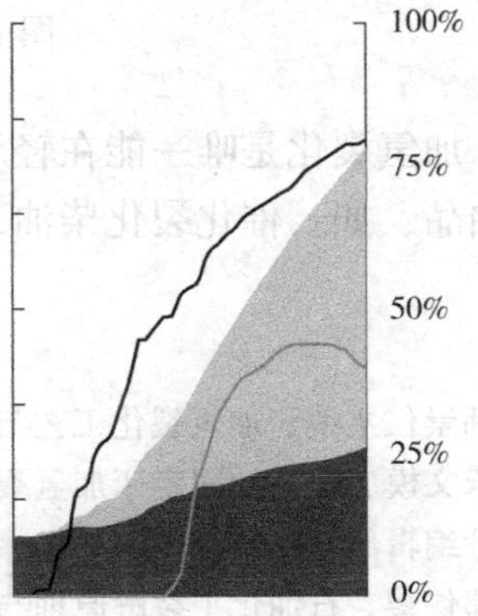

图 1-6 1990~2030 年中国油、气的需求量

加氢裂化可采用全循环操作，以最大量生产芳烃潜含量高的优质催化重整原料，以进一步制取轻质芳烃，满足聚酯等化纤原料需求；

加氢裂化也可采用一次通过操作，尾油也是优质的蒸汽裂解制乙烯原料。图 1-7、图 1-8 分别为国内加氢裂化装置套数和处理能力增长情况。

5）企业提高经济效益的需要。

随着高硫原油与含硫原油、含硫原油与低硫原油、轻质原油与重质原油价差的加大，企业要使经济效益最大化，就必然要加工高硫重质原油，加氢裂化具有加工高硫重质原油的灵活性。

6）产品质量和环保的需要。当今世界发展的三大主题——人口、资源、环境，汽车与这三方面密切相关。

目前我国城市机动车空气污染的表现形式是以环境空气中氮氧化合物超标为主要特征的，存在光化学烟雾严重污染的潜在威胁。2014 年我国中东部大部分地区出现灰霾，面积 81 万平方公里，其中 2014 年 2 月 22 日 33 个城市出现重度及以上污染。为此环保部发布加快油品质量标准升级及实施的时间表。图 1-9 为我国汽油和柴油硫含量变化进程及趋势。

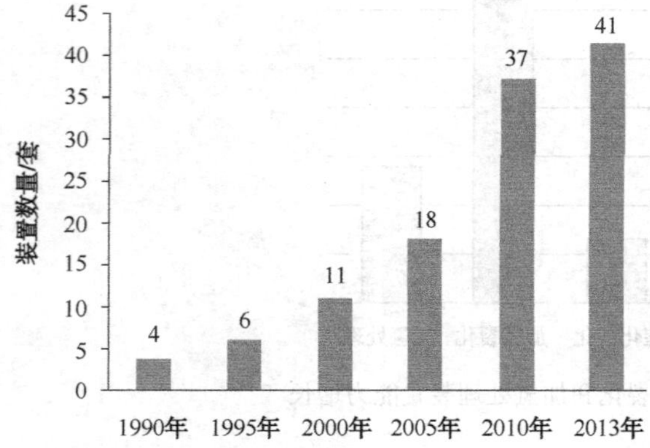

图 1-7 国内加氢裂化装置能力增长情况

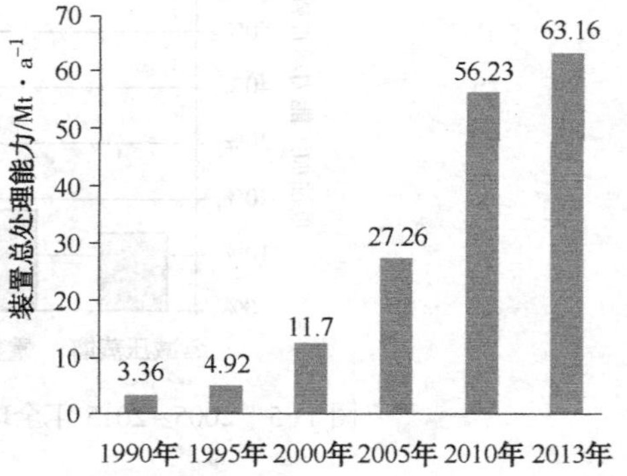

图 1-8 国内加氢裂化装置 处理能力增长情况

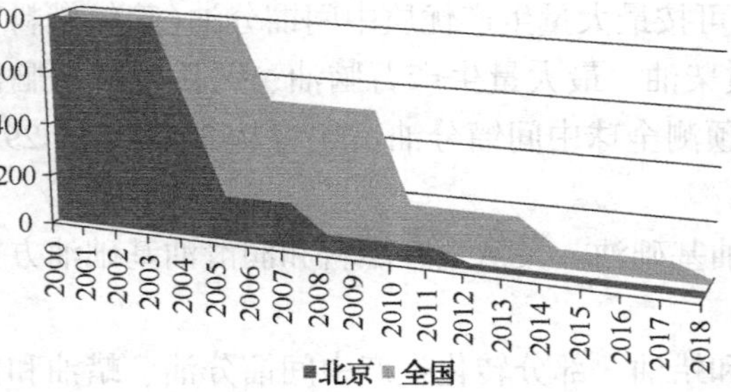

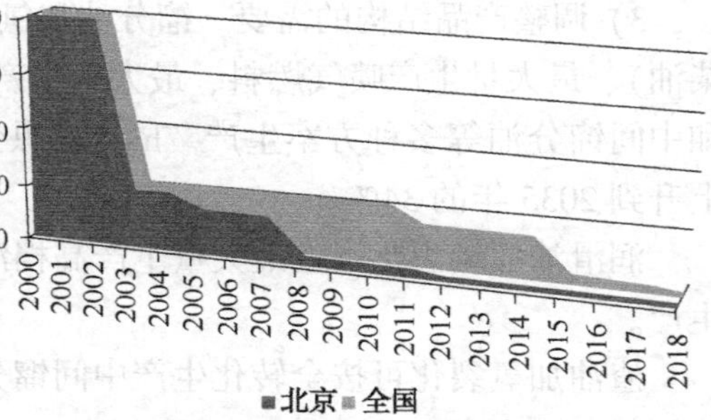

图 1-9 我国汽油和柴油硫含量变化进程及趋势

加氢裂化是唯一能在轻质化的同时，直接制取低硫、低芳烃清洁燃料的技术，对二次加工油品，如：催化裂化柴油、焦化柴油可通过芳烃开环及深度脱硫脱芳制取清洁柴油产品。

参 考 文 献

1 韩崇仁主编．加氢裂化工艺与工程[M]．北京：中国石化出版社，2001，1~25

2 宋文模．馏分油固定床加氢裂化失活催化剂的再生．加氢裂化装置首次技术交流会议文集[M]，炼油设计编辑部，1987，161~200

3 邹仁鋆．石油化工裂解原理与技术[M]．北京：化学工业出版社，1982

4 邹仁鋆．石油化工裂解原理与技术[M]．北京：化学工业出版社，1982

5 石油化工干部管理学院组织编写．加氢催化剂、工艺和工程技术(试用本)[M]．北京：中国石化出版社，2003，316~326

6 姚国欣，刘伯华，廖健．生产最大量中馏分油加氢裂化技术．加氢裂化协作组第三届年会报告论文集[M]．加氢裂化协作组．中国石化抚顺石油化工研究院，1999，61~90

7 镇海炼化股份公司炼油厂．加氢裂化装置 1994~1995 年生产技术总结．加氢裂化协作组第二届年会报告论文集[M]．中国石化总公司加氢裂化协作组，炼油设计编辑部，1997，188~195

8 姚德．51kt/a 润滑油临氢降凝装置开工试车[J]．新疆石油科技，1996，6(2)：67~71

9 杨仕铭．1Mt/a 中压加氢改质装置投产技术分析[J]．石化技术，1999，6(2)：72~77

10 刘谦，李英玉，史振国，等．MCI 工艺技术的工业应用[J]．炼油设计，2000，30(1)：6~8

11 柴海．重油悬浮床加氢裂化技术试验进展[J]．当代化工，2008，37(5)：487~489
12 李立权．渣油加氢技术的工程化发展方向[J]．炼油技术与工程，2014，44 (12) 1~6
13 李立权．加氢技术的最新进展及分类探讨[J]．石油与天然气化工，2002，31(3)：116~120
14 [法] J. F. 勒巴日等著．李宣文，黄志渊译．接触催化[M]．北京：石油工业出版社，1984
15 Thi Chang. Special report：Worldwide refining capacity [J]. Oil and Gas Journal，2000，98(51)：56~90
16 王松汉主编．石油化工设计手册第3卷[M]．北京：化学工业出版社．2002，142
17 阮徐诏，仉家骅．工业管道泄漏防治[M]．北京：冶金工业出版社，1988
18 王松汉主编．石油化工设计手册第3卷[M]．北京：化学工业出版社．2002
19 石油化工干部管理学院组织编写．加氢技术(1)[M]．北京：石油化工干部管理学院，1999，1~31，179~374
20 李立权．白油及白油生产技术[J]．润滑油．2003，18(4)：1~6
21 水天德主编．现代润滑油生产技术[M]．北京：中国石化出版社，1997
22 李立权．润滑油加氢脱蜡技术进展[J]．润滑油，2000，15(1)：22~25
23 胡永康，曾榕辉，关明华．我国加氢裂化技术的发展与思考．加氢裂化协作组第五届年会报告论文集[M]．中国石化中国石油加氢裂化协作组．中国石化抚顺石油化工研究院，2004，44~56
24 《抚顺烃加工技术》编辑部．渣油加氢处理技术[M]．抚顺石油化工研究院，2004，11~52
25 侯芙生．提高加氢裂化整体水平 迎接21世纪石化工业更大发展．加氢裂化协作组第二届年会报告论文集[M]．中国石化总公司加氢裂化协作组．炼油设计编辑部，1997，1~7
26 胡尧良．抓住机遇 加快加氢裂化技术的发展．加氢裂化协作组第二届年会报告论文集[M]．中国石化总公司加氢裂化协作组．炼油设计编辑部，1997，8~14
27 山红红．洛阳石化工程公司研究生讲义《现代石油加工技术》．石油大学(华东)化学化工学院，2001，1~32
28 经济日报．我国能源安全与可持续发展，2004-08-17
29 曹湘洪．中国炼油与石化工业发展的战略思路 [J]．当代石油化工．2005，13(1)：4~6
30 朱和．2004年国内外石油石化风云回眸[J]．当代石油化工．2005，13(1)：18~20
31 韩鸿，祖德光，石亚华等．国内外润滑油异构脱蜡技术[J]．润滑油，2000，18(3)：1~5
32 Michael G. Hunter，David A. Pappal. Moderate Pressure Hydrocracking：A Profitable Conversion Alternative [C]. NPRA Annual Meeting，San Antonio，Texas，1994，AM-94-21
33 P. Dufresne. et al. Mild Hydrocracking：A Process between Hydrotreatment and Hydrocracking. American Chemical Society TORONTO Meeting，1988

第二章 进料及产品

2.1 概述[1~3]

加氢裂化可加工的原料油从石脑油到页岩油、煤焦油及渣油。不同的原料可以得到不同的产品。原料与产品的关系见表2-1。

表2-1 原料和产品的关系

原 料	产 品
直馏石脑油	液化石油气
二次加工石脑油	溶剂及稀释剂
直馏煤油	石脑油
直馏柴油	石脑油或石脑油、煤油
催化裂化轻循环油	灯油或石脑油
催化裂化重循环油	轻柴油或导热油或石脑油、煤油、柴油
直馏瓦斯油	汽油或轻重石脑油、煤油或轻重石脑油、煤油、柴油
减压馏分油	汽油或轻重石脑油、煤油或轻重石脑油、煤油、柴油或轻重石脑油、煤油、柴油、白油或轻重石脑油、煤油、柴油、白油、乙烯料(或润滑油基础油料或催化原料)
焦化轻瓦斯油	石脑油或石脑油、煤油
焦化重瓦斯油	石脑油、煤油或石脑油、煤油、柴油
热裂化瓦斯油	炉用油或石脑油、煤油或石脑油、煤油、柴油
焦化蜡油	石脑油、煤油、乙烯料(或催化原料)或石脑油、煤油、柴油、乙烯料(或催化原料)
脱沥青油	灯用煤油或取暖用油或轻、重石脑油、煤油、柴油、润滑油基础油料(或低硫燃料油)
常压渣油、减压渣油及催化油浆	轻、重石脑油、煤油、柴油、催化原料(或低硫燃料油)或轻、重石脑油、煤油、柴油、减压馏分油、催化原料(或低硫燃料油)
页岩焦油	煤油、柴油(或焦化原料油)
煤焦油	煤油、柴油或石脑油、乙烯料

表2-1所列只是一般关系，也可根据目的产品的不同、炼油厂原油实际加工状况及炼油厂装置组成将几种原料混合使用，生产一种或多种产品。

当然，原料和产品的关系随着技术的发展，也在不断的变化中。加氢裂化由于有氢气和催化剂的同时作用，其加工的原料具有相当宽的范围，生产灵活性强，质量好。

近年来加氢裂化加工的原料逐渐变差、变重，馏分油加氢裂化加工的原料油主要为：减压馏分油、焦化蜡油、减黏蜡油、溶剂脱沥青油、催化裂化循环油；渣油加氢裂化加工的原料油主要为：常压渣油、减压渣油、溶剂脱沥青油、催化油浆；润滑油加氢裂化加工的原料油主要为：减压馏分油、溶剂脱沥青油、糠醛精制油、加氢裂化尾油。

由于受节能、环保和生物圈健康法规的驱动，21世纪的发动机燃料、润滑油及化工原料正朝着更加符合环保要求及高使用性能的清洁油料方向发展，以追求低硫、低烯烃和低芳烃含量和高异构化性能产品目标。所有这些都与原料、产品中的碳氢分配比例有关，也是加氢技术的发展内涵所在。

2.2 原料油

原料油性质一般指原料油的物理性质和化学性质。这些性质包括密度、馏程、

特性因数、相对分子质量、残炭、沥青质、烃族组成、硫含量、氮含量、金属含量、氢含量、黏度、黏度指数等。不同类型、生产不同目的的产品的加氢裂化关注不同的原料性质。

2.2.1 馏分油加氢裂化的原料油

加氢裂化原料油用的减压馏分油终馏点一般550℃，随着常减压装置的深拔，新设计的加氢裂化原料油终馏点限制值逐渐放宽到565℃。

1）减压馏分油。从表2-2可看出：我国原油减压馏分油硫含量低，氮含量较高；辽河、孤岛原油减压馏分油密度高，特性因数低于12。

表2-2　我国原油的减压馏分油性质[4-6]

项　目		大庆	胜利	鲁宁管输	中原	辽河	孤岛	任丘
密度(20℃)/(g·cm⁻³)		0.8564	0.8876	0.8676	0.856	0.9083	0.9353	0.8690
馏程/℃		350~500	350~500	350~520	350~500	350~500	370~500	350~500
康氏残炭/%		<0.1	<0.1	0.07	0.04	0.038	0.18	<0.1
硫含量/%		0.045	0.47	0.42	0.35	0.15	1.23	0.27
氮含量/%		0.068	<0.1	0.083	0.042	0.20	0.2	0.09
镍含量/(μg·g⁻¹)		<0.1	<0.1	0.3	0.2	0.06	1.33	0.03
钒含量/(μg·g⁻¹)		0.01	<0.1	0.02	0.01		0.22	0.08
氢含量/%		13.8	13.5	13.26		13.4		13.90
凝点/℃		42	39	44	43	34	21	46
运动黏度/(mm²·s⁻¹)	50℃		25.26		14.18			17.94
	100℃	4.6	5.94	4.75	4.44	6.88	11.36	5.30
相对分子质量		398	382	360	400	366		369
特性因数 K		12.5	12.3		12.5	11.8	11.5	12.4
族组成/%	饱和烃	86.6	71.8	34.5	80.2	71.6		80.9
	芳烃	13.4	23.3	22.9	16.1	24.42		16.5
	胶质	0.0	4.9	2.6	2.7	4.0		2.6
占原油/%		26~30	27		23.2	29.7	22.2	34.9

可供我国炼油厂加工的国外原油的减压馏分油性质见表2-3。

表2-3　可供我国炼厂加工的国外原油的减压馏分油性质[3,7-8]

项　目	伊朗轻	伊朗重	沙特轻	沙特中	俄罗斯	科威特
密度(20℃)/(g·cm⁻³)	0.9027	0.9088	0.9037	0.9193	0.9075	0.9163

续表

项目			伊朗轻	伊朗重	沙特轻	沙特中	俄罗斯	科威特
馏程/℃								
初馏点			288	280	281	313	350	334
10%			347	348	345	373		381
50%			424	430	410	437		438
90%			494	504	480	488		517
95%			514	520	504	505		537
终馏点			536	537	529	525	530	551
运动黏度/($mm^2\cdot s^{-1}$)	50℃(65.5℃)		22.66	27.62	20.22	30.18		40.07
	100℃(98.9℃)		5.334	6.035	4.463	6.36		8.073
凝点(倾点)/℃			30	34	28	34		26
康氏残炭/%			0.11	0.16	0.06	0.06		0.03
酸值/($mgKOH\cdot g^{-3}$)			0.16	0.08	0.02	0.26		0.28
折射率 η_D^{70}(67℃)			1.4865	1.4907	1.4886	1.496		1.4965
硫含量/%			1.55	1.89	2.37	2.83	0.98	2.79
氮含量/($\mu g\cdot g^{-1}$)			1302	1724	671	920	1200	1000
碳含量/%			86.28	85.49	85.22	85.10		84.88
氢含量/%			12.04	12.45	12.33	11.98		12.23
BMCI			42.63	45.0	44.3	49.3	42.7	47.0
相对分子质量			334	332				
金属含量/($\mu g\cdot g^{-1}$)		铁	1.0	1.49				
		镍	0.05	0.01				
		铜	0.02	0.49				
		钒	0.20	0.07				
		铅	0.29	0.12				
		钠	<0.01	0.03				
特性因数			11.83	11.78	11.76	11.70		
总链烃/%			21.5	19.0	22.5	17.7	16.0	17.6
环烷烃/%			36.1	33.6	28.5	29.1	32.6	28.4
其中		一环	9.2	8.3	8.5	6.4		7.1
		二环	8.6	7.6	7.6	6.3		6.2
		三环	7.0	6.8	5.9	7.3		7.0
		四环	7.8	7.4	4.5	6.1		5.3
		五环	3.5	3.5	2.0	2.3		2.2
		六环		0.0	0	0.7		0.6
总芳烃/%			39.9	45.1	47.8	51.4	44.5	52.6

续表

项 目		伊朗轻	伊朗重	沙特轻	沙特中	俄罗斯	科威特
其中	一环	13.6	14.5	16.8	15.5		16.0
	二环	8.9	9.9	9.6	9.8		9.3
	三环	4.9	5.7	5.2	6.1		6.0
	四环	2.8	3.3	3.0	3.7		3.5
	五环	1.3	1.7	1.4	2.0		2.1
	总噻吩	5.6	6.4	10.0	10.0		9.3
	未鉴定芳烃	2.8	3.6	1.8	4.3		6.4
胶质/%		2.5	2.3	1.2	1.8		1.4

2）催化裂化循环油。催化裂化循环油一般分轻循环油和重循环油，重循环油中含有大量重质芳烃，经溶剂抽提后，芳烃可综合利用，将抽余油作为催化裂化原料，催化裂化的轻油收率、产品质量和经济效益会有所改善；轻循环油由于硫、氮含量高，十六烷值低，芳烃含量高，可部分掺入减压馏分油中作为加氢裂化装置的原料。循环油性质见表2-4。

表2-4 我国炼油厂典型的催化裂化轻循环油性质[9]

项 目	大庆减压馏分油	辽河减压馏分油掺25%焦化流出油	管输减压馏分油掺34%减压渣油	中原常压渣油	大庆减压馏分油掺85%减压渣油
密度/(g·cm^{-3})	0.8649	0.9172	0.9276	0.8716	0.8768
凝点/℃	-3	-4	-2.5	+2	-1
闪点/℃	89	84	94	84	73
胶质/(mg·100cm^{-3})	28	92.2	260.8	41	560
硫含量/%	0.10	0.184	0.83	0.46	0.16
氮含量/(μg·g^{-1})	300		1400		1300
馏程/℃					
初馏点	194	211	214	190	158
10%	223	242	241	226	211
50%	274	298	282	267	275
90%	335	345	341	326	373
终馏点		382	358	344	395
十六烷值	41	18.9	24.8	~40	34.5

催化裂化原料掺入渣油后，使得催化裂化轻循环油硫、氮含量增加，颜色变深、胶质增加、十六烷值下降及安定性变差。见表2-5。

表2-5 鲁宁管输油掺炼减压渣油催化裂化轻循环油性质[5,10]

催化裂化原料	减压馏分油	+10%减渣	+25%减渣	+30%减渣
密度/(g·cm^{-3})	0.8659	0.8667	0.8751	0.8870
馏程/℃				
初馏点	197	212	185	190
10%	228	224	224	231
50%	274	269	268	281

续表

催化裂化原料	减压馏分油	+10%减渣	+25%减渣	+30%减渣
90%	324	322	328	332
终馏点	339	337	344	347
硫含量/%		0.20	0.54	0.62
氮含量/($\mu g \cdot g^{-1}$)	520	500	780	1200
十六烷指数	38.5	38.0	32.5	30.0
沉渣/($mg \cdot 100cm^{-3}$)		0.99	0.37	0.066
胶质/($mg \cdot 100cm^{-3}$)		17.6	62.6	204.6
透光率/%		58.8	3.9	2.2

3) 焦化蜡油。焦化蜡油(CGO)含有相当多的烯烃、芳烃和硫、氮等杂质，一般不单独作为加氢裂化装置的原料，但可部分掺入减压馏分油中作为加氢裂化装置的原料。CGO 性质见表 2-6。

表 2-6　几种原油减压渣油延迟焦化 CGO 性质[5]

项　目		大庆	胜利	鲁宁管输	辽河
相对密度 d_4^{20}		0.8763	0.9178	0.8878	0.8851
馏分/℃	初馏点		323	290	311
	10%	342	358	337	332
	50%	384	392	387	362
	90%	442	455	486	411
	终馏点		494	503	447
凝点/℃		35	32	30	27
苯胺点/℃			77.5		77.3
康氏残炭/%		0.31	0.74	0.33	0.21
元素分析/%	碳	85.51	85.48	86.62	87.07
	氢	12.38	11.46	12.38	11.90
	硫	0.29	1.20	0.6	0.26
	氮	0.37	0.69	0.40	0.52
运动黏度/($mm^2 \cdot s^{-1}$)	80℃	5.87	8.13	6.60	
	100℃		5.06		3.56
相对分子质量		323			316
金属含量/($\mu g \cdot g^{-1}$)	镍	0.3	0.5		0.3
	钒	0.17	0.01		0.01
族组成/%	饱和烃			64.5	60.0
	芳烃			29.8	33.9
	胶质			5.7	6.1

从表 2-6 可看出：CGO 氮含量比原油 VGO 高好几倍，作为加氢裂化装置的原料时，掺入比例一般小于 10%。

4) 脱沥青油。溶剂脱沥青是渣油深度加工的一种预处理手段，主要产品为脱沥青油(DAO)和沥青，DAO 可掺入减压馏分油中作为馏分油加氢裂化装置的原料，也可单独作为润滑油加氢裂化装置的原料。

采用不同溶剂的 SOLVAHL 法 DAO 性质见表 2-7。

表 2-7 采用不同溶剂的 SOLVAHL 法 DAO 性质[5,11]

项目		C_3 脱沥青油		C_4 脱沥青油		C_5 脱沥青油	
		沙特轻质	沙特重质	沙特轻质	沙特重质	沙特轻质	沙特重质
相对密度 d_4^{20}		0.9330	0.9399	0.9598	0.9647	0.9748	0.9820
元素分析/%	硫	2.1	2.7	2.8	2.6	3.2	4.2
	氮	0.088	0.086	0.143	0.144	0.198	0.160
碱性氮/%		0.025	0.031	0.035	0.049	0.045	0.057
康氏残炭/%		2.5	2.6	5.6	5.3	11	9.4
金属含量/($\mu g \cdot g^{-1}$)	镍	<2	0.7	<2	1.7	2	2
	钒	0.3	0.9	2.4	3.9	9	16
族组成/%	饱和烃	40.4	26.8	24.1	17.5	20	
	芳烃	56.8	69.3	71.6	75.8	72	
	胶质	2.8	3.9	4.3	6.7	8	
	C_7 不溶物	<0.05	<0.05	<0.05	<0.05	<0.05	<0.05

胜利和中原减压渣油超临界丁烷 DAO 性质见表 2-8。

表 2-8 胜利和中原减压渣油超临界丁烷 DAO 性质[5,12]

项目		胜利 DAO	中原 DAO
相对密度 d_4^{20}		0.934	0.9076
运动黏度(100℃)/($mm^2 \cdot s^{-1}$)		50	41
康氏残炭/%		4.5	4.68
C_7不溶物/($\mu g \cdot g^{-1}$)		<0.05	
金属含量/($\mu g \cdot g^{-1}$)	镍	12	1.7
	钒	<2	

5）原料限制及措施。一般情况下加氢裂化对原料限制性很小，可以通过调整催化剂、改变操作条件、改造工艺流程、改造或更换设备、降低装置运转周期来实现产品要求。通常所说的对原料的限制或选择合适原料的目的是为了延长装置运转周期、提高目的产品收率和质量、减少设备腐蚀，达到提高装置经济性和安全性的目的。

加氢裂化装置原料油的典型控制项目和指标见表 2-9。

表 2-9 原料油的典型控制项目和指标[1-3]

项目	单位	正常	最大
水	$\mu g \cdot g^{-1}$	<200	<500
固形物	$\mu g \cdot g^{-1}$	<20	<25
氯	$\mu g \cdot g^{-1}$	<1	<2
硫	%	0.5~3.0	

续表

项　目		单位	正常	最大
氮		μg · g^{-1}	500~2000	
铁		μg · g^{-1}	<1	<2
铜+钒+镍		μg · g^{-1}	<2	<3
终馏点	减压馏分油	℃	<565	<573
	焦化、减黏蜡油	℃	<500	<510
	催化裂化循环油	℃	<355	<385
C_7不溶物		μg · g^{-1}	<200	<500
康氏残炭		%	<2	<5

加氢裂化装置原料油控制项目的意义及生产中应采取的措施：

(1) 水。

① 来源：

(a) 采用注水、注蒸汽方式开采的原油；

(b) 生产过程中的注水洗涤；

(c) 水溶性化学药剂的注入；

(d) 汽提蒸汽产生的水；

(e) 催化剂在生产、运输、装填过程中吸收的水分、加氢裂化反应过程产生的水、循环氢的胺液脱硫、水蒸气转化制氢提供的补充氢带入的水分。

② 危害：

(a) 低浓度的气态水蒸气与催化剂接触，对催化剂活性影响较小；

(b) 如果以液态水或高浓度水蒸气与催化剂接触，将会造成催化剂上的金属聚集、晶体发生变化及外形改变；

(c) 400℃水蒸气存在下也能造成金属流失，如 Mo 通过 $MoO_2(OH)_2$挥发，钴或镍和氧化铝反应形成尖晶石。

③ 措施：

(a) 加氢裂化原料罐采用惰性气体密封和保护(如：高纯度氮气)；

(b) 加强工厂加氢裂化原料罐的沉降脱水并及时排放；

(c) 原料进入加氢裂化装置后增设脱水罐，水的排放采用自动控制，脱水罐可采用上进上出，满罐操作；

(d) 增设原料油聚结器、循环氢聚结器，脱除少量游离水，减少溶解水；

(e) 精心操作，完全杜绝误操作将水打入反应器。

(2) 固形物、铁、铜、钒、镍等金属杂质。

① 来源：

(a) 原油固有的悬浮无机物；

(b) 油溶性盐(如环烷酸铁)和络合物(铁卟啉)；Filby 分析了加利福尼亚原油的金属分布，得出沥青质含铁量是原油含铁量的 12 倍，见表 2-10；

(c) 原油固有的非油溶性的微小固体颗粒；

(d) 上游装置生产产生的腐蚀产物(如硫化铁、氯化铁);

(e) 上游装置携带的焦粉、催化剂粉末等;

(f) 装置在生产建设期间，残留在设备、管道内的施工物质(如：螺栓、螺帽、阀片、垫片、油泥等)和生活物资(如：牙刷、牙膏、饭盒、筷子等);

(g) 生产期间，焊接物资的脱落、腐蚀产生的铁锈、硫化铁、氯化铁等。

表 2-10　原油及组分中金属元素分配状况[13~14]

金属元素/(μg·g^{-1})	原油	甲醇可溶物	胶质	沥青质
铁	73.1	1.95	65.4	895.0
镍	93.5	7.21	147.0	852.0
钒	7.5	0.82	12.4	61.6
汞	21.2	0.686	29.6	140.0
钴	12.7	0.8	10.7	122.0
锌	9.32	0.74	8.86	109.0

原油固有的铁与常减压装置馏分油铁含量对比见表 2-11。

表 2-11　实沸点切割与常减压装置铁含量对比[15]

实沸点蒸馏	馏分/℃	350~410	410~480	480~500	>500
	铁/(μg·g^{-1})	0.784	0.109	0.333	14.2
常减压蒸馏	馏分/℃	180~437	330~492	305~529	
	铁/(μg·g^{-1})	5.73	4.43	8.68	

② 危害：

(a) 损害设备(如：泵的机械密封、过滤器的滤网、聚结器的滤芯等);

(b) 具有黏结和固化催化剂的性质，使催化剂永久性中毒;

(c) 增加系统压降，导致蒸汽、电、燃料消耗增加，加工能耗增加;

(d) 堵塞催化剂床层，缩短装置运转周期。

③ 措施：

(a) 常减压装置减压塔内件、减压转油线、减压炉出口管、减压侧线等高温、相变部位和易冲刷部位选用或更换耐腐蚀材质;

(b) 采用脱盐方式，将原油中的碱金属或碱土金属(如钾、钠)大部分脱除，以无机盐的形式溶于水而除去;

(c) 原油螯合剂脱铁、溶剂萃取脱金属及磁分离技术脱铁;

(d) 严格控制原料终馏点，减少金属含量;

(e) 尽可能采用热进料，除减少能量损失外，也可减少过程铁的数量;

(f) 设置原料油自动反冲洗过滤器，脱除原料中 20~25μm 的固体颗粒，并加强管理，生产中不允许将原料油自动反冲洗过滤器旁路掉;

(g) 原料油中间罐、缓冲罐采用惰性气体保护，防止生成胶质等聚合物;

(h) 加强施工管理，严把施工质量关，坚决杜绝将施工物质和生活物资残留在设备、管道内;

(i) 管线焊接完后，每段管线均应打靶处理，直到打靶试验符合标准；

(j) 催化剂顶部床层的撇头处理；

(k) 采用加保护剂并分级装填技术，扩大催化剂的容垢能力，降低床层堵塞；

(l) 应用高金属容量催化剂，提高催化剂抗堵塞能力；

(m) 加抗垢剂，增加硫化铁颗粒之间的吸引力，促使聚集形成球体，从而破坏连续的沉积层，再现床层空隙。

(3) 氯(包括有机氯和无机氯)。

① 来源：

(a) 原油固有的氯；

(b) 原油开采时加入的含氯脱蜡剂在常减压分馏过程分解形成的氯，并进入馏分油；

(c) 油田可能使用的驱油剂、破乳剂、降黏剂、解堵剂、防堵剂等化学品中可能含氯；

(d) 常减压装置"一脱四注"带入的氯。

② 危害：

(a) 可引起不锈钢换热设备应力腐蚀裂纹；

(b) 与 NH_3 反应形成 NH_4Cl 盐，在低温部位沉积，堵塞和腐蚀反应流出物低温部位的换热器、高压空冷器和水冷器；

(c) 在催化剂床层沉积使床层压降升高。

③ 措施：

(a) 要求原油开采时，尽量使用不含氯的化学品；

(b) 严格常减压装置的操作管理；

(c) 提高加氢裂化装置设备材料等级；

(d) 加强反应流出物 NH_4Cl 盐析出部位的注水。

(4) 硫。

① 形态：

硫醇类 RSH、二硫化物 RSSR′、硫醚类 RSR′及杂环硫化物(噻吩、苯并噻吩、二苯并噻吩、萘苯并噻吩及其烷基衍生物)。

② 来源：

原油固有的硫(含硫量<0.5%：低硫原油；含硫量 0.5%~2.0%：含硫原油；含硫量>2.0%：高硫原油)。

可供我国炼油厂加工的国内外主要原油减压馏分油的硫含量见表 2-12。

表 2-12　减压馏分油的硫含量[16~17]

原　油	馏分/℃	硫含量/%
大庆	350~520	0.08
辽河	350~500	0.23
胜利	350~500	0.56
华北	350~500	0.37
中原	350~500	0.42
北疆	350~500	0.08

续表

原　油	馏分/℃	硫含量/%
沙特阿拉伯轻质	360~565	2.48
沙特阿拉伯中质	360~565	3.01
沙特阿拉伯重质	360~565	2.85
伊朗轻质	360~565	1.95
伊朗重质	360~565	2.00
科威特	360~565	3.27

从表2-12可看出，相同馏分情况下，我国原油减压馏分油硫含量低。

③ 危害：

(a) 高温 H_2S 腐蚀：硫加氢生成的 H_2S 对以碳钢或低铬钢制造的设备，在操作温度高于204℃，腐蚀速率随温度升高而增加；当与氢共存时，腐蚀更剧烈和严重；

(b) $H_2S-NH_3-H_2O$ 型腐蚀：腐蚀发生的温度范围38~204℃，多发生在高压空冷器的高流速、湍流区及管束入口或转弯等死角部位；

(c) 与 NH_3 形成 NH_4HS 盐，在低温换热器、高压空冷器结晶，导致管子结垢或堵塞。

(d) 同一装置硫含量变化对催化剂性能选择有影响，从而影响产品质量；

(e) 硫加氢生成的 H_2S 对加氢脱硫具有很强的抑制作用，能降低HDS性能而加速C—N键氢解，当 $\frac{P_{H_2S}}{P_{H_2}} > 10^{-4}$ 时，即成为催化剂的抑制剂；

(f) H_2S 对所有加氢饱和活性都有一定的阻抑作用，对纯芳烃饱和反应其阻抑作用相当明显；

(g) 降低反应系统氢分压；

(h) 高温硫化氢腐蚀设备生成的硫化铁与水及氧反应，可使奥氏体不锈钢产生连多硫酸应力腐蚀开裂(一般为晶间裂纹)。

④ 措施：

(a) 对高温 H_2S 的腐蚀可根据美国腐蚀工程师学会推荐的Couper曲线及装置实际情况进行选材，确定合适的材料及腐蚀速率；

(b) 对 $H_2S-NH_3-H_2O$ 型腐蚀及对管子的结垢或堵塞，应遵守高压空冷器的设计、制造、生产原则；

(c) 在原料硫含量范围确定以后，可通过选择催化剂型号或重新设计催化剂金属组分、最佳原子比、金属含量、催化剂孔结构、酸度、助剂及含量来达到产品要求；

(d) 设置循环氢脱硫设施，降低反应器的硫化氢含量，抑制 H_2S 降低HDS性能及加速C—N键氢解；

(e) 对奥氏体不锈钢的连多硫酸应力腐蚀可采取的措施：

a. 材料设计：可选用超低碳型(C≤0.03%)或稳定性的不锈钢(如：SUS321、SUS347)、奥氏体+铁素体双相不锈钢、铁素体不锈钢等；

b. 结构设计：应避免应力集中；在制造上要消除或减少冷加工和焊接引起的残余应力；

c. 生产：应缓和环境条件，根据实际制订不同的停工方案，如：用1.5%~2.0%浓度的碳酸钠溶液进行中和清洗、用氮气密封反应系统等。

(5) 氮。

① 形态：苯胺、吡咯、吲哚、咔唑、吡啶、喹啉、啶、苯并啶及二苯并啶。

② 来源：原油固有的氮。

可供我国炼油厂加工的国内外主要原油减压馏分油的氮含量见表 2-13。

表 2-13 减压馏分油的氮含量[16~17]

原 油	馏分/℃	氮含量/%
大庆	350~520	0.04
辽河	350~500	0.19
胜利	350~500	0.09
华北	350~500	0.4
中原	350~500	0.06
北疆	350~500	0.09
沙特阿拉伯轻质	360~565	0.055
沙特阿拉伯中质	360~565	0.07
沙特阿拉伯重质	360~565	0.076
伊朗轻质	360~565	0.16
伊朗重质	360~565	0.137
科威特	360~565	0.115

从表 2-13 可看出：相同馏分情况下，我国原油减压馏分油氮含量高(伊朗轻重质原油减压馏分油除外)。

③ 危害：

(a) 有机氮化物在加氢裂化催化剂上吸附速度快，强度大，而脱附速度慢，对加氢裂化催化剂的抑制作用具有累计性；

(b) 氮对加氢裂化催化剂有很强的抑制作用；据 Chevron 公司介绍，原料油的氮含量每增加 500μg · g^{-1}，加氢裂化催化剂的活性损失 5.6~8.3℃，寿命缩短 6~12 个月[18]。

(c) 有机氮化物和氨的存在会提高加氢裂化反应对氢分压的依从性；

(d) 有机氮化物和氨的存在使加氢裂化反应偏离正碳离子反应，导致产品分布发生变化。

(e) 氮化物对烯烃的加氢饱和反应有较强的抑制作用；

(f) 降低了加氢精制催化剂的活性。据 Chevron 公司介绍，原料油的氮含量每增加 500μg · g^{-1}，加氢精制催化剂的活性损失 8.3~11.1℃，寿命缩短 6~12 个月[18]。

④ 措施：

(a) 对加氢精制催化剂，提高反应温度，以适应下游工序要求；

(b) 对加氢裂化催化剂，降低酸性，提高催化剂的抗氮能力；

(c) 原料先经加氢精制脱氮，然后再进裂化反应器；

(d) 采用两段加氢裂化工艺；

(e) 加强注水，降低循环氢中氨的累计。

裂化反应器进料氮含量与反应温度的关系见表 2-14。

表 2-14　裂化反应器进料氮含量与反应温度的关系[19]

氮含量/(μg·g^{-1})	催化剂 A	催化剂 B
<10	T1	T2
20~50	T1+5~20	T2+4
50~100	T1+10~25	T2+9

(6) 终馏点、C_7不溶物、康氏残炭。

① 来源：

(a) C_7不溶物、康氏残炭：

a. 原油的固有性质；

b. 上游加工装置的携带；

c. 二次加工装置产生的不饱和烃缩合。

(b) 高终馏点：上游加工装置控制的切割点高或分离精度差。

从表 2-15 可看出：相同馏分情况下，每种原油减压馏分油残炭值相差较大。

表 2-15　减压馏分油的残炭值[16~17]

原　油	馏分/℃	残炭值/%
大庆	350~520	0.02
辽河	350~500	0.11
胜利	350~500	0.03
华北	350~500	0.01
中原	350~500	0.04
北疆	350~500	0.11
沙特阿拉伯轻质	350~500	0.08
沙特阿拉伯中质	350~500	0.08
沙特阿拉伯重质	350~500	0.15
也门	350~500	0.06
阿曼	350~500	0.02
伊朗轻质	350~500	0.04
伊朗重质	350~500	0.07
科威特	350~500	0.02

② 危害：

(a) 终馏点高，黏度增大，原料分子在床层的流动和催化剂颗粒间的传质扩散阻力增大，反应速度减慢；

(b) 高终馏点、高黏度原料在传热设备中的流动性能差，传热设备效率低，加热炉负荷增加；

(c) C_7不溶物含量高、康氏残炭高，极易在催化剂活性中心上吸附的多环芳烃、稠环芳烃(PAH)含量高，而其本身或部分加氢的产物又难于脱附，在一定条件下发生脱氢缩合反应，可形成卵苯、晕苯类物质，进一步缩合生成焦炭类物质，使催化剂加速失活；

沙轻 VGO 终馏点 537.2℃时，反应物中晕苯含量约 30μg·g^{-1}，卵苯含量约 10μg·g^{-1}。VGO 终馏点增加到 573.3℃后，晕苯含量增到 75μg·g^{-1}，卵苯含量增加到 60μg·g^{-1}，结焦几率大幅增加。

Union Oil 认为开始生成 PAH 和必须排放循环油的不同原料油终馏点温度见表 2-16。

表 2-16 原料油终馏点与生成 PAH 的关系[20]

原料油种类	开始生成 PAH 的终馏点温度/℃	必须排放循环油的终馏点温度/℃
VGO	440.6	548.9
CGO	398.9	510
LCO	354.4	385

(d) 常规加氢裂化条件下，无法使沥青质加氢饱和，多环芳烃、胶质虽具有可加氢性，但增加了加氢难度，当催化剂酸性适当，孔分布集中和比表面较大时，有利于脱残炭反应；

(e) 稠环芳烃在加氢裂化反应流出物中析出固体结晶，可造成系统压降增大、高压空冷器堵塞。

③ 措施：

(a) 对不同来源的进料(减压馏分油、焦化蜡油、减黏蜡油、溶剂脱沥青油、催化裂化循环油)控制不同的终馏点；

(b) 常减压装置采用高效塔内件(塔盘、填料、分配器)、足够的理论板、合适的回流比、高真空、较低的加热炉出口温度，以提高分馏效率、减少组分重叠、降低油品裂解；

(c) 二次加工油品必须进入带有惰性气密封(如：氮气)的中间罐和加氢裂化原料罐；

(d) 减压馏分油尽可能进入带有惰性气密封(如：氮气)的中间罐，必须进入带有惰性气密封(如：氮气)的加氢裂化原料罐；

(e) 采用热高压分离流程，避免稠环芳烃在加氢裂化反应流出物空冷器堵塞；

(f) 可采用三种方式降低循环油中的稠环芳烃含量：直接排部分尾油、采用二次减压后排少量富集稠环芳烃的尾油、采用吸附罐脱除部分稠环芳烃。

(g) 采用高氢分压、低空速的加氢裂化装置加工高终馏点、较多 C_7 不溶物和康氏残炭的原料。

(h) 加抗垢剂，降低稠环芳烃在加氢裂化反应流出物空冷器的析出。

2.2.2 渣油加氢裂化的原料油

从表 2-17、表 2-18 可看出，常压渣油和减压渣油相比，不论硫含量、氮含量、残炭值、金属含量、沥青质及黏度，均有明显增高；国外常压渣油和减压渣油与国内常压渣油和减压渣油相比，硫含量、氮含量、残炭值、金属含量、沥青质及黏度成倍增长。

表 2-17 国产原油的常压渣油和减压渣油性质[17]

原 油		大庆		辽河		胜利①		华北	
馏分/℃		>350	>520	>350	>500	>350	>500	>350	>500
相对密度/(g·cm^{-3})	20℃	0.8875	0.9158	0.9805	0.995	0.9227	0.974	0.9216	0.9947
	70℃	0.8562	0.8860	0.9500	0.965	0.8902	0.9433	0.889	0.9647

续表

原油		大庆		辽河		胜利①		华北	
元素分析/%	碳					85.93	86.2		
	氢					12.2	11.49		
	硫	0.15		0.31	0.41	0.83	1.48	0.82	0.35
	氮	0.2	0.19	0.50	0.70	0.54	0.64	0.75	
金属含量/($\mu g \cdot g^{-1}$)	钒	<0.1①	0.09		2.56	2.1	3.2	0.49	0.78
	镍	4.3①	6.67		111.0	25.6	50.31	19.74	35.43
运动黏度/($mm^2 \cdot s^{-1}$)	80℃	40.98	217.84			103.0	5173.5		
	100℃	22.93	100.12	207.0	1033.1		1286.2	50.62	431.0
凝点/℃		41	28	28	>60	42		48	
残炭/%		4.20	7.27	12.24	20.32	7.7	15.14	6.27	16.14

① 数据来自同种原油的其他评价数据。

表 2-18 可供我国炼厂加工的国外原油的常压渣油和减压渣油性质[17]

原油		沙轻		沙重		伊轻		伊重	
馏分/℃		>350	>500	>350	>500	>350	>500	>350	>500
相对密度/($g \cdot cm^{-3}$)		0.9551	1.0065	0.9848	1.1033	0.9512	1.0078	0.9663	1.0183
硫/%		3.20	3.80	4.32	5.3	2.32	2.78	2.73	3.5
金属含量/($\mu g \cdot g^{-1}$)	钒	36.7	64.7	122	207	119	252	166	304
	镍	10.5	19.2	38.5	68	36.4	70.8	51.9	90.3
凝点/℃		13	30①	18		12	48①	13	
残炭/%		8.6	16.3	14.05	23.64	9.09	18.32	11.17	19.99

① 数据来自同种原油的其他评价数据。

根据渣油原料的性质特点，需要采用不同的加工方案。见表 2-19。

表 2-19 不同原料渣油加氢裂化的处理措施[21]

原料油	性质	常压渣油或减压渣油	常压渣油或减压渣油	减压渣油	减压渣油
	镍+钒/($\mu g \cdot g^{-1}$)	<200	>200	>700	>700
	CCR/%	<10~20	20~25	20~25	20~25
反应器形式		固定床	移动床	沸腾床(膨胀床)	悬浮床(浆液床)

2.2.3 润滑油加氢裂化的原料油

利用馏分油生产润滑油基础油时，必须对原油馏分油的润滑油潜含量及其性质进行测试评价，为工业装置的实际利用提供依据。

一般情况下，见表 2-20 将减压馏分油经脱蜡、脱沥青和吸附分离所得的饱和烃(烷烃+环烷烃)与轻芳烃混合，视为该馏分的润滑油潜含量。

表 2-20 国产原油的润滑油潜含量及其性质[22~23]

项目	馏分油	脱蜡油	烷烃+环烷烃(P+N)	轻芳烃(轻 A)	中芳烃(中 A)	重芳烃(重 A)	胶质	P+N+轻 A	P+N+轻 A+中 A	P+N+轻 A+中 A+重 A
占原油/%	31	20.8	14.8	1.6	2.0	1.7	0.7	16.4	18.4	20.1

续表

项 目	馏分油	脱蜡油	烷烃+环烷烃(P+N)	轻芳烃(轻A)	中芳烃(中A)	重芳烃(重A)	胶质	P+N+轻A	P+N+轻A+中A	P+N+轻A+中A+重A
占原馏分/%	100	67	47.9	5.1	6.4	5.5	2.1	53.0	59.4	64.9
占脱蜡油/%		100	71.4	7.6	9.6	8.2	3.2	79.0	88.6	96.8
相对密度	0.8888	0.9033	0.8728	0.9144	0.9737	1.066	1.038	0.8732	0.8856	0.8956
凝点/℃	29	−25	−18	−21	−8	+10		−18	−20	−19
黏度/($mm^2 \cdot s^{-1}$)										
37.8℃			45.30					48.83	54.85	60.28
50℃	17.8	36.29	26.47	56.70	142.9	737.5		28.05	30.92	32.95
98.9℃			6.15					6.61	6.70	6.84
100℃	4.90	6.89	6.09	8.83	12.03	25.51		6.45	6.61	6.66
黏度指数		62	87	40	负值	负值		87	78	66
黏重常数		0.852	0.814	0.874				0.814	0.830	0.843
折射率		1.5010	1.4789	1.5070	1.5480	1.6319				
相对分子质量			410	352	340	268				

2.3 补充氢

补充氢的主要来源有：电解食盐、制氢装置产氢、化肥的排放氢、重整装置副产氢、富氢气体的深冷分离(或油吸收分离、吸附分离和扩散分离等)、渣油部分氧化产氢、无烟煤或焦炭间歇式水煤气发生炉造气、富氧气体连续煤粉沸腾床发生炉造气、鲁奇煤加压造气和乙烯副产氢。

1) 电解氢[24]。饱和食盐水通过电解，产生的氢气经提纯，除去微量 Cl_2、O_2、CO 与 CO_2，可得到纯度 99% 的工业氢、纯度 99.9% 的纯氢、纯度 99.99% 的高纯氢、纯度 99.999% 的超高纯氢，但由于能耗高，经济性差，只适用于小规模加氢裂化装置，如：实验室的小试装置或中试装置。

2) 制氢装置产氢。产氢方式：化学净化法(包括脱硫、水蒸气转化、高温变换、低温变换、G−V 法脱 CO_2、甲烷化)产氢和变压吸附法(包括脱硫、水蒸气转化、高温变换、PSA)产氢。

3) 重整装置副产氢。因工艺流程不同也有几种形式：半再生式、组合床及连续重整产氢。半再生重整装置氢气产率一般 2.8%~3.2%，连续再生重整装置氢气产率一般 3.9%~5.4%。

4) 加氢裂化装置补充氢的典型控制项目和指标，见表 2−21。

表 2−21 补充氢的典型控制项目和指标

项 目	单位	正常	最大
CO	$\mu g \cdot g^{-1}$	<10	<25
CO_2	$\mu g \cdot g^{-1}$	<10	<25
水	$\mu g \cdot g^{-1}$	没有游离水	
H_2	%	越高越好	
CH_4、C_2H_6、C_3H_8、C_4H_{10}、C_5H_{12}、N_2	%	越低越好	

(1) CO、CO_2危害：

① CO 可使催化剂暂时性中毒；CO_2起稀释作用，降低氢分压；

② CO 与催化剂含有的 Ni 或沉积在催化剂上的原料油中 Ni 反应形成四羰基镍。反应式为：$Ni+4CO \longrightarrow Ni(CO)_4$，温度越低越易生成 $Ni(CO)_4$，在相同温度及 CO 浓度下，压力越高越易生成；

③ CO 和 CO_2 与氢反应生成 CH_4 和 H_2O 时产生反应热，增加了催化剂床层的温升，消耗的 H_2 降低了循环氢的纯度，增加了加工费用，所产生的水还可能促使催化剂生焦率的增加；

④ CO 和 CO_2 对加氢催化剂脱氮活性的影响比裂化活性的影响更大一些。

（2）措施：

① 制氢装置设置甲烷化设施，尽可能转化掉 CO；

② 采用变压吸附或膜分离方法，提纯氢气。

2.4 补充水

加氢裂化装置补充水的主要来源有：脱盐水、脱氧水、酸性水汽提装置产生的净化水、加氢裂化装置分馏塔顶的凝结水。典型补充水的质量指标见表 2-22。

表 2-22 加氢裂化装置补充水质量指标 μg·g⁻¹

项　目	最大	正常	项　目	最大	正常
H_2S	1000	<100	O_2	0.015	<0.010
NH_3	1000	<100	Fe	1	<0.2

2.5 低分子烃

加氢裂化过程产生的低分子烃主要有：CH_4、C_2H_6、C_3H_8、i-C_4H_{10} 和 n-C_4H_{10}。

其特点为产率低、均为饱和烃，C_3H_8、i-C_4H_{10} 和 n-C_4H_{10} 含量远高于 CH_4 和 C_2H_6、i-C_4H_{10} 比 n-C_4H_{10} 含量高。

1）催化剂形式对低分子烃产率的影响。贵金属催化剂与非贵金属催化剂低分子烃产率的对比见表 2-23。

表 2-23 Chevron Isocracking 催化剂低分子烃产率对比[25]

项　目		ICR-210	ICR-209
金属		非贵金属	贵金属
产率/%	n-C_4H_{10}	基准	基准-2
	i-C_4H_{10}	基准	基准-1.5

不同活性、不同反应温度条件对低分子烃产率的影响见表 2-24。

表 2-24 Marathon Unicracking 装置低分子烃产率[26]

项　目		HC-18 石脑油方案	HC-28 石脑油方案	HC-28 喷气燃料方案
反应温度/℃		基准	基准-5.6	基准-11
产率/%	C_4H_{10}	基准	基准-4.4	基准-9.3
	C_5H_{12}	基准	基准-2.9	基准-4.1

2）转化率对低分子烃产率的影响。不同转化率对伊朗减压馏分油低分子烃产率的影响见表 2-25。

表 2-25 转化率对低分子烃产率的影响[27]

转化率		>350℃ 75%	>350℃ 100%	转化率		>350℃ 75%	>350℃ 100%
产率/%	CH_4	0.17	0.30	产率/%	$i\text{-}C_4H_{10}$	1.64	3.48
	C_2H_6	0.22	0.28		$n\text{-}C_4H_{10}$	0.90	1.63
	C_3H_8	1.09	1.94				

3）不同的分馏流程对液化气回收率的影响。加氢裂化分馏流程主要有：脱丁烷塔流程、脱戊烷塔流程、脱己烷塔流程及配套的轻烃吸收流程，不同分馏流程对液化气回收率的影响见表 2-26。

表 2-26 分馏流程对液化气回收率的影响

项　目	脱丁烷塔		脱丁烷塔+轻烃回收		脱戊烷塔	脱戊烷塔+轻烃回收
原料硫/%	1.978	3	1.978	3	2.14	3
压力/MPa	基准-2	基准	基准-2	基准	基准	基准+0.5
回收率/%	基准+7.8	基准	基准+65.1	基准+50.2	基准+64.9	基准+80.6

2.6 轻馏分油

一般指轻石脑油、重石脑油、溶剂油和汽油组分。

2.6.1 轻石脑油

轻石脑油的主要用途：作汽油调和组分、乙烯料及制氢原料。

（1）汽油调和组分：加氢裂化轻石脑油研究法辛烷值与马达法辛烷值相差较少，一般可达 80 左右，且具有较好的抗爆指数，可作为汽油调和组分。

轻石脑油作汽油调和组分时，由于蒸气压偏高，调入汽油中的数量有限。

（2）乙烯料：轻石脑油的饱和烃含量高(且主要为异构烷烃)，非烃类杂质极少，裂解焦油产率低，是理想的蒸汽裂解制乙烯原料。

从表 2-27 可看出，加氢裂化轻石脑油作蒸汽裂解制乙烯原料时，乙烯产率达 29.4%，三烯产率达 49.5%，裂解焦油(燃料油)只有 5%。

表 2-27 轻石脑油作蒸汽裂解制乙烯原料时的产品分布[28]

产品分布/%	加氢裂化轻石脑油	直馏轻石脑油	产品分布/%	加氢裂化轻石脑油	直馏轻石脑油
乙烯	29.4	25.5	丁烯	4.15	5.0
丙二烯	1.35	1.02	苯乙烯	1.05	0.9
丙烯	15.30	15.2	燃料油	5.0	3.6
丁二烯	4.80	5.25	三烯产率	49.5	46.0

（3）制氢原料：天然气、加氢干气、轻石脑油作制氢原料的产氢率、实际产氢量与理论产氢量之比与氢气纯度的关系见表 2-28。

表 2-28　制氢原料与氢气纯度的关系[29]

氢气摩尔分率/%	93	94	95	96	97	98	99	100
实际产氢量与理论产氢量之比/%	76.6	79.4	82.4	85.5	88.7	92.2	95.8	99.7
原料实际产氢量/($m^3 \cdot kg^{-1}$)								
天然气	4.29	4.45	4.61	4.79	4.97	5.16	5.36	5.58
加氢干气	4.22	4.37	4.54	4.71	4.89	5.08	5.28	5.49
轻石脑油	3.80	3.94	4.09	4.24	4.40	4.57	4.75	4.95

天然气、加氢干气、轻石脑油的氢碳比依次为 4.00、3.73、2.35；理论产氢量($m^3 \cdot kg^{-1}$)依次为 5.60、5.51、4.96。

2.6.2　重石脑油

重石脑油的主要用途：作汽油调和组分、乙烯料、重整原料。

Union oil 的研究表明：不论采用几段工艺流程、什么样的加氢裂化催化剂，原料与产品中石脑油环含量的关系为"多环进、多环出；少环进、少环出"。如果用特性因素 *K* 表示原料油中的环含量，则原料油 *K* 值低，所得石脑油中环烷和芳烃的含量较高；反之则环烷和芳烃的含量下降。由于加氢裂化的反应特点是基本不发生环化反应，同时异构化能力强，因此不能制取环数更多和正构烷烃较多的产品[2]。

以中原减压馏分油、富含芳烃的催化裂化轻循环油和减压馏分油与催化裂化轻循环油的混合油为原料，在反应压力为 6.5MPa、反应温度 389~390℃条件下，馏分范围 65~177℃的石脑油族组成见表 2-29。

表 2-29　原料与石脑油的族组成[28]

项　目		VGO	VGO：LCO=1：1	LCO
原料馏分范围/℃		350~450	200~450	200~300
石脑油/%	产率	28.6	32.9	34.0
	环烷+芳烃	46.0	54.3	60.2
	芳烃潜含量	44.8	53.0	57.2

(1) 汽油调和组分：重石脑油由于环状烃含量高，且与原料关系密切，特别是以催化裂化轻循环油为原料时，环状烃含量更高，而环状烃的辛烷值一般低于同碳数的异构烷烃，因此，重石脑油的辛烷值一般低于轻石脑油。

(2) 乙烯料：加氢裂化重石脑油由于环状烃含量较高，芳烃潜含量一般高于 50%，因此并非理想的蒸汽裂解制乙烯原料。见表 2-30。

表 2-30　重石脑油作蒸汽裂解制乙烯原料时的产品分布[28,30]

产品分布/%	1	2	3
乙烯	19.9	20.5	20.4
丙烯	12.0	11.6	12.6
丁二烯	4.0	3.9	9.95
燃料油	13.0		
三烯产率	35.9	36.0	42.95

(3) 重整原料：随着我国化纤工业的高速发展，重整原料的需求在急剧增长，加氢裂化是重整原料的理想来源。

从表2-31可看出，重石脑油的最小芳烃潜含量52.1%，且随着转化率的增加、循环馏分的变轻、芳烃潜含量减小，链烷烃含量增加。低转化率时，原料中的多环芳烃优先选择性破坏，高转化率时，未转化油中的烷烃进一步裂解，使重石脑油链烷烃含量增加，从而芳烃潜含量减小。

表2-31　不同操作方式对重石脑油产品收率和性质的影响[31]

项　目	单程转化	177~320℃50%循环	177~320℃全循环	>177℃全循环
重石脑油收率/%	31.0	41.0	52.0	66.0
重石脑油性质				
相对密度 d_4^{20}	0.7604	0.7580	0.7570	0.7560
链烷烃/%	35.4	39.4	41.5	44.8
环烷烃/%	53.0	50.5	49.7	47.6
芳香烃/%	11.6	10.1	8.9	7.6
芳烃潜含量/%	61.8	57.4	55.3	52.1

以高芳烃潜含量为目的产品的加氢裂化装置，宜采用直馏芳香基原料油或二次加工装置生产的LCO或CGO作为原料。

UOP在总结经验的基础上，对重整原料杂质要求的有关指标规定作了一些修改和补充，见表2-32。

表2-32　重整原料杂质指标[32]　μg·g⁻¹

杂　质	含　量	杂　质	含　量
硫	0.15~0.5	氮	≤0.5
氯化物	≤0.5	氟化物	≤0.5
水	≤2	砷	≤1
铅	≤1.0	铜	≤10
溶解氧	≤1.0	磷化物	≤0.5

一般情况下，加氢裂化装置所产重石脑油符合重整原料杂质要求，但加工含硫或高硫原油减压馏分油时，重石脑油出装置前一般需要增加精脱硫罐。

2.7　中馏分油

加氢裂化所产的中馏分油主要指：民用煤油、喷气燃料和轻柴油。民用煤油主要指灯用煤油和炉用煤油等产品。

2.7.1　灯用煤油

要求光度大、不冒烟、不结灯花。为满足此要求，要求硫含量<1000μg·g^{-1}、氢含量高、芳烃含量8%~15%，最好小于10%[2]。

以较多环状烃的大港VGO为原料，采用含分子筛的裂化催化剂、一次通过流程、不同氢分压的结果见表2-33。

表 2-33　加氢裂化典型煤油性质[33]

氢分压/MPa	14.7	8.3	6.4
煤油馏程/℃	165~260	165~240	165~240
密度(20℃)/(g·cm^{-3})	0.7901	0.8014	0.8180
冰点/℃	<-60	<-60	<-60
烟点/mm	32	22	16
芳烃含量/%	5.4	16.1	27.4

从表 2-33 可看出，随着氢分压的减小，油品中芳烃含量增加、烟点降低，因此用加氢裂化生产灯用煤油时，宜选择高氢分压。

2.7.2　炉用煤油

主要用于家庭炊事及取暖，性能要求与灯用煤油相当，但要求硫含量<500μg·g^{-1}，其中硫醇含量<10μg·g^{-1}。

以胜利 VGO：伊朗 VGO=4：1 的混合油为原料，在氢分压 14~15MPa 下，使用 3824 催化剂进行一段串联循环裂解的工业装置数据和 IFP 公司采用两段工艺流程加工阿拉伯 VGO 的工业运转数据见表 2-34。

表 2-34　加氢裂化典型煤油硫含量[34~36]

项　目		单段	两段	项　目		单段	两段
原料	相对密度 d_4^{20}	0.8927	0.907	产品煤油	总硫/(μg·g^{-1})	30	5
	硫/(μg·g^{-1})	5800	20000		硫醇/(μg·g^{-1})	3	

从表 2-34 可看出，无论单段循环流程还是两段流程，加氢裂化煤油均可满足炉用煤油要求。

2.7.3　喷气燃料

主要用于飞机燃油，要求具有良好燃烧性能和燃烧清洁性，烯烃虽然具有良好燃烧性能，但安定性差，容易生焦，要求其含量<3%；芳烃自燃点 450~700℃，燃烧延迟时间长，燃烧时具有较大烟焰，热辐射放出大部分化学能，易造成发动机结焦；芳烃还容易吸水，导致高空结冰，造成管路堵塞；因此要求其含量<20%。环烷烃或二环芳烃较单环芳烃产生更多炭烟子和辐射能，也不是理想组分。

以鲁宁管输原油 VGO 为原料，不同氢分压、不同转化率条件下的试验结果见表 2-35。

表 2-35　加氢裂化典型喷气燃料性质[37]

氢分压/MPa	14.4				6.37
转化率/%	39.6	50.9	59.4	70.2	73~76
煤油馏程/℃	177~260				180~260
密度(20℃)/(g·cm^{-3})	0.8245	0.8210	0.8111	0.8015	0.8055
冰点/℃	-59	-59	-61	-61	<-60
烟点/mm	27	29	31	33	21
芳烃含量/%	10.5	10.2	8.6	7.4	17.8

从表 2-35 可看出，相同馏分加氢裂化所产的喷气燃料随着转化率的增加，密度降低、冰点降低、芳烃含量减少、烟点提高。但随着压力降低，烟点减低，芳烃含量增加。

随着加氢裂化原料特性因数的增加，喷气燃料密度降低、烟点提高，见表 2-36。

表 2-36　加氢裂化原料的特性因数与喷气燃料性质的关系[38]

加氢裂化原料		喷气燃料（149~266℃）	
特性因数 K	$t_{50\%}$/℃	d_{15}^{15}	烟点/mm
11.90	485	0.8142	21.9
11.82	427	0.8128	22.5
12.42	433	0.7949	29.0
12.53	410	0.7870	35.6

2.7.4　轻柴油

主要用于柴油机车燃油。近年来随着环保法规要求的日益严格，对柴油硫含量、芳烃含量、密度、十六烷值、95%点等提出了严格的要求，而且不同国家、不同地区的要求不同，但总趋势是更加严格。

以大庆原油 VGO 为原料，不同转化率条件下的试验结果见表 2-37。

表 2-37　加氢裂化典型轻柴油性质[39]

转化率/%	22.1	33.9	48.4	60.6
密度（20℃）/（g · cm^{-3}）	0.8327	0.8220	0.8141	0.8108
凝点/℃	-19	-18	-19	-19
十六烷值	46	47	50	54

从表 2-37 可看出，相同馏分加氢裂化所产的轻柴油随着转化率的增加，密度降低、十六烷值增加。

随着加氢裂化原料特性因数的增加，倾点降低、密度降低。见表 2-38。

表 2-38　加氢裂化原料的特性因数与轻柴油性质的关系[38]

加氢裂化原料		轻柴油（266~343℃）	
特性因数 K	$t_{50\%}$/℃	d_{15}^{15}	倾点/℃
11.90	485	0.8304	-26
11.82	427	0.8241	-21
12.42	433	0.8132	-21
12.53	410	0.8017	-12

2.8　润滑油基础油

加氢裂化生产润滑油基础油或含蜡润滑油基础油的方式有：燃料型加氢裂化未转化油脱蜡后作润滑油基础油、润滑油馏分异构脱蜡（或催化脱蜡）生产润滑油基础油、馏分油加氢裂化生产含蜡润滑油基础油及馏分油加氢裂化+异构脱蜡（或催化脱蜡）生产润滑油基础油（见表 2-39）。

表 2-39 加氢裂化+催化脱蜡生产的润滑油基础油性质[40]

项 目		轻质中性油	中质中性油	重质中性油
API		34.3	32.5	31.1
黏度/($mm^2 \cdot s^{-1}$)	40℃	20.1	46.1	92.5
	100℃	4.04	6.71	11.1
黏度指数		97	98	104
倾点/℃		-25	-25	-25
闪点(COC)/℃		201	227	266

2.9 未转化油作乙烯料

蒸汽裂解制乙烯原料的一般要求[37]：氢碳比>0.14，BMCI<20，*K*>11.5，馏分终馏点<560℃，硫含量100~1000μg·g^{-1}，单环和双环环烷烃<50%，三环以上环烷<6%，烷基苯<10%，双环以上芳烃<2%，卵苯含量<40μg·g^{-1}，晕苯含量<15μg·g^{-1}[41~42]。

1）加氢裂化工艺条件对未转化油蒸汽裂解性能的影响[43]。

从表 2-40 可看出：对同一种原料油，在维持转化深度基本相同的前提下，其他工艺条件的变化对未转化油性质的影响并不明显，而转化深度的变化则会显著改变未转化油的性质。

表 2-40 加氢裂化工艺条件对未转化油性质的影响

工艺流程	单段一次通过				
原料油	伊朗 VGO				
体积空速/h^{-1}	0.92	0.92	0.72	0.72	0.72
氢油体积比	1240：1	1240：1	1240：1	1000：1	1000：1
反应总压/MPa	15.7	15.7	15.7	15.7	13.7
反应温度/℃	402	407	403	405	407
>350℃单程转化率/%(体)	~60	~70	~70	~70	~70
>371℃加氢尾油的 BMCI 值	12.94	10.7	9.9	10.7	10.9

从表 2-41 可看出：不论以孤岛 VGO 或中东 VGO 为原料，采用单段或一段串联工艺流程，转化率提高 10%左右，未转化油的 BMCI 值明显下降，链烷烃含量增加约 10%，环烷烃及芳烃含量相应降低。在相同裂解条件下，乙烯产率均提高约 1%。虽然提高转化深度会使未转化油的乙烯产率提高，但同时加氢未转化油的产率大幅度下降，对 VGO 原料的乙烯收率比浅度裂化时要低。过度的转化还将导致氢耗明显增加，加氢裂化过程氢耗在未转化油中的分配计算结果表明，加氢未转化油产率为进料的 58%的情况下，只有 33.1%的外加氢用于增加未转化油的含氢量，所占比例较小，而未转化油的性质却得到了相当大的改善。其余 60%以上的外来氢则主要用于脱出硫氮杂质，轻质化为优质喷气燃料、柴油和高芳烃的石脑油[44]。因此，一般认为以多产裂解料为目的，>350℃未转化油单程转化率控制在 20%~35%为宜[45]。

表 2-41　转化深度对加氢裂化尾油蒸汽裂解结果的影响

原料油	孤岛 VGO		中东 VGO	
工艺流程	单段一次通过		一段串联单程通过	
>360℃转化率/%	59.5	51.6	58(>350)	68(>350)
加氢裂化未转化油				
馏分范围/℃	>360		>350	
P/%	52.5	43.2	39.2	49.1
N/%	43.7	51.1	57.2	48.7
A/%	3.5	16.4	3.1	2.0
BMCI 值	13.98	21.05	14.7	11.2
蒸汽裂解条件				
炉出口温度/℃	800	800	800	800
主要裂解产品收率/%				
乙烯	24.08	22.95	25.88	26.75
三烯	45.77	44.41	46.94	48.2

2）原料类型对加氢未转化油乙烯产率的影响[43]。从表 2-42 可看出：

(1) 油性相近的原料，在相同工艺条件下所得加氢未转化油，BMCI 值与乙烯产率具有较好的相关性；

(2) 由石蜡基原料所得到的加氢裂化未转化油，其乙烯产率明显高于由环烷基原料制备的未转化油。

(3) 加氢裂化原料的重组分适当切除，将有助于加氢未转化油性质改善及乙烯产率的提高。

表 2-42　原料类型对加氢未转化油蒸汽裂解结果的影响

原料油	沙轻 VGO	沙中 VGO	伊重减二	大庆 VGO	孤岛 VGO-Ⅱ (280~509℃)	孤岛 VGO-Ⅰ (280~535℃)
工艺流程	一段串联单程通过				单段单程通过	
试验压力	15.7		15.7	8.0	15.7	15.7
>360℃转化率/%	~70				~60	
>350℃转化率/%			~75	~40		
加氢裂化未转化油						
馏分范围/℃	>360	>360	>350	>350	>360	>360
P/%	48.9	44.9	54.9		57.2	52.5
N/%	48.7	52.7	44.2		40.6	43.7
A/%	1.4	2.1	0.8		2.2	3.5
BMCI 值	11.4	11.4	7.2	9.0	14.13	13.98
蒸汽裂解条件						
炉出口温度/℃	800	800	800	800	800	800

续表

原料油	沙轻 VGO	沙中 VGO	伊重减二	大庆 VGO	孤岛 VGO-Ⅱ (280~509℃)	孤岛 VGO-Ⅰ (280~535℃)
主要裂解产品收率/%						
乙烯	26.74	26.60	28.05	30.54	24.55	24.08
三烯	48.0	48.34	50.66	53.38	46.48	45.77

3）工艺流程对加氢裂化未转化油乙烯产率的影响[43]。从表 2-43 可看出：工艺流程对加氢裂化未转化油的乙烯产率影响并不明显，无论采用什么样的流程，在适宜的工艺条件下所产加氢裂化未转化油均是优质的乙烯原料。

表 2-43　不同工艺流程下加氢裂化未转化油蒸汽裂解结果

原料油	沙中 VGO	伊轻 VGO-2	伊轻 VGO-1
工艺流程	一段串联部分循环	单段单程通过	一段串联单程通过
>370℃转化率/%	~80	~70(>350℃)	~68(>350℃)
加氢裂化未转化油			
馏分范围/℃	>370℃	>350℃	>360℃
P/%	51.2	53.4	47.5
N/%	47.1	42.5	50.4
A/%	1.7	3.9	1.5
BMCI 值	10.4	10.42	9.8
蒸汽裂解条件			
炉出口温度/℃	800	800	800
主要裂解产品收率/%			
乙烯	26.92	27.24	27.05
三烯	48.50	49.56	49.07

4）加氢裂化未转化油蒸汽裂解结焦试验[43]。作为乙烯原料，不仅要有较高的乙烯产率，而且在裂解过程中结焦倾向不能过大，否则会影响裂解炉的运转周期。

（1）裂解炉对流段结焦模拟试验。裂解炉对流段结焦模拟试验结果见表 2-44。

表 2-44　裂解炉对流段结焦模拟试验结果

结焦试验	胜利 VGO-868	管输 VGO-1	前进	胜利 VGO
油样名称	MHC 未转化油	MHC 未转化油	轻柴油	
结焦试验条件				
对流段入口温度/℃	175	160	145	174
对流段出口温度/℃	620	630	635	610
结　果				
运转时间/h	118.5	96	96	120
结焦量/(μg·g^{-1})(对原料)	1.12	6.70	3.01	72.08

(2) 裂解炉辐射段结焦试验。从表 2-45 可看出：以直馏 VGO 为原料，其加氢裂化未转化油在模拟裂解炉对流段及辐射段中的结焦倾向，可以保证裂解炉正常的运转周期。而在 VGO 中掺入部分 CGO 作为加氢裂化原料，增加了其未转化油在裂解过程中的结焦倾向，会使运转周期相应缩短。

表 2-45　辐射段结焦试验结果

原料名称	沙中 VGO 加氢未转化油	沙中 VGO：CGO＝84：16 加氢未转化油	大庆柴油	大庆常三线
BMCI 值	13.2	10.8		
辐射段入口温度/℃	560	560	560	560
辐射段出口温度/℃	775	775	775	775
辐射段出口压力/MPa	0.20	0.20	0.20	0.20
辐射段结焦量/($\mu g \cdot g^{-1}$)(对原料)	80	90	66.54	88.24
运转周期/天	~40	~35	~45	~35

5) 加氢裂化未转化油在乙烯生产装置上的使用情况[43]。从表 2-46 可看出：加氢未转化油裂解得到的乙烯产率提高幅度比较显著，比石脑油及 AGO 提高 4~7 个百分点，比 VGO 裂解提高 7~10 个百分点。三烯产率也明显提高，与石脑油相比，收率提高 8%~10%，比 VGO 裂解收率提高 10%~14%。

表 2-46　裂解收率比较

原　料	石脑油	AGO	VGO	MHC 未转化油油	加氢裂化未转化油油
炉出口温度/℃	840	800	800	840	840
停留时间/s	0.39	0.38	0.39	0.38	0.38
蒸汽/油(质)	0.64	0.74	0.75	0.75	0.75
主要产品收率/%(质量)					
C_2H_4	23.60	23.72	20.49	28.21	30.31
C_3H_6	12.54	16.09	13.96	14.94	16.13
C_4H_6	4.52	5.20	4.80	5.81	6.39

参　考　文　献

1　韩崇仁主编．加氢裂化工艺与工程[M]．北京：中国石化出版社，2001，8

2　石油化工干部管理学院组织编写．加氢催化剂、工艺和工程技术(试用本)[M]．北京：中国石化出版社，2003

3　张德义主编．含硫原油加工技术[M]．北京：中国石化出版社，2003

4　陆婉贞，张寿增．中国原油组成的特点[J]．石油炼制，1979，(7)：1~9

5　陈俊武，曹汉昌主编．催化裂化工艺与工程[M]．北京：中国石化出版社，1995，338~412

6　侯祥麟主编．中国炼油技术[M]．北京：中国石化出版社，1991

7　抚顺石化研究院资料，1997

8　石油科技信息，1993

9　侯祥麟主编．中国炼油技术(第二版)[M]．北京：中国石化出版社，2001

10　侯祥麟主编．中国炼油技术[M]．北京：中国石化出版社，1991

11　Bousquet J. Katalistike 7th Ann FCC Symp. 1986
12　黄伟祈，李雅琴，刘蓉华等．胜利减压渣油的两段溶剂脱沥青[J]. 石油炼制，1985，(4)：6~16
13　张广林．石油中的铁对加氢裂化反应器床层压力降升高的影响及对策．加氢裂化装置第三次技术交流会文集[M].《炼油设计》编辑部，1991，69~75
14　T F Yen，The Role of Trace Metas in Petroleum. Ann Arbor Science Publishers Inc. 1975
15　严镦，祖超，郭志雄．杨子常减压装置解决加氢裂化原料铁离子的对策[J]. 石油炼制，1993，24(2)：42~47
16　张德义主编．含硫原油加工技术[M]. 北京：中国石化出版社，2003
17　侯祥麟主编．中国炼油技术(第二版)[M]. 北京：中国石化出版社，2001
18　姚国欣，刘伯华，廖健．加氢裂化技术发展的思考[J]. 炼油设计，2000，30(4)：8~12
19　韩崇仁主编．加氢裂化工艺与工程[M]. 北京：中国石化出版社，2001
20　瞿国华．乙烯蒸汽裂解原料优化(四)[J]. 乙烯工业，2003，15(3)：55~62
21　石油化工干部管理学院组织编写．加氢催化剂、工艺和工程技术(试用本)[M]. 北京：中国石化出版社，2003
22　水天德主编．现代润滑油生产技术[M]. 北京：中国石化出版社，1997
23　李立权，廖家祺．中东原油馏分油加氢生产润滑油基础油[J]. 炼油设计，1998，28(6)：13~17
24　蔡成寅．CB-6重整催化剂用电解氢还原[J]. 石油炼制．1992，(3)：19~23
25　Duncan H. G. Mitchell，Rick V. Bertram，Gary D. Dencker. New Applications of Noble Metal Catalysts in Hydrocraking [C]. NPRA Annual Meeting，The San FranciscoTX，1995，AM-95-42
26　A. J. Dahlberg，M. M. Habib，R. O. Moore，et al. IMPROVED ZEOLITIC ISOCRACKING CATALYSTS [C]. NPRA Annual Meeting，The San Francisco，TX，1995，AM-95-66
27　韩崇仁主编．加氢裂化工艺与工程[M]. 北京：中国石化出版社，2001
28　韩崇仁主编．加氢裂化工艺与工程[M]. 北京：中国石化出版社，2001
29　李群柱．变压吸附与化学净化法提侬氢组合工艺[J]. 炼油设计，2001，31(8)：17~20
30　茂名石油工业公司研究所．加氢裂化尾油作乙烯原料的研究．加氢裂化首次技术交流文集[M].《炼油设计》编辑部，1987，106~111
31　韩崇仁主编．加氢裂化工艺与工程．北京[M]：中国石化出版社，2001，336~337
32　罗家弼．催化重整发展问题的探讨[J]. 炼油设计，1995，25(1)：7~12
33　韩崇仁主编．加氢裂化工艺与工程[M]. 北京：中国石化出版社，2001，453
34　Billon A，Franck J P，et al. More ways to use hydrocracking [J]. Hydrocarbon Processing，1978，57(5)：122~128
35　Cheadle G D，Welsh C J，et al. The hydrocracking-JHC Process to Date [J]. Hydrocarbon Processing，1966，45(7)：103-108
36　韩崇仁主编．加氢裂化工艺与工程[M]. 北京：中国石化出版社，2001，339
37　韩崇仁主编．加氢裂化工艺与工程[M]. 北京：中国石化出版社，2001，343~357
38　Cheadle G D，Weish C J，Dana P M. H P，1966，45(7)：104~108
39　韩崇仁主编．加氢裂化工艺与工程[M]. 北京：中国石化出版社，2001，443
40　别东生．国外润滑油基础油、蜡和专用油生产技术[J]. 润滑油，1997，12(4)：9~18
41　邹仁筠．石油化工裂解原理与技术[M]. 北京：化学工业出版社，1982
42　卢成锹，俞翊棠．浅谈我国裂解制乙烯的原料 [J]. 石油炼制与化工，1996，27(5)：1~10
43　于丹，吴宜冬，曾榕辉等．加氢裂化尾油蒸汽裂解性能的研究[J]. 炼油工程与技术，2003，33(4)：28~33
44　廖士纲．重油制取低碳烯烃工艺分配规律的探讨 [J]. 石油化工，1998，27(2)：85
45　廖士纲，丁连会．加氢裂化尾油-制取乙烯的优质原料[J]. 炼油设计，1996，26(1)：23~28

第三章 催化剂

加氢裂化催化剂均以固体或固态浆状形式存在，反应属多相催化反应，催化剂能改变反应速率，从而改变反应历程、改变反应的活化能，但催化剂不能改变化学平衡，热力学上不能发生的反应，催化剂也不能使其发生。理论上讲整个反应过程中催化剂是不消耗的[1]。

加氢裂化装置生产操作的核心是围绕催化剂展开的。涉及的主要操作步骤：催化剂装卸、催化剂干燥、催化剂硫化、催化剂钝化、催化剂“飞温”及事故处理、催化剂再生等。装置开工时，温度升高引起反应器膨胀，催化剂下沉；在停工时，反应器由于冷却而收缩，由于催化剂不能足够地流动，催化剂就受到严重的侧向应力；正常操作时，流体流动产生的应力虽可忽略，但紧急泄压会造成催化剂下沉；催化剂颗粒孔结构内反应流体的快速蒸发，也会造成颗粒的爆裂[2]。因此每一个操作人员应熟悉装置所使用的催化剂特性及化学反应原理，并能将这些知识正确地应用于每一个操作步骤，应对各种突如其来的事故。

加氢裂化装置所用的催化剂主要有：保护剂、加氢精制剂和加氢裂化剂。

保护剂是一个广义上的名词，包括一般意义上的保护剂、脱金属剂，目的是改善被保护催化剂的进料条件，抑制杂质对被保护催化剂孔道堵塞与活性中心被覆盖，即脱除机械杂质、胶质、沥青质及金属化合物，保护催化剂的活性和稳定性，延长催化剂的运转周期。

加氢精制剂分前加氢精制剂和后加氢精制剂。前加氢精制剂的作用是脱除硫、氮、氧等杂原子化合物、残余的金属有机化合物、饱和多环芳烃，降低加氢裂化催化剂的反应温度、减缓加氢裂化催化剂的失活，从而延长加氢裂化催化剂的运转周期。后加氢精制剂的作用是饱和烯烃、脱除硫醇，提高产品的质量。

加氢裂化剂属双功能催化剂，主要由提供加氢/脱氢功能的金属组分和提供裂化功能的酸性组分组成，其作用是将进料转化成希望的目的产品，并尽量提高目的产品的收率和质量。

加氢裂化装置可能三种催化剂都用，此时每一种(或每一类)催化剂的作用如上所述；也可能只用加氢精制剂和加氢裂化剂，此时加氢精制剂将起如上所述的保护剂和加氢精制剂的作用；加氢裂化装置也可只用加氢裂化剂，此时的加氢裂化剂将集所有功能于一剂。

3.1 保护剂

保护剂一般由惰性物质、具有微量或少量加氢活性的催化剂组成，采用分级技术装填于反应器顶部、单独组成一个或几个反应器。

保护剂的形状和大小对床层空隙率影响见表 3-1。

表 3-1 保护剂的形状和大小对床层空隙率影响[3,4]

保护剂形状	保护剂大小	稀相装填空隙率/%	有效床层空隙率/%
球形		33	11

续表

保护剂形状	保护剂大小	稀相装填空隙率/%	有效床层空隙率/%
圆柱	ϕ1.6mm，L/D=3	41	19
	ϕ1.3mm，L/D=3	43	21
三叶草	ϕ1.3mm，L/D=3	45	23
车轮形	ϕ2.54mm，L/D=1	52	30
拉西环形		53	31
蜂窝形	(TK-10)	55	33

随着原油重质化、劣质化、生产装置的长周期化，加氢裂化装置的保护剂起着越来越重要的作用。保护剂的开发、生产逐步标准化、系列化。一般保护剂的装填原则见图 3-1。

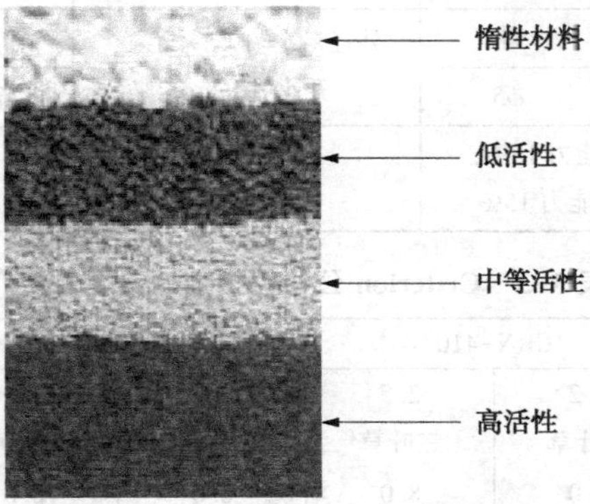

图 3-1　保护剂的装填原则图

图 3-2 表示了不装填保护剂与装填保护剂对装置运行周期的影响(工业运转实例)。

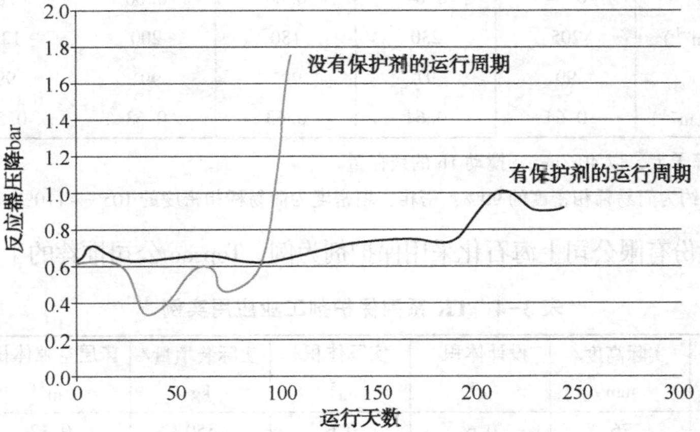

图 3-2　保护剂的装填原则图[3,4]

1bar=10^5Pa

国外开发的保护剂产品主要有：丹麦 Topsoe 公司的 TK 系列：TK-10、TK-30、TK-45、TK-550、TK-551、TK-709、TK-710、TK-711、TK-797、TK-799、TK-831；Albemarle 公司(2004 年兼并了荷兰 AKZO 公司的催化剂业务)的 KG 系列：KG-1、KG-1-3B、KG-1-5B、KG-55、Macro Trap™ 系列惰性保护剂；Chevron 公司的 ICR 系列：ICR-

122、ICR-132、ICR-133；UOP 公司的 RF 系列：RF-20、RF-25、RF-220；Criterion 公司：CRN-410、CRN-412、CRM-430 等。其性质见表 3-2、表 3-3。

表 3-2　TK、KG 系列保护剂的典型性质[4~5]

项　目	KG-1-3B	KG-1-5B	TK-10	TK-709	TK-710	TK-551
MoO_3/%	0.8	0.8	$MgAl_2O_4$ (870℃烧结)	4.5	6	14
NiO/%	0.4	0.4			2(CoO)	3.4
孔体积/($cm^3\cdot g^{-1}$)	0.26	0.29		0.78	0.57	0.45
表面积/($m^2\cdot g^{-1}$)	<1	<1		285	140	180
装填密度/($g\cdot cm^{-3}$)	1.07	0.95	0.82	0.4	0.5	0.59
侧压强度/($N\cdot mm^{-1}$)	44.5 ($N\cdot 粒^{-1}$)	62.3 ($N\cdot 粒^{-1}$)	19.6	3.92	4.90	6.86
外形	球	球	外径×高=19.1×11.1, 开小孔 φ3.57			
外径×内径/mm	φ3	φ5		4.76×3.38	3.18×1.59	3.18×1.59
其他	最大容铁能力 15%, 最大容垢能力 15%		惰性物质	脱金属 催化剂	Co-Mo 催化剂	Ni-Mo 催化剂

表 3-3　Criterion 公司保护剂的典型性质[6]

项　目	CRN-410		CRN-412		CRM-430	
公称直径/mm	1.2	2.5	1.2	1.3	1.2	2.5
形状	三叶草	三叶草	三叶草	三叶草	三叶草	三叶草
钼/%	8.0	8.0	8.0	8.0	4.0	4.0
镍/%	1.5	1.5	2.0	2.0		
表面积/($m^2\cdot g^{-1}$)	155	155	130	130	145	145
孔容/($cm^3\cdot g^{-1}$)(水)	0.64	0.64	0.66	0.66	0.84	0.84
平面破损强度/($N\cdot cm^{-1}$)	205	230	180	200	125	155
磨损指标①	99	97	99+	99+	99	97
稀相充填密度②/($g\cdot cm^{-3}$)	0.64	0.64	0.63	0.63	0.54	0.54

①：样品在 20 目筛子上，以 40r/min，搅动 1h 的残存量。

②：稀相充填密度约为简易稀相密度的 90%；密相充填密度为简易稀相密度的 105%~110%。

以中国石化股份有限公司上海石化采用保护剂为例，Topsoe 公司推荐的工业应用见表 3-4。

表 3-4　TK 系列保护剂工业应用实例[3]

项目	设计高度/mm	实际高度/mm	设计体积/m^3	实际体积/m^3	实际装填量/kg	床层空隙体积/m^3	床层有效空隙体积/m^3
TK-10	76	76	0.6	0.6	550	0.32	0.18
TK-709	915	915	8.95	8.95	291	4.31	2.52
TK-711	914	914	9.81	9.81	4900	5.09	2.98
TK-551	914	1222	9.61	12.84	7000	6.81	3.98
HC-H①	1372	1151	14.42	12.10	12076	4.48	1.81
HC-K	1524	1524	16.02	16.02	14720	5.39	2.40

①：TK-551 内径 1.59mm，HC-K 内径 1.3mm，为防 HC-K 进入 TK-551 环中，增加多叶型内径 3.2mm 的 HC-H 催化剂作为过渡层。

从表 3-4 可看出，分级装填的催化剂床层空隙体积 26.94m^3，床层有效空隙体积 13.87m^3，与未分级装填 TK 型保护剂的三叶型 HC-F 催化剂床层空隙体积 21.57m^3，床层有效空隙体积 8.78m^3 相比：催化剂床层空隙体积增加了 5.37m^3，床层有效空隙体积增加了 5.09m^3。

TK 系列保护剂在中国石化股份有限公司上海石化使用效果见表 3-5。

表 3-5 国外开发的保护剂的使用效果[3]

项 目	未装保护剂	装保护剂	
平均铁含量/($\mu g \cdot g^{-1}$)	3.3	1~2	1.5~2
精制反应器起始压降/MPa	0.12		
精制反应器终止压降/MPa	0.34	0.1	0.06
终止与起始之间的时间/月	1	~24	~8

装置自 1985 年 1 月至 1990 年 6 月共处理 VGO 约 33.5×10^6t，这期间铁含量<1$\mu g \cdot g^{-1}$，第一精制反应器床层压降 0.12MPa。1990 年 6 月黄岛原油比例增加，常减压装置未采取防腐措施，减压一线、减压二线、减压三线铁含量分别达 3.77$\mu g \cdot g^{-1}$、7.78$\mu g \cdot g^{-1}$、9.35$\mu g \cdot g^{-1}$，调和 50%铁含量 0.16$\mu g \cdot g^{-1}$大庆 VGO 后，加氢裂化混合进料铁含量仍达 3.3$\mu g \cdot g^{-1}$，一个月不得不做撇头处理。采用 TK 系列保护剂后，压降得到了有效控制。

国内开发的保护剂产品主要有：①TPC 系列：3921、3922、3923；②FRIPP 开发的系列保护剂：FZC-10U、FZC-11U、FZC-11Q、FZC-12Q、FZC-13Q、FZC-14Q、FZC-20、FZC-21、FZC-22、FZC-30、FZC-31、FZC-32、FZC-33、FZC-40、FZC-101、FZC-102、FZC-103、FZC-201、FZC-301、FZC-110、FBN-02A、FBN-02B、FBN-02C、FBN-02B01、FBN-02B02、FBN-02B03、FBN-04B；③RIPP 开发的系列保护剂：RG-1、RG-2、RG-10、RG-10G、RG-10A、RG-10B、RG-10E、RG-20A、RG-20B、RG-20、RG-30E、RG-30A、RG-30B；④脱金属催化剂：RDM-1、RDM-2、RDM-2B、RDM-3、RDM-3B、RDM-5、RDM-33B、RDM-32、RDM-35；⑤上流式反应器催化剂：RUF1、RUF2 等。

FZC 系列保护剂的典型性质见表 3-6。

表 3-6 FZC 系列保护剂的典型性质[7]

项 目	催化剂		孔体积	表面积	颗粒直径	颗粒长度	压碎强度
	牌号	形状	$cm^3 \cdot g^{-1}$	$m^2 \cdot g^{-1}$	mm	mm	$N \cdot mm^{-1}$
常压渣油加氢处理保护剂	FZC-101	七孔环			16~17/内孔 3.0~3.5	9~12	≥20.0
	FZC-102	拉西环	0.6~0.8	260~320	4.9~5.2/2.2~2.4	3~10	2.0~3.0
	FZC-103	拉西环	0.5~0.65	150~220	3.3~3.6/1.0~1.2	3~8	3.0~4.0
减压渣油加氢处理保护剂	FZC-10	椭球	1.05~1.35	120~160	长轴 4.3~5.5	短轴 3.0~4.0	
	FZC-11	椭球	1.05~1.35	110~165	长轴 4.3~5.5	短轴 3.0~4.0	
	FZC-12	球形	1.05~1.35	110~165	1.3~2.3		
	FZC-13	球形	1.05~1.35	110~165	1.3~2.3		
	FZC-15	球形	0.53~0.55	169~172	2.2~3.2		≥30.0
	FZC-16	球形	0.53~0.55	169~172	2.2~3.2		≥30.0

RIPP 开发的保护剂的典型性质见表 3-7。

表 3-7 RG 系列保护剂的典型性质[8]

项　目	RG-10	RG-10D	RG-10A	RG-10B
MoO_3/%				≥2.5
NiO/%			≥0.5	≥1.0
孔体积/($cm^3 \cdot g^{-1}$)		≥0.6	≥0.55	≥0.55
表面积/($m^2 \cdot g^{-1}$)		≥100	≥120	≥120
压碎强度/(N · 粒$^{-1}$)	≥70	≥16	≥10	≥10
外形	七孔球	拉西环	拉西环	拉西环
直径/mm	16	8	6	3.5
长度/mm		8	5	5

RIPP 以伊朗常压渣油为原料，在相同条件下，用 RMS-1 与国外 U 剂的试验结果对比见表 3-8。

表 3-8 RIPP 开发的 RMS-1 与国外 U 剂活性对比[8]

催化剂	脱金属率/%			脱硫率/%		
	370℃	380℃	390℃	370℃	380℃	390℃
RMS-1	74.0	76.5	83.8	80.3	83.8	88.4
国外 U 剂	76.1	76.5	82.0	79.3	83.5	87.6

从表 3-8 可看出，在反应温度 370～390℃条件下，RMS-1 脱金属率、脱硫率与国外 U 剂相当。

FRIPP 为中国石化股份有限公司茂名石化 2.0Mt · a^{-1}渣油加氢脱硫工业装置推荐的保护剂见表 3-9。

表 3-9 FZC 系列保护剂工业应用实例

反应器 A		反应器 B		反应器 C		反应器 D		反应器 E	
保护剂	装填高度/mm	保护剂	装填高度/mm	保护剂	装填高度/mm	保护剂	装填高度/mm	保护剂	装填高度/mm
FZC-11	1440	FZC-20	2251	FZC-21	5263	FZC-30	3604	FZC-40	9800
FZC-16	1440	FZC-21	7549	FZC-30	4537	FZC-40	6196	FZC-31	200
FZC-13	1805	FZC-31	200	FZC-31	200	FZC-31	200	FZC-10	1040
FZC-20	819	FZC-10	1040	FZC-32	1040	FZC-10	1040		
FZC-31	200								
FZC-10	1040								

FRIPP 以沙中 VR：沙中 VGO=76：24，含硫：4.51%，Ni：41.1μg · g^{-1}，V：136.7μg · g^{-1}，Na：0.66μg · g^{-1}的原料，在 200cm^3 小型固定床加氢试验装置上，用反应温度 385℃、反应压力 15.7MPa、空速 1.0h^{-1}、氢油体积比：758 的试验条件，对工业放大催化剂进行了活性评价，评价结果见表 3-10 和表 3-11。

表 3-10 FZC 保护剂的评价结果[9]

项 目	FZC-105	FZC-106	FZC-107	FZC-108	FZC-202	FZC-203	FZC-204
形状	叶轮	叶轮	四叶草	四叶草	四叶草	四叶草	四叶草
粒径/mm	5.8	3.8	2.5	4.6	4.6	4.8	5.3
长度/mm	8.5	6.5	5.3	7.6	0.68	0.66	0.60
总孔容/($cm^3 \cdot g^{-1}$)	0.8	0.80	0.77	0.75	155	138	138
比表面积/($m^2 \cdot g^{-1}$)	138	140	136	148	0.53	0.57	0.57
装填密度/($g \cdot cm^{-3}$)	0.46	0.48	0.58	0.57	16	18	18
侧压强度/($N \cdot mm^{-1}$)	8.0	8.2	10.3	10.2	0.6	0.5	0.5
脱硫率/%					21.9	55.2	47.2
脱(Ni+ V)率/%	26.4		38.3		27.8	72.6	64.9

表 3-11 催化剂稳定性试验结果[10]

运转时间/h	1600	300	3900	5200	6000	8000	10800
反应温度/℃	基准	基准	基准	基准	基准+5	基准+9	基准+20
>350℃产品							
康氏残炭/%	4.88	5.11	5.18	5.55	5.56	5.93	6.34
硫/%	0.28	0.31	0.41	0.46	0.45	0.49	0.57
氮/%	0.15	0.15	0.15	0.16	0.14	0.14	0.15
(Ni+V)/($\mu g \cdot g^{-1}$)	14.1	15.3	17.3	18.1	16.0	18.4	16.7

(1) 工业装置选择保护剂需要准备的资料：

① 仔细研究加氢裂化装置加工的原油品种，并汇总每种原油固有的杂质含量；

② 分析加氢裂化装置可能加工的二次加工油品性质；

③ 了解上游装置设备选材情况，并跟踪分析过程杂质含量变化趋势；

④ 调查加氢裂化原料储罐保护现状，分析对原料的影响程度(特别是二次加工油品)；

⑤ 了解国内炼油厂加氢裂化及本装置循环油的杂质含量；

⑥ 分析装置的压力分配，提出反应器最大允许的差压；

⑦ 确定加氢裂化装置运转周期。

(2) 订购保护剂的注意事项：

① 保护剂的配置应能满足运转周期、反应器差压要求；

② 保护剂应采用分级装填技术；

③ 保护剂的形状、大小应合理；

④ 保护剂应能适应工厂原料的变化。

3.2 加氢精制剂

加氢精制剂一般由金属组分、载体和助剂三部分组成。

金属组分主要提供加氢活性及能够加速 C—N 键氢解的弱酸性，由ⅥB 族或Ⅷ族的金属组成。即：非贵金属组分和贵金属组分。非贵金属组分有：W、Mo、Cr、Fe、Co、Ni、Zn、Ti、V、Mn 等，不同的非贵金属组分搭配取决于原料性质和要求达到的主要目的。典型的二组分搭配有：Ni-W、Co-Mo、Ni-Mo 等，典型的三组分搭配有：W-Ni-Mo、Co-Mo-Ni 等。

一般认为不同的非贵金属组分搭配，各种反应的活性顺序不同(见表 3-12)。

表 3-12　不同非贵金属组分搭配产生的反应活性[11]

反应活性	在 H_2S 存在下	无 H_2S 存在下
加氢脱氮活性	Ni-Mo ~ Ni-W>Co-Mo>Co-W	
加氢脱硫活性	Co-Mo>Ni-Mo>Ni-W>Co-W	
加氢脱氧活性	Ni-Mo>Co-Mo>Ni-W>Co-W	
芳烃饱和活性	Ni-W ~ Ni-Mo>Co-Mo>Co-W	Ni-W ~ Ni-Mo>Co-Mo>Co-W
异构化活性	Ni-W>Ni-Mo>Co-Mo>Co-W	Ni-W>Ni-Mo>Co-Mo>Co-W
加氢裂化活性	Ni-Mo>Ni-W>Co-Mo>Co-W	Ni-Mo>Ni-W>Co-Mo>Co-W

用于加氢精制剂的贵金属组分有：Pt、Pd、Ru、Rh、I、Os、Re 等，由于贵金属催化剂容易被硫、氮组分中毒而失活，故只能用于无硫、无氮或微量硫、微量氮的原料中[11]。贵金属组分的反应活性与非贵金属组分反应活性的对比见表 3-13。

表 3-13　贵金属组分反应活性与非贵金属组分反应活性的对比[11]

反应活性	无 H_2S 存在下
芳烃饱和活性	Pt>Pd>Ni-W ~ Ni-Mo>Co-Mo>Co-W
异构化活性	Pt ~ Pd> Ni-W>Ni-Mo>Co-Mo>Co-W
加氢裂化活性	Pt ~ Pd>Ni-Mo>Ni-W>Co-Mo>Co-W

载体的作用是提供适宜反应与扩散所需的孔结构，担载分散金属均匀的有效表面积和一定的酸性，同时改善催化剂的压碎、耐磨强度与热稳定性。加氢精制剂的载体主要为 Al_2O_3。由于馏分油加氢裂化装置所处理原料分子较大，加氢精制反应过程总体上受扩散控制，低扩散限制条件下，应采用密相装填；中等扩散限制条件下，在压降允许范围内，减小粒径比采用密相装填效果好；高扩散限制条件下，选择高表面积、粒径小的异形条稀相装填效果好，这是因为粒径小的异形条催化剂外表面积大，扩散路程短，有利于减少内扩散阻力[11]。

助剂的作用是调节载体性质及金属组分结构和性质、活性相的分散与类型，达到改善催化剂的活性、选择性、氢耗和寿命的目的。对 $Co-Mo/Al_2O_3$ 催化剂，常用的助剂：P_2O_5，添加 0.5%催化活性高；B_2O_3，添加 4%催化脱硫、脱氮活性最高；TiO_2，添加 6%~8%脱氮活性比 Al_2O_3 载体高 20%~30%[11]。

国外开发的加氢精制剂进展见表 3-14。

表 3-14　国外开发的加氢精制剂进展[12~17]

项目	丹麦 Topsoe 公司			Albemarle 公司				美国 UOP 公司		
	催化剂	脱硫活性	脱氮活性	催化剂	相对体积活性	催化剂	脱硫活性	催化剂	相对活性	每一代提高/%
第一代	TK-515	100	100	KF-153	100	KF-752	100	N-2	110	
第二代	TK-525	128	130	KF-840	125	KF-756	120	HC-B	190	73

续表

项目	丹麦 Topsoe 公司			Albemarle 公司				美国 UOP 公司		
	催化剂	脱硫活性	脱氮活性	催化剂	相对体积活性	催化剂	脱硫活性	催化剂	相对活性	每一代提高/%
第三代	TK-555	164	178	KF-843	200	K7-757	150	HC-D	380	100
第四代	TK-558 BRIM™	基准	基准	KF-846	240~250			HC-F	480	26
第五代	TK-562 BRIM™	1.1 基准	1.1 基准	KF-848	300~340			HC-H/HC-K	660	38
第六代	TK-609 HyBRIM™	1.5 基准	1.5 基准	KF-868	360~400			HC-P/HC-R	760	15

Criterion 推出的采用“锁定位置”生产的“CENTINEL”催化剂，大大提高了金属分散度，增加了活性金属和最后金属硫化物的利用率，减少和避免了活性金属硫化物的烧结和损失[45]。ASCENT 催化剂技术是 Criterion 的最近技术成果，它通过改进催化剂物理结构提高了金属助剂的利用率，从而改善了催化剂性能。

国外开发的加氢精制剂使用效果见表 3-15。

表 3-15 国外开发的加氢精制剂使用效果[19]

项 目	HC-K		HC-P
压降/MPa	0.62	0.80	1.08
重量平均床层温度/℃	374	374	360
脱氮率/%	98.8	99.3	99.4
精制油中氮含量/($\mu g \cdot g^{-1}$)	7.6	4.2	3.8
空速/h^{-1}	1.07	0.98	0.86
反应速度常数	4.3	4.1	5.8
相对体积活性	100	104	140

国内开发的与加氢裂化配套的加氢精制剂产品见表 3-16。

表 3-16 国内开发的加氢精制剂产品

RIPP[20]	RN-1、RN-2、RN-10、RN-20、RN-32、RN-32V、RVS-420
FRIPP[21]	CH-20、3926、3936、3996、FF-16、FF-26、FF-36、FF-46、FF-56

国内开发的加氢精制剂使用效果见表 3-17。

表 3-17 国内开发的加氢精制剂对比评价数据[22]

项 目	RN-1	CAT-K	CAT-F	RN-1	CAT-K	CAT-F	RN-1	CAT-K	CAT-F
温度/℃	340			350			360		
氢分压/MPa	14.7			14.7			14.7		
氢油体积比	1000			1000			1000		
体积空速/h^{-1}	0.94	0.90	0.92	0.92	0.87	0.92	0.95	0.88	0.90
精制油性质									
密度/($g \cdot cm^{-3}$)	0.8481	0.8480	0.8504	0.8460	0.8472	0.8503	0.8448	0.8446	0.8485
硫/($\mu g \cdot g^{-1}$)	19	33	24	6.6	15	10	4.1	12	8
氮/($\mu g \cdot g^{-1}$)	8.6	9.0	16	2.1	3.3	12	1.4	1.8	6

不同形状加氢精制催化剂的床层空隙率见表3-18。

表3-18 不同形状加氢精制催化剂的床层空隙率[3-4]

形状	当量直径/mm	空隙率/%	
		稀相装填	密相装填
球形	1.6	35	30
圆柱形	1.6	42	36
三叶草	1.6	46.5	39.5
五叶草	1.6	45.5	38.5
拉西环	1.6	54.5	46

从表3-18可看出，对于相同容积的反应器，催化剂采用密相装填时，可以多装15%左右的催化剂，有利于提高装置处理能力。对于需扩能改造的加氢裂化装置，在压降允许的条件下，加氢精制催化剂可采用密相装填。此规律同样适用于加氢裂化催化剂。

3.2 加氢裂化剂

加氢裂化的作用是在氢压下把低质量大分子的原料油转化为洁净的小分子产品。大分子的原料油较之小分子的产品有较高的能位，为了使转化反应过程顺利进行，必须克服能障，即所谓活化能(E_a)示于图3-3。催化剂的作用是可以减少或降低能障，加快反应速度。但催化剂不能改变反应和原料油与产品之间的平衡。

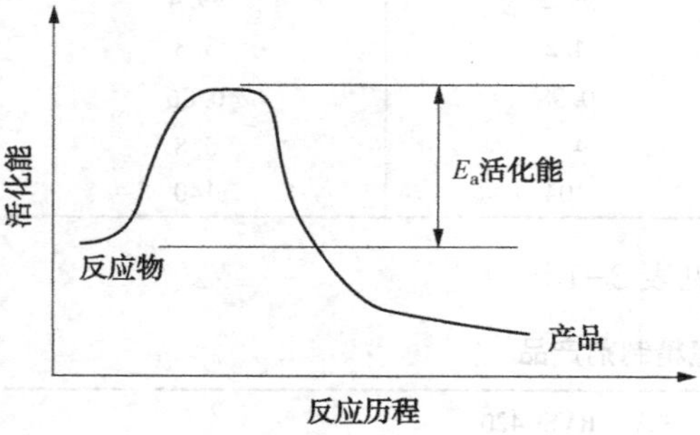

图3-3 催化反应能障示意图

加氢裂化的催化剂具有加氢、脱氢功能和酸性功能，称为双功能催化剂，一般加氢功能由贵金属Pt、Pd或非贵金属W、Ni、Mo、Co等金属及其氧化物或硫化物提供，酸性功能由无定型硅铝或晶型硅铝提供。具有大面积的无定形或晶型硅铝称为载体。催化剂由金属(提供加氢活性)沉积在载体上组成。因此加氢裂化剂一般由金属组分、载体和助剂三部分组成。

其发展可归纳为：以无定形硅铝为载体的贵金属和非贵金属催化剂⇨以分子筛分子筛为载体的贵金属和非贵金属催化剂⇨以无定形硅铝加少部分分子筛分子筛为载体的贵金属和非贵金属催化剂。由于加氢裂化剂的裂解、异构化、歧化等反应发生在酸性中心，而酸性又由载体提供，因此加氢裂化剂载体的研究十分活跃。

不同用途加氢裂化催化剂的特性见3-19。

表3-19 不同用途加氢裂化催化剂的特性

用途	催化剂特性			
	酸度	加氢活性	表面积	空隙度
杂原子组分氢解、VGO脱硫脱氮	弱	强	中等	高
石脑油生产LPG、瓦斯油生产汽油	强	中等	高	低到中等
瓦斯油生产中馏分油、VGO、DAO生产高黏度指数润滑油基础油、VGO、DAO生产轻质油	中等	强	高	中到高

国外开发的加氢裂化剂产品见表 3-20。

表 3-20 国外开发的加氢裂化剂产品[18,23~27]

公司	形式	牌号	作用
UOP	分子筛（或含分子筛）	HC-28、HC-18、HC-34、HC-24、HC-14、HC-7、HC-8	最大量生产石脑油
		HC-43、HC-33、HC-26、HC-16	灵活生产石脑油和中间馏分油
		DHC-41、DHC-39、DHC-32、HC-22、HC-102、DHC-100	最大量生产中间馏分油
		HC-35	两段生产石脑油、喷气燃料
		HC-11	生产液化气、石脑油、汽油
		HC-101	最大量生产液化气
	无定形	DHC-2、DHC-4、DHC-6、DHC-8	最大量生产中间馏分油
		HC-2	两段法第二段生产汽油或喷气燃料
		HC-4	两段法第二段生产汽油
Chevron	分子筛（或含分子筛）	ICR-220	最大量生产中间馏分油
		ICR-139、ICR-141、ICR-142	单段灵活生产汽油、喷气燃料、柴油
		ICR-210、ICR-208、ICR-207、ICR-204、ICR-209	第二段最大量生产汽油和喷气燃料
		ICR-117、ICR-136	单段灵活生产汽油、喷气燃料、柴油、润滑油、乙烯料
		ICR-126	单段灵活生产汽油、喷气燃料、润滑油
		ICR-160、ICR-257、ICR-211、ICR-214、ICR-215、ICR-160、ICR-183	生产石脑油和喷气燃料
	无定形	ICR-120、ICR-180、ICR-185、ICR-162	最大量生产中间馏分油
		ICR-113	单段灵活生产汽油、喷气燃料、柴油
		ICR-202	第二段最大量生产汽油和喷气燃料
		ICR-147、ICR-150	单段灵活生产喷气燃料、柴油、润滑油、乙烯料
		ICR-106、ICR-240、ICR-250	最大量生产柴油、中间馏分油
		ICR-188、ICR-142	最大量生产柴油
Criterion/Zeolyst	分子筛（或含分子筛）	Z-603、Z-2623、Z-3723、Z-503、Z-513、Z-603、Z-623、Z-673	最大量生产中间馏分油
		Z-773、Z-763、Z-743(贵金属)、Z-723、Z-713、Z-703、Z-753、Z-803、Z-3733	最大量生产石脑油、喷气燃料
		Z-753、Z-NP10、Z-773(贵金属)、Z-853、Z-863	最大量生产石脑油
		Z-2513	最大量生产柴油
		Z-2723、Z-FX10、Z-723、Z-733	灵活生产中间馏分油与石脑油

续表

公司	形式	牌号	作用
Criterion/Zeolyst	无定形	DW-800、C-454、C-354	最大量生产中间馏分油
		HDN-60、DN-801、DN-120、C-411	第二段最大量生产汽油
Topsøe	分子筛	TK-931	最大量生产喷气燃料
		TK-951、TK941	单段灵活生产汽油、喷气燃料、润滑油
	无定形	TK-925、TK926	最大量生产中间馏分油

在加氢裂化催化剂开发方面，国外各公司均不断推出新催化剂，以满足市场需求。出于最大量生产中间馏分油考虑，这类催化剂基本上以无定形为主，不含或仅含少量分子筛，以降低催化剂酸性，避免二次裂解，保持较好的中间馏分油选择性和较高的液体收率[28]。

Chevron公司在加氢裂化催化剂开发方面品种多、水平较高。2011年以前开发的加氢裂化催化剂有：ICR-240、ICR-245、ICR-142、ICR-177、ICR-180、ICR-185、ICR-D212、ICR-183、ICR-215、ICR-210、ICR-120、ICR-142、ICR-155、ICR-147、ICR-162、ICR-160、ICR-141、ICR-139、ICR-210；2011年以来开发的加氢裂化催化剂有：ICR-250、ICR-255、ICR-188、ICR-214、ICR-215等。

UOP公司开发的用于加氢裂化的HC-102、HC-22、DHC-8、DHC-100、DHC-200和DHC-32等催化剂，其中HC-22、DHC-100、DHC-200和DHC-32为含分子筛型催化剂[24~25]。

AkzoNobel公司则在其KF-1011~KF-1015系列裂化催化剂的基础上，推出了KF-1015MD催化剂[26]。

根据公开报道数据汇总的国外几种加氢裂化催化剂性能对比见表3-21。

表3-21 加氢裂化催化剂性能[28]

Chevron			UOP			Akzo Noble		
催化剂	中油收率/%	活性/℃	催化剂	中油收率/%	活性/℃	催化剂	中油收率/%	活性/℃
ICR-126	55	基准	DHC-32	60	基准+16	KF1015MD	60	基准+5
ICR-150	57	基准+7.2	DHC-8	61	基准+20			
ICR-142	60	基准+15.5	HC-22	57	基准+16			
ICR-106	61	基准+24	HC-102	61	基准+24			

国内开发的加氢裂化剂产品见表3-22和表3-23。

表3-22 国内开发的馏分油加氢裂化催化剂[29~30]

催化剂	主要用途
3824、3882、3903、3971、3963、FC-18、RHC-3、RHC-220	灵活生产石脑油和中间馏分油
3825、3903、3905、3955、3976、FC-12、FC-24、RHC-5、FC-46	最大量生产化工石脑油
3901、3974、FC-16、FC-20、FC-26、FC-40、FC-50 RHC-1M、RHC-131、RHC-133、RHC-140	最大量生产中间馏分油
RHC-1、RHC-131、FC-36、FC-32	最大量生产乙烯料
ZHC-01、ZHC-02、3973、ZHC-04、FC-14、FC-28、FC-30、FC-34	最大量生产中间馏分油兼产乙烯料

表 3-23 国内馏分油加氢裂化催化剂主要性能特点[29~30]

牌号	主要特点	原料	产品	外形	载体	金属组分
3824	灵活生产中间馏分油和部分石脑油	VGO，CGO，LCO 等	喷气燃料，柴油，部分石脑油	圆柱条形	分子筛	Ni-Mo-P
3825	轻馏分油型催化剂	VGO，CGO，LCO 等	化工石脑油，喷气燃料，柴油，乙烯料	圆柱条形	分子筛	Ni-Mo
3882	缓和加氢裂化催化剂	VGO	乙烯料，FCC 进料，柴油，少量石脑油	圆柱条形	分子筛	Ni-W-P
3901	最大量生产中间馏分油，柴油产品凝点低	VGO，CGO	最大量柴油，喷气燃料，部分石脑油	圆柱条形	分子筛，$SiO_2Al_2O_3$	Ni-W
3903	灵活生产中间馏分油和部分石脑油，活性高	VGO，CGO，LCO 等	喷气燃料，柴油，部分石脑油	圆柱条形	分子筛，$SiO_2Al_2O_3$	Ni-W
3905	轻馏分油型催化剂，抗氮能力提高，中压，产气少	VGO，CGO，LCO 等	化工石脑油，喷气燃料，柴油，乙烯料	圆柱条形	分子筛	Ni-W
3912	单段加氢裂化催化剂，高灵活性	VGO	喷气燃料，柴油，乙烯料，部分石脑油	圆柱条形	分子筛	Ni-W
3934	润滑油加氢处理，加氢功能强，活性适中	VGO，DAO，溶剂精制油	润滑油料，柴油，部分石脑油	三叶草形	专有	Ni-Mo-W
3935	润滑油加氢处理，加氢功能强，活性提高	VGO，DAO，溶剂精制油	润滑油料，柴油，部分石脑油	三叶草形	专有	Ni-Mo-W
3936	加氢裂化预精制催化剂，加氢脱氮活性高	VGO，CGO，LCO 等	加氢裂化进料	三叶草形	改性 Al_2O_3	Ni-Mo-P
3955	轻馏分油型催化剂，耐氮性强	VGO，CGO，LCO 等	化工石脑油，喷气燃料，柴油，乙烯料	圆柱条形	分子筛	Ni-W
3962	加氢裂化后精制催化剂，脱硫醇性能好	加氢裂化全馏分生成油	加氢裂化各馏分产品	圆柱条形	Al_2O_3	Co-Mo
3963	劣质柴油加氢提高十六烷值催化剂	LCO	柴油，少量石脑油	三叶草形	分子筛，$SiO_2Al_2O_3$	Ni-W
3971	灵活生产中间馏分油和部分石脑油，高抗氮	VGO，CGO，LCO 等	喷气燃料，柴油，部分石脑油	圆柱条形	分子筛，$SiO_2Al_2O_3$	Ni-W
3973	最大量生产柴油及喷气燃料，并可用于生产润滑油料	VGO	柴油，喷气燃料，部分石脑油及润滑油料	圆柱条形	$SiO_2Al_2O_3$	Ni-W
3974	最大量生产喷气燃料及柴油，灵活性大	VGO，CGO，LCO 等	喷气燃料，柴油，部分石脑油	圆柱条形	分子筛，$SiO_2Al_2O_3$	Ni-W
3975	异构脱蜡选择性好	加氢裂化尾油，加氢精制 VGO，加氢精制 DAO	润滑油基础油	圆柱条形	专有	贵金属
3976	灵活生产中间馏分油和石脑油，高抗氮，高活性，高灵活性	VGO，CGO，LCO 等	喷气燃料，柴油，石脑油	圆柱条形	分子筛，$SiO_2Al_2O_3$	Ni-W

续表

牌号	主要特点	原料	产品	外形	载体	金属组分
3996	加氢裂化预精制催化剂，加氢脱氮活性提高	VGO，CGO，LCO等	加氢裂化进料	三叶草形	改性 Al_2O_3	Ni-Mo-P
ZHC-01	单段加氢裂化催化剂，高灵活性	VGO	喷气燃料，柴油，乙烯料，部分石脑油	圆柱条形	分子筛，$SiO_2Al_2O_3$	Ni-W
ZHC-02	单段加氢裂化催化剂，高中油选择性	VGO	柴油，喷气燃料，乙烯料，部分石脑油	圆柱条形	$SiO_2Al_2O_3$	Ni-W
ZHC-04	单段加氢裂化催化剂，高活性，高中油选择性好	VGO	柴油，喷气燃料，乙烯料，部分石脑油	圆柱条形	分子筛，$SiO_2Al_2O_3$	Ni-W
FC-12	多产柴油中压加氢裂化催化剂，高抗氮	VGO，LCO	柴油，乙烯料，部分石脑油	圆柱条形	分子筛	Ni-W
FC-14	单段加氢裂化催化剂，最大量生产中间馏分油	VGO	柴油，喷气燃料，乙烯料，部分石脑油	圆柱条形	专有	Ni-W
FC-16	高活性，多产中间馏分油，尤其是多产低凝柴油	VGO，CGO，LCO等	柴油，喷气燃料，部分石脑油	圆柱条形	分子筛，$SiO_2Al_2O_3$	Ni-W
FC-18	第二代劣质柴油加氢提高十六烷值催化剂	LCO	柴油，少量石脑油	三叶草形	分子筛，Al_2O_3	Ni-W
FC-20	最大量生产中间馏分油，柴油产品凝点低，成本低	VGO，CGO	最大量柴油，喷气燃料，部分石脑油	圆柱条形	分子筛，$SiO_2Al_2O_3$	Ni-W
FC-24	轻馏分油型催化剂，液收高，重石脑油选择性好	VGO，CGO，LCO等	化工石脑油，喷气燃料，柴油，乙烯料	圆柱条形	分子筛	Ni-W
FF-16	加氢裂化预精制催化剂，加氢脱氮活性进一步提高	VGO，CGO，LCO等	加氢裂化进料	三叶草形	改性 Al_2O_3	Ni-Mo-P

国内开发的加氢裂化剂的典型性质见表3-24。

表3-24 国内开发的加氢裂化剂典型性质[31]

催化剂	RT-5	3905	3903	3825	3824	3762
组成	WO_3-NiO-Al_2O_3-分子筛	WO_3-NiO-SiO_2-Al_2O_3	WO_3-NiO-SiO_2-Al_2O_3	WO_3-NiO-SiO_2-Al_2O_3	WO_3-NiO-P SiO_2-Al_2O_3	WO_3-NiO-P -F-SiO_2-Al_2O_3
形状	三叶草	柱	柱	柱	柱	片
直径/mm		φ1.5~φ1.7	φ1.5	φ1.5~φ1.7	φ1.5~φ1.7	φ6
长度/mm	3~8	3~8	3~8	3~8	3~8	4
稀相装填密度/($g\cdot cm^{-3}$)	0.89~0.90	0.70~0.8	0.75~0.85	0.71~0.81	0.72~0.85	0.82
孔体积/($cm^3\cdot g^{-1}$)	≮0.22	≮0.22	≮0.28	≮0.2	0.35~0.40	≮0.25

续表

催化剂	RT-5	3905	3903	3825	3824	3762
表面积/($m^2 \cdot g^{-1}$)	≮230	≮380	≮260	≮450	250~320	110~160
压碎强度/($N \cdot mm^{-1}$)	≮20	≮13	≮15	≮12.7	≮12	150~190(粒)

国内开发的加氢裂化剂使用效果见表3-25~表3-27。

表3-25 国内开发的加氢裂化剂使用效果[8,32]

项目		RT-5	3903
应用		大庆	南京
原料油		大庆常三、减一	管输VGO、阿曼VGO
密度/($g \cdot cm^{-3}$)		0.8327	
凝点/℃		27	
碱氮/($\mu g \cdot g^{-1}$)		54	
总氮/($\mu g \cdot g^{-1}$)		152	
硫/%		660	
馏程/℃		278~360(80%)	
反应条件	反应压力/MPa	6.21	16.3
	反应温度/℃	348.5	
	体积空速/h^{-1}	1.0(总体积空速)	1.2
	氢油体积比	760	
转化率/%		48.5	
产品分布	轻石脑油	6.61(<65℃)	15.84
	重石脑油	19.30(65~165℃)	15.70
	喷气燃料	35.97(165~350℃)	42.08
	柴油	38.12(>350℃)	22.6

表3-26 3976催化剂工业应用结果

产品方案	喷气燃料	-35#柴油
原料油	辽化混合VGO	辽化混合VGO
密度(20℃)/($g \cdot cm^{-3}$)	0.8867	0.8878
馏程/℃	253~525	274~527
硫/%	0.21	0.21
氮/($\mu g \cdot g^{-1}$)	1611	1598
裂化段操作条件		
高分压力/MPa	15.20	15.22
LHSV/h^{-1}	1.15	1.15
裂化段进料氮含量/($\mu g \cdot g^{-1}$)	19.4	18.8
主要产品收率和性质		
液化气收率/%	4.21	4.26

续表

产品方案		喷气燃料	-35#柴油
轻石脑油收率/%		11.93	11.45
重石脑油	收率/%	30.80	31.61
	硫/($\mu g \cdot g^{-1}$)	<0.5	<0.5
	芳潜/%	49.5	51.3
喷气燃料	收率/%	24.01	
	烟点/mm	28	
	芳烃/%	3.7	
-35#柴油	收率/%		30.34
	凝点/℃		-44
	十六烷指数		52
重柴油	收率/%	13.98	7.38
	凝点/℃	-3	4
	十六烷指数	67.3	70.4
尾油	收率/%	15.62	15.57
	BMCI 值	8.7	8.1

表 3-27　大庆单段加氢裂化装置生产数据[33]

原料性质		工艺条件	
密度(20℃)/($g \cdot cm^{-3}$)	0.8394	催化剂	ZHC-02
馏程/℃		反应氢分压/MPa	11.7
IBP/EBP	243/448	入口温度/℃	380
凝点/℃	23	平均温度/℃	406
硫含量/($\mu g \cdot g^{-1}$)	340	床层总温升/℃	41
氮含量/($\mu g \cdot g^{-1}$)	200	氢油体积比	902
BMCI 值	23	体积空速/h^{-1}	0.98

馏分范围/℃	全馏分 生成油	<145 石脑油	145~310 低凝柴油	310~350 柴油	>350 尾油
产品分布/%	98.1~98.2	15.3~15.9	49.9~51.5	17.3~18.4	15.6~12.4
产品性质					
密度(20℃)/($g \cdot cm^{-3}$)	0.778	0.7140	0.7924	0.8014	
馏程/℃					
IBP/10%	84/138				
50%/95%	278/358				
凝点/℃			<-40	-4	13
芳潜/%		46.7			
闪点/℃			47	164	
十六烷值			57.4	76	
BMCI 值					1.53

从所列的工业运转数据可见，采用 ZHC-02 单段催化剂，在氢分压 11~12MPa、空速 1.0h^{-1}的操作条件下，柴油馏分总产率为 67.2%~69.9%，而-35$^{\#}$低凝柴油产率高达 49.9%~51.5%，十六烷值高达 57。同时，从全馏分生成油的馏程看，其 95%点也很低，在夏季切去石脑油和尾油后，可直接生产轻柴油产品，其收率可达 82%以上。

3.1.4 加氢裂化催化剂的分类[34]

1）按金属组分分类。加氢裂化催化剂按金属组分不同可分为非贵金属催化剂和贵金属催化剂。非贵金属催化剂以金属组分的硫化物形式存在时，才能发挥较强的加氢功能和改善酸性功能。而贵金属催化剂只有以金属组分的还原态形式存在，在无硫环境中，才能发挥作用。

2）按酸性载体组分分类。加氢裂化催化剂按酸性载体组分不同可分为无定形硅铝载体催化剂和晶型分子筛载体催化剂。这两类催化剂主要不同点见表 3-28。

表 3-28 无定形硅铝载体与晶型分子筛载体催化剂的对比

项目	无定形硅铝载体	晶型分子筛载体
酸性中心	较少	多
裂化活性	弱	强
反应温度	高[基准+(30~40℃)]	低(基准)
运转周期	反应温度高，易积炭，运转周期短	反应温度低，运转周期长
特点	可避免二次裂化，产品结构稳定性好，适宜于生产中油，氢耗较低	抗氨能力强，温度稳定性好。灵活性大，可调整反应温度，改变产品结构。适宜于生产轻质油或生产中油同时生产轻质油，反应压力较低

3）按操作压力分类。加氢裂化催化剂按操作压力不同可分为高压加氢裂化催化剂、中压加氢裂化催化剂(包含中压加氢裂化催化剂、缓和加氢裂化催化剂、中压加氢改质催化剂)。但这种分法应用较少，因为在高压条件下开发的加氢裂化催化剂在中压加氢裂化装置也可用。

4）按工艺流程分类。加氢裂化催化剂按工艺流程不同可分为单段催化剂、一段串联的裂化催化剂、两段法之第二段催化剂、三段法中的第二段催化剂等。

单段催化剂用于单段加氢裂化工艺、两段加氢裂化工艺的第一段、三段加氢裂化工艺的第一段、特殊组合工艺的第一段，适用于含硫化氢、氨、有机硫化物、有机氮化物的进料。其中三段加氢裂化工艺的第一段催化剂多应用在润滑油加氢裂化系统。

一段串联的裂化催化剂适用于含硫化氢、氨的进料。但有机氮化物可使其中毒。

两段法之第二段催化剂与一段串联的裂化催化剂共用循环氢压缩机时，该催化剂也要适用含硫化氢、氨的进料；如果两段法之第二段催化剂单独设置循环氢压缩机时，该催化剂可在无硫化氢、氨的环境下操作。

5）按目的产品分类。加氢裂化催化剂按目的产品不同可分为液化气型催化剂、石脑油型催化剂(也可称轻油型催化剂)、中油型催化剂、高中油型催化剂及重油型催化剂。

液化气型催化剂主要用于生产液化气。

石脑油型催化剂主要用于生产轻石脑油和重石脑油。

中油型催化剂主要用于生产喷气燃料、柴油和石脑油，可分为喷气燃料型催化剂和柴油型催化剂。

高中油型催化剂主要用于最大量生产喷气燃料和柴油。可分为最大喷气燃料型催化剂和最大柴油型催化剂。

重油型催化剂主要用于生产润滑油基础油、乙烯裂解原料和催化裂化原料。

6）按形状分类。加氢裂化催化剂按形状不同可分为固体催化剂、浆液催化剂。固体催化剂主要用于馏分油加氢裂化，浆液催化剂又分为油溶性浆液催化剂和水溶性浆液催化剂。浆液催化剂主要用于渣油加氢裂化。

参 考 文 献

1 韩崇仁主编．加氢裂化工艺与工程[M]．北京：中国石化出版社，2001

2 [法] J. F. 勒巴日等著．李宣文，黄志渊译．接触催化[M]．北京：石油工业出版社，1984

3 赵开城．上海石化总厂加氢裂化装置精制反应器撇头总结．加氢裂化装置第三次技术交流会文集[C]．《炼油设计》编辑部，1991. 182~188

4 Furimsky E，Massoth F E. Regeneration of hydroprocessing catalysts[J]．Catal Today，1993，17(4)：537~659.

5 藤田胜久，乌原直幸．卡特金保护催化剂 KG-1[J]．JETI，1990，38(9)：115；JETI，1990，38(10)：134

6 北京海顺德钛催化剂有限公司，美国标准催化剂公司宣传材料

7 胡长禄，赵愉生，刘纪端等．渣油固定床加氢处理技术的研究开发[J]．炼油设计 . 2001，31(6)：39~43

8 石油化工干部管理学院组织编写．加氢催化剂、工艺和工程技术(试用本)[M]．北京：中国石化出版社，2003

9 赵愉生等 . S-RHT 新型渣油加氢保护剂和脱金属催化剂的研制及工业放大．加氢技术论文集[C]，中国石化股份有限公司加氢科技情报站，1999，198~204

10 蒋立敬，韩崇仁，刘纪端等 . FZC 系列渣油加氢处理催化剂的开发[J]．炼油设计 . 2000，30(7)：51~53

11 韩崇仁主编．加氢裂化工艺与工程[M]．北京：中国石化出版社，2001. 222~239

12 Rhodes A K. Worldwide Refining：Distillation Capacity Excceeds 76
Mb/d，Hydrotreating Surges [J]．Oil& Gas Journal，1996，94(52)：41-48.

13 Corbett R A. More Refining Catalysts Available[J]．Oil & Gas Journal，1985，83(46)：127

14 Topsoe H，et al. Hydrotreating Catalysis. in：Anderson J R，Boudart M ed[J]．CATALYSIS-Science and Technologh，Vol 11，New York，1996

15 Broderick D H，Gates B C. Hydrogenolysis and hydrogenation of dibenzothiophene catalyzed by sulfide cobait (Ⅱ) oxide/-γaluminum oxide：the reaction kinetics[J]．AIChE J，1981，27(4)：663-673

16 O'Brien W S，Chen J W，Nayak R V，et al. Catalytic hydrodesulfurization of dibenzothiophene and a coal-derived liquid [J]．Industrial
Engineering Chemistry Process Design and Development，1986，25(1)：221~229

17 Schulz H，et al. Catalytic Hydrogenation，a modern Approach(Cerveny L Ed) [J]．in Stud Surf Sci Catal，1986，27：201

18 黎元生．国外加氢裂化技术近展和分析[C]．加氢裂化协作组第五届年会报告论文集．中国石化中国石油加氢裂化协作组．中国石化抚顺石油化工研究院，2004. 70~87

19 张德 Akzo Nobel'S Fifth Chinese Senminar on Refining Catalysts (HPC/FCC)[C]．Akzo Nobel，1998，1~9

20 中国石化股份有限公司石油化工科学研究院．炼油技术交流资料[C]，2004. 59

21 韩崇仁主编．环境友好的炼油化工技术[M]．北京：中国石化出版社，2003

22 朱义勤，何跃．高压加氢裂化精制催化剂的应用研究[J]．石油炼制 . 1996，27(6)：42~46

23 M. M. Habib, A. J. Dahlberg, R. D. Bezman, at al. New Generation of Isocracking® Catalysts [C]. NPRA Annual Meeting, San Antonio, TX, 2000, AM-00-32

24 David C. Martingale, George J. Antes, Kemeth Baron. Sulfer, Nitrogen, and Aromatics Removal from Fuels: A Comparison of Processing[C]. NPRA Annual Meeting, San Antonio, TX, 1997, AM-97-25

25 Tom Kalnes, Phil Fleming, Li Wang, at al. UnicrackingTM Innovations Deliver Profit [C]. NPRA Annual Meeting, New Orleans, LA, 2001, AM-01-30

26 Dan M. Torchia, Kris S. Mattenson, Lucas R. Groeneveld. Commercial Experience with Improved Hydrocracking Catalysts[C]. NPRA Annual Meeting, San Antonio, TX, 2000, AM-00-31

27 廖健. 国外加氢技术新进展. 加氢裂化协作组第五届年会报告论文集[C]. 中国石化中国石油加氢裂化协作组. 中国石化抚顺石油化工研究院, 2004. 96~103

28 吴宜冬, 于丹. 单段加氢裂化技术特点及其应用[J]. 炼油工程与技术, 2003, 33(5): 27~32

29 韩崇仁主编. 环境友好的炼油化工技术[M]. 北京: 中国石化出版社, 2003. 138

30 胡永康, 曾榕辉, 关明华. 我国加氢裂化技术的发展与思考. 加氢裂化协作组第五届年会报告论文集[C]. 中国石化中国石油加氢裂化协作组. 中国石化抚顺石油化工研究院, 2004. 44~56

31 韩崇仁主编. 加氢裂化工艺与工程[M]. 北京: 中国石化出版社, 2001. 137~141

32 韩崇仁主编. 加氢裂化工艺与工程[M]. 北京: 中国石化出版社, 2001. 431

33 董航, 郝赫超, 李锡均等. 加氢裂化协作组第四届年会报告论文选集[C]. 中国石化加氢裂化协作组. 中国石化抚顺石油化工研究院, 2001. 288~292

34 韩崇仁主编. 加氢裂化工艺与工程[M]. 北京: 中国石化出版社, 2001. 279~281

第四章　氢　耗

加氢裂化装置氢耗包括化学氢耗、溶解氢耗、泄漏氢耗和排放氢耗。氢耗影响装置投资、公用工程消耗和操作成本，是装置设计和操作的重要工艺参数。

4.1　化学氢耗

加氢裂化过程一连串的化学反应使产品的氢含量较原料有所增加，氢碳比上升，为此加氢过程要耗用一定数量供化学反应的氢，即化学氢耗。

化学氢耗可以从原料和产品分布以及各自的氢含量通过氢平衡计算得出。

1）化学氢耗的组成：

陈俊武[1]提出的化学氢耗组成包括三个子项：

(1)杂原子转变的氢耗(Z_a)：

苯并噻吩+$3H_2$⟶H_2S+乙苯

咔唑+$2H_2$⟶NH_3+联苯

喹啉+$4H_2$⟶NH_3+丙苯

苯并呋喃+$3H_2$⟶H_2O+乙苯

环烷酸+$3H_2$⟶$2H_2O$+烷基环烷

从化学计量学的角度分析每个杂原子(硫、氧、氮)的当量氢耗后，提出了简化的计算式：

$$Z_a = 0.15\Delta S + 0.4\Delta N + 0.25\Delta O_x$$

式中　ΔS、ΔN、ΔO_x——原料和总产品中有机硫、氮、氧化合物中各杂原子含量的差额，%（对原料油）。

(2) 从大分子裂解为小分子的氢耗(Z_C)：

$$Z_C = 2.016(B_p - B_f)$$

式中　$(B_p - B_f)$——以100kg原料油为基准，裂化烃产品总分子数与原料分子数之差值，kgmol。

(3) 脱除杂环元素的大分子烃的芳环部分加氢成为环烷环，还有部分环烷环裂解开环，生成一个假想的与原料油平均分子的碳数相同，但芳环和环烷环数有所减少的大分子所需要的化学氢耗(Z_b)：

$$Z_b = 0.084\Delta C'_A + \frac{201.6(\Delta R_A + \Delta R_N)}{M_P}$$

$$\Delta C'_A = \frac{C_f \cdot C_{Af}}{100} - \sum \frac{Y_{Pi} C_{Pi} C_{APi}}{100}$$

$$\Delta R_A = R_{Af} - \sum \frac{M_f Y_{Pi} R_{APi}}{100 M_{Pi}}$$

$$\Delta R_N = R_{Nf} - \sum \frac{M_f Y_{Pi} R_{NPi}}{100 M_{Pi}}$$

式中 Y_{Pi}——各产品的产率,%;

$\Delta C'_A$——以原料油为基准的原料和总产品芳碳量差值,%;

$\Delta C'_N$——以 1mol 原料油为基准的原料和总产品的芳环数差值和环烷环数的差值, 环·mol^{-1};

C_f、C_{pi}——原料油或某一产品的碳含量,%;

M_f、M_{Pi}——原料油或某一产品的相对分子质量。

2) 典型的测定和计算方法:

(1) 实验室的直接测定。多用在研究单位, 正常生产也可采用。缺点: 麻烦, 费时, 费钱, 不能灵活地适应多种可变的工况。

(2) 经验估算, 见表 4-1 至表 4-4。

表 4-1 化学氢耗的分项估算[2~6]

项目			化学氢耗量/$m^3 H_2 \cdot m^{-3}$进料
脱硫 1%	石脑油	直馏	6.8
		裂化	8.8
	煤油、柴油	直馏	15.8
		裂化	18.8
	直馏重柴油		21.6
脱氮 1%			54.3 62.4
脱氧 1%			44.5 54
溴价降低一个单位			1.25 溴价差值×1.4
饱和 1%烯烃			1.6
饱和 1%芳烃			4.8 5.5
加氢裂化			4.45

表 4-2 按油品 100%不饱和的化学氢耗[2~6]

项 目	比重指数	$d_{15.6}^{15.6}$	化学氢耗量/($m^3 H_2 \cdot m^{-3}$进料)
石脑油	55	0.7587	158~167
	50	0.7796	132~148
煤、柴油	45	0.8017	116~132
	40	0.8203	102~116
	35	0.8498	89~103
催化裂化原料	30	0.8762	75~89
	25	0.9042	62~76.5
	20	0.9340	50~60

表 4-3 化学氢耗的总体估算[7]

项 目	MHC	MPHC	SSOT	中油循环加氢裂化	尾油循环加氢裂化	
					中油产品	轻油产品
$m^3 H_2 \cdot t^{-1}$ 进料	~150	~200	193~280	300~350	232~340	366~390

表 4-4 不同原料的化学氢耗[8]

项 目	伊轻	伊重	沙轻	沙中	科威特	胜利
体积空速/h^{-1}	1.3	1.1	1.3	1.3	1.4	1.4
反应温度/℃	基准-2	基准-8	基准-10	基准-6	基准-10	基准
转化率/%	67.7	54.6	67.7	63.8	55.6	55.0
化学氢耗/%	2.38	2.00	2.42	2.50	2.30	2.10

(3) 利用元素组成进行计算。实验测定原料和产品中元素组成，如碳、氢、硫、氮等，所有产品氢加和减去原料氢即为化学氢耗。

(4) 利用族组成进行计算[1]。如轻质油品的PONA和重质油品的SARA(SP)，其中沥青质又分为C_5和C_7沥青质两种。近年来把芳烃和胶质分别进一步分离为轻、中、重三个亚组分并研究它们的结构组成。利用质谱分析可把环烷烃和芳烃按环数目分族，但胶质和沥青质则由于相对分子质量过大，难以作出分析。陈俊武提出了一套由结构参数定量关联的指标来合理解释加氢过程中的结构组成变化和化学氢耗。估算某些目的产品和预见改变某些条件时氢耗的变化，从而探寻优化转化过程和降低氢耗的途径。

计算重油氢含量的公式：

$$H = 0.082(2.016 - f_A)C - \frac{201.6(R_A + R_N - 1)}{M} - 0.0312XS - 0.0714YN - \frac{2O_L}{M}$$

式中 H、C、S、N——氢、碳、硫、氮元素含量,%；

X、Y——硫原子及氮原子减少的氢原子数；

O_L——烯烃含量,%；

M——相对分子质量；

f_A、R_A、R_N——结构参数(通用符号)。

(5) 利用结构组成进行计算。早期采用 n-d-m 法可得出 C_P、C_N、C_A、R_A、R_N 等结构参数，近年来采用核磁共振波谱法可以得到更多的并且较准确的结构参数。

(6) 利用物化性质进行计算。如密度、折光指数、特性因数、BMCI指数、溴价和苯胺点等。它们都在一定范围内提供有关结构的局部信息。

(7) 利用化学健能进行计算[9]。从化学键变化的角度看，H—H键、C—C键断裂和C—H键生成反应代表典型的加氢反应，其中C—C键断裂分为：

C—C σ 键断裂(烷烃断链)。

C—C π 键断裂(烯烃饱和)。

C—Cπ 键断裂(芳烃饱和)。

计算拟合组分氢含量的公式：

$$H = 2C + 2 - (2R_T + 2R_N + 4R_A + C_O)$$

式中 H——拟合组分的氢原子数；

C——每升油品的碳原子数；

C_O——每升油品的烯烃碳原子数；

R_T——总环数；

R_A——芳香环数；

R_N——环烷环数。

3）化学氢耗的影响因数。化学氢耗与原料油性质、催化剂性质、运转时间、工艺流程、产品质量要求、产品方案及反应压力等因数有关。

（1）原料油性质。原料油性质与化学氢耗的定性与定量关系见表4-5、表4-6。

表4-5 原料油性质与化学氢耗的定性关系

变量↗	化学氢耗	变量↗	化学氢耗
原料油硫含量	↗	烯烃含量	↗
原料油氮含量	↗	原料油终馏点	↗
芳烃含量	↗	原料油密度	↗

表4-6 原料油性质与化学氢耗的定量关系[8]

项目		伊轻VGO	沙轻VGO
密度(20℃)/(kg·m^{-3})		0.9027	0.9037
馏程/℃	初馏点	288	281
	50%	424	410
	终馏点	536	529
硫含量/%		1.55	2.37
氮含量/(μg·g^{-1})		1302	671
BMCI值		42.6	44.3
烃族组成(质谱分析)/%	链烷烃	21.5	22.5
	环烷烃	36.1	28.5
	总芳烃	39.9	47.8
	胶质	2.5	1.2
反应温度/℃		386~389	380~378
>370℃单程转化率/%		~80	~80
化学氢耗/%		2.58	2.78

（2）催化剂性质。不同催化剂接近相同目的产品条件下的氢耗不同，某厂加氢裂化的运转结果见表4-7。

表4-7 催化剂性质与化学氢耗[10]

项目	HC-K/3824	3936/(3882/3903)	3936/(3974/HC-K)
VGO/t	802475	637473	103077
H_2/t	29278	25415	3425
氢耗(标态)/(m^3·t^{-1})	364.85	398.7	332.3

(3) 运转时间。以伊朗 VGO 为原料，在反应压力 15.7MPa、精制氢油体积比 900∶1、裂化氢油体积比 1150∶1、精制油氮含量约 50μg·g^{-1}条件下稳定性小型试验结果见表 4-8。

表 4-8 运转时间与化学氢耗[11]

采样时间/h	744~800	2264~2408
化学氢耗/%	2.17	2.23

随着装置运转，催化剂会逐渐失活，在目的产品产率相同条件下，需通过提高反应温度来维持。带来气体产率增加，运行末期比运转初期化学氢耗要增加 10%~20%。催化剂稳定性好，气体产率增幅小，对产品选择性与质量影响就小，化学氢耗增加就少。

(4) 产品质量。以沙轻 VGO 为原料，采用单段串联一次通过工艺流程，在反应氢分压为 14.5MPa 条件下，不同转化率的产品质量与化学氢耗的关系见表 4-9。

表 4-9 产品质量与化学氢耗[12]

项目		>350℃单程通过		
转化率/%		65	70	75
柴油质量	馏分范围/℃	282~350	282~350	282~350
	密度(20℃)/(kg·m^{-3})	0.8297	0.8238	0.8170
	十六烷值	60	64	65
	十六烷指数	72.5	76.1	78.4
化学氢耗/%		2.30	2.48	2.64

(5) 产品方案见表 4-10。

表 4-10 典型的加氢裂化产品中的氢耗量[1]

项目	轻石脑油	重石脑油	喷气燃料	柴油
化学氢耗/%	16.0~16.1	14.9~15.1	15.0	14.3~15.6

(6) 工艺流程。以辽河催化裂化柴油与直馏柴油 1∶1 混合油和大庆常三、减一与重油催化裂化柴油 1∶1.3∶2.3 混合油为原料，在中压条件下，不同流程的产品质量，与化学氢耗的关系见表 4-11。

表 4-11 工艺流程与化学氢耗[13]

项目	>350℃全循环	单程通过	项目	>350℃全循环	单程通过
反应压力/MPa	6.86	6.86	氢油体积比	1200∶1	1000∶1
反应温度/℃	362	372	化学氢耗/%	2.32	1.48
体积空速/h^{-1}	1.51	1.60			

(7) 反应压力。以伊轻 VGO 和沙轻 VGO 为原料，不同的反应压力与化学氢耗的关系见表 4-12。

表 4-12 反应压力与化学氢耗[12]

项目	伊轻 VGO			沙轻 VGO		
反应压力/MPa	8.0	10.0	14.5	8.0	10.0	14.5
反应温度/℃	380/375	380/379	379/385	385/379	380/379	366/368
体积空速/h^{-1}	1.0/1.25	1.25/1.5	1.0/1.2	1.2/1.5	1.2/1.5	1.1/1.36
>370℃转化率/%	69	69	70	65	60	65
化学氢耗/%	1.79	1.92	2.64	1.83	2.16	2.30

4.2 溶解氢耗

加氢裂化装置溶解氢耗一般指溶解在高压液体物流中，带入低压系统的氢耗。涉及的物流主要包括：热高压分离器液体、冷高压分离器液体、冷高压分离器的含硫污水、循环氢脱硫塔的富溶剂、循环氢压缩机入口缓冲罐的排放液等。这部分氢气量，被油、水、溶剂溶解带入低压系统，带走的量取决于操作压力、操作温度，油、水、溶剂的流量和物流特性，实际生产中还与容器内液体的停留时间及设备结构有关。

冷高压分离器中含硫污水的溶解氢耗：一般占含硫污水的 0.015%~0.025%，占原料油的 8~14μg·g^{-1}，一般情况下可忽略不计。

循环氢脱硫塔富溶剂的溶解氢耗：一般占富溶剂量的 0.011%~0.021%，占原料油的 100~150μg·g^{-1}，可适当考虑。

循环氢压缩机入口缓冲罐排放液的溶解氢耗：由于排放液正常时无流量，间断排放，且每次排放量又小，一般情况下可忽略不计。

1）氢的物理性质。氢的相对分子质量 2.016，体积略大于氦原子，临界温度 33.2K，分子之间的作用力很小，溶解于油中为吸热反应，可产生"量子效应"，被称为"量子气体"。由于氢的特殊性，使其物理性质偏离宏观上的规律。对比温度和对比压力只能采用下式计算：

$$T_r = T/(T_c + 8)$$

$$P_r = P/(P_c + 8)$$

氢的对比温度和对比压力不符合对应状态原理；在高温高压下，含氢混合体系的虚拟临界常数不能使用；含氢体系的密度和焓等性质，也不符合对应状态原理，只能采用氢和溶剂的偏摩尔量加和计算。

（1）含氢体系气液相平衡计算。GS 法和 CS 法在较低温度下对含氢高压系统的适应性较好，高温下偏差较大；高压下改进的 SRK 方法最好，有普遍的适应性；低压下 PROCESS、PRO-Ⅱ中的 GS 法较好。

（2）含氢体系密度。含氢体系的气体密度以改进的 SRK 方法最好；含氢体系的液体密度可采用 Rackett 的饱和液体密度计算方法结合 Lu-Rea 的压力校正方法及含溶解氢的偏摩尔体积计算。

（3）含氢体系焓、熵、比热容等热性质。含氢气体物系的热性质可近似用对应状态原理计算；含氢液体物系的热性质不能用以混合液体的虚拟临界性质为基础的对应(比)状态原理计算，需用溶解氢和偏摩尔焓的加和计算。

2）氢的溶解性。在较高压力下，氢在油中的溶解度随温度升高而增加，在高温下有很高的对比温度，反常于一般气体的溶解度-温度规律，高温高压下氢在油中的溶解度可达50%(摩尔)。因为氢在烃(油)中的偏摩尔溶解热为正值，表现为强烈的吸热反应，温度升高有利于吸热的溶解过程进行。从动力学讲，温度升高，石油馏分的黏度减小，组织变得稀薄，氢的扩散系数又很大，有利于氢向油中扩散，加速了氢在油中的溶解平衡的达到。大量数据证明：氢在烷烃中的溶解度随烷烃的相对分子质量增加而增大，氢在芳烃中的溶解度随芳烃的相对分子质量增加而减小。

图 4-1 表示了不同温度、压力条件下 H_2在柴油中的溶解度数据。

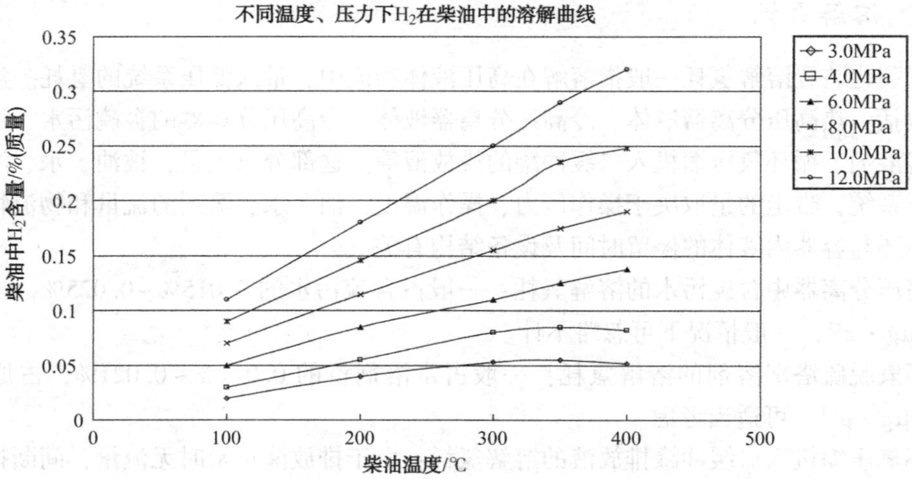

图 4-1　不同温度、压力条件下 H_2在柴油中的溶解度数据

从图 4-1 可看出：H_2的溶解度与柴油温度、压力成正比。

图 4-2 表示了8.0MPa 压力条件下，不同温度原料油品中 H_2的溶解度数据。

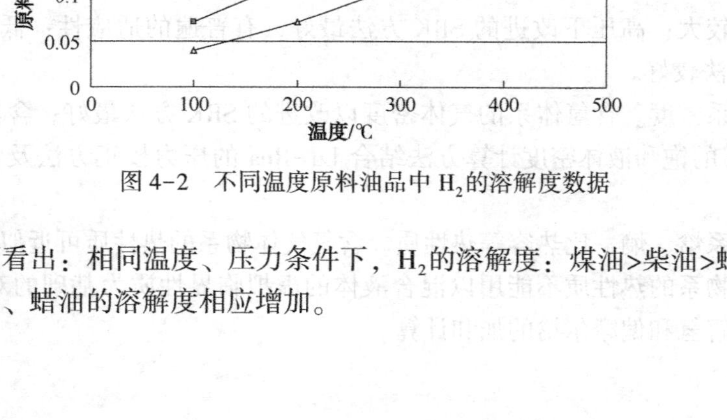

图 4-2　不同温度原料油品中 H_2的溶解度数据

从图 4-2 可看出：相同温度、压力条件下，H_2的溶解度：煤油>柴油>蜡油；温度增加，H_2在煤油、柴油、蜡油的溶解度相应增加。

3）经验估算，见表4-13。

表4-13 溶解氢耗的分项估算[2~6]

项　目		溶解氢耗量/($m^3H_2 \cdot m^{-3}$进料)
分离器温度40℃，每1大气压分压计		0.07
按不同油品	石脑油	6.4~11
	煤油、柴油	4.1~7.65
	催化裂化原料	3.4~6.8

采用冷分流程，高分压力：15.7~16.5MPa条件下的溶解氢耗估算见表4-14。

表4-14 溶解氢耗的总体估算

项　目	一次通过	中油循环加氢裂化	尾油循环加氢裂化	
			中油产品	轻油产品
$m^3H_2 \cdot t^{-1}$进料	13~15	35~38	26~33	35~38

4）利用软件进行计算。由于加氢裂化高压分离物系中含有：H_2、H_2S、NH_3、H_2O、轻烃、轻石脑油、重石脑油、喷气燃料、柴油、循环油等组分，组分性质难以准确计算；H_2S—NH_3—H_2O挥发性弱电解质体系的电离、分解、反应、溶解加大了气液相平衡计算的难度；氢气的"量子效应"导致其反常于一般气体的溶解度-温度规律、虚拟临界常数不能使用、不符合对应状态原理等，使得用手算的方式进行计算很难。即使国际上通用的大容量软件计算程序，也均有不同程度的误差。

5）溶解氢耗的影响因数。溶解氢耗与工艺流程、产品质量、产品方案、分离器的温度及分离器的压力等因数有关。

（1）工艺流程。不同工艺流程，分离器的溶解氢耗不同。典型的溶解氢耗见表4-15。

（2）产品质量。由于氢在烷烃中的溶解度随烷烃的相对分子质量增加而增大，在芳烃中的溶解度随芳烃的相对分子质量增加而减小。因此随着重芳烃饱和为轻芳烃、重芳烃开环变成长侧链环烷烃，溶解氢耗增大。

（3）产品方案。产品方案与溶解氢耗见表4-15。

表4-15 产品方案与溶解氢耗

项　目		茂名	镇海	天津	上海	辽阳
流程类型		尾油全循环				柴油全循环
主产品		喷气燃料	柴油	重石脑油+喷气燃料	重石脑油	重石脑油
高压分离器压力/MPa		16.48	16.2	16.4	14.61	16.0
高压分离器温度/℃		49	49	50	43	43
产率/%	轻石脑油	12.23	20.65	9.14	21.42	16.41
	重石脑油	15.95	18.32	46.11	66.98	52.09
	喷气燃料	50.04	22.03	35.73		
	柴油	17.00	20.04			

续表

项　目	茂名	镇海	天津	上海	辽阳
溶解氢耗(标态)/($m^3 \cdot t^{-1}$油)	16.09	19.82	21	23.44	21.2
溶解氢耗(标态)/($m^3 \cdot t^{-1}$原料)	26.31	32.5	39.63	37.97	35.86

(4) 分离器的温度。采用阿拉伯轻质原油与重质原油各半组成的混合原油的减压蜡油为原料，以表 4-16 数据为基础的计算结果见图 4-3。

表 4-16　计算基础

项　目		精制反应器	裂化反应器
新鲜进料/($t \cdot h^{-1}$)		150	
循环油/($t \cdot h^{-1}$)		72	
出口压力/MPa		16.2	16.0
氢油体积比(标态)/($m^3 \cdot m^{-3}$)		1472	1635
反应温度(末期)/℃		404	421
热高压分离器压力/MPa		15.6	
冷高压分离器	温度/℃	50	
	压力/MPa	15.5	

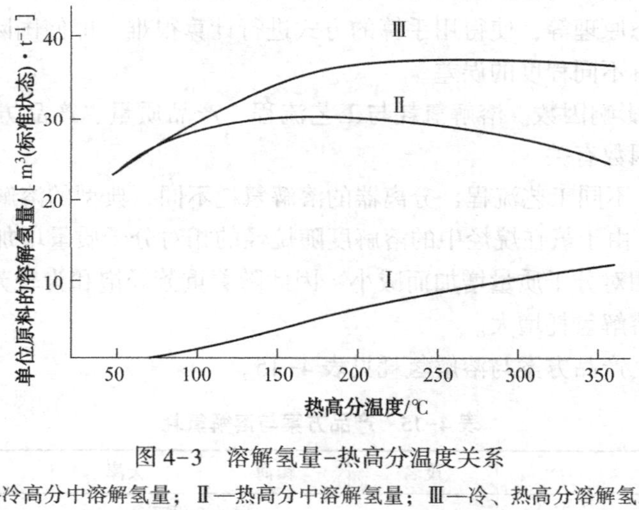

图 4-3　溶解氢量-热高分温度关系

Ⅰ—冷高分中溶解氢量；Ⅱ—热高分中溶解氢量；Ⅲ—冷、热高分溶解氢总量

从图 4-3 可看出：

① 曲线Ⅰ表明：随热高分温度升高，冷高分中油量增加，冷高分中溶解氢量增加；

② 曲线Ⅱ表明：在低温段时，热高分油汽化量少，随着热高分温度的升高，热高分中溶解氢量增加；而到一定温度(160℃左右)后，热高分油汽化量增加较快，油量减少，溶解氢量随着温度增加而下降；

③ 曲线Ⅲ表明：当热高分温度大于某一值时，热、冷高分油中的溶解氢总量变化不大，且随着温度的增加，溶解氢总量逐渐减少。

(5) 分离器的压力。分离器的压力与溶解氢耗见表 4-17。

表 4-17 分离器的压力与溶解氢耗

冷高压分离器压力/MPa	16.28	16.86	17.06
冷高压分离器温度/℃	50	50	50
溶解氢耗(标态)/($m^3 \cdot t^{-1}$原料)	基准	基准+2.1	基准+4.17

4.3 泄漏氢耗

理论上讲，处于高温、高压、临氢、易燃、易爆、有毒介质操作环境的加氢裂化装置应为零泄漏，但对于有几千个泄漏点的高压系统：管道加工精度和表面光洁度问题、拧紧螺栓的次序和螺纹装配对中等安装问题、密封材料的性能和使用寿命、填料压盖调紧和操作阀门的力度等操作、维护方面的问题、阀门、法兰、丝堵的质量问题、新氢压缩机、循环氢压缩机等动设备都可能引起泄漏。因此，工业装置以安装完成后的氢气气密试验，泄漏不超过允许值作为工程优异的标志。

平面法兰的泄漏量计算公式为：

$$Q = \frac{9.6\pi h^3 \cdot \Delta p}{13.9\eta \lg(\frac{r_2}{r_1})} \times 10^4$$

式中 Q——介质泄漏量，$cm^3 \cdot s^{-1}$；

h——间隙大小，cm；

Δp——设备内外压力值，MPa；

η——介质黏度，$mm^2 \cdot s^{-1}$；

r_1——法兰内径，mm；

r_2——法兰外径，mm。

影响泄漏的典型因素[5,14]：

① 结合面间隙的大小。泄漏量与间隙大小成三次方关系，即间隙增大 1 倍，泄漏量就会增大 7 倍；

② 内外差压。泄漏量与内外差压成正比，加氢裂化装置内外差压越大，泄漏量就会越大；

③ 介质黏度。泄漏量与介质黏度成反比，加氢裂化装置氢气的黏度较小，泄漏容易；

④ 操作温度。操作温度越高，介质黏度越小，气态分子运动加剧，泄漏也会增大；

⑤ 密封材料的致密性、回弹性、压缩性、耐腐蚀性、耐高温性等间接影响泄漏量；

⑥ 振动和冲击会使金属管产生和扩展疲劳裂纹，使密封垫片松弛失效等，导致泄漏和增大泄漏量。

由于氢原子体积很小，且处于高压条件下，因此加氢裂化装置的泄漏主要以氢气的泄漏为主。

氢气气密试验应在高压分离器正常操作压力条件下，以新鲜氢气为试验介质，静压试验若干小时的结果。

IFP 规定：氮气气密条件下，8h 内，压降应<0.02MPa·h^{-1}；

CLG 规定：氢气气密条件下，8h 内，压降应<0.3MPa·h^{-1}；

UOP 规定：氢气气密条件下，8h 内，压降应<0.45MPa · h^{-1}。

一般泄漏氢耗占总氢耗的1.5%~2.0%。

4.4 排放氢耗

氢气排放的目的：

① 减少循环氢中的杂质含量，如 H_2S、CH_4、N_2、O_2等，提高氢分压，满足产品质量要求；

② 设备运行的需要；

③ 全厂氢气综合利用的需要，如 15MPa 加氢裂化排放至 8MPa 加氢脱硫再排放至 4MPa 加氢精制，实现氢气的逐级利用。

加氢裂化装置的排放氢气点一般设在冷高压分离器顶、循环氢进脱硫塔入口管线、循环氢压缩机入口管线或新氢进新氢压缩机入口缓冲罐的管线上，排放可采用压力控制、流量控制或压力流量串级控制。

排放氢耗等于实际排放的氢气量，即各排放点的排放氢气量之和就是排放氢耗。

氢气的升压需要动力，因次排放必然会造成加氢裂化装置加工费用增加；氢气的消耗同时使原材料费用上升，即生产成本的上升，导致经济效益变差。一般加氢裂化装置不采用排放氢气方案，也没有排放氢耗。

参 考 文 献

1 陈俊武．加氢过程中的结构组成变化和化学氢耗[J]．炼油设计．1992，22(3)：1~8

2 侯 震，齐艳华．加氢装置氢耗量模型的研究［J］．计算机与应用化学，2004，21(1)：31~34

3 Lee C K，Mcgovern S J，da Silva L E M C，et al. Study compares methods that measure hydrogen use in diesel hydrotreaters［J］. Oil Gas J 2008，106(38)：58~63

4 Stratiev D，Tzingov T，Shishkova I，et al. Hydrotreating units chemical hydrogen consumption analysis a tool for improving refinery hydrogen management［C］//44th international petroleum conference，September 21－22. Bratislava：Slovak Republic，2009：1~14

5 李毅中．馏分油加氢精制化学氢耗量的分类计算［J］．齐鲁石油化工，1980，8(2)：20~28

6 段孝林．加氢精制过程氢耗量与反应热的估算[J]．石油炼制与化工，1975，6(2)：73~77

7 石油化工干部管理学院组织编写．加氢催化剂、工艺和工程技术(试用本)[M]．北京：中国石化出版社，2003

8 曾榕辉，于丹，廖士纲．中东含硫 VGO 加氢裂化反应性能的研究[J]．炼油设计，2000，30(11)：39~42

9 韩崇仁主编．加氢裂化工艺与工程[M]．北京：中国石化出版社，2001.639~646

10 陈连财，沈春夜．加氢裂化装置的扩能改造[J]．石油炼制与化工，2003，32(3)：22~25

11 王凤来，关明华，胡永康．3976 高抗氮高生产灵活性加氢裂化催化剂性能研究[J]．石油炼制与化工，2001，32(8)：36~39

12 曾榕辉，祁兴维．操作条件对加氢裂化柴油产品质量影响的对策[J]．石油炼制与化工，2002，33(6)：27~31

13 葛在贵，关明华，王凤来．高活性中压加氢裂化催化剂 3905 的性能与工业制备[J]．石油炼制与化工，1996，27(4)：6~12

14 阮徐诏，仉家骅．工业管道泄漏防治[M]．北京：冶金工业出版社，1988.6~13

第五章　操作参数及影响因数

加氢裂化过程的主要操作参数有反应温度、反应压力、空速和氢油比。

5.1　反应温度

反应温度是加氢裂化装置需要严格控制的工艺操作参数。由于加氢裂化反应为强放热反应，反应器内催化剂床层温度呈梯度分布，控制反应温度可保持进料达到要求的转化率，避免"飞温"等异常情况发生。生产操作过程中，催化剂失活、进料质量变坏、氮含量增多、生产操作方案的变化及液体径向分布不均匀等，都需要调整反应温度。

5.1.1　反应温度表述方式

反应温度的主要表述方式有：反应器进口温度、反应器出口温度、催化剂床层进口温度、催化剂床层出口温度、催化剂床层平均温度（*BAT*）、催化剂重量加权平均温度（*WABT*）、催化剂加权平均温度（*CAT*）及与反应温度有关的单位体积床层温升（单位长度床层温升）、催化剂允许的最高温度、催化剂允许的最高温升、反应器径向温差及催化剂的失活速率（$℃ \cdot d^{-1}$）等。

（1）反应器进口温度。生产操作中最主要的控制参数，典型的控制方式：

① 进料加热炉的燃料量与反应器进口温度串级控制；

② 进料加热炉的燃料压力与反应器进口温度串级控制；

③ 对于无进料加热炉的反应器，反应器进口温度与循环油旁路量串级控制；

④ 通过调整冷氢量来控制反应器进口温度。

（2）反应器出口温度。生产操作中一般不作为控制参数。但可作为催化剂或反应器允许最高温度的判断标准，因此生产中仍应密切监控。

（3）催化剂床层进口温度。对于等温升反应器，每一个催化剂床层进口温度均相等，且等于反应器进口温度；对于不等温升反应器，后一个催化剂床层进口温度均大于前一个催化剂床层进口温度。催化剂床层进口温度通过调整冷氢量或冷油量来控制。催化剂床层进口温度可用入口层径向多点热电偶其中之一或多点热电偶的加权平均值来表述。

（4）催化剂床层出口温度。对于等温升反应器，每一个催化剂床层出口温度均相等，且等于反应器出口温度；对于不等温升反应器，后一个催化剂床层出口温度均大于前一个催化剂床层出口温度。催化剂床层出口温度一般不作为控制参数，但可作为催化剂或反应器允许最高温度的判断标准，催化剂床层出口温度可用出口层径向多点热电偶其中之一或多点热电偶的加权平均值来表述。

（5）催化剂床层水平面平均温度（*LAT*）。给定水平面的平均温度。在某一水平面上，如果有3个床层热电偶，则这一层催化剂床层水平面平均温度（*LAT*）的计算如下：

$$LAT_i = \frac{T_{i1} + T_{i2} + T_{i3}}{3}$$

式中　T_{i1}——第 i 个床层第一点热偶指示温度，℃；

T_{i2}——第 i 个床层第二点热偶指示温度,℃;

T_{i3}——第 i 个床层第三点热偶指示温度,℃。

(6) 催化剂床层平均温度(BAT)。BAT 为单个床层入口水平面平均温度和出口水平面平均温度的算术平均值。

BAT 的表示如下:

$$BAT_i = \frac{LAT_{\mathrm{IN}i} + LAT_{\mathrm{OUT}i}}{2}$$

式中 $LAT_{\mathrm{IN}i}$——第 i 个床层入口水平面平均温度,℃;

$LAT_{\mathrm{OUT}i}$——第 i 个床层出口水平面平均温度,℃。

(7) 催化剂加权平均温度(CAT)当反应器内催化剂采用同种装填方式,CAT 定义为每个床层中活性催化剂体积百分数与其催化剂床层平均温度乘积的算术平均数,即

$$CAT = \sum_{i}^{n} \varepsilon_i \times BAT_i$$

式中 ε_i——第 i 个床层活性催化剂体积分数,%;

BAT_i——第 i 个床层平均温度,℃;

n——催化剂床层总数。

(8) 催化剂重量加权平均温度(WABT)。方法一:当反应器内同一床层催化剂采用不同种装填方式时,WABT 为每一种装填层的平均温度与该层催化剂重量的乘积相加所得的温度。

$$WABT = \sum_{\mathrm{i}}^{n} \frac{\delta_i (LAT_{\mathrm{IN}i} + LAT_{\mathrm{OUT}i})}{n}$$

式中 $LAT_{\mathrm{IN}i}$——每一种催化剂第 i 个床层入口水平面的平均温度,℃;

$LAT_{\mathrm{OUT}i}$——每一种催化剂第 i 个床层出口水平面的平均温度,℃;

δ_i——第 i 个床层活性催化剂质量分数,%;

n——催化剂床层总数。

方法二:对于渣油加氢,WABT 可用以下方式计算。

$$WABT = \sum_{i}^{n} \delta_i \frac{\frac{1}{3} LAT_{\mathrm{IN}i} + \frac{2}{3} LAT_{\mathrm{OUT}i}}{2}$$

式中,$LAT_{\mathrm{In}i}$、$LAT_{\mathrm{OUT}i}$、δ_i、n 同上。

(9) 单位体积床层温升(单位长度床层温升)。加氢裂化装置中,一般同一类型(如:加氢精制或加氢裂化)的反应器直径相等,单位体积床层温升可用单位长度床层温升代替。单位长度床层温升指的是整个床层温升除以整个床层长度。提出这个概念的目的是用它描述和比较不同床层的反应程度即反应负荷。我们希望每个床层的反应负荷尽量平均,使所有催化剂同步失活,同时更换。

Union[1-2]公司提出等单位长度床层温升相同,Chevron[3]认为可采用不等单位长度床层温升。

控制方法[4]:①零值温度梯度控制,使催化剂系统接近等温条件操作;②负值温度梯度控制,不控制每个催化剂床层温度梯度,控制各催化剂床层中部温度梯度为负值;③正值

温度梯度控制，中部床层温度梯度线形上升，斜率为正值。

（10）催化剂允许的最高温度和催化剂床层允许的最高温升。由于加氢裂化是强放热反应，增加反应温度可以加快反应速度，并相应释放较大反应热。如果不将反应热及时排除，将导致热量积聚，床层反应温度骤然上升，即出现所谓“飞温”或“超温”现象，造成催化剂损坏，寿命降低，再生周期缩短。因此生产操作中应严格控制催化剂床层温度，使其不超过催化剂允许的最高温度；严格控制催化剂床层温升，使其不超过催化剂允许的最高温升。

20世纪80年代初，我国引进的加氢裂化装置要求反应器内任意点温度高出正常操作温度14℃时，应立即降温处理；超过正常值27.8℃时，应启动2.1MPa·min^{-1}紧急泄压系统。

加氢裂化装置运转初期，催化剂活性高，反应温度相对低；运转末期，催化剂活性下降，为了保持运转初期时的反应速度或转化深度，必须提高反应温度。反应温度的提高是在初期温度的基础上，随着运转时间的增长而逐步增加的。

联合加氢裂化装置关于温度极限的规定见表5-1。

表5-1　联合加氢裂化装置关于温度极限的规定[1]

项　目	单段流程	两段流程
催化剂床层允许的最高温升/℃	17	17
加氢精制反应器出口温度高于裂化反应器入口温度的限制/℃	≯22	≯22
加氢裂化反应器循环氢加热炉出口温度高于反应器入口温度的限制/℃	≯56	
循环油温度高于裂化反应器入口温度的限制/℃	≯22	≯22
第一段循环氢加热炉出口温度高于加氢精制反应器入口温度的限制/℃		≯56

（11）径向温度差。床层流体分布的均匀性直接影响径向温度分布，低流速区，反应物与催化剂接触时间长，使得转化率增高反应放出热量多，但携热能力小，形成热量积聚而出现高温区。相反在高流速区，反应物与催化剂接触时间短，转化率偏低反应热也较低，而携热能力大，出现低温区。因此径向温度分布是流体均匀性的直接反映，是床层内构件及催化剂装填好坏的最好评价。

表5-2列出了国内某厂几次反应器内构件改造前后反应器径向温度分布状况。

表5-2　国内某厂反应器径向温度分布[5]

床层		改造前反应器径向温度典型数据					改造后反应器径向温度典型数据				
		床层温度/℃			冷氢	径向温差	床层温度/℃			冷氢	径向温差
		*a*点	*b*点	*c*点	$m^3 \cdot h^{-1}$	℃	*a*点	*b*点	*c*点	$m^3 \cdot h^{-1}$	℃
一	入口	382	388	381	0	7	365	365	364	0	1
	出口	402	403	401		2	384	383	383		1
二	入口	397	393	392	4091	5	382	382	382	72	0
	出口	414	410	402		12	399	392	397		7
三	入口	398	395	388	11149	12	388	378	384	5750	8
	出口	415	408	398		19	397	388	393		11
四	入口	396	391	378	13051	20	384	387	381	9743	17
	出口	425	412	388		37	412	374	391		38

续表

床层		改造前反应器径向温度典型数据					改造后反应器径向温度典型数据				
		床层温度/℃			冷氢	径向温差	床层温度/℃			冷氢	径向温差
		a点	b点	c点	$m^3 \cdot h^{-1}$	℃	a点	b点	c点	$m^3 \cdot h^{-1}$	℃
五	入口	397	390	370	17130	27	381	373	377	8751	8
	出口	426	412	387		39	412	394	404		16

工业反应器径向温度分布总是偏离理想分布，在良好的催化剂装填及采用先进的反应器内构件技术条件下，径向温度分布可以接近理想分布。

(12) 催化剂的失活速率(℃·d^{-1})。催化剂的失活速率的表述方式也有多种，失活速率是其中的一种表述方式，见表5-3。

表5-3 几种催化剂的失活速率[6~8]

项目		日本KPI公司[27]	大庆MHUG		HC-102[29]	HC-222[29]
原料油	密度(20℃)/($g \cdot cm^{-3}$)	0.904~0.934	0.852		0.9155	0.9155
	馏程/℃		190~416		371~550	371~550
	硫含量/%	1.8~2.8	0.0773		2.37	2.37
	氮含量/($\mu g \cdot g^{-1}$)		428		780	780
工艺流程		单段一次通过	单段一次通过		单段单剂全循环	单段串联全循环
操作条件	高分压力/MPa	5.4	8.67(反应器入口)			
	转化率/%	35~45	40.1		100	100
失活速率/(℃·d^{-1})		0.04	0.028(RN-1)	0.037(RT-5)	0.06	0.028

5.1.2 反应温度测量方式

典型的催化剂床层温度测量方式有：径向单管三点测量、径向三管三点测量、径向单管多点测量、轴向单管多点测量等。常规的热偶保护套管系统的温度响应时间为2~3min，近年来开发的新型测温元件的温度响应时间为4~7s[9]。

1) 径向单管三点测量[10]。国内加氢裂化装置较多采用。带法兰的钢管将三根不等长度的热电偶置于其中，钢管顶头固定于反应器壁的凸台上，并用螺栓固定。热电偶的位置根据需要分别位于反应器壁两侧和中心位置。

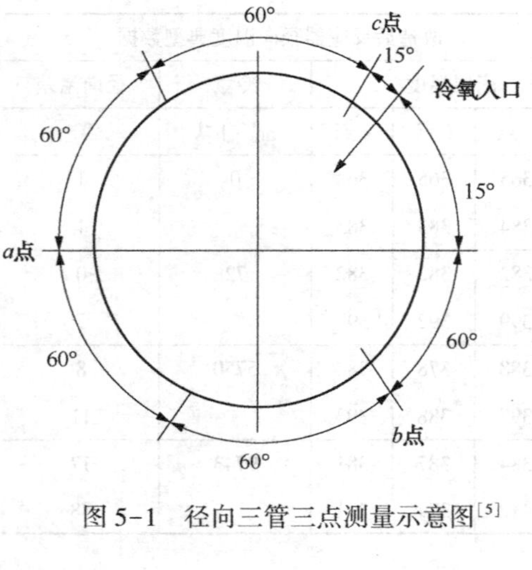

图5-1 径向三管三点测量示意图[5]

2) 径向三管三点测量。同一截面每隔120°插入一根热偶保护套管，套管顶端位于反应器直径的三分之一处，套管为悬臂式结构，典型的示意图如图5-1所示。

3) 径向单管多点测量。Gayesco公司开发了一种新型测温系统，称为Flex-R系统[11]。该系统采用饶性热电偶，可根据需要将热电偶分多圈布置，典型的布置方式有：12点、24点、36点等。

4）轴向单管多点测量。将装有不等长度热电偶的钢管从反应器顶部沿轴向插入反应器，在反应器的不同位置固定热电偶套管。

5.1.3 反应温度与转化率

反应温度对转化率的影响遵循阿累尼乌斯公式[12]：

$$\frac{k_1}{k_2}=\exp\left[\frac{E}{R}\left(\frac{T_1-T_2}{T_1T_2}\right)\right]$$

式中 k_1、k_2——分别为反应温度 T_1 及 T_2 的反应速率常数；

T_1、T_2——则为反应温度，K；

E——反应活化能，kJ · k mol^{-1}；

R——气体常数，8.314 kJ ·（k mol · k）$^{-1}$。

生产操作过程中，如果固定空速(即进料量)及其他条件，提高反应温度，反应速度加快，转化率提高，其关系如图 5-2。

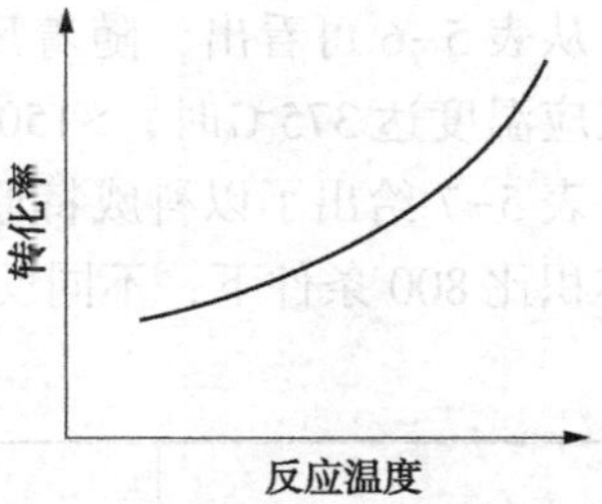

图 5-2 反应温度与转化率关系示意图

研究结果表明：各类反应动力学速度常数的对数与反应温度的倒数之间存在着非常好的线形关系，而这一点也是反应动力学理论 Arrhenius 方程要求满足的[17]。

不同形式的催化剂对反应温度的敏感性不同，从表 5-4 和表 5-5 可看出，分子筛催化剂对反应温度及其敏感，增加同样转化率时，提温速度明显低于无定性催化剂；而不同形式的分子筛催化剂，增加同样转化率时，提温速度也不同。

表 5-4 反应温度与转化率的关系[2~5]

项　目		专利公司 U	专利公司 I	专利公司 Un	专利公司 F
原料油	密度(20℃)/(g · cm^{-3})	0.9189	0.905	0.9059	0.851
	馏程/℃	317~532(90%)		328~536	192~419
	硫含量/%	2.5	2.43	1.8	0.8
	氮含量/%	0.09	0.065	0.12	0.021
催化剂形式		DHC-6/DHC-2	Ni-Mo-分子筛	分子筛	分子筛
转化率/%		基准	基准	基准	基准
转化率增加/%		10/10	10	10	10
增加温升/℃		8.5/10	线形增加	2.8	4.0

表 5-5 反应温度与转化率的关系

转化率/%	60	65	70
精制反应温度/℃	375	375	375
裂化反应温度/℃	365	367	369
循环油量/(t · h^{-1})	基准	基准-23.7%	基准-55.5%
裂化催化剂体积量/m^3	基准	基准-10%	基准-18.5%
循环油泵功率/kW	基准	基准-18.3%	基准-46%

5.1.4　反应温度与产物分布

文献[6]给出了以馏程：343~540℃、含硫量 2.0%、含氮量 0.125%的伊朗玛伦原油减压馏分油为原料，不同反应温度条件下的研究结果见表 5-6。

表 5-6　反应温度对加氢裂化产物分布的影响[13]

产物分布/%	反应温度/℃		
	359	367	375
丁烷	4.2	8.9	19.6
C_5~60℃馏分	6.3	11.3	21.7
60~150℃馏分	28.5	45.7	81.0
>150℃馏分	75.2	54.1	

从表 5-6 可看出，随着反应温度增加，<150℃馏分含量增加，>150℃馏分含量减少；当反应温度达 375℃时，>150℃馏分全转化了。

表 5-7 给出了以科威特原油的脱沥青油为原料，在 20MPa 反应压力、空速 0.5h^{-1}、氢油体积比 800 条件下，不同反应温度条件下的润滑油收率。

表 5-7　反应温度对润滑油收率的影响

项　目	单催化剂		双催化剂	
	$NiS-WS_2-Si-Al$		$NiS-WS_2-Al+NiS-WS_2-Si-Al$	
反应温度/℃	400	410	390	400
>385℃润滑油收率/%	61	45	64.3	57.2

从表 5-7 可看出，随着反应温度增加，无论单催化剂还是双催化剂，润滑油收率均降低。

5.1.5　反应温度与产物质量

以大庆重油催化裂化柴油和大港重油催化裂化柴油为原料，在氢分压 0.4MPa、空速 2.0h^{-1}、氢油体积比 1000 条件，不同反应温度的产物质量见表 5-8。

表 5-8　反应温度与产物质量[14]

项　目			大庆重油催化裂化柴油		大港重油催化裂化柴油	
原料油	密度(20℃)/($g\cdot cm^{-3}$)		0.8614		0.8949	
	馏程/℃		180~380		180~350	
	硫含量/%		0.1167		0.1512	
	氮含量/%		0.0897		0.089	
反应温度/℃			370	380	360	380
<65℃轻石脑油	密度(20℃)/($g\cdot cm^{-3}$)		0.6418	0.6418		
	组成/%	C_4~C_6正构烷烃	22.81	22.39	29.33	29.23
		C_4~C_6异构烷烃	56.34	59.24	34.22	37.25
		C_5~C_6环烷烃	16.99	15.73	24.7	23.4
		苯	2.63	1.96	6.99	5.62
		C_7烃	1.23	0.68	4.76	4.50
	辛烷值		81.4	83.0		

续表

项目			大庆重油催化裂化柴泪		大港重油催化裂化柴油	
65~180℃重石脑油	密度(20℃)/(g·cm^{-3})		0.7651	0.763	0.7874	0.7825
	芳烃潜含量/%		63.83	59.03	79.7	75.7
	硫含量/(μg·g^{-1})		<0.5	<0.5	<0.5	<0.5
	氮含量/(μg·g^{-1})		<0.5	<0.5	<0.5	<0.5
>180℃轻柴油	密度(20℃)/(g·cm^{-3})		0.8243	0.8162	0.8511	0.8501
	馏程/℃	50%	250	236	248	244
		90%	326	316	298	297
		95%	341	335	313	313
	硫含量/(μg·g^{-1})		2.9	2.9	4.8	4.7
	十六烷值		48.2	48.8	40	41
	凝点/℃		-6	-8	-25	-23

从表5-8可看出，随着反应温度增加，轻石脑油异构烷烃含量增加，环烷烃、苯含量减少，辛烷值增加；重石脑油芳烃潜含量减少；轻柴油馏程变轻、十六烷值增加及凝点增加。

反应温度对润滑油基础油质量的影响见表5-9。

表5-9 反应温度对润滑油基础油质量的影响

项目		单催化剂		双催化剂	
		NiS-WS$_2$-Si-Al		NiS-WS$_2$-Al+ NiS-WS$_2$-Si-Al	
反应温度/℃		400	410	390	400
脱蜡油性质	密度(20℃)/(g·cm^{-3})	0.8865	0.8712	0.8741	0.860
	黏度(37.8℃)/(mm^2·s^{-1})	251.2	91.9	140.4	88.3
	黏度指数	99.5	111	103.1	110.7
	凝点/℃	-2	-10	-13	-10

从表5-9可看出，随着反应温度增加，脱蜡油黏度降低，而黏度指数增加。

5.1.6 反应温度与原料油

同一种原油的不同馏分，达到相近转化率时，所需的反应温度不同。馏分越重，黏度越大，原料向催化剂内部扩散速度越慢，反应速率越低，见表5-10。

表5-10 反应温度与不同终馏点大庆馏分油的关系[15]

项目			常三：减一=2：1	减二脱蜡油：减一=1：1	减二线
原料油	密度(20℃)/(g·cm^{-3})		0.8426	0.8583	0.8563
	馏程/℃	初馏点	224	259	316
		50%	364	381	414
		终馏点	440	453	476
	氮含量/(μg·g^{-1})		160	320	343

续表

项目		常三：减一=2：1	减二脱蜡油：减一=1：1	减二线
反应温度/℃		411	423	427
产品收率/%	<130℃	12.9	13.6	13.6
	130~260℃	34.3	34.6	32.3
	260~320℃	19.3	18.6	14.6
	>320℃	66.5	66.8	60.5

从表5-10可看出，减二线与减二脱蜡油和减一线的混合油相比，50%馏分温度高23℃，达到相近转化率时，反应温度需提高14℃；减二脱蜡油和减一线的混合油与常三和减一线的混合油相比，50%馏分温度高17℃，达到相近转化率时，反应温度需提高12℃。

不同原油的同一段馏分，达到相近转化率时，所需的反应温度也不同，见表5-11。

表5-11 反应温度与不同原料相同馏分范围的关系[16~17]

项目		科威特	IMEG“A”	伊朗
原料油	馏程/℃		349~549	
	氮含量/($\mu g \cdot g^{-1}$)	640	765	1165
	硫含量/%	2.5	2.3	1.7
初期反应温度/℃		B	B+6.1	B+13.9
产品收率/%	C_5~82℃	5.3	4.5	6.4
	82~150℃	15.8	15.4	15.4
	150~371℃	61.4	65.1	61.8
	>371℃	12.1	10.6	11.0

从表5-11可看出，不同原油的同一段馏分，硫含量相近，氮含量相差1倍，达到相近转化率时，初期反应温度相差13.9℃，说明加工高含氮原料时，必须提高反应温度，才能达到相同的裂解深度。

5.1.7 反应温度与反应器内流体分布性能

流体分布性能直接影响反应物与催化剂接触时间的均衡性，影响催化剂内、外表面被液体润湿的程度及由于分布不均形成的沟流和短路等，最终影响反应温度分布和产品质量[9]。

Topsoe改善流体分布的工业应用实例：对某厂馏分油加氢脱硫装置分配器进行改造，其他条件不变，只改善流体分布，减少偏流的结果见表5-12。

表5-12 反应温度与反应器内流体分布性能[9]

项目	原装置分配器	Topsoe分配器
原料硫含量/%	0.7	0.9
平均床层温度/℃	346	321
产品硫含量/%	0.05	0.035
相对脱硫活性	1.0	2.5

从表5-12可看出，采用新的分配器，改善了流体的分布效果，即使原料硫含量提高

28.5%，床层平均温度还低22~25℃，仍能使产品硫含量小于0.05%。

5.1.8 反应温度与催化剂装填方式

催化剂密相装填后，球形催化剂可多装5%~8%，圆柱形催化剂可多装10%~15%，三叶草形催化剂可多装20%~25%，多装催化剂后，改善了流体分布，提高了液体接触效率，进而改善了床层温度分布，减少了热点出现的可能。

对硫含量为1.5%的柴油加氢生产0.3%的柴油产品，选择氢分压3.0MPa、空速4.0h^{-1}、氢油体积比175，应用不同形状催化剂，考察布袋装填和密相装填对反应的影响，见表5-13。

表5-13 不同装填方式对反应的影响[9]

催化剂	条件	布袋装填	密相装填
球形	装填密度(20℃)/(g·cm^{-3})	610	635(+7%)
	相对脱硫活性①	80	86
	初始反应温度/℃	352	350
KF-165-1.5E 圆柱形	装填密度(20℃)/(g·cm^{-3})	690	780(13%)
	相对脱硫活性①	125	141
	初始反应温度/℃	340	336
KF-742-1.3Q 三叶草形	装填密度(20℃)/(g·cm^{-3})	600	732(+22%)
	相对脱硫活性①	135	165
	初始反应温度/℃	337	331

① 相对脱硫活性KF-124-1.5E的布袋装填活性为100计。

从表5-13可看出，密相装填时球形、圆柱形和三叶草形的装填密度分别增加7%、13%和22%，相对脱硫活性分别增加6、16和30个百分点，而初始反应温度分别下降2℃、4℃和6℃。

5.1.9 反应温度与催化剂

表5-14列出了贵金属Pt和非贵金属Ni-Mo分子筛催化剂，使用不同氮含量原料，在相同转化率条件下，所需的反应温度。

表5-14 反应温度与催化剂的关系[17-18]

项目	KC-2000		KC-2100	
组分	Ni-Mo/分子筛		Pt/分子筛	
原料油氮含量/(μg·g^{-1})	0	2000	0	2000
转化65%所需反应温度/℃	295	380	250	360

从表5-14可看出，原料氮含量对催化剂活性影响很大，对贵金属催化剂影响更大，非贵金属Ni-Mo分子筛催化剂反应温度相差达85℃，而贵金属Pt分子筛催化剂则达110℃。

5.1.10 反应温度与蒸馏曲线

在氢分压6.5MPa、空速1.2h^{-1}、氢油体积比1000条件下，不同反应温度对产品ASTM蒸馏曲线的影响见图5-3。

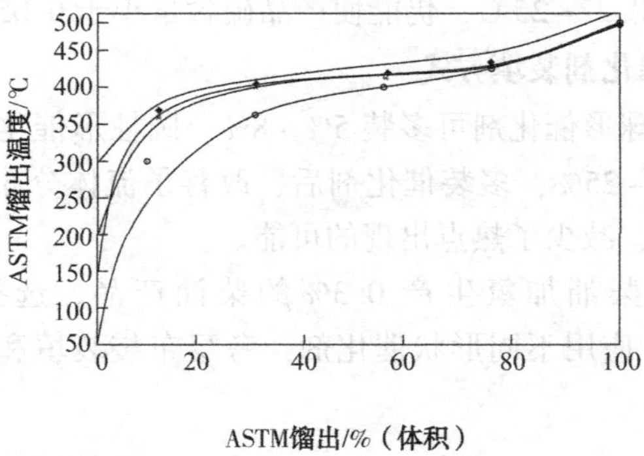

图 5-3　反应温度与蒸馏曲线的关系[197]

◆—T=380℃；＊—T=390℃；○—T=400℃

试验条件：氢分压 6.5MPa；空速 1.2h^{-1}；氢油体积比 1000；点为试验值，曲线为计算值，最上面为原料油曲线

5.1.11　反应温度与生产操作

对于已建成的加氢裂化装置：设备已固定，装置操作压力基本固定；循环氢压缩机能力固定，氢油体积比的变化也不会太大。因此实际能调整的最主要的操作条件为反应温度。反应温度调整的原则如上所述。对于全循环流程，也可根据循环油罐液位来调整反应温度。

5.2　反应压力

从经济角度看，由于装置的投资随压力的升高而增加，因此降低反应压力，不但可以减少投资，而且可提高生产安全性。但反应压力升高，氢分压相应升高，由于氢分压的升高，单位反应体积中氢浓度增加，氢通过液膜向催化剂表面扩散的推动力增加，扩散速度提高[1]，有利于提高反应速度，延长反应时间，增加转化率，提高产品质量，延长装置运行周期。反应压力的选择应结合工厂可能加工的原油品种、加氢裂化的原料组成、原料性质、产品数量要求、产品质量及对未来产品质量的估计、下游装置对加氢裂化产品的要求、供氢能力和纯度、投资、效益及可能的发展规划等因素综合考虑。

5.2.1　反应压力表述方式

反应压力的主要表述方式：反应器入口压力、反应器出口压力、反应器入口氢分压、反应器出口氢分压、平均氢分压及与反应压力有关的催化剂床层压降和反应器压降。

加氢裂化装置中，一般高压循环系统不设置可导致循环氢中断的控制阀门，反应压力主要靠高压分离器压力来控制。

1）反应器入口压力。一般用于宏观上表述反应压力等级。装置运转初期，由于系统压降小，反应器进口压力低；装置运转末期，由于换热器、加热炉、反应器等设备结垢，系统压降大，在相同高压分离器压力条件下，反应器入口压力必然提高。

2）反应器出口压力。反应器出口压力=反应器进口压力-反应器压降；其变化规律与反应器进口压力相似。一般也不作为控制指标。

3）反应器入口氢分压。加氢裂化反应物流为多组分物流。反应器入口气相中氢分压可按道尔顿定律计算，即：

$$P_{H_2} = P_T \times \frac{m_{H_2}}{\sum_i^n m_i}$$

式中 P_{H_2}——反应器入口氢分压，MPa；

P_T——反应器入口总压，MPa；

m_{H_2}——反应器入口氢气摩尔数；

$\sum_i^n m_i$——反应器入口总摩尔数。

同时根据拉乌尔定律，在一定温度下物流中的各种烃类在气相中的分压等于该物质在同一温度下的饱和蒸气压乘以该物质在液相中的摩尔分率。装置设计时为了获得高的反应器入口氢分压，常采用将全部新氢补入到反应器入口，不足部分用循环氢补充。

4）反应器出口氢分压。反应器出口氢分压与反应器入口氢分压计算方法相同，均为反应过程中最主要的控制参数。当物料进入反应器后沿轴向逐步发生裂解反应，低分子烃含量逐渐增加，气相中各组分的摩尔分率逐渐变化，气液混合物中气体的溶解量不断变化，化学反应消耗氢气，气相中氢气的分率逐渐减小，物料通过反应器产生压降使反应器出口压力降低，以上情况的发生必然导致反应器出口氢分压小于反应器入口氢分压。低氢油比时，影响更大。

5）平均氢分压。平均氢分压为反应器入口氢分压与反应器出口氢分压的算术平均值，常作为反应压力或氢分压的代名词。

5.2.2 氢分压与原料油

加氢裂化原料油为含有硫、氮、氧等杂原子有机化合物的各种烃类石油馏分，随着馏分终馏点的提高，杂原子有机化合物的含量在提高，加氢的难度在提高，所需的氢分压也高。

1）氢分压与加氢脱硫。在氢分压低于2~3MPa，提高氢分压能明显地促进加氢脱硫反应活性；当氢分压大于3MPa时，对可直接脱出的硫化物（如硫醇、DBT等），氢分压影响很小；当有氮化物同时存在时，提高氢分压可使氮化物分解速度加快，从而释放出更多的催化活性中心供加氢脱硫；当氢分压大于3MPa时，对于那些不能或很难直接发生C—S键断裂的硫化物（如4，6-DMDBT等），提高氢分压可以较大地提高加氢脱硫的反应速度[20]。见表5-15。

表5-15 氢分压与脱硫率的关系

氢分压/MPa		2.74	8.27
原料油硫含量/%		1.4	
反应条件	反应温度/℃	367	
	空速/h^{-1}	4.0	
脱硫率/%		87.5	91.5

2）氢分压与加氢脱氮。氢分压对加氢脱氮影响很大，提高氢分压不仅提高了加氢脱氮反应速度，并且通过改变加氢脱氮的主要反应途径，从而改变相应的产品结构。见表5-16。

表 5-16 反应压力与脱氮率的关系

氢分压/MPa		2.74	8.27
原料油氮含量/(μg·g^{-1})		1455	
反应条件	反应温度/℃	367	
	空速/h^{-1}	4.0	
脱氮率/%		26	71

对模型氮化物的加氢脱氮动力学研究表明，提高氢分压能够大幅度地提高加氢饱和速率，而对 C—N 键的氢解反应速率的促进作用很小，从而使整个加氢脱氮反应过程中氢解这一反应控制步骤的影响更加明显；而氢解反应活化能远大于加氢饱和反应活化能。因此提高氢分压加氢脱氮表观反应活化能增加[20]。见图 5-4。

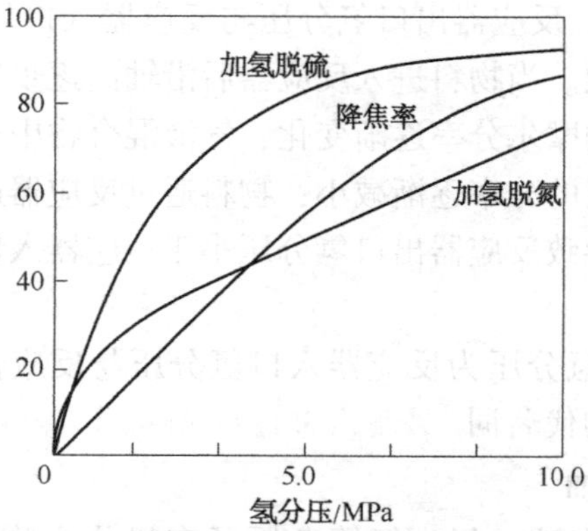

图 5-4 氢分压与加氢脱硫、加氢脱氮的关系[13]

3）氢分压与烯烃加氢饱和。烯烃加氢饱和在加氢裂化反应过程都可能发生，一般反应压力条件下，虽然氮化物对烯烃加氢饱和反应有较强的阻抑作用，但都能够顺利地进行到底。含有二烯烃等多元烯烃的组分，在热的作用下易于产生自由基，并引发烯烃分子之间的热缩聚反应，生成难于被加氢分解的胶质等物质，沉积于催化剂床层顶部[18]。

4）氢分压与芳烃加氢。加氢裂化原料的芳烃大致可分为：单环芳烃、双环芳烃、三环芳烃和四环以上的多环芳烃。芳烃加氢在加氢裂化反应任何阶段都可能发生，而且需要较高的反应压力才能有效地进行，提高氢分压可以提高芳烃加氢饱和速度，而对环烷脱氢及环烷开环反应速度有阻抑作用；提高氢分压也能显著地提高芳烃的转化深度。

5）氢分压与加氢裂化。烷烃加氢裂化主要发生的是异构化和裂化反应，提高氢分压对这些反应具有阻抑作用；芳香环的加氢裂化反应由于包括芳烃加氢过程，提高氢分压能够促进其加氢裂化，但当氢分压提高到一定程度，加氢裂化反应的控制步骤变为异构化和裂化反应时，提高氢分压将再度抑制加氢裂化反应。而且随着原料芳香性的增加，氢分压由促进到抑制作用的转折点相应提高；有机氮化物和氨的存在也会提高加氢裂化反应对氢分压的依从性，即需要较高的氢分压。

5.2.3 氢分压与转化率

氢分压对转化率的影响较为复杂，可以出现抑制、促进或不受影响等不同的状态。

不同原料在反应温度380℃、空速1.5h^{-1}、氢油体积比900条件下，氢分压与转化率的关系见图5-5。

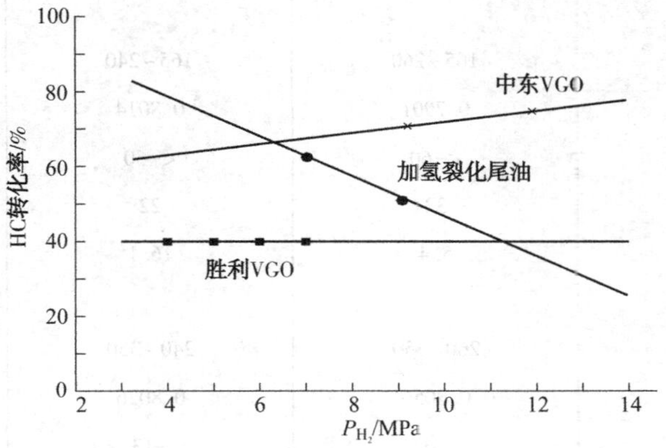

图5-5 氢分压与转化率的关系[20]

从图5-5可看出，原料的芳香性、有无氮化物存在等是决定氢分压是否产生抑制、促进或不受影响等作用的本质因素。

5.2.4 氢分压与产物分布

氢分压对馏分油产率的影响见表5-17。

表5-17 氢分压对馏分油产率的影响[21]

氢分压/MPa	14.7	8.3	6.4
馏分油产率/%			
未稳定轻石脑油	8.9	7.8	8.4
65~165℃重石脑油	41.7	38.7	33.9
165~240℃煤油		27.0	24.0
165~260℃煤油	26.3		
240~350℃柴油		14.9	19.3
260~350℃柴油	7.6		

5.2.5 氢分压与产物质量

氢分压对馏分油质量的影响见表5-18。

表5-18 氢分压对馏分油质量的影响[21]

氢分压/MPa	14.7	8.3	6.4
65~165℃重石脑油			
密度(20℃)/(g·cm^{-3})	0.7384	0.7423	0.7469
烷烃/%	44.9	45.2	42.6
环烷烃/%	53.2	47.1	45.4
芳烃/%	1.9	7.7	12.0
芳烃潜含量/%	52.2	52.2	54.8

续表

氢分压/MPa	14.7	8.3	6.4
煤油			
馏程/℃	165~260	165~240	165~240
密度(20℃)/(g·cm^{-3})	0.7901	0.8014	0.8180
冰点/℃	<-60	<-60	<-60
烟点/℃	32	22	16
芳烃体积分数/%	5.4	16.1	27.4
柴油			
馏程/℃	260~350	240~350	240~350
密度(20℃)/(g·cm^{-3})	0.8056	0.8026	0.8159
凝点/℃	-10	-13	-9
十六烷值	67.5	66.1	61.8

氢分压与润滑油基础油质量关系见表5-19。

表5-19 氢分压对润滑油基础油性质的影响[22]

项目		原料油	氢分压/MPa		
			8.0	12.0	15.0
运动黏度/(mm^2·s^{-1})	37.8℃	323.07	63.89	64.45	59.01
	98.9℃	17.0	7.74	7.86	7.52
黏度指数		42	92	95	97
族组成/%	烷烃+环烷烃	76.5	77.3	83.3	86.1
	单环芳烃	9.0	13.6	12.2	10.5
	双环芳烃	7.0	4.2	1.9	0.6
	多环芳烃	4.0	4.3	2.2	2.4
	胶质	3.4	0.6	0.4	0.4

从表5-20可看出，氢分压提高，黏度指数提高，黏度下降，链烷烃和环烷烃含量增加，芳烃含量减少。

RIPP的RMC技术[23]，MAK-MPHC技术[24]和FRIPP的中压加氢裂化技术[25~26]生产喷气燃料的中试结果见表5-20。

表5-20 中压加氢裂化喷气燃料的主要性质[27]

工艺名称	RMC	MAK-MPHC	FRIPP-MPHC		
原料油	沙中VGO	中东VGO	大庆减二	管输减二	沙中VGO
密度(20℃)/(g·cm^{-3})	0.9235	0.9159	0.8478	0.8792	0.9240
硫含量/%	3.10	2.25	0.1	0.34	2.43
氮含量/%	0.09	0.08	0.034	0.074	0.09
馏分范围/℃	305~553	293~537	257~536	293~512	327~546

续表

工艺名称	RMC	MAK-MPHC	FRIPP-MPHC			
氢分压(总压)/MPa	8.0	8.2	7.8	7.8	(11.7)	(8.7)
单程转化率/%	65(体积)	64(体积)	75	86	70	64
喷气燃料主要性质						
密度(20℃)/(g·cm^{-3})	0.8206	0.8344	0.7986	0.8056	0.8051	0.8154
硫含量/(μg·g^{-1})	5.5	10				
芳烃/%(体积)	29	28	11.8	12.4	13.0	17.8
烟点/mm	17	15.5	27	25	21	19

不同氢分压对加氢裂化柴油产品性质的影响见表5-21。

表5-21　氢分压对加氢裂化柴油性质影响[27,29]

原料油名称	大庆减二	管输减二	伊轻减二线		伊轻 VGO	沙轻 VGO1		沙轻 VGO2
密度(20℃)/(g·cm^{-3})	0.8478	0.8792	0.9048		0.9083	0.9024		0.9133
馏分范围/℃	257~536	293~512	325~461		326~543	342~492		319~531
(S/N)/%	0.1/0.034	0.34/0.074				2.10/0.075		2.2/0.079
操作条件								
氢分压/MPa	6.37	6.37	8.0	10.0	14.5	8.0	10.0	14.5
370℃$^{+}$转化率/%	72	68	~69	~69	~70	~65	~60	~65
柴油产品主要性质								
密度(20℃)/(g·cm^{-3})			0.8419	0.8357	0.8226	0.8504	0.84	0.8210
馏分范围/℃	180~350	180~360	165~370			165~370		238~350
十六烷值	71	55	44.1	48.7	52	39.9	44.3	56
十六烷值指数			47.6	52.9	56.5			
总芳烃/%			19.4	12.0	10.6	27.4	19.4	7.8

5.2.6　反应压力与空速

在相同条件下，反应压力越低，达到相同脱氮率时，加氢裂化装置精制段需要的空速越低，见表5-22。

表5-22　反应压力对空速的影响[26]

原料油	沙特轻油减二线					伊朗轻油减二线			
密度(20℃)/(g·cm^{-3})	0.9125					0.9048			
馏分范围/℃	335~468					325~461			
氮含量/(μg·g^{-1})	769					1171			
操作条件									
氢分压/MPa	8.0		10.0			8.0	10.0		
反应温度/℃	375	375	370	375	380	380	380	380	380
空速/h^{-1}	1.0	1.2	1.2	1.5	1.8	1.0	0.8	1.0	1.2
精制油氮/(μg·g^{-1})	16	28.3	17.8	20.3	24.4	25.0	1.3	4.8	16.9

5.2.7 反应压力与流体分布

从加氢裂化反应器入口到出口，气相相对分子质量和密度可增加 1.5~2.2 倍；生产石脑油为主时，加氢裂化反应器出口几乎无液相。反应压力越低，气化率越高，气相雷诺数可增加 2~10 倍。

对滴流床反应器而言，随着气、液相质量流速的不同范围，将呈现不同的流动区域。从加氢裂化反应器入口到出口，温度逐渐提高，压力逐渐降低，气相流速进一步增加，液相流速进一步减少，液相在气相中可能呈现喷洒流动状态。

当反应压力增高时，在相同气液流速下，由于气体密度增大，导致压力降增高，持液量下降，平均液膜厚度降低，因此过渡带向气液流动方向移动[27]。

5.2.8 反应压力与床层压降

在相同气、液相质量速度下，反应器压力增加，使气相密度增加，气相表面速度减小而使床层压力降下降。见图 5-6。

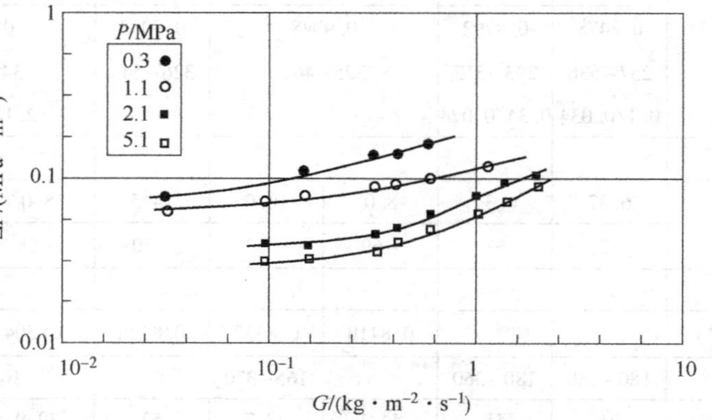

图 5-6　反应压力对床层压力降的影响[质量流速 = 13.2kg/(m² · s)]

5.2.9 氢分压与催化剂失活

加氢裂化反应在高温下，伴随着一些叠合及缩聚反应，特别在原料中稠环芳烃、沥青质、非烃化合物的含量较高时更加严重，这些叠合反应是生成积炭的前驱物质，而积炭的生成和增加则将导致催化剂活性中心的损失，造成失活而降低催化剂寿命[28]，见表 5-23。

表 5-23　氢分压对催化剂失活速率的影响[29]

氢分压/MPa	脱氮催化剂操作周期/月	氢分压/MPa	脱氮催化剂操作周期/月
11.8	14	13.3	29
12.9	24		

注：数据取之中东馏分油 SSOT 工艺的研究结果。

氢分压与催化剂失活速度的曲线见图 5-7。

5.2.10 氢分压与补充氢

在反应物流中，氢气为多组分物流中的一个组成部分，其在气相中的分压符合道尔顿定律，即氢分压 = 氢气在气相中的摩尔分率乘以总压。补充氢纯度影响循环氢纯度，而循环氢纯度影响了反应器入口气相中氢纯度，从而影响氢分压。

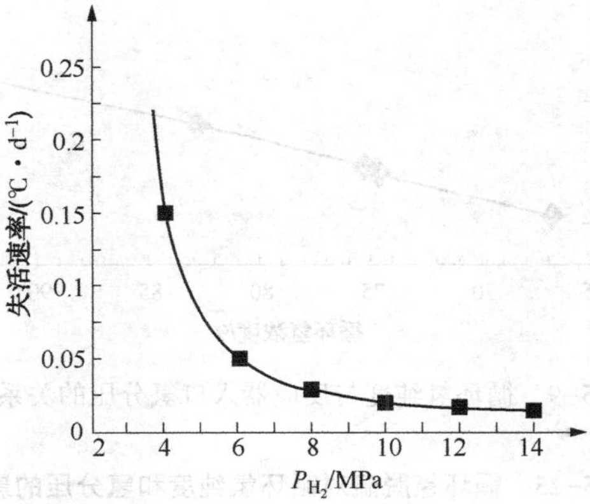

图 5-7 氢分压对催化剂失活速率的影响[23]

试验条件：温度：380℃；空速：1.5h^{-1}；氢油比 1200

从表 5-24 可看出，补充氢纯度越高，氢分压越高。

表 5-24 补充氢与反应器入口氢分压的关系[30]

补充氢来源	PSA 净化	化学净化	乙烯裂解氢	连续重整	半再生重整
补充氢纯度/%	99.9	97	95	90.91	86.9
脱硫后循环氢纯度/%	93.68	82.74	75.28	74.54	66.79
混氢纯度/%	95.59	87.34	81.63	80.07	73.88
反应器入口氢纯度/%	95.31	87.01	81.44	80.03	73.93
反应器入口氢分压/MPa	15.7	14.4	13.4	13.2	12.2

从图 5-8 可看出：补充氢纯度越高，反应器入口氢分压越高。

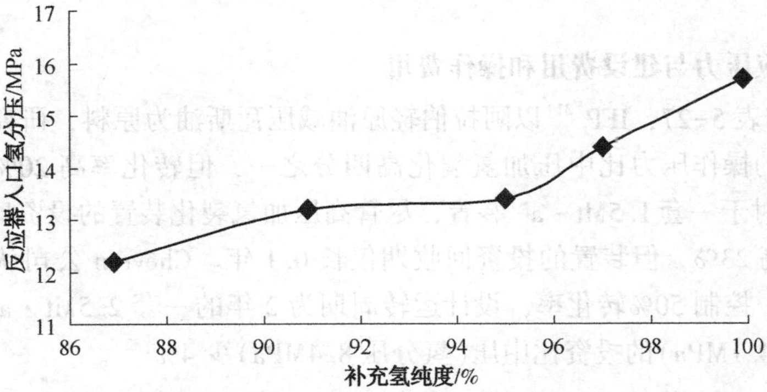

图 5-8 补充氢纯度与反应器入口氢分压的关系[30]

在反应总压一定的情况下，循环氢浓度的增加与反应器入口氢分压的提高成线性关系。见图 5-9。

5.2.11 氢分压与循环氢脱硫

循环氢脱硫对循环氢纯度和氢分压的影响见表 5-25。

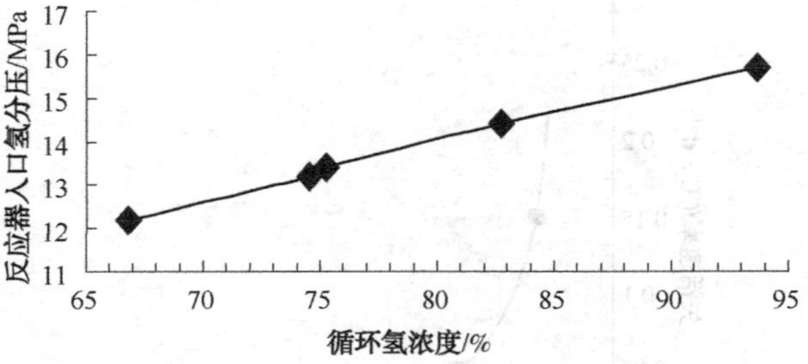

图 5-9　循环氢纯度与反应器入口氢分压的关系[30]

表 5-25　循环氢脱硫对循环氢纯度和氢分压的影响

项　目	循环氢脱硫	循环氢不脱硫
循环氢纯度/%	基准+2.29	基准
反应器平均氢分压/MPa	基准-0.36	基准

5.2.12　反应压力与能耗

由国内加氢裂化装置的设计操作压力与设计能耗的统计资料得出的反应压力与能耗的关系见图 5-10。

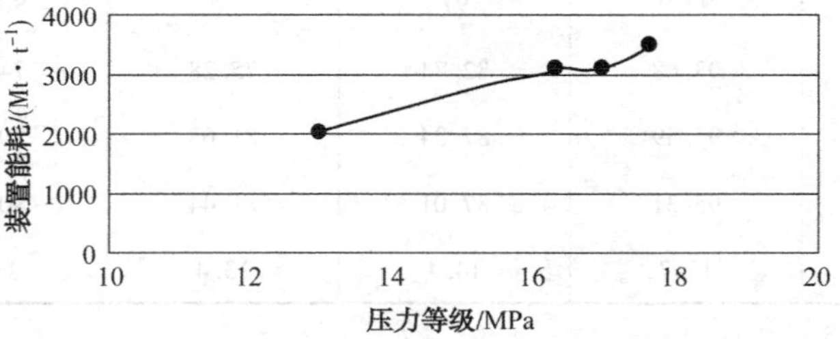

图 5-10　装置能耗与压力等级的关系

5.2.13　反应压力与建设费用和操作费用

见表 5-26 和表 5-27，IFP[31]以阿拉伯轻原油减压瓦斯油为原料，研究的结果认为：虽然高压加氢裂化的操作压力比中压加氢裂化高四分之一，但转化率高 20%，催化剂使用寿命长 50%，因此对于一套 1.5Mt · a^{-1}装置，尽管高压加氢裂化装置的投资比中压加氢裂化高 26%，操作费用高 23%，但装置的投资回收期仅长 0.1 年。Chevron 公司认为，对于采用单段单程通过流程，控制 50%转化率，设计运转周期为 2 年的一套 2.5Mt · a^{-1}加氢裂化装置，则高压(氢分压 14.1MPa)的投资比中压(氢分压 8.4MPa)少 4%[32]。

表 5-26　IFP 研究的反应压力与投资、操作费用及回收期的关系[31]

项　目	缓和加氢裂化	中压加氢裂化	高压加氢裂化
转化率/%(体)	30	70	90
公用工程费用/(万美元 · $年^{-1}$)	427	675	725
催化剂费用/(万美元 · $年^{-1}$)	51	85	66
氢气费用/(万美元 · $年^{-1}$)	1036	2727	3436

续表

项　　目	缓和加氢裂化	中压加氢裂化	高压加氢裂化
可变费用①/万美元	1514	3487	4227
总投资②/万美元	7500	10800	13600
总操作费用③/(万美元·年$^{-1}$)	3139	5837	7177
每桶进料费用/美元	3.17	5.90	7.24
产品-原料/(美元·桶$^{-1}$)	4.20	9.01	10.85
可变费用/(美元·桶$^{-1}$)	-1.53	-3.52	-4.27
投资回收期/年	2.8	2.0	2.1

①包括公用工程、催化剂和氢气；②包括储存费用和应急费用等；③0.25×总投资+可变费用。1 桶 = 158.987×$10^{-3}m^3$。

表 5-27　IFP 研究的反应压力与建设费用和操作费月的关系[31]

装置类型	HPHC	MPHC	MPHC
高分总压/MPa	14.0	10.0	7.0
运行方式	全循环	一次通过	一次通过
单程转化率/%(体)	70	70	50
总转化率/%(体)	90~100	70	50
相对建设投资①	100	73	62
单位转化深度相对建设投资②	100~111	104	124
相对建设投资③	134	94	62
单位转化深度相对建设投资④	134~149	134	124
相对操作费用⑤	1	0.7	0.6
单位转化深度相对操作费用⑥	1.0~1.1	1.0	1.2

①装置界区内；②装置界区内；③含制氢能力增加；④含制氢能力增加；⑤新氢按 0.08 $·$m^{-3}$(标)计算；⑥新氢按 0.08 $·$m^{-3}$(标)计算。

由于在石油产品的需求结构、对发动机燃料质量的要求、石油产品的质量与价格的关系及高压设备国产化与进口之间的价格差异等方面，我国与法国、美国存在较大的差异，因此 IFP 和 Chevron 公司的研究结果并不能完全代表我国的实际情况。但有一点是完全可以肯定的，即在现有加氢催化剂技术水平的条件下，反应压力仍是决定加氢裂化产品质量和结构(尤其是喷气燃料和柴油)的最关键因素[27,29]。

国内装置建设费用指装置界区以内的工程投资费用，按专业划分为：建筑物、构筑物、工艺设备、机械设备、工业炉、电气及电讯、自控仪表、采暖和通风、配管、一次投入催化剂和化学药剂等，不仅受反应压力影响，还与装置规模、氢气条件、设计标准、工艺路线、引进范围、自控水平、物价标准、相关行业的技术发展水平、装置所处地区的经济发展水平及建设地点的自然地质条件等因素有关。

国内操作费用包括辅助材料费用、燃料动力费用、人工费用和制造费用，与装置规模、装置能耗、原料油性质、催化剂性能、自控水平、设备状况、辅助材料和燃料动力价格、装置生产负荷率、装置开工率、企业管理水平等因素有关。

由于国内原材料价格变化较大，目前尚没有将反应压力与建设费用和操作费用形成准确的关系，根据有关资料统计的结果见表5-28。

表5-28 国内加氢裂化装置反应压力对建设费用和操作费用的影响[33]

项 目	全循环	一次通过	中压		缓和
反应压力/MPa	≥13.7	≥13.7	10.2	6.8	4.9
转化率/%	≥90	50~70	70	50	40
单位投资/%	100	85	73	62	50
单位加工费/%	100	76	70	60	60

根据有关资料统计得出的操作压力与建设费用的方程式为：

$$Y=0.0072X+0.24$$ [34]

式中 Y——装置的相对建设费用；

X——装置操作压力。

5.3 空间速度

空间速度简称空速。是加氢裂化反应深度的参数，其他条件不变，空速决定了反应物流在催化剂床层的停留时间、反应器的体积及催化剂的用量。空速降低，反应时间增加，加氢裂化深度提高，床层温度上升，氢耗量略微增加，催化剂表面积炭也相应增加。实际生产中，如需降低空速，应先降低反应器的入口温度，以保持加氢裂化的反应深度不变[1]。因此对加氢裂化装置而言，空速是一个重要的技术经济指标。

空速的选择涉及：原料性质、产品要求、操作压力、运转周期、催化剂价格等多种因数。

5.3.1 空速表述方式

空速表述方式主要有：体积空速和重量空速。

(1) 体积空速(SV)：为工业生产中空速的代名词，是物料在催化剂床层的相对停留时间(空间时间)的倒数或表述为单位时间内每单位体积催化剂所通过的原料体积数。其表达式为：

$$SV=\frac{V_{FEED}}{V_{CAT}}$$

式中 V_{FEED}——单位时间原料的体积，$m^3 \cdot h^{-1}$；

V_{CAT}——催化剂体积，m^3。

由上式可看出，对于一定的装置或一定的反应器，空速与单位时间进料量成正比，与催化剂体积成反比。

(2) 质量空速(WV)：试验研究中两种催化剂性能对比时常用，工业生产中少用。为单位时间内每单位质量催化剂所通过的原料质量数。其表达式为：

$$WV=\frac{W_{FEED}}{W_{CAT}}$$

式中 W_{FEED}——单位时间原料的质量，$t \cdot h^{-1}$；

W_{CAT}——催化剂质量，t。

5.3.2 空速与转化率

生产操作过程中，如果固定反应温度及其他条件，降低空速(即降低进料量)，则提高反应速度，可提高转化率，其关系见图5-11。

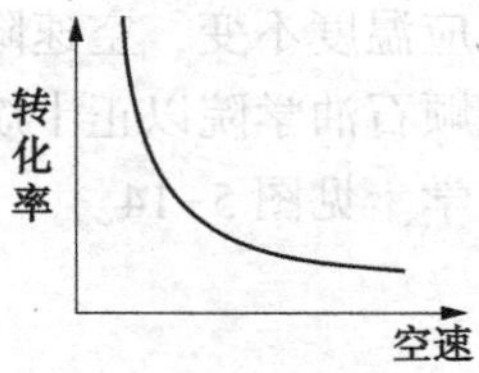

图5-11 空速与转化率关系示意图

以大庆 VGO 为原料，在氢分压6.37MPa、反应温度370℃、氢油体积比1000条件下，不同空速条件下试验得到的转化率结果表明：当空速为2.4h^{-1}时，转化率为53%；将空速降为1.2h^{-1}时，转化率高达87%[36]。

5.3.3 空速与反应温度

以大庆 LCO+LVGO 为原料，在氢分压6.37MPa、进入裂化反应器原料氮含量5μg·g^{-1}条件下，空速变化与反应温度的关系结果表明：当空速从1.0h^{-1}增至2.0h^{-1}时，其他工艺条件不变，达到相同裂化转化率时，反应温度将增加11.4℃。如图5-12所示。

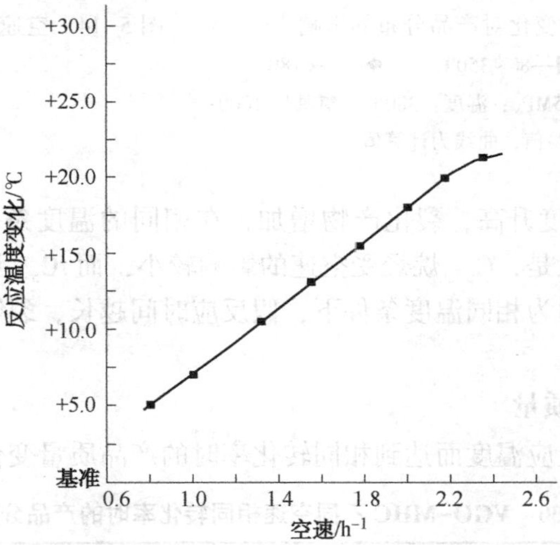

图5-12 达到相同裂化转化率时空速与反应温度关系图[35]

5.3.4 空速与产品分布

不同空速通过调整反应温度而达到相同转化率时的产品分布，见表5-29。

表5-29 VGO-MHC 不同空速相同转化率时的产品分布[35]

空速/h^{-1}		1.6	2.0
反应温度/℃		366	371
产品分布/%	<65℃轻石脑油	3.10	3.04
	65~180℃重石脑油	12.19	12.57
	180~350℃柴油	30.34	30.08
	>350℃未转化油	53.62	53.34

从表5-29可看出，不同空速相同转化率时，轻重石脑油、柴油收率基本相当，即同一转化率下对过程的选择性没有影响，在一定范围内反应温度和空速可互相补偿。

反应温度不变，空速降低引起的产品分布变化如图 5-13。

抚顺石油学院以正十烷为模型化合物，使用国产 3824 催化剂，研究了烷烃加氢裂化集总动力学。见图 5-14。

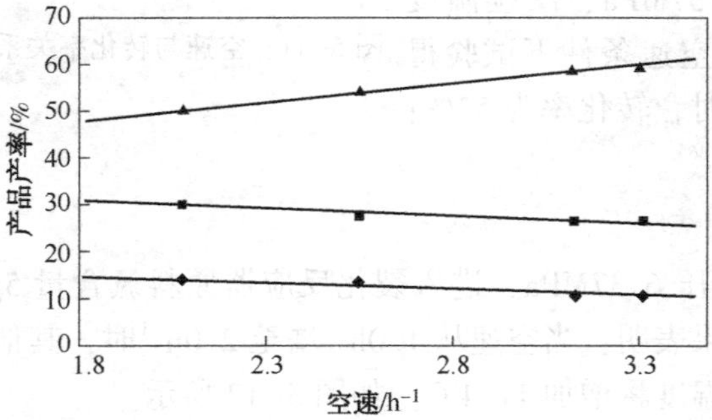

图 5-13　空速变化对产品分布的影响[19]

▲—>350℃　■—80~350℃　◆——<180℃

试验条件：氢分压 6.5MPa；温度：380℃；氢油比 1000；

点为试验值，曲线为计算值。

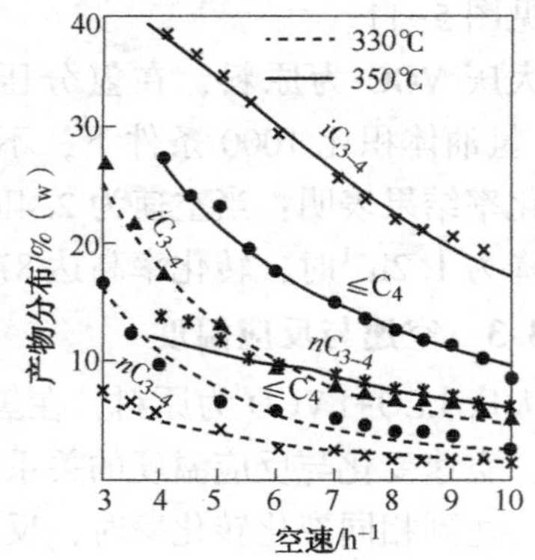

图 5-14　空速对产物分布的影响[36]

由图 5-14 可知，温度升高，裂化产物增加，在相同的温度条件下，随着空速的降低，正十烷的转化率提高。但是，$C_{5\sim9}$烷烃受空速的影响较小，而$iC_{5\sim9}$烷烃和气体组分随空速的降低而迅速增加。这是因为相同温度条件下，假反应时间越长，裂解产物的异构化程度与裂化程度越大。

5.3.5　空速与产品质量

不同空速通过调整反应温度而达到相同转化率时的产品质量变化见表 5-30。

表 5-30　VGO-MHC 不同空速相同转化率时的产品分布[35]

空速/h^{-1}		1.6	2.0
反应温度/℃		366	371
65~180℃重石脑油	芳烃含量/%	11.0	12.6
	芳烃潜含量/%	61.46	60.0
180~350℃柴油	十六烷值	54	54
	凝点/℃	-6	-7
>350℃未转化油	BMCI 值	10.8	9.6

从表 5-30 可看出，不同空速相同转化率时，轻重石脑油芳烃潜含量、柴油十六烷值、未转化油 BMCI 值十分接近或相等。

5.3.6　空速与催化剂装填量

工业装置所说的空速即体积空速，因催化剂的不同及装填方式的不同导致催化剂的重量装填量不同。催化剂装填方式对装填量的影响已有介绍。同样空速条件下，因催化剂的不同对催化剂重量装填量的影响见表 5-31。

表 5-31　催化剂密度对催化剂装填量的影响

项　目	HDN-30	HC-F	HR-348	HC-K/HC-T	KF-843	HC-P
装填密度	0.90ρ	ρ	1.10ρ	1.13ρ	1.20ρ	1.24ρ
体积装填量	v	v	v	v	v	v
重量装填量	0.90w	w	1.10w	1.13w	1.20w	1.24w

5.4　氢油体积比(气油体积比)

氢油体积比(气油体积比)也是加氢裂化的重要操作参数。影响加氢裂化反应过程、催化剂寿命、装置操作费用和建设投资。

采用大量富氢气体循环的好处：原料油汽化率的提高，催化剂液膜厚度的降低，加氢反应的顺利进行，转化率的提高。

① 大量富氢气体可以及时地把反应热从系统中带出，改善反应床层的温度分布，降低反应器的温升，使反应器温度容易控制，保持反应器温度平稳；

② 大量富氢气体的存在可以保持系统足够的氢分压，使加氢反应顺利进行；

③ 大量氢气的存在可以防止油料在催化剂表面结焦，起到保护催化剂的作用。

④ 促使原料油雾化；

⑤ 提高反应物流速，确保反应物流通过催化剂床层的最小质量流率，保证反应过程中的传质传热效率；

⑥ 确保催化剂的外扩散，保持一定的反应速度。

但是氢油体积比增加过多，将带来经济上的损失。例如为了维持系统一定的差压，必须增大管径，增加循环氢压缩机负荷，增大基建投资，此外还造成循环氢压缩机功率增加，增大动力消耗。

5.4.1　氢油体积比(气油体积比)表述方式

氢油体积比简称氢油比，分反应器入口氢油体积比和反应器出口氢油体积比。气油体积比简称气油比，分反应器入口气油体积比和反应器出口气油体积比。

1) 反应器入口氢油体积比(简称入口氢油比)。反应器入口单位时间单位标准体积的进料所需通过的氢气标准体积量。其表达式为：

$$VV_{in(H_2)} = \frac{V_{in(H_2)}}{V_{in(oil)}}$$

式中　$V_{in(H_2)}$ ——反应器入口单位时间通过的氢气的标准体积量，$m^3 \cdot h^{-1}$；

$V_{in(oil)}$ ——反应器入口单位时间通过的进料标准体积量，$m^3 \cdot h^{-1}$。

气体的标准状态定义为：0K 和 0.098 MPa；

国内将液体的标准状态定义为：一是用 20℃ 条件下物料的密度与 0℃ 条件下水的密度之比(称为相对密度)计算的体积称为标准体积；二是用 20℃ 条件下物料的密度计算的体积称为标准体积；

国外液体的标准状态定义有两种：一是用 15.6℃ 条件下物料的密度与 15.6℃ 条件下水的密度之比(称为相对密度)计算的体积称为标准体积；二是用 15.6℃ 条件下物料的密度计算的体积称为标准体积；

反应器入口的进料有几种类型：新鲜进料(一般指原料油)、新鲜进料+循环油及新鲜进料+未转化油，进料的标准体积需将新鲜进料、循环油和未转化油折合到标准状态。

加氢裂化反应器入口氢油体积比一般由全部新鲜氢气和部分循环氢气组成，通过调整循环氢气的流量来控制反应器入口氢油体积比。

2）反应器出口氢油体积比(简称出口氢油比)。反应器出口单位时间单位标准体积的氢气与反应器入口单位时间单位标准体积的进料之比。其表达式为：

$$VV_{out(H_2)} = \frac{V_{out(H_2)}}{V_{in(oil)}}$$

式中　$V_{out(H_2)}$——反应器出口单位时间通过的氢气的标准体积量，$m^3 \cdot h^{-1}$；

$V_{in(oil)}$——反应器入口单位时间通过的进料标准体积量，$m^3 \cdot h^{-1}$。

反应器出口的氢气为扣除反应消耗的氢气后的新鲜氢气和循环氢气(包括冷却气体)，采用注冷油设施时，还包括冷油带入的氢气。

对于不注冷氢的加氢精制装置，当新鲜气体的氢纯度大于循环气体的氢纯度时，反应器出口氢油比小于反应器入口氢油比；当新鲜气体的氢纯度小于循环气体的氢纯度时，反应器出口氢油比大于反应器入口氢油比。对加氢裂化装置，一般使用的氢油比约1500~2500，化学氢耗大，反应温升高，冷氢量大，反应器出口氢油比大于反应器入口氢油比。

3）反应器入口气油体积比(简称入口气油比)。反应器入口单位时间单位标准体积的进料所需通过的气体标准体积量。其表达式为：

$$VV_{in(gas)} = \frac{V_{in(gas)}}{V_{in(oil)}}$$

式中　$V_{in(gas)}$——反应器入口单位时间通过的氢气的标准体积量，$m^3 \cdot h^{-1}$；

$V_{in(oil)}$——反应器入口单位时间通过的进料标准体积量，$m^3 \cdot h^{-1}$。

反应器入口气体体积一般按反应器入口全部新鲜气体和循环气体的总量简化计算，不考虑气体在油中的溶解和油的汽化，对于裂化反应器不考虑脱硫、脱氮及少量裂解产生的气体量。

对于炉后混氢的加氢裂化流程，新鲜气体和循环气体通过加热炉加热以控制反应器入口温度。

4）反应器出口气油体积比(简称出口气油比)。反应器出口单位时间单位标准体积的气体与反应器入口单位时间单位标准体积的进料之比。其表达式为：

$$VV_{out(gas)} = \frac{V_{out(gas)}}{V_{in(oil)}}$$

式中　$V_{out(gas)}$——反应器出口单位时间通过气体的标准体积量，$m^3 \cdot h^{-1}$；

$V_{in(oil)}$——反应器入口单位时间通过的进料标准体积量，$m^3 \cdot h^{-1}$。

反应器出口气体体积一般按反应器出口全部新鲜气体扣除反应消耗的氢气和循环气体(包括冷却气体)的总量简化计算，不考虑气体在油中的溶解、裂解产生的气体和轻质油品的汽化。

对加氢裂化装置，由于注入的冷却气体量大于化学氢耗量，反应器出口气油比大于反应器入口气油比。

5.4.2 氢油比与反应温度

分子筛催化剂在不同压力条件下，达到相同转化率时，氢油比与反应温度的关系见表 5-32。

表 5-32 氢油比与反应温度的关系[28]

原料油	胜利 VGO	LCO
反应压力/MPa	17	6.37
反应温度/℃(设计氢油比)	t	t'
反应温度/℃(80%设计氢油比)	t+2.8	t'+2.2
反应温度/℃(60%设计氢油比)	t+4.8	t'+3.2

从表 5-32 可看出，低氢油比需要较高的反应温度来补偿，才能达到相同的转化率。氢油比影响裂解深度的机理与氢分压的机理相同[28]。

5.4.3 氢油比与转化率

分子筛催化剂以管输 VGO 为原料，在反应压力 6.37MPa、反应温度 374℃、空速 1.6h^{-1} 条件下，不同氢油比时的转化率变化见表 5-33。

表 5-33 氢油比与转化率的关系[28]

氢油比	700	800	1000	1400	≥1500
转化率/%	65	70	75	80	80

从表 5-33 可看出，在同样温度条件下，降低氢油比，则转化率降低，但氢油比≥1400 后，转化率基本不变。

5.4.4 氢油比与催化剂寿命

较低的氢油比可使反应氢分压降低，而加氢裂化需要完成脱硫、脱氮、芳烃饱和、裂化、异构化及裂化形成的轻质产品的再加氢，在压力不够时，往往受热力学平衡限制，原料中稠环芳烃会产生一定程度的缩合反应，导致催化剂表面积炭，使催化剂失活而降低催化剂寿命。

参考文献

1 侯祥麟主编．中国炼油技术(第二版)[M]．北京：中国石化出版社，2001

2 顾国璋，柯大安，赵琰．HC-K、3824、3823 催化剂在工业加氢裂化装置上的应用[J]．石油炼制．1992，(12)：5~10

3 李洪禄，韩进东，郑汉忠．单段一次通过加氢异构裂化装置首次开工[J]．石油炼制．1993，24(2)：35~41

4 石油化工干部管理学院组织编写．加氢催化剂、工艺和工程技术(试用本)[M]．北京：中国石化出版社，2003

5 张树广，穆海涛，胡正海等．加氢裂化装置反应器内构件的改造[J]．石油炼制与化工，2000，31(11)：51~54

6 Billon A，Franck J P，et al. More ways to use hydrocracking [J]. Hydrocarbon Processing，1978，57(5)：122~128

7 韩崇仁主编．加氢裂化工艺与工程[M]．北京：中国石化出版社，2001. 428~431

8 李立权．加氢催化剂再生技术[J]．炼油技术与工程，2007，37(4)：55~58

9 张迎恺．国产首台千吨级加氢反应器的设计[J]．石油化工设备技术．1999，20(3)：1~4

10 Grieb B J，Strebel M，Bertram R. State of the ART Reactor Temperature Measurement [C]. NPRA Annual Meeting，San Antonio，Texas，1996，AM-96-63

11 刘晨光．催化原理[M]．石油大学(华东)化学化工学院，2001. 140~221

12 刘守义，孙洪江等．重油催化裂化柴油中压加氢改质工艺研究．加氢裂化协作组第二届年会论文集[C].《炼油设计》编辑部，1996. 280~285

13 宋文模．单段加氢裂化 [J]．炼油设计，1986，16(5~6)：76~93

14 Alcock L，Martin R，Bourne K H. BP hydrocracks for middistillates [J]. OGJ，1974，72(27)：102~109

15 李大东，李永存．加氢技术新进展 [J]．石油炼制，1989，(2)：40~47

16 廖士纲，韩崇仁．面向 21 世纪的加氢裂化技术[J]．炼油设计，1999，5(29)：1~7

17 兰州炼油厂科学研究所四室．加氢裂化法生产润滑油的研究[J]．石油炼制，1978(1)：12~20

18 石玉林、熊振霖．高硫 VGO 的 RMC 工艺研究与开发．加氢裂化协作组第三届年会报告论文集[C]．加氢裂化协作组，1999. 481~498

19 Michael G. Hunter，David A. Pappal. Moderate Pressure Hydrocracking：A Profitable Conversion Alternative [C]. NPRA Annual Meeting，San Antonio，Texas，1994，AM-94-21

20 宋永一，黄新露等．2001 年石油炼制技术大会论文集[C]．北京：中国石化出版社，2001

21 郑世桂．反应压力对加氢裂化产品质量和装置投资的影响[J]．炼油技术与工程，2003，33(5)：11~14

22 孙丽丽．氢分压和氢油比对加氢裂化装置操作的影响[J]．石油炼制与化工．1997，28(10)：59~60

23 赵颖．不同来源补充氢对加氢裂化装置的影响．加氢裂化协作组第五届年会报告论文集[C]．中国石化中国石油加氢裂化协作组．中国石化抚顺石油化工研究院，2004. 556~561

24 P. Marion，R. O. Koseoglu. Hydrocracking Pressure Management. Upgrading Heavy Ends with IFP[C]. IFP，1997. 103~111

25 姚国欣，刘伯华，廖健．生产最大量中馏分油加氢裂化技术．加氢裂化协作组第三届年会报告论文集[C]．加氢裂化协作组，1999. 61~90

26 宋文模．洛阳石化工程公司加氢装置工程设计 40 年．洛阳石化工程公司加氢制氢工程设计 40 年文集[C]．洛阳石化工程公司，1996，1~13

27 刘炳泗，邱建国，袁兴东等．加氢裂化集总动力学模型的研究Ⅱ．正十烷加氢裂化集总模型[J]．石油化工，1995，24(3)：13~19

第六章　工艺流程

6.1　概述

工艺流程是原料到产品的加工过程、加工步骤，炼油装置工艺流程一般可分为：实验装置工艺流程、炼油厂(或炼油化工厂)加工总工艺流程、区域性的加工装置(或联合装置)工艺流程(如芳烃联合装置等)及独立工业装置工艺流程。不同加工方式从同样原料生产同样产品所采用的加工流程可能不同，工艺流程也可能不同。

加氢裂化装置工艺流程是能长周期从原料生产产品、满足各企业生产实际需要的加工工艺流程。其工艺流程随各企业生产实际需要、原料油性质、产品方案、产品质量、回收率要求、装置规模、建设地点、设备制造能力及供应条件、拟采用的催化剂性质、装置灵活性的要求、建设单位公用工程条件、能量回收利用程度、自动控制水平、企业的生产习惯及设计单位的水平等不同可能不同。当然新技术、新设备、新材料的不断出现，也影响工艺流程的设计。越来越严格的环保法规、高苛刻度的产品对工艺流程的设计也有影响。

加氢裂化装置工艺流程的设计水平直接影响：产品质量、产品回收率、装置能耗、装置投资、生产操作费用及装置运行周期等。对提高企业的效益、降低加工成本、长周期满负荷运行有至关重要的影响。

近年来，各国炼油厂加工含硫原油和高硫原油的比例越来越大，而各国政府为实施可持续发展战略，保护生态环境，制订了更为严格的环保法规，因而使市场上对清洁燃料，特别是优质汽柴油的需求愈来愈迫切。同时由于发展中国家和地区航空业的迅速发展，对优质喷气燃料的需求也在稳步增长。随着乙烯工业的发展，化工轻油供应结构性和区域性矛盾也日益突出。

而作为重油轻质化的主要手段之一，加氢裂化技术由于具有原料适应性强，生产方案灵活、产品质量好等优点，在含硫原油、高硫原油、重质原油和高酸原油深度加工生产清洁燃料过程中发挥了重要作用，并将继续发挥日益重要的作用。加氢裂化装置主体工艺流程的设计也由过去的“老三样”：单段串联、单段、两段向多元化方向发展，加氢裂化装置为了提高产品回收率、保证产品腐蚀合格、减少硫化物对设备的腐蚀及应对日益严格的环保标准，从反应到产品分馏、产品回收和产品脱硫诸方面均开发应用了多种类型的工艺流程。

6.2　工艺流程的类型

加氢裂化装置工艺流程的命名和分类过去主要以装置的核心区域-反应部分的区别来定义，随着技术的发展，其分类方式已很难适应发展的需要，从而产生了多种商业名称。

6.2.1　单段串联工艺流程

将加氢精制催化剂(或加氢处理催化剂)与加氢裂化催化剂串联在一个高压反应系统，

中间没有其他单元操作或只有换热单元的技术称为单段串联技术。采用单段串联技术设计的工艺流程称为单段串联工艺流程。此定义未涉及产品分离部分，因此单段串联工艺流程低压部分采用的流程、涉及的范围可完全不同。

单段串联工艺流程的裂化催化剂载体加入经特殊处理的分子筛，使载体酸性不太强而有较多的酸性中心，能抗 NH_3对加氢裂化催化剂的抑制，并能通过改变分子筛的处理改性条件和加入量来调节酸性、控制需要的产品分布。由于其不能承受过高的有机氮，因此对裂化段进料的氮含量有严格的限制，在流程上必须设置精制段。

此定义下包括：

(1) 单段串联加氢裂化过程(Single stage series)；

(2) 采用双反应器设置：第一反应器为精制段，第二反应器为裂化段的单段联合加氢裂化过程。

单段串联工艺流程由于各专利公司分子筛类型、含量及活性金属组分不同，使这类催化剂反应特性各异，但共同的特点是反应活性高，选择性好，能够满足不同目的的产品生产的要求。

典型的一段串联工艺流程主要有：

(1) 单段串联一次通过工艺流程，见图 6-1。

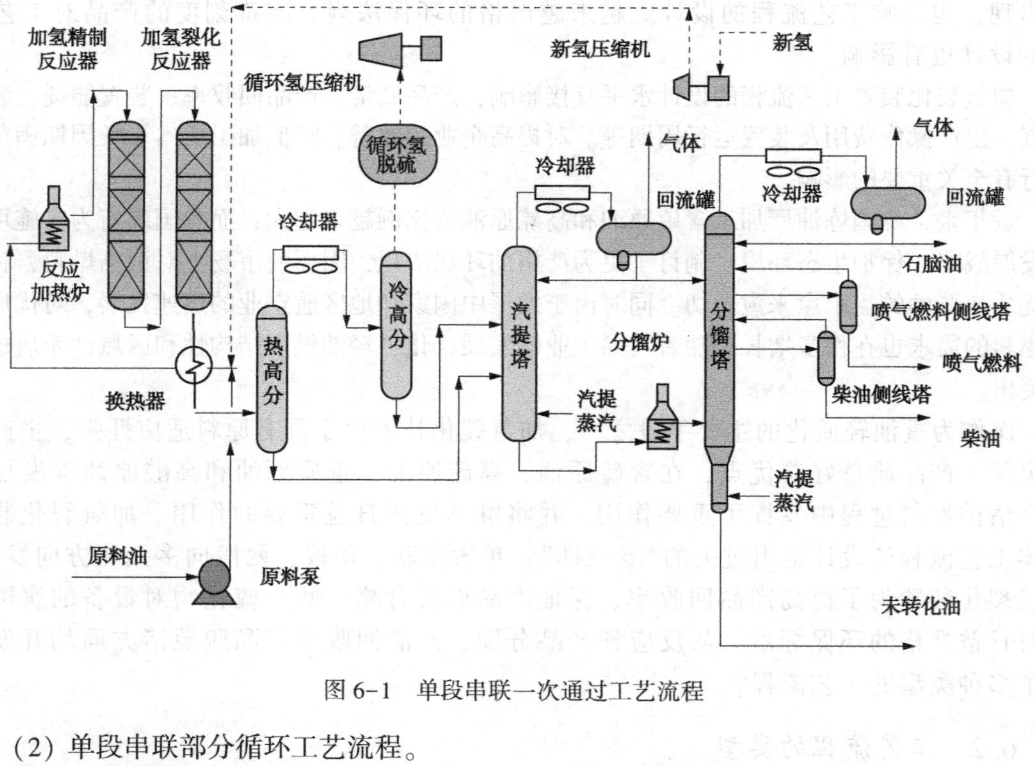

图 6-1　单段串联一次通过工艺流程

(2) 单段串联部分循环工艺流程。

① 单段串联尾油部分循环工艺流程：

(a) 尾油循环到精制反应器，见图 6-2。

(b) 尾油循环到裂化反应器，见图 6-3。

② 单段串联柴油部分循环工艺流程

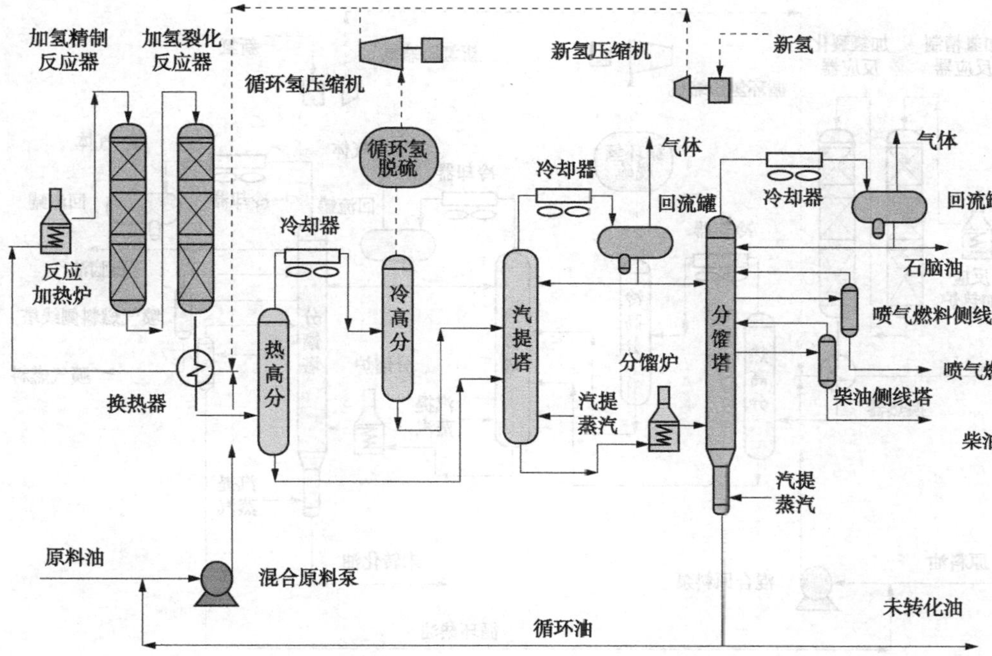

图 6-2　单段串联尾油循环到精制反应器工艺流程

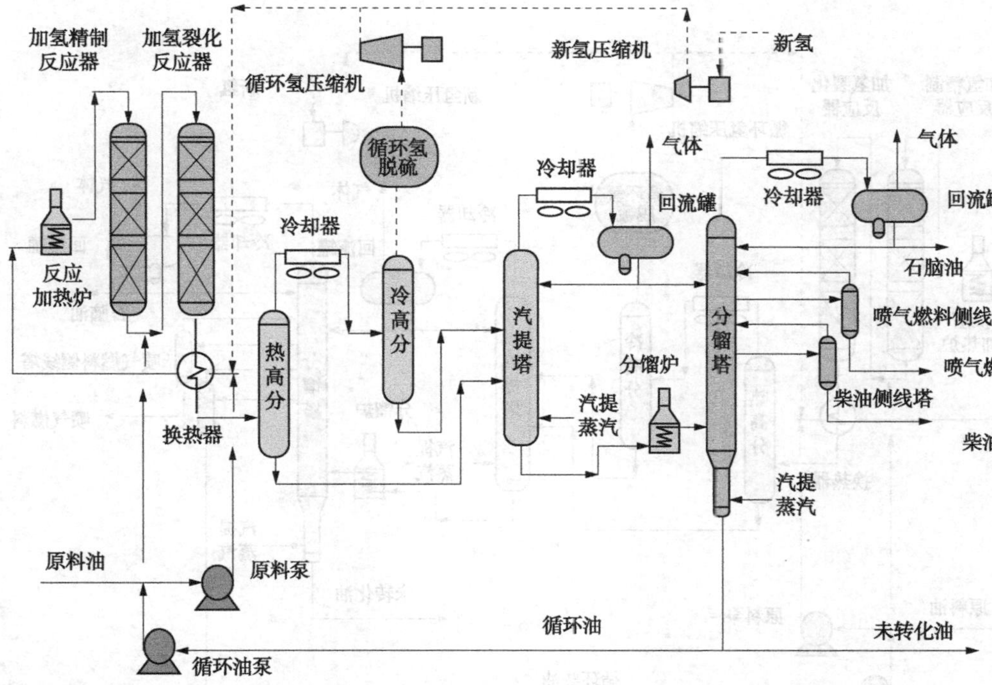

图 6-3　单段串联尾油循环到裂化反应器工艺流程

（a）柴油循环到精制反应器，见图 6-4。

（b）柴油循环到裂化反应器，见图 6-5。

（3）单段串联全循环工艺流程。

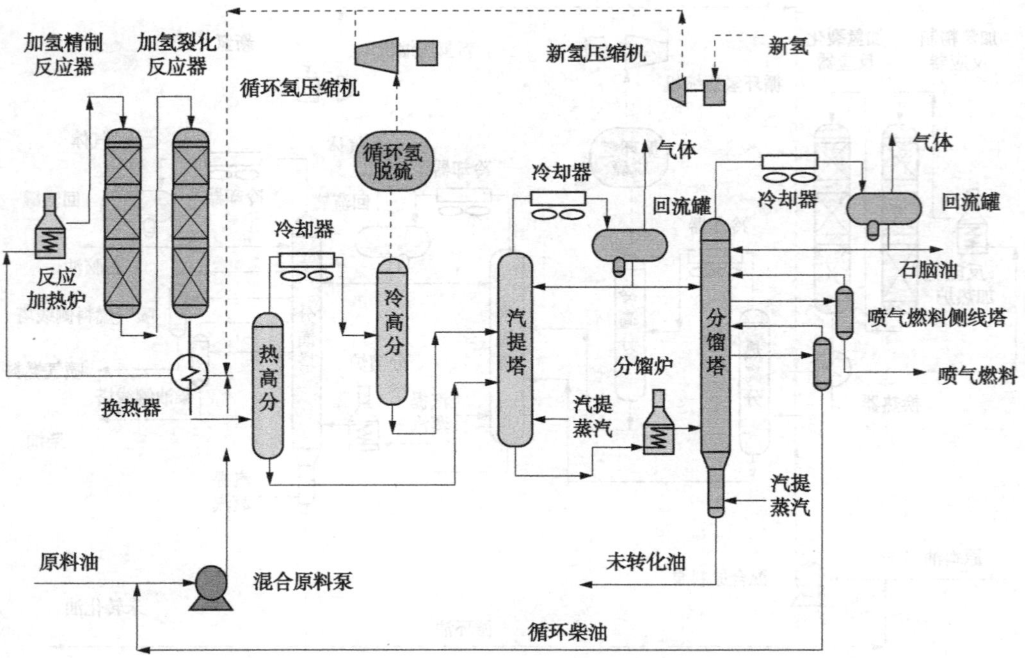

图6-4 单段串联柴油循环到精制反应器工艺流程

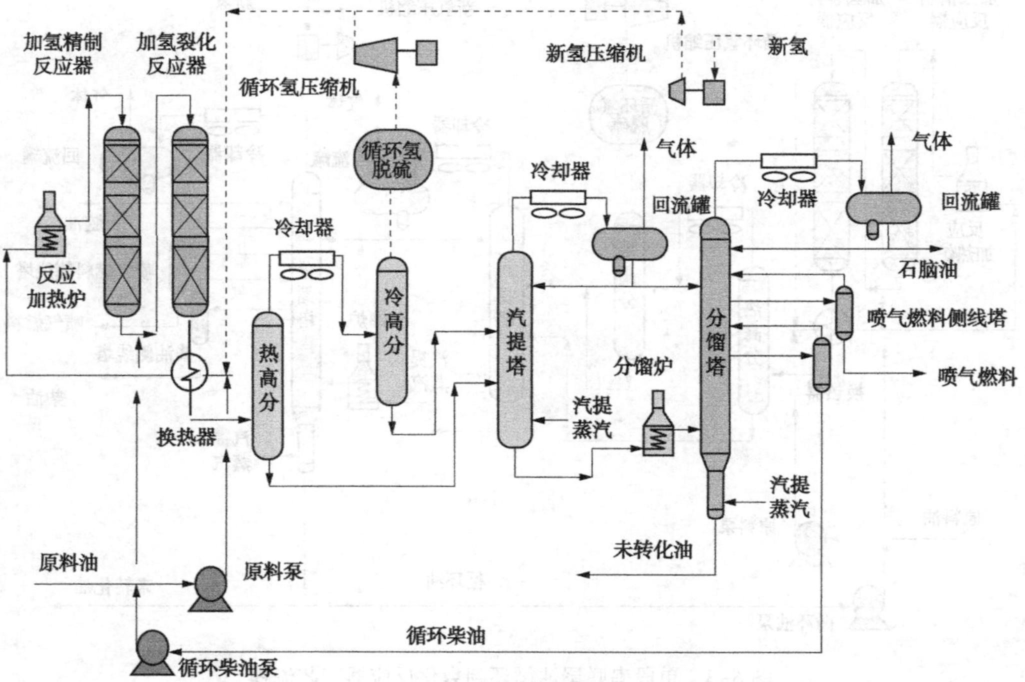

图6-5 单段串联柴油循环到裂化反应器工艺流程

① 循环到精制反应器，见图6-6。

② 循环到裂化反应器，见图6-7。

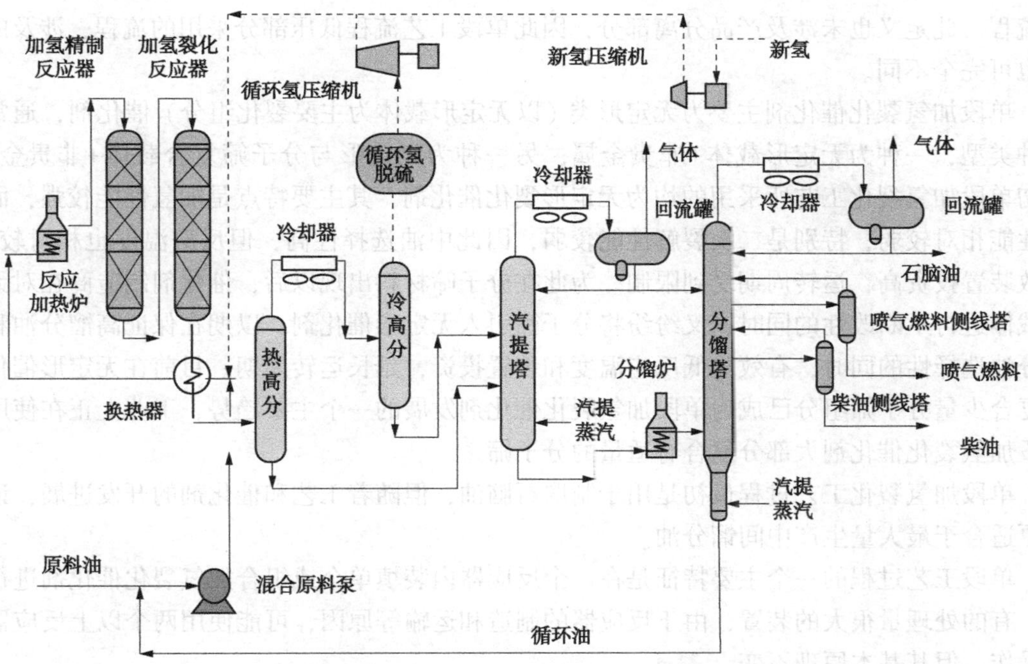

图 6-6 单段串联全循环(到精制反应器)工艺流程

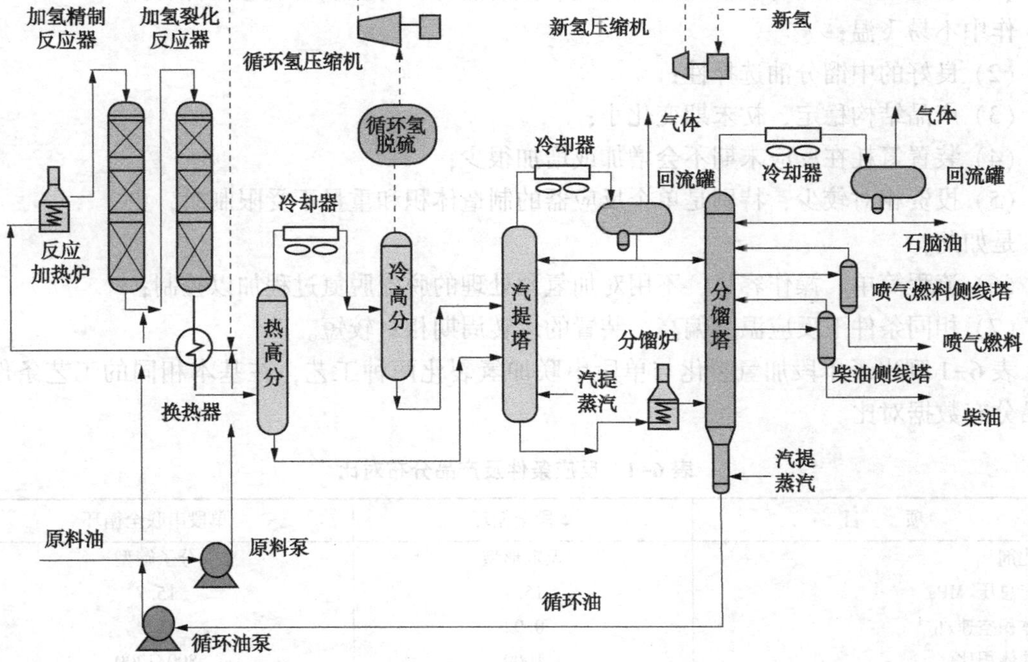

图 6-7 单段串联全循环(到裂化反应器)工艺流程

6.2.2 单段工艺流程[2~7]

采用单一催化剂(或多催化剂组合)、单反应器(或由于制造、运输限制采用双反应器，但具有同样功能)的加氢裂化技术称为单段技术。采用单段技术设计的工艺流程称为单段工艺流程。此定义也未涉及产品分离部分，因此单段工艺流程低压部分采用的流程、涉及的范围也可完全不同。

单段加氢裂化催化剂主要为无定形类（以无定形载体为主要裂化组分）催化剂，通常有两种类型，一种为无定形载体+非贵金属，另一种为无定形与分子筛复合载体+非贵金属。最初单段加氢裂化工艺所采用的均为无定形裂化催化剂，其主要特点是加氢性能较强，而裂化性能相对较弱，特别是二次裂解性能较弱，因此中油选择性高，但反应温度也相对较高，导致装置投资高，运转周期受到限制。为此在分子筛材料出现以后，催化剂制造商在对无定形载体进行不断改性的同时，又纷纷将分子筛引入无定形催化剂，以期在保证高馏分油和中馏分油选择性的同时，有效降低反应温度和装置投资，延长运转周期。目前在无定形催化剂中复合少量分子筛组分已成为单段加氢裂化催化剂发展的一个主要趋势，工业上正在使用的单段加氢裂化催化剂大部分复合有适量的分子筛。

单段加氢裂化工艺过程最初是用于制取石脑油，但随着工艺和催化剂的开发进展，证明它更适合于最大量生产中间馏分油。

单段工艺过程的一个主要特征是在一个反应器内装填单个或组合加氢裂化催化剂进行操作。有的处理量很大的装置，由于反应器的制造和运输等原因，可能使用两个以上反应器并列操作，但其基本原理不变。

与单段串联工艺过程相比，单段加氢裂化工艺具有如下特点：

(1) 裂化催化剂具有较强的抗有机硫、氮的能力，对温度的敏感性低，操作中不易飞温；

(2) 良好的中馏分油选择性；

(3) 产品结构稳定，初末期变化小；

(4) 装置氢耗在反应末期不会增加或增加很少；

(5) 投资相对较少，特别是单个反应器的制造体积和重量不受限制时，更是如此；

(6) 流程简单、操作容易，不用对加氢预处理的脱硫脱氮过程加以控制；

(7) 相同条件下反应温度偏高，装置的运转周期相对较短。

表 6-1 列出了单段加氢裂化与单段串联加氢裂化两种工艺，在基本相同的工艺条件下产品分布数据对比。

表 6-1　反应条件及产品分布对比

项　目	单段全循环	单段串联全循环
催化剂	无定形型	分子筛型
反应总压/MPa	15.7	15.7
总体积空速/h^{-1}	0.92	0.5
氢油体积比	1000	800/1200
平均反应温度/℃	403	361/379
单程转化率/%	(~66)	(~67)
精制出口氮/(μg·g^{-1})		25
产品分布/%		
H_2S+NH_3	2.38	2.38
干气	0.52	0.24

续表

项　　目	单段全循环	单段串联全循环
液化气	3.90	4.17
<82℃轻石脑油	6.58	9.61
82~138℃重石脑油	13.83(18.9)	16.99(23.2)
138~249℃喷气燃料	32.02(40.9)	31.43(39.7)
249~385℃柴油	43.69(54.0)	39.24(48.2)
化学氢耗/%	2.91	3.06

注：( )内数字表示体积收率。

从表 6-1 数据可以看出，采用全循环流程加工中东 VGO，在基本相同的条件下，单段加氢裂化过程的中油产率明显高于单段串联加氢裂化过程，液化气、轻重石脑油产率和化学氢耗则低于后者。但单段过程的平均反应温度明显高于单段串联过程，因此其干气产率要高于单段串联过程。

表 6-2 列出了单段加氢裂化与单段串联加氢裂化两种工艺，在基本相同的工艺条件下产品性质对比。

表 6-2　产品性质对比

项　　目	单段全循环	单段串联全循环
82~138℃重石脑油		
密度(20℃)/g · cm^{-3}	0.7309	0.7314
138~249℃喷气燃料		
密度(20℃)/(g · cm^{-3})	0.7826	0.7918
芳烃/%	5.8	7.01
冰点/℃	-58	-53
烟点/mm	30	30
249~385℃柴油		
密度(20℃)/(g · cm^{-3})	0.8087	0.8149
凝点/℃	-9	-9
十六烷值	69	68.5
>385℃尾油		
密度(20℃)/(g · cm^{-3})	0.8159	0.8322
凝点/℃	33	31
BMCI 值	5.9	7.2

对于最大量生产中间馏分油而言，单段加氢裂化工艺具有优势。

典型的单段工艺流程主要有：

(1) 单段一次通过工艺流程，见图 6-8。

(2) 单段部分循环工艺流程。

① 单段尾油部分循环工艺流程，见图 6-9。

② 单段柴油部分循环工艺流程，见图 6-10。

6.2.3　两段工艺流程[5~6]

由加氢精制、加氢处理或(和)加氢裂化反应组成一个高压系统，与另一加氢裂化反应组成的高压系统组合，形成的加氢裂化技术称为两段加氢裂化技术。采用两段加氢裂化技术设计的工艺流程称为两段工艺流程。

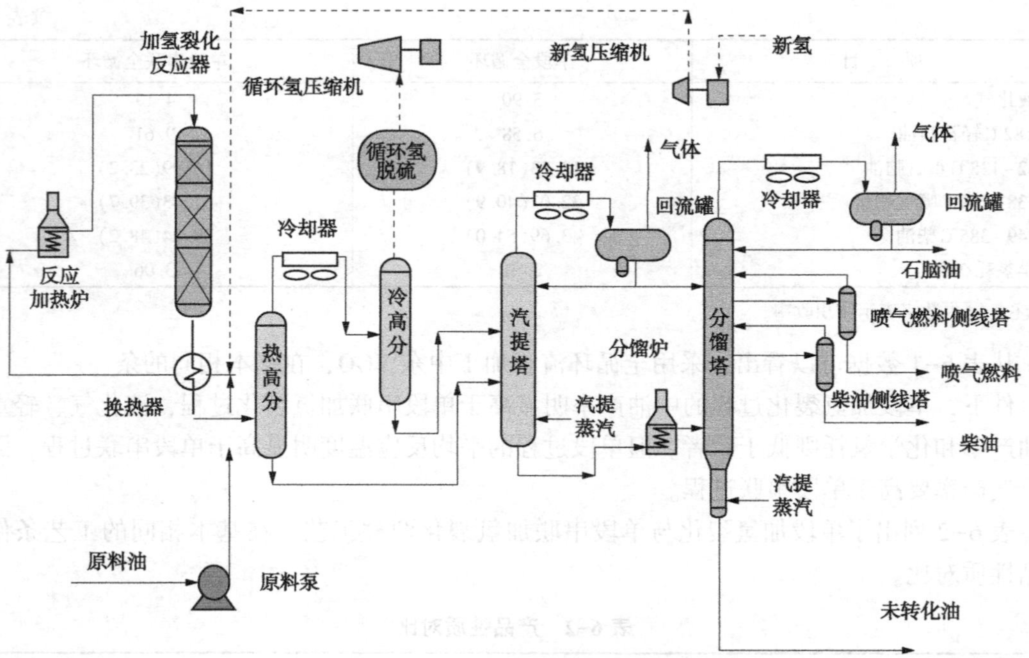

图 6-8　单段一次通过工艺流程

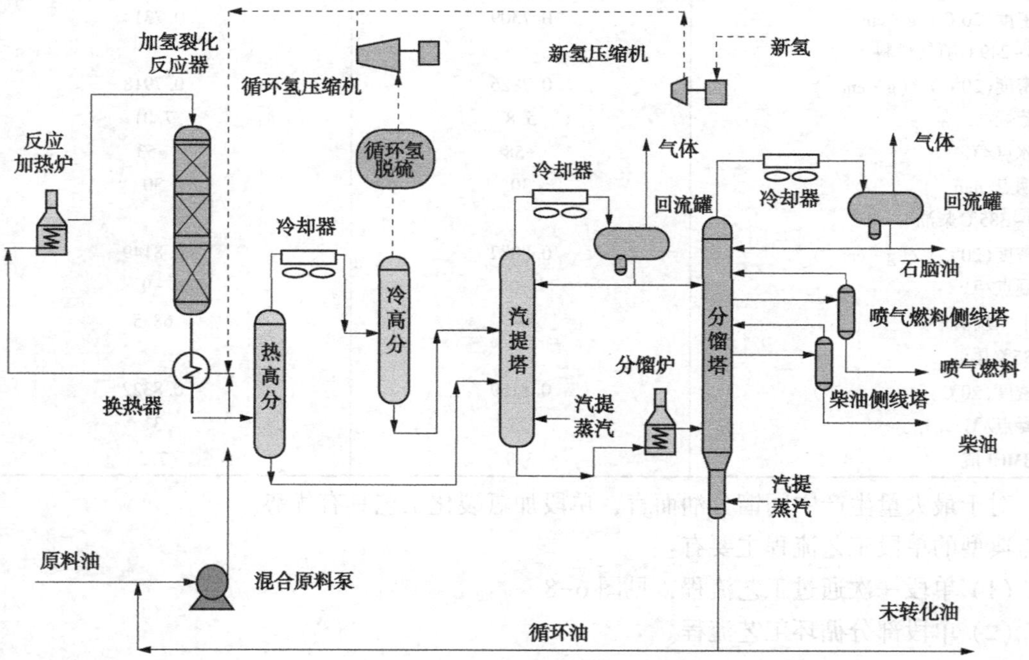

图 6-9　单段尾油部分循环工艺流程

典型的两段工艺流程主要有：

(1) 全转化工艺流程，见图 6-11。

(2) 部分转化工艺流程，见图 6-12。

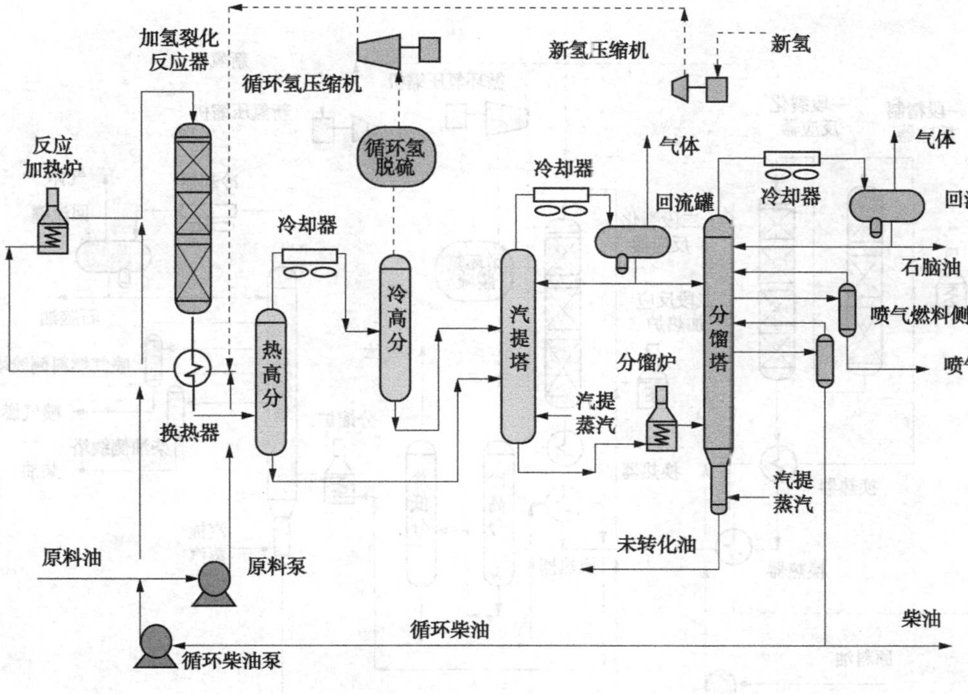

图 6-10 单段柴油部分循环工艺流程

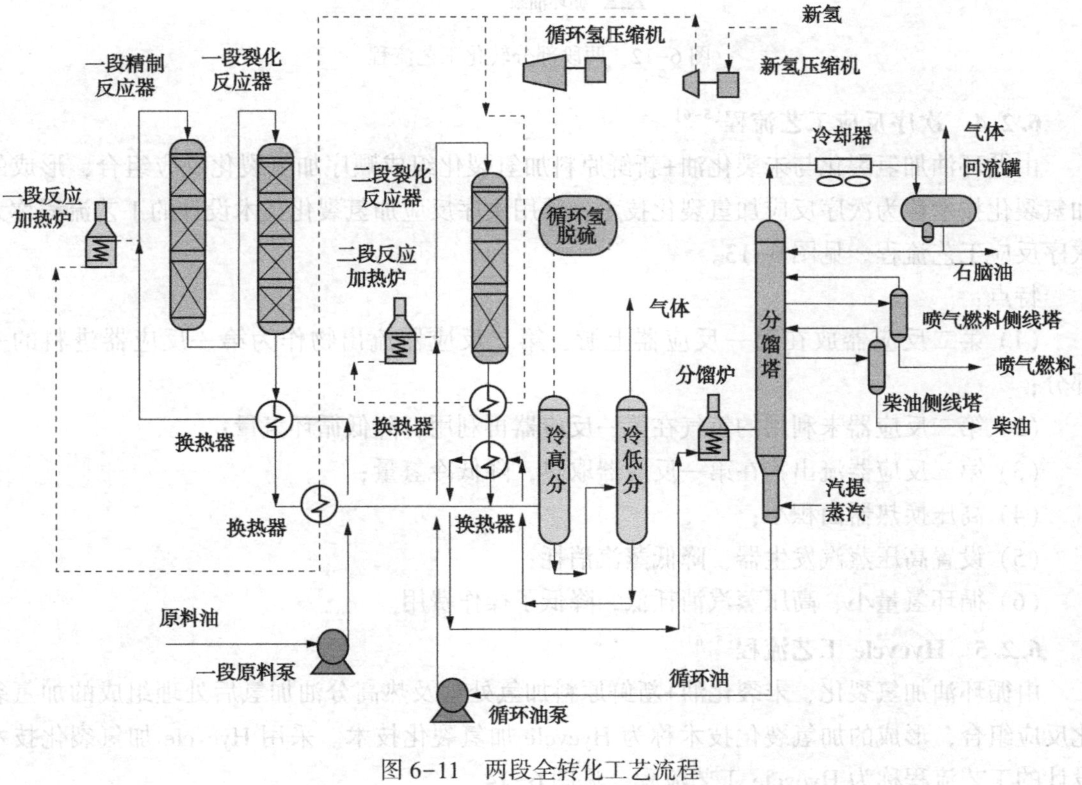

图 6-11 两段全转化工艺流程

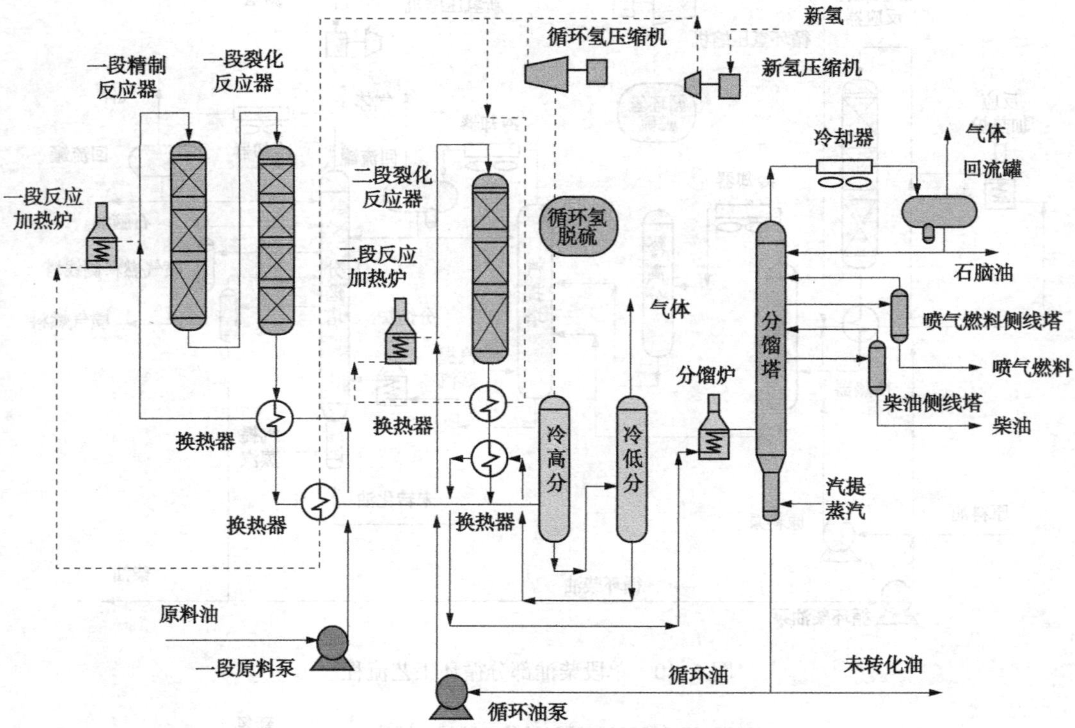

图 6-12　两段部分转化工艺流程

6.2.4　次序反应工艺流程[5~6]

由循环油加氢裂化与未裂化油+新鲜原料加氢裂化组成顺序加氢裂化反应组合，形成的加氢裂化技术称为次序反应加氢裂化技术。采用次序反应加氢裂化技术设计的工艺流程称为次序反应工艺流程。见图 6-13。

特点：

(1) 第二反应器放在第一反应器上游，第二反应器流出物作为第一反应器进料的一部分；

(2) 第二反应器未利用的氢气在第一反应器再利用，降低循环氢量；

(3) 第二反应器流出物在第一反应器取热，降低冷氢量；

(4) 高压换热器面积小；

(5) 设置高压蒸汽发生器，降低蒸汽消耗；

(6) 循环氢量小、高压蒸汽消耗低，降低了操作费用。

6.2.5　Hycycle 工艺流程[5~6]

由循环油加氢裂化、未裂化油+新鲜原料加氢处理及热高分油加氢后处理组成的加氢裂化反应组合，形成的加氢裂化技术称为 Hycycle 加氢裂化技术。采用 Hycycle 加氢裂化技术设计的工艺流程称为 Hycycle 工艺流程。见图 6-14。

特点：

(1) 较低的操作压力、设计压力和氢耗；

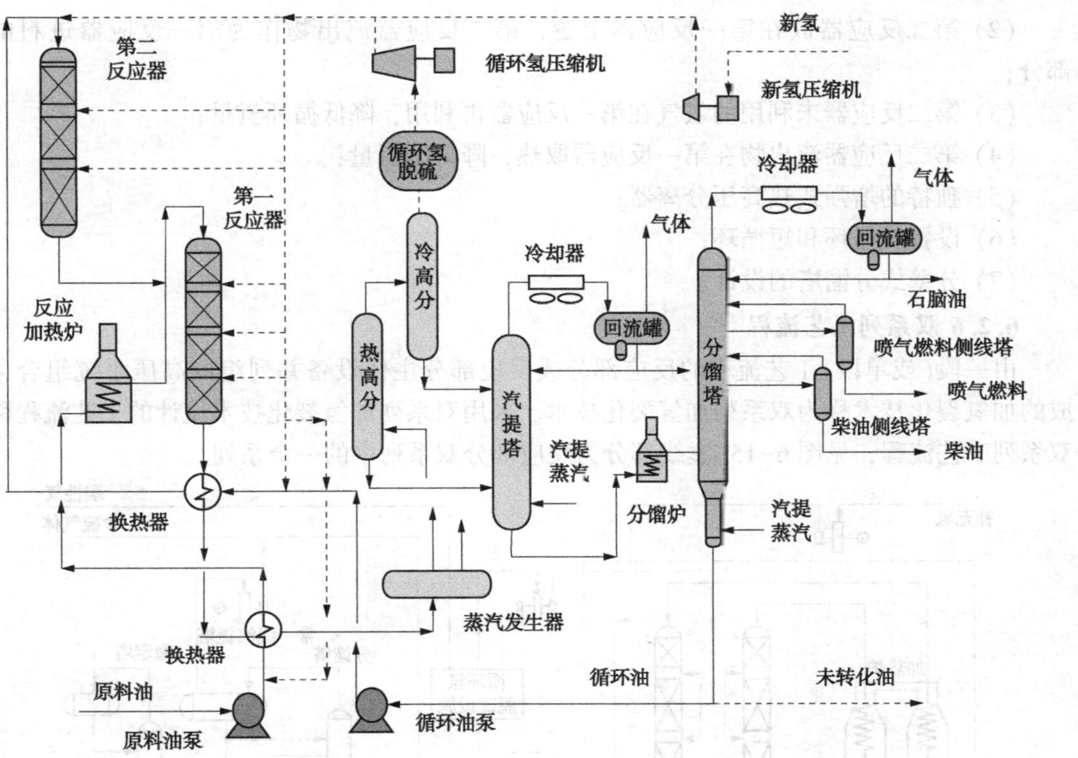

图 6-13 次序反应加氢裂化工艺流程

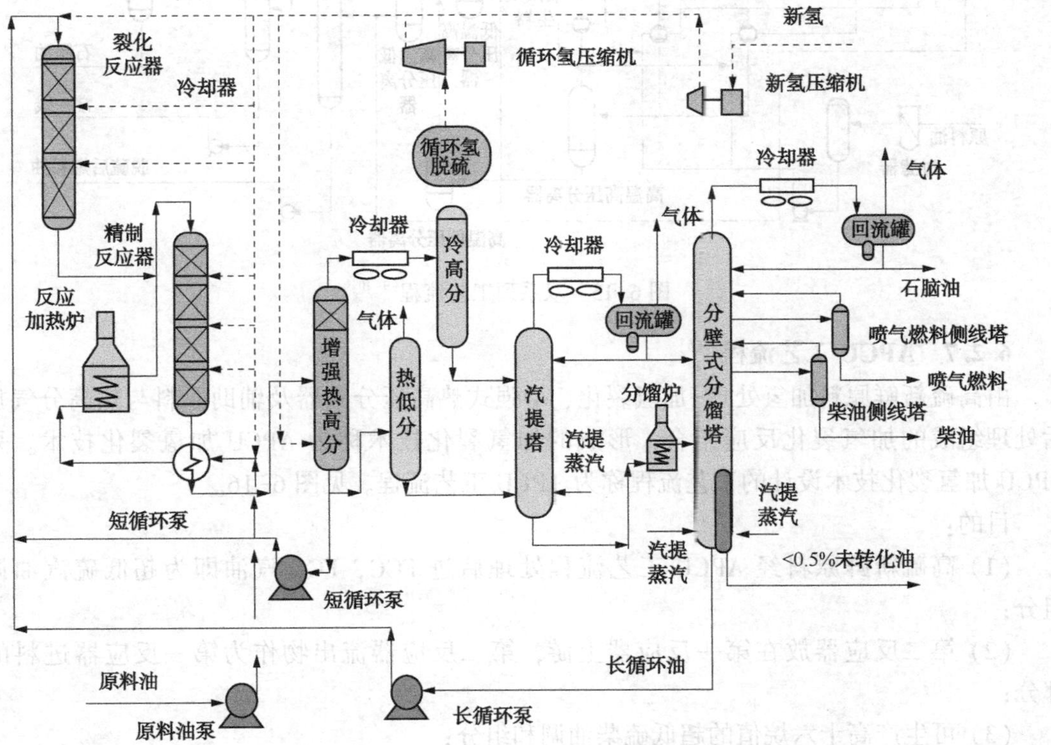

图 6-14 Hycycle 加氢裂化工艺流程

(2) 第二反应器放在第一反应器上游，第二反应器流出物作为第一反应器进料的一部分；

(3) 第二反应器未利用的氢气在第一反应器再利用，降低循环氢量；

(4) 第二反应器流出物在第一反应器取热，降低冷氢量；

(5) 独特的增强式热高压分离器；

(6) 设置长循环和短循环；

(7) 分壁式分馏塔的设计。

6.2.6 双系列工艺流程[8]

由一段(或单段)工艺流程的反应部分或反应部分主体设备并列组成高压系统组合，形成的加氢裂化技术称为双系列加氢裂化技术。采用双系列加氢裂化技术设计的工艺流程称为双系列工艺流程，见图 6-15(虚线部分为反应部分双系列中的一个系列)。

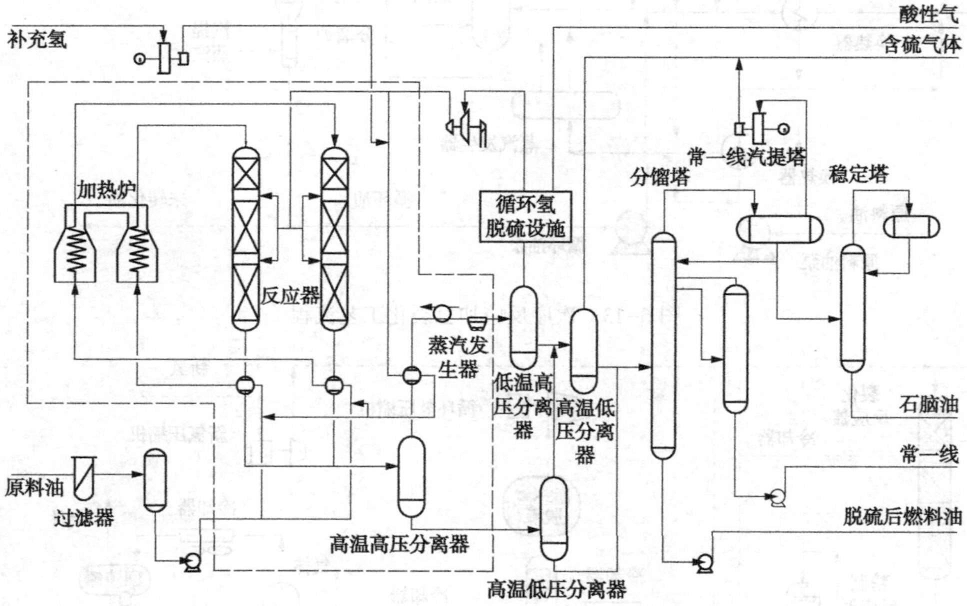

图 6-15　双系列工艺流程[9-10]

6.2.7　APCU 工艺流程[5,6]

由高硫新鲜原料加氢处理+加氢裂化、增强式热高压分离器及辅助原料与热高分气加氢后处理组成的加氢裂化反应组合，形成的加氢裂化技术称为 APCU 加氢裂化技术。采用 APCU 加氢裂化技术设计的工艺流程称为 APCU 工艺流程。见图 6-16。

目的：

(1) 高硫新鲜原料经 APCU 工艺流程处理后进 FCC，FCC 汽油即为超低硫汽油调和组分；

(2) 第二反应器放在第一反应器上游，第二反应器流出物作为第一反应器进料的一部分；

(3) 可生产高十六烷值的超低硫柴油调和组分；

(4) 同时加工其他柴油进料生产超低硫柴油调和组分；

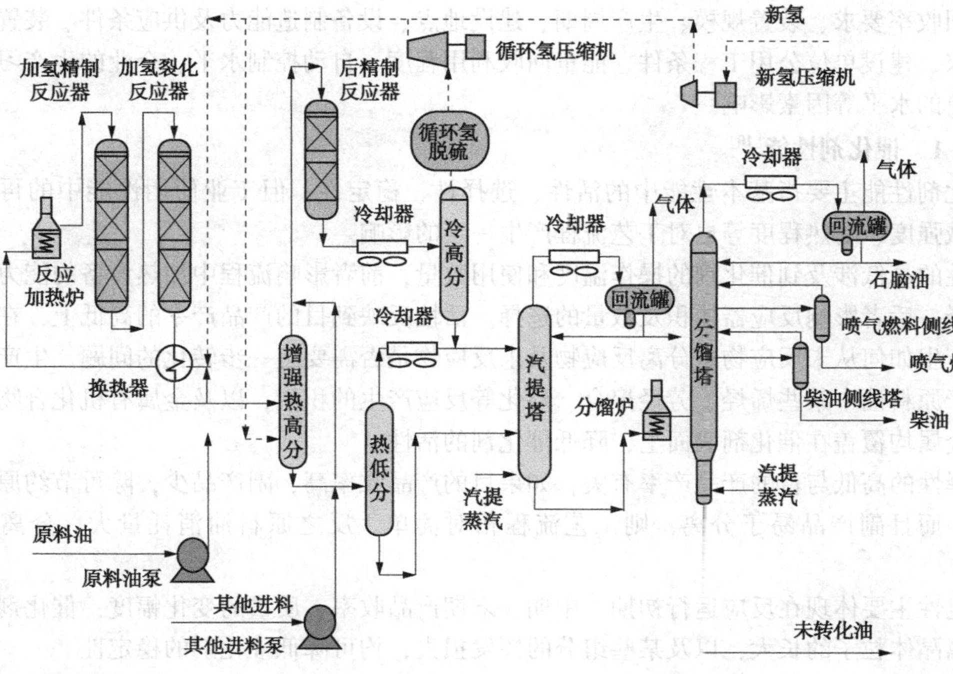

图 6-16　APCU 加氢裂化工艺流程

(5) 同时生产能够满足重整装置进料要求的加氢裂化石脑油；

(6) 氢气的优化利用。

6.2.8 工艺流程选择[1,3,9]

采用 U 公司技术：加工能力≤1.0 $Mt \cdot a^{-1}$、氮含量<1000$\mu g \cdot g^{-1}$、最大量生产中间馏分油的加氢裂化工业装置一般都采用单段全循环或单段串联全循环工艺流程。

采用 C 公司技术：加工能力≤0.75 $Mt \cdot a^{-1}$最大量生产中间馏分油的加氢裂化装置采用单段全循环流程；加工能力≥1.0 $Mt \cdot a^{-1}$一般加氢裂化装置采用两段全循环流程。科威特舍巴炼油厂的加氢裂化装置，加工能力 1.12 $Mt \cdot a^{-1}$，采用单段全循环流程，运转 8 年后扩能改造为 2.2 $Mt \cdot a^{-1}$，改用两段全循环流程。

宏观工艺流程的选择受催化剂性能、原料油性质及生产周期等因数影响，原料的终馏点高、氮含量高，要求运转周期≥3 年，一般应采用两段流程。采用贵金属催化剂，应采用两段流程。装置规模过大(如>3.5 $Mt \cdot a^{-1}$)，受设备制造、运输、物流均匀分配困难等因数影响时，可采用双系列工艺流程。

加氢裂化生产润滑油基础油料的工业装置，可采用单段一次通过、单段串联一次通过或两段流程。也有公司将：原料→加氢脱氮→加氢裂化→分离→异构化→加氢处理→分离→产品的工艺流程称为三段工艺流程。

渣油加氢裂化装置，小于等于 20%转化率时可采用单段一次通过工艺流程。大于等于 70%转化率时可采用中间分离的两段或三段一次通过工艺流程。

目前应用最多的工艺流程为单段串联和单段工艺流程。

6.3　影响工艺流程的因素[1,10]

加氢裂化工艺流程受催化剂性能、各企业生产实际需要、原料油性质、产品方案、产品质量、回收率要求、装置规模、生产周期、建设地点、设备制造能力及供应条件、装置灵活性的要求、建设单位公用工程条件、能量回收利用程度、自动控制水平、企业的生产习惯及设计单位的水平等因素影响。

6.3.1 催化剂性能[10]

催化剂性能主要指基本性能中的活性、选择性、稳定性，但工业使用性能中的再生性能、机械强度、耐热程度等也对工艺流程产生一定的影响。

活性的高低涉及到催化剂的操作温度和使用数量，前者影响流程中加热设备的能力和型式的选择，后者影响反应器体积及数量的选择。活性反映到目的产品产率的高低上，在工艺流程中产生如何从未反应物中分离反应物及未反应物是否需要进一步转化的问题。生产过程中，由于原料油中某些烯烃、芳烃聚合、环化等反应产生的积炭，以及金属有机化合物氢解产生的金属均覆盖在催化剂表面上，降低催化剂的活性。

选择性的高低与目的产品产率有关，如果目的产品收率高，副产品少，除可节约原料使用量外，而且副产品易于分离，则工艺流程相对简单。反之原料油消耗量大，分离流程复杂。

稳定性主要体现在反应运行初期、中期、末期产品收率、质量的变化幅度，催化剂活性组分金属晶体粒子的长大，以及某些组分的挥发损失，均可降低催化剂的稳定性。

加氢裂化催化剂影响工艺流程的典型事例：采用贵金属无定型硅铝载体催化剂或非贵金属晶型硅铝载体催化剂，由于各催化剂对硫化氢、氨和碱性有机氮化物抵抗毒化能力的不同，其两段工艺流程明显的不一样。

6.3.2 原料油和产品[10]

加工不同原料油和生产不同产品的加氢裂化装置，可以选用不同的催化剂，或对同一类型的催化剂，采用变更其金属组分和载体(无定型或晶型硅铝)比例的办法加以适应。但在某些情况下，也可对工艺流程采取一些措施加以解决。例如：

原料油含硫，由于过量的硫会抑制脱硫反应的进行，对加工含硫或高硫减压馏分油的加氢裂化装置就需要在循环氢压缩机入口前设置循环气体胺液洗涤设施；而原料硫含量过低时，对硫化态的加氢催化剂则面临催化剂失硫的危险，催化剂的失硫会降低催化剂的活性，此时又必须增设补硫设施，来确保催化剂不失硫。

原料油含水，由于水能使载体硅酸铝失去酸性活性，引起裂化活性下降。为此在工艺流程中必须设置原料油脱水，使之在进反应器时，水含量降低到≤300μg · g^{-1}(不同催化剂的要求不同)。而且不能采用蒸汽作为稀释剂对失活催化剂进行再生。

原料油含氮，原料油中有机氮化物氢解生成的氨，也积存在循环气体中。一般为了降低循环气体中的氨浓度，需增设脱氨设施，即采用在反应器流出物中注入脱盐水(或脱氧水)，使之溶于水中，予以脱除。

6.3.3 产品方案

由于加氢裂化产品较多，不同的产品方案需要不同的流程来适应。根据目的产品品种和用途，设置由汽提塔或稳定塔、常压分馏塔，甚至减压分馏塔组成的分馏部分。

(1) 干气作制氢原料时，一般需要脱除硫化氢和重烃组分。需设置稳定塔和干气脱硫塔；

(2) 低压分离器气体作低压加氢装置氢源时，一般需要提纯并脱除硫化氢。需设置膜分离设施(或变压吸附)、低压分离器气体脱硫塔；

(3) 生产液化石油气时，需设置稳定塔、脱丁烷塔甚至液化石油气脱硫塔，来满足液化石油气产品蒸汽压、C_5^+ 重烃组分和硫含量的要求；

(4) 生产正丁烷、异丁烷产品时，需设置脱丁烷塔及正丁烷和异丁烷分离塔；

(5) 生产重石脑油作重整原料时，需将轻石脑油、重石脑油分离，重石脑油需设置侧线汽提塔(含硫原料的加氢裂化装置生产的重石脑油还需设置硫吸附反应器)，以满足重整料对馏程、硫含量的要求；

(6) 需出溶剂油、白油料时，在常压分馏塔或减压分馏塔需增设抽出侧线(或侧线汽提塔)；

(7) 生产多个润滑油产品时，在减压分馏塔需开设多个侧线(或侧线汽提塔)。

6.3.4 回收率要求

由于各企业面临的市场销售情况不同、企业的装置组成不同、加工的原料不同，对加氢裂化不同产品的回收率要求就不同。

尽可能最大限度回收液化石油气产品时，可采用不同的吸收剂、设置不同的回收流程。典型的吸收剂：轻石脑油、重石脑油、喷气燃料、柴油或混合油组分(如低分油等)。不同的吸收剂对应的吸收流程不同。典型的吸收剂流程：

(1) 采用轻石脑油做吸收剂时，可采用：

① 常压分馏塔 $\xrightarrow{\text{抽出轻石脑油}}$ $\overset{\text{液化气}\downarrow}{\text{吸收塔}}$ →汽提塔(或脱丁烷塔、脱戊烷塔、脱轻石脑油塔)→常压分馏塔

② 脱丁烷塔 $\xrightarrow{\text{抽出轻石脑油}}$ $\overset{\text{液化气}\downarrow}{\text{吸收塔}}$ →脱乙烷塔→脱丁烷塔。

(2) 采用重石脑油作吸收剂时，可采用：

① 常压分馏塔→重石脑油汽提塔 $\xrightarrow{\text{抽出重石脑油}}$ $\overset{\text{液化气}\downarrow}{\text{吸收塔}}$ →汽提塔(或脱丁烷塔、脱戊烷塔、脱轻石脑油塔)→常压分馏塔。

② 轻重石脑油分馏塔 $\xrightarrow{\text{抽出重石脑油}}$ $\overset{\text{液化气}\downarrow}{\text{吸收塔}}$ →脱乙烷塔→脱丁烷塔→轻重石脑油分馏塔。

(3) 采用喷气燃料作吸收剂时，可采用：

① 常压分馏塔→喷气燃料汽提塔 $\xrightarrow{\text{抽出喷气燃料}}$ $\overset{\text{液化气}\downarrow}{\text{吸收塔}}$ →汽提塔(或脱丁烷塔、脱戊烷塔、脱轻石脑油塔)→常压分馏塔；

② 喷气燃料分馏塔 $\xrightarrow{\text{抽出喷气燃料}}$ $\overset{\text{液化气}\downarrow}{\text{吸收塔}}$ →脱乙烷塔→脱丁烷塔→喷气燃料分馏塔

(4) 采用柴油做吸收剂时，可采用：

① 常压分馏塔→柴油汽提塔 $\xrightarrow{\text{抽出柴油}}$ $\overset{\text{液化气}\downarrow}{\text{吸收塔}}$ →汽提塔(或脱丁烷塔、脱戊烷塔、脱轻石脑油塔)→常压分馏塔。

② 柴油分馏塔 $\xrightarrow{\text{抽出柴油}}$ $\overset{\text{液化气}\downarrow}{\text{吸收塔}}$ →脱乙烷塔→脱丁烷塔→柴油分馏塔。

(5) 采用低分油做吸收剂时，可采用：

低压分离器 $\xrightarrow{\text{抽出低分油}}$ $\overset{\text{液化气}\downarrow}{\text{吸收塔}}$ →低压分离器。

6.3.5 装置规模[1,8]

当装置处理能力到一定规模后，由于受制造、运输、灵活性等多种因素影响，往往对高

压部分需要采用双系列流程。对于渣油加氢装置，单系列或双系列反应器的设置，一般与下列因素有关：

(1) 渣油加氢装置的加工量；

(2) 炼油厂对装置操作周期长短的要求；

(3) 制造厂的反应器制造能力(包括直径大小、器壁厚度和器体总重的限制)；

(4) 反应器从制造厂运送到炼油厂的运输条件(包括水运、起吊设备能力、陆运、桥梁、涵洞对反应器尺寸和重量的限制等)。

由于可单开单停的双系列流程中，每列反应器都能单独运转，因此灵活性大。装置可在50%~110%负荷下运转，并且可保持渣油加氢装置常年处于运转状态中，但投资较单系列有所增加。虽如此很多炼油厂仍采用可单开单停的双系列流程。

6.4 工艺流程组成[1,10]

加氢裂化的工艺流程，一般可划分为反应部分、新氢压缩机部分、常减压分馏部分、液化气回收部分、气体分馏部分、气体和液化气脱硫部分、溶剂再生部分、酸性水处理部分、循环氢提浓部分、低分气 PSA 部分及公用工程部分(包括火炬系统、冲洗油系统、燃料油系统、轻重污油系统、氮气、蒸汽、压缩空气、燃料气等系统)。涉及的流程图可能还有：催化剂干燥流程、催化剂硫化流程、催化剂钝化流程、催化剂再生流程及中和清洗流程。渣油加氢还可能涉及催化剂连续装卸流程、催化剂后处理流程等。根据需要及实际情况，每个装置的组成不尽相同。

对于两段工艺流程，反应部分包括一段反应部分和二段反应部分。对于双系列工艺流程，反应部分包括系列一反应部分和系列二反应部分。也有将反应部分拆分为原料预处理和增压部分及反应部分。

6.4.1 原料预处理和增压部分

一般包括原料增压、过滤、脱水几个过程。原料油在进入高压油泵前，先后经过增压泵、过滤器、凝聚器，除去固体杂质和水后，先进入缓冲罐，再到高压油泵，升到所需的操作压力。不带增压的原料预处理和带增压的原料预处理工艺流程见图 6-17、图 6-18。

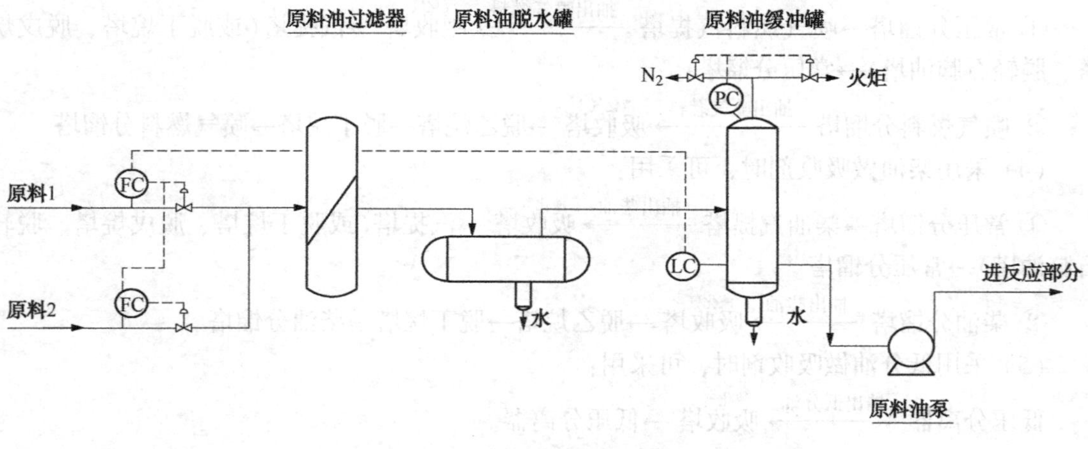

图 6-17　不带增压的原料预处理工艺流程

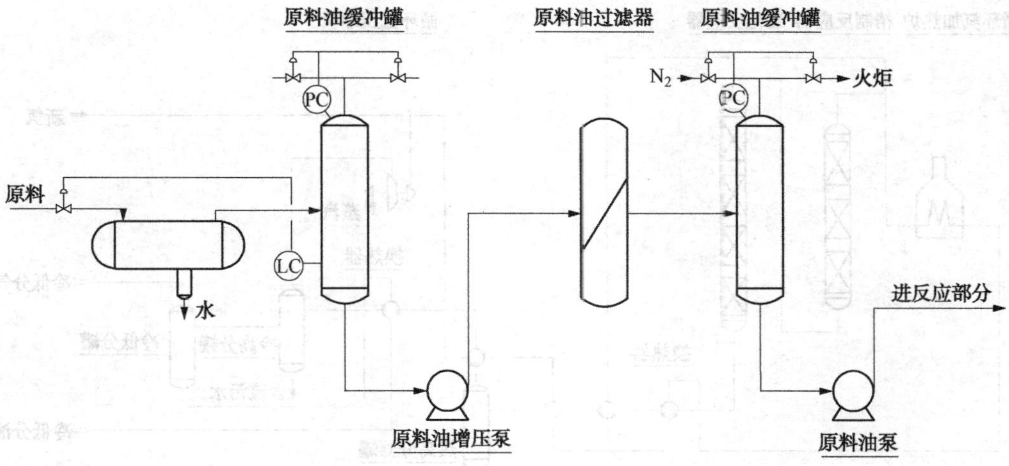

图 6-18　带增压的原料预处理工艺流程

6.4.2　反应部分

反应部分一般由一个或两个独立的或两个共用一些设备(高压分离器、循环氢压缩机)的反应段组成。反应部分的工艺流程见图 6-19~图 6-22。

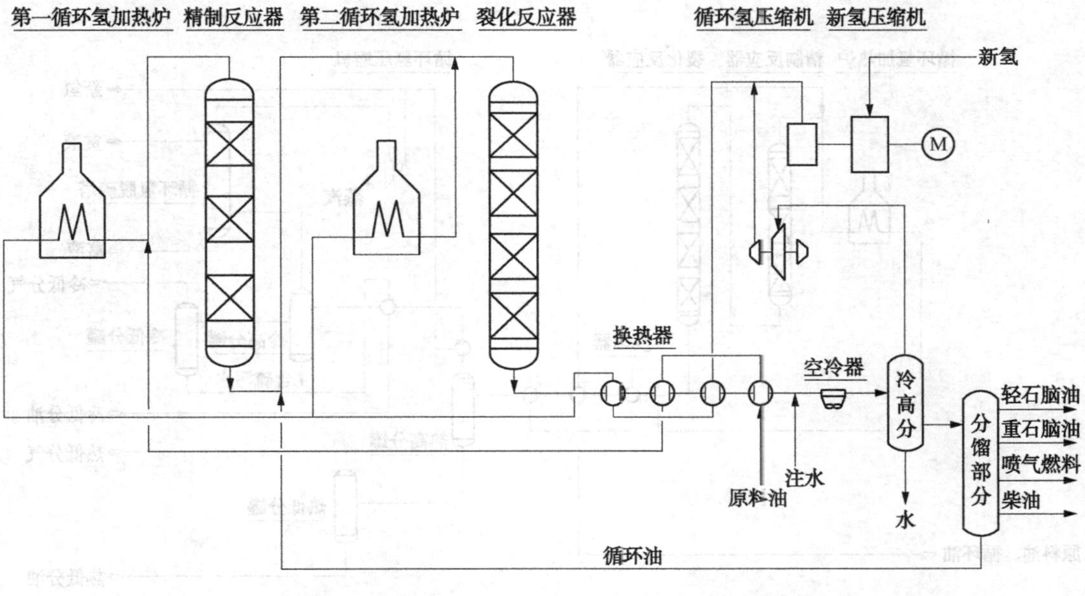

图 6-19　反应部分采用炉后混氢+冷高压分离工艺流程

一个典型的独立的反应段，一般包括以下几种设备：

(1) 反应设备。包括一个或多个反应器。反应器是反应部分的核心设备，具有精制原料油或转化原料油为目的产品的功能。

(2) 升温、降温设备。一般包括若干个换热器，一个或二个加热炉、空气冷却器、水冷却器。

(3) 气液分离设备。有热高压分离器、冷高压分离器、低压分离器。

(4) 转动设备。包括新氢压缩机、循环氢压缩机；高压原料油泵、循环油泵，胺液泵，

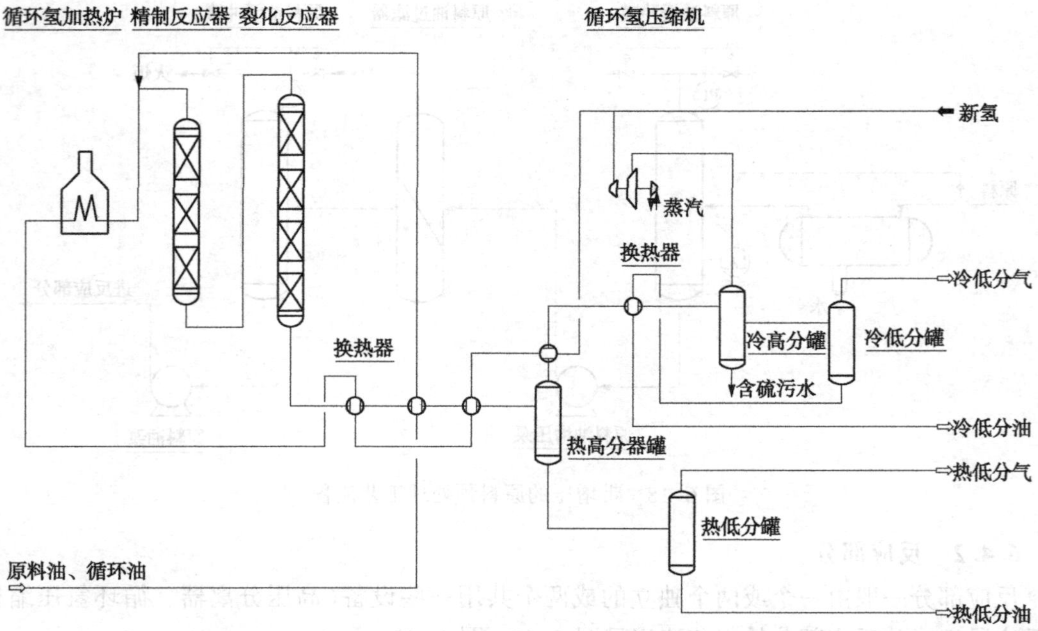

图 6-20　反应部分采用炉后混氢+热高压分离工艺流程

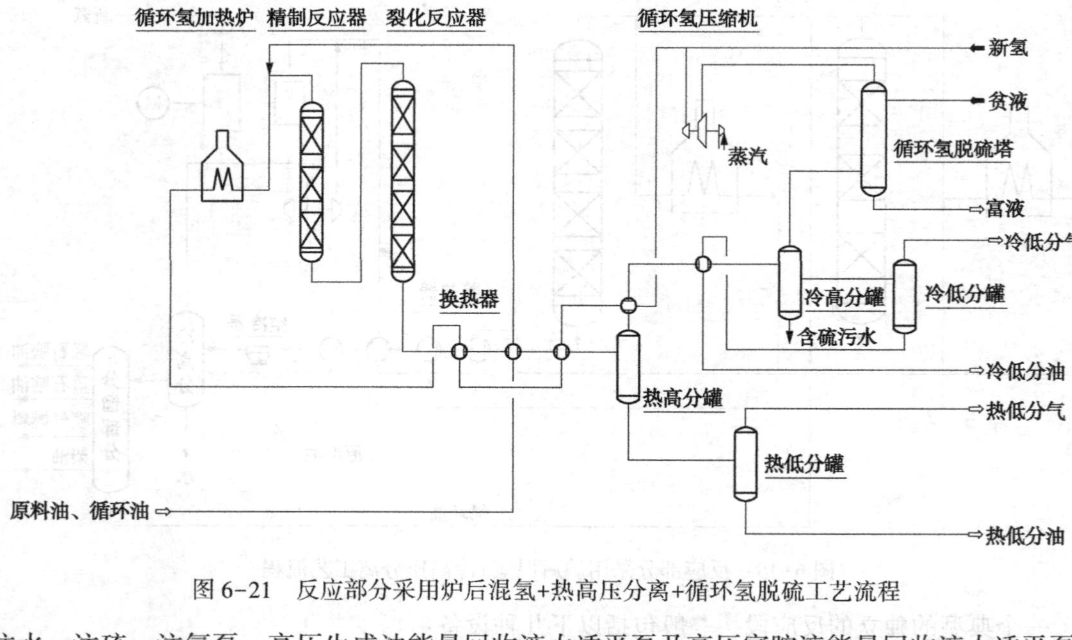

图 6-21　反应部分采用炉后混氢+热高压分离+循环氢脱硫工艺流程

注水、注硫、注氨泵，高压生成油能量回收液力透平泵及高压富胺液能量回收液力透平泵。

(5) 洗涤设备。循环氢气脱 H_2S 胺液洗涤塔及其附属配套设备。

从操作条件看反应部分的设备基本上都是在压力下操作的。

从物料看，反应部分的工艺流程，可用氢气系统及油系统划分，也可按物流顺序划分。

按物料流序划分时，反应部分可划分为：原料增压、升降温及反应、气液分离 3 个部分。

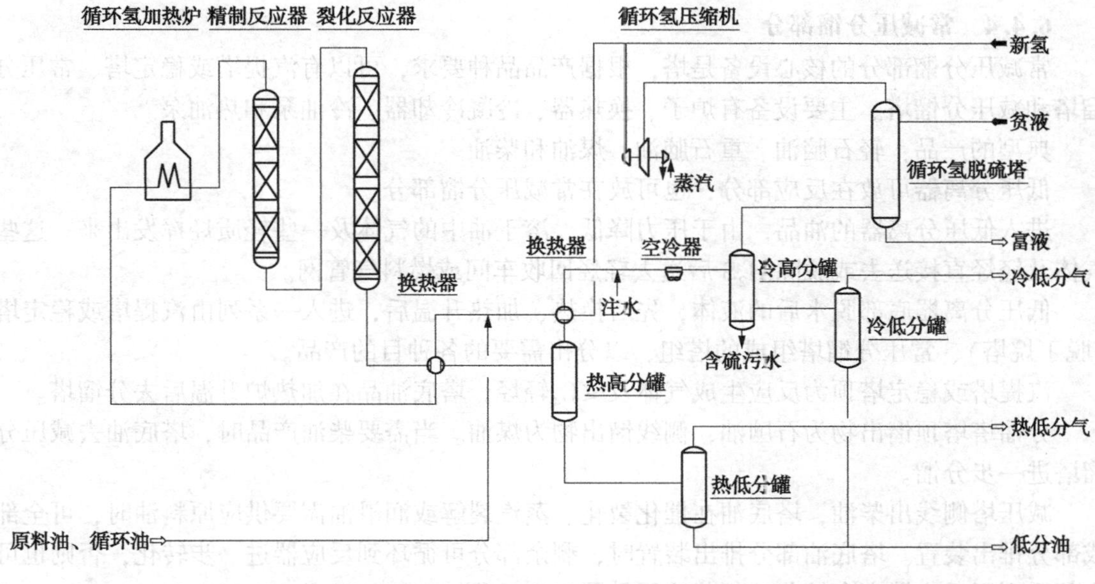

图 6-22　反应部分采用炉前混氢+热高压分离+循环氢脱硫工艺流程

6.4.3　新氢压缩机部分

氢气进入多段往复式压缩机前，一般先进入分离罐除去气中液滴。以三段往复式压缩机为例，每段压缩后的氢气均须冷却降温。对于尚须进一步压缩的气体，应在本压缩段出口冷却降温后，进入下一段压缩前，进行气液分离。工艺流程见图 6-23 及图 6-24。

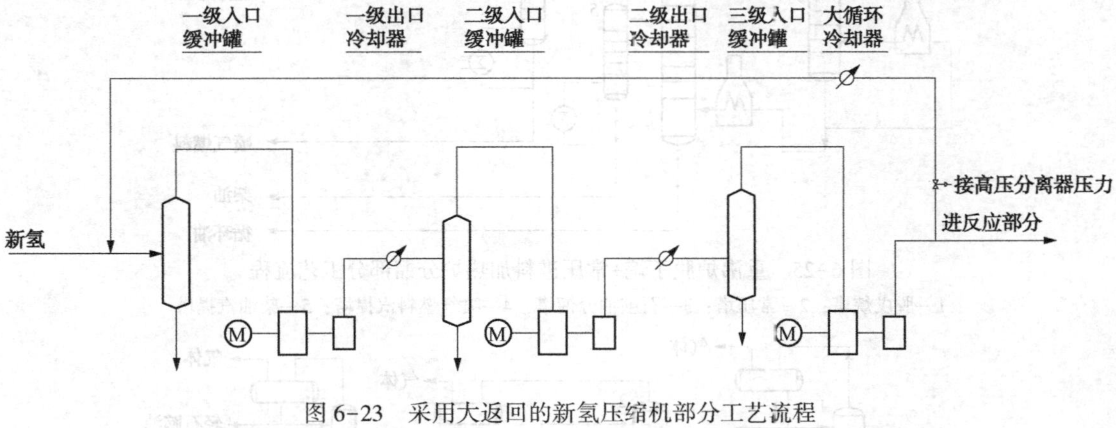

图 6-23　采用大返回的新氢压缩机部分工艺流程

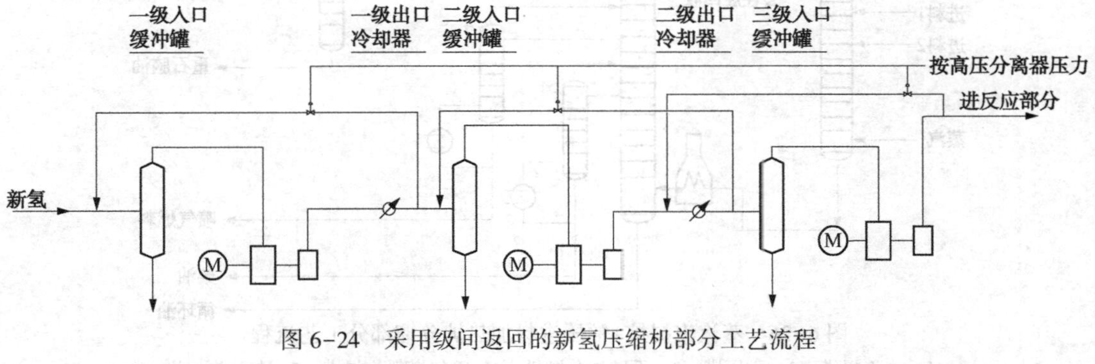

图 6-24　采用级间返回的新氢压缩机部分工艺流程

6.4.4　常减压分馏部分

常减压分馏部分的核心设备是塔，根据产品品种要求，可以有汽提塔或稳定塔、常压分馏塔和减压分馏塔。主要设备有炉子、换热器、冷凝冷却器、冷油泵和热油泵。

典型的产品：轻石脑油、重石脑油、煤油和柴油。

低压分离器可放在反应部分，也可放在常减压分馏部分。

进入低压分离器的油品，由于压力降低，溶于油中的气体及一些轻质烃挥发出来。这些气体及轻烃直接送去或脱除 H_2S 后送去轻烃回收车间或燃料气管网。

低压分离器底部脱水后的液体，先后换热、加热升温后，进入一系列由汽提塔或稳定塔(脱丁烷塔)、常压分馏塔组成的塔组，以分出需要的各种目的产品。

汽提塔或稳定塔顶为反应生成气体及≤C_4轻烃，塔底油品在加热炉升温后去分馏塔。

分馏塔塔顶馏出物为石脑油，侧线馏出物为煤油。当需要柴油产品时，塔底油去减压分馏塔进一步分馏。

减压塔侧线出柴油，塔底油在催化裂化、蒸汽裂解或润滑油需要供应原料油时，可全部或部分排出装置。塔底油部分排出装置时，剩余部分可循环到反应器进一步转化，否则也可全部循环回反应器完全转化。工艺流程见图 6-25~图 6-27。

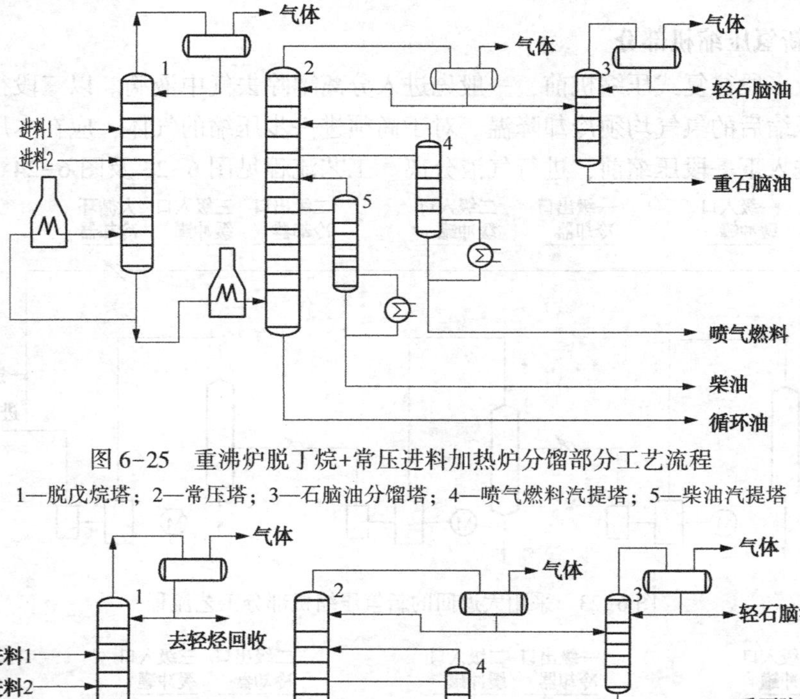

图 6-25　重沸炉脱丁烷+常压进料加热炉分馏部分工艺流程

1—脱戊烷塔；2—常压塔；3—石脑油分馏塔；4—喷气燃料汽提塔；5—柴油汽提塔

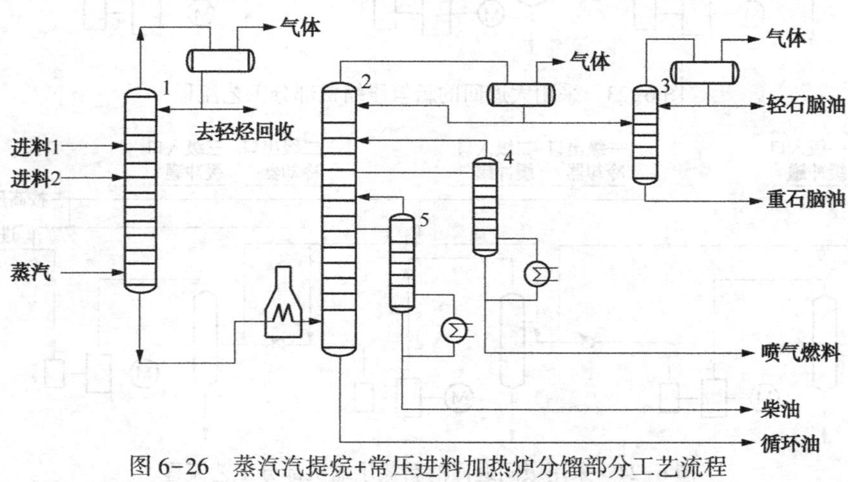

图 6-26　蒸汽汽提烷+常压进料加热炉分馏部分工艺流程

1—主汽提塔；2—常压塔；3—石脑油分馏塔；4—喷气燃料汽提塔；5—柴油汽提塔

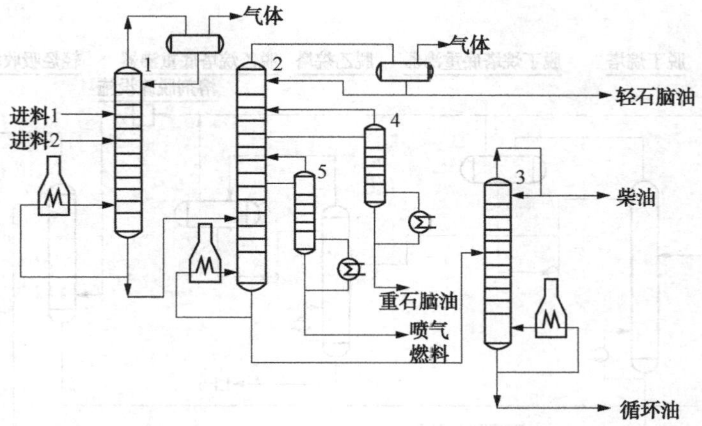

图 6-27 重沸炉脱丁烷+重沸炉常压塔+重沸炉减压塔分馏部分工艺流程

1—主汽提塔；2—常压塔；3—减压塔；4—重石脑油汽提塔；5—喷气燃料汽提塔

6.4.5 液化气回收部分

工艺流程见图 6-28 及图 6-29。

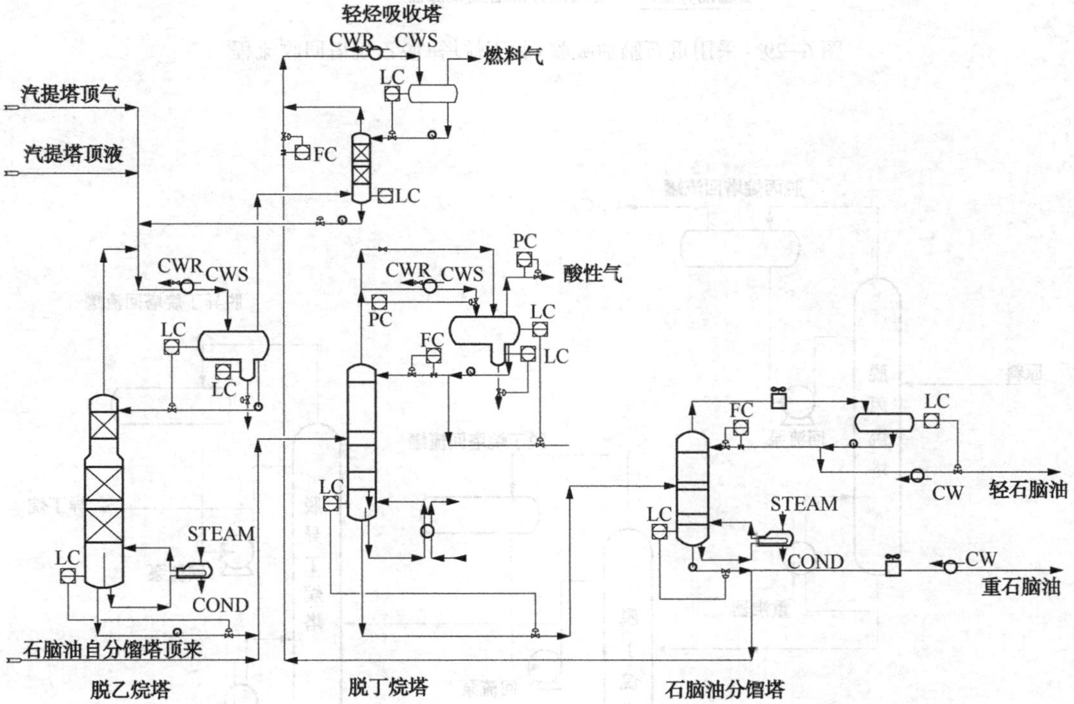

图 6-28 采用重石脑油吸收+脱乙烷塔+脱丁烷塔回收流程

6.4.6 气体分馏部分

工艺流程见图 6-30 及图 6-31。

6.4.7 溶剂再生部分

工艺流程见图 6-32。

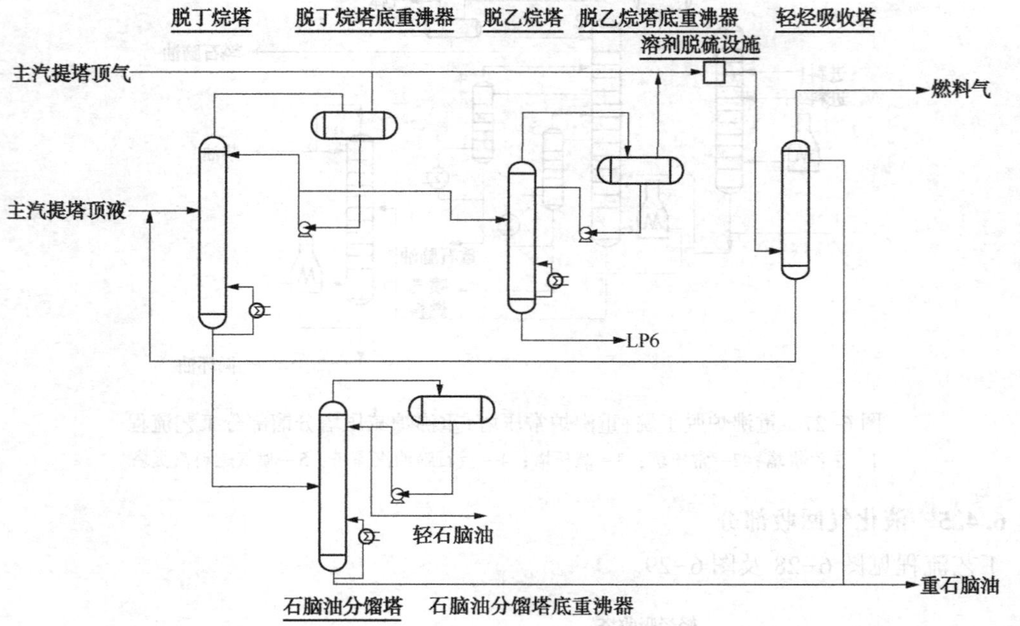

图 6-29　采用重石脑油吸收+脱丁烷塔+脱乙烷塔回收流程

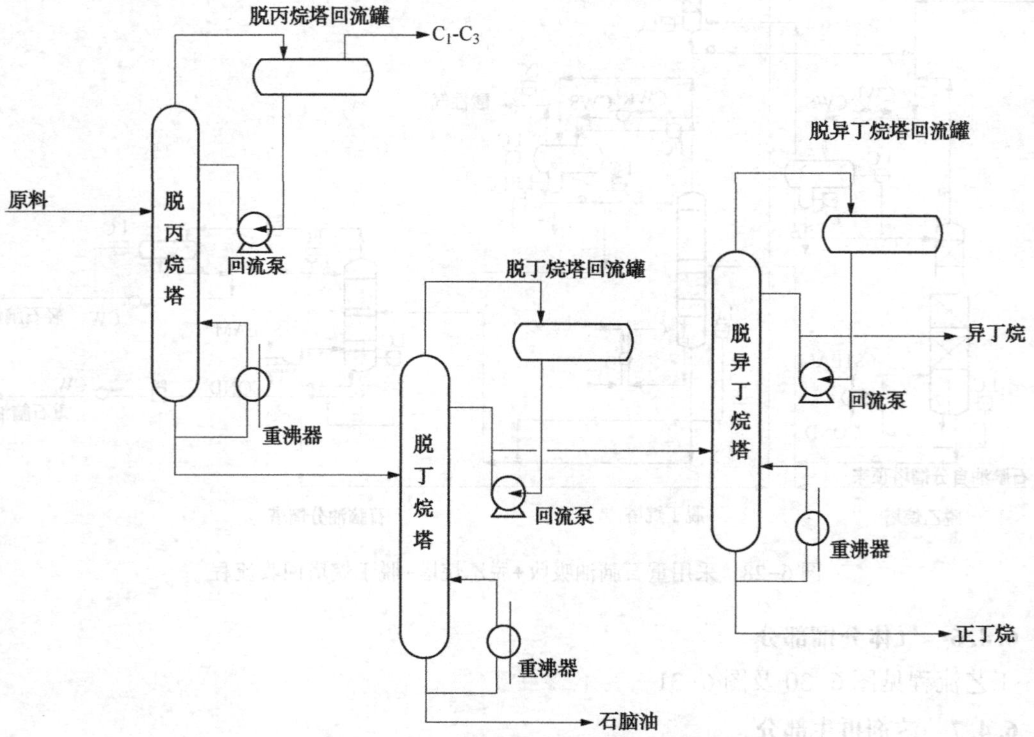

图 6-30　脱丙烷塔+脱丁烷塔+脱异丁烷塔工艺流程

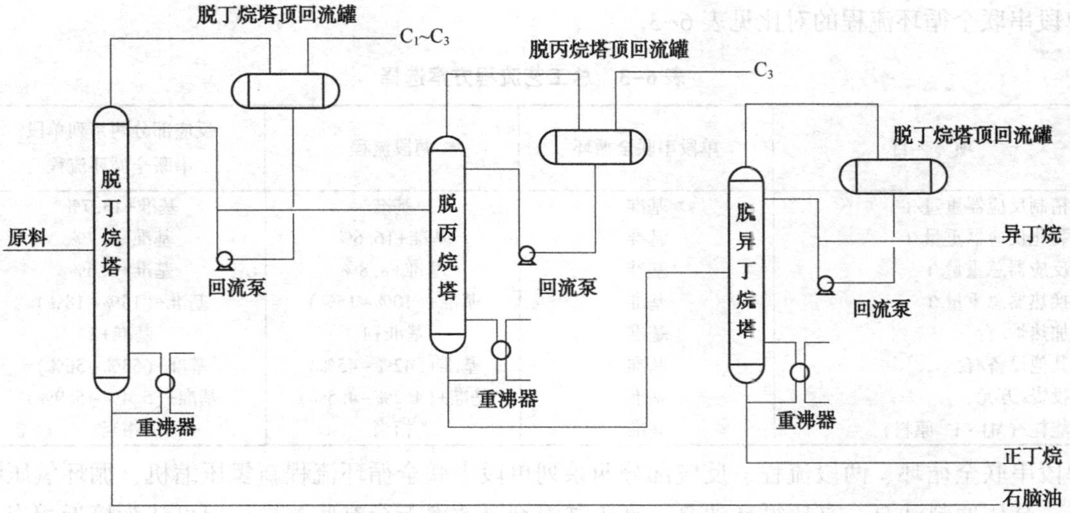

图 6-31 脱丁烷塔+脱丙烷塔+脱异丁烷塔工艺流程

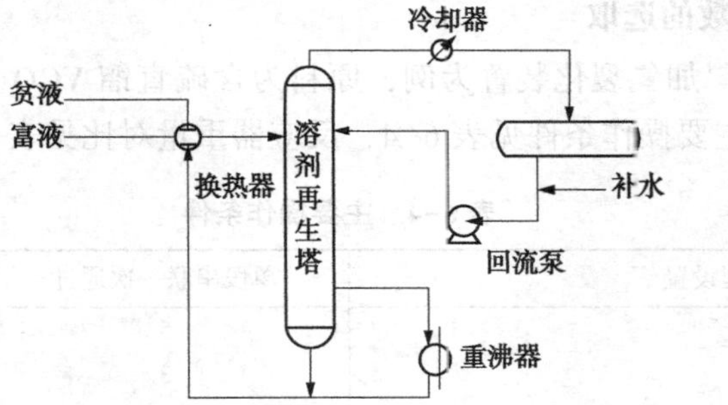

图 6-32 溶剂再生部分工艺流程

6.4.8 酸性水汽提部分

工艺流程见图 6-33。

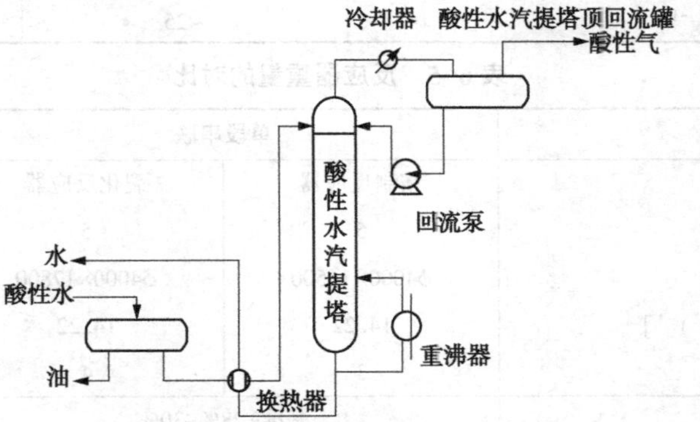

图 6-33 酸性水汽提部分工艺流程

6.5 工艺流程方案

6.5.1 总工艺流程方案

以某厂 2.0Mt · a^{-1}加氢裂化装置为例，对单段串联全循环、两段流程、反应部分两系列单段串联全循环流程的对比见表 6-3。

表 6-3　总工艺流程方案选择

项　目	单段串联全循环	两段流程	反应部分两系列单段串联全循环流程
精制反应器重量/t	基准	基准	基准+13.7%
裂化反应器重量/t	基准	基准+16.6%	基准+6.7%
反应器总重量/t	基准	基准+8.8%	基准+3.6%
换热器总重量/t	基准	基准+(10%~15%)	基准+(15%~18%)
加热炉/台	基准	基准+1	基准+2
其他设备/台	基准	基准+(42%~45%)	基准+(53%~56%)
投资/万元	基准	基准+(4.2%~4.5%)	基准+(5.4%~5.9%)
能耗/($MJ \cdot t^{-1}$原料)	基准	相当	相当

单段串联全循环、两段流程、反应部分两系列单段串联全循环流程新氢压缩机、循环氢压缩机、高压原料油泵、高压循环油泵、高压贫溶剂泵效率上会有些差异，但可认为接近相当。

选择单段串联全循环流程时，需同时考虑单台千吨反应器的制造、运输和安装问题。

6.5.2　反应器台数的选取

以某厂 1.5 $Mt \cdot a^{-1}$加氢裂化装置为例，原料为含硫直馏 VGO，其硫含量为 2.14%，氮含量为 900$\mu g \cdot g^{-1}$。主要操作条件见表 6-4，反应器重量对比见表 6-5。

表 6-4　主要操作条件

流程设置	单段串联一次通过	单段一次通过
催化剂总寿命/年	5	3
床层设置	3	5
反应总压/MPa	15.7	15.7
体积空速(精制/裂化)/h^{-1}	1.41/1.50	0.92
反应器入口气油比(体积比)	800/1200	760
反应温度(精制/裂化)/℃	377/380(SOR)	402(SOR)
单程转化率/%	~65	~65
精制油出口氮含量/($\mu g \cdot g^{-1}$)	~25	

表 6-5　反应器重量的对比

流　程	单段串联		单段
反应器	精制反应器	裂化反应器	加氢反应器
催化剂总寿命/年	5	5	3
反应器规格/mm	ϕ4000×16500	ϕ4000×17800	ϕ4000×28000
空塔质量速度/[$t \cdot (h \cdot m^2)^{-1}$]	14.22	14.22	14.22
床层个数	3	4	5
催化剂体积/t	基准+28%~30%		基准
平均反应温度/℃	377	380	402
操作压力/MPa	17.55		17.55
材质	SA336-F3V 堆焊 TP309L+TP347L		
台数	1	1	1
重量/t	基准+21%~23%		基准

采用单段一次通过流程，在以上前提条件下，反应器重量比单段串联一次通过流程重量减少21%~23%。

6.5.3 尾油循环流程方案选择

以某厂2.0 $Mt \cdot a^{-1}$加氢裂化装置采用单段串联全循环为例，尾油可采用循环到精制反应器和裂化反应器两种方案，见表6-6。

表6-6 两种尾油循环流程方案

项 目	尾油循环到精制反应器	尾油循环到裂化反应器
精制反应器重量/t	基准	基准-21.6%
裂化反应器重量/t	基准	基准
高压原料油泵投资/万元		
备泵：国产	基准	基准-25%
主泵：引进	基准	基准-14.3%
高压循环油泵投资/万元		
引进		+150万美元
工程投资/万元	基准	基准-320万美元
高压原料油泵能耗/($MJ \cdot t^{-1}$原料)	基准	基准-39.7
高压循环油泵能耗/($MJ \cdot t^{-1}$原料)	基准	基准+51.2
总能耗/($MJ \cdot t^{-1}$原料)	基准	基准+11.5

选择尾油循环到精制反应器还是裂化反应器方案时，应与全厂总流程规划结合，如不同年份原油加工量的安排、是否需要考虑尾油作乙烯原料、是否出高黏度指数润滑油基础油等。

6.5.4 冷热高压分离流程方案选择

以某厂1.5 $Mt \cdot a^{-1}$加氢裂化装置为例，主要操作条件同表5-1，主要计算结果见表6-7。

表6-7 冷、热高压分离流程对比

项 目	冷分流程	热分流程
反应器入口总压/MPa	基准	+0.3
热高分温度/℃		280
冷高分温度/℃	基准	基准
冷高分压力/MPa	基准	+0.3
新氢纯度/%	基准	基准
循环氢氢纯度/%	基准	-2.19
循环氢中H_2S纯度(脱硫前)/%	基准	+0.13
低分气中氢纯度/%	基准	-0.46
溶解氢量/($kmol \cdot h^{-1}$)	基准	+116
反应器平均氢分压/MPa	基准	基准
低分油中携带硫化氢量/%	基准	-1.67
能耗/$\times 10^4 kcal \cdot t^{-1}$原料	基准	-4.02
液化气回收率/%	基准	-18.73

续表

项　目	冷分流程	热分流程
设备购置费(一次投资)/万元	基准	+548
补充氢/(万元·年$^{-1}$)	基准	-1375
能耗/(万元·年$^{-1}$)	基准	-965
液回收化气/(万元·年$^{-1}$)	基准	-2511
干气/(万元·年$^{-1}$)	基准	+2010
年收入合计/万元	基准	+911

注：1kcal=4.1868kJ。

6.5.5 循环氢脱硫方案选择

以某厂1.5 Mt·a^{-1}加氢裂化装置为例，主要操作条件见表5-1，原料油硫含量与循环氢中H_2S的浓度的关系见表6-8。

表6-8 原料油硫含量与循环氢中H_2S的浓度的关系

原料油硫含量(质量)/%	0.638	1.0	1.5	2.0	2.5	3.0	3.5
循环氢中H_2S的浓度/%	0.198	0.515	0.942	1.36	1.77	2.17	2.56

由冷分流程计算的循环氢脱硫与循环氢不脱硫的结果见表6-9。

表6-9 循环氢脱硫及循环氢不脱硫结果对比

项　目	循环氢脱硫	循环氢不脱硫
反应器入口总压/MPa	基准	0
冷高分温度/℃	基准	0
冷高分压力/MPa	基准	-1
新氢纯度/%	基准	基准
循环氢氢纯度/%	基准	-2.29
循环氢中H_2S纯度/%	基准	+2.73
溶解氢量/(kmol·h^{-1})	基准	+6
反应器平均氢分压/MPa	基准	-0.36
低分油中携带硫化氢量/%	基准	+7.18

(1) 循环氢气中硫化氢浓度数值的大小，与原料油硫含量、原料油氮含量、加氢生成油的性质、高压分离器的操作压力、高压分离器的操作温度和注入洗涤水的数量有关；

(2) 循环氢中硫化氢浓度的高低，影响设备及管线的材质选择；

(3) 循环氢脱硫需增加脱硫系统：高压脱硫塔、高压贫溶剂泵及高压管线、阀门等，相应增加装置投资；

(4) 循环氢脱硫增加的高压贫溶剂泵，相应增加装置能耗；

(5) 影响催化剂的脱硫能力；

(6) 循环氢不脱硫时低分油会携带较多的硫化氢进入分馏系统，影响分馏部分设备的使用寿命及产品质量。

增设循环氢脱硫设施，可大幅度降低高压分离器中硫化氢浓度，减小对设备及管线的腐蚀，有利于产品的分馏和提高产品质量，但需增加循环氢脱硫塔、溶剂泵及控制仪表，增加装置投资和能耗。一般而言原料油含硫 3%以上，含硫蜡油加氢裂化装置应设循环氢脱硫设施。

6.5.6　炉前混氢与炉后混氢流程选择

(1) 炉后混氢的特点：

① 加热炉只走氢气，避免炉管结焦，工程设计简单；

② 油、氢气单独与反应流出物换热，传热系数小，换热流程复杂；

③ 炉管只走氢气，介质出口温度高，炉管表面温度也高，相应烟气温度高。炉管壁厚增加，投资增大。

(2) 炉前混氢的特点：

① 解决了炉后混氢的缺点，简化流程；

② 如何解决两相流分配和防止炉管结焦成为该项技术的关键。

6.5.7　循环氢压缩机流程方案选择

以某厂 2.0 $Mt \cdot a^{-1}$加氢裂化装置为例，3.5MPa 蒸汽背压流程和 3.5MPa 蒸汽凝汽流程计算结果对比见表 6-10。

表 6-10　循环氢压缩机流程方案对比

动力蒸汽	3.5 蒸汽	3.5 蒸汽
背压/MPa	1.0	0.015 凝汽
蒸汽用量/($t \cdot h^{-1}$)	基准	基准-51.5
蒸汽能耗/($MJ \cdot t^{-1}$原料)	基准	基准+195.61
循环水/($t \cdot h^{-1}$)	基准	基准+1400
水能耗/($MJ \cdot t^{-1}$原料)	基准	基准+23.5
投资/万元	基准	基准+20%
能耗/($MJ \cdot t^{-1}$原料)	基准	基准+219.11

如果负水器在一层布置，压缩机本体在二层布置，可认为占地面积不增加或增加有限。

6.5.8　生成油稳定部分流程方案选择

生成油稳定部分流程的方案选择应根据生成油的性质和目的产品进行选择。

(1) 脱丁烷塔方案。脱丁烷塔将生成油分离为塔顶气体、液化气和塔底稳定化油，可完成丁烷与戊烷的清晰分割。塔顶液化气经脱乙烷塔脱除乙烷及更轻组分后，得到稳定液化气，塔底稳定化油进常压分离塔。

(2) 脱戊烷塔方案。脱戊烷塔将生成油分离为塔顶气体、包含丙烷、丁烷、戊烷组分的塔顶烃液和由己烷以上组分组成的塔底稳定化油。

(3) 脱己烷塔方案。脱己烷塔将生成油分离为塔顶气体、包含丙烷、丁烷、戊烷、己烷组分的塔顶烃液和由部分己烷或己烷以上组分组成的塔底稳定化油。对塔顶烃液，需增设液化气组分与轻石脑油组分的分馏塔。表 6-11 列出了脱戊烷塔、脱 C_6塔、脱轻石脑油塔塔顶轻组分的分布数据。

从表 6-11 数据可看出，塔顶分割出的组分越重，硫化氢和液化气在塔顶气相、液相中所占的比例越小，但液化气在塔顶液相中的数量越大，在不设轻烃吸收设施的情况下，塔顶液相抽出的液化气数量越大意味着液态烃的回收率越高，同时硫化氢在塔底物流中存在的可能性越小，这两方面都是所希望的。但脱除组分越重，塔底温度越高，重沸炉负荷越大，油品结焦和高温硫腐蚀的可能性越大，因此选择适宜的切割点无论对塔的操作还是装置的分馏效果都非常重要。鉴于已有同类装置的脱戊烷塔存在塔底硫腐蚀的情况，新装置的设计至少应考虑从脱除己烷开始，即通常所称的先分馏后稳定流程。图 6-34 给出了脱除不同比例的己烷与液化气回收率的关系曲线。

表 6-11　塔顶轻组分分布　　%(mol)

项目		脱戊烷塔	脱 C_6 塔	脱轻石脑油塔
塔顶气	H_2S	29.49	29.31	29.05
	$C_1 \sim C_2$	25.62	33.93	35.14
	$C_3 \sim C_4$	37.61	30.42	29.69
	$C_5 \sim C_6$	7.28	6.34	6.12
塔顶液	H_2S	9.81	9.38	9.22
	$C_1 \sim C_2$	3.13	3.3	3.3
	$C_3 \sim C_4$	47.12	32.68	31.17
	$C_5 \sim C_6$	39.94	54.64	56.31

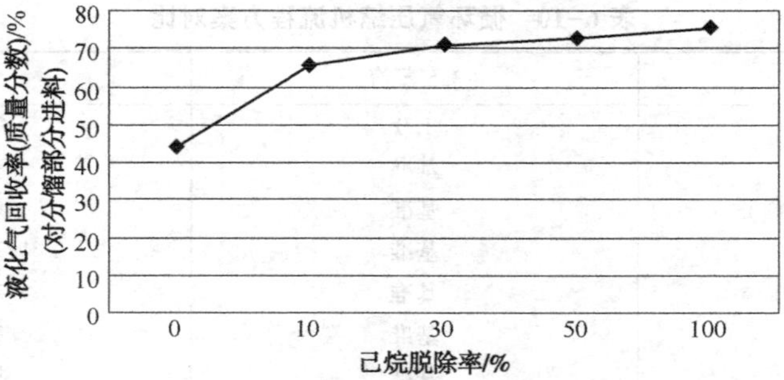

图 6-34　己烷脱除率与液化气回收率的关系

从图 6-34 可看出，随着脱己烷的比例增加，液化气回收率增加，当脱除己烷 30%时液化气回收率达 71%，曲线开始趋向平缓，即按脱己烷 30%~50%操作时，液化气收率是比较理想的。

6.5.9　稳定化油组分分离流程选择[11]

稳定化油组分分离流程的工艺目的是将稳定化油组分分离为预期的产品，以取得最大限度的经济利益，它包含了产品分离度、产品回收率、分离过程用能效率、流程复杂性及灵活性等因数，可供选择的流程方案有：常压塔流程、常压塔流程+重芳烃分离、常压塔+减压塔流程、常压塔+减压塔流程+重芳烃分离。

1) 常压塔方案。

由常压塔侧线抽出喷气燃料及柴油，塔底产品为尾油，为降低塔底温度防止油品热裂解，常压塔采用进料加热炉加塔底水蒸气汽提方式，其特点：

(1) 可不设减压塔，在常压塔完成柴油与蜡油的分割，但因常压塔进料口以下为蜡油汽提段，蜡油与柴油很难实现清晰分割，在保证柴油质量的前提下，柴油拔出率会降低；

(2) 采用全循环流程时，循环油带水。

2) 常压塔+减压塔方案。

该方案常压塔塔底设重沸炉，常压塔进料口以下为柴油和蜡油混合油的提馏段，进料口以上为馏分油精馏段；其特点：

(1) 常压塔底油在减压塔减压真空条件下，实现蜡油与柴油的清晰分割，尤其可减少未转化蜡油中柴油产品量，保证柴油收率；

(2) 减压塔具有改造灵活性，可适当增设侧线抽出，生产多种满足市场需求的产品。

常压塔方案与常压塔+减压塔方案在工业上均有成功应用，投资、能耗效益是选取的重要方面，但不是选择的绝对标准。专利催化剂可能有对水的特殊要求、不同企业也可能有不同的要求，如：需要留有生产溶剂油、润滑油基础油、白油料的可能时，就需要选择常压塔+减压塔方案；直接生产这些产品时，也可能就必须选择常压塔+减压塔方案。

3) 芳烃分离。单段循环流程的加氢裂化装置易产生重芳烃积聚，可采用：

(1) 重芳烃吸附；

(2) 直接外排少量尾油；

(3) 减压汽提后外排少量尾油。

重芳烃分离可与常压塔流程结合，也可与常压塔+减压塔流程结合。

6.5.10　液化气脱硫流程选择[11]

与液化气先脱硫相比，液化气后脱硫存在硫化氢从脱丁烷塔底进入产品的可能性，相应的液化气收率也低。按主汽提塔脱除已烷50%进行计算，结果对比见表6-12。

表6-12　液化气先脱硫与后脱硫对液化气回收率的影响　%(mol)

项　目	液化气先脱硫		液化气后脱硫	
	C_3	C_4	C_3	C_4
主汽提塔进料	100	100	100	100
主汽提塔顶液相抽出	68.35	84.54	68.35	84.54
脱丁烷塔塔顶气	2.65	1.39	17.28	9.46
脱丁烷塔液相抽出	65.7	81.37	51.07	66.06
脱丁烷塔底		1.72		9.04
脱乙烷塔塔顶气	8.47	0.27	8.26	0.42
脱乙烷塔底	57.22	81.16	42.77	65.64
液化气回收率/%	72.83		57.68	

从表6-12可看出，当液化气组分没有脱硫而直接进入脱丁烷塔时，由于硫化氢的存在而降低了烃类的气相分压，使塔顶气体中C_3、C_4的含量大大增加，在不设置轻烃吸收塔的情况下，这部分C_3、C_4即被损失。通过计算可以得出：液化气先脱硫流程较后脱硫流程液化气收率高15%左右。

6.5.11　轻烃吸收塔流程选择[11]

轻烃吸收塔的设置无疑可提高液化气的回收率。从重石脑油产品中引出一股作吸收油，然后返回脱丁烷塔解吸，则脱丁烷塔后需增加石脑油分馏塔，分离轻、重石脑油。从经济性上分析，设石脑油分馏塔增加了一次投资，重石脑油产品作吸收油需要升压，加设升压泵能耗会增加。吸收油还可以返回主汽提塔进行解吸，这个方法虽不增加石脑油分馏塔，但加大了主汽提塔的处理量，将引起主汽提塔塔径的增加及塔顶冷却负荷和塔底加热负荷的增加，同时下游分馏塔的重石脑油侧线汽提塔塔径也将相应增加。

如果将脱丁烷塔底轻石脑油(主要是C_5和C_6)分出一股作为吸收油，吸收塔底油返回液化气脱硫塔进行解吸，与用重石脑油作吸收油相比，不用增加石脑油分馏塔，且吸收油不用升压，既节约了投资，又降低了操作费用。从理论上讲，吸收剂的重度与相对分子质量的比值(ρ/M)越大，吸收效率越高，由于脱丁烷塔底轻石脑油与重石脑油的密度相近，分别为640kg·m^{-3}和651kg·m^{-3}，而相对分子质量相差较大，分别为73.4和102.9，这就从理论上肯定了轻石脑油作吸收油的选择，轻烃吸收塔的计算表明，用脱丁烷塔底轻石脑油作吸收油时吸收效果很好。

6.5.12 气体脱硫流程选择[11]

从理论上讲，气体先脱硫再回收轻烃组分是合理的，这样可以避免由于硫化氢的存在而影响C_3、C_4的吸收，但由于需要进行脱硫处理的气体不仅仅是几股塔顶气，还包括从反应部分低压分离器来的气体，而这股气体是富含氢气并携带有重烃，在轻烃吸收塔中的存在会在很大程度上降低轻烃组分的气相分压，使得C_3、C_4的吸收率大大降低，换句话说，本来是为了回收低分气中的C_3、C_4而将其通入吸收塔，但由于上述原因有可能不但达不到预期目的，反而会使原来已吸收下来的C_3、C_4也由于氢气的存在而从塔顶损失。对比计算结果见表6-13。

表6-13 低分气吸收结果对比 %(mol)

气体先脱硫再吸收	低分气单独脱硫			塔顶气、低分气混合后脱硫		
	C_3	iC_4	nC_4	C_3	iC_4	nC_4
吸收塔进料	100	100	100	100	100	100
吸收塔塔顶气				29.97	0.11	
吸收塔底	100	100	100	70.10	99.85	100
脱丁烷塔底		0.87	46.64		1.24	57.4
脱乙烷塔底	129.04	303.92	364.66	138.96	339.26	394.95
液化气回收率/%	90.0			90.35		

从表6-13可看出，低分气不进轻烃吸收塔时，吸收效果好，塔顶气中基本不含C_3、C_4；如果低分气进轻烃吸收塔，吸收效果变差；但两者液化气的回收率相当。

通过比较气体先吸收再脱硫方案是可行的，即几股塔顶气体进吸收塔回收C_3、C_4，吸收油返回液化气脱硫塔解吸，低分气不吸收，与轻烃吸收塔顶气混合后脱硫，确定这个方案有以下几条理由：

(1) 避免了吸收油吸收C_3、C_4时的同时将低分气中的重烃组分一并带入液化气脱硫塔；

(2)吸收油返回液化气脱硫塔解吸，保证了其中的硫化氢不带入液化气产品；

(3) 低分气与吸收塔顶气一同脱硫，可以省去低分气脱硫塔；

(4) 液化气的回收率并不因为没有回收低分气中的C_3、C_4而降低；

(5) 虽然低分气与其他气体先一同脱硫再吸收同样可省去低分气脱硫塔，且液化气总回收率相当，但由于气体脱硫塔的脱硫效果不能完全保证，只能将吸收油返回液化气脱硫塔解吸，同样也存在低分气中重烃对轻石脑油产品终馏点及脱硫系统操作带来不利影响。

6.5.13 分馏流程选择[11]

1) 分馏流程Ⅰ：

(1) 分馏流程Ⅰ的特点：见图6-35主汽提塔切割出部分轻石脑油，石脑油汽提塔脱除

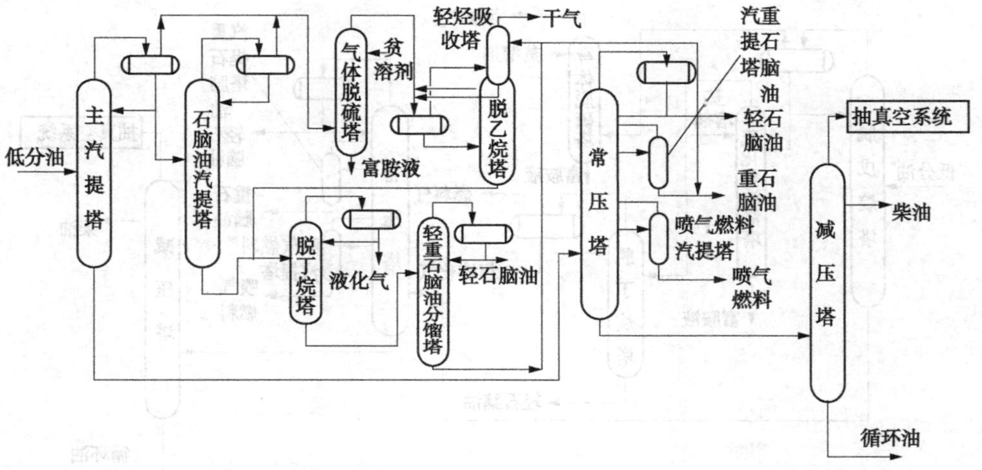

图 6-35　分馏流程 I

C_2以下组分，两股塔顶富硫化氢气体脱除硫化氢后进入轻烃回收塔，并在脱乙烷塔中分离出 C_1、C_2；石脑油汽提塔和脱乙烷塔两个塔的塔底液经脱丁烷塔回收液化气，塔底石脑油组分到轻、重石脑油分馏塔进行分割，部分重石脑油作为轻烃吸收塔的吸收油循环利用；主汽提塔底油经常压塔得到轻石脑油、重石脑油、喷气燃料；常压塔塔底油经减压塔得到柴油，减压塔塔底油为循环油(或尾油)。

(2) 分馏流程 I 的优点：

① 分馏流程 I 主汽提塔切割出部分轻石脑油，避免了重石脑油腐蚀；

② 塔顶气体先脱硫后经轻烃吸收塔使分馏部分液态烃得到最大限度回收；

③ 先脱乙烷，再脱丁烷的设计使脱乙烷塔的压力等级大为降低。

(3) 分馏流程 I 的缺点：

由于没有设液化气脱硫塔，仅用石脑油汽提塔来保证下游产品腐蚀合格，在操作波动时会影响产品腐蚀性能。

2)分馏流程Ⅱ：

(1) 分馏流程Ⅱ的特点：见图 6-36 低分油经脱戊烷塔脱除 C_5以下组分，塔顶气相及液相分别进行脱硫处理；脱丁烷塔回收液化气，塔底 C_5组分作为轻石脑油汇入产品；脱戊烷塔底油经常压塔得到轻石脑油、重石脑油、喷气燃料；常压塔塔底油经减压塔得到柴油，减压塔底油为循环油(或尾油)。

(2) 分馏流程Ⅱ的优点：

① 流程简单；

② 粗产品集中处理；

③ 脱戊烷塔后紧接气体及液化气脱硫设施，可避免硫化氢进入下游物流；

④ 如果在此方案基础上加设脱乙烷塔和轻烃吸收塔，在国内目前装置单独考核的情况下也不失为一个完善的设计。

3)分馏流程Ⅲ：

(1) 分馏流程Ⅲ的特点：见图 6-37 预分馏塔切割出部分轻石脑油，塔顶液相经脱丁烷塔回收液化气，两塔顶气体进气体脱硫塔；液化气进液化气脱硫塔脱除硫化氢；预分馏塔底

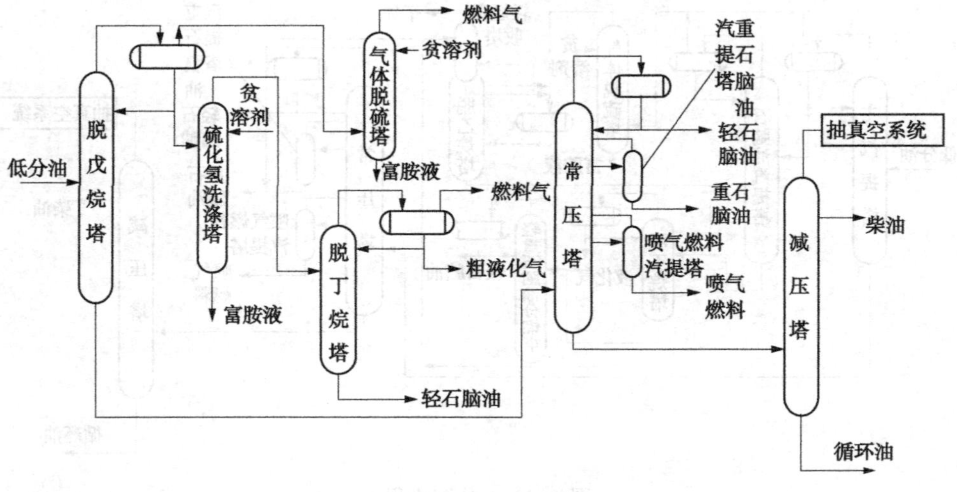

图 6-36　分馏流程Ⅱ

油经常压塔得到轻石脑油、重石脑油、喷气燃料；常压塔底油经减压塔得到柴油，减压塔底油为循环油(或尾油)。

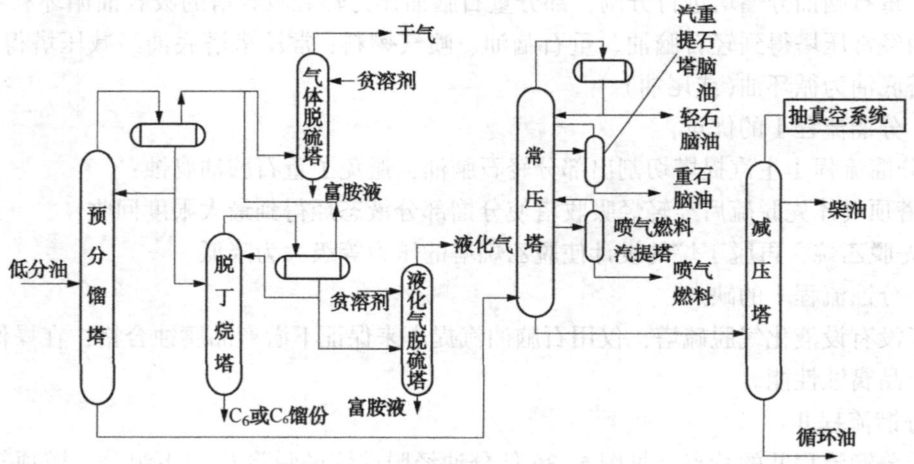

图 6-37　分馏流程Ⅲ

(2) 分馏流程Ⅲ的优点：

① 流程简单；

② 粗产品集中处理。

(3) 分馏流程Ⅲ的缺点：液化气后脱硫有可能使硫化氢从脱丁烷塔进入石脑油产品。

(4) 分馏流程Ⅰ~分馏流程Ⅲ设计思路的实质基本相同。

① 为避免石脑油产品的硫腐蚀，分馏部分进料所经由的第一个塔必须完成至少 C_5以上组分的切割；

② 为获得高的液态烃收率，必须加设轻烃吸收塔；

③ 为保证气体和轻烃产品腐蚀合格，必须有相应的脱硫设施。

4) 分馏流程Ⅳ：

(1) 分馏流程Ⅳ特点：见图 6-38 设置了主汽提塔、脱丁烷塔和脱乙烷塔顶气体、主汽提塔顶液相产品的脱硫设施，根据生产要求或用户需要可以增设轻烃吸收塔及相应的石脑油分馏塔。

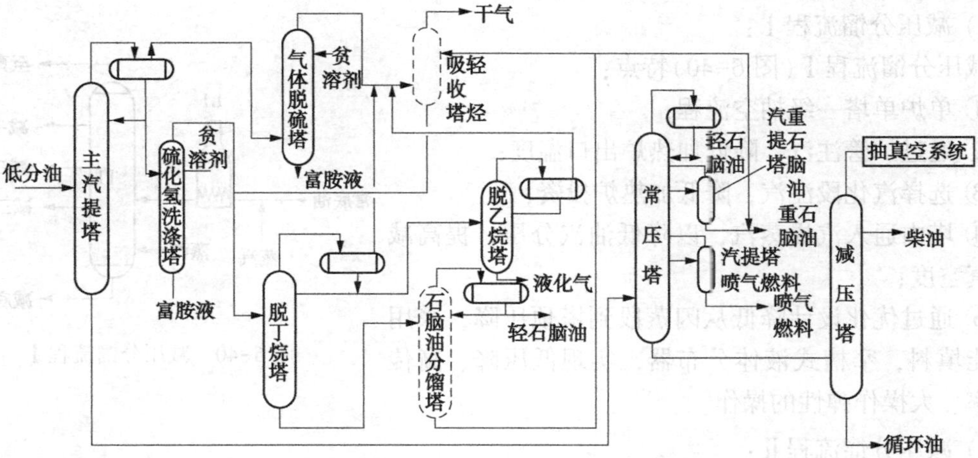

图 6-38　分馏流程Ⅳ

(2)分馏流程Ⅳ优点：液化气产品的质量和收率都有保证；

(3)分馏流程Ⅳ缺点：流程结构稍嫌复杂。

5）分馏流程Ⅴ：

(1)分馏流程Ⅴ特点：见图 6-39 包含脱己烷塔、脱丁烷塔、脱乙烷塔和气体脱硫塔、硫化氢洗涤塔、轻烃吸收塔、常压塔、减压塔及汽提塔，其中脱己烷塔脱除己烷 30%左右，脱丁烷塔塔底分出部分轻石脑油做吸收油，靠压力差进入轻烃吸收塔，脱己烷塔、脱丁烷塔、脱乙烷塔三股塔顶气体汇入轻烃吸收塔回收液态烃，然后与低分气一并去气体脱硫塔进行处理。

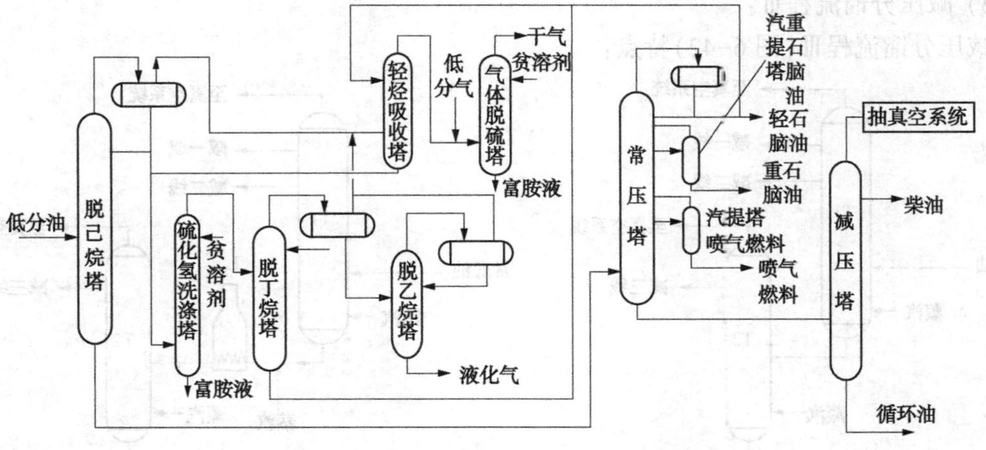

图 6-39　分馏流程Ⅴ

(2) 分馏流程Ⅴ优点：液化气产品的质量和收率都有保证。

(3)分馏流程Ⅴ缺点：流程结构稍嫌复杂。

(4)分馏流程Ⅰ~分馏流程Ⅴ的共同点：常压塔和减压塔的流程是一致的，这种设计更适用于尾油循环的加氢裂化装置，而常压塔流程则更适用于一次通过的加氢裂化装置。

6.5.14 减压分馏流程选择[12]

减压分馏涉及单炉单塔一级抽空、无炉双塔二级抽空、单炉双塔二级抽空三种流程。

1）减压分馏流程Ⅰ：

减压分馏流程Ⅰ(图 6-40)特点：

① 单炉单塔一级抽空流程；

② 通过炉管注汽，降低加热炉出口温度；

③ 选择汽化段注汽，降低加热炉投资；

④ 塔内通入汽提蒸汽，以降低油汽分压，提高减压塔真空度；

⑤ 通过优化设计降低从闪蒸段到塔顶压降，采用高性能填料，窄槽式液体分布器，实现低压降、高传质效率、大操作弹性的操作。

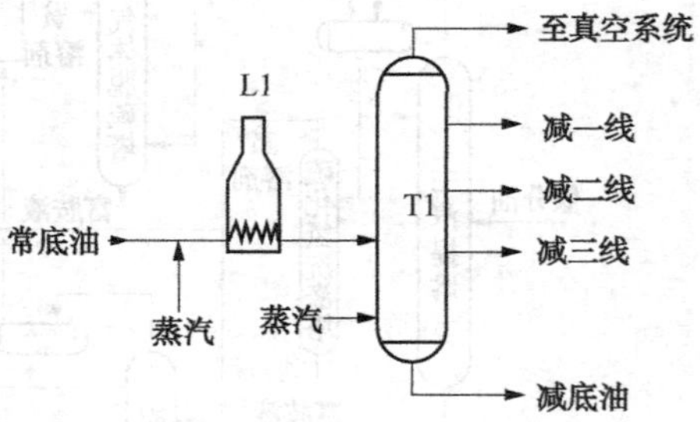

图 6-40　减压分馏流程Ⅰ

2）减压分馏流程Ⅱ：

减压分馏流程Ⅱ(图 6-41)特点：

① 无炉双塔二级抽空流程；

② 第一减压塔利用常底油自身的显热在适当真空下提供汽化热，分馏出减一线、减二线；

③ 第一减压塔底油馏程重，裂解气量很小，可实现高真空操作，通入汽提蒸汽，进一步降低油汽分压；

④ 在第二减压塔实现重馏分的分馏；

⑤ 两级减压均不设加热炉，易于方案的切换；

⑥ 第一减压塔负荷变化小，易于平稳操作。

3）减压分馏流程Ⅲ：

减压分馏流程Ⅲ(图 6-42)特点：

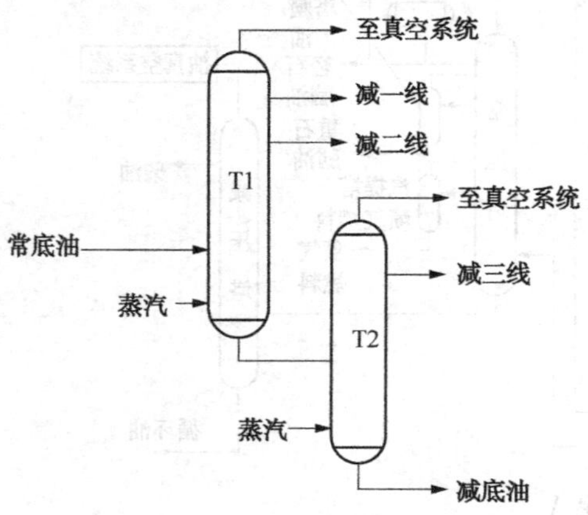

图 6-41　减压分馏流程Ⅱ

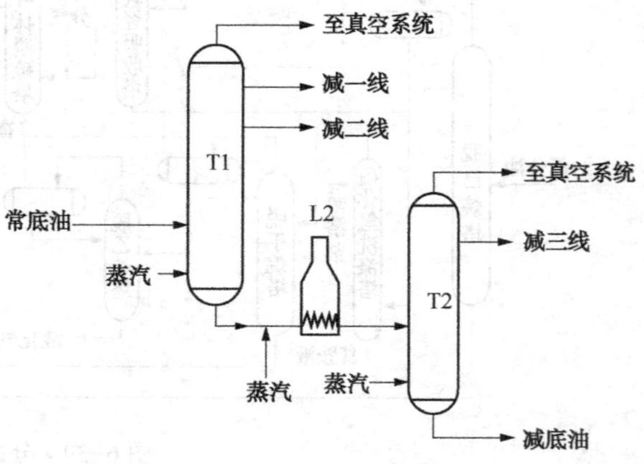

图 6-42　减压分馏流程Ⅲ

① 单炉双塔二级抽空流程

② 第一减压塔不设加热炉，利用常底油自身的显热在适当真空下提供汽化热，分馏出减一线、减二线；

③ 由于第一减压塔塔底油馏程重，裂解气量很小，可实现高真空操作，通入汽提蒸汽，进一步降低油汽分压，在第二减压塔实现重馏分的分馏；

④ LVGO、HVGO 方案可不开加热炉、第二减压塔，实现装置的节能；

⑤ 第一减压塔负荷变化小，易于平稳操作。

4）三种减压分馏流程计算结果对比见表 6-14。

表 6-14 三种减压分馏流程计算结果

项目		单炉单塔一级抽空	无炉双塔二级抽空	单炉双塔二级抽空
L1	负荷/MJ	1709		
T1	进料温度/℃	375	361	361
	塔顶压力/mmHg	48	50	50
	塔底温度/℃	354	338.6	338.6
	冷却负荷/MJ	3430	1930	1930
	结构尺寸(mm×mm)	ϕ3200/2000×35050	ϕ3000/1800×27050	ϕ3000/1800×27050
L2	负荷/MJ			1791
T2	进料温度/℃		338.6	375
	塔顶压力/mmHg		40	50
	塔底温度/℃		313.7	363.5
	冷却负荷/MJ		1384	1442
	结构尺寸(mm×mm)		ϕ3200×18000	ϕ3200×18000
能耗/(MJ·t^{-1}原料油)		基准	1.186×基准	1.066×基准
设备变化	塔/台	4	5	5
	炉/台	1		1
	泵/台	13	15	17
	换热器/台	6	9	9
	空冷/片	5	6	6
	容器/台	2	3	3
占地		基准	0.96×基准	1.22×基准
投资		基准	1.09×基准	1.18×基准

注：1mmHg=133.322Pa。

从表 6-14 可看出，单炉单塔一级抽空投资最省，能耗最低，但操作难度最大；无炉双塔二级抽空占地最小，但能耗最高；单炉双塔二级抽空占地最大、投资最高，但从分离精确度来看，产品质量最好。

6.5.15 综合吸收稳定流程方案选择[11]

1）综合吸收稳定的目的：

① 液化气分离；

② 轻、重石脑油分离；

③ 干气、液化气脱硫；

④ 提高液化气回收率。

2）吸收稳定流程Ⅰ：

脱轻石脑油塔顶液相→石脑油汽提塔→气体脱硫塔→气体吸收塔→脱乙烷塔→脱丁烷塔→石脑油分离塔。见图6-43。

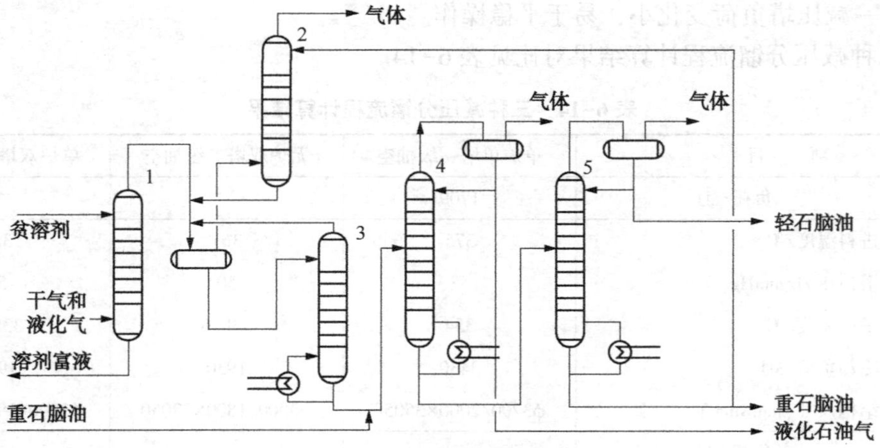

图6-43　吸收稳定流程Ⅰ

1—干气脱硫塔；2—轻烃吸收塔；3—脱乙烷塔；4—脱丁烷塔；5—石脑油分馏塔

3）吸收稳定流程Ⅱ：

干气、液化气、石脑油→吸收塔→解析塔→稳定塔→干气脱硫→液化气脱硫塔。见图6-44。

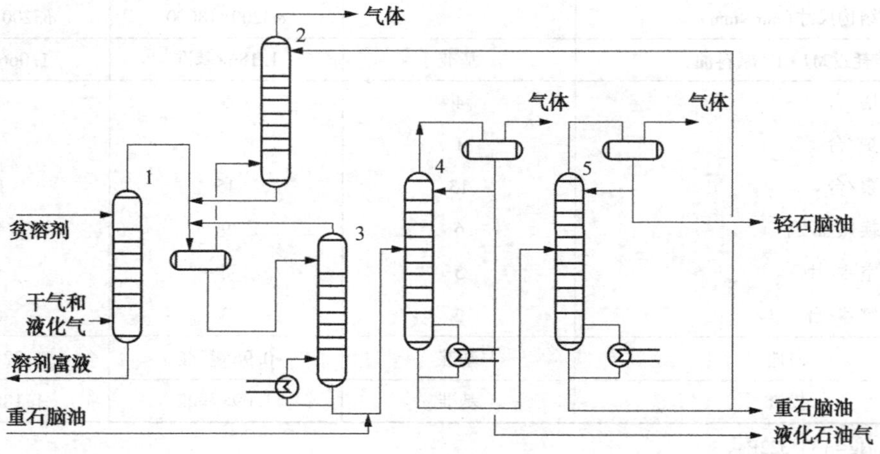

图6-44　吸收稳定流程Ⅱ

1—吸收塔；2—解吸塔；3—稳定塔；4—干气脱硫塔；5—液化气脱硫塔

参考文献

1　石油化工干部管理学院组织编写．加氢催化剂、工艺和工程技术(试用本)[M]．北京：中国石化出版社，2003

2　韩崇仁主编．加氢裂化工艺与工程．北京：中国石化出版社，2001

3　朱华兴，叶杏园．热高压分离流程在加氢裂化装置中的应用[J]．炼油设计．1995，25(5)：2~6

4　李洪禄，韩进东，郑汉忠．单段一次通过加氢异构裂化装置首次开工[J]．石油炼制．1993，24(2)：

35~41
5　廖健．国外加氢技术新近展．加氢裂化协作组第五届年会报告论文集[M]．中国石化中国石油加氢裂化协作组．中国石化抚顺石油化工研究院，2004.96~103
6　黎元生．国外加氢裂化技术近展和分析．加氢裂化协作组第五届年会报告论文集[M]．中国石化中国石油加氢裂化协作组．中国石化抚顺石油化工研究院，2004.70~87
7　胡永康，曾榕辉，关明华．我国加氢裂化技术的发展与思考．加氢裂化协作组第五届年会报告论文集[M]．中国石化中国石油加氢裂化协作组．中国石化抚顺石油化工研究院，2004.44~56
8　宋文模．渣油固定床加氢处理技术[J]．炼油设计．1994，24(4)：2~11
9　姚国欣，刘伯华，廖健．加氢裂化技术发展的思考[J]．炼油设计，2000，30(4)：7~11
10　韩崇仁主编．加氢裂化工艺与工程．北京：中国石化出版社，2001.459~492
11　李立权，师敬伟，曾茜．含硫蜡油加氢裂化装置分馏流程的优化设计[J]．炼油技术与工程．2003，33(1)：44~50
12　李立权，李家民．高苛刻度润滑油减压分馏系统的优化设计及工业应用[J]．炼油设计．2000，30(9)：46~49

第七章 检查、吹扫、液压试验、单机试运、烘炉

7.1 概述

装置开工的原则：检查要细，单机试车要早，吹扫气密要严，联动试车要全，经济效益要好。

装置的开工准备应从多方面着手：装置设计阶段，应有技术人员参加方案论证；装置建设阶段，操作人员应配合装置施工、建立设备档案、编制操作手册和试车方案、岗位操作法，进行理论和实践培训；装置建成后的开工准备阶段，应对装置作全面检查、管线吹扫、冲洗、水压试验、单机试运、泵试运、反应部分及加热炉烘干、反应部分气密试验、综合气密试验、脱脂清洗、催化剂装填、反应部分紧急泄压试验、分馏部分油运、公用工程试运转、仪表及安全措施的最终检查、化学药剂的装填等。这些步骤主要适用于初次开工，但大修或更换设备后某些步骤也是适用的。

装置的顺利开工和运行取决于多种因素：装置技术的可靠性、设计方案的合理性、制造和施工的质量、初次开工的准备、人员素质、人员培训、公用工程条件的落实、良好的开工计划及执行等。开工计划应作为详细设计的一部分尽早与设计单位讨论，所需要的措施在详细设计中得以贯彻。

工程设计阶段，应考虑开工阶段每个系统的隔离、逻辑控制和机械特性。但同时应尽量减少阀门、盲板、法兰等的数量，特别是高压部分的数量，从而减少开工期间的泄漏和维修工作量。

就我国目前的现状而言，施工进度决定着某些实际程序的完成。对于总承包项目，某些程序应该在总承包阶段结束前完成。为了节省时间，降低开工费用，节约成本，在工程施工及验收规范允许的范围内，也可将施工阶段和开车准备的某些工作交错进行，只有全面、认真地进行开工准备工作，才能确保装置顺利开工。

7.1.1 开工准备的顺序

表 7-1 中未包括管道压力试验、吹扫、冲洗等，采用水(气)压试验→水冲洗→吹扫的顺序[4]。实际操作过程中，反应加热炉的烘炉可与反应系统催化剂干燥合并进行；电气联检送电、控制系统联检联校、单机试运及公用工程的试运转可进一步深度交叉。表 7-2 为某厂加氢裂化装置实际开工进度。

表 7-1 某厂加氢裂化装置开工计划

项 目	进度/周																			
	1	2	3	4	5	6	7	8	9	10	11	12	13	14	15	16	17	18	19	20
装置全面检查	--	--	--	--	--	--	--	--												
电气联检送电	--																			

续表

项　目	进度/周																			
	1	2	3	4	5	6	7	8	9	10	11	12	13	14	15	16	17	18	19	20
空压机试运		--																		
控制系统联检联校			---	---																
单机试运		---	---	---	---	---	---	---	---	---										
原料油泵					---	---	---	---	---	---										
循环油泵					---	---	---	---	---	---										
新氢循环氢压缩机					---	---	---	---	---	---										
烘炉											---	---								
反应系统干燥													---							
分馏系统水运											---	---								
装催化剂													---	---	---					
反应系统气密															---	---	---	---	---	
分馏系统气密																---	---	---	---	
分馏系统油运																			---	
紧急泄压试验																			--	
硫化																			--	
低氮油开工																				-
进料及调整																				-

表 7-2　某厂加氢裂化装置实际开工进度

项　目	起止时间
工程中间交接	1998-12-30
分馏系统油运	1999-01-08→1999-03-08
新氢压缩机试运	1998-12-01→1999-01-10
反应系统 N_2气密(6.0MPa)	1999-01-08→1999-03-08
分馏系统烘炉	1999-01-26→1999-02-08
循环氢压缩机试运	1999-01-10→1999-02-11
热 N_2带油联运	1999-02-12→1999-03-08
反应器内构件安装	1999-03-13→1999-03-22
催化剂装填	1999-03-23→1999-03-31
分馏系统油运	1999-04-01→开车
分馏系统烘炉	1999-04-08→1999-04-13
整改、系统 N_2气密(10.0MPa)	1999-04-02→1999-05-04
H_2气密	1999-04-02→1999-05-04
紧急放空试验	1999-05-09→1999-05-10
催化剂硫化	1999-05-09→1999-05-10
部分高压管道重新施工	1999-05-30→1999-06-07
高压管道置换、气密	1999-06-08→1999-06-10
补硫、钝化、切换原料	1999-06-11→1999-06-12
产品合格	1999-06-13

7.1.2 开工准备阶段前的工作[1~22]

1）装置按以下标准施工及验收(以最新标准为准)：

(1) GB 50235 工业金属管道工程施工及验收规范；

(2) SH 3501 石油化工有毒、可燃介质管道工程施工及验收规范；

(3) SH 3533 石油化工给水排水管道工程施工及验收规范；

(4) SH 3532 石油化工换热设备施工及验收规范；

(5) SHJ 510 石油化工装置设备基础工程施工及验收规范；

(6) GB 50093 工业自动化仪表工程施工及验收规范；

(7) SH 3518 阀门检验与管理规定；

(8) GB 50236 现场设备、工业管道焊接工程施工及验收规范；

(9) GB 50212 建筑防腐蚀工程施工及验收规范；

(10) GBJ 126 工业设备及管道绝热工程施工及验收规范；

(11) GB 50231 机械设备安装工程施工及验收规范；

(12) GB 50275 压缩机、风机、泵安装工程施工及验收规范；

(13) 国质检锅．压力管道安装安全质量监督检验规则；

(14) HG J205 化工机器安装工程施工及验收规范(离心式压缩机)；

(15) GB 20242 建筑给水排水及采暖工程施工质量验收规范；

(16) SHJ 3506 管式炉安装工程施工及验收规范；

(17) SH 3507 石油化工钢结构工程施工及验收规范；

(18) SH 3526 石油化工异种钢焊接规程；

(19) SH 3525 石油化工低温钢焊接规程；

(20) SH 3521 石油化工仪表工程施工技术规范；

(21)SH 3505 石油化工施工安全技术规程。

2）装置中间交接完毕；

3）设备位号、管道介质名称及流向标志完毕；

4）公用工程已平稳运行；

5）各项工艺指标经有关部门批准并公布；

6）生产记录报表已印发齐全，并发到岗位；

7）人员培训已进行：

(1) 按照上级部门批准的技术人员、班组长、操作岗位人员配备到位；

(2) 岗位责任制已建立并公布，相关人员已明了；

(3) 有关人员经安全、技术、操作考试合格，并领到上岗证；

(4) 试车方案和有关操作规程已印发到个人，并组织了学习；

(5) 进行现场练兵，使装置所有操作人员彻底了解自动联锁保护程序的动作原理，在事故发生时能熟练、及时、准确地使用；

(6) 操作人员应熟练掌握岗位操作法，懂得岗位的紧急故障及一般故障的处理步骤和注意事项。

8）各项生产制度已落实；

9）通讯联络系统畅通、运行可靠；

10）消防、气防器材和可燃气体报警系统、放射性物质防护措施已处于完好状态；

11）岗位尘、毒、噪声检测点已确定；

12）保运工作已落实；

13）给排水系统已正常运行；

14）供电系统已平稳运行；

15）蒸汽系统已平稳供给；

16）供氮、供风系统已正常运行；

17）原材料、润滑油(脂)准备齐全；

18）物料储存系统已处于良好待用状态；

19）运销系统已处于良好待用状态；

20）生产调度系统已正常运行；

21）环保工作达到“三同时”；

22）化验分析准备工作已就绪。

根据施工进度的安排，以上部分工作也可在开工准备阶段完成。

7.1.3　全面检查[1~22]

1）反应器的检查。反应器的安装除应严格按 YB6883“热壁加氢反应器安装及开停工期间技术要求”进行外，在开工投用之前还应再次检查确认。

（1）检查反应器堆焊层的表面质量，有无裂纹、麻坑、锈蚀和碰伤；

（2）检查各内部构件的材质、规格是否符合要求，构件有无变形、裂纹、损伤、安装的位置是否符合要求；

（3）确认分配盘上的升气管和帽罩数目、规格型号是否与设计文件相符，安装是否符合要求，是否垂直和高低一致，螺帽是否上紧可靠；

（4）检查分配盘、受液盘板与支承圈、支承梁的安装情况、密封垫片是否安装并符合要求；

（5）积垢篮是否用链子挂好(如果有的话)，链子的长度是否符合要求。积垢篮的盖子在装填催化剂后是否已取出；

（6）每一催化剂支撑格栅的缝隙处垫片及金属丝网是否完好，确保不会导致催化剂泄漏；

（7）反应器底部出口收集器的安装是否符合要求，不锈钢金属网的规格是否符合要求，有无损伤的现象，出口收集器底隙是否符合要求；

（8）热电偶的安装是否符合要求，有无弯曲损伤的现象，支撑是否可靠；

（9）冷氢箱及冷氢管的安装是否符合设计要求；

（10）催化剂出口法兰安装是否良好；

（11）检查催化剂卸料管(位于反应器内部)有无破裂、变形、堵塞及其他损坏；

（12）检查催化剂卸料口密封盖、排卸塞子的安装是否良好；

（13）检查各法兰面及梯形槽有无裂纹；

（14）检查各法兰面的螺栓、螺母材质、规格是否符合要求；

（15）检查各开口接管法兰规格、长度、等级、方位是否符合设计图纸要求，开口补强是否符合要求。

反应器的检查还涉及外观检查和特殊内构件的检查。

2）容器、塔、罐的检查：

(1) 核实铭牌参数和记录；

(2) 检查嘴子尺寸、方位、数目和规格等级与总装配图是否相符；

(3) 检查各法兰面的螺栓、螺母材质、规格是否符合要求；

(4) 检查各法兰、垫片的材质和规格是否符合要求，表面是否有污物、锈蚀、损伤等，表面光洁度是否符合要求；

(5) 检查筒体与裙座对接处焊缝及附近是否有裂纹等缺陷，各开口接管处的焊缝符合要求；

(6) 核实塔板上的塔盘类型和浮阀类型，确保浮阀没有腐蚀，灵活好用，有无卡涩、活动不灵、断腿、变形和漏装现象；

(7) 检查降液管的垂直方向是否正确校直，检查降液管和塔板之间的间隙；

(8) 核实塔、容器的材质；

(9) 检查每个塔板的水平度，塔板水平度应在一定公差范围内；

(10) 核实重沸器的进料嘴子位于塔底分隔间挡板的正确一端；

(11) 核实受液盘底部钻的泪孔尺寸是否正确；

(12) 检查防涡板(或防涡器)的安装；

(13) 检查破沫网垫片、支承圈的尺寸和焊接；

(14) 检查塔、容器内安装时用的脚手架及其他杂物是否清理干净；

(15) 检查塔、容器保温是否良好，铝皮是否完整，油漆是否符合要求；

(16) 检查塔、容器的设备接地情况；

(17) 安全阀的定压是否符合工艺要求；

(18) 液面计、压力表、温度计、放空阀等的安装是否符合要求；

设备检验前应备齐每台设备的完整工程图纸、内构件、垫片、螺栓、螺母等的规格，并在现场安装时进行检验，所有设备均应建立详细的检验程序和检查清单，并对所有的检查进行记录，供施工单位修改。

3）管道检查：

(1) 根据工艺管道及仪表控制流程图及有关工艺配管图逐条检查，装置所有管线走向是否正确无误，进出装置与设备联接的位置是否符合设计要求；

(2) 检查工艺管线的公称直径、阀门、垫片、法兰、螺栓等是否符合设计要求，所有螺栓均应满扣且把紧；

(3) 所有阀门类型、安装方向正确，操作及检修是否方便、安全，特别是高压单向阀门；

(4) 管线正确放置在管架及支撑座上，紧固适中，不随意晃动；

(5) “8”字盲板是否齐全，材质是否符合设计要求；

(6) 高点放空和低点排凝是否符合要求；

(7) 管线的吹扫点的配备是否齐全合理；

(8) 装在高空上的阀门开关是否方便，操作平台和梯子是否安全可靠；

(9) 检查伴热管线、供汽点和排凝点情况；

(10) 所有仪表管线的安装是否正确；

(11) 安全阀、调节阀、疏水器、阻火器、压力表、热电偶、孔板的安装位置是否正确；

(12) 确保所有临时吊架和支承已移走；

(13) 检查阀柄是否受阻，带手柄类阀的手柄是否正确安装到阀杆上，开、关指示是否为正确位置；

(14) 检查丝堵、管帽和盲法兰的材质和安装是否正确；

(15) 所有永久性和临时性粗滤器已安装；

(16) 确保埋地管线已上涂料且覆盖；

(17) 试运和开工管线是否满足要求。

管道检查的依据主要为工艺管道及仪表控制流程图(PID)及有关配管图，应建立详细的检验程序和检查清单，并对每条检验过的管线作出标记，施工单位修改或未修改的用不同颜色分别作出标记。同时岗位操作人员应熟悉管线、阀门等在操作时的位置。

4) 换热器、冷却器的检查：

(1) 铭牌参数和记录；

(2) 开口数量、规格和位置是否符合要求；

(3) 重叠安装的高压换热器，现场组焊前必须按所规定的焊接程序进行工艺评定，合格后方可施焊。焊接完毕应进行无损和检验水压试验，并进行检查；

(4) 检查高压换热器管箱内侧表面和管板堆焊层的质量；

(5) 检查高压换热器壳侧和管侧密封面质量，密封垫片的材质和规格、螺纹缩紧的表面有无裂纹及损伤；

(6) 管程分程隔板及管程入口处密封的质量，螺栓是否把紧；

(7) 管箱内固定杆、内套筒、内法兰、三合环等的材质和规格是否符合要求；

(8) 检查高压换热器内部紧固螺栓的材质、规格是否符合要求；

(9) 检查管箱内部是否清扫干净，管箱盖安装是否符合要求，外部固定螺栓的材质、规格是否符合要求；

(10) 焊缝是否符合要求；

(11) 空冷器电流表、电机开关安装合适，操作方便；

(12) 空冷风扇角度均匀、皮带松紧适当、翅片完整无损、无杂物；

(13) 检查空冷集合箱的安装和焊缝；

(14) 检查空冷风扇轴承、保护罩和电机底座；

(15) 空冷叶片末端和风扇圈的间隙是否在规定范围内；

(16) 保温和油漆应符合规定。

5) 加热炉的检查：

(1) 炉管及各部件材质、结构符合设计要求，炉膛内无杂物；

(2) 防爆门、看火孔、烟气采样口、消防蒸汽接管齐全好用，完整无损；

(3) 火嘴、喷嘴、火嘴调风门、测压管线阀门、风道挡板、烟道挡板开关灵活好用，开关标志准确；

(4) 温度计、热电偶、引压点、负压表、烟气分析仪表等齐全，安装正确；

(5) 平台、梯子牢固，便于操作和检修；

(6) 管架和导向管装置对准牢固；

(7) 炉体隔热材料、烟道烟筒衬里、燃烧器耐火隔热衬里无裂缝、无脱落、热膨胀缝符合要求；

(8) 炉管焊缝、补强检查；

(9) 烟囱的静电接地是否完好。

6) 机、泵的检查：

(1) 铭牌参数和整体安装符合要求；

(2) 泵进出口管线配管合理，无拉伸变形；

(3) 进出阀门类型、走向、安装符合要求，开关灵活，操作方便；

(4) 润滑油系统、密封油系统、冷却水系统符合设计要求，润滑油箱是否干净，油面计、过滤器、限流孔板、阀门是否安装正确，润滑油、密封油的牌号符合要求；

(5) 检查各密封点的垫片和填料的安装；

(6) 泵体保温、油漆是否良好；

(7) 上下水道是否畅通；

(8) 现场开关、按钮等安装正确，操作方便，联轴箱牢固；

(9) 液力透平和电机符合设计安装要求；

(10) 现场仪表盘及辅助系统符合要求；

(11) 热油泵暖泵线、放空阀安装正确，开关灵活，操作方便。

7) 电气、仪表的检查：

(1) 通讯设施配齐，各种联系方式畅通；

(2) 照明灯具、引线、开关符合安全标准，并可用；

(3) 装置内避雷设施的接地良好；

(4) 电器设备的控制开关、电流表、静电接地线等安装质量良好，便于操作；

(5) 根据工艺仪表控制流程图逐条检查测量点、热电偶、引压点、测量孔板、液面计引线等；

(6) 检查孔板流量计的规格型号及安装方向是否正确；

(7) 检查紧急泄压系统、新氢压缩机、精制油采样器等部位的限流孔板规格型号及安装方式是否正确；

(8) 检查设备和工艺管线上应安装的压力表、温度计、液位计等附属设施的规格型号及安装方式是否正确；

(9) 检查自保联锁系统的安装、电磁阀的位置和信号的分配等；

(10) 检查质量仪表的采样点；

(11) 检查调节阀的型号和规格。

8) 消防设施的检查：

(1) 根据消防系统的有关图纸检查消防水系统；

(2) 检查水枪、水龙带、水泡沫、灭火器、消防铲、消防桶等；

(3) 检查消防蒸汽系统；

(4) 检查消防报警系统和通讯系统等。

7.2　压力试验[3,25,30]

对新建装置的工艺管道、容器、换热器或检修期间因改动而焊接过的工艺管道和设备，为了提高工程的施工水平，保证工程质量，管道安装完毕，热处理和无损检验合格后，在开工前都应进行压力试验。压力试验以液体(通常为水)为试验介质，对设计压力≤0.6 MPa的管道也可采用气体为试验介质，但应采取有效的安全措施。

1）一般原则：

(1) 管道系统的压力试验，遵照GB5023或有关最新规定进行；

(2) 凡未经用户代表见证、确认的压力容器，在开工投用之前，应按设计图纸要求重新进行水压试验；

(3) 管道的压力试验原则上为单根管道按《管道索引表》中所给出的试验压力单独进行。但根据现场情况，如确有困难时可同该管道所连接的设备一起进行水压试验。但是试验压力不得高于设备的试验压力；

(4) 反应部分的高压换热器在试压时，管程和壳程必须同时进行。并且管程与壳程的压力差不得超过设计压力差值(一般为3.0~4.0MPa)。

2）压力试验前应具备的条件：

(1) 管道系统施工完毕，支、吊架安装完毕；

(2) 焊接、热处理工作结束，并检查、检测合格；

(3) 试验范围内的管道安装工程除涂漆、绝热外，已按设计图纸全部完成，安装质量符合有关规定；

(4) 焊缝及其他待检部位尚未涂漆和绝热；

(5) 管道上的膨胀节已设置了临时约束装置；

(6) 压力容器各连接部位的紧固螺栓装配齐全，紧固妥当；

(7) 试验用的压力表已经校验，并在周检期内，精度不低于1.5级，表的满刻度值应为被测量压力的1.5~2倍，压力表不得少于两块，并被安装于容器顶部便于观察的位置；

(8) 符合压力试验要求的液体或气体已经备齐；

(9) 按试验的要求，管道已经加固；

(10) 对加氢裂化装置高压部分的管道，压力试验前，下列资料已经建设单位复查：

① 管道组成件的质量证明书；

② 管道组成件的检验或试验记录；

③ 管道施工记录；

④ 焊接检验及热处理记录；

⑤ 签署齐全的设计修改通知单。

(11) 试验管道与非试验管道已用盲板隔开，并在试验图纸上标出盲板(包括盲法兰)位置，在实际位置悬挂盲板旗，以便于试验结束后完全、正确地拆除；

(12) 试验管道上的安全阀、爆破片及仪表元件等已经拆下或加以隔离；

(13) 采用液压试验时，操作介质为气体的管道应考虑其自身支架的强度，必要时加临时支架；

(14) 弹簧支吊架的定位销要锁死；

(15) 试验方案编制完成，并经有关部门批准；

(16) 参与试验的有关人员已熟悉试验方案。

3) 液压试验规定：

(1) 在一般情况下，设备、管道试验可分为检查系统机械性能的强度试验和检查连接情况的严密性试验；

(2) 试验场地应配备可靠的通讯系统；

(3) 设置醒目的警戒范围，无关人员不得靠近；

(4) 试验场地附近不得有火源，且应配备适用的消防器材；

(5) 按设备、管道介质的不同分别采用洁净水、空气、氮气或其他允许的介质；

(6) 对加氢裂化装置反应部分的奥氏体不锈钢管道或对连接奥氏体不锈钢管道或设备进行试验时，水中 Cl^- 应<$25\mu g \cdot g^{-1}$；

(7) 试验前注水时应排尽空气；

(8) 液压试验时应保证高点放空及低点放净；

(9) 试验时环境温度应≮5℃。若环境温度<5℃，应采取防冻措施；

(10) 试验时水温不宜低于 15℃；

(11) 试验时应测量试验温度，严禁材料试验温度接近材料脆性转变温度；

(12) 当管道的设计温度高于试验温度时，试验压力按下式计算：

$$P_s = 1.5P\frac{[\sigma]_1}{[\sigma]_2}$$

式中 P_s——试验压力，MPa；

P——设计压力，MPa；

$[\sigma]_1$——试验温度下，管材的许用应力，MPa；

$[\sigma]_2$——设计温度下，管材的许用应力，MPa；

当 $\frac{[\sigma]_1}{[\sigma]_2} > 6.5$ 时，取 6.5。

当 P_s 在试验温度下产生超过屈服强度的应力时，应将试验压力降至不超过屈服强度时的最大压力。

(13) 水压试验应缓慢升压，达到试验压力后，稳压 10min，再将试验压力降至设计压力，停压 30min，以压力不降、无渗漏为合格；

(14) 如发现泄漏，各种故障或其他异常现象，要停止试压，待消除故障和异常情况后再继续试压；

(15) 试验结束后，应及时拆除盲板、膨胀节限位设施，排尽积水，在排水降压时，应适当打开管道和容器顶部放空阀，以免在排放液体时产生真空；

(16) 试验发现的泄漏，不得带压处理。消除缺陷后，应重新进行试验；

(17) 试验结束后，应立即用压缩空气将水渍去除干净；

(18) 换热器的液压试验程序应严格遵守 GB151 规定。

4) 液压试验合格标准：

(1) 无渗漏；

(2) 无可见变形；

(3) 试验过程中无异常响声；

（4）对抗拉强度规定值下限≥450 MPa 的材料，表面无损检测抽查未发现裂纹。

5）气压试验规定：

为了保证气压试验的安全，各国的规范都采取偏于保守的对策。有关部门或地区还推荐一些计算公式供试验参考。Kellogg 公司推荐的进行储能计算的诱导公式为：

$$L=\frac{0.0273E}{D^2(P+1.033)\ln\dfrac{P+1.033}{1.033}}$$

式中　P——气压试验压力，Pa；

D——管线公称直径，in(1in=0.0254m)；

L——管线长度，m；

E——允许储能，ft-lbs。

一般要求试验系统的储能<2.5×10^7ft-lbs(1 ft-lbs=1.35582J)。

（1）加氢裂化装置气压试验压力应为设计压力的 1.15 倍，减压分馏系统的试验压力应为 0.2MPa，高压部分的气压试验压力应按设计文件的规定执行；

（2）试验时应测量试验温度，严禁材料试验温度接近材料脆性转变温度；

（3）试验前必须用空气进行预试验，试验压力宜为 0.2MPa；

（4）试验可采用净化压缩空气或氮气；

（5）试验时安全部门有关人员应在现场监督；

（6）试验时应逐步缓慢增加压力，当压力升至试验压力的 10%时，保压 5~10min，并对所有焊缝和连接部位进行初次检查；

（7）若无泄漏，则压力逐步升至试验压力的 50%，如未发现异状或泄漏时，继续按试验压力的 10%逐级升压，每级稳压 3min，直至试验压力，稳压 30min；

（8）再将压力降至试验压力的 87%，保压足够时间进行检查，检查期间压力应保持不变。

6）气压试验合格标准：

（1）肥皂液或其他捡漏液检查无漏气；

（2）无可见变形；

（3）试验过程中无异常响声。

7.3　吹扫、冲洗[23~24,29]

装置建成后，设备、管线内可能存在施工过程中遗留的焊渣、泥沙等杂物，施工周期内因腐蚀可能产生铁锈，为避免装置运转中杂物堵塞阀门、管道和设备，对泵体、叶轮等产生磨损，装置开工前必须进行吹扫和冲洗。表 7-3 列出了吹扫介质一览表。

表 7-3　吹扫介质一览表

管线名称	吹扫介质
反应部分临氢管道、高压管道、新氢压缩机出入口管道、循环氢压缩机出入口管道	氮气、爆破吹扫
分馏部分轻质油品管道	蒸汽

续表

管线名称	吹扫介质
分馏部分重质油品管道	蒸汽
分馏部分气体管线	蒸汽、氮气
仪表引压线	蒸汽、氮气
氮气、蒸汽、非净化压缩空气、净化压缩空气、循环水、新鲜水、消防水、凝结水、软化水	相应压力等级的同种介质
燃料油、冲洗油	蒸汽
燃料气	蒸汽、氮气
污油线	蒸汽
火炬线	蒸汽、氮气

对于奥氏体不锈钢管道和设备，一般不进行水冲洗。如果确实需要，应采用水中 Cl^- < $20\mu g \cdot g^{-1}$(一般标准 < $25\mu g \cdot g^{-1}$)的净水，水排净后应立即干燥，以使产生应力腐蚀裂纹的可能性减至最小。

Union oil 公司规定：吹扫 N_2 的纯度>99.95%，最高露点-40℃。

1）吹扫、冲洗前的准备工作；

(1) 制定详细的吹扫、冲洗方案；

(2) 参与吹扫、冲洗人员应认真学习吹扫方案，必要时考试合格后方可上岗；

(3) 吹扫、冲洗前应与生产、调度、公用工程等部门联系和协调，确保按时、按量供水、供电、供气，并保证下水系统畅通；

(4) 应制定管线、设备的吹扫、冲洗记录表格和验收表格；

(5) 每根管线、设备的吹扫、冲洗应落实到人，并由专人负责质量检查和验收；

(6) 吹扫、冲洗前应把所有孔板、调节阀(注明不拆除外)、阻火器、疏水器、单向阀、喷嘴、过滤器滤芯、注水、注氨、注硫短管等拆下或取出；

(7) 关闭所有仪表引压线、压力表手阀、液位计连通阀及采样阀等，对安全阀应加盲板隔离；

(8) 对于焊接的阀门和仪表，应采用流经旁路或卸掉阀头及阀座加保护套等保护措施；

(9) 吹扫前，应检验管道支、吊架的牢固程度，必要时应预以加固；

(10) 吹扫前应设置禁区；

(11) 参与吹扫、冲洗的人员应戴上防护眼镜和手套，避免因吹出的灰尘和碎屑引起事故、被未保温的管线烫伤；

(12) 蒸汽吹扫时，管道上及其附近不得放置易燃物。

2）吹扫、冲洗规则及注意事项；

(1) 吹扫、冲洗应按流程上注明的给气(汽)点、给水点及介质流向和排放点进行；

(2) 吹扫、冲洗方法应根据对管道的使用要求、工作介质及管道内表面脏污程度确定；

(3) 吹扫、冲洗顺序应先主管、后支管，总集合管从管头向管端吹扫；

(4) 当水注入容器时，要打开放空，当容器排液时，保持放空打开，且排放不能太快，以免造成真空损坏设备；

(5) 尽量顺管线流向朝下或水平吹扫、冲洗，吹扫管径较大或吹出口无阀门的管线时，可采用爆破法，但爆破压力应适当，不允许超压；

(6) 对装有单向阀的管线，可将单向阀拆除后用短管连接，也可考虑拆除单向阀内件(高压单向阀除外)；

(7) 所有机、泵等动设备应与管道脱开，并用铁皮或石棉板盖住法兰面，挡住赃物吹入或落入设备内；

(8) 冷换设备原则上不参与吹扫，如吹扫介质需进入冷换设备，则其入口管线必须先脱开吹扫干净；

(9) 冷换设备一程用蒸汽吹扫时，另一程必须打开排空，以防憋压；

(10) 吹扫、冲洗有副线的冷换设备、控制阀，必须先走副线后走设备；

(11) 并联设备应轮流吹扫、冲洗，按时切换，消除死角；

(12) 对进出装置管线的吹扫、冲洗，事先与有关单位联系，并会同有关人员共同检查后方可进行，需要拆除的各种管件、盲板、临时过滤器的滤网等必须专人负责，吹扫、冲洗后恢复原状，并记录备查；

(13) 吹扫蒸汽不得经过泵体；

(14) 严禁吹扫蒸汽进入高压临氢管线、泵、冷却器及不宜进汽的设备；

(15) 对于低压系统采用 1.0MPa 蒸汽吹扫时，应投用安全阀，装临时压力表；

(16) 地下管线，不应用蒸汽吹扫；

(17) 吹扫后的管线、容器、设备原则上不应再次动火；

(18) 低点排凝和高点放空应顺吹扫、冲洗方向逐个打开和关闭；

(19) 吹扫、冲洗燃料油、燃料气管线时，应将燃烧火嘴和长明灯火嘴金属软管拆开、放下；

(20) 向塔内吹扫蒸汽时，塔顶要放空，塔底排凝结水，给汽应缓慢，防止超压和冲翻塔盘；

(21) 吹扫应有足够的流量、压力，但不得超过设计压力，爆破吹扫压力应小于 0.7MPa，流速在 $20\sim30m\cdot s^{-1}$ 为宜，水冲洗的流速应大于 $1.5\ m\cdot s^{-1}$；

(22) 蒸汽吹扫前，应先行暖管、及时排水，防止发生水击，并应检查管道热位移情况；

(23) 蒸汽吹扫应按加热→冷却→再加热的顺序，循环进行。吹扫时宜采取每次吹扫一根，轮流吹扫的方法；

(24) 循环氢压缩机的汽轮机入出口管线，蒸汽吹扫应采用打靶检验，靶片质量应符合表 7-4。

表 7-4 吹扫质量标准

项 目	质量标准	项 目	质量标准
靶片上痕迹大小	ϕ0.6mm 以下	粒数	1 个 · $(cm^2)^{-1}$
痕深	<0.5mm	时间	15min(两次皆合格)

注：靶片宜采用厚度 5mm，宽度不小于排汽管道内径的 8%，长度略大于管道内径的铝板制成。

(25) 空气吹扫过程中，当目测排气无烟尘时，应在排气口设置帖白布或涂白漆的木制靶板检验，5min 内靶板上无铁锈、尘土、水分及其他杂物，为合格；

(26) 吹扫、冲洗结束后，设备、管线上的部件应复原；

(27) 管道吹扫、冲洗合格并复位后，不得再进行影响管内清洁的其他作业。

3) 公用工程试运转：

(1) 消防设施检查。消防用水总管试运之前，应检查所有消防栓阀是否开关方便，同时应位于关闭位置，缓慢打开供水总管，操作所有消防栓，将系统中空气赶净，但每次打开的消防栓不能超过三个，然后开大供水，至少操作三个消防栓，进行模拟救火。

将手提式和有轮化学灭火器分配到指定位置。

对消防栓、灭火器要定期检查，以保证可随时使用。

检查消防报警系统和通讯设施是否安装完毕并随时可投用。

(2) 冷却水系统试运转。冷却水充满系统，流过管道，空气从各高点排出。

冷却水自总管流经旁路，返回集合管后，再以最大流率经设备循环，这样还可对系统进行冲洗。

(3) 蒸汽及冷凝水系统试运转。在蒸汽引入装置之前，蒸汽系统已进行彻底清洗并吹扫干净，检查并确保各设备无铁锈和铁屑进入。

蒸汽管道吹扫要系统地进行，直到全部锈铁皮及碎屑除净为止。对于汽轮机透平使用的蒸汽及并入系统蒸汽管网的蒸汽管线均要打靶检查管道的清洁度。只有在系统已吹扫干净后，才能回收冷凝水。对于用于发生蒸汽的凝结水还需经化验分析电导率、铁离子、Si 离子等指标合格后才能进行回收利用。

刚引入蒸汽时，应缓慢打开阀门，小心地使系统缓慢升温，防止热冲击。冷凝水则从各低点排出，避免出现水击。

(4) 空气及氮气系统试运转。空气及氮气系统应在加压前向开口端方向进行吹扫。净化压缩空气系统和氮气系统均需要进行爆破吹扫和干燥，以确保管线洁净。

(5) 电气系统试运转。电气系统中的任何一部分通电之前，应对电气设备及安装情况进行全面检查。如果必须对通电的电路进行操作时，应根据工厂实际情况对电路进行绝缘并断电。直至得到主管供电人员的许可，方能再次通电。

任何设备在没有检查完毕和未得到操作许可之前，不应操作。每台泵的电动机都应进行检查，以保证驱动机能长周期运转。

电动机检查项目：电动机试验前，使电动机与从动部分连轴节分开。

电动机检查按下列步骤进行：

① 绝缘电阻器大小；

② 检查润滑油或润滑脂；

③ 检查冷却水流量；

④ 用手转动转子轴，检查有无异常情况；

⑤ 检查转动方向；

⑥ 检查振动：电动机运转时，测定其振动是否合格。合格的标准由制造厂提供；

⑦ 对电机驱动的新氢压缩机、高压原料油泵、高压循环油泵及高压贫胺液泵配套电动机的轴承温度进行测定和检查。轴承的温升应符合制造厂的规定。

(6) 燃料油系统试运转。试运燃料油集合管之前，应对燃料油系统进行蒸汽吹扫、气密试压，然后用冲洗油注满集合管。集合管注满冲洗油之后，缓慢地供给燃料油，并让燃料油以 1.5$m^3 \cdot h^{-1}$的流率返回。燃料油循环之前蒸汽伴热要正常投用，否则燃料油易凝固。

(7) 燃料气系统试运转。洁净的燃料气系统投运前，应先用蒸汽吹扫燃料气集合管及各分支管线。蒸汽吹扫结束后改用氮气吹扫、气密和置换，以除净水、空气。用氮气置换后的设备和管线氧含量应控制在<0.5%(体积)。燃料气系统经气密检查合格后泄压至微正压，关闭燃料气系统相关阀门。经调度等部门同意后，缓慢打开界区燃料气阀门，将燃料气引入装置。

加热炉燃料气管线应用氮气吹扫、置换，点火前应采样分析其氧含量<0.5%(体积)方可点火。

(8) 冲洗油系统试运转。装置开工前，冲洗油系统应用蒸汽吹扫、氮气置换。

在系统中没有氧气存在情况下，将冲洗油送至冲洗油缓冲罐，罐液位达到要求后，投用压控系统，启动冲洗油泵，使冲洗油缓慢充满冲洗泊集合管，逐步建立冲洗油系统自循环，在检验冲洗油系统运行可靠性的同时脱除水分。

7.4 单机、单泵试运[23,29]

1) 泵试运转。泵的初次试运介质通常用水进行，对不允许用水试运的高压离心泵可用柴油等轻油进行试运：

(1) 检查全部安装工作是否已完成；

(2) 检查机泵的附属设施(压力表、温度计等)均已安装完毕并正常投用；

(3) 证实泵及驱动机已找正好。管道不应对泵及驱动机产生不适当的应力；

(4) 证实需试运的电动机已送电；

(5) 检查冷却水管，在用水的部位，要确保水管已接到轴承套、轴承座、填料函等部件上，冷却水已正常投用；

(6) 检查蒸汽管道。在用蒸汽部位，要确保蒸汽管道已安装完毕。除原动机使用蒸汽外，某些高温操作条件下的轴密封油也可用蒸汽进行冷却；

(7) 检查密封系统。当泵采用机械密封时，应证实系统的全部部件已正确安装并已清洗干净；

(8) 证实填料或密封已安装就位；

(9) 对要求使用滤网的吸入管线，检查滤网是否安装就位；

(10) 检查单泵试运所需的循环流程(或临时流程)已准备到位，工艺条件已符合单泵试运要求；

(11) 证实最后润滑之前，轴承和轴均已清洗干净；

(12) 按规定检查泵和原动机的润滑情况，确保正常投用；

(13) 将电动机对轮与机泵脱开，对电动机进行单试，验证其操作性能；

(14) 除电动机外，对其他原动机进行试运，试运过程中，检查其超速脱扣、轴承、控制、振动等，确保其符合操作性能。原动机与泵连接之前，任何异常现象都要进行记录并校正；

(15) 起动离心泵之前，应用手转动泵(盘车)，观察转动是否良好，如果太紧，需解体检查，确定泵体内有无杂物、填料函阻力是否过大，或转子和轴承间的间隙是否合适；

(16) 如果离心泵转动良好，全开其吸入阀门，泵壳排气确保充满液体，出口阀门仍关闭或稍开，假如良好，准备启动；

(17) 离心泵出口阀应仍关闭或稍开，直至泵速正常后，出口阀门方可全开；

(18) 往复泵在吸入和排出阀全开情况下启动，在泵停止转动之前，不得关闭出口阀；

(19) 备用泵也应用上述相同方法进行运转试验，以保证备用泵能在任何时候投入使用。

(20) 检查轴承密封、机械密封，不应泄漏；

(21) 对带有联锁的机泵要对联锁系统进行调试并正常投用；

(22) 为避免离心泵在水运时电动机超负荷，必须通过调节泵出口阀来限制其流量；

(23) 在泵试运中，如发现有不正常声响、振动、过热或电机电流过载，应立即停泵，处理好后再启动；

(24) 高压原料油泵、高压循环油泵和高压贫胺液泵的试运和操作步骤应按制造厂操作说明书和有关规定进行，并需在设备制造厂家的监督下进行。

2）往复压缩机试运转。压缩机及原动机的初次启动和试运应在制造厂家的监督下进行。

(1) 压缩机启动之前，应对所有配件及辅助系统进行仔细的检查，并符合要求。

(2) 润滑油系统已完成酸洗、N_2吹扫，润滑油跑油已符合要求，润滑油系统正常投用。

(3) 氢气系统(氢气管线及压缩机各级间分液罐)已进行酸洗、吹扫，符合投用条件。

(4) 系统氢气至压缩机入口管线已经过吹扫爆破或酸洗处理，确保不会有杂质被带入机组。

(5) 对所有报警及安全联锁系统进行检查、调试并正常投用。

(6) 机组监控和操作控制系统已正常投用。

(7) 电动机单试已合格。

(8) 对往复式新氢压缩机在机组安装完毕后的初次运转，由施工单位负责，首先在空负荷的情况下用空气进行。空负荷试运合格后再使用空气或氮气逐步增加负荷，直至满负荷试运行。在使用氮气试机时原则上要使用氮气专用气阀。

(9) 往复机试运要求按照制造厂机组使用说明书和HGJ204—83《化工机器安装工程施工及验收规范—对置式压缩机》进行。

3）蒸汽透平驱动机试运转。

(1) 蒸汽透平在与被驱动设备连接之前，应进行全面检查，确保具备单试条件。

(2) 蒸汽系统至汽轮机入口蒸汽管线已经过蒸汽吹扫并打靶验证合格。

(3) 蒸汽背压系统或凝汽系统已经过调试并试运合格。

(4) 润滑油系统已完成酸洗、N_2吹扫，润滑油跑油已符合要求，润滑油系统已正常投用。

(5) 润滑油系统已经调试和试运正常。

(6) 汽轮机各安全及设备联锁系统已调试完毕并投用正常。

(7) 蒸汽透平在开机运转之前，必须进行暖管、暖机。通过打开蒸汽透平入口处排凝阀、放空阀，逐步提高蒸汽温度。透平入口蒸汽温度应至少高于蒸汽饱和温度50℃以上才能引入透平汽轮机室。

(8) 对汽轮机透平在机组安装完毕后的初次运转要按照制造厂机组使用说明书和相关规定进行，由施工单位负责，机电仪等各相关单位配合，并且在设备制造厂家的监督下实施。

4）离心压缩机试运转。

(1) 离心压缩机在与汽轮机透平连接之前，应进行全面检查，确保具备单试条件。

（2）氢气管线已进行酸洗、吹扫，符合投用条件。

（3）汽轮机单机试运合格后可安排离心压缩机的单机试运。

（4）润滑油系统已经过酸性、吹扫、跑油合格并正常投用。

（5）机组密封系统（浮环密封或干气密封）调试、试运正常。

（6）机组设备和安全联锁系统已全面调试合格，并正常投用。

（7）机组监控和操作控制系统已正常投用。

（8）离心压缩机在与汽轮机透平连接正常。

（9）对离心压缩机的初次运转要按照压缩机制造厂机组使用说明书和相关规定进行，由施工单位负责，机电仪等各相关单位配合，并且在设备制造厂家的监督下实施。

（10）在试运和操作中离心压缩机的流量必须保持在最小流量值（喘振极限）以上，以防止在可能出现"喘振"的不稳定区内操作。

5）空冷器风机试运转。为确保空冷器正常运转，在开工前必须对空冷器风机进行检查和调试。

（1）检查润滑情况；

（2）对自动调角风机执行机构进行检查和调试；

（3）检查匹配部件，如皮带减速器，皮带松紧度等；

（4）检查风机的转动、叶片顶端的间隙，并用手盘车检查转动平稳情况；

（5）开动并调节百叶窗的开度及灵活性；

（6）启动空冷风机，检查电机及风机运行情况是否正常。

7.5　水联运[29]

设备、管线已经冲洗、吹扫完毕，单机试运合格，确认可随时投入运转；流量、液面等控制仪表系统已安装齐全，校核并符合要求；水、电、汽、风供应正常，则可以开始水联运。

奥氏体不锈钢系统在催化剂装填之前，只能使用 $Cl^- < 20\mu g \cdot g^{-1}$ 的净水，如果水质达不到要求，应用空气吹扫。

1）目的：

（1）进一步对管线、设备进行冲洗贯通，确保管线、设备畅通无阻、干净、严密；

（2）进一步考核机泵、设备的工程质量，技术性能及工作的可靠性；

（3）考察仪表系统的稳定性和灵敏性；

（4）考察公用工程配合的可靠性；

（5）对岗位人员进行技术练兵、事故演练，熟悉操作，加强协作。

2）应具备的条件：

（1）装置吹扫、冲洗完毕，存在的问题已处理；

（2）吹扫、冲洗期间拆下的调节阀、孔板、流量计等已复位，控制阀调试已正常；

（3）DCS 系统经调试合格并已正常投用；

（4）单机、单泵试运完成，随时可投入使用；

（5）消防设施、冷却水系统、蒸汽及凝结水系统、空气及氮气系统、电气系统、燃料油及燃料气系统、冲洗油系统等公用工程试运转完成，随时可投入使用；

(6) 制定了详细的水联运方案，并经有关部门批准；

(7) 参与水联运人员已认真学习水联运方案并上岗就位，必要时需考试合格后方可上岗；

(8) 水联运前应与生产、调度、公用工程等部门联系和协调，确保按时、按量供水、供电、供气，并保证下水系统畅通；

(9) 应制定水联运的吹扫、冲洗记录表格和验收表格；

(10) 按水联运要求加好盲板；

(11) 改好水联运流程，需拆、接的临时管线已拆、接好，相关阀门已经关闭；

(12) 水联运的机、泵入口过滤器拆下清扫，然后复位。

3) 低压分馏部分水联运的主要步骤：

(1) 水联运临时流程已接好(可分区域、分系统进行)；

(2) 水联运系统与不参加水联运的系统已隔离，如热高分至热低分及冷高分至冷低分阀门已关闭，并已采取了彻底隔离措施，严禁将水串入不参与水联运的系统；

(3) 水联运部分所有的氮气、蒸汽及冲洗油的吹扫、冲洗处阀门已关闭；

(4) 所有排凝处阀门已关闭；

(5) 所有塔及容器安全阀泄压后路畅通，安全阀投用；

(6) 所有泵入口过滤器已装上；

(7) 注新鲜水的一般位置：

① 热低压分离器(或冷低压分离器)；

② 热低压分离器气体分液罐；

③ 主汽提塔塔顶(脱丁烷塔、脱戊烷塔)回流罐；

④ 常压分馏塔塔顶回流罐；

⑤ 分馏侧线汽提塔；

⑥ 减压分馏塔、减顶油水分离罐；

⑦ 减压塔侧线汽提塔；

⑧ 石脑油分馏塔；

⑨ 气体脱硫塔、液化气脱硫塔、溶剂再生塔。

(8) 等液面建立到一定高度后，自各设备低点将水放掉，从而脱除大多数污物；

(9) 排水应至密闭系统或漏斗中，严禁就地排放；

(10) 重新向上述各设备中注水；

(11) 各塔、容器建立液位后，用氮气充压；

(12) 投用所有的压力控制；

(13) 冲洗冷换设备时，先将与冷换设备相连的法兰脱开，待冲洗干净后再连上。对于有换热副线的冷换设备在水冲洗时要先走副线，待冲洗水无杂质时，再进冷换设备；

(14) 冲洗调节阀时，要先走副线，待冲洗水无杂质时，再经过调节阀；

(15) 各塔、容器建立好正常液位后，开始根据水联运方案进行水联运循环；

(16) 各塔、容器液位控制在40%~80%；

(17) 投用所有调节仪表；

(18) 参与水联运的泵保持润滑良好，备用泵轮流使用；

(19) 及时清理被堵塞的泵入口过滤器；

(20) 水联运期间，可启动反事故演习；

(21) 水联运期间，可进行物料平衡、动平衡试验；

(22) 水联运期间要加强对机泵的巡检、监护，做好相关参数的记录工作，严防机泵超电流运行；

(23) 水联运要按照冷油运的标准进行，努力做到不跑、不冒、不串，并尽量维持操作稳定，要使所有机泵、仪表均处于正常投用状态；

(24) 对于水联运期间发现的问题要及时、全面处理，直至达到正常运行状态；

(25) 水联运结束后，塔、容器、冷换设备、管线内积水应从低点放空排净，并及时用压缩空气或 N_2 吹扫干净；

(26) 设备短期内不进油时，冲 N_2 保护，防止设备生锈。

7.6 加热炉烘干[28~32]

1) 烘炉目的。新建加热炉内衬含有大量的吸附水和结晶水，通过烘炉，缓慢脱除衬里中自然水和结晶水，避免在正常升温过程中水分急剧蒸发而使结构破坏，以增加加热炉炉墙强度和使用寿命；同时考验钢架基础及各部件的变形缺陷，避免升温时发生龟裂和变形。

2) 烘炉应具备的条件：

(1) 制定了详细的烘炉方案，并经有关部门批准；

(2) 参与烘炉人员认真学习了烘炉方案；

(3) 烘炉前应与生产、调度、公用工程等部门联系和协调，确保按时、按量供电和供气；

(4) 应制定烘炉的记录表格和验收表格；

(5) 加热炉的各部分均施工验收合格；

(6) 耐火烧注料均按规定进行了养生；

(7) 炉墙在环境温度下(25~40℃)自然干燥 72h 以上；

(8) 各炉经水压试验，各相关系统已经吹扫、置换完毕；

(9) 燃料气、燃料油系统吹扫、置换合格，具备供油、供气条件；

(10) 有关仪表、控制系统具备投用条件，并灵活好用；

(11) 鼓风机(或引风机)经验收及单机试运合格；

(12) 装置吹扫、冲洗、水联运完毕，存在的问题已处理；

(13) 经有关人员联合检查，确认具备烘炉条件。

3) 烘炉前检查及准备：

(1) 检查各部件安装是否正确，主要受力件的焊接是否符合要求；

(2) 检查加热炉系统相关管线支吊架是否已正常投用；

(3) 清除炉膛杂物，封好人孔门；

(4) 检查加热炉设备是否齐全好用，烟囱、烟道挡板、快开风门、风道挡板是否灵活好用；

(5) 检查燃料油、燃料气、蒸汽管线连接是否合适、有无泄漏；

(6) 检查燃料气、燃料油系统压力表、流量计、阻火器等均已正常投用；

(7) 与加热炉烘炉相关的DCS、仪表及联锁调试合格并正常投用；

(8) 装置内部消防水、可燃气体报警仪等安全、消防设施已投用；

(9) 拆除燃烧器上的喷头(或取下喷枪)对燃料气、燃料油管线进行蒸汽吹扫，除去施工中的残留物(如铁锈、砂粒等杂物)，保证燃烧器的正常燃烧。燃料气系统用氮气气密、置换合格；

(10) 炉膛灭火蒸汽、燃料油管线排凝设施是否合理，管线内应无液滴存在；

(11) 检查燃烧器喷枪是否对准中心线，燃料气喷孔是否向心安装；

(12) 点火孔位置安装是否合适，常明灯安装是否妥当并作好点火试验；

(13) 在炉前放空阀放空瓦斯，蒸汽经过脱液、脱水引至炉前，将燃料气压力调整在0.05MPa以上；

(14) 点火前在炉前采样分析，分析其中的O_2含量，控制O_2含量<0.5%方能使用；

(15) 反应系统已经建立稳定的N_2循环；

(16) 准备好点火用具、消防器材；

(17) 准备好台秤、铁桶若干，用于计量生成的水；

(18) 加热炉现场已清理完，无杂物及易燃品；

(19) 烘炉前画出理论升温曲线。

4) 烘炉理论升温曲线。应按照《石油化工管式炉轻质浇注料衬里工程技术条件》的要求进行。见图7-1。

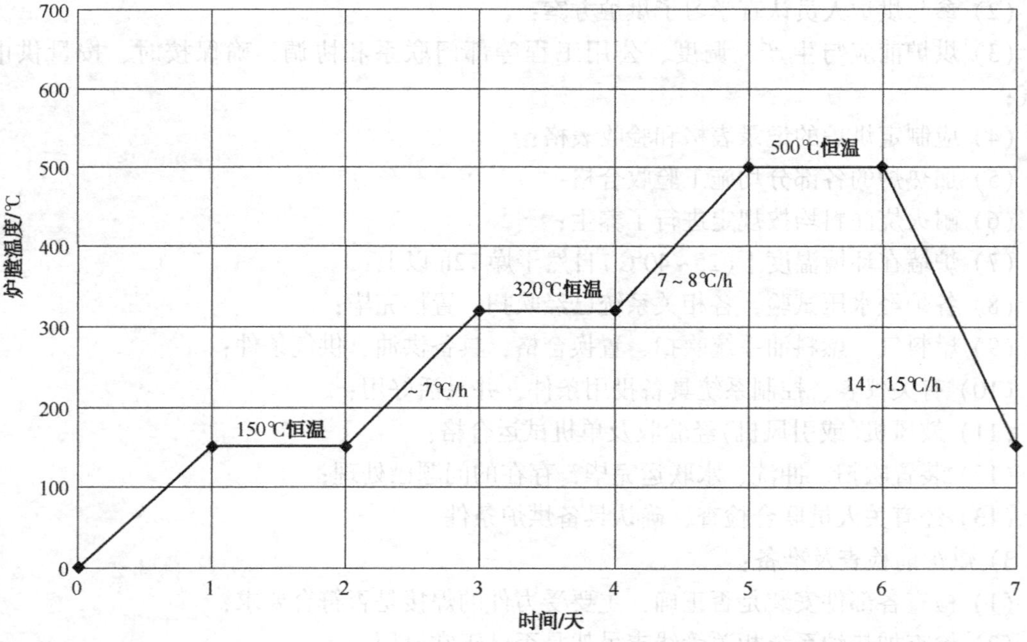

图7-1 烘炉曲线

5) 烘炉步骤：

(1) 点火烘炉前应用蒸汽吹扫炉膛至合格；

(2) 反应进料加热炉(或循环氢加热炉)烘炉应采用燃料气；

(3) 分馏部分加热炉烘炉可使用燃料气或燃料油；

(4) 反应进料加热炉(或循环氢加热炉)烘炉，炉管内介质宜采用 N_2；

(5) 分馏部分加热炉烘炉，炉管内介质可采用蒸汽(蒸汽放空部位需加消音器，并落实好安全防护措施)；

(6) 点火前火嘴风门开度于三分之一的位置，在炉外点燃点火棒，通过点火孔送入点火棒至常明灯附近，慢慢打开常明灯阀，再用二次风门调节好火焰；

(7) 严格按照升温曲线进行升温，如果升不上去可适当提高燃料气压力(若烟囱冒黑烟则停止提高燃料气压力)；

(8) 如果用常明灯达不到升温要求，则可点燃火嘴，点火顺序同上表，并把常明灯燃料气压力降到 0.05MPa；

(9) 烘炉温度以加热炉辐射室顶温为准；

(10) 分馏部分加热炉烘炉时可结合分馏部分吹扫进行，炉管内通蒸汽暖炉达到 120℃后停留 60h(或 150℃后停留 24h)，如果温度下降则加大蒸汽量，60h(或 24h)以后点常明灯，继续升温；

(11) 反应进料加热炉(或循环氢加热炉)烘炉时可与反应部分干燥同步进行，炉管内用 N_2循环；

(12) 辐射顶温 150℃后恒温 24h；

(13) 恒温时，温度超出 150℃时，可适当关闭常明灯或关闭主火嘴；

(14) 以约 7℃ · h^{-1}的升温速度将辐射顶温升至 320℃后，恒温 24h；

(15) 以 7~8℃ · h^{-1}的升温速度将辐射顶温升至 500℃后，恒温 24h；

(16) 当炉膛温度升到 500℃并恒温 24h 以后，则以 25℃ · h^{-1}(另一观点：14~15℃ · h^{-1})速度降到 200℃并熄灭所有火嘴，立即关闭所有火嘴风门、烟道挡板，进行熄火焖炉，等其炉膛温度降至 100℃以下时进行自然通风；

(17) 反应进料加热炉(或循环氢加热炉)烘炉时应严格控制炉管壁温度，使其≯550℃；

(18) 分馏部分加热炉烘炉时应控制炉出口蒸汽温度≯450℃，若多管程则保证每程均应≯450℃；

(19) 升温过程中应调节好各燃料气的风门、烟囱挡板的开度，使炉顶压力维持在-2~-4mmH_2O(1mmH_2O=9.806Pa)；

(20) 熄灭火嘴的同时应停运鼓风机(或引风机)。

6) 烘炉注意事项：

(1) 严格按照烘炉曲线进行升温、降温，并随时作好记录，绘出实际烘炉曲线；

(2) 恒温期间的温度波动宜控制在±10℃；

(3) 按照有关检验标准在加热炉温度降至常温时进行炉内检查，检查前作好隔离工作，打开人孔通风，分析 O_2含量>20%方可进入；

(4) 若火嘴在点火后又熄灭或主火嘴一次点火未成功(在 5s 钟内)，应立即关闭燃料气调节阀，重复加热炉点火前的准备工作，条件具备后再进行下次点火；

(5) 使用主火嘴烘炉时，为了使炉膛干燥均匀进行，点火的火嘴应每 8h 更换一次，主火嘴点火时应对角进行；

(6) 采用联合烟道时，应注意公用引风机的协调；

(7) 注意加热炉炉管各部温度指示的变化，使炉膛各测温点的温度尽量平衡，偏差较大时可调节对应的火嘴，同时要避免火焰直扑炉管，要严防温度超高；

(8) 火嘴、风门、挡板调节时要缓慢，防止造成燃烧不完全，二次燃烧、熄火或炉内压力波动；

(9) 加热炉入口管道设调节阀组时，靠加热炉一侧支线手阀应关闭；

(10) 加热炉炉管内介质采用蒸汽时，宜控制出口温度(如：<350℃)；

(11) 点火时不要面对点火孔，检查时身体偏离或侧身看火孔，防止回火伤人；

(12) 经常检查燃料气的脱水、脱液情况，防止带水、带液造成意外；

(13) 炉子爆炸试验分析合格后，燃料气已引入火嘴前因某些原因未立即点火时，加热炉应重新做爆炸试验，合格后方能点火。

7) 烘炉后的检查及处理：

(1) 烘炉结束后应开炉检查，做好检查记录；

(2) 炉墙砌砖、衬里无裂缝、脱落；

(3) 炉管及进出口管线有无变形、移位；

(4) 基础有无下沉；

(5) 钢架、吊挂有无弯曲、断裂；

(6) 检查发现的任何问题，均应按《管式炉安装工程施工及验收规范》、《石油化工管式炉轻质浇注料衬里工程技术条件》、《一般炼油装置火焰加热炉陶瓷纤维衬里》等有关工程技术标准和施工及验收规范进行处理。

参考文献

1 YB 6883. 热壁加氢反应器安装及开停工期间技术要求
2 SH 3505. 石油化工施工安全技术规程
3 GB 50235. 工业金属管道工程施工及验收规范
4 SH 3501. 石油化工有毒、可燃介质管道工程施工及验收规范
5 SH 3533. 石油化工给水排水管道工程施工及验收规范
6 SH 3532. 石油化工换热设备施工及验收规范
7 SH J510. 石油化工装置设备基础工程施工及验收规范
8 GB 50093. 工业自动化仪表工程施工及验收规范
9 SH 3518—2000. 阀门检验与管理规定
10 GB 50236. 现场设备、工业管道焊接工程施工及验收规范
11 GB 50212. 建筑防腐蚀工程施工及验收规范
12 GB J126. 工业设备及管道绝热工程施工及验收规范
13 GB 50231. 机械设备安装工程施工及验收规范
14 GB 50275. 压缩机、风机、泵安装工程施工及验收规范
15 国质检锅．压力管道安装安全质量监督检验规则
16 HG J205. 化工机器安装工程施工及验收规范(离心式压缩机)
17 GB 20242. 建筑给水排水及采暖工程施工质量验收规范
18 SH J3506. 管式炉安装工程施工及验收规范
19 SH 3507. 石油化工钢结构工程施工及验收规范
20 SH 3526. 石油化工异种钢焊接规程
21 SH 3525. 石油化工低温钢焊接规程

22　SH 3521. 石油化工仪表工程施工技术规范

23　HG J231. 化学工业大、中型装置试车工程规范

24　张德姜，王怀义，刘绍叶主编．石油化工装置工艺管道安装设计手册第一篇设计与计算[M]．北京：中国石化出版社，1994

25　质技监局锅．压力容器安全技术监察规程

26　SH/T 3115. 石油化工管式炉轻质浇注料衬里工程技术条件

27　SH/T 3128. 一般炼油装置火焰加热炉陶瓷纤维衬里

28　SH 3531. 隔热耐磨混凝土衬里技术规范

29　建标 233 号．《工程建设标准强制性条文》(石油和化工建设工程部分)

30　侯重耀．石油化工装置改造工程中管道的压力试验[J]．石化技术．1996，3(2)：96~100

31　SY/T 0538. 管式炉加热炉规范

32　SH/T 3036. 石油化工一般炼油装置用火焰加热炉

第八章　气密、干燥、油运

新建加氢裂化装置在经过装置全面检查、管线吹扫、水冲洗、单机及单泵试运、水联运、加热炉烘炉结束后，反应部分可进行 N_2气密、干燥、催化剂装填、急冷氢试验(或急冷氢喷嘴的流动性试验)、H_2气密试验、紧急泄压试验等，分馏等低压部分可进行 N_2气密、N_2置换、冷油运、热油运等工作。见表 8-1。

表 8-1　加氢裂化装置气密、干燥、油运所需时间[1,4~6]

项目	Y 厂	L 厂	J 厂	T 厂
开工时间	1990	1995	1996	1999
反应系统抽真空	7(包括综合气密)	2		32
反应系统 N_2气密	45		7	
反应系统 H_2气密	9	21	4	21
紧急泄压试验	2	3	3	2
其他	13(泄压阀改造)	4(分馏气密)	13(空气气密)、7(冷油运)、7(热油运)	11(高压管道施工、重新气密)

备注：时间单位均为天。

8.1　N_2气密[1~2]

8.1.1　反应部分 N_2气密

1) N_2气密的目的。通过用 N_2气密以发现大的漏点，消除隐患，确保 H_2气密的安全。新建或经过较大规模改造的加氢裂化装置的 N_2气密一般安排在装催化剂前进行，检修装置恢复开工的 N_2气密一般安排在装催化剂后进行。

2) N_2气密范围：

(1) 反应器、新氢压缩机、反应进料加热炉(或循环氢加热炉)、循环氢压缩机、高压换热器、高压空冷器、高压分离器、循环氢脱硫塔、高压缓冲罐等高压设备及其附属设施；

(2) 上述设备间主要管道；

(3) 高压原料油泵、高压循环油泵出口下游管道；

(4) 紧急泄压系统截断阀上游管道；

(5) 手动泄压阀上游管道；

(6) 液力透平入口自保阀上游管道；

(7) 注水截止阀下游管道；

(8) 热高压分离器、冷高压分离器、循环氢压缩机入口分液罐、循环氢脱硫塔底富胺液至低压部分的调节阀和旁路阀上游管道；

(9) 碱液注入阀下游管道；

(10) 硫化剂高压注入阀下游管道；

(11) 上述设备、管道上的仪表、仪表元件和仪表压力导管；

(12) 反应系统所有高压阀门(含调节阀)及高压法兰面；

(13) 高压管道焊缝同步进行气密检查。

3) N_2气密应具备的条件：

(1) 制定了详细的N_2气密方案，并经有关部门批准；

(2) 参与N_2气密人员认真学习了N_2气密方案；

(3) N_2气密前应与生产、调度、公用工程等部门联系和协调，确保按时、按量供电、供N_2；

(4) 应制定N_2气密的记录表格和验收表格；

(5) 有关仪表、控制系统具备投用条件，并灵活好用；

(6) N_2气密的流程已改好，需要关闭的阀门已关闭，应加的正式或临时盲板已加上，并建立了相对应的盲板台账，所有盲板均符合N_2气密的要求；

(7) 设备安全阀已投用，安全阀泄放后路确保畅通，防止设备超压；

(8) 抽真空和不同压力N_2气密所用的真空表和压力表已准备好；

(9) 供N_2装置可连续供应合格N_2；

(10) 经有关人员联合检查，确认具备N_2气密条件。

4) N_2气密前检查及准备：

(1) 装置内所有非N_2气密搭建的临时设施全部拆除，专门为N_2气密需要搭设的临时设施已搭好；

(2) 所有设备、管线的保温、涂漆等工作已经完成；

(3) 有关仪表、控制系统具备投用条件，并经调试合格、灵活好用；

(4) 所有公用工程具备投用条件；

(5) 新氢压缩机的化学清洗和空负荷运转已经完成，气阀已更换为适应N_2工况气阀；

(6) 循环氢压缩机的单机试运结束；

(7) N_2气密所需的N_2已化验分析合格，量足够；

(8) N_2气密所需的工具已准备齐全，如密封胶带、肥皂水、小桶、洗耳球(或喷壶)、检漏仪等。

5) N_2气密步骤：

(1) 一般N_2气密步骤为：抽真空，1.0MPa、3.0MPa、5.0MPa气密或抽真空、1.0MPa、2.0MPa、3.0MPa、4.5MPa气密。

(2) 打开所有仪表隔断阀；

(3) 关闭所有排凝阀、放空阀；

(4) 将冷高分或循环氢压缩机入口缓冲罐顶部的压力表换为真空表；

(5) 关闭循环氢压缩机出入口阀门；

(6) 关闭新氢压缩机出入口阀门；

(7) 启动反应部分开工用抽空器，将系统抽真空到17kPa(a)；

(8) 保持1h，检查泄漏情况；

(9) 在循环氢压缩机出口注入N_2(注意冲压流程要按照正常工艺流程走，避免逆流程操作)，用氮气破真空；

(10) 将系统压力升到 0.05MPa;

(11) 在高压分离器顶泄压;

(12) 再次启动反应部分开工用抽空器，将系统抽空到 17kPa(a);

(13) 保持 1h，检查泄漏情况;

(14) 在循环氢压缩机出口注入 N_2，用氮气破真空;

(15) 将系统压力升到 0.1MPa;

(16) 在高压分离器顶泄压;

(17) 重复以上置换步骤直至所有采样点检查氧浓度<0.5%;

(18) 在循环氢压缩机出口注入 N_2，将系统充压到 0.7MPa，打开循环氢压缩机出入口阀门;

(19) 启动循环氢压缩机循环，检查泄漏情况，直到气密合格;

(20) 打开新氢压缩机出入口阀门并确认具备开机条件(对于有中压氮气管网的装置可以直接用管网氮气冲压，不用开新氢压缩机);

(21) 开新氢压缩机将系统升压(或直接使用 N_2 升压)，升压速度≯1.5MPa · h^{-1}(下同);

(22) 当高压分离器压力升到 1.0MPa 后，全面检查反应系统泄漏情况，直到气密合格、无泄漏;

(23) 用新氢压缩机将系统升压到 2.0MPa，检查泄漏情况，并进行消漏处理，直到气密合格;

(24) 用新氢压缩机将系统升压到 3.0MPa 检查泄漏情况，并进行消漏处理，直到气密合格;

(25) 用新氢压缩机将系统升压到 5.0MPa 检查泄漏情况，并进行消漏处理，直到气密合格;

(26) 循环氢压缩机在 N_2 工况下注意不能超负荷运行，同时在装置气密过程中要密切关注机组的运行情况;

(27) 停运新氢压缩机，反应系统静置泄漏检查;

(28) N_2 气密全过程不投用加热炉，系统不升温;

(29) N_2 气密升压过程中如果发现较大的泄漏点，则需立即停止升压，待消除漏点后再继续升压；对于通过上紧螺栓后仍无法消除的漏点，则要对设备完全泄压，重新检查密封面或更换垫片;

(30) 5.0MPa 气密合格后，如果接下来要进行 H_2 气密，则停运循环氢压缩机，系统泄压 0.05~0.05MPa；如果进行反应系统干燥，则循环氢压缩机保持正常运行，将系统降压到 1.0~2.0MPa，准备进行反应系统干燥程序;

(31) 对于在紧急放空线出装置边界上设置有手阀的加氢裂化装置，为了确保该阀门已处于全开位置，防止紧急泄压后导致低压火炬系统超压，可在氮气气密合格后进行低压状态下的紧急泄压试验，并观察、记录好火炬系统在紧急泄压时的最高工作压力。

6) 气密评定标准:

(1) 在低温阶段，压力≤5.0MPa 时，用肥皂水检查各密封面，不冒泡为合格;

(2) 对难以检测的接头处，将其表面包上一层密封带，密封带上钻一小孔，然后用肥皂水检查；

(3) 抽真空静压试验，以每小时泄漏 0.66kPa(5mmHg)以下为合格；

(4) 各压力等级下的静压试验，以降压速度在 8h 内每小时不大于 0.02MPa 为合格；

(5) 对处于常温操作状态下的设备泄漏点，原则上在氮气气密阶段都要消除掉；对于高温操作状态下的设备(如反应器、加热炉等)泄漏点，则要根据现场泄漏情况进行评估，以确定是否需要在低温时进一步上紧力矩；部分高温部位漏点随着设备温度的上升会自然消除或减小；在具备条件的情况下，要尽可能使用液压扳手来均匀把紧高压螺栓，同时所有高压螺栓的上紧力矩都要尽可能进行严格、精密控制，防止力矩过大；

(6) 气密试验的压力以冷高压分离器顶部的压力或循环氢压缩机入口缓冲罐压力为准。

7) N_2气密实例见表 8-2。

表 8-2 某厂加氢裂化 5.0MPa N_2气密结果[1]

N_2气密内容	试验压力/MPa	泄漏点数	压力下降/(MPa·h^{-1})	泄漏率/%
第一次	5.5	82		
第二次	5.1	95		
反应系统升温	反应器壁温 80℃			
第三次	5.7	56		
第四次	5.7	31		
静压试验	5.0		0.011	0.24

8.1.2 分馏部分 N_2气密

1) N_2气密的目的。通过用 N_2气密以发现大的漏点，消除隐患，确保开工安全和长周期运转。

2) N_2气密范围。反应部分 N_2气密以外的所有设备(泵除外)，包括低压容器、换热器、塔、空冷器。部分设备也可采用压缩空气气密。气密目标压力均为设备的正常操作压力。

3) N_2气密应具备的条件。同反应部分 N_2气密条件。

4) N_2气密前检查及准备。同反应部分 N_2气密前检查及准备。

5) N_2气密步骤(以冷低压分离器气密为例)：

(1) 反应部分 N_2气密完成后，缓慢打开冷高压分离器至冷低压分离器的调节阀，从高压向低压排放 N_2，至冷低压分离器 0.5MPa 压力为止，静压检查泄漏；

(2) 若无异常情况，继续从高压向低压排放 N_2，至冷低压分离器 1.0MPa 压力止，静压检查泄漏；

(3) 重复从高压向低压排放 N_2，至冷低压分离器的正常操作压力为止；在操作压力阶段，要使用气密工具对冷低压分离器及其附属设施进行全面检查、气密；

(4) 冷低压分离器气密合格、漏点消除后，依次从冷低压分离器向脱丁烷塔(或脱戊烷塔、脱硫化氢汽提塔)、分馏塔等下游设备排放 N_2，对下游设备进行全面气密检查；

(5) 操作压力≥1.0MPa 的设备，每升 0.5MPa 压力静压检查一次泄漏；

(6) 操作压力≤0.35MPa 的设备，按 0.35MPa 压力静压检查泄漏；

(7) 在操作压力阶段，在静态查漏的基础上要使用气密工具对设备及其附属设施进行全面检查、气密。

(8) 当发现设备漏点后如果无法带压紧漏或带压紧漏效果不理想，则要降低一个压力等级或完全泄压后重新进行紧漏处理(必要时需要重新检查密封面及垫片)；

(9) 为了节省 N_2，低压设备由一般高压设备串压进行 N_2气密，但串压时应缓慢进行，防止设备超压；

(10) 对操作压力≤0.7MPa 的设备，可用非净化压缩空气代替 N_2进行气密；

(11) 在部分工厂也有采用蒸汽进行气密查漏的，因为蒸汽查漏更为直观、方便，但在正常操作压力情况下，仍要使用 N_2进行全面气密检查，防止发生遗漏；

(12) N_2气密试验的小系统，原则上应设置两块以上的压力表；

(13) N_2应采用高点排放，对排放点要进行警戒、隔离，并注意人员往来；

(14) N_2气密前所有与气密相关的安全阀均要正常投用，安全阀泄压后路要确保畅通，防止在气密期间发生设备超压事故；

(15) N_2气密试验结束后，应拆除临时设施，恢复正常流程；

(16) 整理、保存 N_2气密试验有关记录。

8.2 高压部分进油前的开工准备

8.2.1 急冷氢试验[2~3]

1) 试验目的

(1) 检验冷氢箱正常工作效果；

(2) 检验不同冷氢量对床层温度的影响；

(3) 标定冷氢阀开度与冷氢量的关系；

(4) 标定冷氢阀全开时的冷氢量。

2) 试验范围。所有反应器内的急冷氢管、冷氢箱和反应器外的急冷氢阀。

3) 试验场地：

(1) 器外试验：一般在反应器周围架设的冷氢管喷嘴专用试验架上进行，试验应不受气流影响或在无风环境下进行，主要进行急冷氢喷嘴的流动性试验；

(2) 器内试验：催化剂干燥结束后，反应系统压力升至正常操作压力，主要进行急冷氢全面试验。

4) 器外冷氢管喷嘴的流动性试验：

(1) 一般在催化剂装填前进行；

(2) 试验介质一般为 1.0MPa 低压蒸汽；

(3) 每根冷氢管应分别试验，并作好记录；

(4) 应保证试验冷氢管喷嘴垂直向上；

(5) 试验合格标准：气流均匀、对称、喷射角符合要求；

(6) 试验应拍照、录像。

5) 器内急冷氢试验：

(1) 器内急冷氢试验可在器外冷氢管喷嘴的流动性试验基础上进行；

(2) 一般在催化剂装填后进行，也可在催化剂硫化结束后需要降温时进行；

(3) 试验介质：循环氢；

(4) 反应器压力：正常操作压力；

(5) 反应器温度：试验温度-最大冷氢引起的温降>135℃；

(6) 试验期间应控制反应器入口温度或试验床层温度为某一温度的恒温；

(7) 为了便于温度控制，试验一般由下向上进行，且冷氢阀开度一般按照0%、25%、50%、75%、100%等5种工况依次进行；

(8) 每一冷氢试验应记录冷氢流量、冷氢阀开度、温度下降时间、最终床层温度下降值、床层径向温差，并检查热电偶和指示是否对应；

(9) 冷氢阀全开时，应记录冷氢流量、温度下降时间、最终床层温度下降值、床层径向温差及径向温度分布情况；

(10) 每一个冷氢阀的开度试验结束前，快速关闭冷氢阀(即冷氢阀开度由100%直接关至0%)，记录床层温度恢复的时间；

(11) 每根冷氢管、冷氢阀(包括副线阀)应分别进行试验；

(12) 待上一个冷氢阀开度试验完全结束且反应器床层温度恢复至试验前的正常温度值后才能进行下一个冷氢阀开度试验；

(13) 试验应确保同一径向各热电偶、显示仪表和冷氢点对应无误，阀门开度灵活，阀位开度与调节器输出一致等。

6) 器内急冷氢试验实例。

(1) 某厂加氢裂化器内急冷氢试验条件：

① 系统压力15.0MPa；

② 循环氢压缩机转速9000r · min^{-1}；

③ 反应进料加热炉出口160℃恒温。

(2) 打入冷氢后：

① 径向温差1~2℃；

② 冷氢阀全开，冷氢量60000~70000 $m^3 \cdot h^{-1}$；

③ 温度控制全开，冷氢量87000 $m^3 \cdot h^{-1}$，达到设计值。

8.2.2 反应系统干燥[7,8]

反应系统干燥可与反应进料加热炉(或循环氢加热炉)烘炉同步进行。

1) 反应系统干燥目的。新建加氢裂化装置由于施工周期较长，反应系统的管线、设备较多，难免在管线、设备内含有一定的吸附水和结晶水，同时部分设备、管线在压力检验阶段也可能会残存一部分打压用水。因此在催化剂装填前，要通过对反应系统进行升温干燥，缓慢脱除这些自然水和结晶水，避免将这些水带入催化剂中，造成催化剂的破坏。

2) 反应系统干燥应具备的条件：

(1) 制定了详细的反应系统干燥方案，并经有关部门批准；

(2) 参与反应系统干燥人员认真学习了反应系统干燥方案；

(3) 反应系统干燥前应与生产、调度、公用工程等部门联系和协调，确保按时、按量供电、供气；

(4) 应制定反应系统干燥的记录表格和验收表格；

(5) 反应系统经N_2置换，系统氧含量<0.5%；

(6) 反应系统需干燥部分与非干燥部分已经充分隔离；

(7) 燃料气、燃料油系统吹扫、置换合格，具备供油、供气条件；

(8) 有关仪表、控制及联锁系统具备投用条件，并经调试合格、灵活好用；

(9) 鼓风机(或引风机)经验收及单机试运合格；

(10) 装置吹扫、冲洗、水联运完毕，存在的问题已处理；

(11) 循环氢压缩机、新氢压缩机、加热炉等已具备投用条件；

(12) 经有关人员联合检查，确认具备反应系统干燥条件。

3) 反应系统干燥前检查及准备：

(1) 同反应进料加热炉(或循环氢加热炉)烘炉前检查及准备；

(2) 准备好台秤、铁桶若干，用于计量生成的水。

4) 反应系统干燥步骤：

(1) 引 N_2 向反应系统冲压，至冷高压分离器压力 0.7~1.0MPa；

(2) 启动循环氢压缩机，建立反应系统 N_2 循环；

(3) 打开高压原料油泵出口冲洗氢线、高压循环油泵出口冲洗氢线、急冷氢线、差压线、引压线等正常操作条件下需要保持畅通的支线进行吹扫、干燥；

(4) 启动反应流出物空冷器，根据干燥需要，控制冷高压分离器的温度在工艺卡片范围内；

(5) 按照反应进料加热炉(或循环氢加热炉)烘炉方案进行点火升温；

(6) 每 30 min 收集冷高压分离器排出的水，并称量。通过高分排水量来判定烘干程度，冷高压分离器排出的水不增加即认为已烘干；

(7) 作好记录，绘制生成水曲线；

(8) 反应系统升降温速度、步骤等同反应进料加热炉(或循环氢加热炉)烘炉方案；

(9) 反应系统烘干后，加热炉熄火冷却到能进人为止；

(10) 系统泄压后，反应器经压缩空气置换合格并隔离好，进入催化剂装填阶段。

8.2.3 H_2 气密[1,2]

1) H_2 气密的目的。通过用 H_2 气密以发现漏点，消除隐患，确保开工安全和长周期运转。H_2 气密一般在 N_2 气密合格后进行。

2) H_2 气密范围、时机：

(1) H_2 气密范围主要是反应临氢系统，包括反应器、反应进料加热炉、高压换热器、反应流出物空冷器、热高分、冷高分、循环氢脱硫系统、循环氢压缩机、新氢压缩机等；

(2) H_2 气密一般安排在催化剂装填完成后，且装置内部已经停止了所有动火施工作业，与气密无关的临时设施已拆除。

3) H_2 气密应具备的条件：

(1) N_2 气密完成；

(2) 制定了详细的 H_2 气密方案，并经有关部门批准；

(3) 参与 H_2 气密的人员已正常到位，按要求学习了 H_2 气密方案，并已具备了相关操作资质；

(4) H_2 气密的流程已改好，需要关闭的阀门已关闭，应加的盲板已加上并建立了相应的盲板台账，所有盲板方向均符合 H_2 气密的要求；

(5) H_2 气密前应与生产、调度、公用工程、制氢等部门联系和协调，确保按时、按量供电、供 H_2；

(6) 应制定 H_2 气密的记录表格和验收表格；

(7) 有关仪表、控制及联锁系统具备投用条件，并调试完成、灵活好用；

(8) 抽真空和不同压力 H_2 气密所用的真空表和压力表已准备好；

(9) 供氢装置可连续供应合格氢气；

(10) 新氢压缩机、循环氢压缩机处于可用状态；

(11) 火炬系统投用，安全阀后路可密闭排入火炬系统；

(12) 打开安全阀阀前后手阀，如果安全阀有副线阀，应关闭；

(13) 装置 $0.7MPa\cdot min^{-1}$ 和 $2.1MPa\cdot min^{-1}$ 紧急泄压系统已正常投用；

(14) 经有关人员联合检查，确认具备 H_2 气密条件。

4) H_2 气密前检查及准备：

(1) N_2 气密暴露出的问题已处理完毕；

(2) 催化剂装填完成后，反应器头盖等已复位，善后处理工作完成；

(3) H_2 气密所需的 H_2 已检验合格，CO、CO_2 等杂质含量不超标；

(4) H_2 气密所需的工具已准备齐全，如密封胶带、肥皂水、小桶、洗耳球、可燃气体检漏仪等；

(5) 安全设施（包括装置内部设置的固定式可燃气体监测仪）、消防设施已正常投用。

5) H_2 气密步骤：

(1) 一般 H_2 气密步骤为：1.0MPa、2.0MPa、3.0MPa、4.5MPa、6.0MPa、8.0MPa、10.0MPa、13.0MPa、15.0MPa 和高压分离器操作压力气密；

(2) 打开所有仪表隔断阀；

(3) 关闭所有排凝阀、放空阀；

(4) N_2 气密合格，系统泄压到 0.05~0.07MPa 后，用 H_2 置换 N_2；

(5) H_2 置换可开新氢压缩机，也可从氢网直接补充；如果从氢网直接补充，还需用 H_2 置换新氢压缩机内的 N_2；

(6) 将反应部分压力表换为真空表；

(7) 关闭循环氢压缩机出入口阀门；

(8) 关闭新氢压缩机出入口阀门；

(9) 启动反应部分开工用抽空器，将系统抽真空到 17KPa(a)；

(10) 保持 1h，检查泄漏情况；

(11) 在循环氢压缩机出口注入 N_2，用氮气破真空；

(12) 将系统压力升到 0.05MPa；

(13) 在高压分离器顶泄压；

(14) 再次启动反应部分开工用抽空器，将系统抽空到 17kPa(a)；

(15) 保持 1h，检查泄漏情况；

(16) 在循环氢压缩机出口注入 N_2，用氮气破真空；

(17) 将系统压力升到 0.1MPa；

(18) 在高压分离器顶泄压；

(19) 以上置换步骤直至所有采样点检查氧浓度 $<0.5\%$；

(20) 在新氢压缩机入口注入 H_2，将系统充压到 0.6~0.7MPa，进行 H_2 置换；

(21) 置换气从高压分离器顶密闭排入火炬;

(22) 重复充压-排放过程，直至系统中 H_2 纯度>85%;

(23) 用新氢压缩机(也可从氢网直接补充)将系统充压到 1.0~1.5MPa，开循环氢压缩机，维持 1.0~1.5MPa 压力，检查泄漏情况，直到气密合格;

(24) 继续用新氢压缩机将系统分别充压到 2.0MPa、3.0MPa(控制升压速度 ≯1.5MPa · h^{-1})，检查反应系统泄漏情况;

(25) 停运新氢压缩机;

(26) 反应进料加热炉(或循环氢加热炉)按规程步骤点火升温，升温速度控制 <25℃ · h^{-1};

(27) 当反应器入口温度升到 175~200℃，任一反应器的任一点温度>135℃(温度确定依反应器的材质而定)后，维持恒温运转，检查 3.0MPa 压力下的气密试验情况;

(28) 为防止反应器和换热器母材脆裂的危险，当反应器操作温度低于 135℃(新材料：93℃)时，反应器中的压力应限制在所产生应力不超过材料屈服极限的 20%，压力限制的实例见表 8-3;

表 8-3 某厂各台反应器在温度低于 135℃时的压力限制

R101	≤6.67MPa	R102	≤6.67MPa	R301	≤6.30MPa

(29) 对于采用 2¼Cr1Mo 钢的高压换热器，当其操作温度低于 135℃(新材料：93℃)时，换热器中的压力应限制到它产生的应力不超过材料屈服极限的 20%，压力限制的实例见表 8-4。

表 8-4 某厂各台换热器在温度低于 135℃时的具体压力限制

项　目	E101A	E101B	E301A	E301B
壳程	≤8.77MPa	/	≤8.64 MPa	≤8.64 MPa
管程	≤9.77 MPa	≤9.48 MPa	≤9.63 MPa	≤9.51 MPa

注：E101B 壳程材质不是 2¼Cr1Mo，所以不做规定，但在充压时应注意管壳程的设计压差。

(30) 依次用新氢压缩机将系统升压到 4.5MPa、6.0MPa、8.0MPa、10.0MPa、13.0MPa、15.0MPa 和高压分离器正常操作压力，全面检查泄漏情况，直到反应系统气密合格;

(31)升压速度应≯1.5MPa · h^{-1};

(32) 每升到一个压力等级停运新氢压缩机，在维持循环氢压缩机运转的条件下，检查各密封点泄漏，合格后才能通过；新氢压缩机也要在不同压力等级下同步进行气密;

(33) 气密试验合格后，整理、保存 H_2 气密试验有关记录，准备进行系统的 0.7~1.0MPa · min^{-1} 和 1.4~2.1MPa · min^{-1} 紧急泄压联锁试验。

6) H_2 气密评定标准:

(1) 加热炉点火前，系统压力≤3.5MPa 时，用肥皂水检查各密封面，不冒泡为合格;

(2) 加热炉点火后，换用电子可燃气体测漏仪进行检测;

(3) 抽真空静压试验，严格标准：泄漏率≤6.6kPa(5mmHg) · h^{-1} 为合格，宽松标准：泄漏率≤12kPa(9mmHg) · h^{-1} 为合格;

(4) 各压力等级下的静压试验，严格标准：降压速度在 8h 内≯0.3MPa 为合格，宽松标准：降压速度在 8h 内≯0.45MPa 为合格；

(5) 上述标准适用于 12.0MPa≤装置正常操作压力≤18.0MPa 的加氢裂化装置；

(6) 装置正常操作压力越高，降压速度标准可向宽松标准靠拢；

(7) H_2气密试验的压力以冷高压分离器顶的压力或循环氢压缩机入口缓冲罐压力为准。

8.2.4 紧急泄压系统试验[7]

反应系统氢气试密合格后，应进行反应系统紧急泄压试验，实测安装好的泄压限流孔板是否符合低速泄压(一般：0.7~1.0MPa · min^{-1})和高速泄压(一般：1.4~2.1MPa · min^{-1})的要求，以及考察反应系统在紧急泄压程序启动后，各自保联锁系统的动作情况。

1) 紧急泄压系统启动条件：

(1) 循环氢压缩机失灵；

(2) 反应器阻塞，导致液体滞留时间增大；

(3) 动力电源故障；

(4) 仪表控制失灵或 DCS 黑屏导致装置无法操作；

(5) 反应器催化剂床层温度或表面温度超标；

(6) 引入过度反应物料，如焦化汽油；

(7) 氢气中 CO 或 CO_2超标；

(8) 误操作；

(9) 高压系统发生大量泄漏；

(10) 装置发生火灾。

一般紧急泄压系统启动条件见表 8-5。

表 8-5 紧急泄压系统启动条件[8]

紧急泄压	条件	紧急泄压	条件
0.7~1.0MPa · min^{-1}	床层任一点温度超过正常状态 15℃时 床层任一点温度超过 415℃时 装置内有较大面积着火	1.4~2.1MPa · min^{-1}	床层任一点温度超过正常状态 28~30℃时 床层任一点温度超过 425~430℃时 装置内大面积着火

2) 试验条件：

(1) 氢气气密合格，冷高压分离器压力或循环氢压缩机入口分液罐压力维持操作压力(如 16.3MPa)，循环氢浓度大于 80%；

(2) 循环氢压缩机、新氢压缩机运转正常；

(3) 反应进料加热炉(或循环氢加热炉)常明灯全部点燃、主火嘴部分点燃；

(4) 低速泄压和高速泄压的一系列控制系统、联锁仪表已调试完毕，处于联锁投用状态；

(5) 高压原料油泵、高压循环油泵的电机与泵脱开；

(6) 火炬系统处于正常投用状态。

3) 紧急泄压系统启动时装置联锁动作。

(1) 0.7~1.0MPa · min^{-1}

① 0.7~1.0MPa · min^{-1}泄压阀打开，阀位灯亮；

② 新氢压缩机停车，运行灯灭；

③ 高压原料油泵停车、运行灯灭；

④ 高压贫溶剂泵停车、运行灯灭；

⑤ 能量回收透平停车；

⑥ 高压循环油泵(含未转化油循环的装置)停车、运行灯灭；

⑦ 反应进料加热炉(或循环氢加热炉)主火嘴熄灭，常明灯不灭；

⑧ 脱丁烷塔(或主汽提塔)进料油换热器热旁路阀关闭；

⑨ 循环氢压缩机出口压力调节器输出自动切换到软手动状态，循环氢压缩机不停。

(2) 1.4~2.1MPa · min^{-1}：

① 1.4~2.1MPa · min^{-1}泄压阀打开，阀位灯亮；

② 循环氢压缩机停车(部分装置设置联锁自动关闭循环机进、出口阀)，运行灯灭；

③ 新氢压缩机停车，运行灯灭；

④ 高压原料油泵停车、运行灯灭；

⑤ 高压贫溶剂泵停车、运行灯灭；

⑥ 能量回收透平停车；

⑦ 高压循环油泵停车、运行灯灭；

⑧ 反应进料加热炉(或循环氢加热炉)主火嘴熄灭，常明灯不灭；

⑨ 脱丁烷塔进料油换热器热旁路阀关闭。

4) 试验步骤：

(1) 每次泄压前均要对循环氢采样分析，确定循环氢组成。

(2) 记录冷高压分离器压力或循环氢压缩机入口分液罐压力；

(3) 记录循环氢压缩机出口压力；

(4) 记录反应系统各点温度；

(5) 启动泄压按键，泄压 5min 后复位；

(6) 泄压开始后，每 15s 记录一次下列参数：

① 冷高压分离器压力或循环氢压缩机入口分液罐压力；

② 循环氢压缩机出口温度、出口压力；

③ 反应器温度、压力；

④ 紧急放空罐压力。

(7) 检查各联锁系统动作是否符合要求。

5) 泄压孔板的校核计算：

(1) 在半对数坐标纸上作冷高压分离器压力或循环氢压缩机入口分液罐压力(P)对时间(t)的曲线，曲线应大致呈一条直线。

(2) 计算压力对时间的曲线斜率：

$$n = \frac{\lg P_2 - \lg P_1}{\Delta t} \tag{1}$$

$$k = n \times 2.303 \tag{2}$$

对于任一压力 P，其降压速度：

$$\frac{\Delta P}{\Delta t} = kP \tag{3}$$

（3）利用测试孔板计算正常操作条件下的降压速度：

$$\left(\frac{\Delta P}{\Delta t}\right)BT = K \cdot PB\frac{TBm}{TTm} \cdot \frac{VT}{VB}\sqrt{\frac{TT \cdot MT}{TB \cdot MB}} \tag{4}$$

（4）如果按(4)式计算出的降压速度不符合所要求的降压速度，则按下式计算新的节流孔板尺寸：

$$\mathrm{d}N = \mathrm{d}T\sqrt{\frac{(\Delta P/\Delta t)B}{\Delta P/\Delta t}} \tag{5}$$

式中　TB——正常操作期间冷高压分离器温度或循环氢压缩机入口分液罐温度，K；

TT——降压测试期间冷高压分离器温度或循环氢压缩机入口分液罐温度，K；

TB_m——正常操作期间反应部分的加权平均温度，K；

TT_m——降压测试期间反应部分的加权平均温度，K；

P_1——在开始降压测试时的冷高压分离器压力或循环氢压缩机入口分液罐压力，MPa(绝)；

P_2——降压测试末了的冷高压分离器压力或循环氢压缩机入口分液罐压力，MPa(绝)；

PB——冷高压分离器压力或循环氢压缩机入口分液罐的正常操作压力，MPa(绝)；

t_1——降压测试开始时间，min；

t_2——降压测试末了时间，min；

$$\Delta t = t_2 - t_1$$

MB——正常操作期间冷高压分离器气体相对分子质量或循环氢压缩机入口分液罐气体相对分子质量；

MT——降压测试期间冷高压分离器气体相对分子质量或循环氢压缩机入口分液罐气体相对分子质量；

K——降压常数；

$\mathrm{d}N$——所要求降压速度下的新节流孔板的直径，mm；

$\mathrm{d}T$——测试期间所用的节流孔板直径，mm；

$\left(\frac{\Delta P}{\Delta t}\right)BT$——正常操作条件下带有测试孔板的降压速度，$MPa \cdot min^{-1}$；

$\left(\frac{\Delta P}{\Delta t}\right)B$——正常操作条件下所要求的降压速度，$MPa \cdot min^{-1}$；

VT——在降压测试期间系统气相体积，m^3；

VB——在正常操作期间系统气相体积，m^3。

6）紧急泄压试验实例见表8-6~表8-8。

表 8-6　泄压试验时各项工艺条件[7]

泄压试验条件	0.7MPa · min^{-1}	2.1MPa · min^{-1}
循环氢相对分子质量	2.5	2.5
循环氢纯度/%	96.25	96.25
试验系统平均温度/℃	144	145
试验时高分温度/℃	33.7	33

表 8-7　泄压试验条件下泄压速率[7]

时间/s	高压分离器压力/ MPa	
	0.7MPa · min^{-1}	2.1MPa · min^{-1}
0	16.00	16.16
15	15.81	15.65
30	15.62	15.05
45	15.43	14.44
60	15.23	13.89
75	15.06	13.32
90	14.86	12.76
105	14.65	12.27
120	14.47	11.79
135	14.27	11.34
150	14.06	10.90
165	13.89	10.48
180	13.76	10.07
195	13.54	9.68
210	13.39	9.34
225	13.21	8.99
240	13.06	8.68
255	12.90	8.29
270	12.73	
285	12.53	
300	12.41	

表 8-8　泄压试验核算结果[7]

泄压试验条件	0.7MPa · min^{-1}	2.1MPa · min^{-1}
试验泄压速率/(MPa · min^{-1})	0.813	2.51
操作条件下泄压速率/(MPa · min^{-1})	0.93	28
设计孔板孔径/mm	21	38
核算孔板孔径/mm	18.3	32.9
采用孔板孔径/mm	21	35

8.3　油运

8.3.1　冷油运

1) 冷油运的目的：

(1) 进一步对管线、设备进行冲洗贯通，确保管线、设备畅通无阻、干净、严密；

(2) 进一步考核机泵、设备的工程质量，技术性能及工作的可靠性；

(3) 考察仪表系统的稳定性和灵敏性；

(4) 低压系统的脱水；

(5) 考察公用工程配合的可靠性；

(6) 对岗位进行技术练兵、事故预演，熟悉操作，加强协作。

2) 冷油运应具备的条件：

(1) 水联运期间暴露的问题已处理，流量、温度、压力和液位仪表好用；

(2) 低压系统气密完毕，存在的问题已处理；

(3) 制定了详细的冷油运方案，并经有关部门批准；

(4) 参与冷油运人员认真学习了冷油运方案；

(5) 冷油运的记录表格和验收表格已制定；

(6) 冷油运的流程已改好，需要关闭的阀门已关闭，应加的盲板已加上，8字盲板符合冷油运的流程；

(7) 各塔、容器、管线等低点排凝阀打开排水，排净后关闭；

(8) 装置内下水系统畅通；

(9) 系统置换合格，O_2含量<0.5%；

(10) 各设备已按冷油运方案进行了N_2冲压；

(11) 安全阀前后阀门已打开，处于投用状态；

(12) 各种消防、环保设施及可燃气体、硫化氢浓度监测和报警设施均已正常投用；

(13) 主泵和备泵均换上了临时过滤器；

(14) 冷油运前应与安全、生产、调度、公用工程等部门联系和协调，冷油运所需油品(如：低氮柴油、石脑油)已准备，分析合格；

(15) 冷油运的机、泵入口过滤器拆下清扫，然后复位；

(16) 检查除氧器、蒸汽发生器的准备情况，待分馏系统进行热油运时即可投入运行。

3) 冷油运的主要步骤(以典型的低硫油单段循环加氢裂化流程为例)：

(1) 按冷油运方案进行系统收油，如：

低氮柴油$\xrightarrow{\text{借原料油线}}$原料油过滤器$\xrightarrow{\text{原料油脱水罐副线}}$原料油缓冲罐$\xrightarrow{\text{开工线}}$
低压分离器 → 低分油换热器 → 脱丁烷塔 → 常压分馏塔 → 常压分馏塔底泵 →
减压分馏塔 → 减压分馏塔底泵 → 循环油罐。

(2) 当原料油缓冲罐液位达到60%时，试运高压原料油泵：

原料油缓冲罐 → 高压原料油泵 → 原料油缓冲罐

(3) 当脱丁烷塔底液位达到80%时，启动脱丁烷塔底泵，建立脱丁烷塔底部循环脱水，并逐一投用相关仪表及控制系统：

脱丁烷塔 → 脱丁烷塔底泵 → 脱丁烷塔底重沸炉 → 脱丁烷塔

(4) 从脱丁烷塔顶回流罐接临时开工线，向脱丁烷塔顶回流罐冲柴油，当液位达到80%时，启动脱丁烷塔顶回流泵，对脱丁烷塔进行全塔冲洗；

(5) 当常压分馏塔底液位达到80%时，启动常压分馏塔底泵，建立常压分馏塔底部循环脱水，并逐一投用相关仪表及控制系统：

常压分馏塔 → 常压分馏塔底泵 → 常压分馏塔底重沸炉 → 常压分馏塔

(6) 从常压分馏塔顶回流罐接临时开工线，向常压分馏塔塔顶回流罐冲柴油，当液位达到80%时，启动常压分馏塔顶回流泵，对常压分馏塔进行全塔冲洗；

(7) 当减压分馏塔底液位达到 80%时，启动减压分馏塔塔底泵，建立减压分馏塔塔底部循环脱水，并逐一投用相关仪表及控制系统：

减压分馏塔 → 减压分馏塔塔底泵 → 减压分馏塔塔底重沸炉 → 减压分馏塔

(8) 建立减压分馏塔塔底部至循环油罐的循环流程，并逐一投用相关仪表及控制系统：

减压分馏塔 → 减压分馏塔塔底泵 → 循环油罐 → 减压分馏塔塔底泵

(9) 建立减压分馏塔塔全塔循环流程，并逐一投用相关仪表及控制系统：

减压分馏塔塔底 $\xrightarrow{\text{开工副线}}$ 轻柴油泵 → 柴油空冷器 → 减压分馏塔塔顶 → 减压分馏塔塔底

(10) 用 N_2 向冲洗油罐冲压，从柴油出装置线向冲洗油罐引柴油，当冲洗油罐液位达到 80%时，启动冲洗油罐泵，建立冲洗油罐循环；

(11) 单塔循环及冲洗应达到冷油运方案规定的时间，一般不少于 48h；

(12) 单塔循环及冲洗期间应加强脱水、脱除杂质，及时清理泵入口过滤器；

(13) 主泵运行一段时间后，应切换备用泵运行；

(14) 单塔循环及冲洗结束后，从不合格油线及未转化油线向系统外退油；

(15) 退油结束后，塔、容器液位应处于正常范围，停止向系统补充低氮柴油，关闭原料油缓冲罐到低压分离器之间的开工线；

(16) 建立分馏系统冷油运大循环：

低压分离器 → 低分油换热器 → 脱丁烷塔 → 常压分馏塔 → 常压分馏塔塔底泵 →

减压分馏塔 → 减压分馏塔塔底泵 → 循环油空冷器 $\xrightarrow{\text{开工线}}$ 低压分离器

(17) 分馏系统冷油运大循环期间，各设备建立的小循环不停止；

(18) 塔、容器液位下降时，应适当补充低氮柴油，可从开工线正补，也可从柴油出装置线反补；

(19) 冷油运期间，分馏系统所有流量、温度、压力和液位仪表均应正常投用；

(20) 正常操作介质密度较小的泵，冷油运期间应适当减小流量，以免电机超电流；

(21) 当循环油中的水含量<0.5%时，可结束冷油运；

(22) 冷油运期间暴露的问题，应作好记录；

(23) 冷油运结束后，可将油品退出装置；

(24) 退油结束后，用 N_2 将塔、容器、机泵、管道等残存油吹扫干净，低点存油可打开排凝阀排出；

(25) 冷油运结束后，主泵和备泵均应换上正常过滤器。

8.3.2　热油运

1) 热油运的目的：

(1) 在热态条件下对管线、设备进行冲洗贯通，确保管线、设备畅通无阻、干净、严密；

(2) 进一步考核机泵、设备在热态条件下的工程质量，技术性能及工作的可靠性；

(3) 考察热态条件下仪表系统的可靠性、稳定性和灵敏性；

(4) 低压系统在热态条件下进一步脱水；

(5) 考察公用工程配合的可靠性；

(6) 对螺栓进行热紧；

(7) 对岗位进行技术练兵、事故预演，熟悉操作，加强协作。

2) 热油运应具备的条件：

(1) 冷油运期间暴露的问题已处理；

(2) 制定了详细的热油运方案，并经有关部门批准；

(3) 参与热油运人员认真学习了热油运方案；

(4) 热油运的记录表格和验收表格已制定；

(5) 热油运的流程已改好，需要关闭的阀门已关闭，应加的盲板已加上，8 字盲板符合冷油运的流程；

(6) 各设备已按热油运方案进行了 N_2 冲压；

(7) 主泵和备泵均换上了正常过滤器。

(8) 安全阀前后阀门已打开，处于投用状态；

(9) 热油运前应与安全、生产、调度、公用工程等部门联系和协调，热油运所需油品(如：低氮柴油、石脑油)已准备，分析合格；

(10) 加热炉准备好了点火用具，具备点火条件；

(11) 各种安全、消防、环保设施及可燃气体、硫化氢浓度监测和报警设施均已正常投用。

3) 热油运的主要步骤(以典型的低硫油单段循环加氢裂化流程为例)：

(1) 低压系统设备冲压，冲压流程、压力同冷油运方案；

(2) 按热油运方案进行系统收油，收油时流量计改走副线，收油流程同冷油运方案；

(3) 建立单塔循环，循环流程同冷油运方案；

(4) 引油垫油、建立油循环时，要防止跑、冒、滴、漏等事故的发生；

(5) 各塔、容器液位处于正常范围后，建立分馏系统热油运大循环，循环流程同冷油运方案；

(6) 循环平稳后，停止收油；

(7) 建立减压分馏塔全塔循环流程，水封罐建立水液位，投用减压抽真空系统：

减压分馏塔塔底 $\xrightarrow{\text{开工副线}}$ 轻柴油泵 → 柴油空冷器 → 减压分馏塔塔顶 → 减压分馏塔塔底

(8) 分馏部分加热炉按岗位操作法点火升温，投用流量控制，平衡各支路流量；

(9) 随着温度的上升，各塔、容器要防止憋压，及时投用空冷器、水冷器，控制好冷后温度；

(10) 热油循环时，当热油经过冷换设备或蒸汽发生器、除氧水预热器时，要打开另一端放空，避免单程受热；

(11) 循环期间要认真控制好各塔、容器的压力、液位、流量、温度。若循环油量不足，则及时从低分补充低氮油，若压力下降，则及时用氮气补压；

(12) 加热炉按规程步骤点火升温，升温速度控制在 20~25℃ · h^{-1}；

(13) 当各加热炉出口温度升到 145~150℃，恒温 8~10h 脱水；

(14) 145~150℃恒温期间，对操作温度<150℃的设备进行热紧；

(15) 恒温脱水期间，主泵、备用泵应切换操作，开启调节阀副线或换热副线，加强塔、容器、管线底部排水；

(16) 脱水合格标准：循环油两次分析水含量<500μg · g^{-1}；

(17) 密切注视减压分馏塔底泵等热油泵的操作，防止抽空；

(18) 如果泵发生抽空现象，要及时切换并清洗泵入口过滤网；

(19) 脱水合格后，145～150℃恒温结束；

(20) 将各加热炉出口温度按规程步骤升温到250℃，升温速度控制在20～25℃ · h^{-1}；

(21) 检查热状态下塔、容器、机泵、管道的泄漏情况；

(22) 250℃恒温期间，对操作温度>150℃的设备螺栓进行热紧：

① 凡操作温度>150℃的地方，应全部进行热紧；

② 凡操作温度<250℃的地方，在其操作温度下进行热紧。

③ 操作温度>250℃的地方，应在200～250℃条件下进行一次热紧；进油后在操作温度下再进行一次热紧；

(23) 热紧结束后，以15～20℃ · h^{-1}降温速度将加热炉出口温度降到145～150℃，建立循环；

(24) 循环合格后，以20～25℃ · h^{-1}降温速度将加热炉出口温度降到80℃；

(25) 按冷油运退油方法向装置外退油，注意控制好物料出装置温度；

(26) 退油结束后用N_2将系统内残存油吹扫干净；

(27) 重新引低氮油建立循环，并使各塔、容器液位处于正常范围；

(28) 加热炉按规程步骤升温，升温速度控制在20～25℃ · h^{-1}；

(29) 当各加热炉出口温度升到145～150℃时，恒温等待反应部分接受低氮油，进行反应、分馏大循环；

(30) 热油运期间暴露的问题，应作好记录并及时处理。

参考文献

1 贾贵．扬子石化公司加氢裂化装置开工技术总结．加氢裂化装置第三次技术交流会文集．炼油设计编辑部，1991. 133～140

2 金陵石化公司南京炼油厂．加氢裂化装置试运投产技术总结．加氢裂化装置首次技术交流会文集．炼油设计编辑部，1987. 127～156

3 丛澜波，张继明，樊子傲．辽化1.0Mt · a^{-1}加氢裂化装置投产试运技术总结．加氢裂化协作组第二届年会报告论文集．中国石化总公司加氢裂化协作组．炼油设计编辑部，1997. 145～152

4 孙剑利．加氢裂化紧急泄压系统的试验和泄压孔板内径的理论计算．石油炼制与化工．1996，27(2)：62～66

第九章 反应器内填充物装卸

9.1 反应器内填充物装填概述[1~4]

反应器内填充物主要有活性填充物和惰性填充物。活性填充物主要指保护剂、加氢精制(或加氢处理)催化剂、加氢裂化催化剂等催化剂类；惰性填充物主要指各种规格瓷球、瓷环、瓷柱等。

惰性填充物一般采用稀相装填或分级装填技术。

活性填充物装填的方式主要有稀相装填(或布袋装填)和密相装填(或定向装填)。多种活性填充物的装填可采用分级装填技术。

1）稀相装填[1~2,4]。稀相装填是利用料斗、金属立管和帆布袋，在距活性填充物床层一定高度下，使装有活性填充物的帆布袋沿反应器内侧圆周缓慢放出活性填充物，使分布比较均匀，尽可能减小架桥，避免产生沟流。

稀相装填反应器中心部位装填密度较小，周遍较大。

从图 9-1 可看出，床层高度相当于反应器直径时，液体分布还比较均匀，床层高度为反应器直径 3 倍时，反应器中心部位液体分布明显偏大。

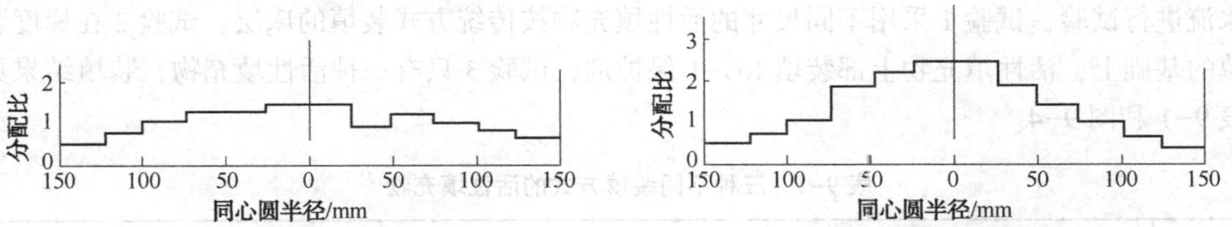

(a)催化剂床层高330mm(1D)　　(b)催化剂床层高990mm(3D)

图 9-1　稀相装填对液体分布的影响[2]

工业装置稀相装填的活性填充物密度与实验室测量密度之间的关系[6]：

$$\rho_r = \rho_{nt} + \alpha(\rho_t - \rho_{nt})$$

式中　ρ_r——工业装置稀相装填的活性填充物密度；

ρ_{nt}——实验室非密堆积床测量密度；

α——忽略器壁效应时，球形活性填充物的α值：0.3~0.5；条形活性填充物的α值：0.2~0.3，球形活性填充物比具有同样等价直径的条形活性填充物堆积的更好；

ρ_t——实验室密堆积床测量密度。

2）密相装填[1,10]。密相装填是利用专用密实装填器，在非净化压缩空气的推动下使活性填充物每个粒子均匀分散在床层截面的恰当位置[1]。常用的密相装填器有 UOP 密相装填系统和 Chevron COP 装填系统等。

密相装填避免了稀相装填中的架桥和超过粒子大小空隙的存在；在反应器容积相同情况下，球形活性填充物可增加 5%~8%的装填量，圆柱形可多装 10%~20%的活性填充物，三叶草可多装 20%~25%[10]；改善了液体分布，提高了液体接触效率，床层中发生沟流、壁效应、偏流、轴相返混的几率减小，活性填充物内外表面被流动液体以液膜形式润湿的分率增加，传质得到加强；改善了床层温度分布，减少了热点出现的可能性，操作更加安全[1]。但密相装填床层压力降大，所需的新氢压缩机、原料油泵、贫胺液泵出口压力提高，循环氢压缩机差压增大，动力消耗增大，装置能耗相应提高。见图 9-2 和图 9-3。

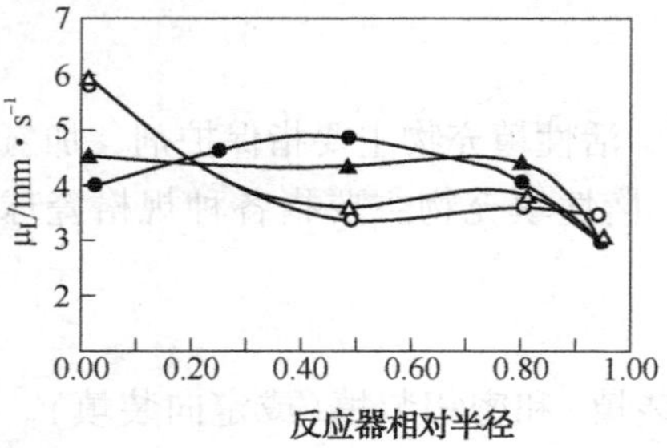

图 9-2 装填方式对液体径向分布的影响

密实装填：▲—无分布器；●—均匀分布盘

布袋装填：△—无分布器；○—均匀分布盘

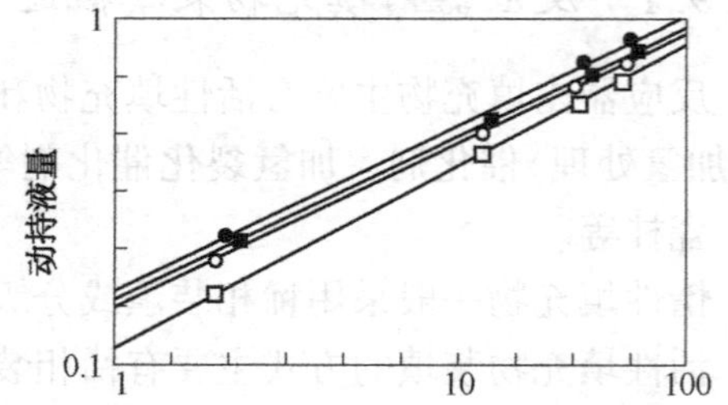

图 9-3 装填方式对动持液量的影响

气体质量速度/[kg · (m² · s)⁻¹]	0.005	0.052
密实装填	●	■
布袋装填	○	□

3) 分级装填[3,10]。分级装填方式利用活性填充物的尺寸梯度，实现活性梯度的分配、延缓压降的积累。日本石油公司对三种不同装填方式的活性填充物床层，用含有细微颗粒的水流进行试验，试验 1 采用不同尺寸的活性填充物按传统方式装填的床层，试验 2 在梯度装填的基础上，活性填充物上部装填 KG-1 保护剂，试验 3 只有一种活性填充物，装填结果见表 9-1 和图 9-4。

表 9-1 三种不同装填方式的活性填充物[3]

项目	试验 1		试验 2		试验 3	
	活性填充物	高度/mm	活性填充物	高度/mm	活性填充物	高度/mm
一层	AS-20-6Q(6.4Q)	37	KG-1-5B	110	KFR-10-1.3Q	680
二层	AS-20-6Q(3.2Q)	101	KG-1-3B	110		
三层	KFR-10-2.1E	101	KFR-10-1.5Q	110		
四层	KFR-10-1.5E	101	KFR-10-1.3Q	350		
五层	KFR-10-1.3E(1.3E)	340				
合计		680		680		680

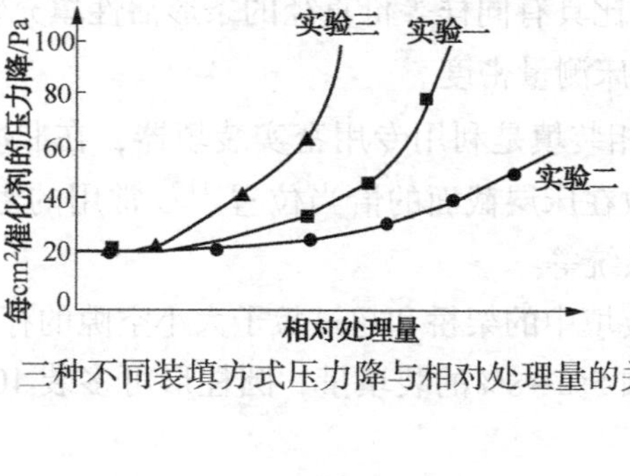

图 9-4 三种不同装填方式压力降与相对处理量的关系[3]

从图 9-4 所示压力降与相对处理量的变化趋势可以看出，试验 3 与试验 1 的差别是分级装填的活性填充物床层可大幅度降低床层压降，应用保护剂的试验 2 则可进一步改善床层压降。

图 9-5 表明没有分级装填的活性填充物床层容易在顶部堵塞；有分级装填的活性填充物床层具有很大的沉积空间；多孔保护剂 KG-1 有最大的容垢能力。

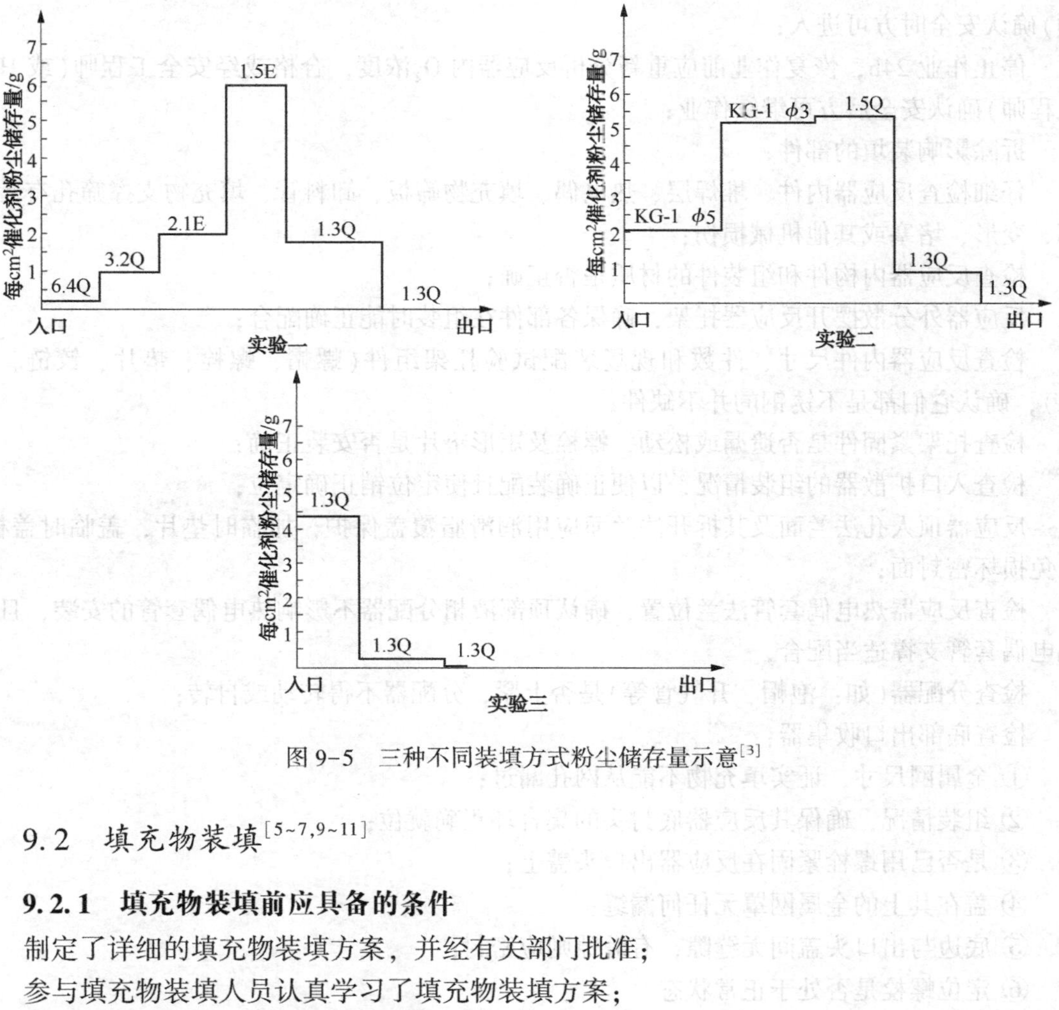

图 9-5　三种不同装填方式粉尘储存量示意[3]

9.2　填充物装填[5~7,9~11]

9.2.1　填充物装填前应具备的条件

制定了详细的填充物装填方案，并经有关部门批准；

参与填充物装填人员认真学习了填充物装填方案；

制定了填充物装填的记录表格和验收表格；

反应系统 5.0MPa N_2气密已经结束；

反应系统干燥完成；

急冷氢接管经过冷氢管喷嘴的流动性试验，并在现场完成最后检查；

反应器内件安装完毕，并符合设计要求；

填充物装填需拆除部件已全部拆除，进行了安全保护，并存放于安全处；

填充物装填前应与生产、调度、公用工程等部门联系和协调；

安全设施落实到位；

安全工程师(或 HSE 工程师)到位。

9.2.2 填充物装填的准备及注意事项

将反应器周围填充物装填工作场地清扫干净，保持干燥；

清除反应器装填平台上不必要的软管、绳索、照明或其他妨碍装填充物的设备；

装填用工具、固定架、操作台、装填运输设备等准备完毕；

打开反应器头盖，分析气体组成，反应器内 O_2浓度>20%或经安全工程师(或 HSE 工程师)确认安全时方可进入；

停止作业 24h，恢复作业前应重新分析反应器内 O_2浓度，合格或经安全工程师(或 HSE 工程师)确认安全后方可继续作业；

拆除影响装填的部件；

仔细检查反应器内件、堆焊层、热电偶、填充物筛板、卸料管、填充物支撑筛孔有无损坏、变形、堵塞或其他机械损伤；

检查反应器内构件和组装件的材质是否正确；

反应器外分散摆开反应器托架，确保各部件在组装时能正确配合；

检查反应器内件尺寸、件数和现场装配试验托架组件(螺帽、螺栓、垫片、铰链、支架)，确认它们都是不锈钢的并不缺件；

检查托架紧固件是否遗漏或松动，螺栓及矩形垫片是否安装正确；

检查入口扩散器的组装情况，以便正确装配且使定位销正确定位；

反应器顶人孔法兰面及其拆开法兰面应用润滑脂覆盖保护，加临时垫片，盖临时盖板，以免损坏密封面；

检查反应器热电偶套管法兰位置，确认顶部液相分配器不影响热电偶套管的安装，且与热电偶套管支撑适当配合；

检查分配器(如：泡帽、升气管等)是否上紧，分配器不得转动或自转；

检查底部出口收集器：

① 金属网尺寸，证实填充物不能从网孔漏过；

② 组装情况，确保其反应器底封头的集合环正确就位；

③ 是否已用螺栓紧固在反应器出口头盖上；

④ 盖在其上的金属网罩无任何漏缝；

⑤ 底边与出口头盖间无缝隙，有缝隙则应密封；

⑥ 定位螺栓是否处于正常状态。

检查反应器的卸料口、封盖是否正确安装在口颈上，且卸料口无水或杂物；

检查是否用螺栓将盲法兰紧固到反应器的卸料口上；

检查“丁”型支架紧固件是否紧固或对正，螺栓或螺帽是否吻合，并没有催化剂粉尘；

检查底部卸料管制动器安装是否正常；

检查所有关键的托架连接件并拍照以备后来参考；

检查是否有工具遗忘在反应器内，所带入反应器的工具应在出反应器之后登记，并与带入反应器的工具核对检查；

清扫反应器内壁、每一层格栅、塔盘和催化剂支撑筛网，筛网不能被破碎的催化剂或放在地面通过脚踩入筛网的任何物质堵住；

对反应器部分隔离：

① 将加氢进料反应炉(或循环氢加热炉)出口至反应器的入口线加盲板隔离；

② 将反应器的出口盲板与反应流出物换热系统隔离；

③ 冷氢线上的阀门关闭，并在阀门上挂警告牌："在填充物装填期间，任何人不得动用此阀门!"从而将反应器与各冷氢线进行隔离。

按填充物装填的搬运要求将填充物搬运至现场，按计划预先分类、称重、筛选，全过程专人记录，并进行合理堆放：

① 将活性填充物和惰性填充物放置于反应器附近，便于以后的搬运；

② 所堆放的活性填充物和惰性填充物要有充足的防雨、防潮措施：对铁桶包装的填充物，在反应器附近的混凝土地面上堆放整齐，并用防雨布盖好；对袋装的填充物，在放置袋子的地面上放好垫木及防水布等，防止雨水浸泡，并加好防雨布；

③ 将相同型号、相同生产批号的填充物放置在一起，用广告牌或其他警示牌加以区分；

④ 在现场堆放填充物时，要充分考虑好装活性填充物和惰性填充物时吊车、铲车、人员等的活动空间，切勿造成填充物装填时混乱的现象。

填充物搬运过程中，不得过度倾斜填充物桶，严禁滚桶；

由专人对进入反应器的人员供氧及通讯设施进行监视；

通讯、通风以及防护措施未经检查、确认，任何人员不得进入反应器内工作；

地面和平台的指挥人员、联系人员应配有相同频率的对讲机，或其他通讯设施，保证联络和信息畅通；

所有的装填材料工具(见表9-2)已准备好：

表9-2　填充物装填用的器械工具

序号	设备名称	备注
1	填充物装填用防护服、防护眼镜、防护头盔、布手套、耳塞、球鞋	反应器内工作人员专用
2	防尘呼吸面罩	多备、足备便于更换
3	供氧式呼吸器	供反应器内工作人员
4	对讲机、直通电话等通讯工具	保证各位置信息互通
5	无齿木耙、塑料板(木板)、水平仪、钢丝刷、清洁工具、卷尺、粉笔	反应器内工作用
6	段塔式梯子配紧固起吊绳、安全带	进、出反应器用
7	罗茨风机	抽吸料面及反应器内粉尘
8	通空气软管	防反应器内人员窒息
9	可燃气体色谱仪、手提式瓦斯探测器	检测用
10	临时电源、反应器内外照明、防爆手电筒、安全电灯等	照明用
11	帆布袋(足够量遮雨布)、塑料布	保护填充物
12	送料斗(起重机料斗)、装料斗(送填充物入反应器内)、铲车、吊车、电动(或风动)葫芦	装填设备
13	带滑阀的装填料斗、带滑阀的装填吊桶、帆布管、填充物扒料篮筐	输送填充物

续表

序号	设备名称	备注
14	风动扳手、胀力螺栓膨胀器	装卸反应器头盖
15	工业风、新鲜水、蒸汽及临时管线	安全用
16	照相机、记录表格	存档用
17	称量的磅称	称量设备
18	温度测量热电偶、氧浓度分析仪、采样磨口瓶等	分析用
19	临时平台	固定卸料斗
20	担架、呼吸设备、回生器等救护设备	紧急救护使用

在反应器附近地面设填充物装桶临时工作平台，备好升降叉车，反应器顶起重葫芦经检验好用；

在反应器附近搭临时作业棚；

填充物装填前，反应器壁和内件无水分；

用彩色编码或其他手段注明每袋填充物的型号，按装填顺序摆放好；

每袋填充物在装料前都要打开细看，检查颜色、规格、结块、破碎及杂物等，如果填充物颜色不均匀或含有大量杂物，则把该袋填充物放在一边，以待进一步检查；

将实际装填的活性填充物和惰性填充物称出毛重，装填完毕后再称空桶及剩下的活性填充物和惰性填充物，算出装填净重；

填充物和托架高度的最初测量，应以装填图上反应器顶部入口为基准；

从分配盘起，测量每一床层活性填充物和惰性填充物堆层高度，并在反应器壁画出记号；

检查活性填充物和惰性填充物装料斗、插板、立管和帆布带套管安装是否妥当；

采用套管式温度计时，温度计套管应在填充物装填前拆下，并封死接管口；

热电偶套管在填充物装填前进行详细检查并做好连接；

分别从反应器底部和冷氢温度控制阀上游引净化压缩空气吹扫；

装填过程中应避免填充物受潮，催化剂尽可能不暴露在蒸汽、雨水、雾气、凉水塔湿气等环境中；

下小雨天应停止装填或采取防雨(或防护)措施后装填，填充物暴露在大气中时间应尽量短；

下大雨天应停止装填，并封好反应器；

天气潮湿的情况下，只有在填充物装填时才将填充物开封，并在填充物装填的平台上架设帆布棚或用帆布鼓形罩罩在反应器顶部；

当装填工作因下雨或其他原因中止时，反应器人孔及装填设备应用帆布盖紧，反应器内用净化压缩空气密封；

填充物自由下落高度应<1m，以免碰击撞碎催化剂；

不允许在填充物上站立或行走；

必须在填充物上站立或行走时，要求脚下拥有大的胶合板“雪橇”或>550mm×550mm 木板垫脚；

装填过程中吹扫空气应在高于已装填床层之上进入反应器，不允许空气流经填充物床层；

在填充物装填期间进入反应器内的人员必须经审批通过，配戴罩住整个脸的正压呼吸器以防吸入催化剂的粉尘，且必须穿全套的防护服(工作服、手套、安全帽)；

装填期间进入反应器的人员胸部应系吊绳，绳的另一端系于反应器入口之上，由专人负责；

反应器内工作人员在填充物装填期间，应将填充物软管沿恒定的圆周运动，以使填充物均匀地分布在床层上，并防止细粉聚积；

应避免工作人员皮肤与填充物直接接触；

用于装剂的升降、运输设备不得载人，吊装设备不得超载；

每层填充物在装下一层填充物之前都应当适当耙平；

填充物装填漏斗应设在入口上方的机架上，即漏斗不直接座在入口上，留有足够大的进出空间，这样可使操作人员在填充物装填期间或危险情况下可以安全方便地进出反应器；

填充物装填的漏斗是斜底的偏心斗，以防装填充物期间催化剂在漏斗角底沉积；

装填漏斗应为不锈钢材质，防止将铁锈带入反应器内；

装填充物的漏斗和装填充物的管线应接地，以防在填充物装填期间产生静电；

装填充物的漏斗和桶，应用塑料布覆盖，以防沾水；

帆布软管应是可以带连接头的分段软管，在使用时，将连接部位拆开或拼接起来比较方便，在填充物装填时，拆下的短管下次再用；

帆布软管可直接联接帆布袋，根据装填情况，用剪刀剪去一段送出反应器；

帆布管和料斗中的填充物应均匀地排布于填充物床层上，若一个填充物层装量超过了限定值，则须用手装入桶中提出反应器；

实际装填时，应缓慢地向床层装填充物，然后耙平床层，重复进行直到将该填充物床层装好；

准确记录装入每一层填充物的类型、体积、重量、桶数及料斗数；

地面每次运送的填充物也应详细记录，并与实际装填核对；

装剂过程中定期核对装填密度及装填量，发现偏离应及时处理；

每个反应器取有代表性的样品，作好标记，存放起来，以备后来参考；

若条件允许，记录、拍照或对整个装填操作进行录像；

装剂结束后，工作人员应充分淋洗。

9.2.3 填充物装填主要步骤

1）填充物的稀相装填。在反应器顶部安装填充物装填料斗，并保证有足够的空间供人员进入反应器；

将防雨的帆布运到反应器顶部，以备下雨天使用；

将桶装填充物放在反应器附近的水泥地面上；

用人力和铲车将桶(或袋)装填充物放置磅秤上面带标定标准刻度体积的料箱，按装量要求装满到一定刻度后，记录填充物的类型、体积、重量、桶数及料斗数；

用净化压缩空气吹扫装填设备除潮，并保持干燥；

用插车将填充物桶(或袋)放置在临时平台上，用人力装入地面的料斗中；

从填充物桶(或袋)用人力倒入装填料斗的过程中应缓慢，避免溢出；

用天车或吊车将料斗提升至各反应器顶部，将装运料斗停放在反应器顶部的送料大料斗上；

将带钢联接头的装料管一节一节地放在反应器平台上联接好，或将足够长的帆布管紧固联接在偏心料斗下方的滑阀后面；

用吊车将上述装料管吊入反应器内，为防止联接部位脱落，可以另外用细绳紧固一下，确认紧固后去掉细钢绳；

采用帆布管时，根据填充物料面与帆布管出料口的距离，用剪刀剪掉一块帆布管来保持适当的填充物装填高度；

放下梯子和照明设施，保持器内的亮度适于装剂人员进行操作；

两名操作人员配戴送风式空气面罩及腰部绑安全绳下反应器；

根据装填数据表和装填图，技术人员在反应器内划线表示出每一填充物的具体位置；

检查反应器内部帆布管上配置的滑阀和滑阀下面连接的帆布管离装料面的高度和帆布管的松紧度；

采用帆布管时，在反应器内停止填充物下落时，最好用一个方便的钢卡，用卡子将帆布管口卡住；

装填时，用临时胶管在填充物床层上部吹入净化压缩空气，使反应器内保持干燥，并且始终使净化压缩空气在填充物装填面上部通入，保持气流向上，但空气不得通过填充物床层；

检查卸料管的密封，在填充物卸料管安装好玻璃棉塞子后，用惰性填充物把填充物卸料口充满；

在反应器内，一人缓慢打开最底端的滑阀，一人操作装料软管末端，连续不断地按圆弧形移动，均匀地向四周方向分布，使装填料面在每一点能均匀上升不可使料面呈锥形上升；

装填过程中，应随时用耙子耙平；

注意填充物放入每一层的量要少一些，从而避免过多的填充物堆积在漏斗或管内；

当每一层耙平时，若发现不够量，可用小桶从顶部吊下送入反应器内，这样可以避免过量时，从反应器内往外送料；

当填充物装至画线处时，停止装填，用耙子耙平，准备装下一种填充物；

随着装剂的进行，梯子离反应器的料面距离要保持适当的高度，便于作业人员替换和工作检查；

操作人员根据划线要求进行装填，按划线要求每装完一层后都要由技术人员鉴定认可后，方可再装下一层填充物；

在装填过程中，当发现填充物料面上升时，达到卸料口的距离过小，器内操作人员无法沿圆周方向均匀移动帆布时，需要与反应器顶部指挥人员联系，关闭装料斗底部下方的滑阀，或者联系吊车将填充物装填管吊出反应器卸下 1~2 节(每节约 1m 长)，保证反应器内的卸料高度，或者用剪刀剪去一定长度的帆布管，保证合适的卸料高度；

反应器平台与器内通讯联系，必须做到随时能够准确沟通，装填过程中任何时候都必须留有两人以上；

一般器内工作人员工作 1.5h 左右，就必须进行更换；

换人时，要停止填充物装填；

替换的人先进反应器，被替换的人把工作交代清楚后方可离开，并重新检查安全措施、防静电措施，一切措施确认全部到位，被替换的人方可离开反应器；

平台顶部的指挥人员与器内器外及地面沟通联系好后，再进行下一步装填；

填充物装填期间，每天应填写当日报告，报告格式见表9-3。

表9-3　填充物装填工作当日报告

序号	工作内容	配合单位	备注
1	O_2、CO、H_2、N_2等气体分析报告，反应器温度	化验室	
2	磅秤校正、风机、铲车、吊车、电动(或风动)葫芦检查报告	维修人员	
3	当日各部位人员安排、反应器内人员更换计划、请假缺席人员	外借人员	
4	前一天填充物装填情况叙述，各项技术指标与设计参数的比较，催化剂装量、体积装填密度等的技术分析	研究、设计单位	
5	当日工作的具体计划、预期达到的目的，工作过程简述，发生问题的处理，急待解决的问题，计划完成情况的评估，今后装填工作的注意事项及装填要求	研究、设计单位	

装填过程中，应有专门的设备工程师对内部构件检查、指导装配，并对装配要求和质量进行管理，特别是对内构件的缝隙要求准确测量，确保不发生催化剂泄漏事件；

装填过程中，应有专门的仪表工程师对每一支热电偶进行检查、指导装配，并对装配要求和质量进行管理；

采用柔性热电偶时，应将每一支柔性热电偶与DCS(或ESD)的显示逐一核对，确保显示点与装配点吻合；

装填未完过夜时，保护好作业现场，防雨、防潮、防风；

装填期间，对每一罐样品采样，以获取平均的样品数据；

根据装填进度，封闭底部分配盘和冷氢箱的人孔；

安装分配盘、冷氢管，确保组装合格；

封闭上部催化剂床层支撑格栅人孔；

有积垢篮时，装积垢篮前，先将积垢篮在反应器平台串联排列，标出号码；

装积垢篮时，按编排依次装入，每个积垢篮盖上盖子，按装填方案在篮周围装填惰性填充物；

取出积垢篮盖子，用不锈钢链条串好并固定在分配盘上；

检查并保证积垢篮内没有填充物掉入；

反应器内的填充物装填完毕后，进行质量确认，达到合格要求后，反应器内人员撤出反应器；

拆除反应器装填料斗及反应器所有装填器具，装上入口分配盘及入口扩散器，然后人孔复位；

装填完毕后，根据称量记录其体积、重量及在反应器中的装填体积计算出装填密度；

有关人员签字认可，将反应器内构件装上；

拆除安装在反应器顶部的填充物装料斗；

对反应器顶部金属垫圈和法兰的沟槽密封面彻底清洁，给反应器加盖；

仔细填写装填记录，记录格式见表9-4。

表 9-4 填充物装填记录格式

反应器编号： 日期： 第 页 共 页

罐序号	批号	罐号	净重	罐序号	批号	罐号	净重	罐序号	批号	罐号	净重
1				21				41			
2				22				42			
3				23				43			
4				24				44			
5				25				45			
6				26				46			
7				27				47			
8				28				48			
9				29				49			
10				30				50			
11				31				51			
12				32				52			
13				33				53			
14				34				54			
15				35				55			
16				36				56			
17				37				57			
18				38				58			
19				39				59			
20				40				60			

催化剂装填量： 装填密度： 罐 数：

监督人： 签 发：

2）填充物的密相装填：

将填充物的密相装填专用机运至装填现场；

在反应器外地面上调试好密相装填工具，确保各部灵活好用；

将密相装填专用机安装在反应器内相应支撑部位，如通道的正中心、冷氢箱通道处；

连接好密相装填专用机所需的配套系统，如电源线、净化压缩空气线(或压缩空气线)等；

将密相装填专用机校准水平；

用高强度帆布筒将装填料斗与密相装填专用机的小料斗相连；

调整为专用工具装剂用的填充物卸料器，保证其垂直，并完全处于反应器中心位置；

向反应器顶部料斗内装入填充物，此时不接通压缩空气管线，避免气流冲刷；

向喷头通入小量压缩空气，避免填充物颗粒进入喷嘴；

打开反应器顶部料斗的插板阀，使填充物流入密相装填专用机的小料斗内，将帆布筒装满；

启动密相装填专用机的风动马达；

调试好专用供风系统，调整供风压力，如 0.6~0.7MPa；

调节喷头间隙和风压，使风压与填充物装填速度相适应，并保证填充物均匀下落，到达床层的每一角落；

床层装填 1m 高后，停密相装填专用机；

切断密相装填专用机上方填充物的流动，将帆布筒对折，系紧；

将密相装填专用机从通道处移开；

放下梯子和照明设施，保持器内的亮度适于装剂人员进行操作；

两名操作人员配戴送风式空气面罩及腰部绑安全绳下反应器；

检查催化剂床层的水平度和密实度，用耙子将不平整的地方耙平，计算催化剂装填量是否符合密相装填要求；

安装密相装填专用机，并检查稳固性和水平；

启动密相装填专用机的风动马达；

调节喷头间隙和风压，使风压与填充物装填速度相适应；

再装 1m 高床层，停密相装填专用机，重复以上步骤；

用帆布筒装填最后 1m 高床层；

密相装填期间，应控制立筒中填充物的量不要太多、过满；

装填完毕后，根据称量记录其体积、重量及在反应器中的装填体积计算出装填密度；

有关人员签字认可，将反应器内构件装上；

拆除安装在反应器顶部的填充物装料斗；

对反应器顶部金属垫圈和法兰的沟槽密封面彻底清洁，给反应器加盖；

仔细填写装填记录，记录格式同表 9-4。

9.2.4　填充物装填实例

某厂加氢裂化装置填充物装填情况见表 9-5。

表 9-5　某厂加氢裂化装置填充物装填情况[5]

项目	型号	设计重量/t	实际重量/t	设计高度/m	装填高度/m	设计密度/(t·m^{-3})	装填密度/(t·m^{-3})
精制一床	TK-10	1.12	0.95	0.15	0.17	0.800	0.738
	3/16″TK-711	3.22	3.85	0.77	0.78	0.460	0.457
	1/8″TK-711	1.75	2.20	0.42	0.53	0.460	0.457
	TK-751	4.03	4.11	0.68	0.68	0.650	0.687
精制二床	TK-555	25.61	25.40	3.36	3.36	0.840	0.816
精制三床	TK-555	37.73	38.57	4.95	5.00	0.840	0.816
精制四床	TK-555(密相)	60.89	58.94	6.99	6.99	0.960	0.929
裂化一床	3905	27.60	25.74	3.95	3.92	0.771	0.723
裂化二床	3905	27.60	25.23	3.95	3.90	0.771	0.717
裂化三床	3905	27.60	25.07	3.95	3.90	0.771	0.707
裂化四床	3905	27.60	25.23	3.90	3.90	0.771	0.713
	TK-555	13.52	13.87	1.78	1.79	0.840	0.860

9.3　填充物卸出[7~9,11]

9.3.1　填充物卸出的方法

当反应器需要打开检查或修理，活性填充物失去活性需要进行器外再生、过筛处理或更换新活性填充物时，都要将活性填充物从反应器卸出；活性填充物卸出的同时，惰性填充物也需要一起卸出。

活性填充物从反应器卸出后可能的处理：过筛后重新回装、催化剂器外再生(一般为异地再生)、回收金属或废弃填埋。不同处理方式的选择受停工时间、维修费用、安全性、现场的特殊性及经济价值综合影响。当然卸出后的不同处理方式对应不同卸出方法。

1) 干法卸出填充物。活性填充物从反应器卸出后无论处理方式如何均可采用干法卸出。

(1) 器内完全氧化再生后卸出填充物。填充物干法卸出之前，经烧硫、烧焦三次燃烧被完全再生后从反应器卸出，是最安全的一种卸填充物方式。第十六章详述了器内氧化再生，器内氧化再生后，熄灭加热炉火嘴，循环氢压缩机全量循环，保持气路的循环流程，反应流出物空冷器维持正常运转，反应系统的温度逐步降低，反应器得到逐步冷却。

当反应器温度冷却到足够低时，停循环氢压缩机和反应流出物空冷器的运转，反应系统泄压放空至系统压力为常压。消防、安全设施到位后，将接卸车辆、工具停放在合适位置，打开底部卸料口，接卸填充物。在卸填充物过程中，应用干燥气体(压缩空气或氮气)吹扫掩护，注意防尘。

生产操作过程中，如果出现压差异常或局部超温现象，说明运行时流量分布不均，可能会有填充物结块，器内氧化再生时，这些结块不易完全烧硫、烧焦，可能需要人工破碎。在人工破碎时，应用氮气而不是压缩空气吹扫掩护，防止易燃的硫化铁暴露在空气中自燃着火，确保作业人员和设备安全。

器内完全氧化再生后卸出填充物的优点：

① 能够在环境条件下快速卸出；

② 除过筛损失外，其余活性填充物能够重新使用；

③ 安全有保证，没有燃烧危险；

④ 再生能够除去填充物积炭和非致密性结块；

⑤ 由于再生烧掉了硫，填充物又经过了烘干，连多硫酸对奥氏体不锈钢腐蚀的可能性大大减小；

⑥ 干燥的填充物可节省卸出时间。

器内完全氧化再生后卸出填充物的缺点：

① 完全再生需要一定时间；

② 筛网过滤会额外损失 5%~15%；

③ 卸、筛、重新装填充物，均需保持干燥；

④ 卸填充物前，需要一定的冷却时间，将填充物冷却到约 60℃，并确保不会熔化装填罐的塑料内衬。

(2) 器内部分氧化再生后卸出填充物。填充物干法卸出之前，经一次燃烧后从反应器卸出，第十六章详述了器内部分氧化再生，器内部分氧化再生适用于从填充物回收金属或将填充物废弃填埋。

器内部分氧化再生后卸出填充物的优点：

① 填充物燃烧的可能性较小，在环境条件下卸出时有小的着火危险；

② 运输填充物时，不用额外增加水的重量；

③ 填充物不会重新使用，不需要过筛、惰性气筛出粗块及特殊的干燥处理；

④ 由于反应器保持干燥，连多硫酸对奥氏体不锈钢腐蚀的可能性大大减小。

器内部分氧化再生后卸出填充物的缺点：

① 需要一批新鲜填充物；

② 一次燃烧也需要一定时间；

③ 需要经过急冷溶液处理；

④ 卸填充物前，需要一定的冷却时间，将填充物冷却到约60℃，并确保不会熔化装填罐内的塑料内衬。

(3)不再生卸出填充物。填充物不再生从反应器卸出，适用于填充物器外再生或从填充物中回收金属。此法要求在惰性气体中干法卸出。一般采用的惰性气体为N_2，由于N_2不燃烧、无腐蚀，能够阻止可燃填充物的燃烧，因此将可燃填充物在N_2气氛中卸到装有N_2层的罐中，装满后立即密封是安全可行的。

典型的不再生干法卸填充物的方法有：热氢汽提法、油洗法及抽真空法。

热氢汽提法卸出填充物：加氢裂化装置正常停工时，切断装置原料油和循环油后，有两种热氢汽提法：

① 升温法：系统降压、升温(有专利公司建议升至400℃)，采用循环氢压缩机最大量循环的方法热氢吹扫、汽提反应器24h以上，脱除粘附在填充物上油品，然后反应系统降温降压。热氢汽提后系统降至常温常压，可燃性气体含量<1%，填充物基本不含油。为防止FeS自燃，卸出填充物的全部过程应用N_2掩护。

② 降温法：系统维持正常操作压力、降温(有专利公司建议反应器入口温度降至288~315℃)，采用循环氢压缩机最大量循环的方法热氢吹扫、汽提反应器，脱除黏附在填充物上油品，热氢汽提结束后2h，液体不再在冷高压分离器出现，然后反应系统降温降压。反应系统降至常温常压，可燃性气体含量<1%时，填充物基本不含油。为防止FeS自燃，卸出填充物的全部过程应用N_2掩护。

油洗法卸出填充物：加氢裂化装置停工时，反应进料加热炉(或循环氢加热炉)熄火，用油和氢气循环将反应系统降温至常温，反应器内温度与压力的关系应符合温压曲线要求，然后停循环氢压缩机，通过高压分离器顶部泄压阀将反应系统泄玉至常压，此时填充物仍然被油沫覆盖，卸出填充物的全部过程需用N_2掩护。

抽真空法卸出填充物：加氢裂化装置停工后，反应器内充满N_2、温度<38℃，将旋风分离器、过滤器、真空泵及空调制冷水冷却器等N_2循环设备与反应器相连，反应器中的填充物与N_2由真空泵抽吸进入旋风分离器，分离出N_2→过滤器→真空泵→空调制冷水冷却器→反应器循环。

不再生卸出填充物的优点：

① 回收的填充物适用于器外再生；

② 由于反应器充满N_2，连多硫酸对奥氏体不锈钢腐蚀的可能性较小。

不再生卸出填充物的缺点：

① 卸下的填充物必须立即密封在N_2罐内；

② 卸填充物前，需要一定的冷却时间，并确保填充物不会熔化装填罐内的塑料内衬；

③ 需要严格的运输限制；

④ 卸出填充物时，空气进入会发生着火。

2）湿法卸出填充物。活性填充物从反应器卸出后回收金属或废弃填埋可采用湿法卸出。当填充物被冷却到<93℃时，向反应器注入<38℃的 Na_2CO_3 溶液(Cl^- 含量应符合要求)，反应器内温度降至50~60℃后，填充物和 Na_2CO_3 溶液一起从反应器底部卸出。

湿填充物更容易流动，因此湿法卸出填充物比干法卸出填充物可节省25%的卸出时间。湿法卸出填充物的控制步骤受填充物罐的容量限制。

湿法卸出填充物应加强安全，避免 Na_2CO_3 溶液对人体的烧伤。

为了将湿填充物储存罐内水含量降到最低，降低湿填充物运输重量、回收金属的花费和有害垃圾量，可采用螺旋分离器有效排除湿填充物中的水分。

湿法卸出填充物的优点：

① 卸出速度快；

② 填充物没有燃烧性，不需要 N_2 保护；

③ 湿填充物可在环境条件下处理；

④ 由于使用了大量水，反应器冷却到<93℃，即可注入 Na_2CO_3 溶液卸出填充物，节省了反应器的冷却时间。

湿法卸出填充物的缺点：

① 卸下的填充物不能重复使用；

② 填充物含有水分，增加了填充物运输重量和回收金属的花费；

③ 处理废水会增加费用；

④ 注水水质要求高，如：要求 Cl^- 含量<50μg · g^{-1}(最严要求为 Cl^- 含量<5μg · g^{-1})，以减轻对不锈钢的腐蚀；

⑤ 为了减轻 H_2SO_4 对不锈钢的腐蚀，应填加2%的 Na_2CO_3 溶液；

⑥ 卸出填充物后，反应器必须立即干燥。

9.3.2　填充物卸出的主要步骤

1）干法卸出完全再生、部分再生或未再生填充物。

(1) 准备工作：

制定了干法卸出完全再生、部分再生或未再生填充物的详细方案，并经有关部门批准；

参与填充物卸出人员认真学习了填充物卸出方案；

制定了填充物卸出的记录表格和验收表格；

填充物卸出前应与生产、调度、公用工程等部门联系和协调；

安全设施、急救设施落实到位；

反应器内经过完全再生的填充物，理论上可以采用环境条件卸出，为了确保安全，建议采用 N_2 保护；

反应系统用 N_2 吹扫，可燃性气体含量<1%；

反应系统保持 N_2 压力：0.02MPa，没有空气漏入；

准备好必要设备和附属设备，如填充物装填桶、振动筛、滑阀等；

准备好碱洗用的设备，如碱洗泵、管线、碱洗罐等；

碱洗用的碱液已按有关比例调配好；

在反应器顶部搭好防雨帆布；

准备好有关防护服，如防护眼镜、防护头盔、布手套、耳塞、球鞋、防尘呼吸面罩、送风式空气面罩；

准备好反应器内外照明设备：防爆手电筒、安全电灯等；

准备好吸尘设备，如罗茨风机等；

反应器内清扫设备已备好。

（2）主要步骤：

在 N_2 掩护下，拆填充物卸料管上的盲板法兰，安装滑阀和挠性帆布软管；

将拆下的盲板法兰、垫圈等浸入碱液罐中；

用滑阀上有套筒扳手的专用工具取下填充物制动器，再迅速关闭滑阀；

将填充物制动器浸入碱液罐中；

把填充物储罐放到挠性帆布软管下；

打开滑阀，卸填充物至储罐，如果填充物进行了有效冷却，也可卸入流动储存斗或大袋中；

根据反应器尺寸的不同和卸料管的安装位置不同，滞留于死角的填充物一般占总量的20%~30%；

滞留于死角的填充物需要人工清理；

打开反应器头盖，将螺栓、螺母等浸入碱液罐中，反应器顶大法兰涂润滑脂；

用罗茨风机抽吸料面及反应器内粉尘；

放下梯子和照明设施，保持器内的亮度适于卸剂人员进行操作；

两名操作人员配戴送风式空气面罩及腰部绑安全绳下反应器；

清扫滞留于死角的填充物至卸料罐；

部分再生的填充物可能会释放有毒蒸气，应根据填充物性能制定相应的安全措施，确保卸剂人员安全。

2)湿法卸出未再生填充物。湿法卸出未再生填充物前，反应系统需要热氢汽提脱除填充物上的油品，脱除采用的两种热氢汽提法同干法卸出未再生填充物。反应器入口温度降至205℃前，循环氢中 CO 含量 $<30\mu g \cdot g^{-1}$，冷高压分离器不再出现液体。

（1）准备工作：

制定了湿法卸出未再生填充物的详细方案，并经有关部门批准；

参与填充物卸出人员认真学习了填充物卸出方案；

制定了填充物卸出的记录表格和验收表格；

填充物卸出前应与生产、调度、公用工程等部门联系和协调；

安全设施、急救设施落实到位；

准备好必要设备和附属设备，如填充物装填桶、振动筛、滑阀等；

准备好碱洗用的设备，如碱洗泵、管线、碱洗罐等；

碱洗用的碱液已按有关比例调配好；

准备好有关防护服，如防护眼镜、防护头盔、布手套、耳塞、球鞋、防尘呼吸面罩、防尘呼吸面罩；

准备好反应器内外照明设备：防爆手电筒、安全电灯等；

反应器内清扫设备已备好。

（2）主要步骤：

将反应温度冷却至<93℃;

用 N_2 吹扫反应系统，置换系统内 H_2;

将反应系统压力降至常压;

在 N_2 掩护下，拆卸反应器入口法兰，将拆下的法兰、垫圈、螺栓、螺母等浸入碱液罐中;

在 N_2 掩护下，拆填充物卸料管上的盲板法兰，安装滑阀和挠性帆布软管;

将拆下的盲板法兰、垫圈等浸入碱液罐中;

用滑阀上有套筒扳手的专用工具取下填充物制动器，再迅速关闭滑阀;

将填充物制动器浸入碱液罐中;

把填充物储罐放到挠性帆布软管下;

根据处理水的步骤，放置好存储水浆的存储器;

当反应器壳体温度冷却至<28℃，在反应器底部加入大量水(要求 Cl^- 含量<50μg · g^{-1}，在反应器顶部加入2%的 Na_2CO_3 溶液;

加水后反应器顶部会释放出一定量的 H_2S、CO、CO_2，应加强反应器顶部人员的安全，如佩戴防毒面具等;

打开滑阀，卸填充物及水至储罐;

将水位降到顶部床层内件以下;

卸掉反应器顶部入口扩散器、部分积垢蓝、顶部分配盘，并其浸入碱液罐中;

放下梯子和照明设施，供器内卸剂人员进行操作;

两名操作人员配戴送风式空气面罩及腰部绑安全绳下反应器;

用一根排水管，清扫滞留于死角的填充物至卸料罐;

部分再生或未再生的填充物可能会释放有毒蒸气，应根据填充物性能制定相应的安全措施，确保卸剂人员安全;

将水位降到下一床层内件以下;

卸掉反应器部分第一冷氢箱，条件许可时，将其浸入碱液罐中;

用一根排水管，清扫滞留于死角的填充物至卸料罐;

重复以上步骤，直至填充物卸完;

用一根排水管，尽可能清扫滞留于支撑删的填充物至卸料罐;

反应器用 N_2 吹干，并在 N_2 条件下保护。

9.3.3 填充物卸出的安全性

加氢裂化装置填充物卸出时，会遇到 FeS 自燃、H_2S 、$Ni(CO)_4$、$Co_2(CO)_8$、$Fe(CO)_5$、$Fe(CO)_9$、$Fe_3(CO)_{12}$、$Mo(CO)_6$ 中毒、惰性气体窒息、SO_2、CO_2、CO 可燃气体的燃烧及有毒蒸气(如：苯)的危害，第十九章详述了各自的物化性质、危害、预防、治疗等。

参 考 文 献

1　韩崇仁主编．加氢裂化工艺与工程[M]．北京：中国石化出版社，2001

2　丘立智，栗翼莪．重油固定床反应器进料分配问题的研究 [J]．石油炼制，1986，(3)：32~36

3　宫内爱光，高田．防止加氢装置固定床压力降过快升高的对策[J]．炼油设计，2000，30(1)：23~27

4　[法] J.F. 勒巴日等著．李宣文，黄志渊译．接触催化[M]．北京：石油工业出版社，1984. 183~184

5　金德浩，何林春，杜本军等．天津 0.8Mt·a^{-1}加氢裂化装置首次开工技术总结．加氢裂化协作组第三届年会报告论文集[M]．中国石化总公司加氢裂化协作组．抚顺石油化工研究院，1999.189~198
6　石油化工干部管理学院组织编写．加氢催化剂、工艺和工程技术(试用本)[M]．北京：中国石化出版社，2003
7　韩崇仁主编．加氢裂化工艺与工程[M]．北京：中国石化出版社，2001.847~849
8　黄日江．未再生处理的催化剂卸出．加氢裂化协作组第三届年会报告论文集[M]．中国石化总公司加氢裂化协作组．抚顺石油化工研究院，1999.173~174
9　李立波．上海石化总厂加氢裂化装置催化剂装卸情况．加氢裂化协作组第三届年会报告论文集[M]．中国石化总公司加氢裂化协作组．抚顺石油化工研究院，1999.175~178
10　赵开城．应用 TK-RINGS 催化剂解决精制反应器压力降总结．加氢裂化协作组第三届年会报告论文集[M]．中国石化总公司加氢裂化协作组．抚顺石油化工研究院，1999.182~188
11　程美，杨勇刚．加氢裂化高活性高硫催化剂的卸出保存和装填[J]．石油炼制，1991，(2)：23~27

第十章　催化剂硫化、活化和还原

10.1　概述

催化剂硫化、活化和还原均为催化剂装入工业装置反应器后，在开工阶段恢复催化剂活性的方法。

10.1.1　催化剂硫化[1~5]

加氢催化剂主要由金属组分和载体两个部分组成。非贵金属催化剂的金属组分一般由Mo、Ni、Co、W等金属元素组成，为了生产、运输、储存、装填的安全，这些元素都是以金属氧化物状态分布在多孔的载体上。这些非贵金属催化剂装入工业反应器后，经过硫化处理，金属组分从氧化态转变为硫化态，具有了活性、稳定性、选择性、抗毒性、较长的寿命，从而满足工业生产要求。

催化剂硫化的目的：

(1)增加了与Mo有关的硫的空位和与Ni-MoS有关的Ni的活性空位，使得加氢活性增加；

(2) 从金属离子的表面分散性来看，硫化型催化剂改善了催化剂金属离子，从而使加氢活性有明显提高；

(3) 催化剂硫化后，使催化剂的酸密度发生变化，提高了催化剂酸性活性；

(4) 硫化型加氢裂化催化剂的活性要高于氧化型，而且随着硫化反应的进行，加氢活性得到大幅提高；

(5) 连续补硫可以使催化剂的活性稳定。

10.1.2　催化剂活化[9~10]

器外硫化催化剂装入反应器后进行的硫化过程称为催化剂活化。催化剂活化比催化剂硫化时间短，可节省硫化时间，简化流程(不需安装硫化剂泵和硫化剂罐)。

器外硫化催化剂也称为“actiCAT”，是将带巯基有机化合物与金属氧化物结合形成金属氧硫化物，这种催化剂装填到加氢反应器，在氢气存在下，加热到一定温度后金属氧硫化物被断链直接形成金属硫化物(或生成H_2S将金属氧化物转化为金属硫化物)。

“actiCAT”催化剂可以在比较宽的温度范围内进行“活化”(38~371℃)，反应产生热量、水，并消耗H_2，由于放热比较分散，只在260℃时产生一个很小的温升。

典型的活化方法[14]：①干法活化——氢气循环条件下的活化；②一次通过的湿法活化——在氢气存在下，反应器进原料油硫化并一次通过；③循环的湿法活化——为了减少油品和硫化剂损失，在氢气存在下，建立原料油、硫化油循环流程。

10.1.3　催化剂还原

对于贵金属催化剂或高镍催化剂，在装填、运输过程中，容易与O_2发生反应生成金属氧化物，使催化剂失去活性。在装置进油之前，这些金属氧化物必须还原为金属状态，才能恢复催化剂活性。典型的还原剂为 H_2。其还原反应如下：

$$NiO+H_2 \longrightarrow Ni+H_2O$$

$$PdO+H_2 \longrightarrow Pd+H_2O$$

还原剂中含有的烃，可在催化剂活性中心上产生焦炭，使催化剂活性不能很好恢复。所以作还原剂的 H_2，必须是高纯度 H_2。

10.1.4 催化剂硫化的方法[1~10]

(1) 催化剂器外硫化技术。

已工业应用的典型催化剂器外硫化技术：

① CRITERION 推荐的 actiCAT 催化剂器外硫化技术；

② EURECAT 推荐的 SULFCAT 催化剂器外硫化技术；

③ AKZO Nobel Chemicals 推荐的 Ketjenfine EasyActive 催化剂器外硫化技术；

④ TRICAT 推荐的 Xpress 催化剂器外硫化技术。

(2) 催化剂器内强化硫化技术。

① 干法硫化：

(a) H_2S 气相硫化法。在氢气存在下，直接用含有一定浓度 H_2S 的气体进行的气相硫化；

(b) 硫化剂气相硫化法。在氢气存在下，直接向循环氢中注入 CS_2 或有机硫化物，利用硫化物分解生产 H_2S 进行的气相硫化；

(c) 单质 S 气相硫化法。在氢气存在下，直接向循环氢中注入元单质 S 进行的气相硫化[11]；

② 湿法硫化。在氢气存在下，用高含硫油品（或硫化剂）在液相（或半液相）状态下进行的催化剂硫化。典型的湿法硫化方法：

(a) 利用液体硫化剂进行硫化。向硫化油中加入硫化剂（如 CS_2 或 DMDS 等）进行催化剂硫化，可缩短催化剂硫化所需要的时间、提高催化剂的加氢活性；

(b) 利用固体硫化剂进行硫化。将固体硫化剂装填在硫化剂罐内，以 N_2/H_2 混合气为循环气流与加氢反应器串联升温，固体硫化剂随气流温度的提高逐渐释放出 H_2S 而实现加氢催化剂的硫化[8]；

(c) 硫化剂+高含硫油品硫化。利用外部硫化物（液体硫化剂或固体硫化剂）硫化一段时间后，再依靠高含硫的油品自身的硫进行硫化。

③ 干法+湿法硫化[13]。先低温干法硫化，后高温湿法硫化。低温区干法硫化在 160~280℃用 H_2S 或其他硫化剂进行干法硫化，注硫量以单质硫计的质量分数为催化剂的 1.0%~2.0%；高温区湿法硫化在 260~320℃用硫化油进行湿法硫化，注硫量以单质硫计的质量分数为催化剂的 1.0%~2.5%。

10.1.5 硫化剂的选择[7,10,14]

硫化剂是在硫化条件下能与 H_2 反应，生成 H_2S 的含硫化合物或单质硫。

1) 选择遵循原则：

(1) 分解温度低，能在较低温度下分解生成 H_2S；

(2) 成本低，容易得到；

(3) 本身含硫量高；

(4) 硫化剂的毒性小；

(5)使用安全，便于运输。

2）常用的硫化剂。CS_2、乙硫醇(EM)、正丁硫醇(NBM)、二叔壬基多硫化物(TNPS)、二甲基二硫化物(DMDS)、二甲基硫化物(DMS)等，也有采用 DMSO、TBPS、SZ54 等作为硫化剂。

3）常用的硫化剂的主要性质，见表 10-1。

表 10-1　常用的硫化剂的理化性质[10,14]

硫化剂		DMDS	DMS	TNPS	NBM	EM	DMSO	CS_2
相对分子质量		94.2	62.1	414①	90.2	62.1	78	76
沸点/℃		109.7	36.1~39.4	160	96.1~100	34.4~36.1	189	46.1
含硫量/%		67.2	51.6	37	35.6	56.1	41	84.2
相对密度 $d_{15.6}^{15.6}$		1.063②	0.854	1.026~1.045	0.847	0.846		1.26
蒸气压(37.8℃)/Pa		3723③	102732	1034	11032	111695	不挥发	76532
闪点(泰格闭口)/℃		15	-17.8	121④	-7.2	-17.8		-30
黏度(20℃)/(mPa·s)		0.62	0.28	4.1~6.6⑤	0.5	0.23		0.36
分解温度/℃		200	250	160		200		175
在催化剂和 H_2 条件下分解温度/℃		175~205	230~260	150~175	150~175		150~175	
水中溶解度/%		0.25	0.63	不溶	0.057	0.67		0.01
反应热/(kJ·mol⁻¹)		43496	66524		28377	29773		
熔点/℃			-90.3			-144.4		-111.5
蒸汽密度/(kg·m⁻³)			2.77			2.77		
临界温度/℃			229.9			225.5		277.7
临界压力/MPa			5.64			5.6		7.55
蒸发潜热/(MJ·kg⁻¹)			0.1285					0.3517
比热容(20℃)	$kJ \cdot kg^{-1} \cdot k^{-1}$		1897					1.00
	$kcal \cdot kg^{-1} \cdot ℃^{-1}$		0.453					0.24

① 计算值；② 20℃相对密度；③ 25℃蒸气压；④ 宾-马杯闭口闪点；⑤ 99℃下黏度。

10.2　催化剂硫化条件

影响硫化反应完成的因素很多，如注硫温度、硫化油、硫化剂的种类和浓度、硫化温度、循环气中 H_2S 浓度、硫化压力及硫化时间等。

10.2.1　注硫温度[3~4,14~15]

注硫温度与催化剂制作方法、金属组分、填加的微量元素及催化剂还原程度的影响有关。

用 CS_2 或有机硫化物进行预硫化时，注硫温度主要取决于硫化剂的分解温度，一般控制在分解生成 H_2S 温度以下注硫。

采用 CS_2 为硫化剂时，CS_2 常温下分解温度 175℃，与 H_2 开始反应生成 H_2S 的温度还会降低，因此注入 CS_2 的温度应在 175℃以下，一般选择在 150℃。

有机硫化物在催化剂和 H_2 条件下分解温度通常比常温下分解温度低 10~25℃，因此注入温度应适当降低。较低的接触温度有利于减少催化剂被还原的程度，有利于硫化后催化剂的活性。被还原的金属对油有强烈的吸附作用，会加速加氢裂解，造成催化剂积炭而使活性下降。表 10-2 为几家专利公司建议的注硫温度。

表 10-2 不同专利公司以 CS_2 为硫化剂的典型注硫温度[3~4]

公司	U	R	M	K
注硫温度/℃	≯175	≯150	≯177	≯150

10.2.2 硫化油[3~4,14~15]

用于催化剂湿法硫化的馏分油，一般称为“硫化油”。

(1)硫化油性质。不同的硫化油对硫化的效果有一定的影响，见表 10-3。

表 10-3 不同硫化油的硫化效果[3]

硫化油	脱氮率/%			
环己烷	37.0	58.3	75.1	82.1
汽油	34.3	53.3	71.3	77.0
直馏煤油	28.7	45.2	61.4	66.3
反应温度/℃	300	320	340	360

硫化油性质的一般要求：

① 硫化油的馏分范围：一般要求接近或略轻于加工的原料油；

② 不含烯烃，烯烃加氢会增加放热，并导致催化剂结焦；

③ N 含量<100μg · g^{-1}；

④ 终馏点应<380℃，CRITERION 要求<340℃；

⑤ 典型的硫化油为：直馏煤油、低氮直馏柴油或加氢裂化柴油。

(2) 硫化油润湿。液相(湿法)硫化时，为避免硫化剂大量堆积在催化剂表面，达到分解温度时集中放热，一般应在硫化剂注入前保证硫化油对催化剂的完全润湿，并应持续数小时。硫化油对催化剂的有效润湿，可防止催化剂床层发生偏流，使催化剂硫化更充分，同时也可消除催化剂表面的干燥区域，避免水对催化剂强度、活性产生不利影响。

10.2.3 硫化剂[3~4,14~15]

1) 硫化剂量的准备。首先计算硫化剂化学消耗量[1~3]：

$$3NiO+2H_2S+H_2 \longrightarrow Ni_3S_2+3H_2O$$

$$MoO_3+2H_2S+H_2 \longrightarrow MoS_2+3H_2O$$

$$WO_3+2H_2S+H_2 \longrightarrow WS_2+3H_2O$$

$$9CoO+8H_2S+H_2 \longrightarrow Co_9S_8+9H_2O$$

由于硫化过程中，系统会存储一部分 H_2S，也会排放一部分 H_2S。因此硫化剂的准备量至少应为 1.3~1.5 倍理论计算量。

2) 不同硫化剂的硫化效果。一般而言，不同硫化剂在各自合适条件下的硫化效果相当。但对低硫原料的大庆常压渣油，不同硫化剂的硫化效果不同，见表 10-4。

3) 硫化剂润湿。为防止催化剂发生还原反应，硫化反应开始前，催化剂表面应预先吸附适量的硫化剂，以便在达到硫化温度后，硫化与还原同时进行。

表 10-4 不同硫化剂的硫化效果[3]

硫化剂	无	硫黄粉	DMDS	CS_2
反应温度/℃	437	437	437	434
产品产率/%				
常压馏分油	33.45	38.38	42.02	25.06
减压馏分油	43.74	45.35	39.04	47.08
<500℃收率/%	77.19	83.73	81.06	72.14
甲苯不溶物/%	1.05	0.43	0.43	0.36

典型的硫化剂吸附量为注硫量的30%~50%。以 CS_2 硫化剂为例:

① 干法硫化:硫化温度<230℃,以每小时0.3%~0.6%(对于装入催化剂)的速度连续注硫4~6h;

② 湿法硫化:硫化温度150℃注入硫化剂,以免床层出现"死区",硫化油中硫化剂含量一般为1.0%~1.5%,以2.0 h^{-1} 空速连续注4h。

硫化开始前,催化剂表面吸附的适量硫化剂与硫化油会放出吸附热,使催化剂床层产生一定的温升,一般为10~20℃。在升温过程中硫化剂分解,催化剂表面吸附的适量硫化剂后:

① 控制好起始注硫温度和注硫量,避免产生硫化剂积聚,发生强放热反应而使反应温度失控;

② 控制好提温速度和注硫量速度增加量,二者不同时进行调整,避免过度反应;

③ 控制好循环氢中的 H_2S 浓度,避免金属氧化态组分在硫化前被 H_2 还原成低价氧化物或金属元素,从而彻底失去催化剂活性;

④ 在较高温度下存在的还原氧化物可能导致烃类裂解,并在催化剂上积炭,造成催化剂床层结焦;

⑤ 还原反应与硫化反应将使催化剂颗粒产生内应力,导致催化剂的机械强度降低。

10.2.4 硫化温度[3~4,14~16]

硫化温度不仅影响硫化反应速度,也影响硫化后催化剂的活性。由于不同催化剂的制作方法不同、金属组分不同、填加的微量元素不同,就产生有不同的活性中心,各活性中心被硫化的难易程度不同,所需的硫化温度就不同。而催化剂硫化又需要缓慢升温、分阶段恒温进行,方能使各种不同的活性中心均能在较佳的温度下得到硫化。因此应严格控制硫化过程各阶段的温度和升温速度。

一般而言,不同催化剂有不同的硫化温度最佳点,需要通过试验确定。

1) 硫化温度对催化剂表面物种化学形态的影响。一般认为,硫化过程中形成的 MoS_2、WS_2 类晶相是硫化态催化剂表面的活性物种。在氧化态 $Ni/W/\gamma-Al_2O_3$ 催化剂上,W主要是以 W^{6+}(WS_3 类晶相)形式存在,经过硫化后,W^{6+} 变成 W^{4+}(WS_2 类晶相),通过测定不同硫化温度下催化剂表面形成的 W^{4+} 的相对含量,可以知道催化剂硫化的程度。RIPP利用XPS测定出催化剂表面金属组分的化学形态见表10-5。

从表10-5可看出,在300~400℃范围内随着硫化温度的升高,钨的硫化程度增加,当硫化温度升至400℃时,钨的硫化程度达到最大。这说明在300~400℃范围内提高硫化温度,可使催化剂的硫化程度提高,这对提高催化剂的活性是有利的。

表 10-5　不同硫化温度下 W 的化学状态[3]

硫化温度/℃	键能/eV		相对含量/%	
	W^{6+}(相当 WS_3)	W^{4+}(相当 WS_2)	W^{6+}(相当 WS_3)	W^{4+}(相当 WS_2)
200	36.2		100	
300	35.9	32.3	60.4	39.6
350	36.0	32.4	48.0	52.0
400	35.9	32.6	23.2	76.8
500	36.2	32.9	23.4	76.6
600	36.1	32.8	23.2	76.8

2）硫化终了温度。

硫化的完成程度取决于硫化终了温度。不同催化剂有不同的硫化终了温度，一般为290~370℃。实际生产过程中，每一恒温阶段下都有一个平衡极限值。在此温度条件下，即使再延长硫化时间，硫含量也不再增加。不同公司的典型硫化终了温度见表 10-6。

表 10-6　不同公司的典型硫化终了温度[3-4]

公司	C	R	F	F
硫化终了温度/℃	345(湿法)	290(湿法)	370(干法)	320(湿法)

3）硫化温度与催化剂活性。以煤油为硫化油，CS_2 为硫化剂的硫化催化剂加工胜利催化柴油，不同硫化温度条件下催化剂活性见表 10-7。

表 10-7　不同硫化温度条件下催化剂活性[3]

硫化温度/℃	反应温度/℃			
	$(RVA)_N$/%		$(RVA)_S$/%	
260	53	70	95	96
290	100	100	100	100
320	93	90	100	100
350	85	86	99	99
400	63	67	95	93

$$相对体积活性(RVA)=\frac{k_{样品}}{k_{标准}}\times(RVA)_{标准}$$

式中，k 为反应速度常数，并定义 $(RVA)_{标准}=100$。

用脉冲色谱法研究不同硫化温度对催化剂活性影响的试验结果见图 10-1。

图 10-1 给出了两种硫化方法：

硫化方法一：催化剂先在低温下硫化，边硫化边升温，然后在较高温度下硫化结束；

硫化方法二：催化剂始终在高温下硫化。

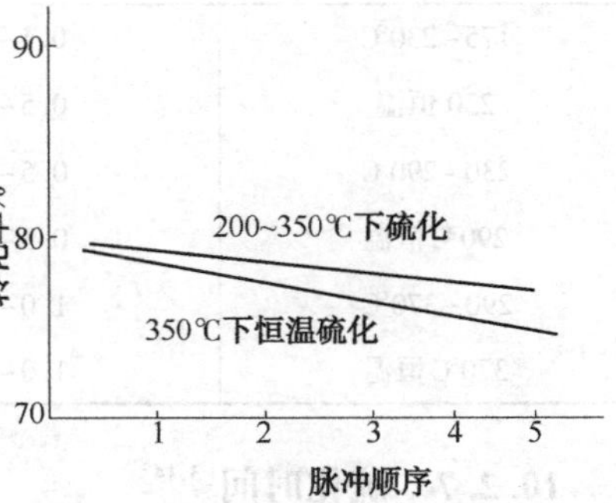

图 10-1　硫化温度对催化剂活性的影响[15]

两种硫化方法得到的硫化结果：催化剂所具有

的活性差别不大，但方法一活性稍好并较稳定；方法一可以避免催化剂升温时在氢气介质中的还原(这种还原不利于硫化)；方法一有较高的硫化速度，得到的催化剂活性较高。

10.2.5 硫化压力[3~4,14~15]

硫化压力是湿法硫化的重要参数。如果硫化温度较高，而硫化压力不高，会促进C—H键断裂，生成烯烃、氢和芳烃，会导致缩合反应直至生成焦炭。提高硫化压力有利于C ═C键的饱和，降低压力会导致烷烃脱氢而生成烯烃和烯烃环化生成芳烃。此外，若硫化压力偏低，则循环氢量也会降低，反应系统携带反应热的能力下降，不利于控制反应温度。通常情况下催化剂硫化的压力要求保持在装置正常操作压力或较正常操作压力略低一些，见表10-8。

表 10-8 硫化压力与催化剂活性[4]

硫化压力/MPa	硫化温度/℃	脱氮率/%	脱硫率/%
1.6	400	44.5	79.1
3.2	400	76.4	84.2
6.4	400	94.3	92.8

10.2.6 循环气中 H_2S 浓度[2~3,14]

硫化过程中，随着循环气中 H_2S 浓度的增高，硫化反应速度加快。但每一恒温阶段下都有一个循环气中 H_2S 浓度的平衡极限值，即循环气中 H_2S 浓度达到平衡极限值后，硫化反应速度不再加快。

工业生产中，由于循环气中 H_2S 浓度增高，H_2S 的腐蚀加剧。一般采用控制硫化剂的加入比例来调节循环气中 H_2S 浓度。如果循环氢中的 H_2S 浓度偏低，则要通过降低升温速度或提高注硫量来调整，直至 H_2S 浓度达到正常控制范围。需要注意的是：在催化剂硫化期间，为了防止反应温度失控，一般来说提温和提注硫量不同时进行。典型的硫化期间循环氢中 H_2S 浓度的限制条件见表 10-9。

表 10-9 不同温度循环气中 H_2S 浓度的典型控制值[2]

干法硫化		湿法硫化	
硫化阶段	循环气中 H_2S 浓度/%	硫化阶段	循环气中 H_2S 浓度/%
175~230℃	0.1~0.5	150~230℃	0.3~0.5
230 恒温	0.5~1.0	230℃恒温	0.3~0.5
230~290℃	0.5~1.0	230~260℃	0.5~0.8
290℃恒温	0.5~1.0	260℃恒温	0.5~0.8
290~370℃	1.0~2.0	260~290℃	0.6~1.0
370℃恒温	1.0~2.0	290℃恒温	≥1.0

10.2.7 硫化时间[3,14]

硫化过程中，每一硫化温度条件随着硫化时间延长而增加。但每一恒温阶段下都有一个硫化时间平衡极限值，即硫化时间达到平衡极限值后，不论硫化时间如何延长，硫化反应速度不再加快。

工业生产中，不是硫化时间越长越好，也不是硫化时间越长硫化就越完全。硫化时间越长，H_2S 的腐蚀越严重。典型的硫化时间见表 10-10。

表 10-10 硫化时间的典型值[3,14]

干法硫化		湿法硫化	
硫化阶段	硫化时间/h	硫化阶段	硫化时间/h
175~230℃	8	150~230℃	8
230℃恒温	4	230℃恒温	4
230~290℃	8	230~260℃	3
290℃恒温	4	260℃恒温	4
290~370℃	10	260~290℃	3
370℃恒温	8	290℃恒温	8

10.2.8 注氨钝化[20]

对于分子筛型加氢裂化催化剂来说，由于催化剂经预硫化后初期裂解活性较高，在较低温度下(250℃左右)即会和硫化油或低氮油发生剧烈反应，因此为了抑制其初期活性，需要向反应系统注入无水液氨进行钝化。而对于使用无定形硅铝催化剂的加氢裂化装置，由于其催化剂裂解活性较低，则在催化剂预硫化期间可不进行注氨钝化过程。

10.3 催化剂干燥[2,10,14]

加氢催化剂一般是完成最后一道高温干燥焙烧制备工序后过筛、装桶，然后运输和供应的，但以氧化铝或含硅氧化铝为载体的加氢精制催化剂和以无定型硅铝或含各种分子筛载体的加氢裂化催化剂，由于载体的多孔性、比表面积又大，具有很强的吸水性，在存放和装填过程中，与空气(或高潮湿环境)接触，不可避免地会吸收一些水分，一般为2%~3%，有时高到4%~5%，也有资料认为最高吸水可>5%[2]。

研究表明，湿法硫化时：含水催化剂遇到高温硫化油后，会造成颗粒破碎；干法硫化时：含水催化剂会影响硫化效果。因此催化剂装填完毕后，硫化前应进行干燥脱水处理。

1）典型的干燥脱水处理方法：

(1) 气相干燥：① H_2 条件下干燥；② N_2 条件下干燥；

(2) 液相干燥：直馏馏分油条件下干燥。

2）典型的催化剂器内干燥条件：

干燥介质：N_2；O_2 含量≤0.5%；操作压力：0.5~3.0MPa；循环气量：循环氢压缩机全量循环；最高干燥温度：220℃；升温速度：15~20℃ · h^{-1}。

3）典型的催化剂器内 N_2 条件下干燥步骤：

(1) 用 N_2 将系统充压到 0.7 ~1.0MPa，打开循环氢压缩机出入口阀门；

(2) 启动循环氢压缩机循环 1h，检查泄漏情况；

(3) 将新氢压缩机气阀更换为 N_2 气阀；

(4) 打开 N_2 进新氢压缩机入口阀门及新氢压缩机出口阀门；

(5) 开新氢压缩机将系统升压，升压速度≯1.5MPa · h^{-1}；

(6) 当高压分离器压力升到 1.0MPa、2.0MPa 和 3.0MPa 时，反应系统分别检查泄漏情况；

(7) 按照反应进料加热炉(或循环氢加热炉)点火规程进行点火升温；

(8) 按照≯20℃ · h^{-1}的升温速度将反应器入口温度升高到 120℃，恒温脱水；

(9)反应器升温期间，开反应流出物空冷器，控制冷高压分离器温度在 40 ~50℃，同时控制冷高分压力不高于 3.0MPa；

(10) 升温期间，每 30 min 收集一次冷高压分离器排出的水，并在现场液位计处做好标记；

(11) 恒温时间应>2 h；

(12) 120℃恒温结束后，以≯20℃ · h^{-1}的升温速度将反应器入口温度升高到 180℃，注意在催化剂干燥期间反应器床层最高温度不得大于 220℃；

(13) 180℃恒温脱水时间应>4 h；

(14) 通过高分排水量来判定干燥程度，冷高压分离器脱水量<0.01%(相对催化剂重量)，即认为催化剂已干燥合格；

(15) 以≯15℃ · h^{-1}降低反应器入口温度，控制反应器床层最高温度不超过 150℃；

(16) 按照操作规程停运反应进料加热炉(或循环氢加热炉)；

(17) 循环氢压缩机停运并隔离好；

(18) 从冷高压分离器顶泄压阀泄压，将反应系统泄至微正压；

(19) 准备引 H_2 进行气密及催化剂预硫化。

10.4　催化剂硫化[2~3,10,14]

10.4.1　硫化前的准备和反应系统具备的条件

(1) 反应系统经氢气气密试验合格，漏点均已消除；

(2) 反应系统急冷氢试验和紧急泄压试验正常，联锁系统调试合格并正常投用；

(3) 供氢装置可连续供应合格氢气，确保稳定和可靠；

(4) 循环氢压缩机、新氢压缩机运转正常；

(5) 催化剂干燥已结束；

(6) 硫化剂和钝化剂(液氨)用量已备足；

(7) 注硫泵、注氨泵试运转正常；

(8) 进一步检查所有盲板、阀门的开关位置，检查确认硫化流程正确无误；

(9) 确认所有急冷氢阀好用，并已关闭；

(10) 有关仪表、控制及联锁系统具备投用条件，并灵活好用；

(11) 装置硫化氢检测仪、可燃气检测仪等固定式及便携式安全监控设施已正常投用；

(12) 分析人员已做好对硫化氢、氢气浓度的分析准备，确保取样分析准确；

(13) 催化剂硫化期间所用的硫化油已按规格、数量准备；

(14) 制定了详细的催化剂硫化方案，并经有关部门批准；

(15) 应制定催化剂硫化的记录表格和验收表格，绘制催化剂硫化曲线图；

(16) 参与催化剂硫化人员认真学习了催化剂硫化方案；

(17) 催化剂硫化前应与生产、调度、公用工程、制氢等部门联系和协调，确保按时、按量供电、供气、供 H_2；

(18) 经有关人员联合检查，确认具备催化剂硫化条件。

10.4.2 催化剂器内湿法硫化步骤(以分子筛催化剂和 CS_2 硫化剂为例)

(1) 催化剂干燥及氢气气密结束后，以<15℃ · h^{-1}的降温速度将反应器床层最高温度降到 150℃，以控制吸附热的释放；

(2) 反应系统氢气气密合格后，需经各相关单位(生产相关部门及催化剂技术服务商)联合确认是否具备反应进硫化油条件；

(3) 若反应具备进油条件，则联系调度从系统引硫化油进原料油缓冲罐建立正常液位(为防止杂质被带入反应系统，需要先对原料油管线及原料油缓冲罐进行充分置换)，通过分程调节控制原料油缓冲罐压力；

(4) 启动高压原料油泵并运转正常后，逐步向反应系统进硫化油(为避免高温高压法兰因遇到急冷油而产生泄漏，在向反应器进料初期严格要控制好进料流量，按照10%、30%、50%、70%的进料比例逐步提高至正常反应进料流量)；

(5) 当热高压分离器(或冷高压分离器)液位达到50%左右时，打通高分向低分减油流程，并开始投用液位控制系统(初期不投用液力透平)；

(6) 通过压力和液位调节控制好低压分离器至正常操作压力、液位；

(7) 由于进油初期反应器内催化剂粉尘较多，为避免将催化剂粉尘等杂质带入分馏系统而影响正常操作，因此在条件许可的情况下，低分油要先向系统外排污油置换 2h 左右，待低分油外观合格后再改入分馏系统或原料油缓冲罐；

(8) 反应系统维持 120~150℃ 硫化油润湿 2h 左右，直至反应系统建立正常循环流程；

(9) 当采用低分油循环时，硫化油可不进入分馏部分(分馏系统单独循环)，而通过开工线循环至原料油缓冲罐(循环流程均要经过原料油过滤器)；

(10) 当采用分馏部分大循环时，依次建立各塔液位，投用液位控制系统、抽真空系统、换热系统、冷却系统，最终将硫化油循环至原料油缓冲罐；

(11) 将反应器入口温度升高到 150℃(具体温度以实际的催化剂开工方案为准)；

(12) 根据开工方案，将分馏系统各塔、容器控制在要求的压力、温度、液位；

(13) 启动注硫化剂泵，在向火炬系统置换管线 5min 左右后，根据催化剂硫化方案开始向反应系统注硫化剂；

(14) 注硫化剂后，催化剂床层将产生 10℃左右的温度波，此时应控制好反应器的入口温度；

(15) 当催化剂床层温度波>30℃，可短期停止注硫化剂，CRITERION 认为催化剂床层温度波应控制在 15~25℃；

(16) 如果仍不能控制，应降低反应器入口温度，以防止催化剂过早结焦及金属氧化物在硫化前被还原；

(17) 在 150℃条件下硫化剂润湿 2~4h；

(18) 维持温度波的控制条件，至少每半小时检测一次循环氢中的硫化氢含量；

(19) 按硫化曲线升温要求(如≯10℃/h)升高反应温度，H_2S 穿透反应器之前，床层最高温度应<230℃；

(20) 当循环氢中 H_2S 浓度>0.1%时，进行 230℃恒温，恒温时间应≥8 h；

(21) 恒温期间循环氢中 H_2S 浓度控制在 0.1%~0.5%；

(22) 硫化期间，不应开循环氢脱硫塔；

(23) H_2S 穿透后，循环气中 H_2 纯度下降，甲烷含量上升，当 H_2 纯度低于规定范围时，可适当排放部分循环气；

(24) 230℃恒温结束后，调整硫化剂注入量，使循环氢中 H_2S 浓度控制在 0.5%~1.0%；

(25) 启动注氨泵，向系统放空管线排空 3~5min 后，开始向反应系统注无水液氨钝化(具体注氨速率以催化剂技术服务商提供的开工方案为准，下同)，并且继续以≯8℃/h 的速度平稳提升精制反应器入口温度；

(26) 注氨开始 2h 后，开始在空冷器前注除氧水；注水 2h 后，开始分析高分酸性水中氨含量，此后应每半小时检测一次高分酸性水中氨含量；

(27) 当高分酸性水中氨含量(质量分数)达到 0.1%时，认为氨已穿透；在氨穿透前，控制裂化反应器入口温度≯260℃，且任一床层温升≯5℃，否则应停止升温；

(28) 当氨穿透后，调整无水液氨注入速率，维持高分酸性水中氨浓度(质量分数)约为 0.8%；

(29) 按硫化曲线升温要求(如≯8℃/h)升高反应温度至 290℃，进行 290℃恒温硫化，恒温时间应≥4h；在提温过程中，若循环氢中硫化氢浓度<0.5%，则停止升温，提高硫化剂的注入速率，直到硫化氢浓度达到要求；若裂化反应器任一床层温升超过 5℃，则裂化反应器停止升温；

(30) 290℃恒温结束后，调整硫化剂注入量，使循环氢中 H_2S 浓度控制在1.0%~2.0%；

(31) 按硫化曲线升高反应温度(如≯6℃/h)至 320℃进行终温硫化(CRITERION 认为终温硫化应为 345℃)；

(32) 终温硫化时间应≥2h；

(33) 硫化期间，应定期在高分排水并做好标记，需要时可进行计量；

(34) 若因故中断硫化，应立即降低反应温度到安全温度以下，待具备条件后重新恢复到原来的硫化进程；

(35) 硫化期间，要严格控制循环氢中 H_2S 浓度，防止催化剂被还原；

(36) 硫化结束的标志：

① 反应器入口和出口 H_2S 含量基本相等；

② 催化剂床层基本无温升；

③ 高压分离器排出的水量两次检测无明显增加；

④ 硫化剂注入量已达到理论计算量。

(37) 硫化结束后，停硫化剂注入，降低反应器温度至预定的指标要求；

(38) 硫化期间，应定期绘制实际硫化曲线(要尽量与理论硫化曲线相吻合)，并保持数据、记录的完整性；

(39) 某企业轻油型加氢裂化装置催化剂湿法硫化各阶段技术指标见表 10-11；

表 10-11 催化剂硫化阶段的典型技术指标[20]

硫化阶段	升温速度及技术指标	循环氢中硫化氢浓度/%
130~230℃升温阶段	≯10℃/h，硫化氢穿透之前，床层任一点温度不得超过 210℃	0.1~0.5
230℃恒温阶段	恒温时间≮8h	0.1~0.5
230~290℃升温阶段	≯8℃/h，氨穿透之前，裂化反应器温度不得超过 260℃	0.5~1
290℃恒温阶段	恒温时间≮4h	0.5~1
290~320℃升温阶段	≯5℃/h	0.5~1
320℃恒温阶段	恒温时间≮2h	1~1.5

（40）某企业轻油型加氢裂化装置催化剂湿法硫化硫化升温曲线见图 10-2 所示。

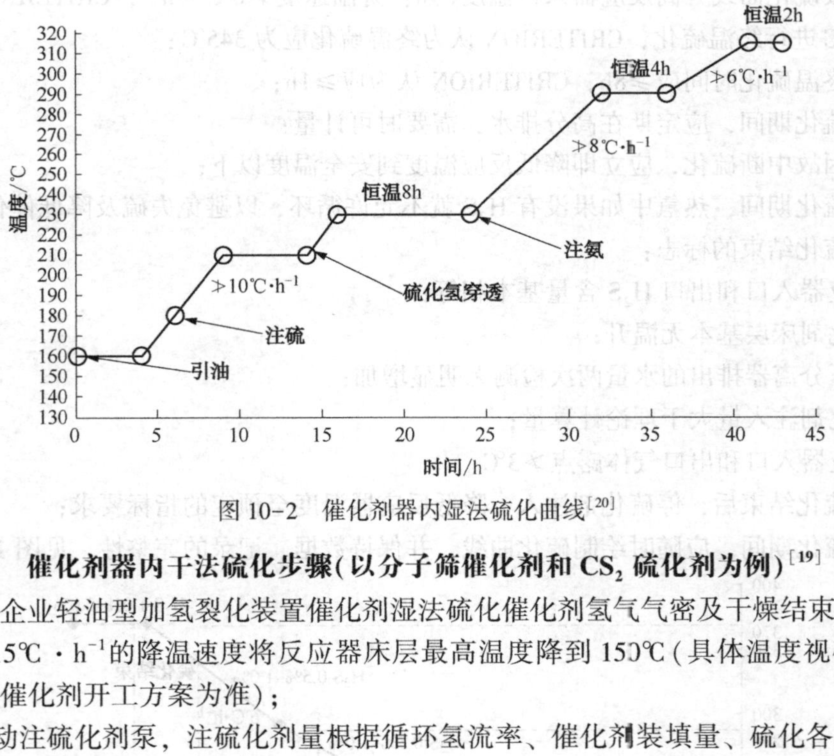

图 10-2 催化剂器内湿法硫化曲线[20]

10.4.3 催化剂器内干法硫化步骤(以分子筛催化剂和 CS_2 硫化剂为例)[19]

（1）某企业轻油型加氢裂化装置催化剂湿法硫化催化剂氢气气密及干燥结束后，在氢气环境下以<15℃ · h^{-1}的降温速度将反应器床层最高温度降到 150℃(具体温度视硫化剂不同而不同，以催化剂开工方案为准)；

（2)启动注硫化剂泵，注硫化剂量根据循环氢流率、催化剂装填量、硫化各阶段理论需硫量及硫化时间等因素确定；

（3）注硫化剂后，催化剂床层将产生 10℃左右的温度波，此时应控制好反应器的入口温度；

（4）若催化剂床层温度波>30℃，可短期停止注硫化剂，CRITERION 认为催化剂床层温度波应控制在 15~25℃；

（5）催化剂床层温度波通过反应器一般需要 2~3h；

（6）按硫化曲线将反应器入口温度升高至 190~200℃(如：升温速度≯3℃ · h^{-1})，H_2S 穿透反应器之前，反应器床层最高温度应<230℃，CRITERION 认为应<245℃；

（7）当循环氢中 H_2S 浓度>0.1%，进行 230℃恒温，恒温时间应≥8h；

（8）恒温期间循环氢中 H_2S 浓度控制在 0.1%~0.5%，也有观点认为应控制在0.3%~

0.5%；

（9）硫化期间，不应开循环氢脱硫塔；

（10）H_2S 穿透后，循环气中 H_2 纯度下降，甲烷含量上升，当 H_2 纯度低于规定范围时，适当排放部分循环气；

（11）每 1h 在高分排水一次，需要时可计量，并在现场做好标记；

（12）当反应流出物露点<-24℃时，230℃恒温硫化结束；

（13）230℃恒温结束后，调整硫化剂注入量，使循环氢中 H_2S 浓度控制在 0.5%~1.0%；

（14）按硫化曲线升高反应温度至 290℃（如：升温速度≯4℃ · h^{-1}）；

（15）当反应器入口温度达到 290℃时，进行 290℃恒温硫化，恒温时间应≥4h；

（16）每 30min 分析一次循环氢中的 H_2S 含量和反应流出物露点；

（17）当反应流出物露点<-24℃时，290℃恒温硫化结束；

（18）按硫化曲线升高反应器入口温度（如：升温速度≯6℃ · h^{-1}，CRITERION≯15℃ · h^{-1}）至 370℃进行终温硫化，CRITERION 认为终温硫化应为 345℃；

（19）终温硫化时间应≥8h，CRITERION 认为应≥1h；

（20）硫化期间，应定期在高分排水，需要时可计量；

（21）因故中断硫化，应立即降低反应温度到安全温度以下；

（22）硫化期间，热氢中如果没有 H_2S 就不允许循环，以避免失硫及降低催化剂活性；

（23）硫化结束的标志：

① 反应器入口和出口 H_2S 含量基本相等；

② 催化剂床层基本无温升；

③ 高压分离器排出的水量两次检测无明显增加；

④ 硫化剂注入量大于理论计算量；

⑤ 反应器入口和出口气体露点≯3℃。

（24）硫化结束后，停硫化剂注入，降低反应器温度至预定的指标要求；

（25）硫化期间，应随时绘制硫化曲线，并保持数据、记录的完整性，见图 10-3；

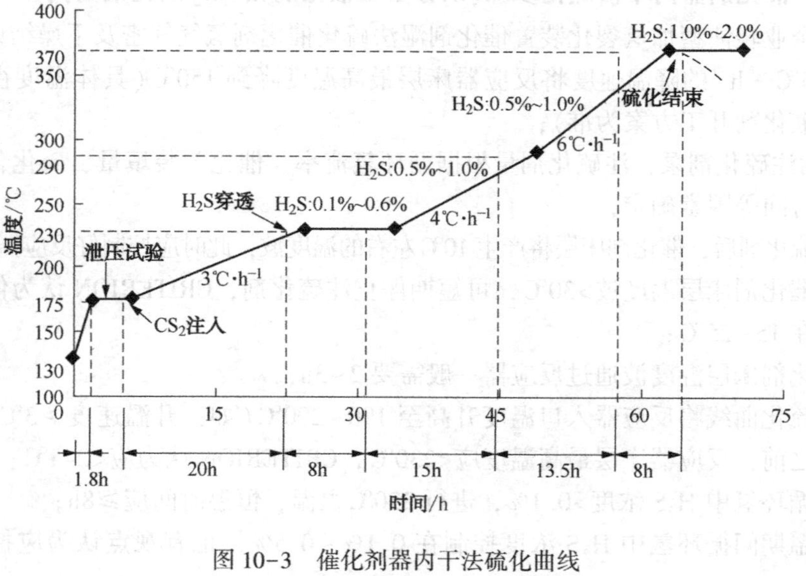

图 10-3　催化剂器内干法硫化曲线

(26) 工业数据[17] 见表 10-12。

表 10-12 某厂硫化过程数据[17]

硫化阶段	硫化时间/h	注硫量/t	循环氢中的 H_2S/($\mu g \cdot g^{-1}$)	露点/℃	生成水/t
180℃	2			-43	
180~230℃	21	12.5	400~1000	-35~-40	6.6
230℃恒温	10	17.8	1100~17000	-35~-39	8.8
230~370℃	29	25.0	7000~19000	-35~-41	14.0
370℃恒温	9	35.3	5000~21000	-35~-40	16.9

注：注硫量占理论值的 91.83%，生成水量占理论值的 82.7%。

10.4.4 催化剂硫化流程及物料平衡

(1) 催化剂硫化的流程，见图 10-4。

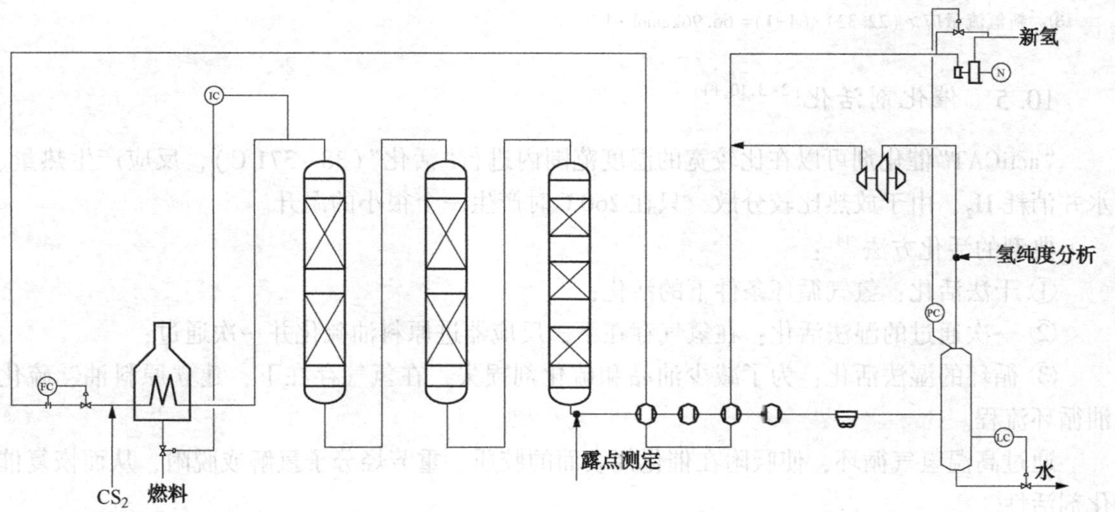

图 10-4 催化剂硫化示意流程图

(2) 催化剂硫化的物料平衡，见表 10-13、表 10-14。

表 10-13 某厂加氢裂化装置干法硫化初期物料平衡 kgmol · h^{-1}

项目	CS_2	反应器入口气体	反应器出口气体	含硫污水	高分气	新氢
H_2		14505	14505		14505	66.89
H_2O			44.64	44.64		
H_2S		44.64				
CH_4		2278	2278		2278	0.07
CS_2	22.32					
Σ	22.32	16827.64	16872.64	44.64	16783	66.96
相对分子质量	76.1	3.98	3.94	18	3.9	2.03
kg · h^{-1}	1696	66976	66262	803.5	65458	136
(标态)$m^3 \cdot h^{-1}$					376174	1500

表 10-14 某厂加氢裂化装置干法硫化末期物料平衡 $kgmol \cdot h^{-1}$

项目	CS_2	反应器入口气体	反应器出口气体	含硫污水	高分气	新氢
H_2		7912.5	7912.5		7912.5	
H_2O						
H_2S		187.5	187.5		187.5	
CH_4		1275	1275		1275	
CS_2						
Σ		9375	9375		9375	
相对分子质量		4.544	4.544		4.544	
$kg \cdot h^{-1}$		42600	42600		42600	
(标态) $m^3 \cdot h^{-1}$		210131	210131		210131	

说明：①：开始硫化时，反应器入口温度 175~190℃。

②：开始硫化时，根据实际操作条件计算的反应系统总容积为：79020(标态) $m^3 \cdot h^{-1}$。

③：新氢流量应 $\ngtr (22.32) \times (4-1) = 66.96 kgmol \cdot h^{-1}$。

10.5 催化剂活化[2~3,10,14]

“actiCAT”催化剂可以在比较宽的温度范围内进行“活化”(38~371℃)，反应产生热量、水并消耗 H_2，由于放热比较分散，只在 260℃时产生一个很小的温升。

典型的活化方法[14]：

① 干法活化：氢气循环条件下的活化；

② 一次通过的湿法活化：在氢气存在下，反应器进原料油硫化并一次通过；

③ 循环的湿法活化：为了减少油品和硫化剂损失，在氢气存在下，建立原料油、硫化油循环流程。

通过高温氢气循环，使吸附在催化剂表面的胶质、重芳烃分子氢解或脱附，从而恢复催化剂活性。

10.5.1 器外硫化催化剂湿法活化步骤(以“actiCAT”催化剂为例)[2,10]

(1) 打开所有仪表隔断阀；

(2) 关闭所有排凝阀、放空阀；

(3) 将反应部分压力表换为真空表；

(4) 关闭循环氢压缩机出入口阀门；

(5) 关闭新氢压缩机出入口阀门；

(6) 启动反应部分开工用抽空器，将系统抽真空到 17kPa(A)，保持 1h；

(7) 在循环氢压缩机出口注入 N_2，用氮气破真空；

(8) 将系统压力升到 0.05MPa；

(9) 在高压分离器顶泄压；

(10) 再次启动反应部分开工用抽空器，将系统抽空到 17kPa(A)，保持 1h；

(11) 在循环氢压缩机出口注入 N_2，用氮气破真空；

(12) 将系统压力升到 0.1MPa；

(13) 在高压分离器顶泄压;

(14) 以上置换步骤直至所有采样点检查氧浓度<0.5%;

(15) 打开新氢压缩机出入口阀门;

(16) 开新氢压缩机将系统升压,升压速度≯1.5MPa·h^{-1};

(17) 用 H_2 将反应系统压力升至 1.0MPa,从高压分离器顶采样分析 H_2 纯度;

(18) H_2 纯度>80%为合格;

(19) 启动新氢压缩机升压,以≯1.5MPa·h^{-1}的升压速度将反应系统压力升压,升压应符合铬钼钢的压力-温度关系;

(20) 充压限度≤$P_{操}$;

(21) 启动循环氢压缩机,H_2 循环 2h;

(22) H_2 循环期间,按照反应进料加热炉(或循环氢加热炉)点火规程进行点火升温;

(23) 将反应器入口温度升高到 80℃,升温速度≯25℃·h^{-1},且反应系统任一点最高温度应<93℃;

(24) 原料油缓冲罐进终馏点<482℃的直馏馏分油,通过分程调节控制原料油缓冲罐压力;

(25) 启动高压原料油泵,以≮75%设计流率向反应系统进直馏馏分油;

(26) 当高压分离器出现液位时,开始投用液位控制系统;

(27) 通过高压分离器液位控制将直馏馏分油导入低压分离器,并通过压力调节控制低压分离器压力;

(28) 当低压分离器建立起液位后,投用液位控制系统;

(29) 通过开工线将低分油循环至原料油缓冲罐;

(30) 将反应器入口温度逐步升高到 316℃,升温速度≯25℃·h^{-1};

(31) 活化期间,不应开循环氢脱硫塔;

(32) 316℃活化时间应≥1h;

(33) 活化期间,当反应器入口温度升高到 149℃时,每 30min 分析一次循环气中的 H_2S 浓度,<1%为正常水平;

(34) 活化期间,每 30min 在高分排水,需要时可计量;

(35) 活化期间,若新氢压缩机故障:

① 停止活化;

② 降低反应温度到<93℃;

③ 需修复新氢压缩机时,停止液体进料。

(36) 装置正常进料之前,反应温度应降到<204℃;

(37) 为了保证催化剂的最佳活性,专利商一般建议:直馏馏分油进装置 72h 后再进二次加工原料。

10.5.2 器外硫化催化剂干法活化步骤(以"actiCAT"催化剂为例)[2,10]

(1) 打开所有仪表隔断阀;

(2) 关闭所有排凝阀、放空阀;

(3) 将反应部分压力表换为真空表;

(4) 关闭循环氢压缩机出入口阀门;

(5) 关闭新氢压缩机出入口阀门;

(6) 启动反应部分开工用抽空器,将系统抽真空到 17kPa(A),保持 1h;

(7) 在循环氢压缩机出口注入 N_2,用氮气破真空;

(8) 将系统压力升到 0.05MPa;

(9) 在高压分离器顶泄压;

(10) 再次启动反应部分开工用抽空器,将系统抽空到 17kPa(A),保持 1h;

(11) 在循环氢压缩机出口注入 N_2,用氮气破真空;

(12) 将系统压力升到 0.1MPa;

(13) 在高压分离器顶泄压;

(14) 以上置换步骤直至所有采样点检查氧浓度<0.5%;

(15) 打开新氢压缩机出入口阀门;

(16) 开新氢压缩机将系统升压,升压速度≯1.5MPa·h^{-1};

(17) 用 H_2 将反应系统压力升至 1.0MPa,从高压分离器顶采样分析 H_2 纯度;

(18) H_2 纯度>80%为合格;

(19) 启动新氢压缩机升压,以≯1.5MPa·h^{-1}的升压速度将反应系统压力升压,升压应符合铬钼钢的压力-温度关系;

(20) 充压限度≤$P_{操}$;

(21) 启动循环氢压缩机,H_2 循环 2h;

(22) H_2 循环期间,按照反应进料加热炉(或循环氢加热炉)点火规程进行点火升温;

(23) 将反应器入口温度升高到 149℃,升温速度≯25℃·h^{-1},且反应系统任一点最高温度应<177℃;

(24) 反应器入口温度在 149℃时,每 30min 分析一次循环气中的 H_2S 浓度,<1%为正常水平;

(25) 活化期间,每 30min 在高分排水,需要时可计量;

(26) 当催化剂床层温度波>10℃时,维持反应器入口温度,直至催化剂床层温度波<10℃;

(27) 将反应器入口温度升高到 316℃,升温速度≯25℃·h^{-1};

(28) 活化期间,不应开循环氢脱硫塔;

(29) 371℃活化期间,反应系统任一点最高温度应<371℃;

(30) 316℃活化时间应≥1h,以使活化完全;

(31) 活化期间,若新氢压缩机故障:

① 继续活化,直至循环氢中氢分压 0.34~0.69MPa,一般达到此值前应能完成活化;

② 活化完成后,降低反应温度到<149℃,修复新氢压缩机;

(32) 装置正常进料之前,反应温度应降到<260℃。

10.6 催化剂还原

10.6.1 催化剂还原前的准备和反应系统具备的条件

同催化剂硫化的准备和反应系统具备的条件。

10.6.2 催化剂还原步骤

(1) 打开所有仪表隔断阀；

(2) 关闭所有排凝阀、放空阀；

(3) 将反应部分压力表换为真空表；

(4) 其余同催化剂活化步骤，还原温度因催化剂而定。

参考文献

1 王雷，任素华．加氢裂化催化剂硫化的研究[J]．石油化工高等学校学报，1999，12(1)：37~39

2 韩崇仁主编．加氢裂化工艺与工程[M]．北京：中国石化出版社，2001

3 石油化工干部管理学院组织编写．加氢催化剂、工艺和工程技术(试用本)[M]．北京：中国石化出版社，2003

4 高晓冬，石玉林，孙明永等．加氢精制催化剂预硫化工艺的研究[J]．石油炼制与化工，1995，26(2)：40~46

5 李立权．加氢催化剂硫化技术及影响硫化的因素 [J]．炼油技术与工程，2007，37(3)：55~62

6 施力，田金忠，黄宁表等．加氢催化剂程序升温硫化的研究[J]．石油学报，1997，13(4)：48~53

7 王德会．加氢催化剂的预硫化问题[J]．炼油设计，1987，(1)：13~18

8 方怡中．GLJ-B 型固体硫化剂在炼油厂的首次应用[J]；炼油设计，1996，26(3)：8~10

9 王月霞．加氢催化剂的器外预硫化[J]．炼油设计，2000，30(7)：57~58

10 抚顺石油化工研究院．国外加氢技术(第一辑)[M]，2000，31~46

11 Hemington Daviel R, et al, Hydrotreating process utilizing elemental sulfur for presulfiding the catalyst. US：4177146

12 杜弗雷斯内．P，等．处理烃催化剂湿式硫化方法．CN：1082591A

13 张刘军，徐春明，高金森等．渣油加氢处理催化剂的新型预硫化方法[J]．工业催化，2004，2(2)：12~15

14 水天德主编．现代润滑油生产工艺[M]．北京：中国石化出版社，1997.386~392

15 冯续，崔芳．有机硫加氢(HDS)催化剂的预硫化[J]．大氮肥，2003，26(1)：38~42

16 王仙体，黎元生，张忠清等．渣油悬浮床加氢裂化均相催化剂及工艺研究 [J]．炼油设计，2000，30(4)：51~53

17 金德浩，何林春，杜本军等．天津 0.8Mt·a^{-1}加氢裂化装置首次开工技术总结．加氢裂化协作组第三届年会报告论文集[M]．中国石化总公司加氢裂化协作组．抚顺石油化工研究院，1999.189~198

18 范惠明，蔡烈奎．RDM-1 催化剂氢活化的工业实践．加氢裂化协作组第五届年会报告论文集[M]．中国石化中国石油加氢裂化协作组．中国石化抚顺石油化工研究院，2004.388~392

19 孙剑利．加氢裂化催化剂的预处理及评价[J]．石油炼制与化工．1996，27(12)：27~33

20 陈尊仲．加氢裂化催化剂湿法硫化的工业应用[J]．炼油技术与工程，2012，42(1)：52~54

第十一章　催化剂钝化及切换进料

11.1　催化剂钝化[1~5]

加氢裂化装置催化剂预处理一般包括：催化剂装填、催化剂干燥、催化剂预硫化和催化剂钝化。

催化剂硫化结束后，裂化催化剂(特别是高分子筛含量的裂化催化剂)具有较高的加氢裂解活性，因此在达到设计进料条件以前，一般首先向反应系统进馏分较轻、饱和烃含量较高的低氮油，同时需要在裂化反应器出口注入无水液氨或三丁胺(TBA)，以抑制催化剂的初期活性，防止和避免在切换设计进料过程中，出现反应温度飞升难于控制的局面，确保人身和设备安全，避免催化剂损坏。以低氮油开工和在裂化反应器出口注无水液氨(或TBA)统称为加氢裂化催化剂的钝化过程。

非贵金属催化剂注入的无水液氨(或TBA)被具有较强吸附能力的硫化催化剂所吸附，随着运转时间延长，反应温度升高，催化剂吸附的氨会逐渐解吸，催化剂活性又会逐渐得以恢复。无水液氨注入量根据催化剂装量和分子筛含量多少确定。若无水液氨注入量少，则不足以完全抑制催化剂的活性；若无水液氨注入量多，则会延长催化剂活性正常发挥的时间。一般而言，无水液氨的注入量为裂化催化剂总量的8%~15%。

贵金属催化剂注入的无水液氨(或TBA)主要对异构脱蜡催化剂而言，用于中和对异构化没有选择性的强酸中心，避免催化剂活性过高而造成不必要的裂解，降低润滑油基础油的收率和黏度。一般而言，异构脱蜡催化剂的钝化应在<178℃完成，否则，催化剂活性将下降。

对无定型硅铝为载体的加氢裂化催化剂，由于对温度的敏感性相对较差，加氢裂化催化剂的活性相对较低，为了减少钝化时间，节省开工费用，可考虑在催化剂硫化结束后，用正常设计进料直接钝化。某厂加氢裂化装置催化剂钝化及换设计进料时间表见表11-1。

表11-1　某厂加氢裂化装置催化剂钝化及换设计进料时间表

日　期	时间	项　目
1999-06-11	10：45	启动高压原料油泵，按 $18t \cdot h^{-1}$ 向反应部分进低氮油
	15：30	高分向低分排油，建立反应-分馏大循环
	15：50	注无水液氨
	18：30	注水
1999-06-12	9：05	进25%设计进料
	11：00	50%设计进料
	14：00	75%设计进料
	14：20	100%设计进料
1999-06-13		产品合格

11.1.1 低氮油开工[1~5]

1）低氮油开工应具备的条件

（1）高压部分催化剂装填结束，催化剂硫化完成，高压部分处于 H_2 气密状态；

（2）低压部分冷油运、热油运完成，已停止从系统外补油，处于150℃热油循环阶段；

（3）制定了详细的低氮油开工方案，并经有关部门批准；

（4）参与低氮油开工人员认真学习了低氮油开工方案；

（5）低氮油开工的流程已改好，需要关闭的阀门已关闭，应加的盲板已加上，8字盲板方向符合低氮油开工的流程；

（6）低氮油开工前应与生产、调度、公用工程、制氢等部门联系和协调，确保按时、按量供低氮油、供电、供 H_2；

（7）有关仪表、控制系统具备投用条件，并灵活好用；

（8）减压分馏系统已换上真空表；

（9）冲洗油罐已装满柴油，并已建立自循环；

（10）新氢压缩机、循环氢压缩机处于投用状态；

（11）低氮油开工的记录表格和验收表格已制定；

（12）经有关人员联合检查，确认具备低氮油开工条件。

2）低氮油开工前检查及准备

（1）低压部分冷油运、热油运暴露出的问题已处理完毕；

（2）所有调节仪表、计量表、在线分析仪表、可燃气体报警仪及DCS等所有控制系统、联锁系统均已正常投用；

（3）供氢系统及其他公用工程均符合边界条件；

（4）如正常操作时，反应器需补硫，则应备有足够的硫化剂，注硫化剂泵应试运良好，注入管线的盲板已开通；

（5）抗垢剂、缓蚀剂已装入抗垢剂罐、缓蚀剂罐，注抗垢剂泵、注缓蚀剂泵试运良好，注入管线的盲板已翻通；

（6）冲洗油泵试运良好；

（7）注水罐已装满脱氧水（或脱盐水），注水泵试运正常，注入管线的盲板已翻通；

（8）脱硫部分的贫溶剂已调配好装入贫溶剂罐，并在低压部分进行热循环，随时可投入使用；

（9）酸性水汽提装置已开工正常，可随时接受污水，管线已试通完毕；

（10）低氮油的性质分析数据已得到有关方面的确认，烯烃含量、氮含量、馏程、密度等指标符合要求；

（11）低氮油在系统外循环时间>24h；

（12）所有伴热蒸汽已投用，并进一步检查确认易凝管线，仪表导压线的伴热良好；

（13）新氢压缩机、循环氢压缩机运转正常；

（14）原料油泵出口用冲洗 H_2 冲洗10min以上；

（15）进低氮油前的主要工艺条件：

① 循环氢系统：H_2 纯度>85%；H_2S>500μg·g^{-1}；

② 反应温度：精制反应器入口：150℃；裂化反应器入口：150℃；

③高压分离器：压力：正常操作压力(如 16.0MPa)；温度：正常操作温度(如：40℃)；

④ 高压换热器：奥氏体不锈钢换热器管程、壳程温度：>121℃(第三代奥氏体不锈钢换热器管程温度：>93℃)；

⑤ 各塔液位 60%~70%；

⑥ 各容器液位 50%~60%；

⑦ 加热炉出口温度：脱丁烷塔底重沸炉：190~200℃；常压分馏塔底重沸炉：200~210℃；减压分馏塔底重沸炉：200~210℃；

⑧ 未转化油出装置温度 80~120℃(具体视未转化油后路温度限制条件而定)；

⑨ 用 N_2 对各设备进行冲压：

原料油缓冲罐：0.1~0.2MPa；

低压分离器：0.5~0.6MPa；

脱丁烷塔：0.25~0.3MPa；

常压分馏塔：0.015~0.05MPa；

减压分馏塔：-0.04~-0.05MPa；

循环油缓冲罐：0.3~0.4MPa(操作压力高时，可适当提高)；

液化石油气脱硫塔：0.6~0.7MPa；

干气脱硫塔：0.5~0.55MPa；

溶剂再生塔：0.03~-0.04MPa。

(16) 打开安全阀阀前手阀，如果安全阀有副线阀，应关闭；

(17) 贫溶剂(如：25%MDEA 溶液)已配制好，建立贫溶剂冷循环；

(18) 0.35MPa 蒸汽引至溶剂再生塔底重沸器，可随时投用；

(19) 脱硫部分脱脂清洗完毕；

(20) 各岗位人员就位，并通知罐区，翻通装置边界的盲板；

(21) 安全设施、消防设施落实到位。

3) 低氮油开工步骤

(1) 反应部分：

① 打开低氮油进装置阀门，投用原料油缓冲罐液位控制和流量控制；

② 当原料油缓冲罐液位 70%~80%时，投用高压原料油泵，建立如下循环：

低氮柴油 $\xrightarrow{\text{借原料油线}}$ 原料油过滤器 $\xrightarrow{\text{原料油脱水罐副线}}$ 原料油缓冲罐 $\xrightarrow{\text{开工线}}$ 高压原料油泵→原料油缓冲罐

③ 通过最小流量线循环平稳后，投用高压原料油泵出口流量控制阀，向反应系统进低氮油；

④ 由于硫化后的催化剂有较强吸附能力，低氮油进入后，吸附热会使催化剂床层产生一定的温升，一般为 3~5℃(与进入的低氮油量有关)，最大可达 30℃，因此一般控制低氮油起始进料量为 20%左右的设计进料量；

⑤ 待吸附热温波通过反应器床层后，注意观察高压分离器液位；

⑥ 当高压分离器液位达到 20%~30%后，缓慢将低氮油进料量提到 50%~60%设计进料量；

⑦ 将反应进料加热炉(或循环氢加热炉)投自控，并确保反应器入口温度为150℃；

⑧ 当高压分离器液位达到50%~60%，投用高压分离器液位控制系统，缓慢从高压分离器向低压分离器排油；

⑨ 逐渐将低压分离器压力提高到正常操作压力(如1.8MPa)，在低压分离器液位50%~60%时，投用低压分离器液位-流量串级控制系统，缓慢从低压分离器向分馏系统排油；

⑩ 建立反应-分馏大循环：

低氮柴油$\xrightarrow{\text{借原料油线}}$原料油过滤器→原料油脱水罐→原料油缓冲罐→高压原料油泵→高压换热器→反应进料加热炉→精制反应器→裂化反应器→高压换热器管程→高压空冷器→高压分离器→低压分离器→低分油换热器→脱丁烷塔→常压分馏塔→常压分馏塔底泵→减压分馏塔→未转化油空冷器→原料油缓冲罐。

⑪ 循环氢脱硫塔走副线；

⑫ 缓慢将反应器入口进料量提高到50%~60%设计进料量，同时相应增加循环油量；

⑬ 进料量增加后，容器、塔液位可能会降低，通过低氮油线向原料油缓冲罐补充低氮油；

⑭ 待反应器床层温度、容器液面、塔液位平稳后，准备反应系统注氨。

(2) 分馏部分：

① 减压分馏塔进行抽真空试验：

蒸汽管线提前预热，蒸汽脱凝结水；

保证蒸汽压力>0.8MPa；

先开抽空器出口阀然后缓慢打开入口阀；

② 抽真空试验合格后维持塔底开工线→塔顶柴油抽出泵→减压分馏塔顶空冷器→减压分馏塔的循环；

③ 水冷却器的循环水已正常投用；

④ 分馏系统小循环已经建立；

⑤ 将低压分离器压力升至操作压力(如1.8MPa)，脱丁烷塔压力升至1.0MPa，并调整相应的压力控制值；

⑥ 将低压分离器从分馏部分循环中切出，减压分馏塔底油改走未转化油空冷器至原料油缓冲罐；

⑦ 如果油品较脏，可从未转化油空冷器后向系统外排油，排油时间依据未转化油的质量确定；

⑧ 反应-分馏大循环期间，分馏系统的小循环维持不变，各容器、塔液位维持平稳；

⑨ 当循环油缓冲罐液位60%~70%时，启动循环油泵建立循环。

(3) 脱硫及再生部分：

① 打开贫溶剂罐至干气脱硫塔和液化石油气脱硫塔贫溶剂泵入口阀门灌泵；

② 启动干气脱硫塔和液化石油气脱硫塔贫溶剂泵，分别向干气脱硫塔和液化石油气脱硫塔注贫溶剂，并打通干气脱硫塔和液化石油气脱硫塔塔底富胺液经富液闪蒸罐至溶剂再生塔的溶剂循环流程；

③ 溶剂再生塔底液位正常后，停止从溶剂罐抽贫溶剂；

④ 建立与正常工艺流程相同的溶剂循环流程；

⑤ 将溶剂以最大流量通过溶剂过滤器，除去系统内杂物；

⑥ 投用溶剂再生塔底重沸器，并用加热蒸汽缓慢升温，建立溶剂经过再生塔底重沸器返回再生塔的小循环；

⑦ 干气脱硫塔、液化石油气脱硫塔、溶剂再生塔和富液闪蒸罐液位正常后，投用液位自动控制系统；

⑧ 溶剂循环期间，应定期切换所有运行泵的备用泵；

⑨ 溶剂的循环量一般应为55%~65%的正常循环量(循环氢脱硫塔的胺液循环除外)。

(4) 气体分馏部分：

① 用 N_2 对脱丙烷塔、脱异丁烷塔、丙烷汽提塔进行冲压，冲压后放空；

② 重复冲压、放空，直至各塔系 O_2 含量<0.5%；

③ 如果工厂系统有液化石油气，可用脱硫后的液化石油气置换 N_2，否则，等待装置自产的脱硫后液化石油气进料。

11.1.2 催化剂注氨[1~5]

1) 催化剂注氨应具备的条件：

(1) 制定了详细的催化剂注氨方案，并经有关部门批准；

(2) 参与催化剂注氨人员认真学习了催化剂注氨方案；

(3) 反应系统已建立低氮油循环，反应器床层最高温度控制不大于150℃；

(4) 催化剂注氨所需的无水液氨已备足，质量合格标准；

(5) 催化剂注氨的记录表格和验收表格已制定；

(6) 催化剂注氨的流程已改好，注氨泵已达备用状态；

(7) 经有关人员联合检查，确认可以进行催化剂注氨。

2) 催化剂注氨前检查及准备：

无水液氨(或 TBA)已装入无水液氨(或 TBA)罐，注无水液氨(或 TBA)泵试运良好，注入管线的盲板已开通；

注氨泵试运良好。

3) 催化剂注氨和反应系统升温步骤：

(1) 反应部分：

① 注氨钝化前，先启动注氨泵，将液氨向火炬系统排放5~10min，关闭液氨至火炬阀门；

② 改通反应注氨流程，按开工方案向循环气(如：循环氢加热炉入口)中注氨，注氨后反应器床层会有3~5℃温升；

③ 以10~15℃ · h^{-1}升温速度将精制反应器入口温度升至220~225℃，裂化反应器入口温度升至195~200℃；

④ 打开各催化剂床层间的冷氢控制阀，控制精制反应器每床层入口温度比上床层温度低3℃，床层温度呈递降式分布，裂化反应器每床层温升<6℃；

⑤ 注氨2h后，改通注水流程，按开工方案向反应部分注水；

⑥ 投用高压分离器水位控制系统，分析高分水的氨含量，此后每30min分析一次，并作好记录；

⑦ 注水后，注意换热系统的温度变化，并记录有关数据；

⑧ 如果催化剂床层温度较低，可以2~5℃·h^{-1}升温速度升高精制反应器和裂化反应器入口温度，以脱除催化剂吸附的水分；

⑨ 在高分水中检测出氨之前，精制反应器床层任一点温度应<230℃，裂化反应器床层任一点温度应<205℃；

⑩ 注氨期间，应维持循环氢中的H_2S含量>1000μg·g^{-1}，如果低于此值，应根据需要适当补充硫化剂；

⑪ 注氨7~8h后，会形成氨穿透，高分水中有明显的氨气味道；

⑫ 当高分水中氨含量达到1.0%~1.5%(也有0.8%一说)时，认为氨已大量穿透；

⑬ 氨大量穿透后，将注氨量减少到最大注氨量的30%~40%，但不能停止；

⑭ 以10~15℃·h^{-1}升温速度将精制反应器入口温度升高到325℃，裂化反应器入口温度升高到315℃；

⑮ 升温期间，任一精制反应器温升>30℃即停止升温，维持此温度直至温升<30℃；

⑯ 升温期间，任一裂化反应器温升>10℃即停止升温，维持此温度直至温升<6℃；

⑰ 裂化反应器入口温度升高的同时，适当提高减压分馏塔底液位，但不能使循环油进入减压分馏塔顶系统，否则应适当提高塔顶压力；

⑱ 循环油温度始终应小于裂化反应器入口温度10℃以上；

⑲ 裂化反应器入口温度升高后，会发生少量裂解反应，应控制好系统大循环，维持好容器、塔液位平稳；

⑳ 继续注氨、注硫、注水，保证高压分离器中的氨浓度和循环气中的H_2S浓度，等待切换设计进料；

㉑ 高压分离器至液力透平的液位控制阀应始终关闭；

㉒ 投用低压分离器液位、流量串级控制。

(2) 分馏部分：

① 改通各产品至不合格产品罐和产品罐管线，并吹扫、置换合格，可随时投入使用；

② 各产品线均改至不合格线或污油线；

③ 根据反应部分操作条件的调整，相应调整分馏部分各塔操作条件；

④ 回流泵启动前，认真作好塔顶回流罐、回流管线的脱水；

⑤ 高压分离器和低压分离器排放含硫污水后，含硫污水闪蒸罐的压力可控制在0.05~0.2MPa；

⑥ 脱丁烷塔顶回流罐液位60%~70%时，启动脱丁烷塔顶回流泵建立回流，并应防止回流罐抽空，塔顶压控投自动后可先排至火炬；

⑦ 脱丁烷塔顶回流罐液位上涨时，加大回流，适当调高塔顶压控设定值，直至操作压力，但压力调高应与低压分离器压力同步，两者压差应>0.2MPa；

⑧ 脱丁烷塔压力调整过程中，相应加大脱丁烷塔底重沸炉的温度，使其与压力变化匹配；

⑨ 脱丁烷塔顶建立回流后，启动注缓蚀剂泵，缓蚀剂量根据塔顶量确定；

⑩ 对于油溶性缓蚀剂可打开回流至塔顶的稀释线进行稀释；

⑪ 根据脱丁烷塔底温度变化，相应提高常压分馏塔底重沸炉的温度，此时，常压分馏

塔回流罐和各侧线塔的来量尚很小；

⑫ 调整减压分馏塔底重沸炉的温度至300℃，使减压分馏塔顶可按正常回流量的50%~60%循环；

⑬ 操作条件调整过程中，操作温度>250℃时，应对该设备螺栓进行热紧；

⑭ 循环油温度应随裂化反应器入口温度的调整而调整。

(3) 脱硫及再生部分：

① 用 N_2 对各设备进行冲压：

液化石油气脱硫塔：≥1.0MPa；

干气脱硫塔：0.6~1.0MPa；

溶剂再生塔：0.05~0.08MPa；

闪蒸罐：-0.35~0.3MPa；

② 溶剂再生塔底重沸器用0.35MPa蒸汽加热溶剂，溶剂再生塔逐渐升温；

③ 溶剂再生塔回流罐液位40%~60%时，启动塔顶回流泵建立回流；

④ 溶剂再生塔底温度114~118℃时，维持正常循环；

⑤ 建立与正常工艺流程相同的热溶剂循环流程；

⑥ 热溶剂循环期间，切换所有运行泵的备用泵运行至少4h；

⑦ 干气冷却器、再生塔顶冷却器打开循环水进出口阀进行冷却。

(4) 气体分馏部分：加强对脱丙烷塔、脱异丁烷塔、丙烷汽提塔的脱水。

11.2　切换进料[1~4]

加氢裂化装置催化剂钝化完成后，催化剂的初活性虽然得到了部分抑制，但切换进料时仍应分步进行。

1) 切换进料应具备的条件：

(1) 催化剂钝化完成，精制反应器入口温度325℃，裂化反应器入口温度315℃；

(2) 所有加热炉点燃长明灯，主火嘴处于自动温控状态；

(3) 制定了详细的切换进料及生产调整方案，紧急事故预案、岗位操作法、正常停工方案等，并经有关部门批准；

(4) 工艺操作卡片已张榜公布；

(5) 所有人员认真学习了以上方案；

(6) 正常生产流程已改好，需要关闭的阀门已关闭，应加的盲板已加上，8字盲板方向符合切换进料的流程；

(7) 切换进料前应与生产、调度、公用工程、制氢等部门联系和协调；

(8) 正常生产的记录表格和验收表格已制定；

(9) 经有关人员联合检查，确认具备切换进料条件。

2) 切换进料前检查及准备：

(1) 原料油性质分析数据已得到有关方面的确认，并根据不同罐区的原料油制定了不同的进料方案；

(2) 装置至产品罐区管线已吹扫、置换，罐区可随时接受加氢裂化装置产品：脱后干气、酸性气、液化石油气、轻石脑油、重石脑油、煤油、柴油、未转化油等；

(3) 原料油在系统外已循环；

(4) 正常生产需要的液位控制、压力控制和流量控制等控制系统全部投用；

(5) DCS、ESD/SIS 已调试完毕，投入使用；

(6) 进原料油前的主要工艺条件：

① 原料油缓冲罐压力：正常操作压力(如 0.2MPa)；

② 循环氢系统：H_2 纯度>85%；H_2S>500μg·g^{-1}；

③ 反应温度：精制反应器入口 325℃；裂化反应器入口 315℃；

④ 高压分离器：压力为正常操作压力(如 16.0MPa)；温度为正常操作温度(如 40℃)；

⑤ 低压分离器：压力为正常操作压力(如 1.8MPa)；温度为正常操作温度(如 40℃)；

⑥ 循环油缓冲罐：正常操作压力(如 0.4MPa)；

⑦ 各塔压力：脱丁烷塔正常操作压力(如 1.4MPa)；常压分馏塔正常操作压力(如 0.1MPa)；减压分馏塔-0.05~-0.04MPa；液化石油气脱硫塔≥1.0MPa；干气脱硫塔 0.6~1.0MPa；溶剂再生塔 0.05~0.08MPa；其余低压部分各设备压力为正常操作压力或接近正常操作压力；

⑧ 车间管理人员、各岗位操作人员已就位。

3) 切换进料和操作调整步骤。

(1) 25%切换进料。

① 反应部分：

(a) 打开原料油进装置切断阀，25%原料油沿正常工艺流程通过流量计量、过滤、脱水、缓冲设施；

(b) 相应减少同等数量原料油缓冲罐中的循环油量，多余部分从减压分馏塔底经空冷器冷却后排向装置外，维持循环油罐液位恒定；

(c) 循环油进裂化反应器的数量维持不变；

(d) 当反应器进油后，将产生吸附热，使催化剂床层产生温升；

(e) 当裂化反应器装填分子筛催化剂时，控制精制反应器出口有机氮含量小于分子筛催化剂要求，并尽可能再减少一半(如：要求总有机氮<10μg·g^{-1}，控制总有机氮<5μg·g^{-1})，防止原料油比率提高时有机氮含量短期超标；

(f) 原料油进装置后，每 4h 分析一次总氮和碱氮含量，通过调整反应温度控制精制反应器出口碱氮<1.5μg·g^{-1}；

(g) 反应温度控制：

精制反应器出口与裂化反应器入口温差应<22℃；

裂化反应器各床层温升应尽可能保持一致，任一床层温升应<5℃；

精制反应器各床层入口与上床层温差应按 3℃温降控制，形成温降梯度；

(h) 若任一裂化反应器床层温升>5℃，则相应降低上一床层或精制反应器出口温度，直至温升<5℃；

(i) 如果有冲洗油系统，当冲洗油罐液位正常后，启动冲洗油泵，开始建立冲洗油循环；

(j) 投用高压反应流出物空冷器温度控制；

(k) 作好高压贫胺液泵的启动准备；

(l) 当循环气中 H_2S 浓度足够高时，循环气走循环氢脱硫塔，启动高压贫胺液泵，适当进行贫胺液洗涤，但应保证洗涤后 $H_2S>500\mu g \cdot g^{-1}$；

(m) 循环氢脱硫塔底富胺液至液力透平的控制阀应关闭；

(n) 每 1h 分析一次含硫污水中 NH_4HS 浓度，根据 NH_4HS 浓度的变化，相应调整脱盐水(或脱氧水)注入量；

(o) 高压分离器至液力透平的液位控制阀应关闭；

(p) 低压分离器顶压力控制平稳后，向干气脱硫塔排气。

② 分馏部分：

(a) 反应部分 25%进料后，相应调整循环油流量，使之与裂化反应器进料要求相一致；

(b) 多余的循环油经未转化油空冷器冷却到 60~120℃后出装置；

(c) 随着脱丁烷塔进料与反应流出物换热温度接近塔进料温度，相应增加脱丁烷塔底重沸炉温度，提高塔底温度；

(d) 随着塔顶温度升高，相应增加回流量，控制塔顶温度不超过正常温度或略低(如 79~81℃)；

(e) 脱丁烷塔塔顶温度超过正常温度时，应停止提高脱丁烷塔塔底重沸炉温度，直到得到控制为止；

(f) 脱丁烷塔塔顶空冷器、水冷器按正常操作要求控制；

(g) 缓蚀剂量根据塔顶量的变化相应调整；

(h) 脱丁烷塔塔顶温度、压力达到正常值且稳定后，塔顶气停止放火炬，向干气脱硫塔排气，塔顶液排向液化石油气脱硫塔；

(i) 根据脱丁烷塔底温度的变化，调整常压分馏塔底重沸炉温度；

(j) 常压分馏塔塔顶回流罐液位>40%时，可启动塔顶回流泵，控制塔顶温度不超过正常温度(如 72~79℃)；

(k) 回流量的大小还应兼顾回流罐液位，以免回流泵抽空；

(l) 当减压分馏塔塔顶柴油抽出温度指示为 200~230℃时，可逐渐减少通过塔底开工线至塔顶的回流量，相应增加正常的自回流量；

(m) 减压分馏塔塔顶柴油抽出量增多时，可逐渐关闭塔底开工线至塔顶的回流量，当塔顶抽出温度指示为 250℃时，可将柴油经不合格线送出装置；

(n) 随着减压分馏塔温度的增加，塔顶的真空度应向正常值靠近，直至达到；

(o) 投减压分馏塔塔顶压力自动控制；

(p) 将减压分馏塔塔顶气放大气或火炬；

(q) 减压分馏塔塔顶水封罐水位、油位 60%~70%时，将含油污水、污油送出装置，并投液位与泵的自启动连锁系统；

(r) 加热炉升温顺序：脱丁烷塔底重沸炉、常压分馏塔底重沸炉、减压分馏塔底重沸炉；

(s) 任何时候，减压分馏塔底重沸炉出口温度应<399℃；

(t) 循环油罐温度应<371℃。

③ 脱硫部分：

(a) 低压分离器气体、脱丁烷塔顶气至干气脱硫塔后，加大干气冷却器水量，投用塔顶压力自动控制；

（b）按开工期间的分析项目分析干气、液化石油气、贫溶剂和富溶剂的相关数据；

（c）根据干气流量大小调整贫胺液量，确保脱硫后干气满足制氢或其他用途要求；

（d）脱丁烷塔顶液至液化石油气脱硫塔后，根据流量大小调整贫胺液量，确保脱硫后液化石油气满足产品规格要求；

（e）根据富溶剂负荷，调整塔底重沸器负荷，确保塔底贫溶剂 H_2S 含量满足要求。

④ 气体分馏部分：

随时准备接受脱硫后液化石油气进脱丙烷塔。

（2）50%切换进料。

① 反应部分：

（a）将新鲜原料量增加到50%，同时保持精制反应器总进料量不变；

（b）相应减少同等数量原料油缓冲罐中的循环油量，多余部分从减压分馏塔塔底经空冷器冷却后排向装置外，维持循环油罐液位恒定；

（c）随时核查反应器温升，并调节冷氢的注入；

（d）加工低硫高氮原料油时，调节硫化剂的注入以保证循环氢中的 H_2S 浓度；

（e）加工高硫低氮原料油时，循环气走循环氢脱硫塔，并根据循环氢中的 H_2S 浓度适当进行贫胺液洗涤，保证洗涤后 $H_2S>500\mu g\cdot g^{-1}$；

（f）循环油进裂化反应器的数量与25%切换进料相同；

（g）启动抗垢剂泵，将抗垢剂注入原料油管线；

（h）按开工期间的分析项目作好分析，并根据分析结果及时调整操作参数，主要是反应温度；

（i）其余步骤同25%切换进料。

② 分馏部分：

（a）利用未转化油空冷器调整循环油罐温度，使其略低于裂化反应器入口温度；

（b）切换进料期间，原料油量与原料油缓冲罐中的循环油量的调整关系见表11-2。

表11-2　某厂加氢裂化装置原料油量与原料油缓冲罐中的循环油量的关系

新鲜原料油量百分比/%	新鲜原料油量/($t\cdot h^{-1}$)	循环油量/($t\cdot h^{-1}$)
0	0	75
25	18.75	56.25
50	37.5	37.5
75	56.25	18.75
100	75	0

（c）作好脱丁烷塔塔顶液中 C_5^+ 的分析，若 C_5^+ 超标，降低脱丁烷塔顶温度；

（d）维持常压分馏塔塔顶回流罐液位稳定，通过塔顶回流泵，控制塔顶温度不超过正常温度（如72~79℃）；

（e）当重石脑油汽提塔来油后，在启动重石脑油汽提塔底泵之前，应先从低点排水；

（f）启动重石脑油汽提塔底泵后，开重石脑油产品空冷器，重石脑油产品后冷器循环水阀开度适当；

(g) 此时重石脑油汽提塔塔底重沸热源可能不足，将不合格或未经汽提的重石脑油送至不合格产品罐；

(h) 控制重石脑油出装置温度<45℃(具体以工厂实际控制温度为准)；

(i) 当喷气燃料汽提塔来油后，在启动喷气燃料汽提塔底泵之前，应先从低点排水；

(j) 启动喷气燃料汽提塔底泵后，开喷气燃料产品空冷器，喷气燃料产品后冷器循环水阀开度适当；

(k) 此时喷气燃料汽提塔底重沸热源可能不足，将不合格或未经汽提的喷气燃料送至不合格产品罐；

(l) 控制喷气燃料出装置温度<50℃(具体以工厂实际控制温度为准)。

③ 脱硫部分：

(a) 调整各塔压力到正常操作压力：液化石油气脱硫塔，如1.62MPa；干气脱硫塔，如1.3MPa；溶剂再生塔，如0.07MPa。

(b) 将溶剂再生塔底温度调高到119~121℃；

(c) 根据干气流量大小调整贫胺液量，确保脱硫后干气满足制氢或其他用途要求；

(d) 根据脱丁烷塔顶液流量大小调整贫胺液量，确保脱硫后液化石油气满足产品规格要求；

(e) 根据富溶剂负荷，调整塔底重沸器负荷，确保塔底贫溶剂H_2S含量满足要求。

④ 气体分馏部分：

(a) 液化石油气质量合格后，缓慢进脱丙烷塔；

(b) 缓慢打开脱丙烷塔、丙烷汽提塔的重沸热源；

(c) 脱丙烷塔顶冷凝冷却器给循环水，控制塔顶温度为40℃；

(d) 逐渐建立脱丙烷塔、丙烷汽提塔液位。

(3) 75%切换进料。

① 反应部分：

(a) 将新鲜原料量增加到75%，同时保持精制反应器总进料量不变；

(b) 相应减少同等数量原料油缓冲罐中的循环油量，多余部分从减压分馏塔底经空冷器冷却后排向装置外，维持循环油罐液位恒定；

(c) 随时核查反应器温升，并调节冷氢的注入；

(d) 控制好反应器的平均温度，确保精制油的氮含量合格；

(e) 循环油进裂化反应器的数量与25%切换进料相同；

(f) 按开工期间的分析项目作好分析，并根据分析结果及时调整操作参数，主要是反应温度；

(g) 在2h内逐步停止注氨，密切注视反应器床层温度变化，确认反应温度能完全控制后，停止注氨，关闭注氨点截止阀；

(h) 加工低硫高氮原料油时，根据循环氢中的H_2S浓度决定是否停止注硫化剂，停止注硫化剂后，关闭注硫化剂点截止阀；

(i) 停止注氨后，精制反应器温升会有所增加，应密切注视反应器温升的变化情况；

(j) 其余步骤同前。

② 分馏部分：

(a) 根据反应部分流量变化，相应调整分馏部分的流量；

(b) 将脱丁烷塔系、常压分馏塔系和减压分馏塔系操作条件相应调整到接近正常操作条件或达到正常操作条件；

(c) 将分馏部分控制仪表尽可能投用自动控制；

(d) 按开工期间的分析项目作好塔顶气、液化石油气、轻石脑油、重石脑油、喷气燃料、柴油、未转化油分析。

③ 脱硫部分：

(a) 根据上游部分流量变化，相应调整脱硫部分的流量；

(b) 将液化石油气脱硫塔、干气脱硫塔和溶剂再生塔操作条件相应调整到接近正常操作条件或达到正常操作条件；

(c) 将脱硫部分控制仪表尽可能投用自动控制；

(d) 按开工期间的分析项目作好脱硫前后塔顶干气、液化石油气、贫胺液、富胺液分析；

(e) 溶剂再生塔顶酸性气组成符合要求后，送至硫磺回收装置。

④ 气体分馏部分：

(a) 根据液化石油气量的逐渐增加，稳定脱丙烷塔操作；

(b) 脱丙烷塔底液位 60%~70%，液面继续上涨时，缓慢向脱异丁烷塔送料；

(c) 缓慢开通脱异丁烷塔底重沸气热源，等待更多进料。

(4) 100%切换进料。

① 反应部分：

(a) 将新鲜原料量增加到 100%；

(b) 切断循环油进原料油缓冲罐，立即用冲洗油冲洗该管路；

(c) 按要求把过量的循环油送出装置，以保持循环油缓冲罐液位；

(d) 控制好反应器的平均温度，确保精制反应器出口碱氮 $<1.5\mu g \cdot g^{-1}$，总氮 $<5\mu g \cdot g^{-1}$；

(e) 调整裂化反应器温度，逐步将转化率调整到预定方案的确定值，提温提量的原则是先提量后提温；

(f) 通过冷氢变化调整反应器各床层入口温度，等温升设计的反应器控制温升尽可能相等，不温升设计的反应器控制床层入口温度为预计值；

(g) 有循环氢脱硫塔的装置，根据循环氢中的 H_2S 浓度情况投用循环氢脱硫系统，并调整好贫胺液洗涤量，关闭循环氢脱硫塔旁路线；

(h) 循环氢脱硫塔底富胺液至液力透平的控制阀、高压分离器底油至液力透平的控制阀继续关闭，联锁控制切断，待装置操作平稳后再投用；

(i) 将注水、注抗垢剂量调整到正常值；

(j) 新氢压缩机、循环氢压缩机的所有手动控制改为自动控制系统；

(k) 投用循环氢在线分析仪等在线控制仪表。

② 分馏部分：

(a) 将分馏部分的进料提高到 100%；

(b) 重石脑油汽提塔液位正常后，来料继续增加时，启动重石脑油汽提塔底泵，经空冷器、水冷器送至不合格产品罐；

(c) 喷气燃料汽提塔液位正常后，来料继续增加时，启动喷气燃料汽提塔塔底泵，经空冷器、水冷器送至不合格产品罐；

(d) 按开工期间的分析项目作好塔顶干气、液化石油气、轻石脑油、重石脑油、喷气燃料、柴油、未转化油分析；

(e) 当重石脑油产品质量合格后，送至重石脑油产品罐，关闭不合格线，并与合格线隔断；

(f) 当喷气燃料产品质量合格后，送至喷气燃料产品罐，关闭不合格线，并与合格线隔断；

(g) 当柴油产品质量合格后，送至柴油产品罐，关闭不合格线，并与合格线隔断；

(h) 控制重石脑油出装置温度 40℃，喷气燃料出装置温度 45℃，柴油出装置温度 50℃，未转化油出装置温度 60~120℃(具体以工厂实际控制指标为准)；

(i) 投用分馏部分所有流量、温度、压力等单回路自动控制系统、串级自动控制系统及智能自动控制系统；

(j) 投用在线色谱等在线控制仪表。

③ 脱硫部分：

(a) 根据上游部分流量变化，相应调整脱硫部分操作；

(b) 将液化石油气脱硫塔系、干气脱硫塔系和溶剂再生塔系操作条件相应调整到正常操作条件；

(c) 贫胺液 10%~15%经过贫胺液过滤器；

(d) 系统操作稳定后，停止配制新鲜溶剂和补充新鲜溶剂，建立溶剂系统循环。

④ 气体分馏部分：

(a) 根据液化石油气量流量变化，调整脱丙烷塔操作到正常操作条件；

(b) 打开脱异丁烷塔顶冷却器循环水阀，调整注水量，控制塔顶温度；

(c) 脱异丁烷塔塔顶回流罐液位 60%~70%后，来料继续增加时，启动脱异丁烷塔塔顶回流泵，建立塔的回流；

(d) 脱异丁烷塔塔顶回流罐液位继续增加时，将部分塔顶液冷却后先作为液化石油气组分送液化石油气罐；

(e) 脱异丁烷塔底液位 60%~70%，塔底重沸热源稳定后，启动脱异丁烷塔底泵，脱异丁烷塔底液冷却后先作为液化石油气组分送液化石油气罐；

(f) 气体分馏部分所有设备达到正常操作条件，系统操作稳定后，各产品质量分析合格后，将丙烷汽提塔底液送丙烷罐，脱异丁烷塔顶液送异丁烷罐，脱异丁烷塔底液送正丁烷罐；

(g) 继续作好化验分析工作。

参 考 文 献

1　韩崇仁主编．加氢裂化工艺与工程．北京：中国石化出版社，2001. 832~834

2　贾贵．扬子石化公司加氢裂化装置开工技术总结．加氢裂化协作组第三届年会报告论文集．中国石化总

公司加氢裂化协作组．抚顺石油化工研究院，1999. 133～140
3 金陵石化公司南京炼油厂．加氢裂化装置试运投产技术总结．加氢裂化装置首次技术交流会文集．炼油设计编辑部，1987. 127～156
4 石化管理干部学院．加氢技术(1)．北京：石化管理干部学院，1999
5 孙剑利．加氢裂化催化剂的预处理及评价[J]．石油炼制与化工．1996，27(12)：27～33

第十二章　生产操作

12.1　概述

加氢裂化装置生产操作需要适应不同操作原料、不同的产品数量和质量的要求，催化剂在装置运行过程中会失活，因此装置正常生产操作时应根据不同的变化，分别采用不同的操作条件。

1）反应温度。加氢裂化过程的宏观效应是高放热过程，反应温度是加氢裂化工艺最主要的控制参数，温度对反应速度有直接的影响。在压力、空速一定的条件下，反应温度的高低决定着各种反应发生的程度，也决定了反应器温升大小。反应温度的确定取决于原料性质和流率、反应器的氢分压、催化剂装填量和催化剂的活性、装置的运转周期、不同产品的收率要求和质量要求等多种因数。在加氢裂化反应过程中，冷氢用于调节反应温度，使催化剂得到最有效的利用。

正常生产过程中，提高反应温度，则：

(1) 脱硫率、脱氮率提高，产品的硫含量降低，裂化反应器入口氮含量降低；

(2) 烯烃和芳烃的饱和深度提高，产品中烯烃和芳烃含量降低；

(3) 裂化反应速度加快，裂解程度加深，生成油中低沸点组分和气体产率增加；

(4) 反应产生更多的热量，伴随着更多热量的释放，反应温度进一步提高；

(5) 加快了催化剂表面的传递速度，从而加速催化剂失活速度，催化剂寿命减少。

因此，反应温度应缓慢增加温度，以避免催化剂床层“飞温”。

2）反应压力。反应压力是通过高压系统末端，高压分离器或循环氢压缩机入口分液罐顶装设的压控调节阀控制。在正常操作条件下该调节阀的给定值应为固定值。

但装置运转过程中，会发生：

(1) 反应系统高压换热器管程、壳程、高压空冷器结垢；

(2) 反应进料加热炉、反应器结焦；

(3) 反应器顶金属组分沉积，造成压降增加；

(4) 反应温度提高，反应器内汽化率增大。

以上这些因数，可能会使反应初期和反应末期的氢分压变化较大，在其他条件不变的情况下，为了保持一定的转化率、一定的产品质量和数量，就必须通过提高反应温度来补偿。

3）液时空速。液时空速表示反应器中每立方米催化剂每小时通过的进料量，简称空速。空速的选取依赖于原料油性质、催化剂活性、工艺流程类型、目的产品质量和数量要求等多种因数。

空速的变化对加氢裂化反应有很大的影响。

当装置进料量减少，空速降低，反应苛刻度增加，氢耗增加，结焦加剧，此时，应降低反应温度；

当装置进料量增加，空速提高，转化率下降，此时应提高反应温度，以达到希望的转化率要求。

4）新氢及循环氢。加氢裂化过程是一个改变油品氢碳比的过程，这一个过程需要消耗氢，反应需要在一定的氢气氛中进行，氢在加氢裂化反应器中主要有三个作用：

（1）保证了催化剂床层有足够的氢存在，从而有利于传质和加氢反应的进行，在一定的范围内防止油品在催化剂表面结焦；

（2）使用循环氢作为冷氢降低了催化剂床层的温升，使整个反应器的催化剂在接近反应温度条件下反应；

（3）使油品通过催化剂床层时成滴流状，有利于传热、传质和反应。

5）催化剂活性。催化剂活性由催化剂配方、制造工艺、制造水平、催化剂装填质量和催化剂硫化的好坏等多个步骤决定。合理的反应操作条件，将有利于保持催化剂的活性，延长催化剂的寿命。装置生产过程中，提高催化剂活性的措施：

（1）尽可能采用较低的反应温度；

（2）适当提高反应压力；

（3）尽可能提高循环氢的纯度，加大循环氢的流率；

（4）循环氢中的 H_2S 含量最低应在 100~500μg · g^{-1} 。

6）操作变量。在保持一定转化率的条件下，不同的操作变量需要加氢裂化反应器的温度不同。见表 12-1。

表 12-1 操作变量与反应温度的关系

变量	反应温度
原料油硫含量	↗
原料油氮含量	↗
原料油密度	↗
原料油 95%点	↗
原料油中稠环芳烃	↗
循环氢流率	↘
循环氢纯度	↘
进料量	↗

根据生产控制要求，定期将新鲜原料与设计原料进行比较. 任何偏差都需通过调整反应温度来维持装置性能要求，也将对催化剂的活性产生影响。

12.2 典型工艺设计参数和操作参数

12.2.1 馏分油加氢裂化

1）反应部分，见表 12-2~表 12-5。

表 12-2 加氢裂化装置首次开工参数汇总[1]

装置	大庆石化总厂	茂名、金陵石化公司	上海石化公司	扬子石化公司	齐鲁石化公司
工艺流程	单段一次通过	单段循环	单段循环	两段循环	单段一次通过
转化率/%	60~65	100	100	100	~55
原料油					
相对密度	0.8476	0.878	0.8665	0.8778	0.932
硫/%	222~462	239~538	299~538	194~527	336~530
氮/%	108.7	2010	670	2100	2100
操作条件					
压力/MPa	14.5	17.13	15.07	16.27	14.65
温度/℃	400~440	383~408	361~413	361~413	399~427
氢油体积比	1500	1900	1900	1250	800
催化剂及空速/h^{-1}					
脱金属					ICR122~135
精制	3652 甲：1.9	HC-F：0.94	HC-F：0.94	HC-F：0.81	ICR114：0.7
裂化	3652 乙：1.9	HC-16：1.14	HC-14：1.47	HC-14：1.52/1.2	ICR126：1.3
后精制		HC-B：15.0	HC-B：12.58	HC-B：12.2/15.0	
主要产品产率/%					
重石脑油		15~18	60~55	60~55	
喷气燃料	~32	50~40			26~25
柴油	~13	17~15			16~14
催化剂寿命/年					
第一周期	最长 700 天	2	2	2	1
总寿命		6	6	6	2.5

表 12-3 某厂加氢裂化装置运行参数[2]

参数	93-10-21	94-02-21	94-10-21	95-02-23	95-04-21
原料油量/(t·h^{-1})	71.19	100.54	64.76	98.18	97.00
循环油量/(t·h^{-1})	23.46	0	35.12	55.10	56.00
R301 平均温度/℃	358.3	369.4	374.7	382.9	384.1
R301 总温升/℃	41.7	32.0	53.4	43.7	50.7
R301 冷氢(标态)/(m^3·h^{-1})	4.11	3.82	0.53	6.00	4.38
R301 一床层压降/MPa	0.03	0.12	0.05	0.06	0.06
R301 氢油体积比	1122	686	1992	971	973
R302 平均温度/℃	354.3	370.8	367.9	379.4	381.3
R302 总温升/℃	53.4	68.1	37.8	40.9	41.0
R302 冷氢(标态)/(m^3·h^{-1})	21.00	29.95	18.99	28.32	21.08
R302 氢油体积比	1520	1530	1387	1145	1040

表 12-4　某厂加氢裂化装置设计参数与标定参数的对比[3]

项　　目	设计	标定	项　　目	设计	标定
进料量/($t \cdot h^{-1}$)	175	171.8	R401 入口压力/MPa	17.9	16.6
体积空速/h^{-1}			R401 入口温度/℃	348	355
R401 保护层	9.50	9.69	R401 出口温度/℃	388	386
R401 主催化剂	0.95	0.97	R402 入口压力/MPa	17.4	16.2
R402 主催化剂	1.2	1.14	R402 入口温度/℃	370	377
R402 后催化剂	13.0	14.07	R402 出口温度/℃	380	386
总空速/h^{-1}	0.53	0.48	平均反应温度/℃	374	373
氢油体积比	900	1400			

表 12-5　不同入口温度条件下的床层温升情况

项　　目	2000-04-22①				2000-04-24②			
	温度分布/℃			温升/℃	温度分布/℃			温升/℃
一床层	353.7	354.2	354.0	1.9	359.2	361.1	360.0	2.1
	354.8	356.2	355.2		359.8	363.4	361.7	
	355.4	355.9	356.1		361.1	363.0	362.2	
二床层	354.8	355.3	355.4	1.6	360.2	361.7	360.2	2.1
	356.4	356.6	356.7		361.9	363.0	361.1	
	356.1	356.9	357.3		360.3	363.6	362.1	
三床层	354.3	356.2	355.7	7.2	351.6	360.0	355.1	9.1
	356.3	358.6	357.6		353.7	363.4	357.9	
	360.6	364.3	362.6		358.6	370.3	363.9	
四床层	356.4	360.7	357.9	9.5	346.4	360.7	353.5	8.2
	365.2	371.7	366.9		351.0	373.7	360.7	
	371.0	380.9	374.3		354.7	383.4	367.2	

①负荷为 70 $t \cdot h^{-1}$，转化率为 51%，R102 入口温度 354.6℃，床层平均温度 358.5℃，总温升 20℃。

②负荷为 70 $t \cdot h^{-1}$，转化率为 51%，R102 入口温度 360.8℃，出口温度 365.3℃，床层平均温度 360.3℃，总温升 20.4℃。

2）分馏部分，见表 12-6~表 12-9。

表 12-6　某装置标定期间分馏部分主要工艺操作参数[4]

项　　目	6 日 9：00	7 日 9：00	9 日 9：00
脱丁烷塔进料量/($t \cdot h^{-1}$)	145.37	145.92	138.28
脱丁烷塔进料温度/℃	197.4	199.7	201.8
脱丁烷塔顶温度/℃	74.8	74.7	75.0
脱丁烷塔底温度/℃	394.3	294.9	290.1
脱丁烷塔回流温度/℃	27.5	35.2	36.6

续表

项　　目	6日9：00	7日9：00	9日9：00
脱丁烷塔底重沸炉出口温度/℃	342. 1	340. 6	332. 5
脱丁烷塔顶回流量/$(t \cdot h^{-1})$	13. 52	11. 01	11. 2
脱丁烷塔顶回流罐排气量(标态)/$(m^3 \cdot h^{-1})$	3272. 2	2882	2774
脱丁烷塔顶压力/MPa	1. 42	1. 40	1. 40
脱丁烷塔底重沸炉循环量/$(t \cdot h^{-1})$	235. 36	241. 04	240. 50
分馏塔进料量/$(t \cdot h^{-1})$	147. 35	146. 62	140. 58
分馏塔进料温度/℃	394. 5	294. 5	290. 9
分馏塔顶温度/℃	89. 6	87. 5	88. 4
分馏塔底温度/℃	367. 1	366. 5	373
分馏塔回流温度/℃	46. 6	45. 5	43. 7
分馏塔底重沸炉出口温度/℃	386. 1	384. 5	392. 0
分馏塔顶回流量/$(t \cdot h^{-1})$	94. 01	92. 82	88. 84
轻石脑油量/$(m^3 \cdot h^{-1})$	21. 8	20. 6	23. 2
分馏塔底重沸炉循环量/$(t \cdot h^{-1})$	428. 61	432. 42	428. 7
重石脑油侧线抽出温度/℃	132. 6	135. 6	136. 5
航煤侧线抽出温度/℃	184. 6	186. 1	190. 5
重石脑油汽提塔底温度/℃	138. 9	139. 9	140. 7
航煤汽提塔底温度/℃	204. 0	205. 6	208. 6
重石脑油抽出量/$(t \cdot h^{-1})$	15. 875	15. 468	14. 364
航煤抽出量/$(t \cdot h^{-1})$	41. 15	40. 08	39. 95
分馏塔顶压力/MPa	0. 156	0. 0149	0. 0153
减压分馏塔进料量/$(kg \cdot h^{-1})$	80870	78890	68920
减压分馏塔进料温度/℃	367. 1	366. 5	373. 0
柴油抽出温度/℃	256. 6	260. 4	256. 8
减压分馏塔底重沸炉循环量/$(t \cdot h^{-1})$	240. 45	241. 13	347. 47
减压分馏塔底重沸炉出口温度/℃	356. 1	362. 8	356. 8
减压分馏塔底温度/℃	347. 5	349. 5	346. 7
柴油抽出量/$(kg \cdot h^{-1})$	20030	21980	22870
减压分馏塔顶回流量/$(kg \cdot h^{-1})$	38710	42110	41010
减压分馏塔顶真空度/MPa	0. 064	0. 064	0. 055
减压分馏塔顶温度/℃	224. 0	224. 1	220. 3

表 12-7　生产车用丙烷时液化气分馏塔的操作参数[5]

塔顶温度/℃	16. 3
塔顶温度/℃	118. 2
塔顶压力/MPa	2. 5
回流比/%	5~10

表 12-8 生产车用丙丁烷混合物液化气分馏塔的操作参数[5]

塔顶温度/℃	22.4
塔顶温度/℃	118.7
塔顶压力/MPa	2.5
回流比/%	6~9

表 12-9 脱硫部分不同脱硫溶剂的主要工艺操作参数

溶剂	液化气量/(kg·h^{-1})	干气量/(t·h^{-1})	抽提塔		吸收塔		再生塔				分液硫化氢含量/%
			压力/MPa	贫溶剂量/(m^3·h^{-1})	压力/MPa	贫溶剂量/(t·h^{-1})	压力/MPa	回流量/(t·h^{-1})	顶温/℃	底温/℃	
DIPA	2685	3404	1.44	1.6	1.38	5.6	0.08	0.23	99.1	119.5	0.18
HS101	5280	3492	1.30	1.2	1.18	4.9	0.08	0.07	85.3	119.8	0.21

12.2.2 润滑油加氢裂化

1）反应部分，见表 12-10。

表 12-10 某装置主要工艺操作参数[6]

项 目	HDT	IDW	HDF
反应器入口氢分压/MPa			
150SN	11.8	12.4	11.3
650SN	12.3	12.6	11.1
150BS	12.2	12.6	11.1
平均反应温度/℃			
150SN	390	408	299
650SN	405	417	314
150BS	413	420	314
LSHV			
150SN	1.36	1.20	2.00
650SN	0.85	0.75	1.25
150BS	0.68	0.60	1.00
氢油体积比			
150SN	350	350	350
650SN	560	560	560
150BS	700	700	700

2）分馏部分，见表12-11、表12-12。

表12-11　某装置常压塔的主要工艺操作参数

反应工段原料	LVGO	HVGO	DAO
进料温度/℃	340	355	367
塔底温度/℃	328	342	361
塔顶温度/℃	135	129	108
回流罐温度/℃	40	40	40
常一线抽出温度/℃	199.7	186.4	168.4
常二线抽出温度/℃	287.2	286	260.7
回流罐压力/MPa	0.05	0.05	0.05
塔顶压力/MPa	0.08	0.08	0.08
塔底压力/MPa	0.11	0.11	0.11

表12-12　某装置减压塔的主要工艺操作参数[13]

反应工段原料	LVGO	HVGO	DAO
进料温度/℃	322	346	375
塔底温度/℃	266	313	354
塔顶温度/℃	80	80	80
减一线抽出温度/℃	178.2	175.5	178
减二线抽出温度/℃	–	257.4	260.6
减三线抽出温度/℃	–	318.6	347
内蒸段压力/mmHg	78	78	78
塔顶压力/mmHg	48	48	48

注：1mmHg=133.322Pa。

12.3　典型设备设计参数和操作参数

12.3.1　反应器

反应器工艺设计和操作条件见表12-13。

表12-13　某装置反应器的主要工艺设计和操作条件[7]

项　目	加氢精制反应器	加氢裂化反应器
容器类别	Ⅲ	Ⅲ
规格尺寸/mm	ϕ3000×27622×(200+8)	ϕ3200×34400×(210+8)
介质	氢气、蜡油、H_2S	氢气、蜡油、H_2S
设计条件		
温度/℃	427	427
压力/MPa	19.0	18.6

续表

项目	加氢精制反应器	加氢裂化反应器
操作条件		
温度/℃	405	414
压力/MPa	17.4	16.96
床层数	2	2
厚度/mm		
封头	100+8	106+8
筒体	200+8(8段组成)	210+8(9段组成)
接管/只	10	25
材质		
封头	$2\frac{1}{4}$Cr1Mo+TP.309+TP.347	
壳体	$2\frac{1}{4}$Cr1Mo+TP.309+TP.347	
内件	1Cr18Ni9Ti	
接管	$2\frac{1}{4}$Cr1Mo+TP.309+TP.347	
容积/m^3	144.5	220
质量/t	386.365	583.365

12.3.2 新氢压缩机

新氢压缩机操作参数见表 12-14、表 12-15。

表 12-14 某装置新氢压缩机的主要工艺操作参数[8]

	运转初期	运转末期	硫化初期	硫化末期
流量(标态)/($m^3\cdot h^{-1}$)	191460	189516	207683	207683
介质	88.8%H_2	88.3%H_2	96.5%H_2、3.5%CH_4	79.5%H_2、2%H_2S 18.5%CH_4
相对分子质量	4.15	4.8	2.51	5.25
进气压力/MPa	16.17	16.17	16.17	16.17
进气温度/℃	49	49	49	49
排气压力/MPa	18.66	18.76	17.48	18.76
排气温度/℃	67.9	67.5	50	68.7
轴功率/kW	1614	1660	1015	1893
转速/($r\cdot min^{-1}$)	9592	9198	9559	9275

表 12-15 某润滑油加氢裂化装置新氢压缩机的主要工艺操作参数

项目	工况Ⅰ	工况Ⅱ	工况Ⅲ	工况Ⅳ	工况Ⅴ	工况Ⅵ	工况Ⅶ
进气压力/MPa	1.05	1.05	1.05	1.05	1.05	0.35	0.45
进气温度/℃	40	40	40	40	40	40	40
气量(标态)/($m^3\cdot h^{-1}$)	11075	8700	8560	8801	12123	5520	5500
排气压力/MPa	17.85	17.85	17.85	17.85	17.85	5.6	5.6

注：一级出口抽出部分气体去制氢装置，抽气量为600(标态) $m^3\cdot h^{-1}$，压力≥2.8 MPa。

12.3.3 循环氢压缩机

循环压缩机操作参数见表 12-16~表 12-18。

表 12-16 某装置循环氢压缩机的主要工艺操作参数[8]

项目	运转初期	运转末期	硫化初期	硫化末期
流量(标态)/($m^3 \cdot h^{-1}$)	191460	189516	207683	207683
介质	88.8%H_2	88.3%H_2	96.5%H_2、3.5%CH_4	79.5%H_2、2%H_2S、18.5%CH_4
相对分子质量	4.15	4.8	2.51	5.25
进气压力/MPa	16.17	16.17	16.17	16.17
进气温度/℃	49	49	49	49
排气压力/MPa	18.66	18.76	17.48	18.76
排气温度/℃	67.9	67.5	60	68.7
轴功率/kW	1614	1660	1015	1893
转速/($r \cdot min^{-1}$)	9592	9198	9659	9275

表 12-17 某装置循环氢压缩机的运转参数[8]

项目	运转初期	运转末期	硫化初期	硫化末期
流量(标态)/($m^3 \cdot h^{-1}$)	35000	277000	285000	211000
进气压力/MPa	5.26	14.8	14.1	16.0
进气温度/℃	44	40	40	49.5
排气压力/MPa	6.31	16.0	17.5	17.76
排气温度/℃	89.8	64.4	67.5	65.1
转速/($r \cdot min^{-1}$)	6376	7216	7155	8569
蒸汽量/($t \cdot h^{-1}$)	35	27.2	41.5	31
汽轮机振动/mm				
驱动端	12.0/13.6	14.7/12.4	16.3/13.6	17.9/17.8
非驱动端	8.5/6.2	6.9/5.4	8.3/8.3	6.2/9.0
轴位移	-94.4	-97.5	-122	-107.7
汽轮机轴承温度/℃				
驱动端	55.3	58.4	60.7	66.5
非驱动端	51.5	53.8	55.8	60.5
轴位移	36.9/37.1	38.8/39	41.2/40.2	45.4/46.5

表 12-18 某润滑油加氢裂化装置循环氢压缩机的主要工艺操作参数

项目	工况Ⅰ	工况Ⅱ	工况Ⅲ	工况Ⅳ	工况Ⅴ	工况Ⅵ	工况Ⅶ	工况Ⅷ
进气压力/MPa	16.26	16.26	16.26	16.26	16.26	4.6	16.26	16.26
进气温度/℃	40	40	40	40	40	40	40	40
流量(标态)/($m^3 \cdot h^{-1}$)	97063	92037	89415	95518	12123	>26692	106310	64890
相对分子质量	4.237	3.968	3.971	3.972	4.237	29.94	2.577	4.6
排气压力/MPa	17.85	17.85	17.85	17.85	17.85	5.6	17.41	17.85

12.3.4 组合压缩机

新氢-循环氢联合机组多用在加氢精制、加氢处理装置，也可用在处理能力较小的加氢裂化装置，某装置新氢-循环氢联合机组的变工况特性数据见表12-19。

表12-19 某装置新氢-循环氢联合机组的变工况特性数据[9]

项 目	新 氢			循 环 氢		
	工况Ⅰ	工况Ⅱ	工况Ⅲ	工况Ⅰ	工况Ⅱ	工况Ⅲ
相对分子质量	3.78	3.78	28	5.8	5.8	28
绝热指数	1.37	1.37	1.4	1.37	1.37	1.4
压力/MPa						
进气	1.73	1.73	0.65	7.52	7.52	1.96
排气	9.5	10.5	3.22	9.5	10.5	3.185
压比	5.5	6.07	4.95	1.26	1.397	1.625
压缩因子						
进气	1.01	1.035	1.0	1.035	1.035	1.0
排气	1.05	1.05	1.0	1.045	1.05	1.0
温度/℃						
进气	40	40	40	49.4	49.4	50
排气	127	135	141	77	87	123
流量/($m^3 \cdot h^{-1}$)	673	664	519	900	864	802
流量(标态)/($m^3 \cdot h^{-1}$)	9888	9797	2928	54730	52517	13122
轴功率/kW	722	754	266	602	780	376

12.3.5 原料油泵

某装置原料油泵的主要工艺操作参数见表12-20及表12-21。

表12-20 某装置原料油泵的主要工艺操作参数

项 目	工况Ⅰ	工况Ⅱ	工况Ⅲ	工况Ⅳ	开工油
流量(正常)/($m^3 \cdot h^{-1}$)	33.98	27.499	19.081	35.786	20.37
流量(额定)/($m^3 \cdot h^{-1}$)				39.4	
入口温度/℃	194	276.6	228	253	50
入口压力/MPa	0.2	0.2	0.2	0.2	0.2
扬程/m 液柱	2582	2664	2550	2522.7	2392
密度/($kg \cdot m^{-3}$)	750.44	727.3	759.91	768	810
黏度/($mPa \cdot s$)	1.29	0.89	1.96	1.69	1.8
最高入口温度/℃	285				

表 12-21 某润滑油加氢裂化装置原料油泵的主要工艺操作参数

项 目	工况Ⅰ	工况Ⅱ、Ⅲ	工况Ⅳ	开工油
流量(正常)/($m^3 \cdot h^{-1}$)	59.094	58.533	58.108	43.21
流量(额定)/($m^3 \cdot h^{-1}$)	65			
入口温度/℃	80	80	90	50
入口压力/MPa	0.3	0.3	0.3	0.3
扬程/m 液柱	2344	2322	2305	2449
密度/($kg \cdot m^{-3}$)	846.107	854.214	860.474	810.0
黏度/($mPa \cdot s$)	14.93	28.17	60.71	1.8
最高入口温度/℃	110			

12.3.6 高压油洗泵

某装置高压油洗泵的主要工艺操作参数见表 12-22。

表 12-22 某润滑油加氢裂化装置高压油洗泵的主要工艺操作参数

项 目	工况Ⅰ	工况Ⅱ、Ⅲ	工况Ⅳ
流量(正常)/($m^3 \cdot h^{-1}$)	49.169	47.9	45.963
流量(额定)/($m^3 \cdot h^{-1}$)	54.2		
入口温度/℃	46.4	47.1	47.7
入口压力/MPa	1.2	1.2	1.2
扬程/m 液柱	2443	2380	2283
密度/($kg \cdot m^{-3}$)	711.835	730.687	761.475
黏度/($mPa \cdot s$)	0.36	0.39	0.47
最高入口温度/℃	50		

12.3.7 注硫化剂泵

某装置注硫化剂泵的主要工艺操作参数见表 12-23。

表 12-23 某润滑油加氢裂化装置注硫化剂泵的主要工艺操作参数

项 目	工况Ⅰ	工况Ⅱ、Ⅲ	工况Ⅳ
流量(正常)/($m^3 \cdot h^{-1}$)	0.0484	0.0627	0.0627
入口温度/℃	20(最小：-11.2；最大：29.8)		
比重	1.263		
黏度/($mPa \cdot s$)	0.368		
入口压力/MPa	0.0		
出口压力/MPa	17.5		
扬程/m 液柱	1417		

12.4 生产操作调节

12.4.1 反应调节

1) 反应温度。生产操作过程中，在压力、空速一定的条件下，当原料油性质、原料油流率、催化剂的活性、产品收率要求、产品质量要求、新氢纯度或其他对操作温度有影响的条件需要改变时，一般通过调整反应温度来实现。

装置所要求的苛刻度(即转化率)减小时，降低反应温度；

转化率增大时，提高反应温度；

需要临时改变操作原料，不论原料性质变好变坏，最安全的作法是缓慢地改变转化率；

改变操作之前，首先进行理论分析，确定反应温度的调整方向，即调高还是调低；

当确定反应温度需调高时，建议高报警值应高于床层出口温度5℃；

加氢裂化装置裂化反应器的一次允许调整温度范围为0.5~1℃，需要大幅调整时，可多次重复调整；

低压分离器出口的液体密度、循环油缓冲罐的液位高低是转化程度的一个标志。在原料性质相同情况下，液体密度小表明转化程度深；循环油缓冲罐的液位高，表明转化程度浅；

在稳定操作过程中，对于等温升反应器，应使各床层出口温度相等，入口温度尽可能相等；

对于分子筛催化剂，当需要调整转化率时，反应温度的改变在2h内不应超过1℃；

当原料性质改变时，反应温度或多或少需要变化，应限制最大允许的反应温升；

正常生产过程应保持循环油缓冲罐的液位稳定；

正常运转周期内，虽然循环氢量的少量波动对产品质量和收率的影响不显著，但仍应保持循环氢流率恒定；

当装置一段时间内处于低负荷运转时，应先降反应温度，然后根据氢油比来降低循环氢流率；

当原料量需要降低时，应先降反应温度，再降原料量，后降循环氢流率，防止床层超温；

当原料量需要增加时，应先增加循环氢流率，然后增加原料量，最后调节反应温度。

2) 反应压力。

反应压力的影响因素及调节方法见表12-24。

表12-24　反应压力的影响因素及调节方法

影响因素	产生结果	调节方法
反应温度升高	裂解加剧，氢耗增加，反应压力下降	补充新氢，稳定高分压力
新氢量波动	反应压力波动	稳定氢源，检修新氢压缩机
原料含水增加	反应压力上升	加强原料脱水
高压换热器内漏	反应压力下降	检修泄漏的高压换热器
高分压控失灵	反应压力波动	修理高分压控表

3) 其他。不论何种操作工况，应保证连续注水，有油洗时应保证油洗泵常开；

应尽量维持低压分离器和高压分离器的操作条件，从而稳定反应系统和分馏系统操作；

大量循环氢的存在可及时将反应热从系统中排除，使反应温度平稳，容易控制。但过大的氢油比，使循环氢压缩机的负荷增加，系统的压降增大，并增加动力消耗，正常操作应尽量减少调节循环氢压缩机；

严格控制原料的金属含量和C_7不溶物；

原料油过滤器应确保投自动；

高压、低温部分换热器结垢时，可考虑增加此换热器注水；

原料油和新氢质量变化较大时，应联系有关部门给予调整；

应定期检查反应器入口的氢含量，以确保最低氢分压；

应定期分析裂化反应器入口氮含量，确保满足裂化催化剂的要求（如有机氮$<10\mu g \cdot g^{-1}$）；

定期分析循环氢中的H_2S含量，确保循环氢中的$H_2S >100\mu g \cdot g^{-1}$；

正常生产过程中，应不断地注意操作参数的变化，严格遵守生产控制分析；

结束正常操作的标志：在正常生产过程中，为了维持一定的转化率，反应温度应缓慢增加，满足下列条件之一时应结束正常操作，卸出催化剂或进行催化剂再生：

① 反应温度达到最大反应操作温度；

② 催化剂已失去选择性；

③ 产品质量严重下降，不能满足要求；

④ 目的产品收率不能满足要求；

⑤ 反应器严重结垢，循环氢量大量减小。

12.4.2　分馏调节

此处所谈的分馏为大分馏概念，包括反应部分分馏和分馏部分。分馏的作用是将反应生成的均相混合物分离为符合企业目标或规范标准的循环氢、干气、液化石油气、轻石脑油、重石脑油、喷气燃料、柴油、乙烯料、润滑油基础油馏分和循环油。主要由传质、传热和传动设备完成。

1）典型的传质过程[12]：

（1）气体吸收：气体混合物与液体溶剂接触，气相中的可溶组分传入液相。应用实例为：液化石油气吸收塔、循环氢脱硫塔、干气脱硫塔和低分气脱硫塔。脱硫塔同时伴有一定的化学反应。

（2）精馏：加热使部分液体变为蒸气，冷凝使部分蒸气变为液体。蒸气和液体反复不断地接触，不同的物质在汽、液两相之间相互传递。从而使组分得到分离。应用实例为：脱丁烷塔、脱戊烷塔、常压分馏塔、减压分馏塔、石脑油分馏塔等。

（3）萃取：依据液体混合物中各组分在所选择的溶剂中溶解度的差异分离液体混合物。应用实例为：液化石油气脱硫塔，该塔同时伴有一定的化学反应。

（4）液相吸附：固液两相接触时，液相中的某个组分扩散传向固体表面并吸附在该表面上。应用实例为：活性炭吸附富胺液中的缩合物。

2）典型的传热过程[11]：

（1）间接式传热：通过设备壁将冷、热流体隔开进行传热。热量依次由热流体→壁的一侧→壁的另一侧→冷流体。在固体内部，导热是由相邻分子的碰撞，传递了振动能而引起；在液体内，热量的传递是靠弹性波的作用；气体中则是依靠分子不规则的热运动传递了动能而进行导热的。应用实例为：各种管壳式换热器，重沸器，冷却器等。

（2）辐射传热：利用电磁波传递能量的过程。具有微粒性和波动性两重性质。当射线从物体发射或被物质吸收时，其微粒性比较突出；当辐射线在传播时，其波动性比较突出。应用实例为：反应进料加热炉、脱丁烷塔底重沸炉、常压分馏塔底重沸炉、减压分馏塔底重沸炉等。

3）典型的流体流动过程[11]：

气体和液体统称流体，是一种受任何微小剪切力都能连续变形的物质，它们几乎没有抵抗变形的能力，不但整体会产生运动，其内部质点也易发生相对运动。气体和液体具有这种易变形的特征，就是其流动性。

将流体从一处送到另一处，无论是将流体从总比能低处送到总比能高处，还是仅克服流体阻力，都必须向流体提供机械能，即借助流体输送机械对流体作功来实现，表现为流体输送机械出口流体压力能增大。

（1）液体输送机械：

① 叶片式泵：靠高速旋转的叶轮对流体作功，使液体的机械能增大。应用实例为：回流泵、塔底泵、产品泵等。

② 容积式泵：利用往复运动的活塞或旋转的转子改变工作室容积，挤压液体，对液体作功，使液体的机械能增大。应用实例为：注缓蚀剂泵等。

（2）气体输送机械

① 鼓风机：靠高速旋转的叶轮对气体作用，使气体获得能量，从低压气体变为高压气体。应用实例为：加热炉预热空气鼓风机。

② 离心压缩机：作用原理同上。应用实例为：酸性气压缩机。

③ 真空泵：从负压下抽气，在大气压下排气。应用实例为：减压分馏塔顶水环式真空泵。

4）典型的操作控制：

（1）塔进料温度。各塔的进料温度一般为泡点温度。此时进料入塔内一次闪蒸后，形成的气液两相与塔内气液两相组成接近相等，分馏效率最高。如果进料温度过低，以"过冷液体"进入，将使进料板以下几块塔盘液体负荷加大，在降液管中的流速增加，降低分馏效果。反之，如果进料温度过高，以"过热液体"进入，将使进料板以上几块塔盘气体负荷加大，容易产生雾沫夹带，也会降低分馏效果，从而影响板效率，使产品的分离度降低。

（2）塔底温度。塔底温度的设定值是根据塔底产品与侧线产品或塔顶产品的切割点决定的，生产操作中，在塔压、进料稳定条件下，采用重沸炉的塔，通过重沸炉出口温度和重沸炉的汽化量来调节；采用水蒸气汽提的塔，通过塔的进料温度和汽提蒸汽量来调节。

（3）液位。液位是生产操作中的关键控制参数，是物料平衡的直接反应。无论回流罐液位还是塔底液位均应维持在正常操作范围，如60%～80%。液位高低受进料性质、液位流量、塔顶温度、塔底温度及操作压力等因数影响，也将影响目的产品收率、目的产品质量和分馏系统的平稳操作。

（4）回流比。回流量与塔顶抽出液体产品之比称回流比。用于控制产品分离精度和塔顶温度。当回流比增加时，产品间分离精确度提高；回流比减小，分馏效果变差。但过大的回流比必然增加进料或塔底加热负荷，塔内气相负荷增加，影响分馏效果，增加能耗。

设计条件下的回流比与进料组成、进料量、塔操作压力、操作温度、塔顶或塔底产品质量要求、流量要求、塔、炉、换等设备尺寸相适应，正常操作过程中，一般不应轻易调整。

（5）汽提蒸汽。塔内注蒸汽降低了塔内各组分的分压，使更多的轻组分汽化，从而改进了塔的分馏效果。

(6) 侧线抽出温度。抽出层塔盘温度由该层塔盘上的液体组成确定，抽出层温度应保持与所需产品组成相应的温度(该液体的泡点温度)。所以抽出温度应视产品质量要求来调节。侧线产品的抽出通过流量来调节，流量增加，内回流减少，抽出塔盘温度增加，产品变重。反之抽出量减少，内回流增加，抽出塔盘温度降低，产品变轻。

(7) 塔压力。压力的平衡与否直接影响到产品的质量、系统的热平衡、物料平衡，甚至关系到装置的安全操作。

采用正压操作的设备，其压力由设在塔顶管线上的压力测定信号，通过塔顶回流罐的压力控制阀来调节全塔压力。

采用负压操作的设备，通过塔顶不凝气越过蒸汽抽空器来控制闪蒸段的压力，或通过塔顶不凝气返回塔顶管线来控制塔顶压力。

5) 典型的操作调节：

(1) 循环氢脱硫塔。[10,12] 循环氢脱硫塔内发生的是一种传质与化学反应同时进行的过程，属于化学吸收范畴，同时伴随 H_2S 在水中的溶解和电离。由于醇胺溶液与 H_2S 发生化学反应，消耗了进入醇胺溶液中的 H_2S，使循环气中的 H_2S 有效溶解度增大，而平衡分压降低，从而能较彻底地除去循环气中的 H_2S。

① H_2S 脱除率或净化度。循环气中的 H_2S 脱除率不是越多越好，脱除的程度取决于装置所采用的催化剂性能，由于硫化态催化剂的活性远高于氧化态催化剂，为避免硫化态催化剂在正常生产过程中失硫，催化剂专利商均要求循环气中有一定的 H_2S 浓度。因此 H_2S 脱除率依催化剂专利商的要求而定，典型的最低值 100~500μg · g^{-1}。

② 脱硫溶剂。脱硫溶剂对循环氢脱硫塔的正常操作影响较大。塔内液体负荷根据选定的溶剂浓度和酸性气负荷得到，一般情况下不应更换溶剂。

不同溶剂的脱硫效果、产生的反应热和腐蚀性不同。如溶剂的碱性 MEA>DEA>MDEA，溶剂的腐蚀性同样 MEA>DEA>MDEA。

③ 贫溶剂入塔温度。高压分离器顶的未脱硫循环气中，一般含有较多>C_3组分，虽较低的贫溶剂入塔温度有利于提高脱硫效果，但也容易产生循环气中>C_3组分的冷凝，加重吸收塔溶剂发泡，破坏正常操作。荷兰 Comprimo 公司推荐加氢裂化装置循环氢脱硫塔贫溶剂入塔温度应>循环气入塔温度 5~10℃。

④ 在线监测。有条件的企业，可采用 γ 扫描技术对塔故障和塔内的工艺操作状态实行在线监测和诊断，积累最佳的操作数据，调节和优化操作参数、排除异常现象、延长操作周期、避免非计划停工检修、明确检修目标和工作量，制定恰当的计划停工日期。

(2) 脱丁烷塔。脱丁烷塔是典型的精馏塔，一般由 40~48 块塔板组成，进料位置在20~24 块塔板之间，塔顶压力 1. 55~1. 6MPa，塔顶温度 40℃。设置脱丁烷塔的目的是将反应生成物中<C_4组分从塔底产品中脱除，并保证塔顶液相产品符合液化石油气规格，塔底物流不含或少含<C_4组分。

① 进料温度。脱丁烷塔进料温度一般为泡点温度。由低分油与反应流出物换热控制，过高、过低均会影响板效率，一般可能的调整范围：188~195℃。

② 塔顶温度。塔顶温度上升的原因之一：塔顶液体 C_4组分减少，塔底液体 C_4组分含量增加，塔底温度下降。此时应提高精馏段和提馏段塔盘的分离能力，即增加回流比，在两段塔板数不变的情况下，使产品质量得到提高。回流比增大后，塔顶空冷器和后冷器的负荷会

相应增加，应及时调整，见表12-25。

表12-25　塔顶温度的影响因素及调节方法

影响因素	调节方法
进料温度波动	调整塔进料换热或加热温度，如手动改自动
回流温度变化	可能气温、水温变化，调好塔顶空冷器、后冷器温度
进料流量不稳	调节上游低压分离器液位，投用液位、流量串级控制

③ 回流量不变时，增大重沸炉汽化率对塔操作的影响。回流量不变时，增大重沸炉汽化率，提馏段汽相量增大，但由于精馏段液相量不变，所以提馏段液相量也不变，塔盘数未变的情况下，回流比减小，精馏段分离效果变差，塔顶液体 C_4 组分减少，塔顶温度上升。

(3) 常压分馏塔。常压分馏塔也是典型的精馏塔，一般由40~56块塔板组成，进料位置在32~38块塔板之间，塔顶压力0.05~0.15MPa，塔顶温度40℃。设置常压分馏塔的目的是从脱丁烷塔塔底产品中分离出轻石脑油、重石脑油、喷气燃料产品，不设减压分馏塔时，还需分离出柴油产品。

① 塔顶冷凝冷却负荷。常压分馏塔的热量一般由常压分馏塔顶空冷器和(或)水冷器取走。适当的冷却负荷可防止常压分馏塔发生液泛，同时最大限度提高精馏效果。

常压分馏塔前设脱丁烷塔(或脱戊烷塔、主汽提塔)时，典型的常压分馏塔顶为全冷凝。而低分油直接进常压分馏塔时，常压分馏塔顶一般为部分冷凝。

常压分馏塔顶温度升高时，塔顶冷凝冷却负荷增大，塔顶液体产品(轻石脑油或重石脑油)收率增加，回流比降低，喷气燃料和柴油产品初馏点和终馏点升高，所有产品的闪点提高，低温流动特性变差。

② 塔顶压力。常压分馏塔压力由设在塔顶回流罐上的压力控制阀调节。当塔顶气量少，不足以控制压力时，可补充 N_2 进行控制。

塔顶压力是确定常压分馏塔加热炉负荷和分离精确度的重要变量。

当产品收率不变时，降低塔顶压力将减少加热炉负荷需求；

当加热炉负荷不变时，降低塔顶压力将增加塔内过汽化量，提高分馏精度；

降低塔顶压力，将增加塔内气相量，严重时会产生液泛；

降低塔顶压力，会增加塔顶压缩机的负荷；

增加塔顶压力，将导致塔顶石脑油馏程变轻，流率减少。

(4) 减压分馏塔。燃料型加氢裂化装置减压分馏塔一般由15~20块塔板和一段填料组成，进料位置在11~13块塔板，塔顶压力-0.065~-0.07MPa，塔顶温度40℃。

润滑油型加氢裂化装置减压分馏塔一般由5~6段填料组成．进料位置在最底部填料之上，塔顶压力-0.0053MPa，塔顶温度40℃。

设置减压分馏塔的目的是从常压分馏塔塔底产品中分离出柴油、乙烯料、轻质润滑油基础油、中质润滑油基础油、重质润滑油基础油产品和未转化油，也可生产白油料等特种产品。

① 闪蒸区温度。对于进料加热炉，在进料组成一定、闪蒸区压力不变的情况下，闪蒸区温度决定过汽化量。升高闪蒸区温度，增大中段回流的冷却，可以得到更好的产品分离质量。但闪蒸区温度过高，会引起进料加热炉或减压分馏塔内油品的热裂解，热裂解会导致产

品颜色变差、氧化安定性降低。因此对采用进料加热炉的减压分馏塔，一般限制进料加热炉出口温度<371℃。

② 重沸炉出口温度。减压分馏塔采用重沸炉的加氢裂化装置一般为燃料型。重沸炉发生热裂解的现象与进料加热炉相似，但由于产品不要求氧化安定性，因此一般限制重沸炉出口温度<399℃。

③ 汽提蒸汽量。增加减压分馏塔底吹入的汽提蒸汽量可以改善塔底产品与各侧线产品的分离精度，但过高的汽提蒸汽量会增加塔内气相负荷(严重时可导致液泛)，增加塔顶减压系统的负荷，产生更多的酸性水。且减压分馏塔顶产生的酸性水由于氧含量超标，一般不能作为反应系统的注水。

降低减压分馏塔底吹入的汽提蒸汽量可以减少蒸汽消耗、降低塔顶减压系统的负荷和酸性水量。当然汽提蒸汽量的减少也会增加塔底产品轻组分的含量，降低润滑油基础油的黏度。

正常生产过程中，应不断总结汽提蒸汽量与产品分离精度、酸性水处理成本及减压分馏塔能力之间的关系。

④ 减压塔顶气体。减压塔顶气体不回收利用，既浪费能源又造成环境污染，可采用无压气体节能环保燃烧器，安装于减压分馏加热炉中，将排入大气的减压塔顶气体作加热炉燃料。

⑤ 优化加热炉操作。对加热炉的“三门一板”优化调控，提高加热炉热效率，延长了加热炉运行周期。

参 考 文 献

1 宋文模．我国近代加氢裂化的30年[J]．炼油设计．1996，26(4)：3~13

2 陈连才，孙剑利．国产化加氢裂化装置生产技术分析[J]．石油炼制与化工．1995，26(12)：1~5

3 牟银钢，李晓静．14Mt/a加氢裂化装置反应系统的标定[J]．齐鲁石油化工．2002，30(3)：198~201

4 韩世文，邓茂广，龙有．加氢裂化协作组第四届年会报告论文选集[M]．加氢裂化协作组．2001．136~145

5 张展．车用液化石油气的开发生产[J]．化学工业与工程技术．2002，23(6)：41~43

6 刘家明，孙丽丽．加氢装置设计与工程开发的新进展[J]．炼油设计．2000，30(5)：7~12

7 偶国富．国产化加氢裂化装置反应器的运行和首次检验[J]．炼油设计．2000，30(5)：15~20

8 偶国富，丁舍庚，徐如良，等．加氢裂化循环氢压缩机扩能改造[J]．石油化工设备技术．2000，21(3)：23~25

9 王存智．氢压机工程设计选型中常见问题的分析与探讨[J]．石油化工设备技术．2000，21(3)：19~22

10 沈复，李阳初主编．石油化工单元过程原理(下册)[M]．北京：中国石化出版社．1996

11 林本宽．炼厂气脱硫技术改进措施[J]．炼油设计．2000，30(5)：44~47

12 李立权，李家民．高苛刻度润滑油减压分馏塔的优化设计及工业应用[J]．炼油设计．2000，30(9)：45~48

第十三章 正常停工

加氢裂化装置正常停工是由于装置运转一个周期后，设备需要检修、维护及保养、催化剂需要再生或更换而进行的有计划停工。一般的正常停工包括：装置全面停工和装置短期停工。停工后进行：催化剂器内再生、催化剂器外再生、催化剂部分更换、催化剂全面更换、部分设备检修、维护和装置检修、设备检验及保养。不同的停工要求会产生不同的停工方案，不同的停工方案会产生不同的停工步骤、停工范围和停工时间安排。

本章主要介绍装置全面停工，停工后进行装置检修、维护及保养。

正常停工方案的制定，应避免或禁止停工过程或停工后发生[12]：

(1) 人员伤亡；

(2) 催化剂结焦；

(3) 有害物质排放导致环境污染；

(4) 硫化亚铁等自燃物质的生成；

(5) 羰基镍的生成；

(6) 加热炉炉管结焦；

(7) 反应器或高压设备损伤；

(8) 设备泄漏；

(9) 检查、检修和维护时发生：

① 由于自燃物质的生成导致的火灾；

② 可燃物的存在，造成不能动火检修；

③ 置换、冲洗、吹扫方案不完善导致的人员中毒；

④ 设备、管线被冻结或冻裂而造成的损坏。

停工设备的检修、维护及保养[1]：

(10) 正确认识停工设备检修、维护及保养的重要性。专人负责“组织落实、方案落实、任务落实、检查落实”工作，将停工设备的检修、维护及保养工作纳入规范化的轨道；

(11) 设备维护保养工作应从停车前抓起，对每台设备的维护保养应心中有数。正常停工时，管线设备吹扫、置换要彻底，为设备维护保养的前期工作奠定基础；

(12) 进入设备维护保养期，管线的残液要吹扫干净，进入容器的废液要及时处理，避免出现不应有的设备腐蚀；

(13) 重视使用设备防护的新技术。

13.1 停工前准备工作及检查[2,7,12]

(1) 制定了详细的停工方案，针对催化剂器内再生、催化剂器外再生、催化剂部分更换、催化剂全面更换、部分设备检修、维护和装置检修及维护等不同情况制订相应的方案，并经有关部门批准；

(2) 编制了停工网络图，使每个停工步骤都尽可能按时间表进行；

(3) 参与停工的岗位操作人员认真学习了停工方案，并通过了考试；

(4) 根据停工要求，详细制订停工措施；

(5) 条件许可时，停工前进行停工仿真模拟培训；

(6) 绘制好停工退油的详细流程，标明每个阀门在不同阶段的状态，与工厂系统的衔接关系，并确认衔接流程畅通，工厂可接受并作好准备；

(7) 编制停工前后的详细盲板表，标明每个盲板在不同阶段的状态，并指定专人负责盲板的拆卸和安装；

(8) 把装置停工的准确时间通知各岗位操作人员及与装置有关的单位，做好相应的停工准备；

(9) 按停工检修项目要求，提出需要检修、维护、清扫的设备或其他工作，通知有关维修部门，以便做好相应的准备工作；

(10) 冲洗油罐液位65%~75%，并建立装置内冲洗油循环；

(11) 公用工程系统可提供纯度>99.9%的高纯度 N_2；

(12) 放空罐存油已退出；

(13) 化验室做好有关项目分析设备配备、分析项目、分析频率和分析人员的准备工作；

(14) 现场测试设备配备齐全：

① 爆炸气体分析仪；

② H_2 分析仪；

③ O_2 分析仪；

④ H_2S 分析仪；

⑤ 防止羰基镍生成的CO测试仪；

⑥ 酸性水或碱性水的pH值测试计。

(15) 轻污油线、重污油线、未转化油线已置换、吹扫畅通；

(16) 未转化油空冷器保持正常投用或备用状态；

(17) 检查装置内易凝油品的保温、伴热，确保装置外衔接管线的保温良好、伴热畅通；

(18) 罐区准备了足够的停工用油(如直馏柴油或加裂柴油)；

(19) 不合格液化石油气储罐、不合格油品储罐随时可投入使用；

(20) 供氢装置(如制氢装置)已做好配合加氢裂化装置停工的准备工作；

(21) 做好停工后设备、仪表的检修准备工作；

(22) 停工前应与生产、调度、公用工程等部门联系和协调，确保按时、按量供应停工用油、供电、供汽、供 N_2 及装置停工排放污油、污水、火炬气接收；

(23) 停工及检修所需的临时设施、备品备件、物资材料均准备妥当，需要更换的设备已制造完毕，并存放于工厂仓库；

(24) 停工及检修所需的各类化工原材料均已准备就绪；

(25) 停工后需要进行催化剂器内催化剂再生，应制定催化剂器内催化剂再生方案，准备再生用碱液、氨等化学品；

(26) 与加氢裂化有关的其他装置已做好加氢裂化装置停工后的调整准备；

(27) 对于加工焦化蜡油、脱沥青油等二次加工油的加氢裂化装置要提前一天停止加工二次油；

(28) 对于有蜡油原料或产品物料直供的加氢裂化装置要提前一天停止物料直供，改为罐供原料或产品油品储罐；

(29) 经有关人员联合检查，确认可以进行正常停工操作。

13.2 正常停工程序[3~6,10,12,14]

13.2.1 反应部分正常停工程序

(1) 将高分油至液力透平液位控制阀逐步关闭，相应关闭高分油驱动的液力透平(液力透平也可安排在反应系统低氮油置换期间停运，以彻底置换液力透平及其进出口管线内的蜡油，但要注意控制好装置负荷不能过低)，切换打开高分油至低压分离器的液位控制阀，维持高分液位平稳；

(2) 将高分油驱动的液力透平体内液体放空，并用冲洗油冲洗；

(3) 将循环氢脱硫塔底液至液力透平液位控制阀逐步关闭，相应关闭循环氢脱硫塔底液驱动的液力透平，切换打开循环氢脱硫塔底液至溶剂再生的液位控制阀，维持循环氢脱硫塔底液位平稳；

(4) 将循环氢脱硫塔底液驱动的液力透平体内富溶剂放空，并用水冲洗；

(5) 正常停工应遵守先降温后降量的原则；

(6) 以≯25℃ · h^{-1}的降温速度，逐步降低裂化反应器温度30~35℃；

(7) 裂化反应器温度降低后，将新鲜原料量降到正常进料量的75%；

(8) 如果正常操作时注抗垢剂，此时应停运抗垢剂泵，并对抗垢剂泵体进行置换；

(9) 待裂化反应器温度、新鲜原料量降低后，以≯25℃ · h^{-1}降温速度，降低精制反应器温度15~20℃；

(10) 开启未转化油空冷器电机(若未转化油空冷保持正常投用状态，则可忽略此步骤)，打开空冷底部的加热蒸汽旁管(或热风循环系统)，确保未转化油出装置后路畅通；

(11) 将未转化油经空冷器冷却至工厂控制指标范围内后送出装置，未转化油的排放量应与循环油量统一考虑；

(12) 未转化油一般冷却温度控制在60~120℃，对于凝点较高的含蜡润滑油馏分冷却温度可控制在90℃(未转化油出装置温度需根据炼厂实际情况确定，若未转化油后路进高温蜡油储罐，则未转化油出装置温度需提高至90~120℃)；

(13) 降低循环油量到正常流量的75%；

(14) 如果正常操作时注硫化剂，此时应停运硫化剂泵，并用水对硫化剂泵体进行置换；

(15) 未转化油排放过程中，应控制循环油罐液位稳定；

(16) 调整反应温度保持操作正常；

(17) 如果反应流出物最后一台换热器入口温度降低到高于结盐温度25℃时，可考虑打开换热器入口注水阀，适当注水以控制换热器结盐；

(18) 以≯25℃ · h^{-1}的降温速度继续降低裂化反应器温度；

(19) 裂化反应器温度降低后，将新鲜原料量逐步降到正常进料量的50%左右；

(20) 停止循环氢脱硫塔胺液循环(此步骤也可安排在反应系统恒温解氢期间实施，以适当降低循环氢中的硫化氢浓度，减少反应系统后续的氮气置换时间)

① 打开循环氢脱硫塔副线阀；

② 停运高压贫胺液泵，关闭高压贫胺液泵出口阀门；

③ 将高压贫胺液泵体及出、入口管线内的 MDEA，排至溶剂回收罐中；

④ 循环氢脱硫塔底的液位尽可能降至最低；

⑤ 高压贫胺液泵入口管线、泵体用水冲洗干净；

(21) 待裂化反应器温度小于正常操作温度 45℃时，降低循环油量到正常流量的 30%；

(22) 控制任一反应器床层最高温度<320℃；

(23) 引停工用低氮油进装置，控制低氮油+新鲜原料量为正常进料量的 50%左右；

(24) 降量过程中，应维持高压分离器液位稳定；

(25) 逐渐增加低氮油量，减少新鲜原料量，直到全部切换为低氮油进料(在逐步切换低氮油期间要防止蜡油、低氮油两股物料互串)；

(26) 进料全部改为低氮油后，沿流程分别置换原料油过滤器、控制阀副线、换热器副线等，保持低氮油置换一段时间(一般 6~8h)，检查低分油外观基本透明后，可结束对反应系统的置换；

(27) 在减少新鲜原料量的同时，相应减少循环油量，直至完全切断，停运循环油泵，关闭循环油泵出口阀门；

(28) 停运循环油泵前，应使循环油罐液位<30%；

(29) 未转化油全部经未转化油空冷器冷却后送出装置，冷却温度控制在 60~90℃；

(30) 停运循环油泵 2h 后，用冲洗氢冲洗循环油泵出口管线及高压循环油换热器内存油至裂化反应器(要防止在高温状态下直接用大量冲洗氢冲洗，导致高温高压法兰在急冷收缩后产生泄漏)；

(31) 循环油泵低流量旁路线和泵体用冲洗油冲洗至循环油罐；

(32) 将循环油罐的残油通过停工线压送到减压分馏塔底泵入口，泵送出装置；

(33) 低氮油量降到正常进料量的 30%时，停运高压原料油泵，关闭高压原料油泵出口阀门；

(34) 停运高压原料油泵前，应使原料油缓冲罐液位<30%；

(35) 停运高压原料油泵后，逐步开大泵出口冲洗氢阀门，用冲洗氢冲洗高压原料油泵出口管线及高压换热器内存油至精制反应器；

(36) 高压原料油泵低流量旁路线和泵体用冲洗油冲洗至原料油缓冲罐；

(37) 从原料油进装置管线吹扫管道、过滤器、换热器(如果有的话)内存油至原料油缓冲罐；

(38) 维持高压分离器压力，关闭所有冷氢阀；

(39) 当精制反应器入口温度降至 260℃时，停止反应注水，排净高压分离器内存水后关闭高分界控手阀；

(40) 循环氢压缩机以最大循环氢流量循环赶油 6~8h，尽可能将设备、管线、催化剂上的存油吹扫干净，直至热高分(或冷高分)液位不再明显上涨为止；

(41) 以 20~25℃ · h^{-1} 的降温速度继续降低反应器温度，直至满足下一步操作对温度的要求；

(42) 如果要卸出催化剂或催化剂进行器外再生，步骤如下：

① 进料切断后，降低反应压力，压力的降低值以反应器入口温度升高到 400℃，并考虑

温升时反应器能够承受的压力为准，一般降低10%~15%；

② 将装置的高压部分与其他部分完全隔离；

③ 以20~25℃·h^{-1}的升温速度将反应器入口温度升高到400℃，此时应注意检查循环氢(或反应进料)加热炉的表面温度，避免炉管表面温度超高；

④ 停止循环氢脱硫塔胺洗，停运高压贫胺液泵，关闭高压贫胺液泵出口阀门；

⑤ 停运高压贫胺液泵前，应先关闭高压富胺液至液力透平入口阀门，打开富胺液至低压系统阀门；

⑥ 停运高压贫胺液泵后，立即用水冲洗高压贫胺液泵；

⑦ 必要时重新启动注水泵，恢复注水；

⑧ 恢复注水后，应控制好高压分离器的水位；

⑨ 在反应器入口温度400℃条件下，用循环氢压缩机以最大流率进行氢气循环8h左右，使吸附的烃类全部从催化剂中汽提出来(也有部分企业省略热氢汽提的步骤，在反应系统循环赶油结束后直接转入降温降压停工程序)；

⑩ 卸出催化剂不进行器外再生：

(a) 在反应器入口温度400℃条件下，用循环氢压缩机以最大流率进行氢气循环8h；

(b) 反应系统不排废氢；

(c) 反应系统压力通过补充新氢量来调节；

(d) 高压分离器中的液位应维持在50%~60%，以免高压串低压。

⑪ 对贵金属催化剂，也有公司推荐：

(a) 反应进料停止后，反应器入口温度以每15min<14℃条件降温到315℃；

(b) 保持反应系统正常操作压力；

(c) 用循环氢压缩机以最大循环氢流率进行循环；

(d) 贵金属催化剂热氢汽提阶段，不应使循环氢中的H_2S浓度超过允许值，否则，应排放废氢；

⑫ 氢气循环期间，如果循环气中氢纯度<80%时，打开排废氢阀门，并开新氢压缩机补充新氢；

⑬ 对非贵金属催化剂，不建议使用H_2S<500μg·g^{-1}(也有公司推荐H_2S应≮1000μg·g^{-1})的热氢循环；

⑭ 热氢汽提结束的标志：高压分离器中的液位不再上涨；

⑮ 热氢汽提结束后，以≯25℃·h^{-1}的降温速度和≯1.5MPa·h^{-1}的降压速度将反应器温度降到250℃、系统压力降到8.0MPa，反应系统在此条件下恒温解氢24~48h(也有企业并不采取恒温解氢步骤，而是直接转入下一步程序)；

⑯ 恒温解氢结束后，继续以≯25℃·h^{-1}的降温速度将反应器温度降低到205℃以下；

⑰ 循环氢(或反应进料)加热炉降温期间，应避免加热炉回火；

⑱ 降温过程中，每降20℃检查一次高温高压部位(如炉出口、热高分进口、出口等)法兰、螺栓紧固情况，如有松动、泄漏等紧急情况，视其情节采取相应处理措施；

⑲ 反应器温度低于205℃时，CO与含Ni催化剂易生成剧毒的羰基镍，为了防止羰基镍的形成，恒温运行30min；

⑳ 从靠近循环氢压缩机入口处的采样口处采样分析循环气中的CO含量；

㉑ 若 CO 的含量>30μg · g^{-1}，停止反应床层温度进一步下降，并保持床层温度>205℃；

㉒ 分析显示 CO 的含量<10μg · g^{-1}时，反应系统方可补充新氢；

㉓ 补充新氢后，CO 的含量>10μg · g^{-1}时，用高压 N_2 吹扫反应系统，减少潜在的安全危险；

㉔ 停运新氢压缩机，关闭新氢压缩机出口阀，排净新氢压缩机入口分离器和级间分离器内残液，将新氢压缩机体内氢气放火炬，然后分级、分段用 N_2 吹扫、置换合格；

㉕ 若循环气中的 CO 和 H_2S 含量<100μg · g^{-1}，可以继续循环冷却降温；

㉖ 反应器温度降低到<200℃时，可将循环氢（或反应进料）加热炉熄火，并用消防蒸汽吹扫炉膛，停用烟气余热回收系统，烟气直接排放；

㉗ 降温期间，一般不从高压分离器排放气体；

㉘ 以 1.0~1.5MPa · h^{-1}的降压速度将高压分离器压力降低到 3.5~6.0MPa（具体以所使用设备的温度、压力条件限制为准）；

㉙ 反应系统降温降压应遵守所选材料的压力-温度曲线，如有些设备的温度降到<135℃（也有 120℃、93℃、50℃ 等情况）时，反应压力应<3.5MPa（也有 3.0MPa、4.0MPa、6.0MPa 等情况）；

㉚ 用循环氢进一步将各反应器冷却到<50℃，以便于卸催化剂；

㉛ 反应器冷却期间，要定期记录反应器表面和内部温度；

㉜ 循环氢（或反应进料）加热炉出口温度调节器由自动转手动后，主火嘴熄火，同时熄灭长明灯；

㉝ 用消防蒸汽吹扫炉膛，停用烟气余热回收系统，烟气直接排放；

㉞ 快速冷却加热炉的方法：开大加热炉风门、打开观测孔、打开烟道挡板；

㉟ 从循环氢压缩机入口缓冲罐排放气体降低压力，在高压分离器压力降低到 1.0~1.5MPa 时，循环氢压缩机停运；

㊱ 循环氢压缩机入口缓冲罐停止排放气体，用 N_2 吹扫压缩机至放空系统；

㊲ 通过循环氢压缩机入口缓冲罐泄压系统旁路线或排废氢线，逐渐把装置压力降到常压；

㊳ 排净循环氢脱硫塔入口缓冲罐（或聚结器）和循环氢压缩机入口缓冲罐内存水；

㊴ 打开所有冷氢阀，在压缩机出口、高压进料泵和高压循环油泵出口引入高纯度 N_2，对反应器进行自上而下吹扫，N_2 通过反应系统所有管线进行全面吹扫；

㊵ N_2 吹扫、置换过程中，应密切注视反应器的温度，如任何一点温度开始升高，则要停止冲入 N_2；

㊶ 用 N_2 将反应系统压力升高到 0.7~1.0MPa，然后再泄压至微正压；

㊷ 通过用 N_2 反复升压和降压，直至反应系统中氢和烃类含量小于 0.2%、比长法 H_2S 含量<10mg/m^3；

㊸ 关闭各反应器冷氢主线调节阀及前后手阀、副线上的所有阀门（部分加氢裂化装置冷氢控制阀没有上下游手阀及副线阀）；

㊹ 关闭循环氢压缩机入口缓冲罐排凝阀、循环氢压缩机主线入口、出口所有阀门、反飞动线上阀门；

㊺ 关闭新氢压缩机主线入口、出口所有阀门、副线所有阀门，级间调节阀自动转手动

并关闭，关闭调节阀前后手阀；

㊻ 关闭高压分离器底部高压至低压主路油线、水线调节阀及前后手阀、副线所有阀门；

㊼ 高压分离器顶调节阀自动转手动，并改至火炬系统；

㊽ 关闭富胺液高压至低压主线调节阀及前后手阀、副线所有阀门；

㊾ 关闭高压原料油泵出口至循环氢(或反应进料)加热炉入口调节阀及前后手阀、副线所有阀门；

㊿ 必要时对高压系统至低压系统采用盲板隔离，典型的反应部分停工盲板表见表 13-1；

表 13-1　典型的反应部分停工盲板表

序号	现场位置描述	编号	温度/℃	压力/MPa	介质	尺寸/mm	盲	通	备注

㉛ 系统泄压至微正压，对反应系统进行有效隔离，并且要确保反应器在泄剂期间始终处在 N_2 保护下，防止空气进入催化剂床层引起温度异常升高；

52 卸催化剂前，按照事先制定的盲板表隔离反应器，并逐个检查；

53 卸催化剂的详细过程见有关章节；

54 卸催化剂时，人员进入反应器的安全事项见有关章节。

(43) 设备定期检查维修：

① 此情况催化剂不一定达到了失活状态，如果反应器也不需要检查维修时，则可不卸下催化剂；

② 停工步骤中的冲洗、置换、冷却与卸出催化剂的步骤相同；

③ 反应系统冷却到 150℃时，降压至 3.5MPa；

④ 改用氮气循环冷却至常温；

⑤ 0.2MPa 进行氮封保存。

(44) 计划中的短期停工：

① 短期停工一般不需要卸出催化剂；

② 停工步骤中的冲洗、置换、冷却与卸出催化剂的步骤相同；

③ 控制任一反应器床层最高温度<300℃；

④ 停运新氢压缩机；

⑤ 循环氢压缩机全量循环，等待开工。

13.2.2　分馏部分正常停工程序

(1) 当反应部分降温、降量过程中，随时调整分馏部分操作，保持产品合格；

(2) 当反应部分降温、降量后，分馏部分各塔底及各回流罐应控制在低液位(一般认为≯40%)下操作；

(3) 及时调整分馏部分各塔顶回流、塔底蒸汽量，分析各产品质量，调整各分馏塔的操作；

(4) 尽可能地维持回流系统的连续运转，以冷却系统；

(5) 逐渐减少各产品抽出量；

(6) 当反应部分降量到 60%负荷之前，应尽量保持产品合格；

(7) 若塔顶抽出组分变重，逐渐降低塔底蒸汽量，稍提高塔顶压力，减少拔出率，增大回流量；

(8) 若塔顶抽出组分变轻，稍降低塔顶压力，在保证产品质量的基础上减少回流量；

(9) 当产品质量难以控制时，必须及时切换到不合格油线；

(10) 反应部分低氮油循环时，分馏部分应控制好液面，配合反应系统进行大循环，循环走正常操作流程；

(11) 反应部分停止进料以后，逐渐降低脱丁烷塔(或脱戊烷塔)进料，直至彻底停止；

(12) 分馏部分进料切断前，脱丁烷塔(或脱戊烷塔)顶气改火炬，分馏塔顶气改火炬；

(13) 维持低压分离器与脱丁烷塔(或脱戊烷塔)之间差压>0.4MPa；

(14) 脱丁烷塔(或脱戊烷塔)停工：

① 脱丁烷塔(或脱戊烷塔)进料切断后，以20~25℃·h^{-1}的降温速

度降低脱丁烷塔(或脱戊烷塔)底重沸炉出口温度至<200℃；

② 将脱丁烷塔(或脱戊烷塔)底重沸炉出口温度调节器由自动转手动后，继续降温；

③ 脱丁烷塔(或脱戊烷塔)顶回流罐液位报警时，停运脱丁烷塔(或脱戊烷塔)顶回流泵，关闭回流流控阀；

④ 脱丁烷塔(或脱戊烷塔)顶回流罐液位低低时，停运脱丁烷塔(或脱戊烷塔)顶产品泵，关闭液化石油气(或轻烃)至下游流控阀；

⑤ 停运脱丁烷塔(或脱戊烷塔)顶空冷器、水冷器；

⑥ 停止脱丁烷塔(或脱戊烷塔)顶缓蚀剂注入，停运缓蚀剂泵；

⑦ 脱丁烷塔(或脱戊烷塔)顶水冷器停用后，及时打开排水阀，避免扫线时引起冷却器超压、泄漏；

⑧ 当脱丁烷塔(或脱戊烷塔)塔底温度降至150℃时，熄灭脱丁烷塔(或脱戊烷塔)底重沸炉主火嘴，同时熄灭长明灯；

⑨ 用消防蒸汽吹扫炉膛，停用烟气余热回收系统，烟气直接排放；

⑩ 快速冷却脱丁烷塔(或脱戊烷塔)底重沸炉的方法：

(a) 开大加热炉风门；

(b) 打开观测孔；

(c) 打开烟道挡板；

(d) 用鼓风机吹扫冷却加热炉。

⑪ 脱丁烷塔(或脱戊烷塔)底液位低时，停止向常压分馏塔进料；

⑫ 利用残压，尽可能将脱丁烷塔(或脱戊烷塔)底油压入常压分馏塔，排不净的油排入污油系统。

(15) 常压分馏塔停工：

① 常压分馏塔进料流量控制由自动改为手动，维持常压分馏塔底重沸炉的循环；

② 常压分馏塔进料切断后，以20~25℃·h^{-1}的降温速度降低常压分馏塔底重沸炉出口温度至<200℃；

③ 当常压分馏塔底重沸炉出口温度降到200℃时，如果正常操作常压分馏塔底重沸炉注蒸汽时，则停止常压分馏塔底重沸炉注蒸汽，同时停塔底或各侧线产品汽提汽提蒸汽；

④ 将常压分馏塔底重沸炉出口温度调节器由自动转手动后，继续降温；

⑤ 常压分馏塔顶回流罐液位低低时，停运常压分馏塔顶回流泵(或产品泵)，关闭轻石

脑油出装置流控阀；

⑥ 当常压分馏塔塔底温度降至150℃时，熄灭塔底重沸炉主火嘴及长明灯，切断常压分馏塔至各侧线产品的切断阀；

⑦ 停各侧线产品汽提塔底泵；

⑧ 停各侧线产品汽提塔底重沸器供热；

⑨ 侧线产品发生蒸汽时：

(a) 及时调整蒸汽发生器的操作；

(b) 若热源不足难以产出合格的蒸汽时，将产汽外送线路切断，保证蒸汽发生器的液位稳定；

(c) 改蒸汽至放空系统，维持蒸汽发生器压力稳定。

⑩ 各侧线产品汽提塔底低点放凝，并吹扫系统；

⑪ 停运常压分馏塔顶空冷器、水冷器；

⑫ 常压分馏塔顶水冷器停用后，及时打开排水阀，避免扫线时引起冷却器超压、泄漏；

⑬ 当常压分馏塔顶回流停止后，立即熄火常压分馏塔底重沸炉主火嘴，同时熄灭长明灯；

⑭ 用消防蒸汽吹扫炉膛，停用烟气余热回收系统，烟气直接排放；

⑮ 快速冷却常压分馏塔底重沸炉的方法：

(a) 开大加热炉风门；

(b) 打开观测孔；

(c) 打开烟道挡板；

(d) 用鼓风机吹扫冷却加热炉。

⑯ 常压分馏塔底液位低时，停止向减压分馏塔进料；

⑰ 尽可能将常压分馏塔底油用泵送入减压分馏塔。

(16) 减压分馏塔停工：

① 减压分馏塔进料流量控制由自动改为手动，维持减压分馏塔底重沸炉的循环；

② 减压分馏塔停止进料后，以20~25℃·h^{-1}的降温速度降低减压分馏塔底重沸炉出口温度至<200℃；

③ 将减压分馏塔底重沸炉出口温度调节器由自动转手动后，继续降温；

④ 当减压分馏塔底温度降至150℃时，停减压分馏塔顶回流泵、减压分馏塔顶空冷器；

⑤ 停减压分馏塔顶抽空器、水冷器；

⑥ 减压分馏塔顶水冷器停用后，及时打开排水阀，避免扫线时引起冷却器超压、泄漏；

⑦ 当减压分馏塔顶回流停止后，立即熄灭减压分馏塔底重沸炉主火嘴，同时熄灭长明灯；

⑧ 用消防蒸汽吹扫炉膛，停用烟气余热回收系统，烟气直接排放；

⑨ 快速冷却减压分馏塔底重沸炉的方法：

(a) 开大加热炉风门；

(b) 打开观测孔；

(c) 打开烟道挡板；

(d) 用鼓风机吹扫冷却加热炉。

⑩ 从减压分馏塔底引 N_2 破坏真空。

(17) 按正常分馏部分流程，将分馏部分各塔残存油赶至减压分馏塔底，经未转化油管线排出装置；

(18) 当塔盘上的残油降至塔底后，根据情况可启动塔底泵，直至将塔盘上的残存油抽到泵即将抽空为止；

(19) 装置停工采用低氮油方案时，停工吹扫可采用 N_2 吹扫方案：

① 各塔用 N_2 将残存油吹至塔底，通过污油线排出装置；

② 从塔底管线引 N_2 将管线及所连泵内残存油吹至污油系统；

③ 容器内残存油从罐顶引 N_2 吹至污油系统。

(20) 装置停工采用原料油方案时，停工吹扫可采用冲洗油+N_2 吹扫方案：

① 冲洗油置换只涉及有重油的设备、管道，以防止高倾点的重油凝固；

② 冲洗循环要维持 1.5h 以上；

③ 对常压分馏塔底：从常压分馏塔底泵入口引冲洗油，首先将重沸炉内的重油用冲洗油置换，然后冲洗至减压分馏塔；

④ 对减压分馏塔底：从减压分馏塔底泵入口引冲洗油，首先将重沸炉内的重油用冲洗油置换，然后经未转化油空冷器冲洗置换至污油系统；

⑤ 对循环油罐系统：从减压分馏塔底引冲洗油，冲洗置换至循环油罐，经未转化油空冷器冲洗置换至污油系统；

⑥ 塔、容器、泵和管线中的残油从低点排放到污油系统；

⑦ 冲洗置换后，用 N_2 吹扫，吹扫方案同前。

13.2.3　停工吹扫

1) 停工吹扫的目的：

(1) 清除可燃气体、易爆气体、有毒气体、可燃物；

(2) 吹扫后，应达到动火施工及检修条件。

2) 停工吹扫的准备工作(密闭吹扫)：

(1) 制定了详细的停工吹扫方案(应实行密闭蒸汽吹扫方案，即吹扫初期的废气和废液都要密闭排入火炬系统或污油系统，禁止直接向大气中排放有毒、有害及可燃介质。只有当化验分析合格、符合就地排放要求后才能敞开吹扫，以尽可能减少对环境的影响)；

(2) 绘制好停工吹扫的详细流程，标明每个阀门在不同阶段的状态；

(3) 编制停工吹扫前后的详细盲板表，标明每个盲板在不同阶段的状态，并指定专人负责盲板的拆卸和安装；

(4) 需要拆卸接临时管线、短接的设备应接好；

(5) 临时蒸汽胶管已按要求的数量、长度和规格准备；

(6) 消防水带已按要求的数量、长度和规格准备；

(7) 准备好有关空罐和退油线：

① 原料油线及储存罐；

② 干气线；

③ 酸性气线；

④ 液化石油气线及储存罐；

⑤ 轻石脑油线及储存罐；

⑥ 重石脑油线及储存罐；

⑦ 喷气燃料线、不合格线及储存罐；

⑧ 柴油线、不合格线及储存罐；

⑨ 轻污油线及储存罐；

⑩ 未转化油线及储存罐；

⑪ 含硫污水线及储存罐。

(8) 吹扫前与有关部门进行了充分协商，并保证能够适应吹扫时产生的不同物料的接收。

3) 吹扫：

(1) 原料油系统吹扫。

① 总的原则：由前往后、由外向内、先总线后支线；

② 原料油切断后，从界区原料线给 N_2，将残存油吹扫至污油系统或原料油缓冲罐；

③ 原料油缓冲罐冲 N_2，控制压力在最大正常操作压力(如 0.3MPa)；

④ 利用 N_2 压力将原料油脱水罐、原料油缓冲罐等低压原料部分的残存油压送至未转化油系统或罐区；

⑤ N_2 压力不足时，可分罐吹扫；

⑥ 原料油过滤器可先蒸汽吹扫；

⑦ 原料油泵内的存油退污油系统，泵体禁止用蒸汽吹扫；

⑧ 主线吹扫完后，吹扫平衡线、开工副线、暖泵线、最小流量线和安全阀副线等；

⑨ 吹扫时应避免蒸汽进入泵体。

(2) 反应部分 H_2 吹扫。

① 原则上按正常生产流程吹扫；

② 反应部分切断进料后，维持 H_2 循环，打开高压原料油泵出口冲洗氢线，吹扫原料油系统；

③ 打开高压循环油泵出口冲洗氢线，吹扫循环油系统。

(3) 反应部分 N_2 吹扫(此步骤也可根据实际情况放在氮气置换阶段实施)。

① 系统降压至 2.0～3.5MPa(可根据工厂 N_2 条件、资源确定)时，按正常生产流程吹扫；

② N_2 吹扫期间，应建立 N_2 循环，控制阀及副线应切换操作；

③ 吹扫赶油时间应>1h，控制阀及副线切换吹扫时间应>2h；

④ N_2 吹扫的主要管线、阀门：

(a) 酸性水管线及阀门；

(b) 含油污水管线及阀门；

(c) 反应部分液体放空管线及阀门；

(d) 采样系统管线及阀门；

(e) 火炬系统管线及阀门；

(f) 新鲜碱液、循环碱液系统管线及阀门；

(g) 开工旁路线及阀门；

(h) 安全阀系统管线及阀门；

(i) 仪表引压管、液面计系统管线及阀门；

(j) 仪表连通管管线及阀门；

(k) 调节阀系统管线及阀门。

⑤ N_2 吹扫可根据背压条件的不同，采用不同的吹扫压力；

⑥ 吹扫应根据系统大小、N_2 流速及切换的程度决定吹扫时间，一般要求 1~8h；

(4) 新氢压缩机系统 N_2 吹扫。

① 新氢压缩机停机后，关闭界区阀，从所有给汽点冲 N_2，确保 N_2 压力小于设备设计压力；

② 打开所有火炬线，进行吹扫置换；

③ 打开级间开工抽空器的 8 字盲板，冲 N_2 吹扫置换抽空系统；

④ 分别向级间分离器冲 N_2，吹扫置换 2~3h；

⑤ 级间控制阀及副线应切换吹扫。

(5) 脱丁烷塔(或脱戊烷塔)系吹扫。

① 脱丁烷塔(或脱戊烷塔)底存油抽空后，关闭塔底部抽出阀，塔底泵入口阀门，打开塔底部排凝；

② 从泵出口或加热炉进口通蒸汽进行蒸塔，加热炉进口各路给蒸汽时应适量，防止冲翻塔盘；

③ 加热炉进口支路给蒸汽时应先并联给蒸汽，然后分路吹扫，最后再并联给蒸汽，各路给汽量尽可能相等；

④ 蒸汽吹扫期间可将残存油排至常压分馏塔；

⑤ 塔顶凝结水应及时排放；

⑥ 蒸汽吹扫时，给汽应缓慢、暖管时间应适当，防止发生水击；

⑦ 泵下游管线的吹扫，主要由泵副线或泵出口吹扫线完成；

⑧ 利用塔内压力吹扫：

(a) 塔顶含硫污水管线及阀门；

(b) 液体放空管线及阀门；

(c) 塔顶液化石油气管线及阀门；

(d) 密闭采样系统管线及阀门；

(e) 火炬系统管线及阀门；

(f) 安全阀系统管线及阀门；

(g) 回流系统管线及阀门；

(h) 仪表引压管、液面计系统管线及阀门；

(i) 仪表连通管管线及阀门；

(j) 调节阀系统管线及阀门。

(6) 常压分馏塔系吹扫。

① 常压分馏塔底存油抽空后，关闭塔底泵入口及出口阀门；

② 从泵出口或加热炉进口通蒸汽进行蒸塔前，关闭第一侧线汽提塔和(或)第二侧线汽提塔入口阀门，加热炉进口各路给蒸汽时应适量，防止冲翻塔盘；

③ 加热炉进口支路给蒸汽时应先并联给蒸汽，然后分路吹扫，最后再并联给蒸汽，各路给汽量尽可能相等；

④ 蒸汽吹扫期间可将残存油排至减压分馏塔，必要时可启动常压分馏塔底泵；

⑤ 为防止常压分馏塔超压，在蒸汽吹扫期间应做好压力监控工作，同时要确保常压分馏塔安全阀处于正常投用状态；

⑥ 常压分馏塔底重沸炉入口介质做其他换热器热源时，应利用塔压将换热器内残油吹扫干净；

⑦ 塔顶凝结水应及时排放；

⑧ 蒸汽吹扫时，给汽应缓慢、暖管时间应适当，防止发生水击；

⑨ 泵下游管线的吹扫，主要由泵副线或泵出口吹扫线完成；

⑩ 利用塔内压力吹扫：

(a) 第一侧线汽提塔入口管线、入口阀门及塔体；

(b) 第二侧线汽提塔入口管线、入口阀门及塔体；

(c) 塔顶含油污水管线及阀门；

(d) 塔顶石脑油管线及阀门；

(e) 液体放空管线及阀门；

(f) 密闭采样系统管线及阀门；

(g) 火炬系统管线及阀门；

(h) 安全阀系统管线及阀门；

(i) 回流系统管线及阀门；

(j) 仪表引压管、液面计系统管线及阀门；

(k) 仪表连通管管线及阀门；

(l) 调节阀系统管线及阀门。

⑪ 第一侧线汽提塔、第二侧线汽提塔后部系统吹扫从各自塔底泵出口给蒸汽，吹向污油线或不合格线。

(7) 减压分馏塔系吹扫。

① 保持停工时塔压力，从泵出口或加热炉进口通蒸汽将系统存油赶至减压分馏塔；

② 在减压分馏塔底存油抽空后，关闭塔底泵入口及出口阀门；

③ 从塔底泵出口或加热炉进口通蒸汽进行蒸塔，加热炉进口各路给蒸汽时应适量，防止冲翻塔盘；

④ 加热炉进口支路给蒸汽时应先并联给蒸汽，然后分路吹扫，最后再并联给蒸汽，各路给汽量尽可能相等；

⑤ 为防止减压分馏塔超压，在蒸汽吹扫期间应做好减压塔的压力监控工作，同时要确保减压分馏塔安全阀处于正常投用状态；

⑥ 塔顶凝结水应及时排放；

⑦ 蒸汽吹扫时，给汽应缓慢、暖管时间应适当，防止发生水击；

⑧ 泵下游管线的吹扫，主要由泵副线或泵出口吹扫线完成；

⑨ 利用塔内压力吹扫：

(a) 柴油抽出管线、阀门及空冷器；

(b) 塔底到塔顶的开工线；

(c) 塔顶含油污水管线及阀门；

(d) 塔顶不凝气管线及阀门；

(e) 塔顶污油管线及阀门；

(f) 液体放空管线及阀门；

(g) 密闭采样系统管线及阀门；

(h) 火炬系统管线及阀门；

(i) 安全阀系统管线及阀门；

(j) 仪表引压管、液面计系统管线及阀门；

(k) 仪表连通管管线及阀门；

(l) 调节阀系统管线及阀门。

⑩ 吹扫期间，根据情况可开空冷风机、水冷器的冷却水，关闭空冷器百叶窗；

⑪ 单管线吹扫置换时间一般至少 1~2h、小系统一般至少 3~4h、包含设备的系统一般至少 4~6h；

⑫ 分馏系统密闭吹扫符合要求后再打开所有放空阀、排凝阀(含液位计排凝)敞开吹扫 12~24h，确保吹扫彻底、无死区及残留物；

⑬ 分馏系统蒸汽吹扫结束后，对于正常工况下接触高浓度硫化氢的部位(如低压分离器、脱丁烷塔系统等)一般还要进行钝化处理，具体参见除臭钝化方案。

(8) 脱硫部分吹扫。

① 脱硫溶剂退净后，打开低点放凝，将残存溶剂排入废溶剂回收槽；

② 冲 N_2 吹扫各点至放空系统；

③ 引蒸汽密闭吹扫：

(a) 酸性气管线；

(b) 闪蒸罐系统；

(c) 液体放空管线及阀门；

(d) 密闭采样系统管线及阀门；

(e) 火炬系统管线及阀门；

(f) 安全阀系统管线及阀门；

(g) 仪表引压管、液面计系统管线及阀门；

(h) 仪表连通管管线及阀门；

(i) 调节阀系统管线及阀门；

(j) 贫胺液系统管线及阀门；

(k) 富胺液系统管线及阀门；

④ 脱硫系统蒸汽吹扫置换时间一般至少 6~8h；

⑤ 脱硫系统 N_2 吹扫、蒸汽密闭吹扫后，一般还要进行除臭、钝化处理，具体参见除臭钝化方案。

(9) 气体分馏部分的吹扫。

① 切断进料后，分别将各塔压力逐步卸至常压；

② 向各塔冲 N_2，然后再次分别打开各放空点阀门，将各塔压力卸至常压；

③ 两次卸压后，分别打开各塔底及回流罐蒸汽吹扫口，向各塔、回流罐补充蒸汽，然后分别打开各放空点至火炬线阀门，向火炬系统吹扫；

④ 蒸汽吹扫应包括塔、罐、正常工艺管线、阀门、仪表管线、开停工管线、旁路线等；

⑤ N_2 吹扫、蒸汽吹扫后，对于正常工况下接触高浓度硫化氢的部位一般还要进行钝化处理，具体参见除臭、钝化清洗方案。

13.2.4　除臭、钝化清洗方案

13.2.4.1　概况

1）除臭剂、钝化剂的典型物化性质。

(1) 除臭剂的典型物化性质：

密度 1.01~1.09g/cm^3、闭杯闪点≥93℃、pH 值 3~5，羰基化合物质量分数(以 CH_3CHO 计)≥2.0%，其主要功能是通过化学反应除去 H_2S，防止在设备敞开吹扫时污染环境(部分含高浓度硫化氢设备也可用延长密闭吹扫时间来代替除臭步骤)；

(2) 钝化剂的典型物化性质：

密度 1.02~1.12g/cm^3、pH 值 6~8，钠含量≥0.6%m，钾含量≥0.4%m，其主要功能是将硫化亚铁氧化，防止设备在接触空气后发生硫化亚铁自燃而导致次生问题或事故。

2）除臭、钝化的使用范围及预计用量。

(1) 除臭范围：反应系统的冷高压分离器、循环氢脱硫系统，分馏系统的低压分离器、脱丁烷塔等系统，脱硫再生系统及酸性水罐。

(2) 钝化范围：反应系统、分馏系统、脱硫再生系统等所有接触高浓度硫化氢的设备。

(3) 预计用量：除臭液、钝化液的用量需要与专业清洗公司根据装置及设备实际情况共同确定，具体用量以最终的除臭、钝化废液浓度和 pH 值等性质为评价依据，争取达到除臭、钝化液效能充分利用的目的。

13.2.4.2　清洗准备

1）在停工前联系专业清洗公司根据装置实际情况制定好除臭、钝化方案，并根据需要准备好除臭剂和钝化剂(具体加入量根据实际清洗情况分步加入)；

2）联系专业清洗公司准备好配制水槽、临时泵及相应的临时管线；

3）提前联系好除臭剂、钝化剂废液后路，由于除臭剂的 COD 含量较高，要禁止无组织排放除臭剂及除臭剂废液，防止造成水体污染。

13.2.4.3　除臭清洗方案

1）反应系统冷高分、循环氢脱硫系统、循环氢压缩机入口分液罐等设备内的残液已退干净，氮气置换合格，需要除臭的设备已完成彻底隔离；

2）脱硫及溶剂再生系统、分馏系统以及公用工程系统的酸性水罐等需要除臭的设备需要先进行密闭吹扫，将大部分硫化氢脱除，然后再进行除臭；

3）专业清洗公司通过接临时流程和临时储罐，建立除臭循环流程；

4）先用除氧水(或除盐水)建立正常的除臭循环流程，然后再将除臭液按照配置要求加入到系统中去；

5）对于无法建立循环流程或设备隔离困难的，也可采用单独浸泡或喷淋的方式进行除臭；

6）保持连续循环或浸泡 8h(注意设备内部的除沫网要确保被循环或浸泡到)；

7）除臭结束前与专业清洗厂家一起每小时一次对除臭液的 pH 值、比色、温度进行检测并记录，同时对除臭范围内的气体进行采样分析 H_2S 含量，上述结果均符合要求后即可结束除臭；

8）按照预定的方案将废除臭液退往指定地点(禁止就地无组织排放)；

9）用除氧水(或除盐水)对上述设备进行清洗、退液，即可完成除臭过程。

13.2.4.4　钝化清洗方案

1）反应系统高压分离器、循环氢脱硫系统、循环氢压缩机入口分液罐等设备内的残液已退干净，氮气置换合格，需要钝化的设备已完成彻底隔离，除臭清洗步骤已结束；

2）脱硫及溶剂再生系统、分馏系统以及公用工程系统的酸性水罐等需要钝化的设备已完成蒸汽敞开吹扫；

3）专业清洗公司通过接临时流程和临时储罐，建立钝化循环流程；

4）先用除氧水(或除盐水)建立正常的钝化循环流程，然后再将钝化剂按照配置要求加入到系统中去；

5）对于无法建立循环流程或设备隔离困难的，也可采用单独浸泡或喷淋的方式进行钝化；

6）保持连续循环或浸泡 8h(注意设备内部的除沫网要确保被循环或浸泡到)；

7）钝化结束前与专业清洗公司每小时一次对钝化液的 pH 值、比色、温度进行检测并记录，当钝化液性质符合要求后即可结束钝化清洗；经环保同意后将脱硫再生系统内的钝化剂水溶液全部就地排往含油污水系统。

8）按照预定的方案将废钝化液退往指定地点(正常情况下废钝化溶液 COD 含量并不高，经环保部门同意后可直接排放入含油污水系统)；

9）钝化清洗完成后可不用进行水冲洗，直接打开设备人孔通风即可达到检修交出条件。

10）设备人孔打开后要继续严密监控设备的温度并定期巡检，直至完成设备内部彻底清理，防止因钝化不彻底造成现场设备内部的硫化亚铁遇空气发生自燃而损坏设备的事故。

13.2.4.5　除臭、钝化注意事项

1）除臭剂和钝化剂有一定的刺激性，在钝化剂加入和配制过程中，操作人员应做好有关防护工作，防止发生人身伤害事故。

2）在除臭、钝化整个过程中，内操人员要加强相关系统监控，防止物料互窜或严重漏液，另外要重点加强对低压设备的监控，防止超压；

3）要对需要除臭、钝化的设备认真进行评估，确保无遗漏，同时要对换热器管束、空冷管束、塔盘、填料、除沫网、易产生油泥积存的部位要重点考虑；

4）除臭、钝化用水不能用消防水、循环水等氯离子含量高的水源，否则可能引起氯离子超标导致设备损坏；

5）除臭剂、钝化剂加入时，塔内温度不得大于 60℃(除臭剂、钝化剂正常使用温度一般在 30~80℃)，化学清洗时可能会有 10℃左右的温升，如果塔内温度上升较快，可视情况开空冷或水冷冷却；

6）在含 FeS 的塔、容器打开前，必须经过充分冷却后才能打开人孔，同时落实好 FeS 自燃着火的防范措施和灭火器材，加强巡回检查，防止烧坏设备、容器的事故发生；

7）各塔、容器人孔打开时，必须严格遵循从上到下的顺序，同时派专人监护，一旦发现有 FeS 自燃的迹象，要立即通知塔、容器内的作业人员撤出，并联系消防队向塔、容器内喷水灭火；

13.2.5 停工注意事项[11,14]

在停工过程中，如果某一步骤处理不当，会发生事故出现危险。因此在停工时，必须注意下列事项：

1）装置停工过程及步骤应严格执行停工方案；

2）为防止反应器床层超温，应遵守先降温后降量的原则；

3）为避免催化剂损坏，在反应器停止进料后，在一定压力下，以最大量的循环氢流率保持系统循环，直到进料管线和反应器中的油吹扫干净为止；

4）当装置切断进料时，加氢反应器进料和流出物处于不平衡的热交换状态。为避免反应流出物温度超高，应向裂化反应器的第二床层入口注入备用冷氢以降低反应器出口温度；

5）当反应温度>200℃时，不允许使用不含 H_2S 的热氢循环；

6）为避免形成氢-氧和烃-氧爆炸性的混合物，反应系统必须用氮气进行全面的反复吹扫。在打开反应器之前，必须把反应器冷却到40℃以下，以减少烃-氧混合物和硫化铁自燃的危险，同时也为顺利卸催化剂创造有利条件；

7）由于铬-钼钢的回火脆性，在停工时应遵守其压力限制；

8）停工降温速度通常保持低于 $25℃\cdot h^{-1}$；

9）当法兰由于冷却发生泄漏而引起着火时，应及时降压并用消防蒸汽掩护泄漏部位；

10）在停工过程中，要防止高倾点物料在设备和管线中凝固，必须根据情况进行适当加热或排放；

11）一些设备在向污油系统排放污油之前，必须进行充分汽提，以防止 H_2S 对操作人员及环境造成危害；

12）打开奥氏体不锈钢设备时，必须采取好防止连多硫酸应力腐蚀的措施。

13.3 停工后检查[8,9]

13.3.1 检查指南

加氢裂化装置有效而详细的记录系统，应包括所有相关设备的安装数据和过去的修复记录。可保存在计算机、微缩胶卷或文档里，容易取出阅读。详细的记录对于保证安全操作和避免引发停工时的突发事故非常重要。

停工检查应能够了解或被充分告知设备操作方面所做的任何变化。如原料油性质、操作压力、温度等可能导致材料厚度损失的变化。原料和设备进料含硫的情况，用于评估这些变化对相关设备的影响。加氢裂化装置的很多事故，是由于 H_2S 和含硫高于设计水平引起相关的腐蚀，引起金属损伤而产生的。在某些场合，如果实际的操作条件与设计条件显著不同，应考虑进行材质升级。

在保证安全条件下，计划检查的设备清洗前，应做常规外观检查。在确定设备堵塞和肮脏程度的同时，可找出腐蚀和脱层严重的部位。通常，脱层严重的部位经历了最严重的腐蚀，这些部位应进行全面清洗、检查和测量，以确定实际的损失。上述检查后，应进行全面清洗，并特别注意脱层和堆积严重的部位。设备清洗干净后，可进行全面检查。

管线、炉管和其他设备的壁厚检查应定点进行，这样可以估算出“腐蚀速率”。根据这个计算，可以确保最小壁厚。管线壁厚检测可使用现代超声壁厚测量探针在线检查。

职业卫生人员在装置讨论停车检修方案时，要提出防尘防毒等生产卫生设施的要求，确定监护范围和监护目标，重点部位的毒害因素，制定出相应的防护措施和急救预案，提出具体要求和防护要点。

13.3.2 检查工具

1）超探设备：超探用来检查管线和容器的壁厚和焊缝的缺陷。

2）磁粉检查：磁粉用来检查表面裂纹和接近表面的裂纹。通过对欲检查的金属区引入磁场和使用磁粉颗粒，可以看到裂纹的轮廓。

3）不可见光和萤粉：这是和磁粉一起使用的检查方法，使用萤粉可以更好地发现缺陷。

4）液体渗透：这是检查表面裂纹的方法。渗透凸显了表面的不连续性。

5）布氏硬度计：用来检查金属和焊缝的硬度。

6）外观检查：这是最普通的检查类型，由受训的检查员自己完成。

7）其他工具：量角器和找正仪；测厚仪；卡规；点规和面规；便携式金属分析计；无损监测工具；X 射线、γ 射线；热像仪；音感泄漏检测；声发射。

13.3.3 设备检查

在停工期间，奥氏体不锈钢设备会暴露在空气和水分当中，因而会存在发生应力腐蚀开裂的条件。对奥氏体不锈钢最好的保护就是使设备保持干燥、隔绝空气和温热，从而不会出现冷凝水。如果这个条件不能满足，那么在奥氏体不锈钢与空气和水分接触前，应用纯碱溶液进行中和清洗。对停工期间不打开的设备则应密封在氮或氨环境中。如果要对奥氏体不锈钢换热器进行水洗，水洗液最好采用纯碱溶液。

1）反应器。对于第一次检查，反应器的焊缝应做 100%UT 检查。焊缝检查所允许的最大反应器壁温为 90℃，因此不能在反应器热的情况下进行。焊缝处的保温层应去除。需去除的保温的数量为从焊缝的两边分别去除等于容器壁厚宽度的保温。用软砂片清理壳体外部。可能要对焊缝进行打磨，以使焊缝边与容器接合完好，避免出现锐边，锐边在检查中会显示出来。所有焊渣和飞溅物都应去除，以防止干扰传感器。

如果催化剂要从反应器中卸出，反应器应用纯碱溶液中和清洗以防止不锈钢堆焊层应力腐蚀开裂。如果必要，应随时准备对支撑圈子周围进行 PT 检查，以发现裂纹。

（1）环形垫片槽开裂：用 PT 检查环形垫片槽来发现裂纹。如果发现裂纹，则应采用更复杂的剪切波超声测试技术来确定裂纹的扩展。通常裂纹中止在堆焊层的第一层和第二层之间。

（2）内部堆焊层开裂：用 PT 来检查堆焊层裂纹的存在。通常堆焊层可进行现场 PT 测试，对所有接管附近的堆焊层、所有承载部位和高应力区，包括（但不限于）催化剂床层支撑，进行 100%PT 检查是非常慎重的行为。

确定任何发现的裂纹扩展是绝对必要的。裂纹的深度应采用合适的技术进行确定。通常采用内外部 UT 相结合的办法来进行。

会影响母材的修复应尽量避免。由于这个原因，留下裂纹而不进行任何修复可能是必要的。在这些场合，应采取足够的预防措施，包括（但不限于）进行断裂性能分析来评估操作的安全性。

（3）内部膨胀裙座：在内部膨胀裙座要加焊新附件的地方进行 PT 检查，特别是如果裙座曾暴露在会引起敏化的温度下。

(4) 剥离：曾用来检查堆焊层剥离可能性的办法是外部垂直 UT 检查。这可选择堆焊层承受最高载荷的部位进行，如床层支撑。如果发现剥离，则应扩大检查范围以确定全部剥离程度和严重性。此外，还有必要采用额外的检查技术，如剪切超声波技术，来确定剥离没有改变方向和进入母材。根据工业经验，不是采用电渣焊(Electroslag)技术堆焊的反应器，它的剥离可能性很小。

(5) 反应器焊缝检查：通常，对于反应器筒体对筒体和筒体对封头的主焊缝，采用剪切超声波技术进行 100%检查。如果反应器是卷板制造的，也推荐用剪切超声波技术对纵焊缝进行 100%检查。最后，如果封头是分片制造的(桔皮结构)，也应采用同样技术对子午线焊缝 100%检查。

(6) 飞温和蠕变：由于特殊的热处理，用于制造反应器的 2-1/4Cr-1Mo 和 3Cr-1Mo 材料的强度和机械性能都有了提高。如果这些材料用于高温下，它的机械特性，特别是拉伸强度会减少。它的机械特性退化的程度主要取决于金属实际所达到的温度和维持的时间。对这类反应器任何已知显著的金属温度超高，应进行完整的工程评估以决定是否适合连续运转。

蠕变被认为不是一个主要因素，因为加氢反应器不在 2-1/4Cr-1Mo 的蠕变范围内操作。然而有可能由于误操作，使得温度和压力水平足以产生蠕变。

在常规检查时，应谨慎地检查容器的内壁是否有局部鼓泡和蠕变损伤的痕迹。如果有一个已知的金属温度超过发生了，外观检查则是不够的。

根据事故的严重性(温度、压力和时间)，其他的评估技术，如直径膨胀检查，硬度检查和回火参数的重新计算则是必需的。

(7) 支撑裙座和壳体焊缝：最好采用 MT 检查连接支撑裙座和壳体的角焊缝。在有怀疑的部位，建议采用更复杂的技术，包括(但不限于)外部剪切超声波技术，来确定 MT 的结果。

(8) 入口分配器：入口分配器应检查裂纹和挡板变形。重装时，入口扩散器的合适定位对保证完好的液体分配性能是必须的。

(9) 气液分配盘：气液分配盘的支撑梁和塔盘应检查水平度。液体分配盘的水平度要求有关规范中已给出。这些允许值包括了装配误差、梁承载时的弯曲和塔盘与梁之间的弯曲总和。

水平度对保证在单个泡帽的均匀分配是必须的。均匀的液体分配对有效发挥催化剂的性能和避免径向温度偏差是必不可少的。

所有的泡帽盖都要检查有无局部腐蚀和开裂，如有缺陷应进行修复。泡帽还要检查垂直度。

停工前还要预先准备好足够的备件。要确定所有螺栓和螺母都已就位，并连接紧密。应参考制造图来指导合适的重装和定位内件。所有分配盘应用真空彻底吸干净。分配盘的清洁对避免下部催化剂床层的可能堵塞是非常重要的。

(10) 冷氢管：冷氢支撑梁应检查水平度。冷氢管应检查气孔是否堵塞。检查冷氢管的方向安装正确。确定管子重装所用的垫片是新的和合适的。

在拆下管子前，应检查是否有管子或垫片损伤而导致可能的气流分配不均。在支撑梁上检查冷氢管的水平。如果发现任何管子变形，特别是在发生飞温事故后，应修复或更换管子。

(11) 催化剂支撑格栅：所有支撑格栅的安装应仔细进行清洁度检查，以确保对于上部分配盘的反应流体分配没有潜在的负面影响。不适当的反应流体分配，会导致催化剂床层的径向温差和低速区。低速区可能导致过量的结焦。格栅网和成型钢丝应检查是否有任何减薄和腐蚀的现象。

支撑格栅不能有任何夹带的催化剂、细颗粒等。从反应器拆出的格栅和网，应用钢丝刷进行清洁，还可采用砂轮清洁。永久使用的支撑格栅网应用钢丝刷和真空清洁。清洁度可以用灯在格栅下移动来观察有无剩余的碎片进行鉴定。

催化剂安装前，应检查内构件重新安装的密封性。检查内部人孔通道，确定垫片安装正确。确定人孔通道安装正确和连接牢固。确定使用了正确材料的螺栓、垫片和螺母备件。检查沿着支撑圈和反应器壁所使用的垫片材料。确定没有催化剂和催化剂支撑材料能通过支撑格栅。

检查卸料口，确定卸料锁紧拉板安装正确。检查卸料拉板周围安装的垫片材料是否正确。确定卸料口已安装了正确的催化剂支撑，并填充合适。当金属网拆下清理时，要用新垫片和纤维绳进行重装。

(12) 热电偶套管：热电偶套管用 PT 进行裂纹检查。热电偶套管是压力容器，它的失效会导致停工。中间床层的热电偶套管应进行裂纹检查，因为存在较重的载荷。由于催化剂的存在，热电偶易出现裂纹。

如果热电偶套管因为某种原因被拆除，它们应在远离潜在工作场所的地方保管好。在这期间，热电偶套管要用保护性材料包好以防止损坏。

2) 加热炉。可以采用通用的检查准则，但每台炉应根据自身的设计、规范和制造材料进行判断。

反应进料加热炉(或循环氢加热炉)采用的不锈钢炉管在停工时应进行保护。如果是难于对炉管进行中和的立式炉，则应在采取必要防护措施的前提下对炉膛内充入氨气进行二级中和。第一级中和应使炉膛内顶温在 204℃。

外观检查炉管的裂纹和缺陷，腐蚀和脱层以及任何弯曲变形和鼓泡。检查应包括吊架、支架和导向管。要特别注意管子与支架相接触的地方。要定期记录指定部位或弯头、三通等管件的壁厚。管子还要检查外径的增大，每条管在测量壁厚的同一地方，测量它的外径。所有焊缝应进行 PT 和 X 射线检查。炉管表面热电偶连接焊缝应进行裂纹检查。

加热炉的检查还应包括加强水泥支撑柱和钢横梁的检查。外观检查任何水泥柱的开裂和破碎，钢制炉膛还应检查耐热层失效造成的超温和腐蚀，加热炉耐热层应进行开裂检查并进行必要修补，炉膛顶和火盘也要进行检查，火嘴要清洗。确保顶部的消防蒸汽喷嘴在备用状态并且没有堵塞，检查挡板的动作和指示是否与挡板的位置相符。

3) 反应流出物空冷器(REAC)。反应流出物冷却器应在内部和外部都进行腐蚀和堵塞检查。内部检查通常包括目查、内径、涡流和超声(IRIS 方法)检查。射线检查可作为超声检查的补充用来确定壁厚。

两端可选一些堵头拆开，肉眼检查管子内部的干净程度，用超声波检查管箱的壁厚，根据腐蚀速率来确定剩余寿命。管子或管束在停工后还可作射线检查。

空冷的 NH_4HS 含量和流速记录应当保存并合并到有关维修程序当中，这些基础工作有助于对特定设备建立完整的预防维修程序。

在停工期间，必须清洗干净翅片管和管箱内部，这样才能进行适当的检查。检查前翅片管应用高压水清洗。

建议以下部位在每次计划停工期间都应进行检查，并且在运行期间也要定期进行在线检查：

(1) 翅片管：已拆开的翅片管应仔细进行外观检查。

① 方法一：用镜子反射太阳光或人工光线进入管内以确定管子内表面的状况。

这个办法的主要缺陷在于会忽略掉单个的凹坑，且不能检查到整个管长。要进行更全面的外观检查，应采用可以插入管子的光纤镜，但这也仅限于可以插入的长度。

② 方法二：采用涡流探伤。

要使这种技术能起作用，管子内部必须干净，且探针必须能伸入整个管长的所有部位。这种技术可以给出非铁素体材料管子减薄部位的全貌图。从管子内部进行的超声波检查可以测出壁厚，并能显示出一个管子壁厚的环形剖面图。采用这种技术，一个配有传感器的探针沿着管长移动，可以获得连续的读数。

偶尔也可以进行破坏性试验。切下一或几根管子，剖开，清洗，再进行检查。如果是多管程形式的，应在进口管程和出口管程分别取管。

(2) 翅片管两端：用射线或内径卡规检查管子壁厚。如果使用了衬管，那么应在离开衬管的位置测量壁厚。为了能进行测量，可能要除掉一些翅片。

(3) 回弯头(如果有)：通常使用超声波检查回弯头的壁厚。

(4) 焊缝区：不管是直管还是回弯头，都要检查焊缝附近的管壁厚。焊缝金属伸出内表面的地方，会产生大扰动和局部腐蚀。

(5) 管箱：检查管箱的金属损失，特别是在接管附近和流向改变的地方。

(6) 接管：用超声波或射线检查进口和出口接管的金属损失。接管焊缝应用 PT 检查裂纹。

(7) 配管：检查所有与翅片管相连的管线的金属损失，特别要注意管线弯头和任何可能的互流区，如进出口集合管的两端。同时还要完全检查注水点或其下游的管线。

(8) 风机：风机叶片和皮带应作外观检查。

装置运行期间检查员还要检查以下项目，任何能检的地方都要检查管子外径。

① 用超声波检查管箱和进出口接管的壁厚；

② 对支撑框架进行外观检查，以发现腐蚀或其他任何形式的恶化；

③ 检查翅片是否干净。

4) 换热器：检查管束外表面任何可见的部位的腐蚀迹象，用射线检查管壁的减薄，管板两面都要进行 PT 检查，连接焊缝要进行裂纹检查，折流板进行变形检查，PT 检查内部焊缝。对接管和壳体进行 UT 检查，热影响区在进行金相复膜的同时进行硬度检查，壳体的表面堆焊层进行剥离检查。

5) 高压分离器：如果分离器有奥氏体不锈钢堆焊层，在开盖前应进行中和清洗。容器的衬里应检查是否有鼓泡、变形、开裂，任何由于腐蚀引起的金属损失必须注意到。如果衬里是金属丝网混凝土制成的，则应特别检查衬里的边缘和接管的周围。有脱层应记录并更换，焊缝应进行裂纹检查，检查带槽的进口管分配器，液体出口接管上的破涡器和下料腿底部的腐蚀迹象。容器没有衬里的部位应检查是否干净，用UT检查壳体壁厚。

6）高压分离器液位控制阀：高压分离器的油水控制阀应进行腐蚀和冲蚀检查。水控制阀的阀体部位由于大的压差和酸性介质易受冲蚀。

7）管线：制定管线的检查计划应考虑不同的操作条件、材质、腐蚀性的工艺介质组成和流动状态。不但要检查直管，还要检查在不同流动状态下操作的弯头、接管和阀门。管线的检查可以遵循在相同工艺条件下操作的相关反应器或压力容器的推荐准则，但在某些场合可能没有那么严格。

根据制造标准，管线的壁厚可能会在一定的范围内变化。在评估检查结果和计划更换管线时应考虑这个因素，以确保满足最小壁厚要求。温度低于425℃的管线可在装置运行时进行在线检查。这有助于缩短停工时间和查出潜在的问题部位。

8）注水点：注水点应检查腐蚀和减薄。由于水质不纯并且和氧接触的这个区域易受冲蚀和腐蚀。其中一个冲洗水和氧接触的部位在于敞口的冲洗水储罐。

9）产品汽提塔(或脱丁烷塔)：产品汽提塔(或脱丁烷塔)应打开并检查塔盘的腐蚀及完好情况。因其容易产生H_2S腐蚀，特别是如果产品汽提塔(或脱丁烷塔)的分离能力不足以去除液体进料中的H_2S时。而且这还导致H_2S进入后面的常压分馏塔，产品汽提塔(或脱丁烷塔)下部的塔盘和折流板应进行检查以验证这种类型的腐蚀。

10）常压分馏塔：常压分馏塔的上部可以采用复合材料，以防止上游塔中没有分离干净的H_2S产生的腐蚀。塔顶回流线应检查湿H_2S造成的腐蚀。这个检查同样适用于分离塔的顶部。分馏塔塔盘必须检查水平度、清洁度和塔盘附件的完好性；检查任何断裂的塔盘连接和螺栓，必要时用正确的材料进行更换。特别是如果塔经受过由于误操作引起的不应该的压力波动，则应仔细检查塔盘。检查聚液盘密封性和塔盘板的任何损害。

参考文献

1 严仲彪. 装置停工设备的维护保养[J]. 大氮肥，2001，24(5)：342~344

2 许国虎. 系统仿真技术讲座[J]. 炼油设计，1995，25(5)：61~64

3 张强，楼剑常，张映旭等. 加氢裂化装置高压换热系统和加热炉改造开停工优化[J]. 炼油技术与工程，2003，33(8)：14~17

4 偶国富. 国产化加氢裂化装置反应器的运行和首次检验[J]. 炼油设计，2000，30(5)：15~20

5 陈锡祚译. 检查，修复和减烃炼油厂在用压力容器在湿H2S环境下的腐蚀[J]. 石油化工腐蚀与防护，1997，14(2)：50~60

6 谈平庆. 史剑英. 国产热壁加氢反应器失效与保障[J]. 石油化工腐蚀与防护，1999，16(2)：27~360

7 牛小平. 制定安全监控要点，确保装置检修安全[J]. 石油化工安全技术，2001，(1)：44~47

8 王晓云. 化工生产检修中的职业卫生工作[J]. 石油化工安全技术，2001，(4)：47~49

9 张廷建. 石油化工设备的检查与诊断[J]. 石油化工设备技术，1999，20(6)：50~55

10 莫广文，刘小辉，申涛等. 加氢裂化装置炼制高含硫原油腐蚀状况及对策[J]. 石油化工腐蚀与防护，2002，19(2)：1~6

11 刘海滨，赵辉. 开停工过程造成加氢反应器破坏的原因分析及防护措施[J]. 齐鲁石油化工，1999，27(3)：191~193

12 石化干部管理学院. 加氢技术(1)[M]，1999，412~413

第十四章　自动控制及安全联锁

14.1　概述[1~3]

加氢裂化装置是油品轻质化，油、化、纤结合的重要装置，工艺流程随原料性质、产品质量、产品收率、催化剂性质、操作条件等不同而变化，特别是近年来，随着含硫原油的加工、产品质量要求的提高、装置设计需要最大限度地获取某一种或某几种产品、装置操作需要某一种或某几种产品的最大收率，这些要求使加氢裂化装置工艺流程设计呈现多元化趋势，已由过去单纯的反应、分馏两部分扩展为反应(包括循环氢脱硫、膜分离及 PSA 氢提纯)、分馏、轻烃回收、气体和液化石油气脱硫、液化石油气分馏、溶剂再生、酸性水汽提等多个部分，流程也越来越复杂。自动控制及安全联锁方案随工艺流程、操作条件的不同而变化。

1) 加氢裂化装置自动控制系统特点。加氢裂化装置处于高温、高压、临氢、易燃、易爆、有毒介质操作环境，自动控制系统的设计具有以下特点：

(1) 反应过程的强放热效应有时使反应温度过高，如不及时排除反应热，将会使催化剂床层温度失去控制，造成“飞温”事故，因此人们对加氢裂化装置反应温度的控制提出了严格要求；

(2) 工艺物流中的氢气具有强爆炸危险性和穿透性，因此为了满足反应所需要的氢分压，又要防止装置超压，应有效控制补充氢气的流量和高压分离器的压力；

(3) 脱硫反应产生的 H_2S 为有毒气体，而 H_2S 又存在于装置的设备和管道中，因此应对高压设备(如反应器、加热炉、换热器、分离器、塔器等)及相连管道(管线、阀门等)，低压设备(如低压分离器、汽提塔、气体脱硫塔、液化气脱硫塔等)及相连管道(管线、阀门等)，低压分离器气体、汽提塔顶气、再生塔顶气及含硫污水等进行有效控制，防止泄漏；

(4) 高压串低压可能引起低压系统爆炸，因此应对高压分离器、循环氢脱硫塔、高压缓冲罐、压缩机分液罐等高压设备的液位、界位进行准确的计量和检测，实现有效控制；

(5) 作为炼油装置中爆炸和火灾危险性最高的甲类装置，应有紧急情况的预案处理措施：新氢压缩机故障预案处理、循环氢压缩机故障预案处理、原料油泵故障预案处理、反应床层温度“飞温”故障预案处理、高压设备液位过高或过低故障预案处理、火灾故障预案处理及其他事故预案处理等；

(6) 紧急泄压系统是高压装置的特殊要求，应独立于 DCS 之外；

(7) 先进控制系统指最大限度地提高目的产品的质量和收率；优化操作，减少催化剂失活，提高装置运转周期；减少燃料、动力消耗，降低装置能耗；优化操作参数，提高装置处理能力等内容；

(8) 理想的加氢裂化装置自动控制系统的设计应能够根据原料氮含量变化调整反应温度，防止分子筛催化剂中毒；不同产品质量的要求，自动调整反应温度；不同产品方案的变化，自动调整操作参数；燃料气组成、相对分子质量的变化计算燃料热值，自动调节燃料气的流量，稳定加热炉出口温度等。

2) 加氢裂化装置对自动控制系统的要求。

(1) 安全：只有控制方案的合理、有效、可靠和可操作，才能实现控制系统的安全，不仅如此，还要将操作和控制分离，即：用分散控制系统(DCS)完成监控功能、紧急停车/安全联锁系统(ESD/SIS)用于发生事故(包括 DCS 故障)时，能够安全、迅速使装置泄压。实现 DCS 与 ESD/SIS 的相互独立和相辅相成。

(2) 可靠：控制系统的可靠性对装置安全、长周期、高效等至关重要。控制系统的可靠性包括检测的可靠性和控制方案的可靠性。

① 检测的可靠性：加氢裂化装置由于高压分离器、循环氢压缩机入口缓冲罐的假液位、高压原料油泵出口的假流量指示等造成过多起停工和事故。

② 控制方案的可靠性：单一信号引发的误动作经常发生，对加氢裂化装置重要的流量、液位等信号应采用"三取二"表决式，即三个信号去安全联锁系统，只有两个信号异常(超高或超低)后，才能启动安全联锁系统。

(3) 方便：每个加氢裂化装置均应有 DCS 监控手段，并应将装置所有的操作参数汇集在 DCS 系统内，通过 DCS 可实现温度、流量、压力、液位等操作参数的调整，阀门、普通泵的开关，紧急的停工处理等操作。

① 大容量：DCS 要能够实现装置所有设备各参数正常、事故的实时记录和历史记录。能够使操作人员全面了解装置的操作情况和设备运行情况。并能与全厂指挥系统联网，传输信息，接受指令。

② 及时：装置内所有设备温度、流量、压力、液位等不正常操作参数要能够及时反馈到 DCS，并同时进入控制室不正常参数报警柜，使操作人员能够及时处理，以免酿成事故。

加氢裂化装置工艺过程不容易实现本质安全性，当操作条件偏离设计值时往往会造成危险局面，需要将安全"设计进去"，主要是通过自动控制系统来实现，即依靠安全联锁系统、安全泄压系统等安全保护设施来实现。只有采取了这些有效的安全手段和措施，才能降低事故发生的概率，把事故损失降到最小。因此，自动控制方案的合理性、有效性、可靠性和可操作性，直接影响装置的安全性、节能降耗和效益的发挥。

14.2 压力控制与压差测量和控制[2~5,9,11,13]

加氢裂化装置典型压力控制方案主要有：简单压力控制、压力分程调节控制、压力-转速串级控制、压力递推自平衡控制和压力分程-自动选择控制、变频调速控制几种形式。压力作为副参数可与温度串级控制。

压差测量主要指：反应器压差测量、反应器各床层压差测量及润滑油加氢裂化装置减压塔提馏段的真空度测量。

压差控制主要指原料油过滤器的压差控制。

1) 简单压力控制。应用较多的一种压力控制形式，如高压分离器顶压力控制排废氢量、低压分离器顶压力控制低分气排放量、新氢压缩机入口压力控制三返一(两级压缩时控制二返一)调节阀、汽提塔顶压力控制排酸性气、减压分馏塔顶真空度靠水封罐顶不凝气返回控制等。

2) 压力分程调节控制。压力分程调节控制主要用于正常操作不产生气体或不正常时产生气体的设备。如原料油缓冲罐、注水罐、分馏塔顶回流罐和冲洗油罐等设备。

(1) 补充气源：采用压力分程调节控制的设备补充气源一般为：N_2 或燃料气。控制压力一般为：0.1~0.5MPa。如果控制压力较高，也可采用氢气作为补充气源。加氢裂化装置一般不允许采用净化压缩空气或非净化压缩空气作为补充气源。

(2) 取压点：需要控制处取压，一般采用罐顶取压。

(3) 进气和排气：罐上部为气体空间，气体组分为补充气源的气体，随着液位降低，进气阀打开，罐充气；罐下部为液体空间，随着液位升高，排气阀打开，罐排气，一般的排放气体至火炬系统。

测量压力大于给定值时，进气阀开度减小，进入罐上部的补充气体减少，压力下降，罐维持给定压力；测量压力小于给定值时，排气阀开度减小，进入罐上部的补充气体增加，压力上升，罐维持给定压力。

(4) 调节阀的选择：压力分程调节控制选用的调节阀一般采用气开式(FC)，当净化压缩空气故障时，进气阀和排气阀均应处于关闭状态，其目的为：

① 维持罐的压力；

② 防止空气进入；

③ 防止由于罐压降低，汽蚀余量不足，引起泵抽空，特别是高汽蚀余量的高压原料油泵、高压循环油泵抽空；

④ 减少恢复正常操作时的时间；

⑤ 减少 N_2 或燃料气的消耗。

(5) 调节阀的输出信号：进气阀和排气阀的调节器输出信号范围一般应为 0%～50%和 50%～100%或 0%～40%和 40%～100%，一般不采用 0%～30%和 30%～100%的调节形式。0%～50%和 50%～100%输出信号经反正转化为 100%～0%和 0%～100%，由 DCS 软件组态完成。进气阀和排气阀定位器的工作范围一般为：20～60kPa 和 60～100kPa。

3) 压力-转速串级控制。压力-转速串级控制主要用于加氢裂化装置循环氢压缩机的控制。对于蒸汽透平驱动的离心式循环氢压缩机，压缩机出口压力在高压分离器压力稳定的情况下，由系统差压决定。循环氢压缩机要适应生产方案变化、运转初期和运转末期气体组成的变化、气密阶段新氢的循环、催化剂硫化工况、催化剂再生工况等阶段的考验，不同阶段压缩机出口压力不同。

(1) 压力-转速串级控制的意义：节能降耗。以某厂加氢裂化装置循环氢压缩机为例：

从表 14-1 可看出，如果固定转速，不同工况条件下的蒸汽消耗量差别较大；装置处理能力不足时，差别更大。

表 14-1 不同工况参数

工况	功率/kW	转速/(r·min^{-1})	耗汽量/[kg·(kW·h)$^{-1}$]	进口蒸汽/(kg·h^{-1})	总效率/%	排汽温度/℃
额定	1889	13640	14.77	27900	75.1	273.6
正常	1717	12643	14.77	25360	75.1	273.6
工况(一)	1693	11203	14.99	25378	74	275.1
工况(二)	1148	7691	18.73	21500		
工况(三)	1154	13640	16.70	19272	69	285.0
工况(四)	1698	10561	15.31	26000		
最小进汽条件	1889	10291	16.67	31489	72.5	273.3
最大排汽条件	1889	14322	16.55	31263	73	271.8

(2) 压力-转速串级控制的可能性。

① 按 API612 的规定：加氢裂化装置循环氢压缩机的汽轮机能在最小进汽条件和最大排汽条件下，在额定转速下发出额定功率，同时亦能在最大进汽条件和最大或最小排汽条件下，在额定转速下发出额定功率。

② API 还规定，驱动压缩机的蒸汽轮机的调速器，按 NEMA SM-23 CLASS D 级要求，即：

最大稳态转速调节率为 0.5%额定转速，其定义为：

$$\frac{\text{高于设定转速的变化值}+\text{低于设定转速的变化值}}{2\times\text{额定转速}}\times100\%$$

最大转速飞升为 7%额定转速，其定义为：

$$\frac{\text{零输出功率时最大转速}-\text{额定转速}}{\text{额定转速}}\times100\%$$

③ 基于以上两条，调速器的调速范围一般为：79%~105%。

从表 14-1 的不同工况参数可知，大多数工况可在此范围调节。当然还需结合防喘振控制系统综合考虑。

(3) 压力-转速串级控制的实现：

① 采用自动、软手动自动切换功能。当操作波动较大或汽轮机动力蒸汽信号参数不正常时，可将调节器改为手动操作，固定蒸汽流量，汽轮机恒速运转。

② 外部接点闭合时，执行 PI 调节；断开时，由 PI 转入软手动，使调节器输出维持接点断开前状态，确保系统跳闸时，不发生喘振。

③ 系统跳闸恢复后，跳闸联锁信号应复位，复位后方可启动调节器。

4) 压力递推自平衡控制。主要指加氢裂化装置新氢压缩机的级间返回控制，对于三级压缩的新氢压缩机其压力控制可采用：①三级出口直接返回一级入口的大返回控制方案；②三级出口返回三级入口、二级出口返回二级入口、一级出口返回一级入口的逐级返回控制方案。

压力递推自平衡控制的意义：

压缩机出口压力控制的需要。压缩机出口压力高时，从三级出口逐级返回一级入口，由于三级出口流量减少，新氢入反应系统的流量减少，高压分离器压力降低，压缩机出口压力降低；压缩机出口压力低时，关闭或减少三级出口逐级返回一级入口的流量，三级出口流量增加，新氢入反应系统的流量增大，高压分离器压力提高，压缩机出口压力升高。当然压缩机出口压力的高低，都是以控制装置平稳为目的。

压缩机动力平衡的需要。多级压缩的往复式新氢压缩机一般采用卧式对称平衡型，从动力平衡的角度选择偶数列布置，最佳的设计方案为各列往复部分的质量相等，每段都有氢气的返回，因此每段的压缩比都等于或接近设计值，从而减少往复及旋转质量惯性力的影响，保证机器长周期稳定运行。

5) 压力分程-自动选择控制。主要用于加氢裂化装置高压分离器与新氢压缩机系统的联合控制。加氢裂化装置是一个耗氢装置，反应需要在一定的压力和氢气条件下进行，反应压力的保持通过稳定高压分离器的压力控制，氢气的供给由新氢压缩机提供，新氢压缩机由于压比较大，一般采用多级压缩的往复式，将高压分离器与多级压缩的新氢压缩机系统联合控制，同时控制了反应压力和反应的深度，实现了反应部分的稳定操作。

(1) 取压点：反应系统压力控制，一般选择在冷高压分离器顶，当有循环氢脱硫时，也可选择在循环氢压缩机入口缓冲罐顶。通常不选择热高压分离器顶或循环氢脱硫塔顶作为取压点。新氢压缩机级间压力控制，一般选择在每级压缩机入口缓冲罐顶。

(2) 气体排放：高压分离器压力超高，调节困难时，气体排放的途径：①通过高压分离器顶至火炬或燃料气管网；②通过新氢压缩机入口副线至火炬或燃料气管网。排放氢至燃料气管网，可提高利用率，但会降低燃料气管网的热值。

(3) 对级间冷却器的影响：由于级间的逐级返回(表 14-2)，必然要影响级间冷却器的负荷，典型的实例如下：

$$\xrightarrow{A}\downarrow\xrightarrow{B}(1)\rightarrow[CW]\xrightarrow{\uparrow_D^C\Uparrow_F^E\Downarrow_G}(2)\xrightarrow{\downarrow_H}[CW]\xrightarrow{\uparrow_J^I}(3)\xrightarrow{\uparrow^K}L$$

表 14-2 不同工况级间冷却器的负荷

项目	工况 1	工况 2	工况 3	工况 4	工况 5	工况 6
A	12123	11075	8700	8569	8801	5381
B	12123	12123/11075	12123/11075	12123/11075	12123/11075	12123/11075
C	0	1048/0	3423/2375	3554/2506	3322/2274	6742/5694
D	12123	11075	8700	8569	8801	5381
E	600	600	600	600	600	600
F	11523	104750	8100	7969	8201	4781
G	11523	11523/10475	11523/10475	11523/10475	11523/10475	11523/10475
H	11523	12571/10475	14946/12850	15077/12981	14845/12749	18265/16169
I	0	1048/0	3423/2375	3554/2506	3322/2274	6742/5694
J	11523	11523/10475	11523/10475	11523/10475	11523/10475	11523/10475
K	0	1048/0	3423/2375	3554/2506	3322/2274	6742/5694
L	11523	10475	8100	7969	8201	4781

由于三级出口没有冷却器，一般情况下，三级返回的冷却需通过二级出口冷却器，因此二级出口冷却器需适当加大。

(4) 控制原理：当高压分离器压力升高时，取压点输出 70%～100%范围的信号，经转换为 0%～100%信号作用于高压分离器顶至火炬或燃料气管网的调节阀，正常操作情况下，此阀应不开；

取压点输出的另一路 0%～70%范围的信号，经反向转换为 100%～0%信号，因信号>70%去低值选择器的信号为 0%，经低值选择器选择去三级出口返回三级入口的调节阀，打开此阀，新氢的返回使三级入口分液罐压力上升；

三级入口分液罐取压点输出 50%～100%范围信号，经反向转换为 100%～0%信号，因信号>70%去低值选择器的信号为 0%，经低值选择器选择去二级出口返回二级入口的调节阀，打开此阀，新氢的返回使二级入口分液罐压力上升；

二级入口分液罐取压点输出 50%～100%范围信号，经反向转换为 100%～0%信号，因信号>70%去低值选择器的信号为 0%，经低值选择器选择去一级出口返回一级入口的调节阀，打开此阀，新氢的返回使一级入口分液罐压力上升；

一级入口分液罐压力上升后，一级入口分液罐取压点输出50%~100%范围信号，打开新氢压缩机入口副线至火炬或燃料气管网排放氢阀，进入装置的氢气减少。

当高压分离器压力降低时，高压分离器顶至火炬或燃料气管网的调节阀关闭、三级出口返回三级入口的调节阀关闭、二级出口返回二级入口的调节阀关闭、一级出口返回一级入口的调节阀关闭、新氢压缩机入口副线至火炬或燃料气管网排放氢阀关闭，原理同上。

(5) 调节阀的选择：高压分离器顶至火炬或燃料气管网的调节阀、新氢压缩机入口副线至火炬或燃料气管网排放氢阀一般采用气开式(FC)，以保持装置压力；三级出口返回三级入口的调节阀、二级出口返回二级入口的调节阀、一级出口返回一级入口的调节阀一般采用气关式(FO)，稳定压缩机的运行。

6) 电子变频调速控制。电子变频调速技术是微机控制技术和大功率晶体管技术组成的新型调控技术，电子技术能按工艺要求快速改变电动机的转速，直接调节泵的工作特性曲线，以调控工艺参数。根据工作特性曲线，当电动机转速下降时，泵扬程以二次方关系下降，轴功率以三次方关系下降，从而达到节能的目的。

7) 压差测量。

(1) 反应器压差测量。固定床加氢裂化装置反应器压差大小直接影响循环氢压缩机的差压，从而影响中压蒸汽的消耗；反应器压差大小也直接影响装置的长周期运行。

压差测量的防凝、防堵措施：①正负取压点分别从反应器入口、出口管线顶部接管，中间床层的接管在反应器冷氢管顶部，出入口接管根部用循环氢吹扫，吹扫点靠近差压变送器的正负压室，正负反吹循环氢的流量采用气动高压内藏孔板差压流量变送器计量指示，方便调整；②正负取压点分别从反应器入口、出口管线顶部接 ϕ50mm×500mm 短管，ϕ8mm~12mm 引压线分别从入口、出口短管侧顶部接管。

压差测量信号：一般要求直接引入 DCS 控制系统，以便操作人员及时掌握。

(2) 反应器各床层压差测量。可与固定床加氢裂化装置反应器压差测量共用测量仪表，但可切换操作，需要时可分别测量反应器各床层压差。

反应器各床层压差测量的意义：加氢裂化原料中可能含有非油溶性的微小固体颗粒、上游装置生产产生的腐蚀产物(如硫化铁、氯化铁)、上游装置携带的焦粉、催化剂粉末等，高温反应还可能产生积炭，这些物质具有黏结和固化催化剂的性质，使催化剂中毒，堵塞催化剂床层，增加系统压降，缩短装置运转周期。由于不同的物质在反应器中的沉降析出时间不同，生产操作时应密切监控反应器各床层压差。

各床层压差测量原则上应在 DCS 系统体现。

8) 原料油过滤器的压差控制。加氢裂化装置加工的原料油主要为：减压馏分油、焦化蜡油、减黏蜡油、溶剂脱沥青油、催化裂化循环油；渣油加氢裂化加工的原料油主要为：常压渣油、减压渣油；润滑油加氢裂化加工的原料油主要为：减压馏分油、溶剂脱沥青油、糠醛精制油、加氢裂化尾油。这些原料不同程度地含有残炭、沥青质、各种金属化合物、上游装置的腐蚀产物等，这些物质均会不同程度地沉积在反应器床层，造成催化剂中毒和反应器床层压降增大，威胁装置长周期运转，一般通过原料油过滤器尽可能除去。过滤器采用自动反冲洗形式，一开一备，反冲洗信号来自过滤器的压差，压差达到0.1~0.3MPa 时，自动启动备用过滤器，运行过滤器反冲洗。

14.3 温度控制[2~3,11]

加氢裂化装置典型温度控制方案主要有：简单温度控制、平均温度控制、温度分程调节控制、温度-压力串级控制、温度-流量串级控制、温度-热通量串级分程控制、温度-叶片调角串级控制几种形式。

1）简单温度控制。简单温度控制是最常用的一种控制方式。典型的应用：

反应器床层温度控制：加氢裂化装置精制反应器床层和裂化反应器床层温度一般由急冷氢或急冷油进行简单温度控制。

① 反应器床层温度测量：一般采用多点测量，测量点位于催化剂床层上部，填充物以下。典型的测量方式有：3点、4点、12点、24点等，国内已有加氢裂化装置多采用三支(或四支)铠装热电偶横插入设备内一个共用保护管内，每一横截面测量三点(或四点)温度。

② 反应器床层温度控制：一般由冷态急冷氢或急冷油控制床层温度。冷态急冷氢或急冷油进入反应器后，与上床层高温油气混合，温度降低，均匀分配到下床层，实现对下床层温度的控制。急冷氢或急冷油量的大小由其中一支测量温度控制急冷氢或急冷油调节阀，其余测量值在DCS显示。

③ 调节阀的选择：冷氢调节阀一般采用气关式(FO)，当净化压缩空气故障时，调节阀打开，防止床层温度急剧上升。

2）平均温度控制。加氢裂化装置精制反应器床层和裂化反应器床层温度也可采用多点床层温度的平均值控制。即计算同一截面多点温度的算术平均值，控制急冷氢或急冷油调节阀开度。

3）温度分程调节控制。主要用于换热系统，涉及高压系统和低压系统。

(1) 取温点一般为冷源的出口温度，如反应进料加热炉入口温度、循环油进反应器的入口温度、塔进料温度、贫溶剂换热温度等。

(2) 高压系统调节阀：一般不采用三通阀，而用两个独立的调节阀，主路

调节阀一般采用气关式(FO)，当净化压缩空气故障时，调节阀打开，冷源尽可能换热，以降低热源温度，避免下游系统超温。此时副线调节阀一般采用气开式(FC)，当净化压缩空气故障时，调节阀关闭。

由于高压系统调节阀的压降需通过高压原料油泵、新氢压缩机、循环氢压缩机的升压提供，因此，选用调节阀的压降应尽可能小。必要时可采用双蝶阀。

主路调节阀一般应按全量通过考虑，副线调节阀一般选择10%~50%范围，副线调节阀应小于主路调节阀。

(3) 低压系统调节阀：低压高温调节阀一般不采用三通阀，低压低温调节

阀可采用三通阀。

4）温度-压力串级控制。主要用于加热炉出口温度的控制，一般与燃料气压力串级控制，如反应进料加热炉出口温度与燃料气压力串级控制。

(1) 反应进料加热炉出口温度取温点：一般为加热炉出口与原料油或循环油混合后至反应器入口处，与混合点应有一定的距离要求。

(2) 燃料气压力选取点：一般为燃料气调节阀之后，应靠近燃料气集合管。

(3) 调节阀：一般采用气开式(FC)，当净化压缩空气故障时，调节阀关闭，反应进料

加热炉熄火。避免造成加热炉出口温度高，导致反应温度高，引起床层温度积聚增加，导致反应器“飞温”。

5）温度-流量串级控制。主要用于加热炉出口温度的控制，一般与燃料气或燃料油流量串级控制，如反应进料加热炉出口温度与燃料气流量串级控制、脱丁烷塔底重沸炉出口温度与燃料油流量串级控制、常压分馏塔底重沸炉出口温度与燃料油流量串级控制、减压分馏塔底重沸炉出口温度与燃料油流量串级控制。

（1）加热炉出口温度取温点：反应进料加热炉一般为加热炉出口与原料油或循环油混合后至反应器入口处，与混合点应有一定的距离要求。脱丁烷塔底重沸炉、常压分馏塔底重沸炉、减压分馏塔底重沸炉为加热炉出口与塔入口之间，应靠近塔入口处。

（2）燃料气或燃料油流量选取点：流量测量均应在调节阀之前，并靠近调节阀。测量形式以孔板为主。

（3）调节阀：无论燃料气还是燃料油调节阀一般应采用气开式(FC)，即当净化压缩空气故障时，调节阀关闭，加热炉熄火。避免由于加热炉加热，而引起各种事故。

6）温度-热通量串级分程控制。一般应用于立式热虹吸重沸器，即重沸器出口温度与热源的热通量串级控制。

（1）热通量：DCS组态时输入流体的热力学参数，将实测流量测量值带入计算。

（2）调节阀：为了减小立式热虹吸重沸器的阻力，降低安装高度，一般将调节阀安装于热源一端。

调节阀采用两个独立的阀门，分主路和副路。主路调节阀一般采用气开式

(FC)，当净化压缩空气故障时，调节阀关闭。此时，副线调节阀一般采用气关式(FO)，当净化压缩空气故障时，调节阀打开，热源尽可能绕过立式热虹吸重沸器。

主路调节阀一般应按全量通过考虑，副线调节阀一般选择10%~50%范围，但也应按全量通过选择阀门，以便事故条件下，热源能够绕过立式热虹吸重沸器。

7）温度-叶片调角串级控制。一般应用于空冷器出口温度控制，如反应流出物空冷器、脱丁烷塔顶空冷器、常压分馏塔顶空冷器、减压分馏塔柴油抽出空冷器、脱戊烷塔顶空冷器、重石脑油空冷器、喷气燃料空冷器等。

（1）取温点：空冷器出口至下游设备(如高压分离器、脱丁烷塔顶回流罐、常压分馏塔顶回流罐、减压分馏塔、脱戊烷塔顶回流罐)或出装置线(如重石脑油空冷器出口线、喷气燃料空冷器出口线)之间。

（2）叶片调角：采用温度-叶片调角串级控制时，应选用50%的叶片具有可调节性，即叶片的角度可根据温度输出信号调整，从而改变风机的输出风量。当空冷器出口温度大于给定值时，调节器输出信号使叶片角度加大，风量增大，冷却负荷增大，空冷器出口温度下降，直到满足给定值。

同样当空冷器出口温度小于给定值时，调节器输出信号使叶片角度变小，风量减小，冷却负荷减小，空冷器出口温度上升，直到满足给定值。

为了使叶片具有可调节性，初始安装时，应将叶片设定在调角的中位。

14.4 流量控制[2,3,9~11,13]

加氢裂化装置典型流量控制方案主要有：简单流量控制、流量-液位串级控制、流量-

液位串级分程控制、流量-孔板组合控制几种形式。

1) 简单流量控制。简单流量控制是最常用的一种控制方式。典型的应用：

(1) 高压原料油(或循环油)泵出口流量控制。高压原料油(或循环油)泵出口一般有两个流量控制：进入反应部分的流量控制和为保护高压原料油(或循环油)泵而设置的最小流量控制。两个流量控制的测量点均在高压原料油(或循环油)泵出口，最小流量孔板靠近高压原料油(或循环油)泵一侧。进入反应部分的主路流量孔板、调节阀的测量一般按正常选用，返回原料油(或循环油)罐的副路流量孔板、调节阀的测量应根据高压原料油(或循环油)泵的最小流量值来选择。

① 调节阀：最小流量调节阀差压一般 14~18MPa，多选用具有多级阀芯式耐高压降、防空化、低噪音的角式调节阀。主路流量调节阀一般应采用气开式(FC)，净化压缩空气故障时，调节阀关闭。副路流量调节阀一般应采用气关式(FO)，净化压缩空气故障时，调节阀打开。

② 最小流量返回：一般不应返回到高压原料油(或循环油)泵入口管线，防止由于温升造成高压原料油(或循环油)泵抽空；返回线应至高压原料油(或循环油)罐。

③ 最小流量联锁：返回原料油(或循环油)罐的副路流量一般应设低流量报警及低低流量的安全联锁，当出现低低流量情况时，输出信号应能关闭高压原料油(或循环油)泵。

(2) 反应加热炉入口流量控制。对于分子筛加氢裂化催化剂的装置，加氢精制和加氢裂化反应加热炉均加热循环氢，在原料油和循环油流量得到控制后，分别控制加热炉入口循环氢的流量，可分别保证加氢精制和加氢裂化反应器入口的氢油比。

调节阀：虽然第一循环氢加热炉和第二循环氢加热炉可能采用多路加热方式，但一般情况下，只控制主路流量，分支管路流量的均衡采用对称布置的方式解决，从而降低高压孔板、调节阀的数量，减少泄露点。

循环氢调节阀一般应采用气关式(FO)，净化压缩空气故障时，由于加热炉熄火，调节阀打开，可以较快冷却加热炉和反应器。

调节阀应采用小压降阀门，减少不必要的动力消耗。

(3) 离心式循环氢压缩机的防喘振控制。当离心式循环氢压缩机在某一转速工作时，如果入口流量低于某一极限值，可能会发生出口管道压力高于压缩机出口压力的情况，此时，出口管道内的气体可能会瞬间形成返回压缩机出口的倒流现象，到流发生后，出口管道压力下降，压缩机出口压力又高于出口管道压力，气体又正向流动，这样，反向→正向→反向……的反复进行，就可能发生称为“喘振”的现象。

机体防止“喘振”的措施：①固定极限流量的防喘振控制；②可变极限流量的防喘振控制。

对于高压分离器压力设有可靠控制系统、压缩机出口压力也有控制、高压蒸汽气源稳定的加氢裂化装置，不可能发生“喘振”现象时，可不设防喘振控制系统。

① 固定极限流量的防喘振控制。在压缩机入口设测量孔板，控制压缩机出口至反应流出物空冷器入口副线调节阀，当压缩机入口流量小于给定的固定极限流量(此值应大于喘振流量)时，副线调节阀打开，部分循环氢自压缩机出口→反应流出物空冷器→高压分离器→压缩机入口→压缩机出口，形成闭路循环，喘振得以控制。

此方法由于固定极限流量，没有与多工况操作压缩机的具体工况结合，因此，能耗较高，但由于其简单、可靠、投资少，国内加氢裂化装置采用较多。

② 可变极限流量的防喘振控制。喘振给定值随压缩机出口压力、转速、压缩比等工况变化参数的变化而变化。将测量到的工况变化参数输入数学模型，计算后输出调整的给定值，根据调整的给定值开、关副线调节阀。

2）流量-液位串级控制。一般以液位作为主参数，流量作为副参数进行串级控制。主调节器的输出作为流量调节器的给定值，而流量调节器的输出去调节阀，通过改变调节阀的开度改变流量。典型的应用：

（1）原料油缓冲罐液位与原料油流量的串级控制。一般液位调节器比例度大于150%，调节器放大作用小，当原料油流量发生变化时，原料油缓冲罐液位调节器输出变化不大，因而原料油流量缓慢变化，发挥了原料油缓冲罐的大容量缓冲优势。避免了单纯液位调节造成的原料油流量大幅变化给工厂罐区、原料油过滤器造成的不利影响。

（2）低压分离器液位与脱丁烷塔进料流量的串级控制。为了稳定分馏系统的进料，减少各塔操作的紊乱，保证产品质量，近年来采用的低压分离器液位与脱丁烷塔进料流量串级控制方式，收到了较好的效果。

流量孔板和调节阀的位置：应靠近低压分离器，保证进入孔板的流体为液相，提高孔板检测值的准确性；由于低分液中含有大量 H_2 和轻烃组分，在这些轻组分进入调节阀之前，应确保其为液相。

（3）各塔回流罐液位与回流量的串级控制。回流量的给定值可根据操作工况、操作负荷的变化，塔顶、塔底产品质量的要求在 DCS 系统调整，由于采用液位与回流量的串级控制，可避免由于回流量调整导致的回流罐液位过高或过低。

（4）各塔底液位与流量的串级控制。一般塔底液位调节器比例度大于150%，调节器放大作用小，当塔底流量发生变化时，塔底液位调节器输出变化不大，因此，塔底流量缓慢变化，发挥了塔底的大容量缓冲优势。避免了单纯液位调节造成的塔底流量大幅变化。

3）流量-液位串级分程控制。典型的应用：原料油缓冲罐液位与原料油流量的串级控制。

一般以液位作为主参数，流量作为副参数进行串级控制。主调节器的输出作为流量调节器的给定值，而流量调节器的输出信号分别去两个调节阀，控制两种原料的流量。两种原料的流量按一定比例混合，其中有一个调节阀为主流量，另一个调节阀为副流量，副流量的给定值为主流量给定值乘以比率系数。输出信号通过改变调节阀的开度将两种原料按一定混合比例送入液位控制设备。

4）流量-孔板组合控制。典型的应用：高压原料油(或循环油)泵出口最小流量控制。

为保护高压原料油(或循环油)泵而设置的最小流量控制。可采用单参数流量控制。也可采用流量-孔板组合控制。

孔板和调节阀：流量-孔板组合控制的目的是为了减小调节阀压降，降低高压降调节阀的噪声。孔板采用降压孔板，承担主要压降。虽然调节阀不承担主要压降，但选型时，仍采用高压降调节阀。

14.5 液位控制[2,3,11~12]

加氢裂化装置典型液位控制方案主要有：简单液位控制、液位-流量串级控制、液位-

流量串级分程控制、界位控制、液位分程控制几种形式。

1）简单液位控制和界位控制。

（1）高压分离器液位控制。对于不设液力透平和快速切断阀的加氢裂化装置，高压分离器单参数液位控制涉及高分油相和水相的液位控制。

高分油相和水相的液位应具有高、低液位报警和低低液位、高高液位的联锁功能。

油-水界位的测量应能控制水相的液位，减少油中带水。

① 调节阀。高分油相和水相的液位控制调节阀差压一般14～18MPa，高分液体减压后会汽化，在调节阀内会产生空化，因此，多选用具有多级笼式或多级平衡阀芯式耐高压降、防空化、低噪音的角式调节阀，流向为低进侧出。有些装置为了减少催化剂粉末堵塞调节阀造成的停工，采用两套调节阀组，一开一备。

高分油相和水相的液位控制调节阀一般应采用气开式（FC），净化压缩空气故障时，调节阀关闭，防止高压串低压事故的发生。

调节阀前未设快速切断阀时，低低液位应能将调节阀彻底关闭。

② 液位过高及联锁。高压分离器气体直接进入循环氢压缩机时，高分液位过高，气液分离能力减弱，进入压缩机的循环气体中会携带液滴，容易损坏循环氢压缩机。一般设计应考虑高分液位过高时循环氢压缩机安全停车的联锁系统。为了保证液位信号的准确，液位开关信号一般由三个外浮筒（或外浮球）、外浮筒（或外浮球）与其他类型液位仪表组成发出，液位过高的联锁信号采用“三取二”表决式，即进入安全联锁系统的三个液位开关信号至少有两个信号显示液位过高，才能启动安全联锁系统。

循环氢压缩机是加氢裂化装置的核心设备，担负着快速、及时取走反应产生的热量、维持反应所需氢分压等作用，一旦由于高分液位过高引起循环氢压缩机停车，必然要启动紧急卸压系统，联锁高压原料油泵、高压循环油泵、新氢压缩机、反应加热炉等设备停止运转或零负荷运行，造成装置停工。

③ 界位控制。高压分离器为三相分离设备，底部为油水分离，分离器内部设破沫网，便于小水滴聚集沉降，油从侧壁抽出，水从底部抽出，油-水界面位于破沫网中部，如果水界面上升，会影响油水分离的效果，造成油中带水，因此，加氢裂化装置一般设油-水界面检测和控制，通过界位控制器，加大高压分离器底部水的排放。

④ 液位、界位过低。高压分离器油液位过低时，应发出报警信号；油液位低低时，除发出严重报警信号外，还应关闭高压分离器到低压分离器的切断阀，避免高压氢气串入低压分离器，引起爆炸。但关闭高压分离器到低压分离器的切断阀时，并不联锁循环氢压缩机停车，因为高压分离器低油液位并不会对循环氢压缩机构成威胁。

高压分离器水界位过低时，水中可能带油，会造成下游污水处理困难或处理水含油超标，应发出报警信号；水界位低低时，除发出严重报警信号外，应通过界位控制器，减小或关闭高压分离器底部水的排放，避免含油污水罐的爆炸。水界位低低时，不联锁其他设备停车。

水界位开关信号一般由外浮筒、内浮筒或放射性液位开关（如放射源铯137）发出。

⑤ 其他。高压分离器油相含有蜡油组分、水相为含硫、含氨污水，低温下均可凝结，而液位、界位的可靠性除保证正常生产外，还影响设备安全和人员安全，作为液位、界位测量用的外浮筒、外浮球、内浮筒、玻璃板、差压液位计、放射性液位开关及其他类型液位仪

表等，都应进行良好的保温伴热，防止失灵。

2）液位-流量串级控制。液位-流量串级控制方法主要有：液位-流量串级均匀控制和液位-流量串级非均匀控制。

液位-流量串级均匀控制：液位调节器的比例度较大，积分时间长，液位有较大变化而调节器输出变化小，流量调节器的给定值变化小，流量缓慢变化，满足液位-流量串级均匀控制的目的。

液位-流量串级非均匀控制：串级控制回路增加低值选择器和高值选择器，液位测量值在低液位量程和高液位量程范围内变化时，流量调节器的给定值不变，流量不变。只有当液位测量值超出低液位量程或高液位量程时，液位调节器的输出才有变化，才能引起流量变化。

为了稳定分馏系统操作，低压分离器液位与脱丁烷塔进料流量、脱丁烷塔底液位与常压分馏塔进料流量、常压分馏塔底液位与减压分馏塔进料流量可采用液位-流量串级非均匀控制。

3）液位分程控制。

(1) 高压分离器液位分程控制。设液力透平的加氢裂化装置，一般采用液位分程控制。高压分离器液位输出0%~50%及50%~100%范围的两个信号，分别经转换为0%~100%信号作用于高压分离器到低压分离器的调节阀和高压分离器到液力透平的调节阀。

液力透平是节能设备，高压分离器液位正常范围时，液位调节器输出0%~50%信号，经转换为4~20mA DC标准信号打开高压分离器到液力透平的调节阀，关闭高压分离器到低压分离器的调节阀，液力透平带动原料油泵运行。当液位调节器输出>50%信号时，说明高压分离器液位上升到单独靠打开高压分离器到液力透平的调节阀不能维持高压分离器液位，此时，必须打开高压分离器到低压分离器的调节阀，使一部分高压分离器液体不经液力透平直接进入低压分离器。从而保持高压分离器液位的给定值，不致由于高压分离器液位高引起循环氢压缩机停车。

(2) 循环氢脱硫塔液位分程控制。循环氢脱硫塔底设液力透平，主要用于驱动高压贫溶剂泵，回收富胺液的压力能，控制原理同高压分离器液位分程控制。

14.6 安全联锁[2,3,6~8,14]

加氢裂化装置工艺过程无法达到本质安全，只有依靠紧急停车/安全联锁系统(ESD/SIS)来保证装置的安全。因此ESD/SIS对于爆炸和火灾危险性最高的甲类装置-加氢裂化至关重要。

1）安全联锁设置原则。一般要求：设置装置级ESD/SIS系统和主要设备ESD/SIS子系统。

ESD/SIS系统应独立于DCS之外设置：

加氢裂化装置要求ESD/SIS快速动作，用DCS实现起来不甚理想；

DCS供全装置使用，处理信息多，通讯系统复杂，出现故障的机率较专用的ESD/SIS要高；

DCS侧重于过程连续控制，需要频繁的人工干预，其误触发的机率较独立设置的ESD/SIS要高。

ESD/SIS 系统应安装于专用、独立的机柜内，配置专用的操作台；

ESD/SIS 系统应做到简单、醒目、可操作，如：采用按钮或旋钮式元器件；

ESD/SIS 系统应能与 DCS 有良好的通信。

2）装置级 ESD/SIS 系统。装置级 ESD/SIS 系统一般指装置紧急泄压系统。加氢裂化装置紧急泄压系统一般设置慢速和快速两种紧急泄压系统。

（1）慢速紧急泄压系统。

① 泄压速率：应在 0.5~1.0MPa · min^{-1}选取。

② 启动方式：可同时采用自动启动和手动启动两种方案。

③ 联锁方式：a. 可将原料油泵(包括液力透平)、循环油泵、新氢压缩机、反应加热炉停运。b. 也可只降反应压力，不联锁设备，但原料油泵(包括液力透平)、循环油泵、新氢压缩机、反应(循环氢)加热炉、循环氢压缩机在中控室、离设备 15m 处均设停机按钮，视情况停止运行。

④ 启动条件：a. 循环氢压缩机出现故障；b. 反应器床层温度偏高；c. 装置发生火灾；d. 高压分离器液位高高。

⑤ 手动启动按钮应设在中控室内，装置内还应设置手动副线紧急泄压，以便遥控紧急泄压系统一旦失灵，可手动开副线紧急泄压阀，以确保装置安全。

⑥ 紧急泄压阀：多选用 ON/OFF(两位式)作用的切断阀，并配置事故空气罐，保证净化压缩空气故障时，阀门处于安全状态。紧急泄压阀应设置防爆型阀位回讯开关，并在 DCS 显示阀位状态。

（2）快速紧急泄压系统。

① 泄压速率：应在 1.4~2.1 MPa · min^{-1}选取。

② 启动方式：手动启动。

③ 联锁方式：a. 可将原料油泵(包括液力透平)、循环油泵、新氢压缩机、反应加热炉、循环氢压缩机停运。b. 也可只降反应压力，不联锁设备，但原料油泵(包括液力透平)、循环油泵、新氢压缩机、反应(循环氢)加热炉、循环氢压缩机在中控室、离设备 15m 处均设停机按钮，视情况停止运行。

④ 启动条件：a. 反应器床层温度严重失控或发生“飞温”；b. 装置发生严重火灾。

⑤ 手动启动按钮应设在中控室内，装置内还应设置手动副线紧急泄压，以便遥控紧急泄压系统一旦失灵，可手动开副线紧急泄压阀，以确保装置安全。

⑥ 紧急泄压阀：多选用 ON/OFF(两位式)作用的切断阀，并配置事故空气罐，保证净化压缩空气故障时，阀门处于安全状态。紧急泄压阀应设置防爆型阀位回讯开关，并在 DCS 显示阀位状态。

3）主要设备 ESD/SIS 子系统。主要设备 ESD/SIS 子系统一般指高压原料油泵 ESD/SIS 系统、高压循环油泵 ESD/SIS 系统、新氢压缩机 ESD/SIS 系统、循环氢压缩机 ESD/SIS 系统、反应加热炉 ESD/SIS 系统、高压分离器 ESD/SIS 系统、脱丁烷塔底重沸炉 ESD/SIS 系统、常压分馏塔底重沸炉 ESD/SIS 系统、减压分馏塔底重沸炉 ESD/SIS 系统、空气冷却器 ESD/SIS 系统等。

（1）高压原料油泵 ESD/SIS 系统。

① 启动条件：

慢速紧急泄压系统启动；

快速紧急泄压系统启动；

达到泵自身设定的停泵参数或条件(如：止推轴承排油温度超过71℃、电机温升>70℃、振动超过规定值等)；

操作人员停泵(如：泵入口过滤器堵塞、润滑油系统故障等)；

电源故障；

原料油罐液位低低。

② 联锁设备：

泵电机停止运转；

反应加热炉熄火；

关闭泵出口流量调节阀。

(2) 高压循环油泵ESD/SIS系统。

① 启动条件：

慢速紧急泄压系统启动；

快速紧急泄压系统启动；

达到泵自身设定的停泵参数或条件(如止推轴承排油温度超过71℃、电机温升>70℃、振动超过规定值等)；

操作人员停泵(如泵入口过滤器堵塞、润滑油系统故障等)；

电源故障；

循环油罐液位低低。

② 联锁设备：

泵电机停止运转；

关闭泵出口流量调节阀。

(3) 新氢压缩机ESD/SIS系统。

① 自动停机条件：

慢速紧急泄压系统启动；

快速紧急泄压系统启动；

主电机定子温度≥80℃；

润滑油压力低低；

注油器电机停运；

励磁调节器故障；

电源故障；

差压(继电器)保护动作。

② 紧急停机条件：

出现自动停机条件，而未自动停机时；

润滑油管破裂、润滑油管严重堵塞使润滑油中断或润滑油压力迅速下降时；

滚动轴承温度>75℃或滑动轴承温度>65℃；

电机电流超限，调节无效；

压缩机气缸出现严重异常撞击声，有部件损坏时；

管线破裂无法修复；
发生火灾爆炸时；
电源故障；
润滑油排油温度>70℃；
制氢装置发生重大事故，氢气不能连续供应时；
主管线或连续部位发生大量泄露，堵漏无效或无法堵漏时。
③ 联锁设备：
电机停止运转。
④ 其他：
及时关闭进出口阀，打开放空阀泄压。
(4) 循环氢压缩机 ESD/SIS 系统。
① 自动停机条件：
快速紧急泄压系统启动；
循环氢压缩机入口缓冲罐液位高高；
循环氢压缩机入口压力过低；
汽轮机转速超限；
汽轮机轴位移超限；
压缩机轴位移超限；
汽轮机排气压力过低；
润滑油系统压力低低；
汽轮机调速油压力过低；
密封油箱液位过低；
轴承振动超限。
② 紧急停机条件：
出现自动停机条件，而未自动停机时；
主蒸汽管线穿孔、断裂或接头出现大量泄漏时；
润滑油管或密封油管破裂使润滑油中断或润滑油压力迅速下降时；
无净化压缩空气，短期内无法恢复；
停循环水或脱氧水(脱盐水)，短期内无法恢复；
手击危急保安器；
启动电磁阀；
就地仪表盘手动停机；
手按停机阀；
轴承温度超高，如≥115℃。
③ 联锁设备：
原料油泵(包括液力透平)；
循环油泵；
新氢压缩机(或零负荷运转)；
反应加热炉。

(5) 反应(循环氢)加热炉 ESD/SIS 系统。
① 启动条件：
入口流量过低；
反应器入口温度过高；
慢速紧急泄压系统启动；
快速紧急泄压系统启动；
加热炉管破裂；
加热炉发生火灾。
② 联锁设备：
停加热炉，切断加热炉燃料气。
(6) 脱丁烷塔底重沸炉 ESD/SIS 系统。
① 启动条件：
入口流量过低；
脱丁烷塔底温度过高；
加热炉管破裂；
加热炉发生火灾。
② 联锁设备：
停加热炉，切断加热炉燃料油(或燃料气)。
(7) 常压分馏塔底重沸炉 ESD/SIS 系统。
① 启动条件：
入口流量过低；
常压分馏塔底温度过高；
加热炉管破裂；
加热炉发生火灾。
②联锁设备：
停加热炉，切断加热炉燃料油(或燃料气)。
(8) 减压分馏塔底重沸炉 ESD/SIS 系统。
① 启动条件：
入口流量过低；
减压分馏塔底温度过高；
加热炉管破裂；
加热炉发生火灾。
② 联锁设备：
停加热炉，切断加热炉燃料油(或燃料气)。
(9) 空气冷却器 ESD/SIS 系统。
① 启动条件：
高压分离器温度过高；
空气冷却器管子破裂；
发生火灾。

② 联锁设备：

停电机。

参考文献

1　李立权，朱华兴．加氢裂化装置安全性分析[J]．炼油技术与工程，2004，34(5)：54~60

2　韩崇仁主编．加氢裂化工艺与工程[M]．北京：中国石化出版社，2001

3　石油化工干部管理学院组织编写．加氢技术(2)[M]．北京，1999.186~217

4　吕长江．电子变频调速节能技术的应用[J]．炼油设计，1993，23(5)：37~39

5　穆海涛，孙振光．渣油加氢脱硫装置进料过滤器的改进[J]．炼油设计．2001，31(5)：30~33

6　赵培江．加氢裂化装置的安全设计要求［J］．炼油设计，2002，32(11)：58~61

7　王子平，谢泰嵩．紧急停车联锁系统的可靠性设计［J]．炼油设计，1997，27(3)：64~69

8　周懋忠．加氢裂化装置安全联锁系统的更新设计[J]．炼油设计，1999，29(2)：10~13

9　朱江．多级往复式压缩机级间压力的选择及性能最优化［J]．石油化工设备技术，1999，20(1)：50~54

10　杨春生．离心式压缩机的喘振及防喘振控制[J]．石油化工设计，1999，16(3)：1~5

11　曾焱，刘凤玲．CENTUM CS 在渣油加氢脱硫装置中的应用[J]．石油化工自动化，2000，178(4)：38~44

12　王子平．加氢裂化装置高压分离器液位调节阀配置方案新探［J]．炼油化工自动化，1995，(5)：11~17

13　孙国华．离心式压缩机自控系统及设计中应注意的问题[J]．石油化工自动化，1999，(4)：26~30

14　高骥，王华胜．紧急停车联锁系统的可靠性分析[J]．石油化工自动化，2000，(1)：8~14

第十五章　紧急停工及事故处理

15.1　概述[3,11]

15.1.1　紧急停工概述

加氢裂化装置紧急停工一般由公用工程故障、设备故障和生产操作故障引起。

典型的公用工程故障：供电系统故障引起的停电和瞬间晃电；循环水系统故障引起的循环冷却水中断；空气压缩系统故障引起的净化压缩空气中断或压力过低；燃料系统故障引起的燃料油或燃料气中断或压力过低；蒸汽系统故障引起的高压、中压或低压蒸汽中断或压力过低等。

典型的设备故障：循环氢压缩机系统故障、新氢压缩机系统故障、高压原料油泵故障、循环油泵故障及设备泄露引起的火灾等。

典型的生产操作故障：原料油中断、新鲜氢气中断和反应器床层“飞温”等。

紧急事故发现的不及时或处理不妥当，就会出现：人身危险；设备损坏；加热炉结焦；催化剂结焦或受损。

因此，企业技术管理人员和车间技术人员应针对本企业的实际，认真研究加氢裂化装置可能发生的紧急事故，制定每一种事故的详细预案，并与设计部门一起讨论，形成规章制度。操作人员应认真学习，深刻领会，必要时通过考试持证上岗。

加氢裂化装置由于处于高温、高压、临氢、易燃、易爆、有毒介质操作环境，装置设计有多套安全联锁系统，紧急停工的特点是装置在事故状态时导致紧急泄压系统自动或手动触发。

紧急停工的原则：

① 装置发生重大事故，多方处理不能消除事故，也不能维持循环，应进行紧急停工；

② 外围装置发生事故，严重威胁本装置安全生产，应进行紧急停工；

③ 对于分子筛催化剂，一般认为当裂化反应器任一床层温度超过正常温度 28～30℃，或裂化反应器温度达到 425～427℃；对于无定型催化剂，一般认为当裂化反应器温度达到 440℃，应进行紧急停工；

④ 装置发生火灾，应进行紧急停工；

⑤ 设备发生故障，备用设备无法修复或启动，威胁装置安全生产时，应紧急停工；

⑥ 公用工程发生故障，短时间内无法恢复，可紧急停工；

⑦ 反应部分的高压管线或设备发生原因不明的突然泄漏或着火、爆炸，应进行紧急停工；

⑧ 原料油中断后，事故可能进一步扩大时，可紧急停工；

⑨ 生产操作故障，引发事故时，应进行紧急停工；

⑩ 循环油中断后，事故可能进一步扩大时，可紧急停工；

⑪ 指挥系统下达的紧急停工命令。

15.1.2　事故处理概述

(1) 应坚持以人为本的原则。任何情况下，均应保证操作人员的安全，尽可能避免人员受到伤害；

(2) 保护设备。加氢裂化装置处于高温、高压、临氢操作环境，高压设备投资高，制造周期长，运输、安装困难，应尽可能减少设备损坏，缩短停工时间，为企业节省资金；

(3) 保护催化剂。催化剂所占加氢裂化装置一次投资比例和操作费用均较高，装填、卸剂或器内再生占用时间较长，其性能好坏直接影响目的产品收率、目的产品质量和装置经济效益，因此发生事故时应：

①及时降低反应进料加热炉负荷，甚至完全熄灭加热炉，限制反应放热量，以保持反应器温度处于受控条件下，减少催化剂的"飞温"及高温损坏；

② 若条件许可则尽可能维持循环氢压缩机的正常运转，保持通过设备的循环气流量，使反应热及时被带走，防止油品裂解造成催化剂结焦；若循环氢压缩机无法维持正常运转或受系统联锁停机，则要立即启动(或联锁启动)紧急泄压程序，并及时关闭循环氢压缩机进出口阀门，做好对机组的隔离、保护工作；

③ 及时停止向反应器进料，防止碱性氮造成裂化催化剂的中毒。

(4) 当班班长(或企业授权人员)应尽可能在第一时间了解事故原因及装置受影响情况，及时、果断采取有效的事故处理措施，并按规定向有关人员或部门汇报；

(5) 正常停工应遵循先降温、后降量的原则：先降反应温度，然后减少或切断反应进料(紧急状态下需要直接停反应进料泵的情况除外)；

(6) 反应系统紧急泄压程序启动后，应及时确认各联锁系统是否正确动作，关闭停运机泵的出口阀门，并注意防止发生设备泄漏着火等次生事故；

(7) 控制好冷高压分离器、热高压分离器和循环氢脱硫塔的液位，防止发生高压串低压或液位装满事故；

(8) 反应流出物空冷器应维持正常运转，确保冷高压分离器不超温；对于短时停电造成反应流出物空冷器停运的，应及时重新启动空冷风机；

(9) 反应部分停止注水；

(10) 控制好冷高压分离器和热高压分离器的液位；

(11) 建立分馏部分循环，并适当降低塔底温度，将各产品改走污油线或不合格线，维持好分馏系统各塔压力、液位平衡(低分油等富含硫化氢介质的物料要尽量避免直接改走污油线，防止硫化氢逸出而污染环境)；

(12) 为防止发生水击，汽提塔和分馏塔等采用蒸汽吹扫的塔应停止吹汽，但要注意防止外排未转化油等物料时携带硫化氢而产生环境污染事故；

(13) 事故处理应兼顾生产恢复。当事故得到有效控制且不会反弹后，若条件允许，则可以不继续降温、降压，以节省生产恢复的时间；

(14) 事故处理的注意事项：

① 0.7MPa·min^{-1}或2.1MPa·min^{-1}紧急放空后路要始终保持畅通，联锁系统要保持正常投用；0.7MPa·min^{-1}或2.1MPa·min^{-1}紧急放空阀启动时，应检查程序联锁系统是否正确动作，若失效，则应立即启动现场地面手动放空阀；

② 2.1MPa·min^{-1}紧急泄压启动后要坚持"一泄到底"的原则，即将反应系统压力泄压至

0.5MPa 或微正压，并及时引入事故氮气进行置换、降温；

③ 0.7MPa · min^{-1}紧急泄压启动后，各反应器平均温度要至少比正常操作温度降低 30℃以上才能停止泄压，以防止反应温度快速反弹；

④ 事故用 N_2 必须保证纯度符合要求（如：>99.9%）；

⑤ 反应系统压力降低到设备限制值之前，温度应在最低值以上（如压力<3.5 MPa 前，温度应>93℃）；

⑥ 应时刻保证未转化油后路的畅通；

⑦ 事故处理过程中应防止发生超温、超压、泄漏、着火等次生事故；

⑧ 加热炉炉管内介质停止流动后要及时熄灭火嘴；加热炉全部熄火后，必须用消防蒸汽吹扫炉膛 15min 以上，才能重新点火。

15.2 生产操作故障

15.2.1 反应器“飞温”及处理[1]

加氢裂化反应是强放热反应。正常情况下，加氢裂化反应器床层温度是稳定的，如果由于某些原因导致反应物流从催化剂床层携带出的热量少于加氢裂化的反应热时，平衡就会被打破，温度平缓的上升通常称为温度“偏移”。如果不采取正确的处理措施，就会出现整个反应器温度升高→急剧放热→温度飞升的连锁反应，产生称为“飞温”的失控局面。

从温度开始“偏移”到发展成“飞温”并没有明显的迹象，所以事故处理程序是相同的。由于测量催化剂温度的位置受限制，因此“飞温”出现时，有时现象可能不明显。假如热裂化发生到一个明显的程度，在几分钟内，反应器床层温度可能会升到 800℃以上。

1）反应器“飞温”数学模型。苯加氢动力学及物性参数，采用动态多级混合模型，可应用于强放热反应。由于滴流床中复杂的气液两相并流流动，对气液相存在不同程度的返混。在建立数学模型时可按轴向扩散模型或多级混合模型计算。两种模型之间的关系为：

$$N=\frac{P_e}{2}=\frac{V_f L}{2D_f}$$

对这类强放热绝热床还存在轴向热量扩散，其相应的两种模型之间的关系为：

$$N'=\frac{P'_e}{2}=\frac{V_f L}{2\lambda/\rho C_p}$$

作为数学模型模拟计算，应以两种 N 值较小者进行计算。

式中 N、N'——多级混合模型参数；

P_e、P'_e——毕克莱准数；

D_f——轴向扩散系数；

L——床层总高；

V_f——流体表现流速；

ρ——流体密度；

C_p——流体热容；

λ——轴向热量。

2）可能导致“飞温”的因素。

(1) 反应器进口温度：循环油量中断、循环油温度超高、反应进料加热炉（或循环氢加热炉）出口温度超高，都很可能导致反应器进口温度异常上升，造成“飞温”。因此加氢裂化反应器必须严格控制反应器进口温度变化。操作员调整的范围一般应严格遵守工艺卡片，典型值为：≤1℃，>1℃的调整应经有关人员批准。

（2）循环氢压缩机故障：从操作角度分析，加氢反应热效应很大，工艺上采用大量循环氢来携带反应热，限制绝热温升。循环氢的用量是化学反应所需氢量的5~9倍。若循环氢压缩机发生故障，循环氢突然减少，很容易导致反应器内热量积累，造成“飞温”。

（3）急冷氢调节阀失灵。

（4）新鲜原料突然减少、性质突然变化。新鲜原料突然减少，床层喷淋密度下降，必然影响到床层催化剂表面浸润率。气固催化加氢往往导致二次、三次裂解反应而引起“飞温”。因此应遵从先降温后降量的原则。

新鲜原料性质突然变化，如原料油裂化性能突然变化或突然切进含大量烯烃、芳烃的催化循环油等，造成反应器床层温升大幅增加，可能导致“飞温”。

（5）新氢中 $CO+CO_2$ 含量突然增加，发生甲烷化反应导致反应飞温。

（6）系统压降大，循环氢量减小。

3）“飞温”对反应器的影响。

（1）假设“飞温”床层温度在25min内温度由360℃迅速上升到560℃。床层“飞温”后，0.7MPa·min^{-1}紧急放空阀的启动，床层温度由560℃在60min内回复到360℃。针对这一工况进行的热应力分析表明：床层温度达到560℃时，相近内壁堆焊层已屈服；

（2）无论是“飞温”过程，还是紧急放空过程，都会造成受热部位堆焊层发生屈服，但不会造成相邻部位母材发生屈服；

（3）由于“飞温”过程较为短暂，不会造成材料发生明显的蠕变损伤；

（4）“飞温”和急冷过程虽然增加了堆焊层的塑性变形量，但不会对加氢反应器整体结构的安全性构成较大的威胁；

（5）从保护堆焊层结构完整性的角度出发，在控制床层“飞温”的过程中，还是应当适当控制床层的降温速度，以避免器壁中出现太大的温度梯度；

（6）在能够保证设备安全的前提下，尽可能避免使用2.1MPa·min^{-1}的紧急放空阀。提高加氢反应器操作运行的平稳性，对于提高加氢反应器的使用寿命十分重要。

4）“飞温”的处理。国内加氢裂化装置一般都遇到过“飞温”情况，一般在500~600℃被控制，也有超温至800℃以上的情况。一旦温度达到860℃，由于催化剂金属组分晶格会发生不可逆的转变，“飞温”将无法控制，必然导致催化剂严重烧结，甚至威胁造价昂贵的反应器。

（1）“飞温”处理概要。

① 循环氢压缩机正常运转时，一旦出现异常温升，应立即加大该反应器床层及下一床层的冷氢注入量，特别是要防止温度传入下一床层，最终引起连锁反应。这种情况在生产中遇到的比较多，只要发现及时，运用冷氢处理得当，必要时还可以提高循环氢压缩机转速来增加系统循环氢量，一般不会导致“飞温”发生。

② 循环机停运，或者冷氢无法控制正常温升，应迅速启动0.7MPa·min^{-1}或2.1MPa·min^{-1}紧急放空系统泄压，通过泄压快速带走反应积聚的热量，达到降低温度，保护催化剂的目的。

0. 7MPa · min^{-1}及 2. 1MPa · min^{-1}紧急放空系统是加氢裂化安全的生命线，泄压是处理"飞温"的最有效方法之一。在泄压过程中，可能个别床层的温度会加速上升，这时需要在条件具备时及时引入事故 N_2。

(2) 第一种"飞温"处理步骤。对于分子筛催化剂，一般认为当裂化反应器任一床层温度超过正常温度 28~30℃，或裂化反应器温度达到 425~427℃时需要按下列步骤进行处理；对于无定形催化剂，一般认为当裂化反应器温度达到 440℃，需要按下列步骤进行处理：

① 打开 2. 1MPa · min^{-1}紧急泄压阀降压，指示灯亮，系统压力应在 30min 内降低 50%；

② 停运循环氢压缩机并及时关闭进出口阀门、反飞动阀门；

③ 停高压原料油泵及液力透平；

④ 停循环油泵；

⑤ 反应进料(循环氢)加热炉熄火；

⑥ 停新氢压缩机，停止向反应系统补充新鲜氢气；

⑦ 停 MDEA(或 DEA)高压贫溶剂泵及液力透平，以防反应系统泄压时溶剂起泡、控制阀振动及液力透平耗功；

⑧ 装置压力泄放至≤0. 5MPa 时，用 99. 9%的事故氮气吹扫反应系统(若事故氮气压力较高，则可适当提前引入反应系统)，并升压至 0. 7~1. 0MPa；

⑨ 启动循环氢压缩机建立氮气循环(若工厂氮气资源充足，可不用启动循环氢压缩机)，冷却反应器；

⑩ 用氮气冷却反应器至 200℃，当裂化反应器温度<260℃时，停止向反应部分高压空冷器注脱氧水(或脱盐水)；

⑪ 尽可能排放干净高压分离器中的水；

⑫ 再次将装置压力泄放至≤0. 5MPa，用氢气按照正常升压步骤将装置压力升至操作压力；

⑬ 升压过程中，循环气继续冷却反应器；

⑭ 对于刚使用不久的新催化剂(一般指新催化剂经预硫化后使用时间还不到 2 个星期，也有工厂是按照使用不到 1 个星期来定义为新催化剂的)，需将反应器冷却至 135~175℃后重新引入低氮油开工，而对于旧催化剂，则可以将反应器温度升至 300~320℃直接引进 VGO 开工；若装置不具备尽快开工条件，则按正常停工要求继续冷却，最后停循环氢压缩机；

⑮ 分馏系统按开工热油运情况进行循环等待。

(3) 第二种"飞温"处理步骤。

① 当循环氢压缩机故障停运导致反应器出现"飞温"时，一般情况下系统会自动联锁启动 0. 7MPa · min^{-1}紧急泄压；若启动 0. 7MPa · min^{-1}紧急泄压后反应器床层最高温度仍超过 427℃或反应平均温度超过正常值 30℃以上，则需及时启动 2. 1MPa · min^{-1}紧急泄压，将反应系统直接泄至≤0. 5MPa 并引入事故氮气进行置换、降温；

② 正常需建立足够的高压事故 N_2 贮备，并在压力条件许可时及时引入反应器，有利于"飞温"事故处理；

③ 在飞温事故处理中，若条件不具备则不可停止泄压，也不可匆忙启动循环氢压缩机或重新恢复进料，防止反应器温度快速反弹而导致工况进一步失控、恶化。

(4) 对于无定型催化剂，有公司规定：首先降低反应温度、加大冷氢量，检查冷氢阀是否受阻，如果8~10min“飞温”得不到控制，再开始泄压。

5) 泄压过程中异常温升的处理。事故泄压至压力5.0 MPa阶段，容易出现催化剂床层温度反弹，并可导致在泄压过程引发新的“飞温”。泄压时液体进料已被完全切断，由于床层温度很高，反应仍在进行，催化剂表面润湿率迅速降低，以至形成干表面，导致深度加氢二次反应。有资料表明，这种情况放热量可达到正常情况的3~4倍。但此时系统内气体流量不足，取热能力下降。

某厂加氢裂化装置由于仪表故障，导致循环氢压缩机自停，0.7MPa·min^{-1}联锁动作，在泄压过程中，前三个床层温度下降，第四个床层温度呈上升趋势，在泄压55min，压力2.0MPa时，后精制温度出现明显反弹，15min后其温度由460℃上升到600℃。见图15-1。

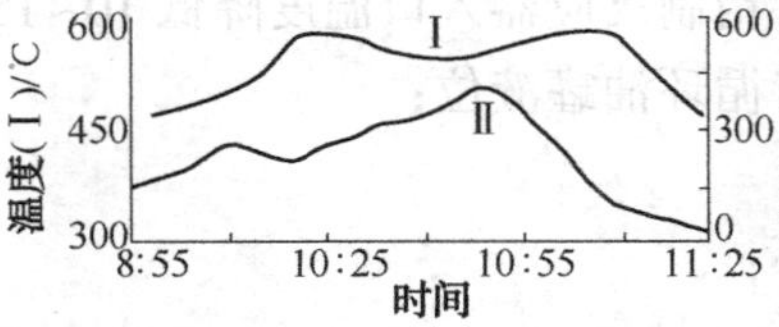

图15-1　某厂加氢裂化装置泄压过程床层温升曲线

Ⅰ—后精制床层的某点温度曲线；

Ⅱ—第四床层的某点温度曲线

由于该厂事故N_2储备不足，紧急启动新氢机，通过冷氢流程最大量向第四床层打入冷氢，边充边放，收到了明显效果，经过约4min后精制飞温被制止。事故处理后，一年来一直在90%以上负荷生产，催化剂活性未受影响。

15.2.2　新氢中断

1) 原因：

(1) 新氢压缩机本体故障；

(2) 制氢装置故障；

(3) 新氢压缩机电机跳闸或故障；

(4) 新氢线路故障；

(5) 反应器压力控制系统故障。

2) 现象：

(1) 新氢系统事故警报响，控制室内指示灯亮；

(2) 系统压力下降；

(3) 循环氢纯度下降。

3) 处理措施：

(1) 新氢压缩机本体故障和新氢压缩机电机跳闸或故障处理措施同新氢压缩机故障及处理；

(2) 制氢装置故障时，通知有关部门，恢复制氢装置生产，提供合格氢气；

(3) 新氢部分中断：

① 两台运转的新氢压缩机可停运一台，另一台维持低负荷生产；

② 三台运转的新氢压缩机根据供氢量可停运一台或两台，留一台或两台维持低负荷

生产；

③ 改未转化油出装置，维持循环油罐液位；

④ 降低加氢精制反应器床层温度和加氢裂化反应器床层温度，从而降低转化率，维持高压分离器压力在正常范围；

⑤ 降低新鲜原料量，降低幅度与新氢量的大小相适应；

⑥ 调整分馏系统操作，尽量维持正常生产，若产品质量无法保证，则及时联系相关部门将产品改走不合格线。

(4) 新氢全部中断：

① 新氢压缩机全部停运；

② 开大裂化反应器冷氢，将裂化反应器入口温度降低 20~30℃；

③ 开大精制反应器冷氢，将精制反应器入口温度降低 10~15℃

④ 改未转化油出装置，维持循环油罐液位；

⑤ 投用未转化油空冷器；

⑥ 循环氢压缩机最大量循环；

⑦ 高压进料泵停车；

⑧ 高压循环油泵停车；

⑨ 高压贫胺液泵停车；

⑩ 停止向反应部分高压空冷器注脱氧水(或脱盐水)；

⑪ 分馏系统操作调整，各产品改走不合格线，具体处理步骤与"新鲜进料中断及处理"相同。

15.2.3 进料中断及处理

原因：新鲜进料中断；高压进料泵停车；高压进料泵停车见 15.3.4。

1) 新鲜进料中断原因：

(1) 停电；

(2) 装置外原料油线故障，如常减压蒸馏装置突然停工；

(3) 装置内原料油线故障；

(4) 原料油过滤器程序控制或控制阀故障；

(5) 进料中的大量固体颗粒导致过滤器的连续反冲洗等原因，使去滤后进料缓冲罐的新鲜进料减少或完全中断。

2) 处理措施：

(1) 停电同电力故障处理方案；

(2) 装置外原料油线故障，可切换其他替代原料，调整操作，继续生产；

(3) 如果切换其他替代原料需耽搁较短时间，则降低反应温度，维持生产；

(4) 如果切换其他替代原料短时间内无法恢复，则按以下步骤操作：

① 减少进料加热炉燃料到最小值，保留长明灯；

② 打开从分馏塔到原料缓冲罐的循环线，建立未转化油的反应-分馏大循环流程；保持原料缓冲罐和滤后进料缓冲罐中的液位；

③ 使进料/反应流出物换热器原料尽可能走旁路；

④ 以最大的循环气流量冷却反应器至 260~300℃；

⑤ 维持在260~300℃和正常操作压力直到新鲜进料正常；

⑥ 假如在一定时间内新鲜进料不能恢复，按正常停工步骤停工。

15.3 设备故障

15.3.1 循环氢压缩机系统故障及处理[12,14~16]

加氢裂化装置50%~70%的反应热被循环气体吸收。正常情况下，循环气体控制着反应速度，如果循环氢压缩机故障停机，装置就失去携带反应热的能力，如果不紧急泄压处理，油和氢气就会继续在反应器内发生反应，产生“飞温”局面。因此为了及时终止反应，反应器必须迅速冷却和降压。

1）故障原因及处理（见表15-1）。

（1）汽轮机或压缩机。

① 正常生产时，突然出现振动，应降低压缩机的负荷或停机；

② 确认发生喘振，应开大防喘振线（或反飞动线）上调节阀，无效后再停机；

③ 振幅增大，进行振动谱分析，改变工况操作。

表15-1 压缩机振动分析

故障原因	检查部位	处理措施
探测系统失灵	探测仪表	更换缺陷仪表
预热不充分	机壳振动轴	频谱分析、减速并预热
同心度不对	联轴节、基础、管线	停机、进行预热
驱动机引起振动	驱动机	单独启动汽轮机并分析
调速器主动轴损坏	调速器主动轴	停机检查
轴承损坏	轴承温度	停机
内件损坏	设备内件	停机检查
叶片故障	叶片	停机
联轴器损坏	联轴器	停机
转子不平衡	转子	停机
其他		分析有关记录和数据

（2）异常响声，见表15-2。

表15-2 异常响声分析

故障原因	检查部位	处理措施
转子与迷宫接触	壳体、轴承底座	停机检查
叶片与喷嘴接触	机壳	停机检查
调速器主动轴损坏	调速器主动轴	停机
调速器内件损坏	调速器	检查

（3）轴承温度升高，见表15-3。

表 15-3 轴承温度升高分析

故障原因	检查部位	处理措施
温度计失灵	温度计、热电偶、记录仪	校准
供油温度太高	冷油器油箱	切换到备用油箱
润滑油减少	润滑油	排劣质油、补充新油
轴瓦损坏	轴承	停机

(4)调速器调节机构发生故障，见表 15-4。

表 15-4 调节机构故障分析

故障原因	检查部位	处理措施
调速器阀芯损坏	调速器	停机检修
活塞表面粘住	调速器油缸和导向阀	停机检修
调速器内部有油泥	调速器	停机检修
调速器零件松动	调速器	停机检修

(5) 润滑油泵和密封油泵故障，见表 15-5。

表 15-5 润滑油泵和密封油泵故障分析

故障原因	检查部位	处理措施
流量不足	泵旋转方向不对	停泵改变方向
	吸入管线漏气	重新拧紧
	油箱中油位低	加油
噪声或泵振动	泵同轴度不足	重新找正
	机械问题	停泵检修
功率消耗过大	泵速过快	减慢泵转速
	液体黏度高	调节液体温度、更换液体
	机械问题	停泵检修

(6) 小透平发生故障，见表 15-6。

表 15-6 小透平故障分析

故障原因	检查部位	处理措施
调速器不正常	蒸汽阀开度不足	开大主冷门
	复位弹簧调节不当	重新调节
	调速器油脏过滤器堵	调速器换油、洗过滤器
	调速器调节不当	重新调节
振动	转动部件不平衡	重新找平衡
	同轴度不对	停泵重找
	安装不正确	检查基础螺栓
	汽缸变形	检查主蒸汽管
轴承温度高	冷却水中断	检查冷却水
	油脏	换油
	缺油	补充油

2）循环氢压缩机故障停机后，可按下列步骤进行处理：

（1）打开0.7MPa·min^{-1}紧急泄压阀降压，系统压力应在30min内降低50%；

（2）及时关闭循环氢压缩机进出口阀门和反飞动阀，对机组进行隔离保护，同时注意做好对机组密封系统的保护；

（3）停高压原料油泵及液力透平；

（4）停循环油泵；

（5）反应进料（循环氢）加热炉熄火；

（6）关闭新氢压缩机，停止向反应系统补充新鲜氢气；

（7）停MDEA（或DEA）高压贫溶剂泵及液力透平，以防反应系统泄压时溶剂起泡、控制阀振动及液力透平耗功；

（8）关闭反应冷氢阀，使所有循环氢都流经加热炉和所有反应器，同时要保证循环气体压缩机防喘振旁路线上的阀门是关闭的；

（9）装置压力泄放至≤0.5MPa时，用纯度大于99.9%的事故氮气吹扫反应系统并升压至0.7MPa；

（10）迅速查明原因并排除故障，经确认具备恢复开工条件后可重新启动循环氢压缩机；

（11）循环氢压缩机启动成功后，按事故停车后的开工步骤恢复正常操作，恢复补充氢和进料到正常流量。

15.3.2 反应系统火灾及处理[2~5,10]

反应系统高压设备、管线、阀门泄漏引发火灾，是加氢裂化装置最严重的事故之一。

1）火灾特性：

（1）高温高压。

① 加氢裂化反应器压力一般10~20MPa，压力越高，一旦发生泄漏，泄漏量越大，发生火灾时越不容易扑救；

② 加氢裂化反应器温度360~440℃，介质温度越高，越容易燃烧。

（2）易燃易爆：

① 加氢裂化反应部分包含H_2、CH_4、C_2H_6等轻烃、石脑油、煤油、柴油、蜡油等组分，部分产品遇明火就燃烧；

② 腐蚀产生的FeS自燃点低，遇到空气就着火；

③ 部分产品泄漏温度高于自燃点或遇到高温设备就着火；

④ H_2爆炸下限低，爆炸范围宽：4.1%~74.2%，与空气混合，遇明火就会发生爆炸；

⑤ 瓦斯气的爆炸范围是3%~13%。

（3）有毒有害。加氢裂化反应H_2S、NH_3等通过呼吸或皮肤接触对人体会造成严重伤害。

（4）连续生产。加氢裂化装置一般规模较大且连续生产，其物理和化学变化是在密闭状态下进行的，装置的运行状况通过温度、压力、液位、流量等操作参数反映，操作人员和工程技术人员通过对这些参数的分析来判断生产是否正常，一旦发生仪表误指示，或操作人员分析判断不及时或失误，就有可能导致事故的发生，甚至发生连锁反应，造成更大规模的事故。

(5) 设备多、管线长、设备之间互相连接。

① 加氢裂化装置设备多：一般在150~210台；

② 管线长：一般50000~80000m；

③ 设备之间用管线相连接，生产工艺越复杂，其设备就越大、越多，设备管线内的可燃物质也就越多，一旦发现泄漏着火，不但是损坏设备内的物料要泄漏出来，而且与其相连的设备内的物料也可能泄漏出来，如果得不到有效控制，着火的时间就越长，造成的损失就越大。

2) 火灾特点：

(1) 燃烧热量大，火焰温度高，破坏性强；

(2) 燃烧面积大，容易扩散，不易扑救；

(3) 泄漏和燃烧产生的有毒有害物质容易造成人员中毒；

(4) 容易引起二次着火、爆炸。

3) 火灾案例：

(1) 东北A厂：氢气加热炉管在运转中破裂着火。

原因：催化重整氢气氯含量偏高，腐蚀炉管导致其破裂。氢气脱氯后便得到解决。

(2) 华东B厂：首次开工受热后，Ω形膨胀圈焊缝裂纹开裂，大量热油气喷出，造成火灾。

原因：高压立式换热器下部设置的Ω形膨胀圈，由于焊接质量不良，检查不细，导致首次开工受热后焊缝裂纹开裂。

(3) 东北D厂：加氢裂化装置加热炉炉膛爆炸。

原因：开工时未分析炉膛内有无爆炸性气体，冒然点火。

(4) 东北C厂：开工升温后高压阀门炸裂起火。

原因：加氢裂化装置开工时，未对外购高压阀门进行认真检查。

(5)美国公司炼油厂：加氢脱硫装置火灾及大爆炸，爆炸冲击波范围65km。

原因：一直未查明。

4) 火灾处理。

加氢裂化装置发生火灾时，一般可按下列步骤进行处理：

(1) 及时打开紧急泄压阀降压，系统压力应在30min内降低50%以上；

(2) 及时拨打消防、气防报警电话，并通知相关人员，启动应急预案；

(3) 及时采取措施降低泄漏着火部位的压力，条件许可的情况下要及时对泄漏部位进行有效隔离；

(4) 停高压原料油泵及液力透平；

(5) 停循环油泵；

(6) 反应进料(或循环氢)加热炉熄火，同时切断常明灯；

(7) 停新氢压缩机，停止向反应系统补充新鲜氢气；

(8) 停MDEA(或DEA)高压贫溶剂泵及液力透平，以防反应系统泄压时溶剂起泡、控制阀振动及液力透平耗功；

(9) 热高压分离器(HHPS)和冷高压分离器(CHPS)投用液位控制阀帮助排出高压部分的液体，当系统压力下降时，高压分离器液控阀的排量将下降；

(10) 停止向反应部分高压空冷器注脱氧水(或脱盐水)；

(11) 为了降温，循环氢维持的时间越长越好；

(12) 撤离火焰控制区周围所有无关人员；

(13) 关闭界区的相关阀门，尤其是燃料气和补充氢管线上的阀门；

(14) 熄灭装置内所有火源，关闭炉前瓦斯及燃料油手阀，全开加热炉烟道挡板及风门，使其迅速冷却；

(15) 联系制氢装置停止向本装置供氢，如泄漏气体可能扩散至制氢，应要求制氢所有加热炉立即熄灭；

(16) 反应泄压时需派专人控制高压分离器液面，防止液面过高，蜡油串入循环氢压缩机入口管线、或液面过低高压气体串入低压设备；

(17) 用蒸汽吹扫泄漏气体，阻止其向加热炉扩散；

(18) 通知氮气站向本装置供事故氮气，以备急用；

5) 防止事故扩大措施：

(1) 配合保卫、安监部门，以装置四周围墙为界，划出警界区，严禁无关人员进入；

(2) 如遇危险源泄漏出现大面积火灾时，在不影响事故处理或已基本处理完毕的情况下，可切断装置所有电源，防止引起电路着火，引发其他事故；

(3) 预先想好人员撤退路线，以便在装置失控的情况下及时撤到安全地带，防止引起混乱；

(4) 做好事故区域以外的各个设备的安全检查工作，防止因顾此失彼而引起更大的事故。

15.3.3 新氢压缩机故障及处理[14,18~20]

加氢裂化装置新氢压缩机组一般可采用：两台100%方案，一开一备；两台60%方案，两台同时开；三台50%方案，正常生产时，两台操作，一台备用。

① 两台100%方案，一开一备。正常生产期间，若其中一台主机发生故障，应立即启动备机，尽快恢复正常生产；备机无法启动时，反应部分必须停工。

② 两台60%方案，两台同时开。正常生产期间，若其中一台主机发生故障，反应部分降低原料油进料量至60%，维持生产。

③ 三台50%方案，正常生产时，两台操作，一台备用。正常生产期间，若其中一台主机发生故障，应立即启动备机，尽快恢复正常生产；备机启动过程中(即有一台压缩机正常运行)，反应部分可降低原料油进料量和反应床层温度，维持生产，待备机运行正常后，再恢复正常生产。

若三台新氢压缩机同时发生故障，则反应部分必须立即停止反应进料。在这种情况下，应尽快降低催化剂温度以防止催化剂结焦。在补充氢停止时，由于反应消耗了循环气体中的氢气，反应部分高压回路的压力及氢分压会降低，产品质量会下降。

1) 故障原因及处理。

(1) 机身不正常声音，见表15-7。

表 15-7　机身不正常声音故障分析

故障原因	处理措施
主轴承、曲柄销轴承磨损	更换轴瓦
连杆小头轴承磨损	更换轴瓦
轴承紧固螺栓松动	重新紧固螺栓

(2)气缸内不正常声音，见表 15-8。

表 15-8　气缸内不正常声音故障分析

故障原因	处理措施
活塞止点间隙调整不当	重新调整
活塞紧固螺帽松动	重新紧固锁紧
活塞环轴向间隙过大	更换活塞环
填料紧固螺母松动	重新拧紧螺母
气阀紧固螺母松动	重新拧紧螺母
气阀阀片弹簧损坏	更换

(3)排气量不足，见表 15-9。

表 15-9　排气量不足故障分析

故障原因	处理措施
气阀损坏	更换或修理
装配不当漏气	重新组装
气阀结炭	清洗
填料泄气	更换
填料环磨损	更换
进气过滤器堵塞	清洗
密封元件损坏	更换

(4) 级间压力异常，见表 15-10。

表 15-10　级间压力异常故障分析

故障原因	处理措施
下级吸排气阀失灵	维修
进气阀失灵	维修
填料活塞环密封不好	更换
气量调节机构调整不当	调整
安全阀起跳	调整压力，切出故障安全阀

(5) 级间气体温度异常，见表15-11。

表 15-11 级间气体温度异常故障分析

故障原因	处理措施
冷却器堵塞	清洗
冷却水量不足	增加水量
总进水温度过高	增加水量、添加低温水
气阀漏气	更换
冷却器介质泄漏	切机处理

(6) 气量调节机构不正常动作，见表 15-12。

表 15-12 气量调节机构不正常动作故障分析

故障原因	处理措施
气阀损坏	更换
执行机构气源压力低	检查、增加压力
电磁阀内有异物	检查、清洗

(7) 油压低，见表 15-13。

表 15-13 油压低故障分析

故障原因	处理措施
油量不足	补充润滑油
油过滤器堵塞	清洗
油溢流阀失灵	维修、更换元件
各润滑部位间隙过大	调整间隙
油质变坏	换润滑油
压力表失灵	更换

2) 新氢压缩机全部故障停机后，参照新氢全部中断进行处理：

(1) 补充氢恢复后，按正常开工步骤恢复开工；

(2) 如果 8h 内补充氢还不能恢复，冷却反应器到约 205℃ 继续用循环气循环，保护装置；

(3) 反应压力不能保持时，必须引入氮气。

3) 如果新氢中 CO 含量：>20μg · g^{-1}(另一观点：>50μg · g^{-1})，应停新氢压缩机。联系调度，补充合格新氢。

15.3.4 高压进料泵故障及处理[14,19~21]

没有原料作为受热介质，系统操作将变得紊乱，存在反应超温的较大可能性。由于油量分布不均引起温度偏移，可能导致局部催化剂结焦，因此，反应进料中断时，应采取措施使温度(可能有温波)处于受控状态。

1) 设备故障原因及处理。

(1) 不排量或排量不足，见表 15-14。

表 15-14　不排量或排量不足故障分析

故障原因	处理措施
开泵前未注液	重新灌泵
汽蚀余量不足	检查入口过滤器、提高原料缓冲罐液位
耐磨环磨损	更换
叶轮损坏	修理或更换
出口阻力过大	检查出口阀门、降低出口系统压力
转向不对或接线不对	电工校正转向或接线

（2）振动超限，见表 15-15。

表 15-15　振动超限故障分析

故障原因	处理措施
入口过滤器堵	清洗入口过滤器
泵和增速箱不同心	调整
出入口管线支撑不合适	调整
转子不平衡	检查叶轮并调整
轴承磨损或松动	修理或更换
基础不牢固	加固

（3）机械故障，见表 15-16。

表 15-16　机械故障分析

故障原因	处理措施
耐磨环损坏	更换
叶轮损坏	修理或更换
轴弯曲	修理、校正、重新做动平衡
填料太紧	适当放松
油冷却器结垢或阻塞引起油温升高	清扫油冷却器
油冷却器冷却水不足	开大冷却水
油温过低	关小润滑油冷却器水阀

2）现象。

（1）高压进料泵出口指示为零；

（2）进料加热炉出口温度上升；

（3）反应器床层温度上升。

3）反应部分处理措施。

（1）立即启动备用泵；

(2) 不能立即启动备用泵时：

① 将进料加热炉燃料减至最小，保留长明灯；

② 使进料/反应流出物换热器原料尽可能走旁路；

③ 开大裂化反应器冷氢，将裂化反应器入口温度降低 20~30℃（另一观点：每 10min 降低反应温度 5~10℃）；

④ 将精制反应器入口温度降低 10~15℃；

⑤ 如果温升开始超出控制，则利用紧急泄压阀提高降压速度，降至反应温度较正常操作温度降低 30℃以上为止。注意反应器压降，保证不超过设计限制值；

⑥ 高压进料泵出口阀门应处于关闭状态，并手动关所停泵出口阀；

⑦ 停高压循环油泵，并手动关泵出口阀；

⑧ 停止向反应流出物空冷器注水；

⑨ 注意监控好高压分离器及循环氢脱硫塔液位；

⑩ 停止脱硫溶剂（DEA、MDEA）循环以避免系统压力降低时起泡和产生夹带问题；

⑪ 当系统不再消耗氢气时停新氢压缩机；

⑫ 对于分子筛催化剂，一般认为当裂化反应器任一床层温度超过正常温度 28~30℃，或裂化反应器温度达到 425~427℃；对于无定型催化剂，一般认为当裂化反应器温度达到 440℃，应启动 2.1MPa·min^{-1}紧急放空阀；

⑬ 以最大的循环气流量冷却反应器至 260~300℃；

⑭ 维持反应温度在 260~300℃和正常操作压力直到恢复新鲜进料；

⑮ 当压力降至 5.0MPa 左右时，开新氢压缩机，用补充氢保持压力，以维持循环压缩机连续运转；

⑯ 如果反应床层温度异常升高，应停新氢压缩机；

⑰ 假如在一定时间内新鲜进料不能恢复，按正常停工步骤停工。

4）分馏部分处理措施。

(1) 所有加热炉降温至 200~300℃；

(2) 不合格产品管线吹扫至污油罐或不合格油罐；

(3) 控制好各塔的操作：各塔液位正常时，可采用单塔循环操作，等待开工；回流罐液位低时，停回流泵，等待开工；

(4) 各侧线汽提塔液位低时，停侧线汽提塔底泵；

(5) 减小或切断重沸器热源；

(6) 其余按正常停工处理。

15.3.5 高压串低压及处理

1）原因。

(1) 热高压分离器、冷高压分离器、循环氢脱硫塔底、循环氢压缩机入口缓冲罐底等高压容器液位仪表失灵；

(2)冷高压分离器油、水界位仪表失灵；

(3)热高压分离器、冷高压分离器、循环氢脱硫塔底、循环氢压缩机入口缓冲罐底高压至低压调节阀故障。

2）现象。

(1)热高压分离器、冷高压分离器、循环氢脱硫塔、循环氢压缩机入口缓冲罐液位低或液位低低；

(2) 与高压相连的低压设备压力急升，报警响、指示灯亮、安全阀起跳；

(3) 高压至低压管线振动，现场声响异常；

(4) 高压反应系统压力快速降低；

(5) 液力透平转速聚降或波动，运转异常；

(6) 循环氢压缩机流量波动；

(7) 与反应系统相连的分馏塔液位波动异常。

3）处理措施。

(1) 热高压分离器、冷高压分离器、循环氢脱硫塔、循环氢压缩机入口缓冲罐液位控制阀改手动操作，关控制阀，逐渐用付线调整到正常液位；

(2) 尽快降低下游低压设备压力，将低压设备压力控制在指标内；

(3) 尽快核实、校准失灵的液位计；

(4) 视情况停运液力透平；

(5) 热高压分离器、循环氢脱硫塔液位正常后，适时启动液力透平；

(6) 分馏系统各容器、塔相应调节，尽量使出装置产品合格。

15.3.6　原料带水及处理

1）原因。

(1) 原料罐区脱水不好；

(2) 原料罐底部伴热蒸汽管泄漏；

(3) 原料输送管线内有水；

(4) 原料油过滤器内有水。

2）现象。

(1) 原料油缓冲罐、原料油脱水罐水液位上升；

(2) 原料换热温度下降；

(3) 反应温度下降；

(4) 反应压力上升，并有波动；

(5) 反应进料加热炉燃料气用量上升；

(6) 冷高压分离器水位上升，油位下降。

3）处理措施。

(1) 通知调度，加强原料罐区脱水或切换原料罐；

(2) 加强原料油过滤器、原料油缓冲罐、原料油脱水罐的脱水；

(3) 反应进料加热炉燃料气流量控制阀可改为手动；

(4) 如果反应温度、反应压力波动较大，应降温降量，直至切断进料；

(5) 切断进料后，按新鲜进料中断事故处理；

(6) 反应部分降温降量时，分馏部分温度、压力、流量、液位应做相应调整。

15.4 公用工程故障

15.4.1 净化压缩空气故障及处理

1）现象。

（1）各仪表风压指示为零；

（2）所有控制阀处于事故安全位置；

（3）部分现场气动控制回路也处于事故安全状态。

2）产生的后果。

（1）加热炉燃料气被切断；

（2）高压系统被切断；

（3）所有进料被停止；

（4）所有产物不能排出。

3）反应部分处理措施。

（1）停高压进料泵，关闭高压进料泵出口阀门；

（2）停循环油泵，关闭循环油泵出口阀门；

（3）关闭各加热炉火嘴燃料气阀，所有主火嘴和长明灯都已熄灭；

（4）关闭现场控制阀上游手阀，对关键部位的控制阀尽可能采用付线手阀控制，这样在仪表风重新恢复时，不致于处于失控状态；

（5）紧急泄压阀一般有备用风源或净化压缩空气储罐（并装有防止泄压的

单向阀），一般可提供30min的事故处理时间，能满足泄压要求；若超过30min，则$0.7MPa \cdot min^{-1}$紧急放空阀一般来说会自动打开泄压；

（6）停止向反应流出物空冷器注水；

（7）使进料/反应流出物换热器原料尽可能走旁路；

（8）热高分（HHPS）、冷高分（CHPS）、循环氢脱硫塔液位、界位控制阀会因停风而自动关闭，引起分离器、塔底部中液位迅速上升，应到现场用调节阀的手轮或副线来调节液面、界面以防止液体充满分离器和产生夹带现象。由于循环压缩机分液罐中的液位过高，形成过分夹带会引起循环氢压缩机停车；

（9）如果所有的液位、界位显示都失灵，应监控好现场液位、界位指示，并仔细监测低压系统的压力表；

（10）确认消防蒸汽线无凝结水后，向炉膛吹入消防蒸汽；

（11）停止脱硫溶剂（DEA、MDEA）循环以避免系统压力降低时起泡和产生夹带问题；

（12）高压向低压排油、排水时，应密切注意低压部分压力变化；

（13）确认已关闭各塔汽提蒸汽隔断阀，停止向各塔吹蒸汽；

（14）确认新氢压缩机已停运并关闭出口阀，尽可能维持装置压力，使循环氢压缩机处于运转状态；

（15）当压力降到循环氢压缩机的最小操作压力时，应停循环氢压缩机；

（16）向反应系统补充N_2，需要时，可从冷高压分离器顶适量排放废氢；

（17）维持反应系统在N_2压力下，直到净化压缩空气恢复；

（18）如果净化压缩空气无法恢复，可根据全厂统一安排停工；

(19) 如果装置已无法控制，可能会产生较严重后果，则应及时启动 0.7MPa · min^{-1} 紧急泄压，使装置处于安全状态；

(20) 如果净化压缩空气恢复，用新氢置换反应系统内 N_2，调整各控制阀阀位，按升温、升压的有关规定升温、升压，按正常开工步骤开工。

4) 分馏部分处理措施。

(1) 核实各加热炉火嘴燃料气阀已关闭，所有主火嘴和长明灯都已熄灭；

(2) 维持各塔压力和液位：压力不足时，冲 N_2 维持；液位不足时，利用各塔压力差维持；

(3) 关闭各塔流出口流量控制阀的上游阀；

(4) 对重质原料、产品管线检查蒸汽伴热情况，确保管线不凝；

(5) 需要时，可将原料、产品管线吹扫至污油罐或不合格油罐；

(6) 手动开大各塔顶空冷器百叶窗；

(7) 如果无法恢复，可根据全厂统一安排停工，按正常停工步骤继续处理。

15.4.2 电力故障及处理

1) 原因。电源故障，雷击。

2) 现象。

(1) 事故警报响，控制室内指示灯亮；

(2) 所有(或部分，具体由停电影响范围而定)运转的电动泵、压缩机、空冷器风机停运；

(3) 流量指示回零、压力指示下降；

(4) 加热炉出口温度有上升趋势；

(5) 装置内容器液面、塔液面波动；

(6) 塔顶温度、空冷器出口温度有快速上升趋势；

(7) 电磁阀跳脱关闭。

3) 反应部分处理措施。

(1) 确认反应进料泵、循环油泵、新氢压缩机、循环氢脱硫高压溶剂泵等已停运，并关闭其出口阀；

(2) 核实由于原料中断，造成反应进料加热炉(或循环氢加热炉)主火嘴燃料气阀切断，并关闭燃料气手阀；

(3) 切断反应进料加热炉(或循环氢加热炉)燃料气长明灯(另一观点：留少量长明灯)；

(4) 开大裂化反应器冷氢，将裂化反应器入口温度降低 20~30℃；

(5) 开大精制反应器冷氢，将精制反应器入口温度降低 10~15℃；

(6) 确认消防蒸汽线无凝结水后，向炉膛吹入消防蒸汽；

(7) 当反应温度超过正常温度 15℃以上时，也可手动启动 0.7MPa · min^{-1} 紧急放空阀；

(8) 停止向反应流出物空冷器注水；

(9) 使进料/反应流出物换热器原料尽可能走旁路；

(10) 监控好热高分(HHPS)、冷高分(CHPS)、循环氢脱硫塔液位、界位，当液位、界位不再明显上涨时，关闭上述控制阀及其上游手阀，防止发生高压串低压事故；

(11) 如果所有的液位、界位显示都失灵，应仔细监测低压系统的压力表；

(12) 核实各加热炉火嘴燃料气阀已关闭，所有主火嘴和长明灯都已熄灭；

(13) 确认已关闭各塔汽提蒸汽隔断阀，停止向各塔吹蒸汽；

(14) 循环氢压缩机一般用蒸汽驱动，可用于带走反应系统的热量和油气，因此要尽可能继续维持循环氢压缩机的正常运行；

(15) 由于反应流出物空冷器风扇不能运转，循环氢压缩机入口温度会上升。假如出口温度接近停车设定值，可适当降低压缩机转速；

(16) 密切注视循环氢压缩机入口温度。当入口温度超过制造厂允许的最大温度时，循环氢压缩机必须停车，关入口阀和出口阀，用 N_2 将机体内的氢气缓慢吹入放空系统；

(17) 对于分子筛催化剂，一般认为当裂化反应器任一床层温度超过正常温度 28~30℃，或裂化反应器温度达到 425~427℃；对于无定型催化剂，一般认为当裂化反应器温度达到 440℃，需及时启动 $2.1\text{MPa}\cdot\text{min}^{-1}$ 紧急放空阀；

(18) 启动 $0.7\text{MPa}\cdot\text{min}^{-1}$ 紧急放空阀或 $2.1\text{MPa}\cdot\text{min}^{-1}$ 紧急放空阀后，按紧急降压程序处理；

(19) 由于新氢压缩机停运，关入口阀和出口阀，用 N_2 将机体内的氢气缓慢吹入放空系统；

(20) 当条件具备时(如反应系统压力已低于事故氮气压力、反应温度已得到有效控制等)引进事故氮气，并将反应器冷却至 260℃左右。

(21) 维持反应系统在安全的 H_2 或 N_2 压力下，直到供电恢复；

(22) 如果供电无法恢复，可根据全厂统一安排停工，按正常停工步骤继续处理；

(23) 假如电源短时间恢复正常：

① 重新启动所有的空冷器电机；

② 开新氢压缩机，反应系统按正常开工程序升压；

③ 按程序启动所有的电机；

④ 调整各控制阀阀位；

⑤ 按照操作规程升温、升压；

⑥ 按正常开工步骤开工。

4) 分馏部分。

(1) 切断所有加热炉燃料气主火嘴及长明灯手阀(另一观点：留少量长明灯)；

(2) 关闭原运行泵出口阀门；

(3) 关闭各塔汽提蒸汽隔断阀，停止向各塔吹蒸汽；

(4) 尽量维持各塔、容器的压力和液位：压力不足时，冲 N_2 维持；液位不足时，利用各塔压力差维持；

(5) 关闭各塔流出口流量控制阀的上游阀；

(6) 对原料油、未转化油等重质原料、产品管线应检查蒸汽伴热情况，确保管线不凝；

(7) 停收新鲜原料，并将产品后路改走不合格线或污油线；

(8) 手动开大各塔顶空冷器百叶窗；

(9) 如果供电无法恢复，可根据全厂统一安排停工，按正常停工步骤继续处理；

(10) 假如电源短时间恢复正常，按正常开工步骤恢复生产。

15.4.3　中压蒸汽(3.5MPa)故障及处理

一般循环氢压缩机是用中压蒸汽驱动的，停中压蒸汽会引起循环氢压缩机停车，反应热无法带出反应器，有产生“飞温”和重大事故的可能性，操作人员应高度重视。

1）原因。锅炉故障，中压蒸汽线路故障。

2）现象。

(1) 事故警报响，控制室内指示灯亮；

(2) 循环氢压缩机停运；

(3) 3.5MPa 蒸汽流量、压力指示下降；

(4) 反应器入口温度有上升趋势。

3）反应部分处理措施。

(1) 0.7MPa · min^{-1} 紧急放空阀自动启动；

(2) 关闭循环氢压缩机进出口阀和反飞动阀，将循环氢压缩机机体隔离并缓慢向火炬泄压并用 N_2 置换，同时要及时关闭 3.5MPa 蒸汽进汽轮机的阀门，并做好汽轮机的盘车、保护工作；

(3) 反应进料加热炉(或循环氢加热炉)自动熄火，打开快开风门；

(4) 确认高压进料泵、循环油泵、新氢压缩机及循环氢脱硫高压溶剂泵是否已自动停运，并关闭其出口阀(另一观点：根据现场实际人工判断是否停运)；

(5) 对于分子筛催化剂，一般认为当裂化反应器任一床层温度超过正常温度 28～30℃，或裂化反应器温度达到 425～427℃；对于无定形催化剂，一般认为当裂化反应器温度达到 440℃，应及时启动 2.1MPa · min^{-1} 紧急放空阀；

(6) 启动 0.7MPa · min^{-1} 紧急放空阀或 2.1MPa · min^{-1} 紧急放空阀后，按紧急降压程序处理；

(7) 监控好热高分(HHPS)、冷高分(CHPS)、循环氢脱硫塔液位、界位，当液位、界位不再明显上涨时，关闭上述控制阀及其上游手阀，防止发生高压串低压事故；

(8) 高压设备向低压设备排油、排水时，应密切注意低压部分压力变化；

(9) 新氢压缩机停运后，关入口阀和出口阀，用 N_2 将机体内的氢气缓慢吹入放空系统。

4）分馏部分处理措施。

(1) 3.5MPa 蒸汽故障后，1.0MPa 蒸汽供应正常，按新鲜进料中断事故处理；

(2) 3.5MPa 蒸汽故障后，1.0MPa 蒸汽中断：

① 所有烧油加热炉熄火，关燃料油阀门、雾化蒸汽阀门、长明灯火嘴，打开风门、冷却炉膛；

② 所有烧气加热炉熄火，关燃料气阀门、长明灯火嘴，打开风门、冷却炉膛；

③ 关闭各塔的汽提蒸汽阀门；

④ 关各塔进料，尽量维持各塔的液位、压力正常；

⑤ 尽可能维持各塔回流一段时间，无法维持时，停运回流泵；

⑥ 联系将各产品后路改走不合格线或污油线。

(3) 通知有关部门恢复供汽，重新转入正常开工程序。

15.4.4 循环水故障及处理

1）原因。循环水泵故障，供水线路故障。

2）现象。

（1）带水冷器的下游设备温度升高，如高压分离器、各塔顶回流罐；

（2）减压分馏塔真空度下降；

（3）由于润滑油的冷却水中断和密封油的冷却水中断，循环氢压缩机将被迫停车；

（4）由于级间冷却器冷却水中断，级间温度升高，新氢压缩机将被迫停运，最终引起补充氢中断；

（5）高压进料泵润滑油冷却水中断，轴承、轴瓦温度升高，高压进料泵停运，进料中断；

（6）高压循环油泵润滑油冷却水中断，轴承、轴瓦温度升高，高压循环油停运，循环油中断。

3）反应部分处理措施。

（1）0.7MPa · min^{-1}紧急放空阀手动启动；

（2）反应进料加热炉（或循环氢加热炉）熄火，打开风门（另一观点：可根据实际情况手动熄火）；

（3）高压进料泵、循环油泵、新氢压缩机及循环氢脱硫高压溶剂泵自动停运，并关闭其出口手阀（另一观点：根据现场实际情况人工判断是否停运）；

（4）对于分子筛催化剂，一般认为当裂化反应器任一床层温度超过正常温度28～30℃，或裂化反应器温度达到425～427℃；对于无定形催化剂，一般认为当裂化反应器温度达到440℃时，应及时启动2.1MPa · min^{-1}紧急放空阀；

（5）启动0.7MPa · min^{-1}紧急放空阀或2.1MPa · min^{-1}紧急放空阀后，按紧急降压程序处理；

（6）监控好热高分（HHPS）、冷高分（CHPS）、循环氢脱硫塔液位、界位，当液位、界位不再明显上涨时，关闭上述控制阀及其上游手阀，防止发生高压串低压事故；

（7）高压设备向低压设备排油、排水时，应密切注意低压设备部分的压力变化情况。

4）分馏部分处理措施。

（1）所有加热炉熄火，关燃料油阀门、雾化蒸汽阀门、长明灯火嘴，打开风门、冷却炉膛；

（2）引蒸汽吹扫炉膛；

（3）关各塔进料，维持液位、压力正常；

（4）尽可能维持各塔回流一段时间，无法维持时，停运回流泵；

（5）关各离心泵出口阀；

（6）停减压分馏塔抽真空系统，如果压力上升，则保持微正压；

（7）产品后路改走不合格线。

15.4.5 反应部分注水中断及处理

1）原因。

（1）高压注水泵故障；

（2）高压注水泵出口单向阀故障；

(3) 注水管线故障;
(4) 脱氧水(或脱盐水)中断;
(5) 停电。
2) 现象。
(1) 高压注水泵停,流量指示回零;
(2) 反应流出物空冷器(或热高分气空冷器)出口温度升高;
(3) 循环氢纯度下降;
(4) 冷高压分离器水位下降甚至为零。
3) 处理措施。
(1) 停电,按电力故障处理;
(2) 高压注水泵故障,立即切换备用泵;
(3) 脱氧水(或脱盐水)中断,联系有关单位,尽快恢复供水;
(4) 新氢量供应充足时,可通过冷高压分离器顶适当排废氢,补充氢量大小应尽可能维持循环氢纯度和反应压力不下降;
(5) 反应系统降温降量,尽可能维持生产;
(6) 反应流出物空冷器(或热高分气空冷器)出口温度达到设备限定值时(如:>65℃),应及时停循环氢压缩机;
(7) 停循环氢压缩机后,0.7MPa · min^{-1}紧急放空阀自动打开,按紧急泄压处理;
(8) 停水时间较长、排废氢无法维持循环氢纯度、注水管线故障、高压注水泵出口单向阀故障等无法维持生产时:
① 将精制反应器入口温度降低 10~15℃;
② 将裂化反应器入口温度降低 20~30℃;
③ 停高压进料泵;
④ 停高压循环油泵;
⑤ 引循环氢冲洗原料油管线和循环油管线;
⑥ 及时调整分馏部分各参数;
⑦ 停水时间>7 天,可按新鲜进料中断事故处理。

15.5 紧急停工事故实例[6~9]

某厂加氢裂化装置典型事故实例见表 15-17。

表 15-17 某厂加氢裂化装置典型事故实例

故 障	影 响	处 理 措 施
瞬间停电	机泵停运	停工,1h 后恢复开工
供电线路板故障,瞬间停电	循环氢压缩机主汽门自关,0.7MPa · min^{-1}紧急放空阀自动打开	紧急停工
燃料油中断 35min	分馏波动大,降量维持	切除余热锅炉,产品改不合格罐

续表

故　障	影　响	处理措施
变电所供电线路板故障	循环氢压缩机主汽门自关，0.7MPa·min^{-1}紧急放空阀自动打开	按2.1MPa·min^{-1}紧急放空阀，紧急停工
换热器内漏，循环氢压缩机调速阀坏	脱丁烷塔冲塔、轻石脑油不合格	调整操作，保其他产品合格
一台新氢压缩机一段出口阀坏	一段出口温度超标	降量操作，停该新氢压缩机
制氢调节阀故障，新氢中断	高压分离器压力骤降至15 MPa	根据压力，处理量由60t·h^{-1}降至31t·h^{-1}
一台新氢压缩机曲轴箱漏油	紧急停该台新氢压缩机进行修理	处理量由100t·h^{-1}降至50t·h^{-1}
一台新氢压缩机二段出口温度超高	紧急停该台新氢压缩机进行修理	处理量由100t·h^{-1}降至58t·h^{-1}
新催化剂开工，升温速度过快	裂化反应器床层最高温度396℃	停循环氢加热炉，切断原料
循环氢压缩机出口断振动53μm	停工	停工、处理循环氢压缩机
炼油厂停电、停水	停工	紧急停工
炼油厂大面积停电	所有动力电和仪表电停	0.7MPa·min^{-1}、2.1MPa·min^{-1}紧急放空阀打开
高压分离器液位超高(仪表修理造成)	0.7MPa·min^{-1}紧急放空阀自动打开、循环氢压缩机主汽门卡住未停	紧急停工
循环油泵密封泄漏着火	火势迅速扩大，火苗直扑管架	停运循环油泵、扑灭大火
进料调节阀附件漏风突然关闭	高压原料油泵跳闸，进料中断	按进料中断处理，处理该调节阀

参考文献

1 杨火生，董绍平，汤定国等．国产热壁加氢反应器运行安全性评估[J]．炼油设计．2000，30(4)：34~36

2 加氢裂化装置事故预案[J]．石油化工安全技术．1997，13(3)：15

3 石油化工干部管理学院组织编写．加氢催化剂、工艺和工程技术(试用本)[M]．北京：中国石化出版社，2003

4 金国干．加氢裂化装置现场故障剖析[J]．炼油设计．2000，30(5)：57~59

5 王绍民，康秀安．石油炼制装置火灾扑救[J]．石油化工安全技术，2003，19(6)：49~51

6 茂名石化公司炼油厂．茂名加氢裂化装置生产技术总结．加氢裂化装置第二次技术交流会文集[M]．炼油设计编辑部，1989.89~98

7 茂名石化公司炼油厂．茂名石化公司加氢裂化装置生产技术总结(1989~1990)．加氢裂化装置第三次技术交流会文集．炼油设计编辑部[M]，1991.106~119

8 茂名石化公司．加氢裂化装置扩能及加工高硫油技术改造总结．加氢裂化协作组第二届年会报告论文集[M]．炼油设计编辑部，1996.101~106

9 韩世文．茂名加氢裂化装置生产技术总结．加氢裂化协作组第三届年会报告论文集[M]．炼油设计编辑部，1999.284~294

10 安可．重油催化联合装置事故预案[J]．石油化工安全技术，1997，13(3)：51

11 石化干部管理学院．加氢技术(1)[M]，1999，413~414

12　赵培江．加氢裂化装置的安全设计要求[J]．炼油设计．2002，32(11)：58~61
13　张松友．丁二烯气体压缩机运行故障分析及预防[J]．北京石油化工学院学报．1995，3(2)：1~8
14　柳季君．主空压机驱动汽轮机振动故障诊断及处理[J]．大氮肥．2003，26(1)：27~29
15　唐山祥编译．[J]．石油化工安全技术．1994，10(4)：35~40
16　彭乾冰．循环氢压缩机的轴封改造[J]．石油化工设备技术．2002，23(4)：59~61
17　董绍平．大型活塞式压缩机状态监测[J]．石油化工设备技术．1999，20(4)：45~47
18　周群．烟机突发事故在线监测系统存在的问题与对策[J]．镇海石化．1999，10(2)：13~18
19　顾涛．压缩机气阀的故障诊断[J]．高桥石化．2002，17(5)：17~19
20　任熙德，徐敏．多级中速离心式高压氨泵故障处理[J]．大氮肥．1997，20(2)：114~115
21　赵凤岭．离心泵故障分析[J]．石油化工设备技术．1996，17(2)：16~17

第十六章　催化剂失活和再生

16.1　概述

催化加氢反应过程中，催化剂的活性总是随着反应时间的增加而逐渐衰退，这种失活与结垢，使催化剂失去原本提高反应速率的能力，必须通过提高反应温度来弥补。但由于最高操作温度受催化剂的选择性和反应器的最高允许使用温度的制约，当活性下降到一定程度而无法继续用提高温度来补偿时，就需要用再生来恢复其活性[22]。或当温度提高到一定程度仍无法满足产品质量要求或继续运转经济上不合理时，就必须进行再生[15]。

工业装置运转过程中，一般将提高反应温度来补偿催化剂活性损失的速率称为"失活率"或"结垢率"。分子筛催化剂初期活性高，过高的催化剂初活性会加速不希望的副反应发生，使催化剂的选择性降低，也使催化剂的活性迅速降低。例如催化裂化过程，由于新鲜催化剂的初期活性过高，容易使产物中气体和焦炭的量增加，使汽油的收率降低，所以新催化裂化装置开工投产时，不能全部使用新鲜的催化裂化催化剂，而必须使用一部分用过的平衡催化剂，或事先用高温水蒸气作钝化处理。过高加氢活性的催化剂，必然会使芳烃大量饱和，氢耗增加，容易发生二次、三次裂化，使催化剂床层温度突升，不但破坏正常操作，而且使催化剂活性金属原子聚集沉积在分子筛外部，破坏活性中心，过度裂化也会使气体产率增加，催化剂表面积炭速度加快，催化剂寿命下降。因此，为了抑制分子筛催化剂的初活性，防止和避免进油过程中可能出现的温度飞升现象，确保催化剂、设备和人身安全，采用低氮油开工和注无水液氨或三丁胺(TBA)可有效抑制催化剂初活性。这种注无水液氨或三丁胺(TBA)的方法习惯上称为钝化法，无水液氨或三丁胺(TBA)被催化剂吸附后，可抑制催化剂较高的初活性，而随着反应温度的升高和运转时间的延长，催化剂所吸附的氨会逐渐解吸流失，催化剂又能恢复其正常活性[13]。初活性的持续时间一般为1~4周，这取决于原料性质和操作条件。初活性后的相当一段时间为催化剂运转的中期阶段，催化剂"失活率"较慢，提温速度也较小。催化剂运转的末期阶段，催化剂"失活率"较高，反应温度与时间关系曲线的形状是在操作期间同步结焦和杂质结垢造成的结果。

为了阻止加氢催化剂的催化活性下降，必须对催化活性下降的原因进行具体分析，如果催化剂的催化活性下降是由于接触毒物所引起，必须通过采取相应措施预以排除。如通过加强原料的质量控制，限制毒物在原料中的最大含量，原料进行预加氢和催化剂进行预硫化等。此外有些毒物，如氮化物，在加氢催化剂表面是可逆中毒，可以通过提高反应温度、提高氢分压和使用低氮原料进行解吸。如果催化剂的催化活性下降是由于封闭毒物所引起，就只有采用氧化再生的办法来烧掉积炭，恢复催化剂活性[18]。

如果是运转周期寿命到期，尚可设法恢复催化剂活性，通常称为失活催化剂再生，简称再生。再生是恢复失活催化剂活性的一种手段，可用再生效率表示催化剂再生的程度[35]：

$$\text{再生效率}=\frac{\text{失活催化剂积炭量}-\text{再生催化剂积炭量}}{\text{失活催化剂积炭量}}\times 100\%$$

失活催化剂再生效率的高低，并不一定完全表示催化剂活性恢复的多少，可以用活性恢复度表示失活催化剂恢复的程度。由于不同的生产装置生产不同目的产品，对催化剂活性的内容要求不一样，所以表示活性恢复度的方式不一样。

例如，加氢脱硫装置的失活催化剂活性恢复度可以表示为：

$$活性恢复度(\%)=\frac{再生催化剂脱硫率}{新鲜催化剂脱硫率}\times100\%$$

生产重整原料的加氢裂化装置失活催化剂活性恢复度可以表示为：

$$活性恢复度(\%)=\frac{再生催化重石脑油产率}{新鲜催化重石脑油产率}\times100\%$$

以催化剂允许工作温度范围表示的失活催化剂活性恢复度为：

$$活性恢复度(\%)=\frac{(t_f-t_i)-n}{t_f-t_i}\times100\%$$

式中 t_f——新催化剂终了反应温度；

t_i——新催化剂起始反应温度；

n——起始反应温度上升值。

装置停工再生不一定都是由于催化剂失活引起的。可能是由于催化剂床层为机械杂质堵塞或催化剂粉碎，造成催化剂床层压力降过高；也可能是由于反应器内件损坏或反应器需要检查。当需要消除上述故障时，必须将催化剂从反应器卸出。由于卸催化剂时金属硫化物接触空气会燃烧，因此从安全角度考虑，卸催化剂前均应进行再生[35]。

失活催化剂上的积炭达到10%~15%时，一般就需要再生。但对择性催化而言，在运转过程中，由于氮化物及高分子有机化合物在分子筛催化剂孔道内沉积而引起的催化剂失活，可通过氢活化得到恢复[15]。多次氢活化后，就需要器内(或器外)氧化再生。

催化剂器内(或器外)氧化再生后，由于催化剂的活性组分—金属硫化物也发生氧化反应，变成相应的氧化物。因此氧化再生后，催化剂仍需要硫化，方能继续使用。

表 16-1 列出了实际生产装置加氢精制催化剂总寿命和再生次数。

表 16-1 加氢精制催化剂寿命和再生次数[14]

原料油	周期寿命/(m^3油·kg^{-1}催化剂)		再生次数	总寿命/(m^3油·kg^{-1}催化剂)	统计数据套数
	平均	范围			
直馏粗汽油	68	8.8~175	5	334	13
直馏粗柴油	29	17.5~49	3.5	195	5
催化轻循环油	28.4		3	85.1	1
减压蜡油	24.2	21~27.3	2	52.5	2
焦化粗汽油	11.2	3.8~17.5	2.5	28.0	3
渣油(低金属)	15.7			15.7	
渣油(100~150μg·g^{-1}金属)	4.2			4.2	

从20世纪70年代后期开始，各种各样的催化剂服务逐渐增多，首当其冲的就是催化剂器外再生服务的迅速发展，目前已成为西方国家的标准工业操作，主要是器外再生在安全、时间和活性等许多方面都较器内再生更具优势[30]。

16.2 催化剂失活

加氢裂化反应涉及C—S、C—N、C—O、C—C键断裂、双键加氢饱和及异构化等多种反应，多种因素会导致催化剂暂时或永久性失活。生产过程中，随着催化剂的失活，需要提高反应温度来弥补，直到产品质量或产品数量满足不了要求为止。

加氢裂化催化剂失活原因主要有：焦炭生成和重金属沉积，造成催化剂孔结构堵塞和覆盖活性中心；活性中心吸附原料中的毒物，活性金属组分迁移或聚集，相组成的变化，活性中心数减少，载体烧结，分子筛结构塌陷与崩溃等[1~2]。

对馏分油固定床加氢裂化而言，催化剂失活通常由三个阶段组成：起始快速失活期，开始运转10天左右，由于激烈炭沉积，活性快速下降，需要快速提温来补偿活性损失；稳定生产运行期，由于重金属与炭沉积，活性缓慢下降，需要逐渐提温来补偿；结尾快速失活期，运转终了前，催化剂迅速失活，温度升高加剧了炭沉积和金属沉积，造成孔口堵塞和活性中心被覆盖，表面积降低，金属组分和分子筛形态、大小的变化[2]。根据催化剂失活机理，装置设计操作一般分运转初期(SOR)、运转中期(MOR)和运转末期(EOR)几个阶段，因此研究催化剂失活机理，制定详细的装置设计条件，对装置工艺流程制定、设计方案选择、设备选取以及生产操作均会产生影响。

16.2.1 结焦

结焦涉及各类加氢催化剂失活。烯烃齐聚生成环烷烃、环烷烃脱氢生成芳烃、芳烃烷基化生成烷基芳烃、芳烃聚合生成稠环芳烃、稠环芳烃脱氢生成H/C(原子比)=0.5~1.0的焦炭；裂解产物或裂解生成的中间产物二次反应聚合生成H/C(原子比)=0.4~0.6的焦炭，此种焦炭多发生在酸度高、大孔分子筛的晶型加氢裂化催化剂上[1~2]，这些毒物称为封闭毒物，在生产实践中，加氢催化剂表面的积炭主要是封闭毒物[18]。新鲜的焦炭比老化的焦炭氢含量高，焦炭有不溶性的加石墨型和有机溶剂可溶性的纤维状炭[37]。一般认为：分子筛上的结焦为择形结焦，一是活性中心由于吸附、结焦被覆盖而中毒；二是孔被堵塞，活性中心不能接近反应物[1~2]。如图16-1所示。

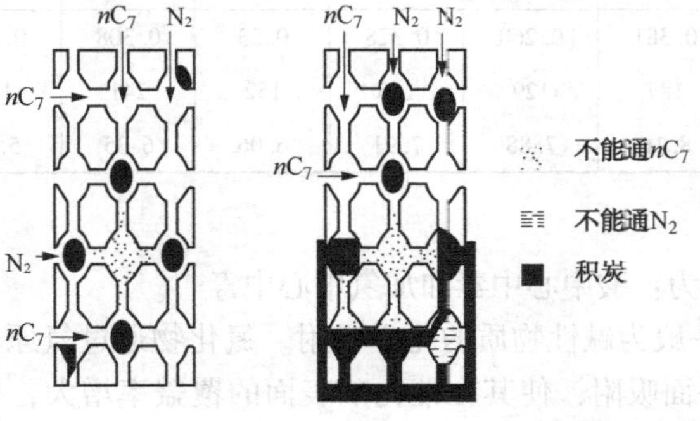

图16-1 焦炭在HY上的沉积示意图[1~2]

也有人认为[35]，催化剂表面积炭是由一次焦和二次焦组成。一次焦为原料中直接析出的焦，二次焦为反应中热裂解产物的聚合物。一次焦量与催化剂孔径密切相关，生焦量随催化剂孔径的增大而增加，孔径越大的催化剂，单位面积上的积炭量越多。原因是原料中析出炭的原生物质容易进入大孔内所致。二次焦的生焦量随反应温度升高而增大。

工业生产中，操作失常也可导致焦炭沉积，习惯上称为“孔道堵塞”。原料中断后，应用热氢汽提。在高温下进原料，将会发生剧烈的化学反应，导致过度裂化和焦炭沉积。对异构裂化装置，如果原料停止供应15min以上，在重质原料重新进入前，反应器温度必须低于288℃。

对于HY分子筛，带烷基的稠环芳烃，开始在强酸中心上迅速生成，达到一定大小后，迁移变得很慢，这些分子堵塞超笼的孔口(0.8nm)，限制n-C_7(0.43nm)进入[2]。

F Diez等[3]的研究表明：催化剂含炭3%时，焦炭层厚0.5nm，催化剂含炭10.5%时，焦炭层厚1.1nm。一般来说，焦炭层厚>0.7nm，催化剂活性迅速下降。国内某加氢裂化装置催化剂床层炭含量情况见表16-2。

表16-2 不同床层加氢催化剂上炭含量[1]

催化剂		炭/%
加氢处理	一床层催化剂	2.03
	二床层催化剂	2.14
加氢裂化	一床层催化剂	2.87
	二床层催化剂	2.85
	三床层催化剂	4.47
	四床层催化剂	5.70
	底部催化剂	7.38

从表16-2可看出，操作温度较高的下部催化剂床层，炭含量明显高于上部。

从表16-3可看出，无论加氢处理催化剂还是加氢裂化催化剂，失活催化剂与新鲜催化剂相比，孔容、比表面积和平均孔径(轻油型除外)均有所下降。

表16-3 新鲜、失活加氢催化剂孔结构[1,37]

项目	加氢处理催化剂				加氢裂化催化剂			
	1		2		3(中油型)		4(轻油型)	
	新鲜	失活	新鲜	失活	新鲜	失活	新鲜	失活
孔容/($cm^3 \cdot g^{-1}$)	0.381	0.260	0.328	0.23	0.308	0.203	0.257	0.189
比表面积/($m^2 \cdot g^{-1}$)	187	129	166	152	241	115	417	253
平均孔径/nm	8.16	7.88	7.91	6.06	6.35	5.13	1.84	2.23

16.2.2 中毒

催化剂的中毒可分为：酸中心中毒和加氢中心中毒[1]。

1）酸中心中毒。一般为碱性物质的化学吸附。氮化物通过氮原子垂直于催化表面的吸附和通过芳烃π键的平面吸附，使其在催化剂表面的覆盖率增大，被吸附的氮化物经受加氢、氢解而脱氮，阻滞了其他的加氢反应，导致催化剂表面积炭的生成，使催化剂由原来的可逆吸附中毒变成了永久中毒[4]。

氮化物加氢、氢解生成的氨也使催化剂酸性中心受到抑制，此时原料中的大分子仍会裂解，而中等和较小分子的裂解减弱，二次裂解反应速度降低。气相中的NH_3和H_2S在反应条件下还会生成$(NH_4)_2S$，使H_2S浓度降低。加工低硫高氮原料时，如不及时补硫，也会造成催化剂活性的下降[4~5]。

氨对酸性中心中毒是氨覆盖了催化剂活性表面所致，由于氨在催化剂活性表面上的吸附较弱，属可逆性，为避免有机氮化物对催化剂中毒，只有在裂化反应器前将有机氮化物转化为氨。对于抗氨能力较弱的硅铝载体加氢裂化催化剂，除了将原料油中氮化物转化为氨外，还必须不让循环氢气中过多的氨带入裂化反应器。因此为除去原料油中有机氮化物精制反应生成的氨，并避免带入循环氢气中的氨过多，对抗氨能力较弱的硅铝载体加氢裂化催化剂毒化，不得不把加氢精制反应和加氢裂化反应作为两个独立的反应系统来考虑[35]。

用终馏点399℃的馏分油，在10.5MPa压力下，转化率50%，单程通过时，原料油中的氮含量与加氢裂化起始反应温度关系见表16-4。

表16-4 原料油氮含量与加氢裂化起始反应温度的关系

原料油氮含量/(μg·g^{-1})	加氢裂化起始反应温度/℃	原料油氮含量/(μg·g^{-1})	加氢裂化起始反应温度/℃
1~10	288~304	50~2000	360~382
10~50	304~360		

以>288℃脱沥青油为原料，分子筛催化剂，转化率50%，未转化油全循环，加氢精制与未加氢精制的原料油对加氢裂化催化剂的影响见表16-5。

表16-5 加氢精制与未加氢精制的原料油对加氢裂化催化剂的影响

项目	加氢精制的原料油	未加氢精制的原料油
反应压力/MPa	17.6	17.9
氮含量/(μg·g^{-1})	100	6000
氢油体积比	1780	1780
反应温度/℃	371	418
体积空速/h^{-1}	2.0	1.2

从表16-4和表16-5可看出：加氢裂化起始反应温度随原料油中氮含量增高而增高；高氮含量原料油经加氢精制降低氮含量后，不但裂化反应温度可降低，由418℃降为317℃，空速也由1.2h^{-1}增大到2.0h^{-1}。如果从节约加氢裂化装置投资来看，原料油在进入加氢裂化反应器之前，不精制也可获得产量和质量相近的产品，但加氢裂化反应起始温度高、催化剂失活快、催化剂周期寿命和总寿命均大为缩短，不一定经济。如果增设加氢精制反应器，并在生产操作中，精心控制精制反应器操作条件，将加氢精制反应流出物中氮含量尽量降低，对加氢裂化长周期运转十分重要[35]。

2)加氢中心中毒。杂质和重金属沉积在催化剂表面和孔内，导致催化剂孔口堵塞和催化活性位的破坏及在贵金属(Pt、Pd)和Ni上的化学吸附均可导致加氢活性中心中毒。

石墨、氧化铝、硫酸铝、硅凝胶等灰分物质，堵塞催化剂孔口，覆盖活性中心，当再生温度过高时与载体发生固相反应，可造成催化剂永久失活。

重金属Fe、Ni、V、Hg、Pb、Ca、As等以可溶性有机金属化合物形式存在于原料中，其含量因原油的产地不同而不同，上游加工的添加物，如消泡剂Si、防腐剂P、脱盐剂Na及油品储运带来的金属污染物Fe都能沉积在催化剂表面和孔内，最终导致催化剂孔口堵塞和活性中心中毒而失活。

(1) Fe。Fe在石油及其馏分油中既以悬浮无机物形式存在，又能以油溶性盐(如环烷酸铁)和络合物(如铁卟啉)的形式存在[16]。存在于原油中的铁统称为原有铁，一般含量为1~

120μg · g^{-1}[17]，已知最高 254μg · g^{-1}。而相当数量的铁是由于与油接触的管道、储罐及加工设备腐蚀产生的，称为过程铁。过程铁与上游装置设备选材、操作条件及加工原油性质有关，一般认为过程铁要比原有铁含量高[31]。部分原油及馏分油的铁含量见表 16-6。

表 16-6　部分原油及馏分油的铁含量[31]

原油名称	采样时间	含铁量/(μg · g^{-1})			分析单位
		原油	350~500℃	>500℃	
大庆	1990.3	4.41	2.16		茂名石化公司
辽河	1990(平均)	7.6	2.6	17.3	锦州石化公司
胜利	1990(平均)	7.74	0.8	51.4	齐鲁石化公司
孤岛	1990.9	25.1	0.91	51.5	齐鲁石化公司
鲁宁管输	1990.11	5.85	0.9	14.7	长岭炼化总厂
伊朗轻质	1989	1.5	2.7	23.7(>565℃)	RIPP
阿拉伯轻质	1991	6.9			LPEC

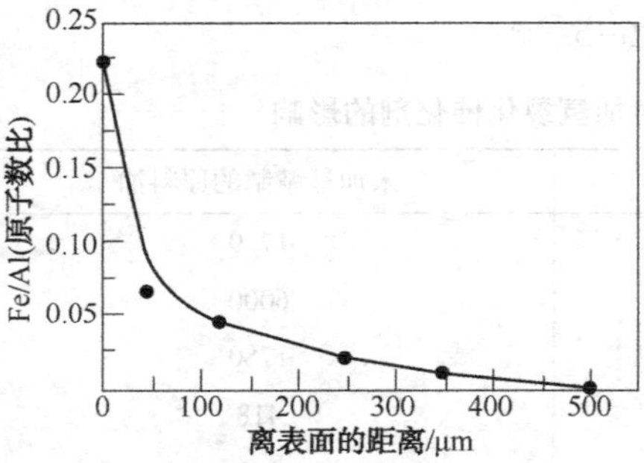

图 16-2　失活催化剂铁沉积沿表面向颗粒中心的分布(SEM-EDS 分析)[1]

加氢裂化装置的铁沿反应器床层自上而下逐渐降低，见图 16-2。

Fe 聚集深度 60~100nm，催化剂孔口基本堵死。Fe 与 H_2S 反应形成 FeS，积存在催化剂颗粒之间，由于 FeS 具有很强的脱氢活性，所以在 FeS 周围稠环芳烃脱氢生成焦炭，附着在 FeS 的表面，从而彻底覆盖催化剂的加氢活性中心，使催化剂失活[2]。同时 FeS 与焦炭可形成坚硬的壳，堵塞物流通过，增大床层压降，严重时可堵死催化剂床层，使装置被迫停工。

(2) Na。Na 通常存在于原油中，也可溶解在乳化油的水滴中，Na 的来源主要有：碱-用于酸中和及清洗；海水-来自油船和驳船压舱物；化学添加剂-锅炉化学品等[38]。

Na 能渗入催化剂微孔结构中，中和酸性中心，降低裂化功能，同时降低催化剂机械强度。带入 1%~3%的 Na，可使催化剂失活 50%。Na 中毒最严重的结果是催化剂再生时，Na 能在高温再生时促进烧结，且能渗入到催化剂载体内部，从而使催化剂表面积降低，活性金属聚集，通常催化剂上 Na 超过 0.25%，就不进行再生了。Na 在催化剂上的沉积，同样会堵塞催化剂床层，增加反应器的压降[2]。不同床层加氢催化剂上铁、钠含量见表 16-7。

表 16-7　不同床层加氢催化剂上铁、钠含量[1]

催化剂		铁/%	钠/%
加氢处理	一床层催化剂	0.49	0.17
	二床层催化剂	0.42	0.20
加氢裂化	一床层催化剂	0.41	0.15
	二床层催化剂	0.09	0.16
	三床层催化剂	0.08	0.11
	四床层催化剂	0.07	0.10

(3) V。卟啉钒在钒硫化物上的加氢脱钒反应机理研究表明：在 H_2S 存在下，钒沉积物由结晶的 V_3S_4 相组成(V 也可能为其他过渡金属如 Ni 取代)，且 V_3S_4 相是一种非化学计量化合物，S 对 V 的原子比约为 1.2~1.5；沉积钒硫化物表现出生长为针状晶体的方向选择性。简化机理认为：含有大量 N、S 和烷基支链的金属卟啉和非卟啉分子连接成为一个大分子，它通过溶剂分解作用而稳定地存在于油中，在加氢条件下，大分子分散并吸附在活性位上，原先钒是与 N、S 或 O 相连的，随着这些链的选择性加氢，使钒脱除，然后这些原先吸附着的分子被脱附，而钒则留在催化剂表面并进一步转化为硫化物。在反应过程中，加氢产物、卟啉和非卟啉化合物分子都会发生某些裂化和脱烷基反应。在冷却过程中，加氢产物将重聚生成相对分子质量较低的部分脱金属的胶质和沥青质。提高反应温度，反应更加激烈，生成的轻产品更多，得到的聚合物也更多。

(4) Ni。卟啉镍的加氢脱镍反应机理研究表明：卟啉镍的加氢脱镍反应为串联反应，首先构成 Ni-Etio 大环的四个吡咯之一的周边双键进行可逆加氢，生成 $Ni-EPH_2$，后者进一步氢解破坏，并把镍沉积在催化剂表面。卟啉镍周边结构的不同，对其反应的复杂性、加氢和氢解的相对速率影响较大。在有碱性氮化物(吡啶)存在或使用硫化型催化剂条件下，吡啶强烈抑制加(脱)氢活性，但对金属沉积步骤的影响较小；而使用硫化型催化剂，则可大大提高金属沉积的速率，但加(脱)氢速率提高较小。N 和 S 的存在还降低 $Ni-EPH_2$ 生成 Ni-X 的选择性，非卟啉化合物脱金属速率较慢，因此通过改变加氢脱金属网络中的加氢、氢解的相对速率来控制金属在催化剂内的沉积位置，从而达到改变催化剂的性能和寿命[6]。

(5) Ni+V。Ni 和 V 多以卟啉(10%~60%)结构形式存在，其浓度从几 $\mu g \cdot g^{-1}$ 到 $1300\mu g \cdot g^{-1}$。

Ni 和 V 在一起可穿透深度 800nm，催化剂上载有 3%~4%(Ni+V)时，活性降低 50%。钒还能破坏分子筛结构[2]，但联合油公司认为，催化剂上沉积 4%~5%(Ni+V)时，对催化剂活性影响不大[35]。

(6) As。As 存在于某些原油中，油田钻井所用的化学品也可带入。As 以有机化合物形式存在，其中毒机理是由于 As 与金属硫化物中的金属相结合，催化剂含 As 为 0.1%，活性损失 50%，催化剂允许最大 As 含量为 $500\sim1000\mu g \cdot g^{-1}$[2]。城市服务公司称[36]：用含 0.1%As 的原料油运转时，能使 Co-Mo 催化剂活性丧失 5.5~8.3℃。在一套工业装置上，从床层顶部到底部取出的催化剂样品表明，脱氮活性下降到 70%，脱硫活性下降到 90%。

(7) Si。Si 来自消泡剂，常存在于焦化与减黏的轻馏分中，Si 中毒主要是覆盖活性中心，导致催化剂比表面和孔容大量损失，再生时 SiO_2 和 MoO_3 结合，生成无活性相[2]。某装置汽柴油加氢原料及生成油 Si 含量见表 16-8。

表 16-8 加氢原料及生成油 Si 含量

时　间	加氢原料 Si 含量/($\mu g \cdot g^{-1}$)	反应生成油 Si 含量/($\mu g \cdot g^{-1}$)
2001-05-29	1.14	<0.5
2001-06-05	1.04	<0.5
2001-07-17	2.39	<0.5
2001-08-28	1.65	<0.5
2001-09-04	0.98	<0.5

(8) Hg、Pb、Ca、K。Hg、Pb、Ca、K 等也会使催化剂加氢活性中心中毒，也应尽可能减少或从加氢原料中清除。飞马公司称[35]：催化剂上沉积 0.1%的 Pb 和 Na 时，能使 Co—Mo 催化剂活性衰失 1.7~3.5℃。

16.2.3　烧结—金属聚集、分散变差

分散的金属原子慢慢移动聚集在一起形成较大晶粒的过程称为烧结。烧结完全取决于温度和时间，有少量蒸汽存在时可加速进行。近年来不少研究者认为[1~2,7]：新鲜的氧化型催化剂，活性金属单层分散；硫化后，出现 MoS_2(WS_2)相，不再是单层分散；长期使用后的催化剂——MoS_2(WS_2)相增加，金属聚集增加；再生后的催化剂——金属聚集进一步增加。

从图 16-3 可看出，X 光粉末衍射(XRD)测得的活性金属的分散状态表明，再生后的加氢催化剂，γ-Al_2O_3等物种仍存在，在 $2\theta=26.6°$处有 β-$NiMoO_4$的特征衍射峰[2]。

从图 16-4~图 16-6 可看出，混捏法、浸渍法和共沉淀法三种方法制备的催化剂，在使用和再生过程中金属聚集、分散变差是共性问题。

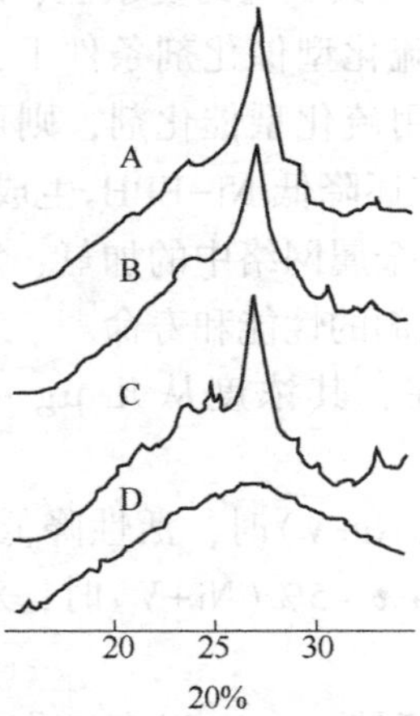

图 16-3　再生催化剂的 XRD 谱图[1]

A、B、C—再生剂；D—新鲜催化剂

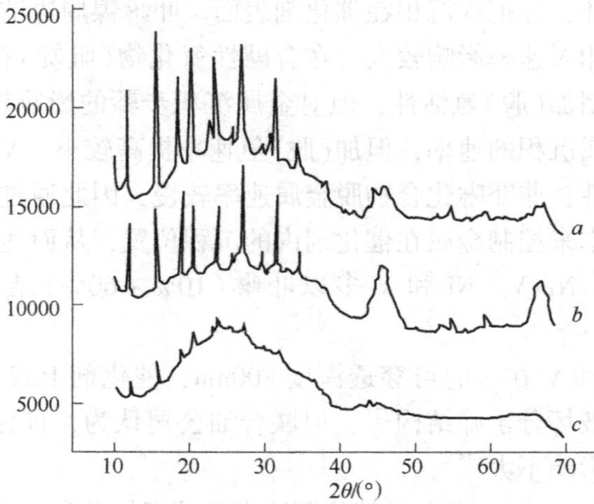

图 16-4　三种新鲜催化剂的 XRD 谱图[1]

a—混捏法；*b*—浸渍法；*c*—共沉淀法(下同)

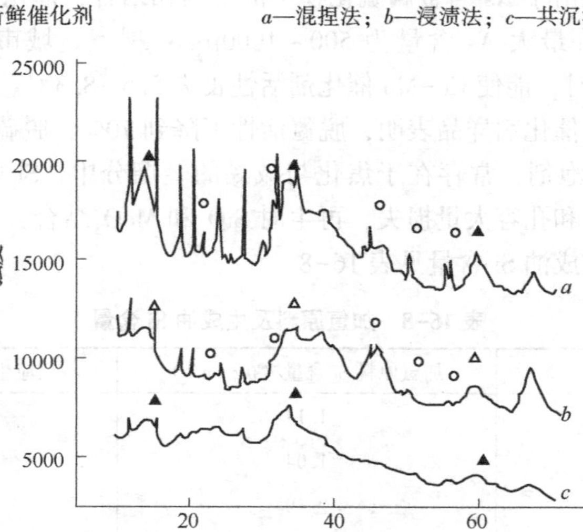

图 16-5　三种失活催化剂的 XRD 谱图[1]

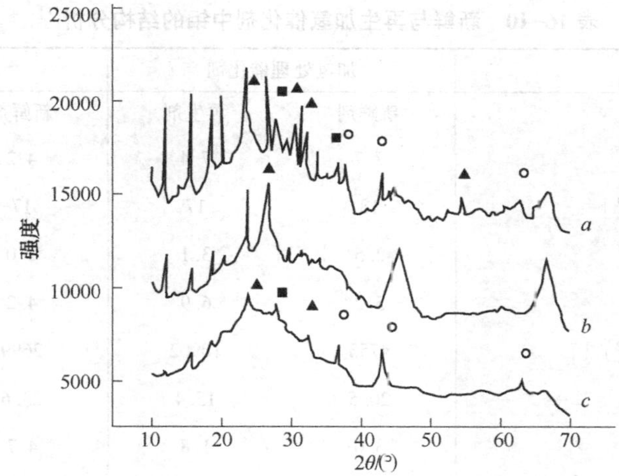

图 16-6 三种再生催化剂的 XRD 谱图[1]

图 16-7 表示了金属由单层分散到不同阶段金属晶粒的生成和生长[2]。

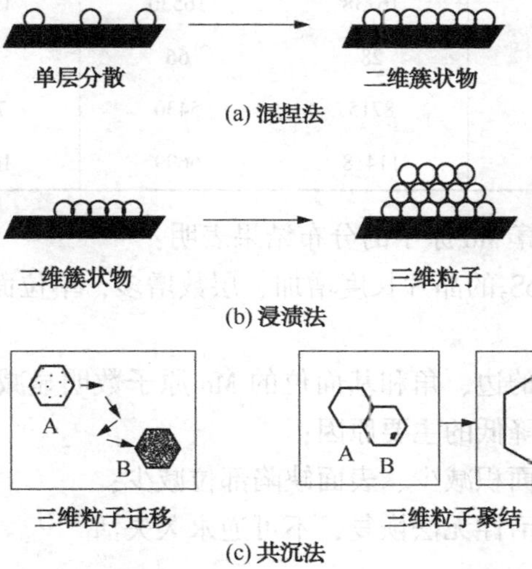

图 16-7 催化剂金属聚集过程示意图[1,37]

从表 16-9 可看出，再生后金属原子向体相转移；还原温度增加、半峰宽加大，金属-金属和金属-载体相互作用增加，更难还原；出现钼酸镍晶体；USY 晶体结构破坏[1]。

表 16-9 加氢催化剂 XPS、TPR 及 XRD 分析结果[1]

项目		XPS		TPR		XRD	
		Mo/Al	Ni/Al	T_{max}/℃	半峰宽	晶相	USY 峰高
加氢处理	新鲜剂	0.146	0.032	485	64	—	
	再生剂	0.126	0.027	541	125	$NiMoO_4$	
加氢裂化	新鲜剂	0.133	0.033	473	80	—	96
	再生剂	0.127	0.029	489	95	$NiMoO_4$	57

从表 16-10 可看出，用高分辨率透射电镜(TEM)，测定 MoS_2 六角形层状结构的晶片，根据晶片的对角线长度、层数及单位面积的片数。

表 16-10 新鲜与再生加氢催化剂中钼的结构分析[1]

项 目	加氢处理催化剂		加氢裂化催化剂	
	新鲜剂	再生剂	新鲜剂	再生剂
Mo 载量/($Mo \cdot nm^{-2}$)	7.7	7.4	4.2	4.9
晶片数/[个·$(1600nm^2)^{-1}$]	18	17	17	23
晶片的平均层数	2.5	3.1	2.0	2.4
晶片的平均长度/nm	5.2	6.9	4.2	5.5
Mo 原子数/[个·$(1600nm^2)^{-1}$]	4753	10902	2699	7652
Mo 边位/%	20.5	15.4	23.6	18.9
Mo 角位/%	3.6	1.8	4.7	2.8
Mo 基面位/%	60.1	52.8	71.7	64.8
Mo 不可接触位/%	15.8	30.0	0	13.5
理论 Mo 原子/[个·$(10^4nm^3)^{-1}$]	16738	16530	13648	14214
可见率/%	28	66	20	54
M_E-Mo/1000nm^2	8715	5430	7679	5805
M_C-Mo/1000nm^2	11418	6699	10149	7285

依据 Kastelan 模型进行计算 Mo 原子的分布结果表明：

(1) 再生后加氢催化剂 MoS_2的晶片长度增加、层数增多，单位面积的 Mo 原子数明显增加，表明发生了钼的聚结；

(2) 活性高、起催化作用的边、角和基面位的 Mo 原子数明显减少，不可接触位 Mo 原子数明显增加，这是加氢活性降低的主要原因；

(3) 表面结构稳定化、表面积减少、表面缺陷部位减少；

(4) 对非贵金属催化剂，活性无法恢复，不可逆永久失活[1~2]。

16.2.4 失活催化剂性能

以金属含量、比表面、孔分布相近的 Mo-Ni 和 Mo-Co 催化剂各元素对 Al 原子比的相对强度来表征的新鲜剂与失活剂的变化见表 16-11。

表 16-11 新鲜剂与失活剂的 XPS 结果[2]

催化剂	Al	C	O	S	Ni	Co	Mo	Ni/Mo	Co/Mo
Mo-Ni									
新鲜剂(粉末)	1	0.32	2.49	0.20	0.06		0.09	0.73	
失活剂(粉末)	1	0.84	2.40	0.17	0.06		0.08	0.71	
失活剂(条)	1	4.46	5.02	0.71	0.11		0.27	0.40	
Mo-Co									
新鲜剂(粉末)	1	0.38	2.38	0.20		0.06	0.08		0.70
失活剂(粉末)	1	1.01	2.39	0.18		0.06	0.09		0.68
失活剂(条)	1	4.10	3.08	0.43		0.09	0.20		0.42

从表 16-11 可看出，条状失活催化剂的碳、硫、氧含量明显高于粉末状的新鲜剂，Mo、Ni、Co 都迁移到催化剂外表面。

从图 16-5、图 16-6 可看出，失活剂与新鲜剂相比，金属聚集、分散变差。

从图 16-8 可看出，失活剂面上的衍射峰强度较新鲜剂显著增加，说明在催化剂工业运转过程中，出现大量的无规则层状晶格结构和辉钼矿层状结构的 MoS_2 晶相，同时三维结构的 MoS_2 晶相也增高了[2]。

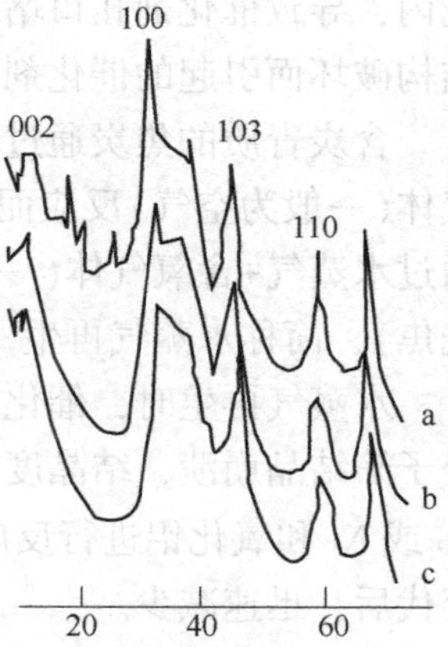

图 16-8　三种硫化后催化剂的 XRD 谱图[1]

a—新鲜剂；b—失活催化剂；c—再生剂

Takashi K 等[10]用 XPS、TEM、EXAFS、XANES 方法测试了实验室新鲜催化剂与 HDN、HDA 使用后催化剂性能变化：

TEM 表明：催化剂 WS_2晶粒长大；

XPS 表明：催化剂 Ni 的表面浓度在降低；

EXAFS 和 XANES 表明：每个 W 原子配位 S 原子数在增加，每个 W 原子邻近的 W 原子数也在增加。

表 16-12　W-Ni 催化剂中 W 原子周围原子配位数[2]

项　目	W-O(N)	W-S(N)	W-W(N)
氧化态新鲜剂	1.0		
硫化态新鲜剂	0.4	1.0	1.0
硫化态催化剂使用后反应器顶部		2.8	4.3
硫化态催化剂使用后反应器底部		2.5	4.4

从表 16-12 可看出，WS_2在聚集，晶粒在长大，催化剂上有效活性中心数在减少。失活催化剂的碳、硫、可挥发分含量见表 16-13。

表 16-13　失活催化剂性能[2]

项目	装置	可挥发分/%	C/%	S/%	项目	装置	C/%	S/%
A	直接脱硫(Mo-Co)	34	30.9	4.24	H	VGO-HT(Mo-Co)	29.9	5.1
B	MHC(Mo-Ni)	32.8	30.1	4.87	I	VGO-HT(Mo-Ni)	35.1	2.25
C	间接脱硫(Mo-Ni)	28.1	23.9	6.14	J	VGO-HT(Mo-Ni)	22.2	5.82
D	MHC(Mo-Co)	30.8	27.7	4.94	K	VGO-HC(Mo-Ni)	23.3	3.97
E	间接脱硫(Mo-Ni)	29.9	28.2	6.24	L	VGO-HC(Mo-Ni)	8.0	6.79
F	VGO-HT(Mo-Ni)	19.8	15.8	9.3	M	VGO-HC(Mo-Ni)	27.7	3.34
G	VGO-HC(W-Ni)	12.8	9.1	9.7	N	VGO-HC(W-Ni)	7.02	4.39

注：HT：加氢处理；HC：加氢裂化；MHC：缓和加氢裂化。

从表 16-13 可看出，14 套装置的可挥发分从 12.8%~34%，相差 2.6 倍；积炭从 7.02%~35.1%，相差 5 倍；硫从 2.25%~9.7%，相差 4.3 倍。

16.3　催化剂再生

失活催化剂活性恢复的过程称为催化剂再生。一般将杂质和重金属沉积在催化剂表面和孔内，导致催化剂孔口堵塞和催化活性位的破坏及金属聚集、晶体长大、形态变化及分子筛结构破坏而引起的催化剂失活，称为永久性失活，通过再生的方法是很难恢复其活性的。

含炭青质的焦炭通过氧化反应而除去的过程称为氧化烧焦(简称烧焦)。通过氮气+含氧气体(一般为空气)反应而除去的过程称为氮气氧化再生(或氮气氧化烧焦)，简称氮气再生。通过水蒸气+含氧气体(一般为空气)反应而除去的过程称为水蒸气氧化再生(或水蒸气氧化烧焦)，简称水蒸气再生。

水蒸气再生时，催化剂结构会发生变化，尤其是含分子筛晶型加氢裂化催化剂，可造成分子筛结晶崩溃，结晶度下降。400℃以上可造成金属流失，如：Mo 通过 $MoO_2(OH)_2$挥发，Co 或 Ni 和氧化铝进行反应形成尖晶石[2]。20 世纪 60 ~70 年代，水蒸气再生应用较多；80 年代后，迅速减少。

16.3.1 氧化再生反应

1）氧与焦炭反应[2]。焦炭是一种氢含量少，碳氢比很高的缩合物，如果用 CHNSO 表示，则氧化再生过程发生的反应大致可如下表示：

$$[CHNSO]+O_2 \longrightarrow [CHNSO\text{-}O_2]\text{-络合物} \quad ①$$

$$[CHNSO\text{-}O_2]+O_2 \longrightarrow \text{残留的焦炭和可挥发的产物} \quad ②$$

$$\text{残留的焦炭}+O_2 \longrightarrow [\text{残留的焦炭}\text{-}O_2]\text{-络合物} \quad ③$$

$$[\text{残留的焦炭}\text{-}O_2]+O_2 \longrightarrow \text{可挥发的产物} \quad ④$$

可挥发的产物指 CO、CO_2、H_2O、SO_2、NO_x。

反应①说明 O_2与焦炭首先接触时，重量迅速增加，当络合物达到某一浓度后，这些络合物如反应②所示分解，残留的焦炭分子上生成向原子团似的活性中心，来实现可挥发的产物从络合物中排除，这些活性中心与 O_2迅速发生反应(反应③)，生成一活性比前者低的表面络合物，反应④表明焦炭完全从表面除去，低温情况后面的反应不是主要的，因此要完全除焦，温度需要达到 500℃。

2）氧与无机物反应[2]。加氢催化剂活性组分多以硫化态形式存在，失活催化剂氧化再生的同时，金属硫化物也与 O_2发生反应，从而大量逸出 SO_2，发生的反应大致可如下表示：

$$WS_2+\frac{7}{2}O_2 \longrightarrow 2SO_2+WO_3$$

$$MoS_2+\frac{7}{2}O_2 \longrightarrow 2SO_2+MoO_3$$

$$Co_9S_8+\frac{25}{2}O_2 \longrightarrow 8SO_2+9CoO$$

$$Ni_3S_2+\frac{7}{2}O_2 \longrightarrow 2SO_2+3NiO$$

MoS_2、WS_2为 SO_2主要提供者，但催化剂硫化时，它们是以八面体配位 Mo(W)多氧形式生成硫化物，为两层或三层 MoS_2与 O_2接触后生成 S-O-O-S 表面络合物，在高温加热时，释放出 SO_2。

Co(Ni)和 Mo 在再生温度低、氧分压高时，容易生成硫酸盐，降低活性，故应降低 SO_2分压，抑制硫酸盐生成。

3）焦炭与催化剂反应[2]。氧化再生时，通过金属离子的催化作用，也可将氧转移给催化剂，以 MoO_3 参与烧焦反应为例：

$$MoO_3+C \xlongequal{} MoO_2+CO$$

$$2MoO_3+C \xlongequal{} 2MoO_2+CO_2$$

$$MoO_2+\frac{1}{2}C \xlongequal{} MoO_3$$

Fe、Ni、V 对烧焦有催化作用，Ni 为最强的氧化金属，Fe 及 V 次之。

4）金属分布的变化[1]。380~420℃，Mo、Ni 等向催化剂中心转移；550~600℃，向催化剂外表面迁移；700℃，MoO_3 升华，生成 Ni(Co)Al_2O_4 尖晶石。

16.3.2　氧化再生热效应

催化剂氧化再生发生的两类主要反应为烧焦和烧硫。对氢含量少，碳氢比很高的固体缩合物—焦炭，含氧气体对其氧化燃烧的过程为放热反应；硫化物燃烧的过程亦为放热反应。典型的反应热见表 16-14。

表 16-14　烧焦和烧硫的热焓[35]

反应式	ΔH/(MJ·mol^{-1})	反应式	ΔH/(kcal·mol^{-1})
$WS_2+\frac{7}{2}O_2 \longrightarrow 2SO_2+WO_3$		$Co_9S_8+\frac{25}{2}O_2 \longrightarrow 8SO_2+9CoO$	-3.768
$MoS_2+\frac{7}{2}O_2 \longrightarrow 2SO_2+MoO_3$	-1.105	$C+O_2 \longrightarrow CO_2$	-0.394
$Ni_3S_2+\frac{7}{2}O_2 \longrightarrow 2SO_2+3NiO$	-1.151	$H_2+\frac{1}{2}O_2 \longrightarrow H_2O$	-0.247

注：1cal=4.1868J。

玉山昌显等导出的再生 1t 待再生催化剂所释放的热量为：

$$H_v=80778C+338657\left(H-\frac{1}{8}O\right)+22500S \qquad ⑤$$

式中　H_v——每吨待再生催化剂所释放的热量，kcal·t^{-1}催化剂(1cal=4.1868J)；

H——催化剂上的氢含量,%；

C——催化剂上的碳含量,%；

S——催化剂上的硫含量,%；

O——催化剂上的氧含量,%。

每吨待再生催化剂完全再生燃烧时所需要的空气量：

$$A_W=\frac{8C+S+8H-O}{23} \qquad ⑥$$

式中　A_W——每吨待再生催化剂完全再生燃烧时所需要的空气量，t 空气·t^{-1}催化剂。

Union oil 公司推荐器内再生最高温度：

$$t_{max}=t_{in}+111.2\cdot O_2 \qquad ⑦$$

式中　t_{max}—催化剂床层的最高温度,℃；

t_{in}—反应器入口温度,℃；

O_2—反应器入口循环气中的氧含量,%。

表 16-14 和式⑤、式⑥表明：催化剂上的碳、硫、氢在燃烧时会放出大量的热量。因此，必须严格控制含氧气体的氧含量，防止催化剂再生时床层超温。

16.3.3 氧化再生方式的选择

工业催化剂的再生方式主要有两种：氧化再生和氢化再生。氢化再生只在反应器内进行。氧化再生又分为器内氧化再生和器外氧化再生。器内氧化再生也有两种：采用水蒸汽为载热体、空气为供氧体的水蒸汽器内氧化再生方式和采用氮气为载热体、空气为供氧体的氮气器内氧化再生方式。器内再生时，待生的失活催化剂在反应器内不卸出，一般利用装置反应部分设备循环再生。器外再生时，待生的失活催化剂从反应器卸出，送至专门的催化剂再生工厂进行再生。再生方式关系图如图 16-9 所示。

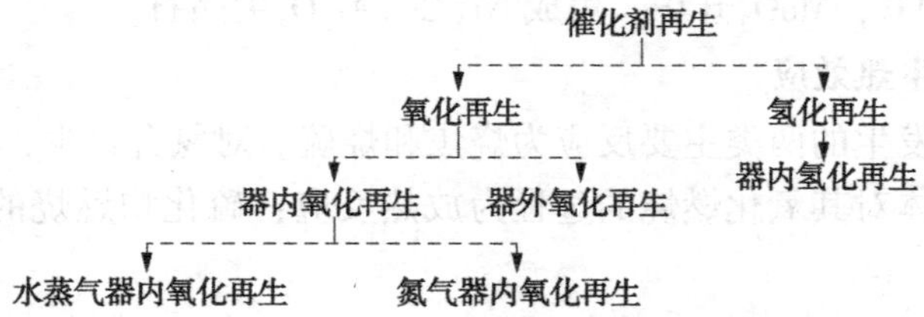

图 16-9 再生方式关系图

1）器内氢化再生。主要用于贵金属催化剂或高镍催化剂因含氮化合物、稠环芳烃等极性物质吸附在催化剂活性中心，造成的催化剂暂时性失活。在生产过程中，必须逐步提高反应温度，以弥补活性的损失，直到产品质量不能满足要求(如：倾点、黏度指数、氧化安定性等)的最高温度。在催化剂每次用氧化再生前，可用比较缓和的短时间非氧化处理方式——器内氢化再生，吹除催化剂上的毒性物质，恢复催化剂活性。器内氢化再生可多次进行，直至氢化后活性恢复不明显为止。氢化再生一般在反应系统停止进油后，将裂化反应器出口压力降至 15MPa(表压)，通过反应进料加热炉控制升温，将反应器入口温度升至 400~450℃(氢化温度一般高于反应温度)，保持此温度热氢吹扫 15~30h(或更长时间)。在氢化再生阶段，循环氢压缩机全量循环，关闭冷氢阀，并根据需要从高压分离器顶部排放部分循环氢，维持循环氢纯度在 80%以上。催化剂氢化再生阶段，一般应适当注入硫化剂，确保循环氢中硫化氢含量在 0.1%以上，避免由于催化剂氢化再生造成催化剂还原。

某催化脱蜡装置的氢化结果表明：以胜利常三线减一线为原料，在正常条件下操作，运转 134 天后进行氢活化，氢活化后活性得到了很好恢复。见表 16-15。

表 16-15 器内氢化再生效果[10]

项　目	床层平均温度/℃	标准反应温度/℃
运转初期	395	389
第一次氢活化前	421	422
第一次氢活化后	402	401
第二次氢活化前	420	427
第二次氢活化后	393	399

2）水蒸气器内氧化再生。最早开发的一种催化剂再生方式，它的工业应用，大大降低了加氢催化剂的消耗，节省了催化剂费用。由于催化剂再生时，要求严格控制床层温升，同时需将燃烧时放出的热量从反应器带出，因此需要一种载热体，人们首先想到的是工厂中来源稳定、价格便宜、可随时供应的水蒸气。水蒸气器内氧化再生利用装置反应部分流程，它的工业应用，提高了催化剂的利用率。但同时随着研究工作的深入，人们也发现水蒸气器内

氧化再生的缺点：

（1）会促使催化剂上的活性金属组分聚集，分子筛、氧化铝的晶性结构被破坏[27]；

（2）水蒸气器内氧化再生催化剂活性恢复率低；催化剂再生时会产生大量SO_2、SO_3、CO_2，在低温条件下，会生成H_2SO_4、H_2CO_4、H_2SO_3等，这些物质严重腐蚀设备，给装置的长周期生产构成极大的威胁。

为了减少设备腐蚀，修改后的流程为从反应器出口接临时水洗罐，通过顶部喷水，冲洗产生的焦粉，减轻排放的酸性气负荷，水洗后的酸性气引至加热炉顶部高点排放。由于一次通过的水洗气仍含有大量酸性介质，构成了对环境的污染，随着环保法规的日趋严格，氮气器内氧化再生及器外氧化再生技术的发展，水蒸气器内氧化再生方式逐渐减少。但碳三液相加氢等装置仍在采用[23]。

3）氮气器内氧化再生。20世纪70年代，UOP开发了氮气器内氧化再生。氮气器内氧化再生的载热体为氮气，UOP规定：N_2纯度应>99.95%，最高露点：-40℃。

氮气器内氧化再生：

（1）可利用装置反应部分流程，通过循环氢压缩机的全量循环，实现循环再生；

（2）循环再生技术的工业应用，大大减少了载热体的消耗；

（3）反应流出物空冷器前的注碱，可中和酸性气，生成中性物质——盐，缓解了设备的腐蚀；

（4）根据循环氮气的浓度，可部分排放经碱液中和处理的再生烟气，对空气的污染相对减小；

（5）循环注碱技术的采用，大大降低了新鲜碱液的消耗；

（6）当然，中和酸性气仍会产生含盐碱液，尚需作为碱渣处理。

从表16-16可看出：

（1）氮气器内氧化再生后，R101平均温度基本接近，说明催化剂活性基本恢复到新鲜剂开工初期的水平；

（2）在R101出口精制油氮含量相近的情况下，再生剂的R102平均温度比新催化剂高8℃，但比失活剂低10℃；

（3）加氢裂化催化剂的活性恢复不如加氢精制剂。见表16-16。

表16-16 氮气器内氧化再生效果[8]

项 目	新催化剂	失活剂	再生剂
反应进料/($t \cdot h^{-1}$)	92.25	81.22	89.66
R101平均温度/℃	388.3	399.4	388.5
R101出口精制油氮含量/($\mu g \cdot g^{-1}$)	8.2	14.2	8.6
R102平均温度/℃	381.2	399.0	389.2
反应器系统压降/MPa	2.35	2.75	2.13
R101床层压降/MPa	0.042	0.361	0.064
液体收率(对原料油)/%	96.74	90.72	94.84
中馏分油收率(对原料油)/%	65.43	53.84	63.49

从反应器系统压降和R101床层压降来看，再生剂较失活剂得到了明显改善，基本恢复到新鲜剂的水平。

从液体收率和中馏分油收率来看，再生剂比新鲜剂略低，但远高于失活剂，说明催化剂再生效果较好。

从表 16-17 可看出，氮气器内氧化再生后，加氢精制催化剂孔容恢复率 87%，比表面积恢复率 90%，平均孔径恢复率 99%；加氢裂化催化剂孔容恢复率 79%，比表面积恢复率 64%，平均孔径恢复率 87%。

以表 16-16~表 16-18 可看出，加氢精制催化剂氮气器内氧化再生的活性、孔容、比表面积、平均孔径及酸性恢复率均好于加氢裂化催化剂。

表 16-17　新鲜、失活和再生的加氢催化剂孔结构[1]

项　目	加氢精制催化剂			加氢裂化催化剂		
	新鲜	失活	再生	新鲜	失活	再生
孔容/($cm^3 \cdot g^{-1}$)	0.381	0.260	0.330	0.308	0.203	0.243
比表面积/($m^2 \cdot g^{-1}$)	187	129	168	241	115	153
平均孔径/nm	8.16	7.88	8.08	8.13	6.35	7.04

表 16-18　新鲜与再生加氢催化剂的酸度变化[1]

红外酸度/($mmol \cdot g^{-1}$)	加氢精制催化剂			加氢裂化催化剂		
	1	2	3	1	2	3
新鲜剂	0.429	0.319	0.332	0.720	0.621	1.054
再生剂	0.342	0.240	0.257	0.489	0.362	0.638
酸性恢复率/%	79.7	75.2	77.4	67.9	58.3	60.5

4）氮气器内氧化再生与水蒸气器内氧化再生的比较。RIPP[19]考察了失活 RN-1 催化剂(积炭：5.5%、硫：5.8%、比表面积：$92m^2 \cdot g^{-1}$、孔容：$0.18cm^3 \cdot g^{-1}$)氮气器内氧化再生与水蒸气器内氧化再生气氛下催化剂的化学组成、物理性质及晶体结构的变化，并评价了再生催化剂的催化性能。再生操作条件：介质一次通过，再生压力：常压，气剂体积比为 250∶1，反应器入口氧含量：1%~5%(体)，床层温度：350~470℃。

表 16-19 说明，再生后的 C 和 S 含量均很低，再生气氛对催化剂烧焦本身并无影响，只要控制好再生温度和氧含量，都可达到再生烧焦的目的。催化剂的化学组成见表 16-20。

表 16-19　再生催化剂上 C 和 S 含量[19]

项　目	C/%	S/%
氮气再生催化剂	0.36	0.15
水蒸气再生催化剂	0.04	0.23

表 16-20　催化剂的化学组成[19]

项　目	WO_3/%	NiO/%
新鲜 RN-1 催化剂	25.0	2.8
氮气再生催化剂	25.3	2.7
水蒸气再生催化剂	24.4	2.6

X 射线荧光法(XRF)结果说明：水蒸气再生后，催化剂的金属组分 WO_3 和 NiO 稍有

流失，而氮气再生后催化剂 WO_3 和 NiO 基本没有流失。催化剂的表面原子浓度见表16-21。

表 16-21 催化剂的表面原子浓度[19]

项 目	Ni/Al	W/Al
新鲜 RN-1 催化剂	0.064	0.069
氮气再生催化剂	0.08	0.067
水蒸气再生催化剂	0.054	0.077

X 射线光电子能谱法结果表明：水蒸汽再生后，催化剂表面 Ni 稍有下降，表面的 W 却发生了一定程度的富集。氮气再生后，催化剂表面 W 几乎无变化，表面 Ni 浓度稍高，说明 Ni 并未向体相 Al_2O_3 晶格中扩散，生成 $NiAl_2O_4$ 尖晶石。催化剂比表面积、孔容、孔分布和压碎强度见表 16-22。

表 16-22 催化剂比表面积、孔容、孔分布和压碎强度[19]

项 目		新鲜剂	失活剂	氮气再生	水蒸气再生
比表面积/($m^2 \cdot g^{-1}$)		156	92	134	151
孔容/($cm^3 \cdot g^{-1}$)		0.29	0.18	0.28	0.29
孔体积分布/%	2.0~4.0nm	5.10	10.12	3.71	2.01
	4.0~6.0nm	28.18	44.82	31.49	23.19
	6.0~8.0nm	47.60	38.38	51.85	52.69
	8.0~10.0nm	15.24	4.20	9.84	19.06
	10.0~20.0nm	3.16	1.58	2.26	2.40
	20.0~40.0nm	0.47	0.56	0.53	0.42
	40.0~60.0nm	0.20	0.33	0.32	0.30
压碎强度/($N \cdot mm^{-1}$)		27.7	33.1	24.7	21.1

低温氮吸附法(BET)结果表明：水蒸气再生和氮气再生都能使催化剂比表面积及孔容得到最大限度的恢复，水蒸气再生还能使催化剂孔径略有扩展。但水蒸气再生后，催化剂强度有一定程度的下降。对强度较低的催化剂就容易破碎，从而造成反应器床层压力降增加，影响装置的长周期运行。但 RN-1 强度虽有下降，仍有足够高的强度，不会带来反应器床层压力降增加的麻烦。

X 射线衍射法(XRD)物相测定结果说明：氮气再生的催化剂，其物相组成与新鲜催化剂基本相同，没有新物相生成。水蒸气再生后的催化剂则观察到 WO_3 晶粒的增大，同时出现了 $NiWO_4$ 新晶相。

相对活性定义：$相对脱(氮)硫率=\frac{再生剂脱氮(硫)率}{新鲜剂脱氮(硫)率}\times 100\%$

在相同条件下，两种再生气氛下催化剂活性评价结果见表 16-23。

表 16-23 催化剂活性评价[19]

反应条件	反应压力/MPa	3.2	3.2	3.2
	氢油体积比	350 : 1	350 : 1	350 : 1
	体积空速/h^{-1}	2.0	2.0	2.0
	反应温度/℃	300	320	340
相对脱氮活性/%	氮气再生催化剂	95	96	96
	水蒸气再生催化剂	75	76	80
相对脱硫活性/%	氮气再生催化剂	95	99	99
	水蒸气再生催化剂	91	96	97

表 16-23 数据说明：氮气再生可使 RN-1 催化剂脱氮活性恢复到新鲜剂的 95%以上，而水蒸气再生催化剂脱氮活性损失较大，只能恢复到 70%~80%。从 XRD 谱图上可看到，水蒸气再生使催化剂的 WO_3晶粒增大，并出现了 $NiWO_4$结晶。这些物种在催化剂预硫化过程中，难以硫化或不能完全硫化为金属硫化物，从而使脱氮活性中心减少，降低了催化剂的脱氮活性。因此认为，WO_3晶粒增大及 $NiWO_4$结晶生成是影响水蒸气再生催化剂脱氮活性的主要因素。氮气再生可使 RN-1 催化剂脱硫活性恢复到新鲜剂的 95%~99%，水蒸气再生催化剂脱硫活性可恢复到 91%~97%，说明再生介质对脱硫活性影响较小，即脱硫所需的活性中心与脱氮所需的活性中心不同，这种活性可能受 WO_3晶粒增大及 $NiWO_4$结晶生成的影响不大[19]。

5）国外器外氧化再生。国外器外氧化再生技术，始于 20 世纪 70 年代初，早期的再生方式主要有："静态盘式"(马福炉或比萨炉)再生和"固定床"再生。到目前为止，国外主要有：Akzo Nobel 和 IFP 控股的 Eurecat 公司、美国催化剂回收公司(CRI)和 Tricat 三种技术。Eurecat 技术为两段卧式水平旋转圆筒炉脱油再生技术、CRI 技术是 CAT Plus 法不锈钢网带炉脱油催化剂再生工艺、Tricat 沸腾床技术。表 16-24 列出了加氢催化剂器外再生结果。

表 16-24 加氢催化剂器外再生结果[1,37]

项　目	加氢精制催化剂		加氢裂化催化剂	
	K1	K2	HC-K	3824
运转天数	1381	1272	1491	1381
再生前 C/%	2.09	4.84	3.34	3.97
再生前 S/%	8.41	10.14	4.80	7.65
烧 C 率/%	90.4	96.9	93.4	92.9
烧 S 率/%	87.2	95.0	87.3	83.1
孔容恢复率/%	97.3	97.0	78.6	76.6
表面积恢复率/%	94.7	90.4	63.5	60.8
USY 相对结晶度/%	—	—	40	60
相对酸度/%	75.2	77.7	61.6	58.3
XRD 晶相	γ-Al_2O_3，无定型，β-$NiMoO_4$		γ-Al_2O_3，无定型，β-$NiMoO_4$	

6）国内器外氧化再生。表16-25说明：对同一种催化剂，国内器外氧化再生物理性质恢复程度达到国外水平。

表16-25　器外再生后ICR-126L催化剂的物理性质[21]

项　目	待生剂	国内二次再生	日本首次再生	卢森堡首次再生
C/%	3.78	0.26	0.28	0.30
S/%	7.74	1.02	0.70	1.10
孔体积/($cm^3 \cdot g^{-1}$)	0.22	0.317	0.35	0.311
比表面积/($m^2 \cdot g^{-1}$)	102	182	176	184

表16-26说明：国内器外氧化再生催化剂的孔结构与孔分布与新鲜剂相比：比表面积减小，孔分布向大孔方向集中，平均孔径稍有增长，与国外器外氧化再生催化剂的变化规律一致。

表16-26　器外再生后ICR-126L催化剂的孔结构变化[21]

项　目	国内首次再生	国内二次再生		新鲜剂
		温度 t_1	温度 t_2	
比表面积/($m^2 \cdot g^{-1}$)	171	167	182	247
孔体积/($cm^3 \cdot g^{-1}$)	0.324	0.307	0.317	0.318
平均孔径/nm	7.56	7.34	6.89	5.15
孔分布/%				
<2.0nm	0	0	0	0.70
2~3nm	1.78	2.2	1.68	6.04
3~4nm	6.12	6.4	7.15	35.0
4~5nm	13.23	12.97	14.43	36.15
5~6nm	18.62	20.31	18.23	16.40
6~8nm	37.66	42.76	35.62	3.29
8~10nm	17.57	12.67	16.45	0.58
>10nm	5.02	2.69	6.44	1.85

从表16-27可看出，国外首次再生催化剂的活性比新鲜剂损失4℃，国内二次再生催化剂的活性只比新鲜剂损失3℃，二次再生的产品分布与首次再生的分布一致，说明国内器外氧化再生技术与国外器外氧化再生技术相当。

表16-27　器外再生后ICR-126L催化剂活性评价[21]

反应条件	国内二次再生	国外首次再生	新鲜剂
反应氢分压/MPa	14.0	14.0	14.0
氢油体积比	1200	1200	1200
体积空速/h^{-1}	1.1	1.1	1.1
反应温度/℃	412	409	405
生成油密度/($g \cdot cm^{-3}$)	0.8175	0.8181	0.8197

续表

反应条件	国内二次再生	国外首次再生	新鲜剂
<130℃	12.4	12.4	11.9
130~280℃	29.7	29.9	28.0
280~350℃	14.4	14.8	15.5
>350℃	37.7	37.2	39.9
合计	94.2	94.3	95.3

7）氮气器内氧化再生与器外氧化再生的比较。从表16-28可看出，器外氧化再生与氮气器内氧化再生相比，再生效果好；节省再生时间；可免除催化剂床层上部结块、粉尘堵塞所引起的床层压降上升；有利于定期检测高压设备，消除隐患；有利于减少设备腐蚀；减轻环境污染；可防止下部催化剂受上部催化剂烧焦、烧硫生成 H_2O 和 SO_x 的影响，破坏氧化铝、分子筛的晶体结构，金属聚集导致的催化剂活性下降；器外氧化再生可预先采集催化剂样品，测定硫、碳、游离烃含量，进行差热分析和实验室再生，并对再生样品分析其硫、碳含量，测定其表面积、机械强度，通过动态氧化学吸附表征活性金属在载体上分布，预测催化剂的潜在活性。根据相关分析和测试结果，确定待再生剂是否需要进行脱油处理(若游离烃含量大于5%则需要预先进行脱油处理)，确定器外再生的工艺条件。

表16-28 氮气器内氧化再生与器外氧化再生的比较[8]

项目	氮气器内氧化再生	氮气器外氧化再生
再生后催化剂相对活性(对新鲜剂)[20]/%		
Mo-Ni加氢精制催化剂	75~80	95~98
Mo-Co加氢精制催化剂	80~85	95~98
加氢裂化催化剂	75~80	90~95
再生时间/天	20~30	5~10(换剂时间)
装置内设备腐蚀	SO_2、SO_3、CO_2及水溶液、含硫、含盐污水腐蚀设备	不产生
装置内环境污染	产生SO_2、SO_3、CO_2含硫、含盐污水	不产生(催化剂再生厂专有设施处理)
催化剂上部结块、粉尘堵塞	无法免除	可免除
催化剂闲置时间/月	无	5~6
再生费用	取决公用工程价格	13%~15%新催化剂费用[35]
工业应用		
70年代前	100(除水蒸汽器内氧化再生外)	0
1975年	90(除水蒸汽器内氧化再生外)	10
1985年	35	65
1990年	<20	>80
2000年	<5	>95

16.3.4 氮气器内氧化再生步骤

1) 再生程序。

(1) 催化剂脱油[8,15]。反应器在切断进料后，催化剂表面仍吸附有相当数量的油，如不事先脱除，则烧焦时，所吸附的油首先(或与积炭同时)燃烧，易造成催化剂表面超温，延长烧焦时间。有时会因油雾量过大，在反应器中来不及燃烧而带入后续系统和烟囱造成后燃烧或发生爆炸。

催化剂脱油的方法主要采用轻油洗涤和热氢汽提。

① 轻油洗涤。目的：装置在切断进料后，催化剂上仍滞留有一定数量的油。如果事先不脱除就引入空气烧焦，残留油将与失活催化剂上的积炭一起燃烧，既多消耗空气，又可能产生催化剂局部超温，损坏催化剂；延长催化剂烧焦时间；水蒸气再生时，部分残留油会以油雾状态随蒸汽自烟囱排出，污染大气，甚至产生后燃或爆炸[35]。

方法：待反应器床层最高温度降至390℃以下时，以轻柴油或煤油等较轻的油品对催化剂床层进行洗涤。所选洗涤用的轻油，最好芳烃含量较高，这样溶解能力强，洗涤效果好。在高压分离器见到洗涤油后，再运转2~3h，即可停洗涤油[15]。也在反应器切断进料前，装置改为内部循环操作。当反应器床层无温升时，切换入精制油，并循环清洗反应器催化剂床层4h，以冲洗催化剂表面的重质烃[24,25]。

② 热氢汽提。轻油洗涤结束后，在略低于正常操作压力(如：高压分离器压力从16MPa降为15MPa)、略高于正常操作温度(如：反应器入口温度从390℃提到400℃)和循环氢压缩机全量操作的条件下，用热氢循环汽提催化剂表面残留的油。热氢的温度一般应小于450℃，时间视高低压分离器脱油量而定，一般在12~16h，以高低压分离器排油、排水低液位报警为止。为避免金属硫化物被热氢还原，要求循环氢中的H_2S不小于0.1%(体积)，必要时在反应器入口应补硫[8,15]。

(2) 降温降压。同第九章因催化剂再生时而进行的正常停工。降温降压步骤应严格按铬-钼钢先降压后降温的原则，并遵循降压、降温的有关限制。

(3) 氮气置换。同第九章因催化剂再生时而进行的正常停工。氮气置换根据需要可采用泄压、充氮、抽真空方法，直至反应部分的氢气和烃的含量<0.5%~1%(体积)和氧含量<0.5%[8]。

(4) 加热炉清焦。对于不加热原料油的反应炉，不存在对反应炉进行清焦。

对于加热含原料油的反应炉(或反应进料加热炉)，视具体情况，要对反应炉进行清焦，以免影响再生操作和增加空气耗量[15]。

加热炉清焦一般采用水蒸气-空气烧焦法。炉管内的焦质受到高温的蒸汽-空气冲击而崩裂、粉碎和燃烧，燃烧后的产物和未燃烧的焦粉一起被气流带走，达到炉管清焦的目的。

加热炉清焦的主要步骤：

① 按加热炉清焦流程将加热炉入口、出口与反应部分隔断；

② 切出加热炉后的反应部分有关接头要用盲板封住，必要时通入氮气保持正压；

③ 联接好蒸汽、非净化压缩空气、氮气、新鲜水、放空、排污等烧焦管线；

④ 先用小流量蒸汽通入加热炉管，同时点燃加热炉火嘴，直到炉温升到480℃，炉管中排不出凝结水时，维持炉入口蒸汽压力0.2~0.5MPa，加大蒸汽流量并在急冷水罐中喷水[35]；

⑤ 烧焦采用单炉管或双炉管效果较好，炉管通蒸汽，炉膛温度<500℃时，升温速度宜<50℃ · h^{-1}，炉膛温度>500℃时，升温速度宜<30℃ · h^{-1}；可以通过固定蒸汽流量变动空气注入量，或固定空气流量变动蒸汽注入量来控制烧焦速度，调节炉管温度[15,35]；

⑥ 烧焦采用的炉管温度宜在550~620℃，如果温度到550~620℃，炉管中焦炭仍未着火，可暂停蒸汽，只通空气，等到焦炭着火后再打开空气，降温并维持燃烧温度在550~620℃。当炉管由红变黑，说明焦已基本烧完；

⑦ 每隔几小时分析烧焦烟气中CO_2、CO、SO_2和O_2，当CO_2和CO含量很低，炉出口和入口氧含量接近，出口烟气中油污和焦粉少时，说明炉管内已比较干净；

⑧ 大量通入空气15~30min，检查焦是否已烧彻底，然后用蒸汽吹扫炉管，直到炉管吹出物由黑灰色到红色为止；

⑨ 烧焦结束后，关闭空气，用蒸汽降温；

⑩ 关闭蒸汽，用氮气吹扫炉管，再将炉出口管线与原有管线连接，烧焦结束[35]。

(5) 催化剂的撇头处理。热氢汽提、降温降压、氮气置换结束后，催化剂氧化再生前，应对一段串联流程的精制反应器、带循环油的裂化反应器(视压降决定)、单段反应器、两段流程的裂化反应器(视压降决定)等进行撇头处理。

① 降低系统压降，缓解再生时循环氢压缩机负荷卡边的矛盾[29]；

② 去除反应器顶部过滤床层上沉积的FeS和机械杂质，因为直接氧化再生，FeS在有氧存在下，将转化为Fe_2O_3，会在反应器床层顶部形成“致密的硬壳”，不仅床层压降大，而且会产生沟流，导致催化剂床层的压降分配不均，影响催化剂再生过程的顺利进行及总体再生效果[8]；

③ 撇头处理可采集待生催化剂样品，以便分析床层结垢原因和评价再生效果[29]。

(6) 建立再生流程。

①下列盲板已经关闭：

原料油泵出口至高压换热器上的盲板；

新氢从制氢装置至新氢压缩机入口上的盲板；

紧急放空自高压分离器至泄压阀上的盲板；

新氢从加氢装置至制氢装置的盲板。

② 下列盲板已经开通：

氮气从总管至再生时反应部分各用氮点上的相关盲板；

再生时要用的新鲜碱液、循环碱液、废碱液上的相关盲板；

③ 碱液循环线上的静态混合器已安装好；

④ 注氨、注碱、注水、循环碱液系统已准备好，并确保连接点无误；

⑤ 高压分离器的液位转换开关已切换到再生状态；

⑥ 高压分离器(循环氢压缩机入口缓冲罐)顶压力转换开关已切换至再生状态；

⑦ 确认各设备、管线具备再生条件；

⑧ 用于再生时的腐蚀监测设备(如：可伸缩的电阻腐蚀探针)已就位[32]；

⑨ 分析化验设备完好，人员已落实，采样点已检查，并可用。

2) 再生步骤[33]。

(1) 用氮气把再生系统升压至0.5~2.5MPa(根据各厂的氮气压力而定)，开新氢压缩机将压力升高至再生压力；

(2) 开循环氢压缩机，建立氮气循环；

(3) 点燃反应进料加热炉，并使热循环气循环。以10~30℃·h^{-1}的加热速率将反应器入口温度升至330~350℃[24~25]；

(4) 在整个再生期间，根据需要排放过量的烟气，或补充空气或氮气，从而控制分离器压力。整个再生期间，循环气体以最大流率循环；

(5) 全面检查氧气分析仪，然后用它监测循环气体中的氧含量；

(6) 用新氢压缩机补充空气，并控制每级出口温度<135℃，必要时可降低再生压力；

(7) 严格控制进入反应器循环物流中的空气量，使温升<60℃；

(8) 启动注氨泵，按一定速率向反应器出口管线注入无水液氨，中和酸性物质：

$$SO_2+2NH_3+H_2O=\!=\!=(NH_4)_2SO_4$$
$$SO_2+NH_3+H_2O=\!=\!=NH_4HSO_4$$
$$CO_2+NH_3+H_2O=\!=\!=NH_4HCO_4$$

(9) 启动注碱泵，按一定速率在空冷器的上游把稀释的NaOH溶液注入流出气体中，中和酸性物质：

$$SO_2+2NaOH=\!=\!=Na_2SO_4+H_2O$$
$$SO_2+NaOH=\!=\!=Na_2SO_3+H_2O$$
$$CO_2+NaOH=\!=\!=Na_2CO_3+H_2O$$

通过控制废碱液的pH值7.5~8，调整碱液注入量和注氨量，应使反应器出口物流中含氨100μg·g^{-1}左右；

(10) 空气导入系统时，会形成酸性气体。为防止可能生成的痕量SO_3造成腐蚀，在空冷器的上游把稀释的NaOH溶液注入流出气体中。碱液的上游温度应高于220℃[34]，以防止H_2SO_4凝结。将空气导入系统后，即采用碱液循环系统，并开始注洗涤水。调节循环流率以保持混合器出口温度低于100℃[34]。从高压分离器排水以控制水位。从高压分离器采水样，测定pH值。当pH值开始下降时，便以最小流率开始向循环线路补充10%的NaOH。调节碱的补充流量，以控制废碱的pH值在7.5~8之间。调节补充水流量，以保持废碱中的溶解固体小于10%。当废碱中的溶解固体达到10%时，应通过高压分离器排放废碱液至装置外。再次调节补充水流量，以维持高压分离器液位稳定。

应严格地遵守这些限制。如pH值太低(小于5)，则会发生严重的腐蚀。如溶液的pH值太高(大于10)，则会造成碱脆变。如果混合器出口的温度或固体含量太高，则固体会析出溶液。这将导致空冷器由于固体堵塞而压力降增大。若压力降开始增大，就应根据需要加大补充水流量和循环流率，以洗涤系统中的固体。

为避免碱脆变的可能性，废碱的pH值必须小于9。在注碱点的下游必须能够使碱和反应器流出气体充分接触。

只要在反应器流出物中测出SO_2，就应连续不断地进行碱洗。在SO_2含量降到零后，还需要连续碱洗8个小时。可能要到第2或第3次燃烧后才能停止洗涤SO_2。应定期检查循环气中的SO_2，以证实SO_2是否完全除去。

(11) 精心监视反应器燃烧波；

(12) 当在循环氢压缩机入口测出氧气时，第一烧焦阶段结束；

(13) 当反应器入口温度为350℃，且氧含量为0.2%(体积)时，催化剂的最高温度应为380℃左右。应密切注视各点温度。在此期间，要单独做一次入口气体含氧分析，以检查氧气分析器的性能。同时要确保循环气以最大体积流量进行循环。

保持高压分离器的温度低于50℃，启动空冷器，使碱循环混合物得到最大限度的冷却。

(14) 氧浓度从0.1%调到0.2%，然后以10~15℃ · h^{-1}的升温速度将反应器入口温度升至400℃，应观察温升(最大温升30℃ · h^{-1})和氧浓度。如果氧浓度下降应停止升温，应根据氧气消耗量注入空气，维持反应器入口含氧量0.2%(体积)；

(15) 如果各床层均经历过最高温度，而且反应器出口温度下降，说明燃烧波已通过；

(16) 第二次烧焦结束后，应停止注入空气；

(17) 最后阶段是氧化反应。以10~15℃ · h^{-1}的升温速度，将反应器入口温度升至450~480℃；

(18) 在450~480℃温度下，应极缓慢地将含氧量增至3%(体积)，在反应器中任何一点温度超过500℃时，均应限制注入的空气量；

(19) 维持此条件6~8h；

(20) 如符合下述三个条件，可认为完成烧焦工作；

① 不继续消耗氧气，这可通过反应器入口和出口的氧气浓度相同来说明；

② 不产生CO_2，这可通过反应器入口和出口的CO_2含量大致相同来说明；

③ 各催化剂床层基本上无温升。

(21) 停止注碱、注氨和空气。用氮气保持反应器压力。继续把水循环到流出物管线；

(22) 用减少加热炉燃料流量的方法把反应器入口温度降到205℃。继续循环氮气和烟气组成的混合气，直到全部床层温度达205~230℃。冷却速度不应超过25℃ · h^{-1}。在此期间，增大补充水流率，以冲洗换热器组和高压分离器中的碱；

(23) 当所有反应器温度都低于230℃时，停运注水泵和循环泵，排净高压分离器和装置中各低点的水；

(24) 继续用循环氮气和烟气的混合气冷却反应器，直至达到下一步操作所需的温度。如不准备打开反应器而打算再次开汽时，应把反应器冷却到开始催化剂活化的温度。如果准备打开并进入反应器，就应将反应器冷却至炼厂检修实际所规定的温度。如冷却后的反应器准备闲置一段时间，应把反应器与系统隔开，并用干氮气保持微正压；

(25) 如果要进入反应器，应采取措施保证反应器内不存在羰基镍。为使生成羰基镍的可能性最小，在冷却反应器期间应保持循环气的氧含量为1%~2%。

3) 再生条件及其影响。

(1) 再生压力。提高再生压力有利于加快烧焦速度，再生压力的高低，受装置压缩机功率和压比的限制。对于采用离心式循环氢压缩机的装置，提高再生压力较采用往复式循环氢压缩机的装置要困难的多，因为加氢裂化装置循环氢的相对分子质量一般在3~5，而氮气的相对分子质量为28，循环氢的密度较以氮气为主的再生烟气小，原有压缩机驱动设备的功率也小，而压缩机的选型又不可能根据再生工况选择。对于采用往复式循环氢压缩机的装置，提高再生压力主要受再生温度高于反应温度的限制。因为在最高再生温度下，反应器和加热炉管的金属材料必须能承受最大限制再生压力所产生的应力。

因此根据装置压缩机的性能参数和设备限制，再生时高压分离器的压力一般可确定为3.5~5.0MPa。

(2) 再生温度。控制再生温度的参数有反应器入口温度和反应器入口气体中氧的浓度。如果给出反应器入口温度和气体中的氧含量，可用公式(A)估算催化剂床层的最高温度。

所谓催化剂床层最高温度，就是积炭催化剂燃烧区域的温度。一般反应器入口气体中氧含量为1%(体积)时，且氧气完全消耗，则积炭催化剂燃烧产生110℃的温升。如反应器进口温度为315℃，入口气体中氧含量为0.5%(体积)，则催化剂床层最高温度为：

$$t_{max}=315+110\times0.5=370(℃) \qquad (A)$$

该最高温度随催化剂积炭的烧去而向下移动，并通过反应器。

再生过程中，反应器中任一点温度升到455℃[26](文献[25]建议此温度为454℃)以上时，就应减少空气量。

由于控制循环气中氧含量非常重要，所以再生期间在循环气管路上安装在线氧气分析仪。

反应器入口温度是指氮气和空气混合气体进入反应器顶部催化剂床层之前的温度。该温度由循环气加热炉燃烧速度控制。入口温度和氧含量决定积炭燃烧后催化剂床层将达到的最高温度。

升高反应器进口温度以促使出现燃烧波，当第一次燃烧波通过各反应器后，再升高反应器入口温度以促使出现第二次燃烧波。如果反复不断直至达到规定的再生温度为止。

(3) 氧含量[25]。氧含量不仅是控制再生温度的关键参数，而且也是控制催化剂烧焦速度的重要参数。催化剂上的焦炭在燃烧过程中，焦炭中氢的氧化速度快于碳，并且碳是主要成分，因而人们常以碳的燃烧动力学来表示催化剂上焦炭的燃烧速度。

刘耀芳等对重整催化剂及催化裂化催化剂上焦炭燃烧动力学的研究结果表明：重整催化剂上焦炭中炭的燃烧速度与炭成一级反应关系，与氧分压成0.55级关系；催化裂化催化剂上炭的燃烧速度与炭成一级反应关系，但与氧分压成0.75级关系；加氢催化剂上的焦炭燃烧动力学要比重整催化剂、催化裂化催化剂上炭的燃烧动力学复杂，因为加氢催化剂是在硫化态下使用，当失活催化剂再生时，金属硫化物同时燃烧，放出大量热量，但若不考虑金属硫化物的氧化对加氢催化剂上焦炭燃烧动力学的影响，燃烧速度可简化为：

$$-\frac{dc}{dt}=KP_{O_2}^{a}C$$

式中　C——催化剂的积炭量，%；

P_{O_2}——烧焦气氛中的氧分压；

a——常数；

K——反应速度常数，是再生温度的函数；

t——时间，h。

因此，烧炭速度除与催化剂上的积炭量、再生床层温度有关外，循环气中氧含量的提高也可加快烧炭速度、缩短烧炭时间。

(4) 再生时间。再生时一般应按 16.4.2 所给出的再生步骤进行。按炭全部燃烧生成CO_2需要的时间考虑，可按下式计算烧焦时间。

$$\theta=\frac{32Y_c\cdot Y\cdot\rho_S}{12Q\cdot X\cdot\rho_g}=2.67\frac{V\cdot Y\cdot\rho_g}{Q\cdot X\cdot\rho_g}$$

式中 θ——烧焦时间，h；

ρ_S——催化剂堆积密度，$kg\cdot m^{-3}$；

ρ_g——气体密度，$kg\cdot m^{-3}$；

Y——催化剂积炭量,%；

X——气体中氧含量,%；

Y_c——催化剂体积，m^3；

Q——气体流量，$m^3\cdot h^{-1}$(标)。

由于单段串联的加氢裂化装置精制反应器和裂化反应器均由多床层组成，俞文豹[33]等人提出了多路进气缩短再生时间的方法：对于反应器内的所有催化剂而言，烧焦反应在一个缺氧的状态下进行，因此反应器内的催化剂在再生烧焦时存在一个温度最高点的烧焦前锋，在此前锋的上游，催化剂在此阶段烧焦已结束，床层没有温升；而在此烧焦前锋的下游，由于缺氧，催化剂烧焦反应尚未开始，床层没有温升。相比烧焦前锋，催化剂床层处于“冷”状态。这种情况为反应器多路进空气提供了可能。如在两个反应器情况下，可以在第一反应器和第二反应器入口同时通入混有新鲜空气的循环氮气，对两个反应器同时烧焦。当第一反应器内的烧焦前锋接近反应器底部时，停止第二反应器入口循环氮气的补入，以免第一反应器过剩的氧气进入第二反应器，引起进入第二反应器的氧含量超标所导致的床层超温。由于两个反应器同时并行烧焦，再生时间有望大大降低。

4）再生注意事项[33]。

(1) 不要同时升高反应器入口温度和循环气中的氧气含量。同时升高这两个参数会出现难以预测最高燃烧温度的情况，并可能导致超过最高极限温度。

(2) 再生时，可能发生下述紧急情况：如果在烧焦期间氧气浓度失控，5%的氧可使温度升高到870℃以上，催化剂晶格会发生变化，这种变化会自行持续而不需要空气，必须采取停止加热炉并引入99.9%以上的氮气进行冷却。

(3) 不要让反应器内存有空气。否则少量未燃烧完全的积炭可能燃烧，促使催化剂晶体结构变化。

(4) 切忌同时打开反应器两端与大气相通。否则热的反应器会起到烟囱作用，在底部吸入空气。这会使可能存在的未燃烧完全的积炭燃烧。当反应器两端都打开，包括在卸催化剂时，都要把氮气引至反应器底部。

(5) 反应器处于260℃以下时，一氧化碳将与镍催化剂反应生成毒性极大的羰基镍，一旦接触，应立即淋浴。

5）再生流程图，见图 16-10。

6）N_2器内氧化再生物料平衡。N_2器内氧化再生最终会达到平衡，借助再生期间分析化验，补充化学药剂量，排放气体量，确定最终物料平衡，指导再生期间异常操作处理。某加氢裂化装置N_2器内氧化再生物料平衡见表16-29。

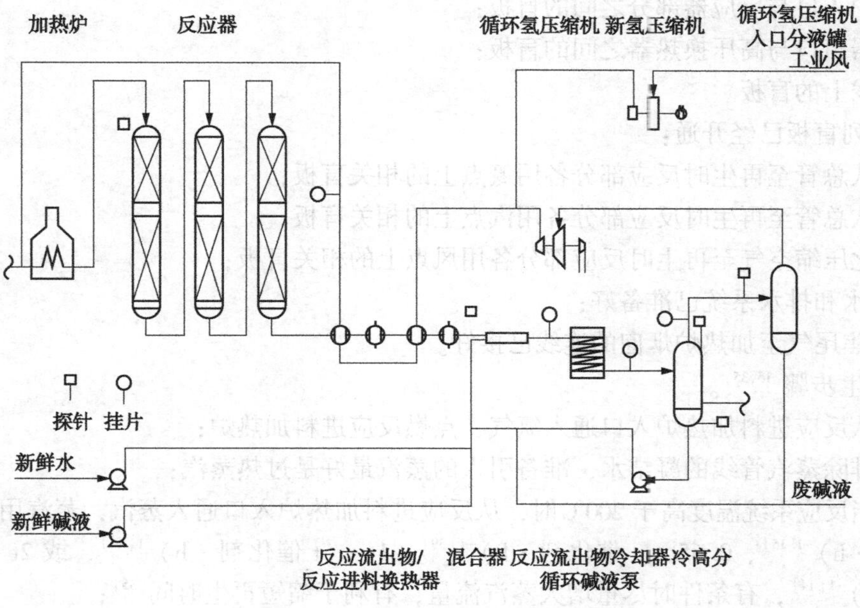

图16-10 N_2器内氧化再生流程示意图

表16-29 某加氢裂化装置N_2器内氧化再生物料平衡 kgmol·h^{-1}

项目	反应器入口气体	反应器出口气体	NH_3	碱液	高分入口	废碱液	高分气	排放气	补充气
O_2	36.9								36.9
N_2	3405.1	3405.1			3405.1		3405.1	139	139
CO_2	238.9	259.2			249.1		249.1	10	
H_2O	13.0	24.1		627.3	651.37	639.3	12.1	0.6	1.5
SO_2		5.5							
NH_3			0.5		0.5	0.5			
NaOH				31.4					
Na_2CO_3					10.2	10.2			
Na_2SO_3					5.5	5.5			
Σ	3693.9	3693.9	0.5	658.7	4321.77	655.5	3666.3	149.6	177.4
相对分子质量	29.06	29.09	17.43	19.06	27.6	20.58	29.07	29.07	28.76
气体流量/(kg·h^{-1})	107327	107445	9	12546	119281	13488	106575	4330	5102
气体流量(标态)/(m^3·h^{-1})	82795	82795			96868	14692	82174	3353	3976

16.3.5 水蒸气器内氧化再生步骤

1）再生程序。催化剂脱油、热氢汽提、降温降压、氮气置换、催化剂撇头、加热炉清焦等同氮气器内氧化再生步骤。

建立再生流程：

① 下列盲板已经关闭：

加热炉入口与反应器部分之间的盲板；

反应器出口与高压换热器之间的盲板；

冷氢线上的盲板。

② 下列盲板已经开通：

氮气从总管至再生时反应部分各用氮点上的相关盲板；

蒸汽从总管至再生时反应部分各用汽点上的相关盲板；

非净化压缩空气至再生时反应部分各用风点上的相关盲板；

③ 注水和排水系统已准备好；

④ 烧焦尾气至加热炉烟囱的连线已接好。

2）再生步骤[15,35]。

（1）从反应进料加热炉入口通入氮气，点燃反应进料加热炉；

（2）排除蒸汽管线的凝结水，准备引入的蒸汽最好是过热蒸汽；

（3）当反应系统温度高于200℃时，从反应进料加热炉入口通入蒸汽，蒸汽用量0.35t·(t催化剂·h)$^{-1}$[15]、0.65t/(t催化剂·h)$^{-1}$[39]、1t·(t催化剂·h)$^{-1}$[14]，或2t·(m^{2}反应器截面·h)$^{-1}$[14]，有条件时尽量增大蒸汽流量，有利于缩短再生时间[35]；

（4）将烧焦罐的水注入到预定位置，并开通淋洗设施；

（5）以10~30℃·h^{-1}的加热速率将反应器入口温度升至250℃，控制蒸汽中的氧含量0.05%~1%，当床层温度不出现明显变化时，认为250℃烧硫阶段结束；

（6）以25~30℃·h^{-1}的加热速率将反应器入口温度升至300℃，控制蒸汽中的氧含量0.05%~1%，空气量的大小以床层不超温为原则，当床层温度不出现明显变化时，认为300℃烧硫阶段结束；

（7）以10~20℃·h^{-1}的加热速率将反应器入口温度升至350℃，控制蒸汽中的氧含量0.05%~1%，当床层温度不出现明显变化时，认为350℃烧硫阶段结束；

（8）烧硫阶段结束后，即可转入烧炭阶段；

（9）烧炭阶段分三个阶段：350℃、400℃、430~450℃；氧含量控制同烧硫阶段；

（10）每隔几小时分析再生烟气中CO_2、CO，当CO_2和CO含量很低，预示烧炭接近完成；

（11）430~450℃烧炭结束后，以<50℃·h^{-1}将反应温度降至350℃，在慢慢增大空气量，如催化剂床层无后燃现象，可减少空气量；

（12）加热炉熄火，当加热炉入口温度降到250℃时，可停止引入蒸汽，只送入空气降温，密切注视催化剂床层温度；

（13）当催化剂床层温度降到150℃后，可将加热炉、反应器并入原反应系统。至此水蒸气器内氧化再生全部完成。

3）再生注意事项[35]。

（1）蒸汽压力。蒸汽入加热炉的压力决定了加热炉、反应器、烟囱及连接管线的压力降。一般蒸汽压力1.0MPa，空气压力0.6~0.8MPa。选择压力时，尚应考虑加热炉、反应器温度限制是否仅450℃或470℃，还应核算高温时加热炉、反应器能承受的压力。

（2）再生温度。焦炭的燃烧速度与注入的氧含量成正比，每提高再生温度4~8℃，必须将蒸汽流中含氧量降低0.1%(体积)。

催化剂长期暴露在470℃高温下会发生一定活性损失，特别是脱氮活性损失。如果催化剂发生局部超温，会引起催化剂中钼的升华。超温到870℃以上时，还会引起载体Al_2O_3的晶体结构变形。

（3）环境污染。含有CO_2和SO_2的再生烟气均由烟囱排放，为避免对大气的严重污染，应加强水的洗涤，再生烟气应从水罐底部进入，出罐前再经干净水淋洗。烟气由高烟囱排放，当烟气只能通过反应器附近设置的临时小烟囱排放时，小烟囱必须高于反应器顶部至少3m，高于半径10m以内任何平台至少5m。

专设的小烟囱必须具有足够大的直径，以免压降过大。

16.3.6　器外氧化再生[2,8,35]

适用于加氢处理、加氢精制、加氢裂化等各类加氢和催化重整的积炭催化剂再生。催化剂器外氧化再生一般分脱油、再生和冷却三部分。

1）CRI法。该技术采用CAT Plus法带式催化剂再生工艺，其再生部分又分为低温烧硫和高温烧焦两个步骤。

（1）汽提脱油。失活催化剂经称重、记录和采样分析后，由桶中卸到斗式提升机，送入振动筛，分出细粉催化剂、灰尘、尺寸大于催化剂规格的结块失活催化剂、瓷球等物质，过筛后的失活催化剂如果烃含量较高，经闸门进入再生设备的脱油部，即通过传送带送入密闭的炉体，炉子通入混有氮气的空气和液化气燃烧，控制温度150~300℃，将渗入失活催化剂的烃类物质汽提出去。汽提段不同区段的薄层催化剂的温度，是在实验室通过热重分析等相关方法测试后预先确定的，它可以保证再生前完全脱除催化剂上的烃类。汽提出来的含有油雾的烟气，从炉子上部集合管流出，进入焚烧炉燃烧后，排至大气。

整个脱油过程是在宽1.8m、长15m的传送带上进行，为防止空气进入发生爆炸，催化剂进出均安装闸门，自动启闭。

（2）再生。汽提脱油后的失活催化剂，或过筛后不需脱油的失活催化剂，流入到再生部分传送带上，沿传送带形成一个薄层并随传送带移动。再生部分是一个密闭的炉子，再生炉长约20m，宽约2.4m，催化剂在炉内停留约4~5h。炉膛分四个燃烧室，每个燃烧室设有独立的混有氮气的空气和液化石油气燃烧设施，沿传送带安装约30个热电偶，可根据温度指示调节传送带上催化剂层的厚度、空气流量、燃料气量、氮气量和传送带速度，准确控制再生区段的温度。催化剂进入的第一段为350~400℃烧硫，第二段为400~450℃烧炭，第三段为450℃恒温烧炭，第四段为450~500℃烧残炭。每个室可根据失活催化剂的工业应用性能、物化性质和用户要求，控制不同的室温。

（3）冷却。再生后的催化剂进入冷却部分传送带上进行冷却，然后进入长度、密度分级器，将再生后的催化剂按不同密度、长度进行筛分。将未再生完全的催化剂分出后重新再生，并将催化剂粉末和碎块分离。

整个再生过程均在10%·min^{-1}左右的传送带上进行，CRI通过优化空气流量、传送带设计、犁片设计及温度控制，不断改进带式再生技术。

2）Eurecat法[2,8,35]。该技术采用两段催化剂再生工艺，其再生部分也分为低温烧硫和高温烧焦两个步骤。

(1) 实验室评价。接受样品后，首先测出样品的碳氢化合物含量、硫含量、炭含量，然后实验室再生，再测出再生后样品的硫含量、炭含量和机械强度等，并进行动态氧化学吸附(DOC)、金属中毒试验等。通过试验，确定催化剂是否值得再生、是否需要汽提、为工业再生提供帮助(如催化剂烧炭停留时间、再生器中氧含量等)。

(2) 汽提脱油。失活催化剂经称重、记录和采样分析后，如果失活催化剂的油含量超过5%，烧硫、烧炭之前，就需要汽提脱油。

将失活催化剂装入储罐，由罐下流入振动筛，分出细粉催化剂、灰尘、尺寸大于催化剂规格的结块失活催化剂、瓷球等物质，过筛后的失活催化剂流入转送提升带，并被送入高位罐。从高位罐出来的催化剂，流入百叶窗锥体形回转炉。在旋转百叶窗炉内与高速通过的惰性气体充分接触，在180~200℃条件下，将催化剂表面和孔结构内的游离烃吹扫汽提脱除，被气体带走，从汽提炉出来的烟气进入燃烧室中被高温燃烧，废气进入洗涤器洗涤后排入大气。汽提阶段催化剂不烧硫、不烧炭。

(3) 再生。汽提脱油后的失活催化剂，或过筛后不需脱油的失活催化剂，流入到再生部与燃烧室中加热的热再生气一起进入烧硫吊转炉。

吊转炉炉体是一个加工精细的园柱筒体，内壳截面向卸料端逐渐扩大，由2.0m到2.5m，炉长约11m，由24个叶片组成，沿炉内壁形成向百叶窗一样的结构，每两个相邻叶片有一定的重合部分，这种叶片与炉体等长，叶片的支架是连续的径向隔板，叶片与隔板之间形成一条条纵向通道，从进口延伸到出口。

待处理的催化剂进入吊转炉后，从小直径端进入，一方面沿径向从一个叶片流转到另一个叶片，另一方面沿轴向从进口端流向出口端。炉外独立燃烧室产生的预热空气与薄层待生催化剂在200~250℃条件下充分接触，并通过严格控制温度、催化剂流速、空气温度、空气流速等进行待生催化剂烧硫。

烧硫产生的CO_2和SO_2气体，在炉出口汇集后，经与新鲜空气换热降温，降温后的废烟气，进入洗涤塔，洗去SO_2后排入大气。

烧硫后的催化剂与另一燃烧室产生的预热空气一起进入烧炭吊转炉。在400~480℃条件下，薄层待生催化剂与预热空气充分接触，烧去包括结构内的积炭。烧炭同样是在严格控制温度、催化剂流速、空气温度、空气流速等条件下进行。废气同样与新鲜空气换热降温，降温后的废烟气，进入洗涤塔，洗涤后排入大气。

再生后的催化剂用提升机送到一高位储罐，然后流入振动筛，经过筛以除去再生过程产生的粉末，然后装桶。

参 考 文 献

1 刘晨光．研究生讲义《催化原理》[M]．石油大学(华东)化学化工学院，2001. 140~221
2 韩崇仁主编．加氢裂化工艺与工程[M]．北京：中国石化出版社，2001
3 Diez F，Gates B C，Miller J T. Ind Eng Chem Res，1990，29：1999
4 加氢技术情报交流座谈会交流资料[M]．上海市石油学会，1998年9月20日；Donnelly S P，et al. Japanes Petroleum Institute Symposium. Nov 15~16，1982
5 孟祥兰，彭焱．临氢降凝工艺技术的发展及应用[J]．石油炼制与化工，1997，28(5)：29~35
6 玉山昌颢著．庄德邻译．石油[M]，1988，24(3)：52；触媒[M]，1986，28(8)：571
7 石油化工干部管理学院组织编写．加氢催化剂、工艺和工程技术(试用本)[M]．北京：中国石化出版

社，2003
8 水天德主编．现代润滑油生产技术[M]．北京：中国石化出版社，1997
9 Vlado Valkoic. Trace Elements in Petroleum Division of the Petroleum Publishing Company，1978
10 Hitchens B，ET AL. preprints Division of Petroleum Chemcial Society，1972，18(4)：623~629
11 上海石油化工总厂化工一厂，华东化工学院．100 单元加氢裂化[M]，1982. 75~79
12 曲良龙，孙明永，戴立顺．RN-1 催化剂再生性能的研究[J]．石油炼制，1993，24(4)：30~34
13 [苏]马萨古托夫 P. M.．石油加工与石油化学中催化剂再生[M]．北京：中国石化出版社，1992
14 颜志茂，李洪禄，李思敏．加氢催化剂器外再生技术(HCRT)的开发与应用[J]．炼油设计，2002，32(4)：41~43
15 梁相程，王继锋，喻正南等．几种加氢裂化催化剂的失活与再生研究[J]．石油化工高等学校学报，2002，15(4)：29~33
16 李正琪．碳三液相加氢催化剂的工业再生[J]．石油化工，2001，30(5)：384~387
17 王晓璐，张世宏．FH-5 加氢精制催化剂的工业再生[J]．炼油设计，1996，26(4)：52~57
18 俞文豹，刘泳涛，王子文等．MHUG 装置催化剂的器内再生[J]．石油炼制与化工，2000，31(10)：35~38
19 顾国璋，吴德俊．加氢裂化催化剂再生技术经济比较．第一届加氢裂化协作组年会论文集[M]．炼油设计编辑部，1995. 257~259
20 Pierre Dufresne. 李成峰译．加氢裂化催化剂再生．第一届加氢裂化协作组年会论文集[M]．炼油设计编辑部，1995. 260~266
21 单青松，栾友本，应礼明．加氢裂化催化剂的器内再生[J]．石油炼制．1990，(4)：8~14
22 吴辉，单青松．催化剂器内再生技术的应用．加氢裂化装置第三次技术交流会文集[M]．炼油设计编辑部，1992. 201~209
23 Francis Valeri，Frederic Girardier. AKZO NOBEL. AKZO NOBEL´S FIFTH CHINESE SEMINAR ON REFINING CATALYSTS(HPC/FCC). 1998. 1~11
24 张广林．石油中的铁对加氢裂化反应器床层压力降升高的影响及对策．加氢裂化装置第三次技术交流会文集[M]．炼油设计编辑部，1992. 69~75
25 赵开城．应用 TK-RINGS 催化剂解决精制反应器压力降问题总结．加氢裂化装置第三次技术交流会文集[M]．炼油设计编辑部，1992. 179~181
26 茂名石油工业公司炼油厂．加氢裂化催化剂烧焦再生总结．加氢裂化装置首次技术交流会议文集[M]．炼油设计编辑部，1987. 24~48
27 赵开诚．加氢裂化催化剂再生方法探讨．加氢裂化装置首次技术交流会议文集[M]．炼油设计编辑部，1987. 66~70
28 宋文模．馏分油固定床加氢裂化失活催化剂的再生．加氢裂化装置首次技术交流会议文集[M]．炼油设计编辑部，1987. 161~200
29 加氢技术交流协作组编译．国外加氢技术问答[M]．北京：石油化学工业出版社，1978
30 赵琰，张喜文．加氢裂化催化剂的失活与再生．加氢裂化协作组第三届年会报告论文集[M]．加氢裂化协作组 抚顺石油化工研究院，1999. 424~432
31 国外加氢技术(第一辑)[M]．抚顺石油化工研究院，2000. 257~259
32 [法] J. F. 勒巴日等著．李宣文，黄志渊译．接触催化[M]．北京：石油工业出版社，1984

第十七章 中和清洗

17.1 概述[1~5,9]

连多硫酸是在石化工业的生产设备中经常碰到的一种无机酸，它的通用分子式为 $H_2S_xO_6$，其中 $x=3，4，5$。

连多硫酸的形成主要是由于加氢裂化装置高温高压临氢系统的设备和管线大多采用奥氏体不锈钢材料。由于奥氏体不锈钢在高温、硫化氢存在的环境中与设备材料中的“Fe”发生腐蚀作用使设备与介质接触的表面形成了一层腐蚀产物——硫化铁(FeS)，设备在正常的高温、缺氧、缺水的干燥条件下运行时一般不会形成连多硫酸。在停工过程中，当反应系统降温降压后有水汽冷凝下来时，或打开设备进行检查或检修时，设备和管线内部的金属表面就会与湿空气接触，硫化铁与水和氧气将发生化学反应，生成亚硫酸和连多硫酸($H_2S_xO_6$，$x=3，4，5$)。

1）连多硫酸、亚硫酸和氯化铵腐蚀。

(1) 连多硫酸的形成。

① 不锈钢或高合金材料制造的设备表面在操作运行中与环境中的 H_2S 和活性硫发生作用：

$$Fe+H_2S = FeS+H_2$$

$$Fe+S = FeS$$

② 在停工过程中，当反应系统降温降压后有水汽冷凝下来时，或打开设备进行检查或检修时，外界大气就会进入，设备表面与大气中的氧和水分接触，发生以下反应：

$$3FeS+5O_2 = Fe_2O_3 \cdot FeO+3SO_2$$

$$SO_2+H_2O = H_2SO_3$$

$$2H_2SO_3+O_2 = 2H_2SO_4$$

$$H_2SO_4+FeS = FeSO_4+H_2S$$

$$H_2SO_4+H_2S \longrightarrow H_2S_xO_6+S$$

所形成的 $H_2S_xO_6$ 中，可能性最大的是形成 $H_2S_4O_6$，其最终的反应平衡方程式为：$8FeS+11O_2+2H_2O = 4Fe_2O_3+2H_2S_4O_6$

(2) 连多硫酸和亚硫酸腐蚀的条件和机理。连多硫酸腐蚀的条件：系统中形成了连多硫酸，设备承受了拉应力(包括工作应力和残余应力)，而且应力腐蚀材料与介质特殊组合，在与拉应力的联合作用下引起应力腐蚀开裂(SCC)。

亚硫酸会引起奥氏体不锈钢晶界腐蚀，在晶间拉伸应力和连多硫酸的作用下引起连多硫酸应力腐蚀开裂(PSCC)。

连多硫酸腐蚀的机理：典型的腐蚀机理模型有“机械化学效应理论”、“闭塞电池腐蚀理论”、“表面膜破裂理论”、“氢脆理论”等。

(3) 发生 PSCC 的特点和形貌。

① PSCC 在停车和检修期间发生，所以设备只有处于“冷态”下才发生这种腐蚀破坏。

② 产生PSCC破坏，与奥氏体钢的晶间腐蚀密切相关。这种腐蚀的发生首先引起连多硫酸晶间腐蚀，接着引起PSCC。

③ 产生PSCC与介质环境密切相关。产生PSCC的介质环境必须达到一定的酸度，对于不锈钢来说，介质环境的pH≤5时就可能发生。

④ 奥氏体不锈钢和其他奥氏体高合金钢发生PSCC与具体钢的化学成分有相当大的关系，除了碳的含量以外，与钛、铌等稳定化元素密切相关。

⑤ PSCC的形貌和其他类型的SCC形貌没有特殊的区别，但由于奥氏体不锈钢和其他奥氏体钢的PSCC与晶间腐蚀密切相关，所以许多腐蚀开裂在形貌上是晶间型的。

2）发生PSCC和氯化铵腐蚀的影响因数。

(1) 环境因素的影响。随着连多硫酸浓度的上升，溶液pH下降，连多硫酸溶液中沿晶应力腐蚀(IGSCC)开裂时间缩短。

若连多硫酸中存在微量的Cl^-，在pH为1.8时，不但点腐蚀加速，而且SCC也加速。

氯化铵对于敏化不锈钢的IGSCC有加速作用，但对非敏化钢来说则不产生开裂。

(2) 材料因素影响。

① 热处理的影响。适当地选择C的绝对含量以及Nb/C，Ti/C的比率，并按照C量及Nb/C，Ti/C之比来选择固溶处理制度，就能够防止沿晶应力腐蚀开裂。

降低固溶处理温度会引起晶粒减小，使高温强度下降，因此在选择材料的热处理温度时，必须从腐蚀和强度两方面综合考虑。

② 焊接热影响区。对于321、347两种不锈钢来说，不进行稳定化处理，或者在焊接前进行稳定化处理两种情况下，随后的敏化处理(500℃，1000h)会引起IGSCC的发生，这样稳定化处理就失去了作用。但若在焊接后再进行稳定化处理，以后即使再进行长时间的敏化处理，钢也不会敏化到发生IGSCC的程度。

③ 硬度的影响。钢的硬度对其硫化物应力腐蚀开裂(SSCC)敏感性有很大的影响。一般是钢的硬度愈高，其SSCC的敏感性也愈大。

④ 组织的影响。具有奥氏体组织的不锈钢，由于碳化物在其晶界析出，所以易于敏化。但是具有铁素体、奥氏体双相组织的钢在连多硫酸中耐应力腐蚀开裂(SCC)性能很好。

⑤ 断口形貌。304不锈钢在连多硫酸(室温)中的应力腐蚀开裂是沿晶开裂。裂纹仅沿特定的晶界扩展，这一点与晶间腐蚀不同。

⑥ 电位的影响。在连多硫酸溶液中的IGSCC不是简单的应力引起晶间腐蚀加速的现象，而是阳极溶解型的SCC，即应力使表面生成的硫化物膜破裂，在膜的修复与破坏的平衡过程中，裂纹不断扩展，但对于硫酸中的晶间腐蚀来说，可认为应力仅仅是起了加速腐蚀的作用。

3）发生PSCC的对策措施。见图17-1所示。

(1) 由于国产化反应器内壁堆焊了不易形成贫铬区的稳定型不锈钢347，而且操作温度通常<430℃，PSCC的敏感性不强；

(2) 装置停工检修时，必须及时对检修的设备、管道、内件等不锈钢部位用干燥的N_2封存，确保设备的本质安全；

(3) 需要打开设备进行检查或检修时，应对设备进行中和清洗；

(4) 美国腐蚀工程师协会(NACE)，制订了从操作工艺上防止引起奥氏体钢PSCC的有效措施：用氮气吹扫、碱洗溶液、碱洗、反应器的防护五个方面的内容，操作中应该按照最新版本严格执行；

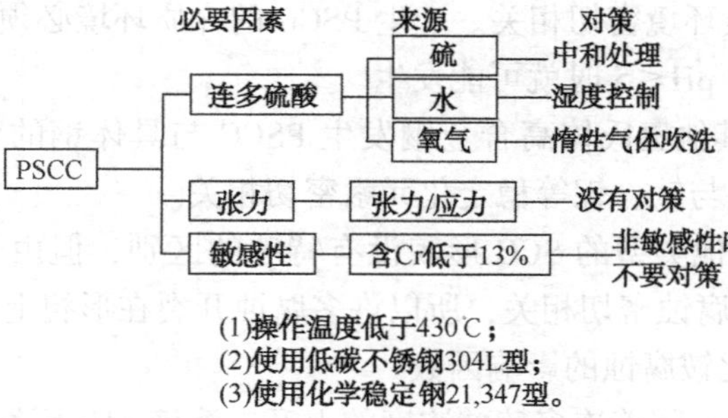

图 17-1　连多硫酸应力开裂(PSCC)的对策措施

(5) PSCC 与奥氏体钢的化学成分有关，一般同一系列牌号中含有的 Ti、Nb 和含碳量越低越有利于抵抗 SCC；

(6) 选用 347AP 新材料。

4) 氯化铵应力开裂的原因。

氯来源的主要途径：①原油开采过程中加入的清蜡剂在常减压装置分解进入馏分油中，该馏分油作为加氢裂化原料；②补充氢来自催化重整装置，重整氢含有微量的 Cl^-；③工艺注水中含有微量的 Cl^-；④水压试验、水联运过程带入的 Cl^-；⑤保温材料含有的微量 Cl^-形成的氯化物，沉积在不锈钢管道的缝隙中；⑥沿海炼油厂由于海水蒸发携带的 Cl^-，凝结在敞开的设备和管道中。

氯化铵的形成：加氢裂化催化剂均有脱氮、脱氧功能，脱氮后形成的 NH_3 和脱氧后形成的 H_2O 在低温部位与 Cl^- 离子结合，即形成氯化铵。

氯化铵的腐蚀：

(1) 若连多硫酸中存在微量的 Cl^-，在 pH 为 1.8 时，不但点腐蚀加速，而且 SCC 也加速。

敏化 304 不锈钢在 80℃氯化铵溶液中不发生 SCC，但当溶液中含有 H_2S 时，开裂就会在其共同作用下产生。氯化铵对于敏化不锈钢的 IGSCC 有加速作用，但对非敏化钢来说则不产生开裂。

(2) 溶液中存在 Cl^-，可以加速奥氏体不锈钢氢致开裂(HIC)。例如，由实际贮罐试验的结果可知：Cl^-不存在的情况下，钢表面附着的二次铁鳞可起到防止 HIC 发生的作用；而 Cl^-存在时，则其效果消失。

5) 氯化铵应力开裂的对策措施。

(1) 限制原油开采过程中含氯清蜡剂的加入，或加入不含氯的清蜡剂，减少或杜绝加氢裂化原料中所含的 Cl^-；

(2) 加强催化重整装置水氯平衡的管理，降低重整氢所含的微量 Cl^-；

(3) 严格控制工艺注水中含有微量的 Cl^-，注水尽可能采用脱氧水；

(4) 必须进行水压试验的高压设备，要严格控制试验用水的 Cl^-，试验结束后应立即用干燥的惰性气体吹干或爆破吹扫，并用干燥的 N_2 保持微正压；

(5) 高压反应系统一般不进行水联运；

(6) 选用不含 Cl^- 或低 Cl^- 含量的保温材料；

(7) 需要打开设备进行检查或检修时，应对设备进行中和清洗；

(8) 装置停工检修时，必须及时对检修的设备、管道、内件等不锈钢部位用干燥的 N_2 封存，确保设备的本质安全；

(9) 需要打开设备进行检查或检修时，应对设备进行中和清洗；

(10) 使用缓蚀剂让钢表面形成保护膜或采用环境处理，例如提高 pH 值或用涂层、内衬等以使与环境隔离，都可以防止 HIC 发生；

(11) 选用 347AP 新材料。

17.2　中和清洗目的和原理[1~9]

中和清洗的目的是通过使用碱性稀溶液浸泡和冲洗奥氏体不锈钢金属表面，防止亚硫酸和连多硫酸的生成，或将已经生成的亚硫酸和连多硫酸中和来达到保护的目的。

对奥氏体不锈钢还要注意氯化物应力腐蚀裂纹的问题，氯化物应力腐蚀通常是穿晶裂纹。

奥氏体不锈钢对氯化物的敏感性，与氯化物浓度和温度成正比。在正常的停工期间，一般不会发生氯化物应力腐蚀裂纹。但在高温状态下，由于氯化物的浓缩，就有可能产生应力腐蚀裂纹。因此，在中和清洗的整个过程中，要求化学品、配制用水、配制的中和清洗液中氯化物的含量应在 $500\mu g \cdot g^{-1}$ 以下。检修奥氏体不锈钢设备和管道时不要有氯化物渗透吸附。清洗过某一独立系统的中和清洗液，不应再用来清洗另一独立系统。

为避免奥氏体不锈钢在高温有碱存在环境下产生“碱脆”腐蚀，在中和清洗液中加入硝酸钠，并应用含氯离子很低的脱盐水，对进行了碱中和清洗的管道和设备进行漂洗，洗掉金属表面残留的碱液。

非奥氏体不锈钢的碳钢、低合金钢或铁素体不锈钢一般不需要中和清洗。

17.3　中和清洗的范围[6~10]

需要中和清洗的设备范围主要是工艺中接触硫化氢的奥氏体不锈钢设备、管道及法兰面，具体包括：加氢精制反应器及相连管道、加氢裂化反应器及相连管道、拆出的反应器内构件(入口扩散器、分配盘、热电偶套管等)反应流出物/反应进料换热器的管、壳程(或反应流出物/热循环氢换热器的管、壳程；反应流出物/循环氢换热器的管程；反应流出物/原料油换热器的管程等采用奥氏体不锈钢的管程、壳程或仅仅管程)及相连管道、反应进料加热炉(或循环氢加热炉)及相连管道。

实际操作时，可根据可能发生的连多硫酸应力腐蚀开裂的某一台或某几台设备进行中和清洗。

1) 反应器及相连管道的中和清洗。

目前有两种说法：进行中和清洗和不进行中和清洗。

(1) 进行中和清洗：原因如上。

(2) 不进行中和清洗：有公司主张对采用 347SS、稳定化 321SS 内部构件和 347SS 堆焊层的反应器，不采用中和清洗。其理由：采用 347SS、稳定化 321SS 内部构件和 347SS 堆焊层的反应器，在制造和操作期间不敏化，并不易发生连多硫酸应力腐蚀开裂。而受到氯化物应力腐蚀开裂时，又认为不是反应器运行中的问题。因为反应器在装入催化剂前，应彻底干燥，这样就不会有残留水分与残留的氯化物发生化学反应；反应器中的任何水分在加热时都会从系统中脱除，氯化物应力腐蚀开裂的可能性较低。

2）高压换热器及相连管道的中和清洗。目前也有两种的说法：停工中和清洗和开工中和清洗、停工不中和清洗。

(1) 停工中和清洗：原因如上。

(2) 开工中和清洗：有公司主张开工前，高压换热器最容易受到氯化物应力腐蚀开裂：

① 高压换热器管束的装配过程中，会产生剩余应力；

② 蒸汽中的盐分可能沉淀在缝隙中或其他难以接触到的地方。

因此，中和清洗液应是高压换热器加热前最后接触的液体。

(3) 停工不中和清洗：

① 高压系统会用 N_2 吹扫或 N_2 密封，高压换热器中水无法进入；

② 稳定化 321SS 的敏化温度：470~675℃，高于高压换热器的运行温度。

因此，高压换热器在停工时不会发生连多硫酸应力腐蚀开裂。

3）反应加热炉(或循环氢加热炉)及相连管道的中和清洗。

(1) 加热炉管内侧：由于反应加热炉(或循环氢加热炉)管常采用 347SS，可抗敏化，并不易发生连多硫酸应力腐蚀开裂。但是如果在 500~570℃条件下操作 1000h 后，加热炉管就变得敏化。敏化后的加热炉管易发生连多硫酸应力腐蚀开裂，应对加热炉管内侧进行中和清洗。由于加热炉炉管中和清洗后的水或残液处理干净比较困难，可能会在开工阶段被循环氢带入到反应器内，对催化剂造成不利影响，因此加热炉炉管的中和清洗也可用隔离、冲氮保护措施来代替，但需监控好保护氮气的压力，确保空气不会漏入加热炉炉管内，同时要确保没有遗漏的部位，而对于氮气保护不到的部位(如加热炉进出口弯管法兰面等)则要进行中和清洗处理。

(2) 加热炉管外侧：反应加热炉(或循环氢加热炉)一般应烧脱硫后的燃料气，即使如此，燃料气中的少量硫化氢燃烧生成的硫化物积垢在加热炉熄火时与空气中的冷凝水结合，也容易在加热炉管壁外侧发生连多硫酸应力腐蚀开裂。因此，燃烧室应采用干火焰、电加热器或干燥器，防止加热炉熄火期间空气中的水冷凝；也可对加热炉管外侧通过带有喷嘴的手提喷枪(或管子)，使中和清洗液产生很细的喷雾，进行中和清洗，或是直接用抹布蘸中和清洗液反复擦洗炉管外壁。加热炉管外壁的中和清洗需在炉管壁温小于 149℃后的 24h 内尽快进行中和清洗。

17.4 中和清洗液配制[7~8,10]

1）中和清洗液的组成。

(1) 中和清洗液组成一，见表 17-1。

表 17-1 中和清洗液组成一

项　目	组　成	项　目	组　成
碳酸钠(一级)	5%	表面活性剂	0.05%
硝酸钠	0.5%	水	94.45%

① 无水碳酸钠规格：纯度≮99%，灼烧损失≯2%，Cl^-≯500μg·g^{-1}，重金属≯20μg·g^{-1}，Fe≯40μg·g^{-1}，K≯60μg·g^{-1}，As≯2μg·g^{-1}。

② 硝酸钠规格：硝酸钠(无水)≮98%，水≯3%，亚硝酸钠(无水)≯1%，不溶物(无水)≯0.1%。

③ 配制用水的性质见表17-2。

表17-2 中和清洗液组成一要求的配制用水性质

项目	组成	项目	组成
Cl^-	≤1μg·g^{-1}	油	0
pH值	6.4~7.6	总铁量	≤0.1μg·g^{-1}
总硬度($CaCO_3$)	≤0.035μg·g^{-1}	电导率	10μΩ·cm^{-1}

(2) 中和清洗液组成二，见表17-3。

表17-3 中和清洗液组成二

项目	组成	项目	组成
碳酸钠(苏打粉)	2%	湿剂(表面活性剂)	0.2%
磷酸三钠(脱脂脱垢剂)	2%	水	95.3%
硝酸钠(氯化物SCC减蚀剂)	0.5%		

① 干碳酸钠氯化物含量：<500μg·g^{-1}；

② 水中氯化物含量：<500μg·g^{-1}；

③ 混合溶液的氯化物含量：<100μg·g^{-1}；

(3) 配制中和清洗液所用的碱应为Na_2CO_3，不能用NaOH或其他强碱代替，因为这样有可能导致钢材的应力腐蚀开裂。

2) 中和清洗液温度：40~70℃。

3) 配制步骤。

(1) 中和清洗液应按清洗设备容积分别配制；

(2) 根据需清洗的系统容积，确定配制需要的中和清洗液量；

(3) 按各化学品的比例计算配制中和清洗液的化学药品重量；

(4) 在配制槽车(或容器)中先装入脱盐水，按所需中和清洗液的浓度向其中加入化学药品；

(5) 进行适当搅拌，将全部药品溶解；

(6) 用中和清洗液配制泵将配制好的中和清洗液送成品罐中；

(7) 重复配制→输送→配制→……，直至达到所需的数量。

17.5 中和清洗前的准备工作

1) 制定详细的中和清洗方案；

2) 参与中和清洗人员应认真学习方案，必要时考试合格后方可上岗；

3) 应制定管线、设备的中和清洗记录表格和验收表格；

4) 应制定管线、设备的吹扫、冲洗记录表格和验收表格；

5）每根管线、设备的中和清洗应落实到人，并有专人负责质量检查和验收；

6）参与中和清洗的人员应戴防护服和安全设备，并经过安全培训；

7）中和清洗期间应划出“隔离区”，无关人员不得进入，此时酸、碱、溶剂正在循环；

8）“隔离区”在循环前应张贴“小心-中和清洗-避开”等字样的警示牌；

9）中和清洗工作区内应有固定式或移动式淋浴设施，如果没有，也应配置临时设施，紧急事故时能就近使用；

10）确认有毒气体和溶液严重泄漏时，报警系统好用；

11）装置停工后，在拆下可拆卸短管前，中和清洗部分应用氮气密封。

17.6 中和清洗流程[7~9]

1）安装好临时配对法兰，用 N_2 从拆去法兰部分的上游侧和下游侧吹扫，以免空气进入中和清洗部分；

2）对可拆卸短管进行编号，如：①、②、③、④、⑤、⑥、⑦、⑧、⑨；

3）对充 N_2 点进行编号，如：1、2、3；

(1) 按充 N_2 流程从多点进行充 N_2；

(2) 拆除可拆卸短管双端法兰管；

(3) 将已拆除的可拆卸短管双端法兰管立即浸入中和清洗液中浸泡时间不少于 4h，无法浸泡的应用刷子和喷雾器反复全面地喷淋中和清洗液，并使其保持湿润在 2h 以上；

(4) 在待中和清洗侧安装带 20mmN_2 进口接管的 A 型法兰，在充 N_2 点 1 侧安装法兰盖；

(5) 在充 N_2 点 1 处停止充 N_2；

(6) 通过安装在可拆卸短管①处的 N_2 进气接管充 N_2；

(7) 拆除可拆卸短管②；

(8) 将已拆除的可拆卸短管②立即浸入中和清洗液浸泡时间不少于 4h，无法浸泡的应用刷子和喷雾器反复全面地喷淋中和清洗液，并使其保持湿润在 2h 以上；

(9) 在待中和清洗侧安装带 20mmN_2 进口接管的 A 型法兰，在充 N_2 点 2 侧安装法兰盖；

(10) 在充 N_2 点 2 处停止充 N_2；

(11) 通过安装在可拆卸短管②处的 N_2 进气接管充 N_2；

(12) 拆除可拆卸短管③；

(13) 将已拆除的可拆卸短管③立即浸入中和清洗液中浸泡时间不少于 4h，无法浸泡的应用刷子和喷雾器反复全面地喷淋中和清洗液，并使其保持湿润在 2h 以上；

(14) 在待中和清洗侧安装带 20mmN_2 进口接管的 A 型法兰，在充 N_2 点 3 侧安装法兰盖；

(15) 在充 N_2 点 3 处停止充 N_2；

(16) 拆除可拆卸短管④；

(17) 将已拆除的可拆卸短管④立即浸入中和清洗液中浸泡时间不少于 4h，无法浸泡的应用刷子和喷雾器反复全面地喷淋中和清洗液，并使其保持湿润在 2h 以上；

(18) 在待中和清洗的反应器 R1 侧安装带 20mmN_2 进口接管的 A 型法兰，在管线侧安装 C 型法兰；

（19）通过安装在可拆卸短管④处的 N_2 进气接管充 N_2；

（20）拆除可拆卸短管⑤；

（21）将已拆除的可拆卸短管⑤立即浸入中和清洗液中浸泡时间不少于4h，无法浸泡的应用刷子和喷雾器反复全面地喷淋中和清洗液，并使其保持湿润在2h以上；

（22）在待中和清洗的反应器R1侧和管线侧各安装一个B型法兰；

（23）确认反应器R1的压力为正压(~0.05MPa)后，即停止从可拆卸短管④处充 N_2；

（24）拆除可拆卸短管⑥；

（25）将已拆除的可拆卸短管⑥立即浸入中和清洗液中浸泡时间不少于4h，无法浸泡的应用刷子和喷雾器反复全面地喷淋中和清洗液，并使其保持湿润在2h以上；

（26）在待中和清洗的反应器R2侧和管线侧各安装一个A型法兰；

（27）从可拆卸短管⑥处向反应器R2充 N_2；

（28）拆除可拆卸短管⑦；

（29）将已拆除的可拆卸短管⑦立即浸入中和清洗液中浸泡时间不少于4h，无法浸泡的应用刷子和喷雾器反复全面地喷淋中和清洗液，并使其保持湿润在2h以上；

（30）在待中和清洗的反应器R2侧和管线侧各安装一个B型法兰；

（31）确认反应器R2的压力为正压(~0.05MPa)后，即停止从可拆卸短管⑥处充 N_2；

（32）确认从可拆卸短管①处供入的 N_2 压力为正压(~0.05MPa)后，即停止从可拆卸短管①处充 N_2；

（33）拆除可拆卸短管⑧；

（34）将已拆除的可拆卸短管⑧立即浸入中和清洗液中浸泡时间不少于4h，无法浸泡的应用刷子和喷雾器反复全面地喷淋中和清洗液，并使其保持湿润在2h以上；

（35）在待中和清洗的反应器R3侧安装一个A型法兰和管线侧安装一个B型法兰；

（36）确认从可拆卸短管②处供入的 N_2 压力为正压(~0.05MPa)后，即停止从可拆卸短管②处充 N_2；

（37）从可拆卸短管⑧处向反应器R3充 N_2；

（38）拆除可拆卸短管⑨；

（39）将已拆除的可拆卸短管⑨立即浸入中和清洗液中浸泡时间不少于4h，无法浸泡的应用刷子和喷雾器反复全面地喷淋中和清洗液，并使其保持湿润在2h以上；

（40）在待中和清洗的反应器R3侧和管线侧各安装一个B型法兰；

（41）确认反应器R3的压力为正压(~0.05MPa)后，即停止从各处充 N_2；

4）接中和清洗流程前，应对临时管道、设备、材料用脱氧水(或脱盐水)彻底清洗；

5）用脱氧水(或脱盐水)冲洗配制系统的设备和管道；

6）将专为中和清洗铺设的临时管线接至拆除的可拆卸短管双端法兰管①、②、③、④、⑤、⑥、⑦、⑧、⑨上，或按分区、分设备中和清洗流程按清洗部分接管，其余部分仍用 N_2 密封；

7）中和清洗流程接好后，打开临时管道上的阀门，将 N_2 倒流至临时管道，吹扫临时管道中的空气；

8）安装好中和清洗需要的压力表；

9）准备好取样设备；

10）分析化验人员已作好准备；

11）N_2、脱氧水(或脱盐水)、蒸汽等公用工程的临时接管已接好，可随时投入使用；

12）配置中和清洗液的各种化学药剂已备足，质量符合有关标准要求；

13）各种化学药剂的称量设备经过校核，已运送到现场；

14）按要求配制中和清洗液；

15）配置好的中和清洗液可随时由配制槽(或罐)送入循环槽(或罐)中；

16）化学药剂泵、循环泵、废水泵电源已接好，设备可随时投入运行。

17.7　中和清洗注意事项[8~9]

1）当条件具备时要抓紧时间进行中和清洗，尽量减少奥氏体不锈钢设备与空气接触的时间；

2）反应器的中和清洗可以采用充满浸泡方式进行，但为了减少中和清洗液消耗量及减轻污水排放的压力，也可以采用向反应器内壁及内构件喷淋中和清洗液的方式进行，但喷淋一定要彻底，不能留死角，且使需清洗部位保持湿润在 2h 以上，然后再换用脱氧水(或脱盐水)清洗干净；

3）加热炉和换热器中和清洗可采用循环清洗方式，循环时间大于 6h；

4）如果反应器、加热炉和换热器与相连管道一并清洗时，应首先将中和清洗液全部充满，然后对反应器、加热炉和换热器清洗至规定时间；

5）清洗过程中应 1h 分析一次 Na_2CO_3浓度，使之不小于 4%，每 2h 分析一次氯离子浓度，使之不大于 $500\mu g \cdot g^{-1}$；

6）中和清洗后的废碱液应退至装置外，残留在系统内废碱液低点放出；

7）清洗后的设备和管道应及时用 N_2吹干，防止残留废碱液；

8）用脱氧水(或脱盐水)冲洗经中和清洗液清洗后的设备和管道，然后将清洗废水退至装置外处理。其程序为：反应器充满脱氧水(或脱盐水)后放掉，加热炉、换热器循环冲洗 1h 后放掉。然后用 N_2吹扫整个系统，防止设备和管道中残留冲洗水，并将系统压力维持在 0.05MPa 以上；

9）凡浸泡或喷刷过中和清洗液的管件或炉管都必须用脱氧水(或脱盐水)进行清洗，以去除可能残存的碱液或金属离子；

10）清理配制系统可拆卸的短管和管件时，应做好防腐措施，并将其储存起来，供下次使用；

11）对加热炉炉管外壁进行中和清洗时，应对加热炉耐火材料采取盖板保护措施；

12）加热炉炉管外壁中和清洗后，应用脱氧水(或脱盐水)彻底洗涤；

13）对加热炉内部安装脚手架，应采取好保护措施，避免损坏到加热炉内部设施；

14）中和清洗期间，应作好人员的充分保护。

附：NACE推荐执行标准RP0170-97奥氏体不锈钢和其他奥氏体合金炼油设备在停工期间产生连多硫酸应力腐蚀开裂的防护[10]

1 总则

1.1 如果在奥氏体不锈钢和其他奥氏体合金工艺设备的表面上存在硫化物腐蚀产物，当停工期间有氧(空气)和水进入时，就肯定会存在发生连多硫酸应力腐蚀开裂(SCC)的危险。拉伸应力，包括残余应力和外加应力，在“冷态”设备中通常都存在。在连多硫酸存在时，受有应力的奥氏体不锈钢和其他奥氏体合金产生了敏化条件，就可能发生SCC。

1.1.1 连多硫酸SCC常常发生在标准级(最高含碳量0.08%)和高碳级(最高含碳量0.10%)的奥氏体不锈钢中，这或者是由于焊接加工，或者是由于在大约370℃到815℃的敏化温度区操作而变得敏化了。

1.1.2 低碳(最高含碳量0.03%)和用化学方法稳定化处理的(例如用钛或铌合金作添加剂的)奥氏体不锈钢，由于长期暴露在敏化温度区，也可以变得敏化。在碳(焦)存在时，敏化得更快。

1.1.3 用化学方法稳定化处理的奥氏体不锈钢和其他奥氏体合金对连多硫酸SCC的抗蚀能力，通过稳定化热处理可以得到明显的改善。

1.2 敏化程度和应力水平一般是不知道的。因此奥氏体不锈钢和其他奥氏体合金工艺设备，当其表面上可能存在硫化物腐蚀产物时，应采月下述方法
的一种或几种加以防护：

1.2.1 用干燥氮气吹扫以除去氧(空气)和水。

1.2.2 对全部表面进行碱洗，以中和可能生成的所有连多硫酸(现场经验已证明，适当地使用碱溶液，能有效地防止奥氏体不锈钢和其他奥氏体合金的连多硫酸SCC)。

1.2.3 使用露点温度低于-15℃的干燥空气吹扫以除去水。

1.3 如果工艺设备保持封闭状态和“热态”(在设备内油气中水的露点温度以上)，则不需要采用附加防护措施。

1.4 奥氏体不锈钢和其他奥氏体合金加热炉管的内表面，无论是否经过加热除焦处理，它们对连多硫酸SCC都可能是敏感的，因此应给予防护。如果加热除焦，应在除焦后采取防护措施。

1.5 当加热炉燃烧采用含硫燃料时，奥氏体不锈钢和其他奥氏体合金加热炉的外表面，应考虑采取防护措施。

2 氮气吹扫

2.1 可以通过保持工艺设备的密封状态并用干燥氮气吹扫以除去氧(空气)而使它受到保护。用干燥氮气吹扫是一种把水的露点温度降到低于环境温度的有效方法。氮气吹扫是对催化剂的最好保护。

2.2 如果反应器被打开而加热炉没有打开，加热炉可以用氮气吹扫并盲死。应维持加热炉中氮气的微正压。

2.2.1　氮气应该是干燥的并除去氧的(用户要注意，曾经发现过在市售氮气中氧含量高达1000μg · g⁻¹)。

2.3　根据用户的要求，可以将5000μg · g⁻¹的氨加到氮气中以防止SCC，但要做好氨气的密闭回收及环境保护工作，禁止氨气直接向大气排放。

2.3.1　当用干燥的氮气吹扫时，氨的添加一般是不必要的，但是当水和或氧有可能存在时，则是有利的。

2.3.2　氨是有毒性和刺激性的，在安装和拆除盲板期间，必须要配备好空气呼吸器，同时要避免氨泄漏到空气中而对环境造成污染。

2.3.3　铜基合金必须与含氨的氮气隔离。

2.3.4　应该确认氨不会对催化剂及环境产生不利影响。

2.4　对直立式管子加热器的防护，如果碱洗溶液不能安全排出，那么用氮气吹扫更好。

2.5　如果用蒸汽吹扫或蒸汽空气除焦，那么在金属温度冷却到水的露点温度以上56℃时，应停止蒸汽喷入。同时在卸压时，在冷却到低于水的露点温度以上56℃之前，此系统应用干燥氮气吹扫。此吹扫气流应一直保持到盲板安装完

成为止。在盲好的系统上，应维持住吹扫氮气的正压。

2.6　提醒使用者，在经氮气吹扫的设备内配备的新鲜空气呼吸器必须按照适用的安全规程采取特殊的预防措施。

3　碱洗溶液

3.1　应该用碳酸钠(纯碱)溶液来防止奥氏体不锈钢和其他奥氏体合金的连多硫酸SCC。溶液的pH值应>9。这些溶液也可以加入碱性表面活化剂和腐蚀抑制剂。

3.2　推荐使用的碱洗溶液含2%的纯碱(工业上使用的浓度在1%～5%变化，而主要使用的是浓度2%的溶液)。1.4%～2%的纯碱溶液从设备中排出后，在金属表面上仍残留有足够的碱性。此外，这样低浓度的溶液有利于溶液的制备。

3.2.1　不推荐使用氢氧化钠(苛性碱)。

3.2.2　使用碳酸钾的经验有限。在那些使用碳酸钾代替纯碱的报告中没有发现开裂。

3.3　由于过去有使用含微量氯化物溶液的成功经验，所以通常都不要求提供无氯化物的溶液。

3.3.1　在新鲜的混合冲洗溶液中的氯化物浓度应限制在150μg · g⁻¹以下。这个额定的氯化物限制，用工业上通用的化学制剂就可以得到。

3.4　在特殊情况下，可能需要用含氨缩合物冲洗(第4.3条和第4.4条)。此时溶液的pH值应在9以上，而且氯化物含量应低于5μg · g⁻¹。

3.5　推荐对碱洗溶液添加0.2%浓度的碱性表面活化剂，以提高对焦、垢或油膜的渗透性。把清洗液加热到49℃可以提高含油膜和沉积物的渗透性。

3.6　腐蚀抑制剂用来降低由于这些碱性溶液引起的氯化物SCC的可能性。

3.6.1　根据用户的意愿，可以添加0.4%的硝酸钠(在实验室试验中，发现低浓度的硝酸钠对抑制奥氏体不锈钢在沸腾的氯化镁溶液中的SCC是有效的)。注意：过量的硝酸钠可以引起碳素钢的SCC。

4　碱洗

4.1　用纯碱溶液碱洗，可使将要被打开并暴露在空气中的奥氏体不锈钢和其他奥氏体

合金设备受到最好的保护(详见第3节)。纯碱溶液使酸中和，而且在排出后，留下一层薄的碱性膜，它可以使任何附加的酸生成物中和。至关重要的是不要冲洗掉这层膜，并使其保持在原来位置上随设备投入运行。

4.1.1　在任何一次暴露到空气中之前，设备都必须碱洗。这对全部与空气接触的内表面都是十分重要的。

4.1.2　设备应至少浸湿2h。如果存在积碳和酸、碱渣，则冲洗液应强制循环(至少2h)。无论哪种情况，更长一些的浸湿时间都不会有害。

4.1.3　在适当的时间间隔应对循环碱液进行分析，以保证维持pH值和对氯化物的限制。

4.1.4　最重要的是碱洗后不能再用水洗。

4.1.5　每个系统都必须单独评定并采取预防措施，以保证不会因存在未将油气排除干净的凹坑或通过下流截面的瀑布状流而妨碍全部表面与碱液的接触。

4.1.6　如果必须冲洗加热炉管外壁以除去积炭，则应使用纯碱溶液，因为炉管外表面可能会受到连多硫酸的SCC(见第1.5条)。

4.2　设备的喷洒应用纯碱溶液进行(详见第3节)。

4.2.1　在喷洒后，设备应保持干燥和避免风吹雨淋。如果无法保持干燥和避免风吹雨淋，就应按要求反复碱洗以保持碱性残留膜，或使设备表面重新覆盖上碱性残留膜。

4.3　应使用纯碱溶液进行设备的液压静力试验(详见第3节)。如果设备没有敞开或暴露在氧(空气)中，可以使用含氨缩合物。

4.4　如果工艺系统中不允许钠或氯离子存在，那么设备在封闭后应用含氨缩合物冲洗。如果装置不立即开工，碱溶液可以留在设备中或用氮或干燥烃置换。在进行这个过程后，装置必须不再暴露在氧(空气)中。氨溶液在排除后，不会留下残留碱性膜。

4.5　当碱洗完成时，在设备恢复运行前，必须将所有留下的碱溶液从系统中的每个低点排除。不这样作，能够引起碳酸盐和氯盐由于蒸发而浓缩，它也能导致奥氏体不锈钢的SCC。

5　反应器的防护

5.1　对装有催化剂的反应器需要特殊考虑。人员安全和催化剂保护可能限制了防护规程的应用。就连多硫酸SCC防护而论，规程处于次优先位置。

5.1.1　未再生的催化剂常常自燃。这样的催化剂应该或者保持湿润，或者用氮气吹扫以与氧(空气)隔绝。

5.2　工业经验表明，奥氏体低碳不锈钢和经过化学法稳定处理的焊接覆盖层及反应器的锻制内构件，在反应器的操作温度低于450℃时是很耐连多硫酸SCC的。

5.3　对将要打开以供人员进出和在现场有成功使用记载的反应器，推荐采用如下的防护程序：

5.3.1　在用氮气封闭的条件下装卸催化剂，工作人员需要使用适用的新鲜空气呼吸器及采取相应的专业防护措施。在卸催化剂后，反应器应用干燥空气吹扫，而且在反应器打开期间都应保持吹扫状态。应使用露点温度从-15℃到-46℃的吹扫空气。

5.3.2　如果催化剂要被废弃，那么反应器可以用纯碱溶液灌注，以浸湿催化剂和反应器各部件。溶液浓度应提高到5%，以抵消催化剂携带的积碳的酸性。在用纯碱溶液保持催化剂湿润之后，可以在空气中卸剂以防止其自燃。然后反应器应用纯碱溶液冲洗，并在维修或装剂前干燥。

5.3.3 如果用户希望卸剂时限制使用纯碱溶液和新鲜空气呼吸器，催化剂可以在用脱氧水或脱盐水(氯化物<10μg·g^{-1})打湿之后堆积起来。在这样做之前应仔细研究以确认：

① 当规定使用奥氏体不锈钢材料时，使用的都是经化学稳定处理级的不锈钢。

② 这些合金材料都没有由于容器制造过程或反应器在操作期间的热历程而已变得敏化。或者由于偶然使用了非稳定化处理级的材料，或者由于反应器热历程的误判，都会使这个程序带有一定的连多硫酸 SCC 的风险。

参 考 文 献

1 偶国富. 国产化加氢裂化装置反应器的运行和首次检验[J]. 炼油设计，2000，30(5)：15~20

2 小若正伦. 高硫原油加工中的氢致开裂和连多硫酸应力腐蚀开裂(1)[J]. 石油化工腐蚀与防护，1994，(1)：1~12

3 小若正伦. 高硫原油加工中的氢致开裂和连多硫酸应力腐蚀开裂(2)[J]. 石油化工腐蚀与防护，1994，(2)：1~10

4 崔思贤. 石化工业中连多硫酸引起的应力腐蚀开裂及其防护措施[J]. 石油化工腐蚀与防护，1996，13(3)：1~5

5 中国石化集团技术考察组. 加工中东高硫原油访日、韩技术考察报告[J]. 石油化工腐蚀与防护，2001，18(6)：1~17

6 刘双元. 不锈钢设备的连多硫酸应力腐蚀开裂与预防[J]. 石油化工腐蚀与防护，2003，20(4)：32~34

7 吕碧超，谈平庆. 加氢裂化热高分油管线弯头开裂分析[J]. 石油化工腐蚀与防护，2002，19(1)：38~34

8 加氢裂化设备腐蚀与防护问答[J]. 石油化工腐蚀与防护，1994，(2)：64~66

9 陈锡祚译. 奥氏体不锈钢和其他奥氏体合金炼油设备在停工期间产生连多硫酸应力腐蚀开裂的防护[J]. 石油化工腐蚀与防护，1998，15(2)：58~60

10 谈平庆，史剑英. 国产热壁加氢反应器失效与保障[J]. 石油化工腐蚀与防护，1999，16(2)：27~30

第十八章　设备、设备损伤及防护

18.1　设备概述

我国加氢裂化设备技术的发展与加氢裂化工艺技术的发展密切相关。1978 年为了提高我国加氢裂化技术水平，石油部决定引进加氢裂化装置，并组织技术人员对美国、日本、法国的加氢裂化技术进行了考察。通过考察发现，在工艺技术、催化剂性能、操作技术、自动化水平、机械设备的先进性与可靠性等方面，与国外存在较大差距。以反应器为例，筒体结构我国基本采用冷壁结构，国外早已为热壁结构：有效容积利用率高、施工周期短、维修方便、器壁不易产生局部过热、可提高使用安全性。热壁加氢反应器的出现，标志着一个国家的冶金、机械制造和电子技术综合水平的提高；内构件方面，国外进行了大量的试验研究，形成了多项专有技术，径向温差明显小[1]。

经过多年来，石化、冶金、机械等部门和高等院校的有关人员对引进技术消化和吸收，建设单位对国产化的大力支持，我国的高压加氢设备的研制也取得了很好的成果。

1) 热壁加氢反应器[1~8,33]。

(1) $2\frac{1}{4}$Cr1Mo 钢的开发。

20 世纪 80 年代以来，经过石化、冶金、机械行业的科研、设计、制造、使用单位的联合攻关，通过实验和工业性放大，试制出了直径、厚度基本相当的重 28t 组合筒体见证件(模拟件)。在此过程中，开展了以设计技术、主体材料冶炼技术、产品制造工艺技术和安全使用技术为内容的研究与攻关。不到两年的时间就取得了 3 万多个数据，突破了 $2\frac{1}{4}$Cr1Mo 钢的冶炼、铸锭、锻造、热处理及各种焊接工艺和配套焊材(包括不锈钢堆焊材料与配套焊剂)研制以及设计难关，为反应器的建造打下了良好的基础。

① 开发了以“应力分析为基础”的设计方法，提高了设计的准确性和使用可靠性。开发或移植了多项应力分析程序，采用有限单元法对反应器中可能出现高应力区的有关部位，按内压和内压与温差联合作用进行应力分析计算与应力评定，并满足有关规范要求，保证了设备的安全使用。

② 采用合理的设计结构，以改善各部位结构的应力分布，减少塑性应变振幅。在反应器结构设计中，在筒体与封头的连接、裙座的支承等处都设计成应力分布较均匀且又方便在制造中进行无损检测的结构。如，对国外反应器使用中曾出现脆性开裂的主密封、内部支承环等部件做了若干改进。

③ 利用各种先进技术与手段和合理的冶炼工艺，使主体材料获得纯洁、致密、均质的内质特性和具有特殊的优异性能：

结合我国当时尚不具备完全采用电炉冶炼的实际情况，成功地采用了“碱性平炉和电炉冶炼，再在钢包炉中精炼，然后进行真空处理，最后在真空浇注过程中，通过真空碳脱氧

(VCD)进行强化脱氧和脱气"的二次精炼工艺，冶炼出了高纯 $2\frac{1}{4}$Cr1Mo 钢，为保证锻件质量打下牢固基础。

采用大变形度的强化锻造，充分利用高温下锻造时热扩散与机械扩散的叠加作用效应及严格控制总锻比和锻造变形度等多次控温加热和控温锻造的专项技术，使锻件获得了良好的致密性和均质性。

在上述两项技术的基础上，采用了重复热处理，并选择合理的奥氏体化温度和冷却速度及对回火脆化特性与参数控制等技术措施，使锻件获得优良的综合性能。既满足了力学性能要求，又最大限度地消除或抑制 $2\frac{1}{4}$Cr1Mo 钢回火脆性敏感性，提高了材料抵抗回火脆性的能力。

④ 采用或开发先进的焊接装备，探索多种焊接新工艺，保证和提高了焊接质量：

成功研制和采用了与 $2\frac{1}{4}$Cr1Mo 钢配套的超低氢焊条、高纯度焊丝、脱渣性能好的高碱度烧结焊剂和适应单层堆焊的 TP. 347L 焊带等。

采用先进的自动焊机进行窄间隙焊接，使主焊道焊后经各种无损检测方法 100%检测结果全部一次合格。

应用现代控制与焊接技术，成功研制了深坡口接管自动埋弧焊机，实现接管与壳体连接的自动焊，既加快了焊接速度，又提高了焊接质量。

采用了焊接工艺难度很大的 TP. 347L 单层堆焊，并针对当时国外刚刚在在役反应器上发现堆焊层剥离现象的问题和普遍认为浅熔深的单层堆焊对抗剥离能力较差等看法，又做了一些研究与改进，比如对与剥离有关的诸如堆焊过程的稀释率、堆焊层中 Nb 的含量以及 Nb/C 值中的 C 含量上限等都摸索到了合适的控制指标。而且为了排除堆焊过程中某些因素对单层带极堆焊质量的影响，还研制出带极堆焊用自动移距装置及改进其磁场控制等，以保证稳定的堆焊质量，满足了设计要求，使堆焊层显现出较强的抗剥离性能。

因此，适当加大了熔深，并且通过试验发现 TP347 不锈钢的铌含量对堆焊层的脆化倾向影响很大。这是由于堆焊层在反应器热处理过程中有一种脆性铌的碳化物析出所致。据此结果，并结合堆焊层需抗连多硫酸应力腐蚀开裂而确定了一个合适的铌含量范围，从而使堆焊层获得了较好的抗剥离性能。见表 18-1。

表 18-1　各种堆焊材料不同堆焊工艺抗剥离性能

项　目	氢分压/MPa			
	7.84	11.66	15.68	
国产单层 347	A	A	B	试验温度 450℃
国产 309+347 双层	A	B	B	保持 48h
日本 309+347 双层	A	B	B	冷却速度 200℃/h

注：A——无剥离，B——轻微剥离；日本 309+347 双层采用大电流高焊速焊。

20 世纪 90 年代初期，国内又组织了加氢设备用 $2\frac{1}{4}$Cr1Mo 钢厚板制造板焊结构热壁加氢反应器的技术攻关，也取得了成功。1995 年 6 月利用国产 $2\frac{1}{4}$Cr1Mo 钢中厚板制成了第一台重整预加氢反应器。

（2）3Cr1Mo $\frac{1}{4}$V 抗氢钢的开发。用 $2\frac{1}{4}$Cr1Mo 钢制造的反应器在 371～575℃范围内长期使用中也曾暴露出如高温回火脆化、不锈钢焊缝的氯脆以及内表面的防腐不锈钢堆焊层氢致剥离现象等损伤问题。尽管人们通过研究试验，做了很大改进，但在某些方面仍满足不了石化工业向深度方向加工，以及设备向大型化发展的需要，原来使用的 CrMo 钢由于强度相对较低，使设备壁厚很厚，重量较重也给制造、运输、吊装带来困难。因而迫切期望能开发出具有更高强度，且又能更好地适应于高温高压临氢环境下长期使用要求的新材料。新材料的开发目标：

① 提高钢材的设计应力强度值(包括室温的抗拉强度及有较高的蠕变断裂强度)，以适应大型化的需要；

② 更好的对环境强度的适应性(包括提高现有钢材的抗氢腐蚀、氢脆、回火脆性、堆焊剥离的能力及更优良的韧性)，以满足更趋高温高压氢环境的使用条件；

③ 好的加工工艺性能(包括更高的淬透性和好的可焊性等)；

④ 低的成本。

为达此目标，主要从两方面着手：一是改变原钢号的热处理条件；二是在原钢号的基础上添加某些合金元素的办法。

（3）$2\frac{1}{4}$Cr1Mo $\frac{1}{4}$V 抗氢钢的开发。新 CrMo 钢比原材料的优越性：

① 强度高。特别是加钒的 CrMo 钢，由于钒的强化作用，其抗拉强度和蠕变断裂强度都有较大的提高，它们在室温下的规定抗拉强度为 585～760MPa，原来的 $2\frac{1}{4}$Cr1Mo 钢仅为 515～690MPa。可见标准规定的最小抗拉强度值就提高了约 13%。ASME 规范第Ⅷ卷的第二册中给出的 3Cr1Mo $\frac{1}{4}$V 和 $2\frac{1}{4}$Cr1Mo $\frac{1}{4}$V 钢在 454℃下的设计应力强度分别比 $2\frac{1}{4}$Cr1Mo 钢提高了 9.3% 和 12.6% 以上。这就可使设备重量减轻，从而将相关的工程建设投资费用降低。

② 加钒的 CrMo 钢抗氢腐蚀性能大幅度提高。由于钒的加入，在钢中形成了热稳定性很高碳化钒。大量的试验数据已表明，它具有很好的抗高温氢腐蚀性能。而且 $2\frac{1}{4}$Cr1Mo $\frac{1}{4}$V 钢已被正式列入到最新版的 APIRP941(第 5 版)推荐准则中，从该准则中的纳尔逊曲线图上可看出，$2\frac{1}{4}$Cr1Mo $\frac{1}{4}$V 钢的使用极限温度可达 510℃，比 $2\frac{1}{4}$Cr1Mo 钢提高了 56℃。

③ 加钒的 CrMo 钢抗氢脆性能明显改善。加钒 CrMo 钢由于所形成的碳化钒具有捕集氢的作用，由此所能提供给破坏引发部位的氢量比起 $2\frac{1}{4}$Cr1Mo 钢就要少，所以氢脆敏感性低，抗氢致裂纹扩展能力强。试验表明前者在氢环境中的门槛应力强度因子 K_{IH} 值比后者高

许多。

④ 加钒的 CrMo 钢抗回火脆化性能更好。对板材、锻件和焊缝金属进行“阶冷”处理试验结果，其试验前后的转变温度增量都很小，几乎等于零，说明没有明显的回火脆化现象。

⑤ 加钒的 CrMo 钢抗氢致剥离裂纹能力优越。加钒的 CrMo 钢不仅使钢中的碳化物组成、形成、分布状况发生了变化，而且可使界面上对氢致剥离敏感的显微组织得到改善；同时也改变了氢在钢中的扩散速度和溶解度特性，从而使装置在停工过程，当温度降至常温附近时，其堆焊层界面上的氢浓度大大减少。

2）高压换热器[5,9,12]。螺纹锁紧环式高压换热器为国家“七五”计划科技攻关重点项目，确定了特殊元件结构和尺寸，并进行了有限元分析；攻克了大螺纹加工、管箱密封槽加工、管端爆炸胀接和 U 形管固溶化处理、密封垫片大面积加工、安放式接管焊接坡口加工、无损检测和局部热处理等技术。

3）高压空冷器[1,13]。高压空冷器为国家“七五”计划科技攻关重点项目，解决了管箱内角焊及腔内深孔加工设备与技术，管与管孔及管板的焊接设备与技术，传热管端内表面衬耐腐蚀衬管技术，管箱端板的焊接技术及无损检测技术难关，研制成功滚花(KLM)型翅片换热管、锻造分体式结构管箱高压空冷器。目前已成功开发了性能好、使用安全的多种结构形式的高压空冷器，如管箱带丝堵型的整体锻造结构、丝堵型的板焊结构；传热管的翅片型式有镶嵌型、滚花(KLM)型及双金属轧制型。

复合高压空冷器见图 18-1 所示。

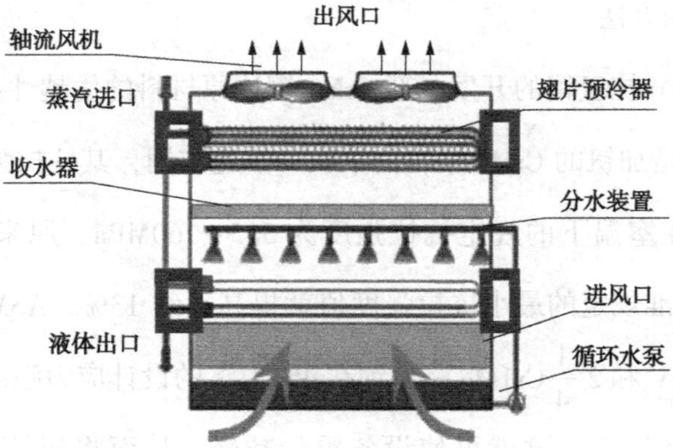

图 18-1　加氢反应流出物复合型高效空冷器示意图

研究表明：复合型高效空冷器 825 合金的投资仅为常规高压空冷器的 56%，而能耗仅为常规高压空冷器的 82%。

4）离心压缩机[10]。通过技术引进、消化吸收和创新发展，在气体动力学、转子动力学、热力模型及辅机系统、程控系统等技术方面取得了上百项的技术突破。

5）往复压缩机[11]。4M50 型系列大型氢气往复压缩机组，目前已系列化。

6）反应器内件技术[1]。反应器内件对气液相反应物流的均匀分布，使之与催化剂颗粒均匀而有效地接触至关重要。国内外均有由于分配器效果差而导致工业装置工艺过程失败的记录。所以近十几年来，国内对这方面高度重视，建立了一些冷模试验装置，研究开发了一些分配器和急冷氢装置等。工业应用表明效果良好。

7）研究规模与力量[1]。随着加氢工艺的日益广泛采用，为了保证高温高压加氢设备的安全性，近十多年来，一些科研单位和高等院校建立了研究反应器的冶金学(如回火脆性)氢损伤行为(加氢致剥离)及使用中的安全检测与安全评价(如在役无损检测技术，应用断裂力学的安全评价方法)等的试验装置，并形成了一定的研究规模与力量。

8）在役设备检验技术[1]。热壁加氢反应器在使用过程中可能会出现回火脆化、堆焊层氢致剥离等特殊损伤问题，为执行劳动部关于定期进行在役检验，确保设备安全使用的规定，中国石化多次组织有关专家、单位进行研究试验和实际锻炼，已形成了一支较强的在役热壁加氢反应器检验队伍和技术力量。

18.2　设备损伤及防护

加氢裂化装置的特点是临氢、高温、高压，在役临氢设备与管道处在高温高压的氢气环境中，必然会产生氢损伤；反应系统处于高温硫环境，为抵抗高温硫化氢的腐蚀通常要在设备(如反应器)内表面堆焊不锈钢(以奥氏体不锈钢居多)覆盖层和采用不锈钢内件，这样又带来不锈钢的氢脆、奥氏体不锈钢的硫化物应力腐蚀开裂及堆焊层氢致剥离等问题；反应过程中有脱硫、脱氮，存在较高浓度的硫化氢、氨，高温部位存在高温硫化氢腐蚀，低温部位存在 H_2S-NH_3-H_2O 型腐蚀；循环氢脱硫需要液胺，胺液会引起碱脆腐蚀；还发生过 Cr-Mo 钢的回火脆性和蠕变脆化破坏的问题；停工后奥氏体不锈钢会发生连多硫酸应力腐蚀开裂等。因次正常操作、开工、停工均应加强设备的防护。

加氢裂化装置常见的设备损伤形式：高温氢腐蚀、氢脆、奥氏体不锈钢连多硫酸应力腐蚀开裂、奥氏体不锈钢堆焊层的氢致剥离、Cr-Mo 钢的回火脆化、湿硫化氢腐蚀、高温硫或硫化氢与氢共存的腐蚀、硫氢化铵的腐蚀、胺液的腐蚀。

18.2.1　高温氢腐蚀及防护[5,13~16]

1）高温氢腐蚀。氢腐蚀是氢在高温下侵入钢中与晶间碳化物发生化学反应生成甲烷气泡(包括甲烷的成核过程和成长)，即 $Fe_3C+2H_2 \longrightarrow CH_4+3Fe$，并在晶间空穴和非金属夹杂物部位聚集，引起钢的强度、延性和韧性下降与劣化，同时发生晶间断裂。这种脆化现象是发生化学反应的结果，具有不可逆性，也称永久脆化现象。一旦发生破坏，后果严重，这是加氢裂化装置首先要考虑的问题。

氢腐蚀有一个“孕育期”(或称潜伏期)：即处在形成甲烷气泡，但生长速度缓慢和没有串通的氢腐蚀阶段，机械性能不发生明显改变的阶段。一旦气泡串通产生晶间裂纹，这些裂纹就能够连通而形成断裂通道，一定要避免这种情况发生。一般希望“孕育期”很长，应该使设备在使用寿命期间都处于“孕育期”。以确保装置的安全。“孕育期”的长短，取决于很多因素(包括钢的化学组成、温度、氢分压、冷加工、热处理、显微组织等)。对于在役压力容器或管道来说，在这些因素中，除温度和压力外，其余因素都是已定的。温度和压力越高，脆化开始的时间就越早，“孕育期”就越短。从通常遵守的用于抗氢腐蚀选材的 Nelson 曲线来看，当操作压力处于较高区间时，温度的影响更为敏感。

2）高温氢腐蚀的防护。反应器、热高分、反应加热炉、高压换热器及管道都有发生高温氢腐蚀的可能，必须根据美国石油学会(API)推荐惯例 API -941“炼油厂和石油化工厂高温高压临氢作业用钢”(亦称 Nelson 曲线)的最新版本来选用能抵抗相应使用条件下高温氢腐蚀的材料；

按 Nelson 曲线进行选材时，尽量减少杂质元素含量和控制非金属夹杂物的含量；

Nelson 曲线在表观上只反映温度和压力两个参数。实际上可根据使用情况与经验考虑一定的安全裕量；

$2\frac{1}{4}$Cr1Mo 钢使用极限温度不应超过 454℃，加氢裂化装置操作中应严防超温；

影响氢腐蚀的因素还有很多，如热处理和焊接作用等。试验证明，在相同条件下，焊缝比母材更易受到氢腐蚀，回火对氢腐蚀有不同影响，最终焊后热处理对改善氢腐蚀有一定作用，使用过程的维修，如果有焊补，必须进行焊后热处理。

18.2.2　氢脆及防护[5,13~16]

1）氢脆。氢原子扩散到金属晶格中，使金属晶格应变增大或生成氢化物造成金属韧性及延性降低，引起材料的脆化现象称为氢脆。在正常的加氢裂化反应器操作温度和操作压力下，氢分子会分解为氢原子，并透过堆焊层金属渗入母材基体中，反应器壳壁吸收了大量的氢，此时氢溶解在钢中对钢是无害的。氢在钢中溶解度受塞尔维特定律控制，即氢平衡浓度与氢分压和操作温度有关。见图 18-2。

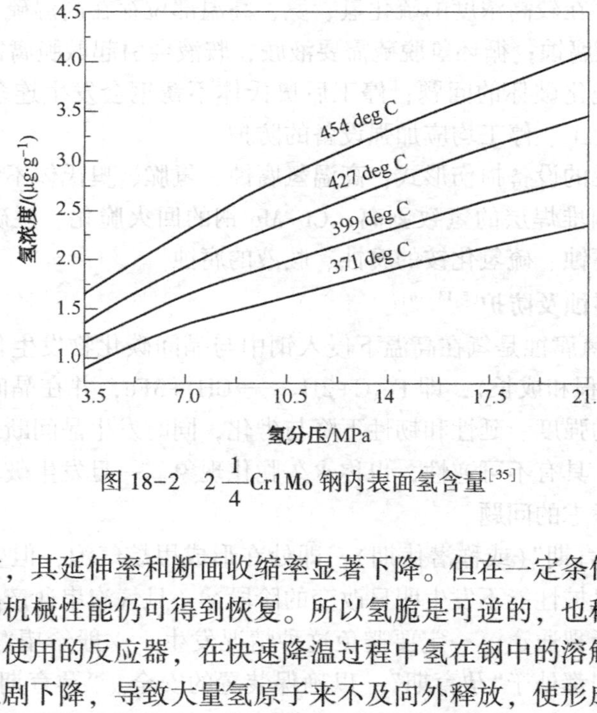

图 18-2　$2\frac{1}{4}$Cr1Mo 钢内表面氢含量[35]

发生氢脆的钢材，其延伸率和断面收缩率显著下降。但在一定条件下，若能使氢较彻底地释放出去，钢材的机械性能仍可得到恢复。所以氢脆是可逆的，也称作一次脆化现象。在高温高压临氢环境中使用的反应器，在快速降温过程中氢在钢中的溶解度迅速下降，而氢在钢中的扩散速度也急剧下降，导致大量氢原子来不及向外释放，使形成的过饱和氢扩散到局部应变或缺陷处。随着反应器的开、停工循环，残留氢加速了破裂处前部的亚临界状态，破裂增长，造成了氢脆裂纹破坏。发生氢脆的温度一般在 150℃以下。在 Cr-Mo 钢设备和管道上或不锈钢堆焊的焊接金属(如 TP347)上都曾发生过氢脆损伤。

2）氢脆的防护。装置停工前进行脱氢处理。试验证明，从停工后 7 个月但仍有 29μg · g^{-1}氢含量的堆焊层上取样进行弯曲试验时，只弯曲到 19°~75°的角度就开裂了。而对于其他条件完全相同，只是进行了脱氢处理，使氢含量降到 1.2μg · g^{-1}的试验，弯曲角达到 180°时试样还没有开裂；

在装置停工时，应尽量使钢中吸藏的氢能释放出去，即停工时冷却速度不能过快，在 350~400℃区间宜保持一段时间；

严格控制 TP347 不锈钢堆焊层或焊缝金属中的 δ-铁素体含量，并尽可能省略 TP347 堆焊层或焊缝金属的焊后热处理，以提高延性；

在定期检验中应对有关部位进行渗透和超声检测；

氢脆一般影响强度，现场如有修补时，要注意降低焊接热影响区的硬度，应控制到规定值以下。

18.2.3　湿 H_2S 腐蚀及防护[18~19]

1）湿 H_2S 腐蚀。湿 H_2S 腐蚀是指液相水和硫化氢共存（或含水物在露点以下）时硫化氢所引起的腐蚀。湿 H_2S 环境被称作酸性，在美国腐蚀工程师国际协会（NACE）对 H_2S 环境的定义为：在炼油工艺过程中，水相中的 $H_2S \geqslant 50\mu g \cdot g^{-1}$（水相中的 $H_2S<50\mu g \cdot g^{-1}$ 的压力容器可裂率也达 17%）。但引起腐蚀开裂所需的水相中的 H_2S 临界浓度并不十分肯定。另一种定义：湿硫化氢环境的条件：$P_{H_2S} \geqslant 345Pa$、介质中含有液相水或操作温度处于露点之下、介质 pH<6、但当介质中含有氰化物时 pH>7；而 NACE 认为以上条件对氢鼓泡、氢致开裂及硫化物应力腐蚀开裂更敏感。

在对低合金高强度钢在湿硫化氢环境中的开裂机理进行研究的基础上，一般认为湿硫化氢在压力容器与管道中引起的开裂形式：

（1）氢鼓泡（HB）：腐蚀过程中析出的氢原子向钢中扩散，在钢材的非金属夹杂物、分层和其他不连续处易聚集形成分子氢，从而形成很大的膨胀力。随着氢分子数量的增加，对晶格界面的压力不断增高，最后导致界面开裂，形成氢鼓泡，其分布平行于钢板表面。氢鼓泡的发生并不需要外加应力，与材料中的夹杂物等缺陷密切相关。

（2）氢致开裂（HIC）：在钢的内部发生氢鼓泡区域，当氢的压力继续增高时，不同层面上的相邻氢鼓泡裂纹相互连接，形成阶梯状特征的内部裂纹称为氢致开裂。钢中 MnS 夹杂的带状分布会增加 HIC 的敏感性。HIC 的发生也无需外加应力。

（3）硫化物应力腐蚀开裂（SSCC）：湿硫化氢环境中产生的氢原子渗透到钢的内部，固溶于晶格中，使钢的脆性增加，在外加拉应力或残余应力作用下形成的开裂，叫做硫化物应力腐蚀开裂。SSCC 通常发生在焊缝与热影响区等高硬度区。

（4）应力导向氢致开裂（SOHIC）：应力导向氢致开裂是由于应力引导下，夹杂物或缺陷处因氢聚集而形成的小裂纹迭加沿着垂直于应力的方向（即压力容器与管道的壁厚方向）发展导致的开裂称为应力导向氢致开裂。SOHIC 常发生在焊接接头的热影响区及高应力集中区如接管处、几何突变处、裂纹状缺陷处或应力腐蚀开裂处等。

湿硫化氢不致引起压力容器开裂的硫化氢浓度上限目前尚未建立，工业上的经验值为 $50\mu g \cdot g^{-1}$。NACE 指出，对于操作温度在常温到 150℃ 的压力容器，在以下环境中很容易产生氢损伤和开裂，但不排除其他情况下开裂的可能性：$H_2S>2000\mu g \cdot g^{-1}$，溶液 pH>7.8；$H_2S>50\mu g \cdot g^{-1}$，溶液 pH<5；水相中存在氢氰酸或其他氰化物 $>20\mu g \cdot g^{-1}$；其他如像由于水腐蚀而引起氢活化的高电势环境。

湿硫化氢危险性可分为三级：$H_2S<50mg \cdot cm^{-1}$ 时不开裂；$H_2S>50mg \cdot cm^{-1}$ 时开裂；$H_2S>50mg \cdot cm^{-1}$ 和氰化物 $>20mg \cdot cm^{-1}$ 开裂。H_2S 浓度越高，产生开裂的敏感性越大，断裂时间越短。对低碳钢：介质中 H_2S：2~150mg·cm^{-1} 时，腐蚀速度增加很快；$H_2S<50mg \cdot cm^{-1}$ 时，破坏时间很长；H_2S：150~400mg·cm^{-1} 时腐蚀速度是恒定的；H_2S：1600mg·cm^{-1} 时腐蚀速度下

降；H_2S：1600~2420mg · cm^{-1}时腐蚀速度基本不变。对高强钢：$H_2S<1mg \cdot cm^{-1}$仍能迅速引起SSCC破坏。当钢材自身强度级别越高、焊接接头的硬度偏高时，开裂速度加快。

2）湿硫化氢腐蚀的防护。

(1) 湿硫化氢环境中使用的设备、管道可选镇静钢，减少MnS等夹杂物的含量；

(2) 高压空冷前的注水，用于稀释或除去腐蚀性成分，在pH值呈碱性时，会减少氢的渗透；

(3) 注入工艺流体中的腐蚀抑制剂可以降低系统中的腐蚀影响，有助于减少原子氢的阴极析出，降低了氢渗入钢中的电势，减轻了鼓泡与开裂；

(4) 有机或无机涂层可以用作腐蚀隔离层。应慎重选择适用的涂层，以使其在工艺环境和停工期间能正常工作；

(5) 耐蚀合金衬里可以作为容器内部的长期腐蚀隔离层；

(6) 运行中的腐蚀监测方案，可以用来检查腐蚀行为。帮助认定腐蚀控制方法是否有效；

(7) 焊后热处理(PWHT)可降低由于残余应力提高而引起的SOHIC敏感性。PWHT也可降低局部的焊后热影响区(HAZ)硬度，减小引起SOHIC的SSCC发生的可能性。

18.2.4 高温硫或硫化氢与氢共存的腐蚀及防护[20~23]

1）高温硫或硫化氢与氢共存的腐蚀。

高温硫腐蚀：以熔融盐形式的硫腐蚀，开始时速度很快，一定时间后腐蚀速度会恒定下来，这是因为它们与钢材中的铁素体反应生成了硫化亚铁保护膜。而介质的流速越高，保护膜就容易脱落，腐蚀将重新开始。

H_2+H_2S型腐蚀：在加氢裂化装置中由于H_2的存在加速H_2S的腐蚀，在240℃以上形成高温H_2+H_2S腐蚀环境，一方面促进活性硫化物与金属的化学反应，同时又促进非活性硫的分解，随温度的升高，硫腐蚀逐渐加剧，特别是硫化氢在350~400℃时，能分解出S和H_2，分解出来的元素S比H_2S的腐蚀更剧烈，到430℃时腐蚀达到最高值，到480℃时分解接近完全，腐蚀开始下降。典型反应如下：

$$H_2S+Fe \longrightarrow FeS+H_2$$

$$RCH_2CH_2SH+Fe \longrightarrow FeS+RCH_3$$

$$S+Fe \longrightarrow FeS$$

$$H_2S \longrightarrow S+H_2$$

介质的温度、硫化氢浓度和材质对高温硫化氢腐蚀的影响一般应按柯珀(COUPER)曲线(即钢在H_2+H_2S条件下的腐蚀曲线)来估算腐蚀率后再确定所选材料，而腐蚀会随钢材中合金元素含量的增加而减弱。

在高温条件下，处理含硫的原料油时，活性硫与金属直接反应，它出现在与物流接触的设备与管道的各个部位，表现为均匀腐蚀，其中以硫化氢的腐蚀性最强。高温硫腐蚀速度的大小，取决于原油中活性硫的多少，但是与总硫量也有关系。

2）高温硫或硫化氢与氢共存的腐蚀防护。

对于处理含硫(或高硫)原料油的加氢裂化装置，无论是反应流出物还是混合进料，在正常工况下会同时遭受到氢腐蚀和高温硫化氢腐蚀，二者叠加的结果要比单独的氢腐蚀和单独的高温硫化氢腐蚀严重的多，这是因为氢和硫化氢对金属的腐蚀是相互促进的。

在240℃以上高温环境，一般选择铬镍较高的钢材、渗铝、渗钛、多元共渗、金属烧结涂层等技术加工的设备解决抗腐蚀问题。

18.2.5　铵盐的腐蚀、磨蚀及防护[26,31,36]

1）铵盐腐蚀。加氢裂化生成的 NH_3 和 H_2S 在反应流出物冷却后，由于 NH_3 和 H_2S 的分压较高，会化合生成固体的 NH_4HS 盐沉积在高压空冷器管子及其下游管道中，因此铵盐腐蚀主要对象为高压空冷器(简称 REAC)。

(1) 以 *K*p 值为基础，确定铵盐腐蚀。*K*p 值即进入空冷器物流中 NH_3 的摩尔分数与 H_2S 的摩尔分数的乘积。

$$Kp=[NH_3][H_2S]$$

式中　*K*p——物流的腐蚀系数；

$[H_2S]$——物流中 H_2S 摩尔分数,%；

$[NH_3]$——物流中 NH_3 摩尔分数,%。

REAC 选用碳钢基管，*K*p 值应设计控制在以下范围：$Kp\leqslant0.05$，最高流速控制在 $9.3m\cdot s^{-1}$；$Kp=0.1\%\sim0.4\%$，流速范围 $4.6\sim6.09m\cdot s^{-1}$。控制流速上限为了避免冲刷腐蚀，控制流速下限为避免结垢。当 $Kp>0.4\%$ 时，介质最大允许流逗下降，最八允许流速上升，被认可的流速为上述流速范围内更窄的一段范围。

(2) 以调查结果为基础，确定铵盐腐蚀。对46套加氢装置 REAC 系统的设计、材料、工作环境、腐蚀经验、70多年的操作经验等方面的调查结果表明：在 NH_4HS 环境下，腐蚀系数 *K*p、NH_4HS 浓度、速度、集合管设计均对 REAC 有腐蚀。

① 腐蚀系数 *K*p 的影响。*K*p 对 REAC 管束腐蚀程度的影响见图18-3。

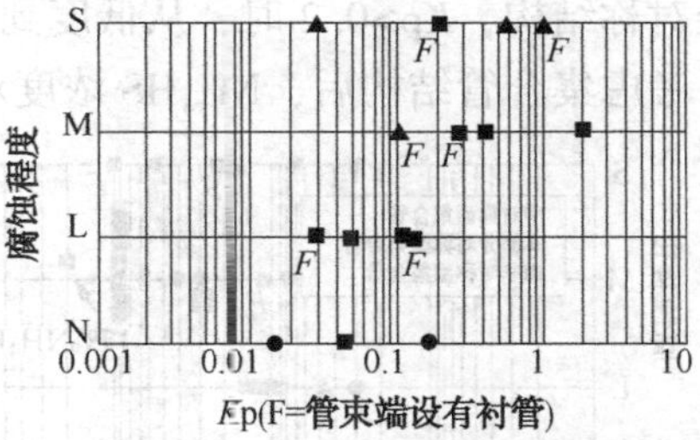

图18-3　*K*p 对 REAC 管束腐蚀程度的影响

图18-3中，管束腐蚀程度：S—严重，管束寿命<5年；M—中度，管束寿命为6~10年；L—低度，有限的腐蚀报导，但管束寿命>10年；N—无腐蚀，没有腐蚀报导。

从图18-3可看出，当 *K*p 值增加，腐蚀程度也随之增加；当 $Kp<0.02$ 时，没有明显的腐蚀。

② NH_4HS 浓度的影响。NH_4HS 浓度对 REAC 管束腐蚀程度的影响见图18-4。

从图18-4可看出，NH_4HS 浓度<2%时不可能发生腐蚀。

③ 速度影响。速度对 REAC 管束腐蚀程度的影响见图18-5。

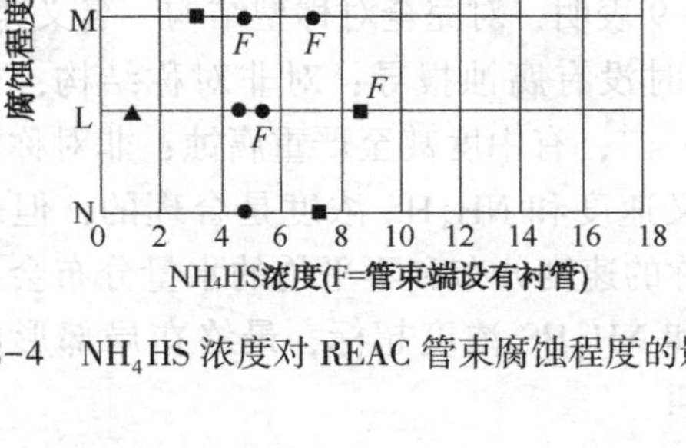

图18-4　NH_4HS 浓度对 REAC 管束腐蚀程度的影响

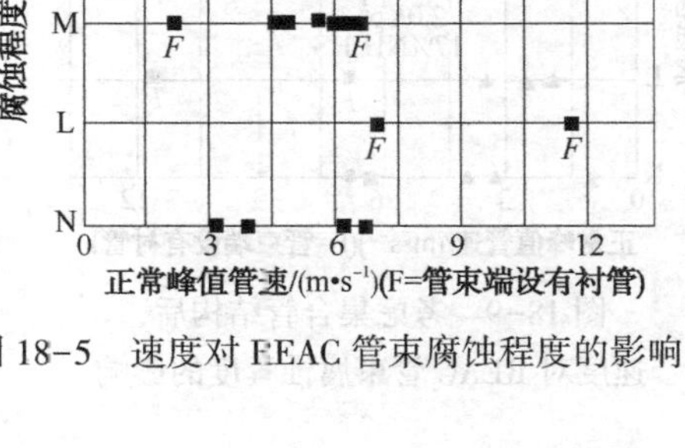

图18-5　速度对 EEAC 管束腐蚀程度的影响

从图 18-5 可看出，某些装置在名义速度≤$3m\cdot s^{-1}$，也可能发生严重腐蚀。

④ 集合管设计影响。对称型与非对称型集合管结构的影响见图 18-6，考虑集合管结构后，*K*p 对管束腐蚀的影响见图 18-7。

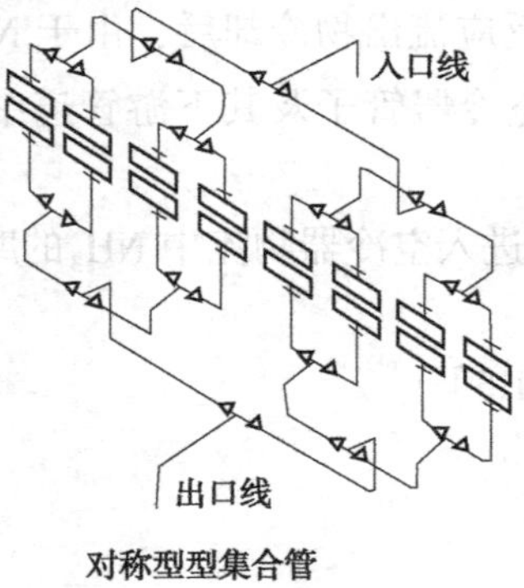

图 18-6　对称型与非对称型集合管结构

图 18-6 和图 18-7 表明，当 *K*p<0.02 时，流体基本上没有腐蚀性，集合管的结构影响不再重要。对于完全不对称结构，腐蚀程度受 *K*p 值影响较大，*K*p≤0.01 时，中度腐蚀到严重腐蚀可能发生；对于部分对称结构，*K*p>0.15 时，从低度到稍严重腐蚀可能发生；对于完全对称结构，*K*p>0.2 时，从低度到中度腐蚀可能发生。

考虑集合管结构后，NH_4HS 浓度对 REAC 管束腐蚀程度的影响见图 18-8。

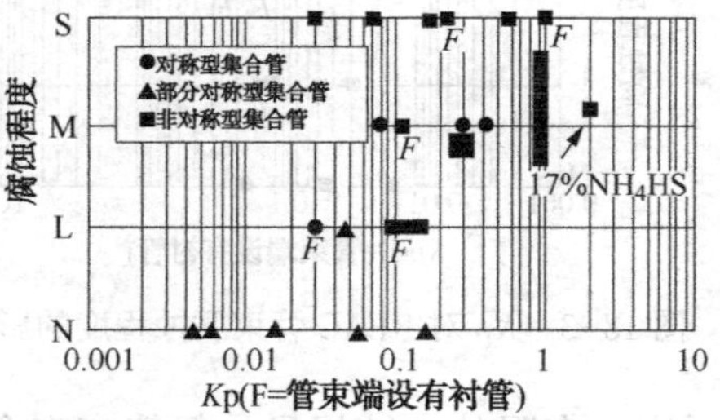

图 18-7　考虑集合管结构后，*K*p 对管束腐蚀的影响

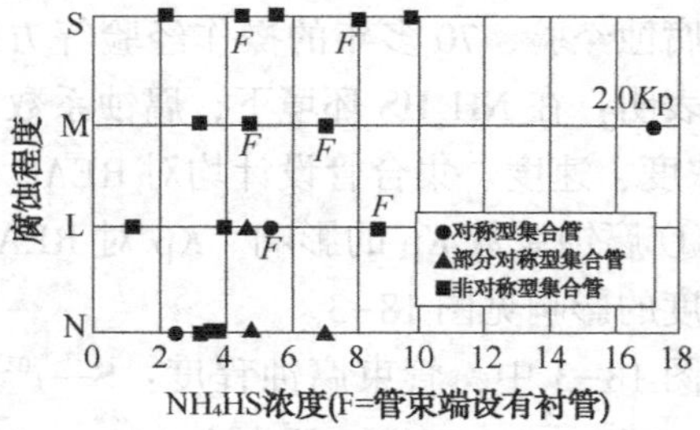

图 18-8　考虑集合管结构后，NH_4HS 浓度对 REAC 管束腐蚀程度的影响

图 18-8 表明，当不考虑集合管结构时，NH_4HS 浓度<2%时，没有严重腐蚀。对非对称型结构，NH_4HS 浓度>2%时，中度到严重腐蚀可能发生；对部分对称结构，NH_4HS 浓度<8%时，没有严重腐蚀。

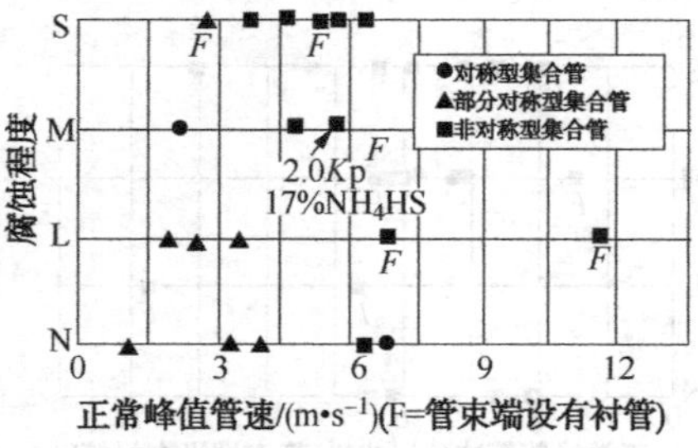

图 18-9　考虑集合管结构后，速度对 REAC 管束腐蚀程度的影响

考虑集合管结构后，速度对 REAC 管束腐蚀程度的影响见图 18-9。

图 18-9 表明，对完全对称型结构，名义速度>$6.7m\cdot s^{-1}$时没有腐蚀报导；对非对称结构，名义速度<$3m\cdot s^{-1}$，有中度甚至严重腐蚀；非对称集合管尽管名义速度和 NH_4HS 浓度是合理的，但管束之间不对称的速度分布和不平均的水量分布会导致速度过大和 NH_4HS 浓度超标，最终在局部形成严重金属腐蚀。

2）铵盐腐蚀防护。

（1）采用丝堵集合管，不采用回弯头和集合管；

（2）应用完全对称结构，空冷管束 2^n，n 为任意整数；

（3）*K*p 较高时，采用合金材料(如 Incoloy825)；

（4）碳钢管束：名义速度<$6m \cdot s^{-1}$；合金钢管束：名义速度<$9m \cdot s^{-1}$；

（5）腐蚀发生在管束端的冲蚀，应采用不锈钢衬管，衬管出口应为喇叭口结构；

（6）出入口集合管应没有死区；

（7）严格按第二章要求控制洗涤水质量；

（8）连续注水，使酸性水中 NH_4HS 浓度<8%；

（9）注水量和注水点应保证注水点处至少有 20%的注水保持为液相；

（10）注多硫化钠缓蚀剂：多硫化钠能与 NH_3 及其他氨类化合物反应生成多硫化胺，减少了 NH_4HS，NH_4Cl 的结垢及凝液沉积，从而抑制了腐蚀；

（11）应用 REAC 失效实时专家诊断监管系统，为操作工提供实时诊断和调整预案，运化运行；

（12）实施 REAC 在役检验；

（13）实施 REAC 安全评估和寿命预测。

3）铵盐磨蚀。加氢裂化循环氢中的 NH_4HS，NH_4Cl 结晶粒度与流速、温度、压力、冷却速度有关。流速小的地方，晶体颗粒成长更充分，晶粒大；冷却速度快，结晶推动力大，可形成较大的晶体颗粒。晶体颗粒的尺寸大于压缩机运动部件粗糙表面的微观波峰。当铵盐晶体夹在相对运动的两金属面之间：①会造成金属表面的磨损，使金属机体表面切削与剥落，生成硬度更大的金属颗粒，在载荷作用下，压入材料表面而产生压痕，从表面挤压出剥落物，从而加快磨损的进程；②颗粒作用使表面受交变接触应力而变形，使材料表面疲劳破坏。离心式压缩机浮环处轴的磨损属于前者，而往复式压缩机阀片高频率的撞击，其磨损属于磨料磨损和疲劳破坏的综合作用。

4）铵盐磨蚀防护。

（1）严格控制进料盐含量和氯含量。根据原料中的硫、氮含量采取相应的工艺措施，减少循环氢中铵盐的生成。当采用重整氢气作为补充氢时，应严格控制氯含量。

（2）注水。减轻磨料磨损的最根本措施是减少铵盐颗粒的生成，也就是说减少循环氢中 H_2S、NH_3 的含量。由于 NH_4HS 极易溶于水，NH_4Cl 易溶于水，因此通过注水可以溶解反应生成的大部分 NH_4HS 与 NH_4Cl。

（3）合理选材与表面加工对磨损的部位采用耐磨性好的材料，表面进行适合的加工手段。对机械零件表面加工时，合理选择表面粗糙度，并采取相应的处理手段，如采用固溶强化，提高金属的强度、硬度；通过渗碳、渗铬、氮化、氰化等化学热处理方法，提高钢的耐磨性及疲劳强度。

（4）对加工高硫原料的加氢裂化装置设立循环氢脱硫设施，在循环氢进入压缩机前脱硫，依靠胺液的吸收与解析作用来脱除循环氢中的硫化氢和氨。

（5）机组隔离水洗。由于铵盐极易溶于水，因此可以对工件表面水洗来去除晶体颗粒。在装置进行检修时，将压缩机组的润滑油、密封油、隔离气、参考气、注油等系统封闭，向机体内部充水洗涤，用化学试剂测试或分析水中铵盐含量，直至水质合格。这种方法可以脱除运行周期中积留在机体内部的铵盐晶体颗粒。水洗结束后，用仪表风或氮气吹干机体部件。

18.2.6　胺液的腐蚀及防护[24~25]

1）胺液的腐蚀。

加氢裂化装置脱硫系统使用单乙醇胺（MEA）、二乙醇胺（DEA）、甲基二乙醇胺（MDEA）、二异丙醇胺（DIPA）等贫胺液或混合溶剂吸收加氢裂化装置中产生的 H_2S。该系统基本是由碳钢构成，在再生塔顶部使用316复合钢板，在碳钢焊接处进行超过操作温度90℃的焊后热处理，从而防止腐蚀和碱应力腐蚀破裂。这种处理方法在相应的装置操作中使用多年。1984年在美国发生 H_2S 吸收塔爆炸事件之后，在日本和美国对胺装置做了全面调查。调查发现，爆炸是由硬化处理过的补焊部位氢脆造成的，还发现晶间应力腐蚀破裂经常发生在碳钢焊接处附近和操作温度低于90℃的吸收塔贫胺线（过去人们习惯上认为贫胺线是不会腐蚀的）。80%的醇胺溶液在 CO_2 吸收饱和状态、121℃、碳钢材质条件下的腐蚀速率MEA：2.52mm·a^{-1}、DEA：0.99mm·a^{-1}、DIPA：0.183mm·a^{-1}，MDEA在50%醇胺溶液的静态腐蚀速率：0.66mm·a^{-1}。

H_2S 与胺液形成的相对较弱的盐在加热时会分解，故胺液可通过加热来再生。原料中其他酸性组分与胺液生成的盐则在加热时不会分解，因此不能用加热来再生，故称为热稳定性盐（HSAS）。脱硫过程中容易生成的盐有甲酸盐、乙酸盐、草酸盐、氰化物、亚硫酸盐、硫酸盐、硫代硫酸盐和硫氰酸盐。当原料气中含 O_2 时，它会溶解在醇胺溶液中，使MEA通过一系列氧化降解反应而生成草酸盐、乙酸盐等。同时原料气中的氧还能氧化 H_2S 而生成单质硫。单质硫在加热条件下与醇胺反应生成二硫代氨基甲酸盐类、硫脲类、多硫化合物类和硫代硫酸盐类化合物。曾有报告指出，虽然MDEA对化学降解是稳定的，但它可能比DEA更容易发生氧化降解而生成HSAS。甲酸盐、乙酸盐和硫代亚磺酸盐在加热时会部分分解，但在胺液再生的工况下不会分解，然而在重沸器中可能会发生部分分解，从而造成气相区域的化学腐蚀。

对加氢裂化装置脱硫系统而言，HSAS的生成是醇胺溶液降解变质最主要的原因，原料气中含氧量高时降解更严重。在胺液系统中，没有固定的HSAS生成比例，主要与胺液对原料气体中强阴离子的吸收、胺的氧化和裂解等原因相关。加氢裂化装置脱硫系统生成比例较低，一般不超过1%。道氏化学公司曾对HSAS影响MDEA溶液腐蚀性的情况作过测定，其方法是在2cm^{3}的316不锈钢反应器中加入50%MDEA溶液和不同含量的各种阴离子后进行挂片试验，然后用失重法测定各种钢材的腐蚀速率，主要结果可归纳如下：

（1）在82℃下试验溶液中的阴离子质量分数分别为500μg·g^{-1}、1000μg·g^{-1}、5000μg·g^{-1}和10000μg·g^{-1}时的结果表明，含5000μg·g^{-1}草酸的MDEA溶液对碳钢的腐蚀性最强，腐蚀率达1.225mm·a^{-1}。各种阴离子对304、316和410等牌号不锈钢的腐蚀率均低于0.0127mm·a^{-1}，而在纯净的50%MDEA溶液中上述牌号不锈钢的腐蚀率均低于0.0025mm·a^{-1}。

（2）在121℃进行上述同样试验时，MDEA溶液对碳钢的腐蚀性高于82℃的情况。当碳钢的腐蚀率<0.254mm·a^{-1}，乙酸的质量分数应<1000μg·g^{-1}，甲酸和硫酸质量分数要<500μg·g^{-1}，草酸质量分数要<250μg·g^{-1}。

（3）对MDEA电导率的测定结果表明，在室温下电导率和溶液腐蚀性并无联系，电导率高的溶液腐蚀性不一定大，反之亦然。

(4) 在121℃下考察MDEA溶液的pH值对碳钢腐蚀情况的影响时，观察到含乙酸、甲酸和硫酸的MDEA溶液，其pH值越低则腐蚀性越强。

2) 胺液腐蚀防护。道氏化学公司建议HSAS的总量应控制在<0.5%的溶液量。胺液中HSAS浓度的增加：造成设备和管线的腐蚀、需频繁更换胺液过滤器、引起胺液发泡、增加胺液消耗、降低脱硫效率及再生蒸汽消耗增大。

一般HSAS的脱除方法：新鲜胺液部分置换、胺清洗及Amipur胺净化。前两种方法的胺耗较大。1998年，Eco-Tec公司开发了从链烷醇胺水溶液中去除阴离子杂质的系统，称为Amipur胺净化技术。其核心是通过阳离子交换树脂去除HSAS，并把胺回收到装置中。其中RECOFLO^{R}阳离子交换树脂具有交换树脂柱强度高、装填量少、流速快、流程短、逆流再生、可拆卸，更换方便等特点。见图18-10。

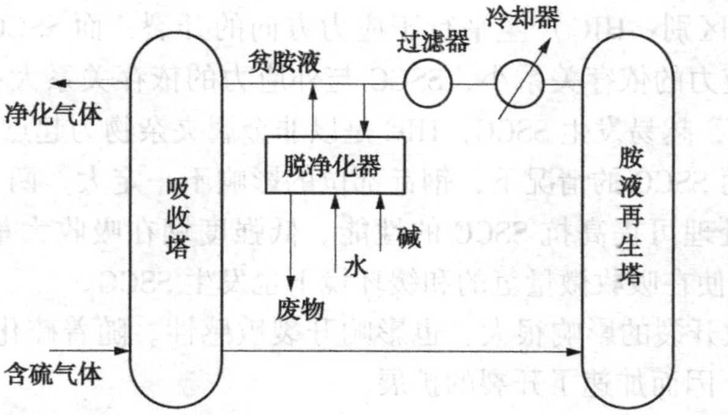

图18-10　胺净化器工作流程

该技术已在ZRCC脱硫装置工业应用。

18.2.7　奥氏体不锈钢连多硫酸应力腐蚀开裂及防护[27~28]

1) 奥氏体不锈钢连多硫酸应力腐蚀开裂。奥氏体不锈钢处于高温和含有H_2S的环境中，在设备运行期间，钢表面生成硫化铁。当设备在这种状态下停止运行冷却到室温时，硫化铁就与水分和空气相接触，生成连多硫酸($H_2S_xO_6$，$x=3，4，5$)：

$$8FeS+11O_2+2H_2O \xlongequal{} 4Fe_2O_3+2H_2S_4O_6$$

这一反应便是发生应力腐蚀开裂的原因。它与拉应力共同作用会使奥氏体不锈钢产生脆性开裂，即使在室温条件下，裂纹也会很快产生。

由于不锈钢在500~800℃加热时可引起Cr的碳化物(Cr_{23})在晶界析出而形成贫Cr区，贫Cr区在酸性溶液中容易被腐蚀。测量在连多硫酸溶液中的阳极极化曲线，可知敏化材料的维钝电流密度比固溶材料的高，这种差别成为沿晶应力腐蚀开裂的原因。因此沿晶应力腐蚀开裂的机理是贫Cr区阳极溶解而引起的，阴极反应是连多硫酸的还原。在钢刚浸泡于连多硫酸中时，腐蚀电位处于活化区域。随着硫化物膜的形成，维钝电流密度下降。基体与贫Cr区之间的阳极电流密度之差成了SCC的驱动力。

2) 奥氏体不锈钢连多硫酸应力腐蚀开裂防护。

(1) 通入氮气以防止大气侵入，使其保持干燥；

(2) 采用加热的方法以防止湿气凝结；

(3) 当奥氏体不锈钢与空气、湿气接触以前，用碱液进行中和；

(4) 采用了抗腐蚀性能较强的稳定型不锈钢。

18.2.8 奥氏体不锈钢堆焊层的氢致剥离及防护[27~28,32]

1) 奥氏体不锈钢堆焊层的氢致剥离。

碳钢及低合金钢暴露在H_2S、高温高压H_2介质中操作时，H_2会侵入器壁局部聚集，致使在钢材轧制方向发生台阶状开裂的现象，称为氢致开裂(简称 HIC)，或台阶状开裂。当在钢表面可看到鼓泡现象时，称为氢鼓泡。当设备从正常运转状态停工时，由于氢在母材与奥氏体不锈钢堆焊层中的溶解度和扩散速度不同，将在过渡层上吸藏大量的氢，且因二者的线膨胀差别大形成很大残余应力而使母材与堆焊层产生剥离现象。

影响氢致剥离的因素主要有操作时的氢分压、操作温度、停工时的冷却速度、反复开停工的循环次数等。钢材的组成、金相组织、碳化物形态以及堆焊工艺与参数对堆焊层抗剥离能力也有影响。

HIC 与 SSCC 的区别：HIC 产生平行于应力方向的开裂，而 SSCC 产生垂直于应力方向的开裂；HIC 与外应力的依存关系小、SSCC 与外应力的依存关系大；低强度钢往往会发生 HIC。钢的强度越高，越易发生 SSCC；HIC 是以非金属夹杂物为起点而发生的，所以与钢锭部位的关系很大；而 SSCC 的情况下，钢锭部位的影响不一定大。两者热处理后组织的影响不同，淬火、回火处理可提高抗 SSCC 的性能。低强度钢在吸收大量氢的苛刻环境下发生 HIC；而高强度钢即使在吸收微量氢的和缓环境下也发生 SSCC。

H_2S浓度对氢致开裂的影响很大，也影响开裂敏感性。随着硫化氢浓度的增大，pH 则降低，吸氢量增加，因而加速了开裂的扩展。

2) 奥氏体不锈钢堆焊层的氢致剥离防护。

(1) 为防止或缓和这种剥离裂纹的发生或扩展，在设备使用过程中，应严格遵守操作规程，尽量避免非计划紧急停车；

(2) 在正常停工时要设定使氢气尽可能从器壁中释放出去的停工条件，以减少残余氢量；对长时间停工，应尽量增加解氢工艺，而对于短时间的停工，可以适当缩短或取消解氢工艺。尽量避免在冬季停工检修，对反应系统不检修的停工过程，可采取热态隔离保温措施。如停工期间，将加氢精制反应器、加氢裂化反应器床层温度保持在 200℃左右进行隔离，检修结束时床层温度还保持在 100℃左右，可有效地保护反应器。

(3) 在定期检修中，采用超声技术进行检测以判断是否有剥离发生或扩展。

18.2.9 Cr-Mo 钢的回火脆化及防护[29~30,32]

钢材加工制造过程回火处理的目的是降低淬火钢(或正火钢)抗拉强度，提高朔韧性。回火脆化现象是指在特定温度区回火或者在该温度区徐冷时，出现韧性显著降低现象。

回火脆性按发生脆化的温度分为三类：

① 低温回火脆性：在 200~400℃将淬火钢(或正火钢)回火时出现的脆性，这种脆性是不可逆的；

② 高温回火脆性(又称二次回火脆性)：钢材在 371~593℃(其他说法：325~575℃、350~575℃、400~600℃)回火时出现的脆性，或者从这个温度范围缓慢地冷却时，其材料的破坏韧性就引起劣化现象，这种脆性是可逆；

③ 超高温回火脆性：在金相组织变化的同时所产生的脆性，是不可逆的。

1) Cr-Mo 钢的回火脆化。Cr-Mo 钢的回火脆性属于高温回火脆性，其产生的原因是钢中的微量不纯物元素(P、As、Sb、Sn 等)和合金元素向原奥氏体晶界偏析，降低了晶界凝集力，产生脆性破坏。从破坏试样所表明的特征来看，在脆性断面上呈现出晶界破坏的形态。回火脆性对于抗拉强度和延伸率没有多大的影响，但对于缺口韧性和由于裂纹而发生的脆性破坏则有很大影响，其主要表现为断裂韧性值降低。

加氢反应器的回火脆化现象可分为两种：

① 制造过程中，材料在回火处理或焊后热处理冷却过程中产生的脆化；

② 材料长期在回火脆化温度范围内使用而发生的脆化。

由于 Cr-Mo 钢的回火脆性是可逆的，制造过程中可以将已脆化的钢材加热到脆化温度以上(如 600℃)再急冷，钢材可恢复原来韧性，因此不会产生脆性破坏。但使用过程中反应器长期处于回火脆化温度范围内，由此产生的脆化现象却无法消除。所以必须预先测得加氢反应器长期使用后的回火脆化量，把它控制在安全的范围，保证反应器的使用安全。

影响 Cr-Mo 钢回火脆性的因素很多，如化学成分、热处理工艺、制作加工时的热状态、强度大小、塑性变形、碳化物的形态、使用时的操作温度等。

对加氢装置中常用的 Cr-Mo 钢而言，以 $2\frac{1}{4}$Cr1Mo 钢、3Cr1Mo 钢的回火脆性敏感性最强，而 1Cr0.5Mo 钢、$1\frac{1}{4}$Cr0.5Mo 钢较弱。

2）Cr-Mo 钢的回火脆化防护[15]。

(1) 为了防止由于 Cr-Mo 钢回火脆化引起设备的脆裂，在生产开工时应遵守先升温后升压的原则，即热态开工方案。对在脆化温度范围内工作的设备，当温度<121℃(第三代 Cr-Mo钢<93℃)，对设备加压应限制到所加压力产生的应力不超过钢材屈服极限的 20%。在开工时应避免由于升温过快而造成过大的热应力。一般当设备壁温小于 150℃时，升温速度应<25℃ · h^{-1}。第三代 Cr-Mo 钢规定见表 18-2。

表 18-2 反应器加热规定

反应器表面温度	<38℃	>38℃
进料温度改变	<8℃ · $15min^{-1}$ 高于临界表面温度，<167℃ 高于反应器出口温度，<111℃	<14℃ · $15min^{-1}$ 高于临界表面温度，<167℃ 高于反应器出口温度，<111℃

(2) 停工时应遵守先降压后降温的原则，即热态停工方案。对在脆化温度范围内工作的设备，当温度<121℃(第三代 Cr-Mo 钢<93℃)之前，对设备内压应降到产生的应力不超过钢材屈服极限的 20%。在停工时应避免由于降温过快造成过大的热应力。当设备壁温小于 150℃时，降温速度应<25℃ · h^{-1}。装置停工后，应按有关规范进行检查。第三代 Cr-Mo 钢规定见表 18-3。

表 18-3 反应器冷却规定

反应器表面温度	<38℃	>38℃
进料温度改变	<8℃ · $15min^{-1}$ 低于临界表面温度，<111℃ 低于反应器出口温度，<111℃	<14℃ · $15min^{-1}$ 低于临界表面温度，<111℃ 低于反应器出口温度，<111℃

（3）钢材的化学元素组成影响 Cr-Mo 钢的回火脆性。加氢反应器在制造过程中除应控制 Cr-Mo 钢主材元素组成外，还应综合控制杂质元素含量和改善其化学成分，才能有效地控制 Cr-Mo 钢的回火脆性。

（4）在反应器内放置带对接焊缝的挂片试块，并定期检查挂片材料的回火脆化状况。根据检验的结果来判断反应器的热开停工程序是否需要修正，以确保反应器不会在开停工过程中发生脆性破坏事故。

参 考 文 献

1 黎国磊．我国高压加氢设备技术发展的30年[J]．炼油设计，1996，26(4)：33~36

2 张迎恺，孙丽丽．加氢裂化反应器新型冷氢箱的研究与设计[J]．石油炼制与化工，2002，33(6)：56~57

3 仇恩沧．国产 3Cr1Mo $\frac{1}{4}$V 钢加氢反应器的开发[J]．石油化工设备与技术，2000，21(4)：36~40

4 陈崇刚，黎国磊．我国 2 $\frac{1}{4}$Cr1Mo $\frac{1}{4}$V 抗氢钢的开发[J]．石油化工设备与技术，2002，23(5)：40~45

5 黎国磊．加氢反应器的又一进步-新 Cr-Mo 钢材料的开发[J]．石油化工设备与技术，1997，18(2)：1~6

6 American Petroleum Institute. API RECOMMENDED RACTICE 941 Steels forHydrogen Service at elevated Temperatures and Pressures in Petroleum Refineries and Petrochemical Plants. Fifth Edition. Washington; API 1997

7 董汪平．首台国产 3Cr1Mo $\frac{1}{4}$V 锻钢加氢反应器的设计[J]．石油化工设备与技术，2002，33(6)：18~20

8 李立权，曾茜，俞仁明，吴宜东．国内最大的蜡油加氢脱硫装置的设计和多方案运行[J]．炼油设计，2003，33(7)：1~7

9 张琪，张维忠．加快加氢设备国产化．促进加氢技术发展[J]．石油化工设备与技术，2001，22(1)：46~47

10 中国石油化工集团公司重大装备国产化办公室，中国石油化工股份有限公司物资装备部．石油石化国产化重大技术装备[M]．北京：中国石化出版社，2003

11 韩崇仁主编．加氢裂化工艺与工程[M]．北京：中国石化出版社，2001

12 刘海滨，赵辉．开停工过程造成加氢反应器破坏的原因分析及防护措施[J]．齐鲁石油化工，1999，27(3)：191~193

13 孙家孔．高温高压临氢用钢-API RP941-1997(第五版)简介[J]．石油化工设备技术，1999，20(1)：12~16

14 许适群．加工高硫原油可能出现的腐蚀问题[J]．石油化工腐蚀与防护，1998，15(1)：1~6

15 王维宗，贾鹏林，许适群．湿硫化氢环境中腐蚀失效实例及对策[J]．石油化工腐蚀与防护，2001，18(2)：7~13

16 陈锡祚译．NACE＊标准 RP0296-96 检查、修复和减轻炼油厂在用压力容器在湿 H_2S 环境中开裂的指导准则[J]．石油化工腐蚀与防护，1997，14(2)：50~60

17 贾鹏林．高硫原油加工过程中的防腐蚀技术[J]．石油化工腐蚀与防护，2001，18(5)：1~4

18 朱日彰，齐慧滨，黄震中，何业东．金属材料的高温硫腐蚀中的若干问题(1)[J]．石油化工腐蚀与防护，1995，18(3)：48~52

19 王晓冬，岳进才．氢气加热炉管设计选材探讨[J]．炼油设计，2002，30(8)：28~30

20 Katsumi Yamamoto. 炼油装置材料[J]. 石油化工腐蚀与防护, 1995, 12(4): 23~27
21 林霄红, 袁樟永. 用 AmiPur 胺净化技术去除胺法脱硫装置胺液中的热稳定性盐[J]. 石油炼制与化工, 2004, 35(8): 21~24
22 郭其新, 莫少明, 卞玉峰, 刘海滨. 重油加氢装置高压空冷器管束的腐蚀与防护[J]. 石油化工腐蚀与防护, 2002, 19(6): 14~17
23 小若正伦. 高硫原油加工中的氢致开裂和连多硫酸应力腐蚀开裂(2)[J]. 石油化工腐蚀与防护, 1994, (2): 1~10
24 赵萍. 加氢反应器用 $2\frac{1}{4}$Cr1Mo 钢回火脆性分析[J]. 河南石油, 2002, 16(3): 54~56
25 林建鸿, 柳曾典, 吴东棣. 热壁加氢反应器运行过程中的材质劣化问题[J]. 石油化工设备与技术, 1997, 18(5): 4~9
26 谭金龙, 丰文斌. 铵盐对循环氢压缩机运动部件的磨损及控制[J]. 石油化工设备技术, 2002, 23(2): 63~66
27 偶国富. 国产化加氢裂化装置反应器的运行和首次检验[J]. 炼油设计, 2000, 30(5): 15~20
28 殷凤春, 蔡连重, 黎国磊. 我国锻焊结构热壁加氢反应器技术的进步-纪念首台国产化热壁加氢反应器诞生10周年[J]. 炼油设计, 1999, 29(10): 1~4
29 李立权, 陈崇刚. Sheer® 加氢裂化技术-第一代 Sheer® 加氢裂化技术开发[J]. 炼油技术与工程, 2013, 43(2): 1~6
30 刘洋. 热壁加氢反应器的安全评估: [硕士学位论文]. 上海: 华东理工大学, 2012
31 偶国富, 金浩哲, 包金哲等. 加工高硫原油加氢空冷系统失效分析及防护措施[J]. 石油化工设备与技术, 2007, 28(6): 17~21

第十九章 安　全

加氢裂化是重质馏分油深度加工的主要工艺之一，集炼油技术、高压技术和催化技术为一体。加氢裂化装置处于高温、高压、临氢、易燃、易爆、有毒介质操作环境，其强放热效应有时使反应变得不可控制；工艺物流中的氢气具有强爆炸危险性和穿透性；脱硫反应产生的 H_2S 为有毒气体；高压串低压可能引起低压系统爆炸；高温、高压设备设计、制造产生的问题，可能引起火灾或爆炸；管线、阀门、仪表的泄漏可能产生严重的后果；设计方案的不合理、生产管理中的问题均可能引发事故。作为炼油装置中爆炸和火灾危险性最高的甲类装置，其安全的可靠性取决于设计方案的可靠性、设备的可靠性、制造质量的可靠性和使用管理的正确性[1]。

工艺过程按安全性可分为两类：一类是本质安全的，即工艺过程采用的物料和操作条件都是安全无危险的。另一类则是需要将安全“设计进去”，就是要依靠安全联锁系统、安全泄压系统、消防喷淋等安全保护设施。对加氢裂化装置而言，工艺过程不容易实现本质安全性，而且当操作条件偏离设计值时往往会造成危险局面。因此，应采取有效的安全手段和措施，降低事故发生的概率，并且尽可能地把事故损失降到最小[1]。

装置的安全涉及：生产安全，职业安全和消防安全。生产人员应不断学习安全知识、安全规程、安全规范、经常性进行安全消防训练，不断提高安全意识和技术素质，保证装置和人员“安、稳、长、满、优”。

19.1　加氢裂化装置事故分析[1,9~10,12]

1）反应“飞温”引发的事故。加氢裂化反应主要由酸性功能催化剂提供的裂解反应和加氢活性催化剂提供的加氢反应组成，典型的反应热见表 19-1。

表 19-1　加氢裂化典型的反应热

项　目	反应热/(kcal·$m^{-3}H_2$)	项　目	反应热/(kcal·$m^{-3}H_2$)
脱硫	585~715	芳烃饱和	360-720
脱氮	585~715	烯烃饱和	1200-1340
脱氧	585~715	加氢裂化	450-580

注：1kcal=4.1868kJ。

从表 19-1 可看出：加氢精制、加氢裂化反应均为放热反应，Union oil 公司认为：分子筛型的裂化催化剂的床层温度若超过正常温度 12~13℃，裂化反应速度将增加 1 倍；催化剂床层温度若超过正常温度 25℃，裂化反应速度将增加 4 倍。如果反应热不能及时从反应器取走，将引起反应器床层温度的骤升，即“飞温”，使催化剂活性受到损坏，寿命缩短，对反应系统的设备造成危害，导致高压法兰泄漏等。反应器“飞温”后，造成反应器大面积堆焊层剥离和 347SS 堆焊层熔敷金属裂纹和破坏现象。

2）氢气泄漏引发的事故。氢气为无色、无味、易燃、易爆气体，由于其相对分子质量最小，高温、高压下容易泄漏，体积分率达到 4.1%~74.2%时会产生爆炸，常压温度达到 570℃还会自燃。由氢气引发的事故很多，如 A 厂加氢裂化爆炸就是由于油泵换泵期间，泵不上量，而泵出口未装止回阀，造成高压氢气倒泄到油泵房，引发爆炸，装置被毁，死伤几十人。

3）H_2S 泄漏引发的事故。H_2S 为无色、恶臭、毒性大的易燃易爆气体，它易溶于水生成氢硫酸，也可溶于醇类、甘油、石油制品中。它的相对密度为 1.91。硫化氢化学性质不稳定，在空气中容易燃烧，体积分率达到 4.3%~45.5%时还会产生爆炸，对金属的腐蚀性很强，且易被吸附于各种织物中。B 厂加氢裂化装置几名操作工为检查冷高压分离器酸性水，打开阀门敞口排放，由于酸性水中的 H_2S 迅速蒸发，几名操作工当场中毒熏倒。

4）高温、高压设备设计不当引发的事故。C 厂加氢裂化装置循环氢压缩机出口管线材质错用 Cr5Mo，又未进行合适的热处理，导致生产中弯曲部分管段炸裂，大量氢气泄漏遇火花产生爆炸，造成操作室和机械室 9 人死亡。

5）高温、高压设备制造不当引发的事故。D 厂加氢裂化装置高压立式换热器下部 Ω 形膨胀圈，因焊接质量不良，首次开工受热后焊缝开裂造成大火。

6）生产管理中的问题引发的事故。不锈钢高压氢气加热炉管对氯离子浓度有严格的要求，C 厂对供加氢裂化装置的重整氢氯离子浓度控制不严，导致生产中氢气加热炉管由于氯离子应力腐蚀爆裂，造成大火。

7）串压引发的事故。E 厂加氢裂化装置高压分离器排放酸性水时，造成串压，导致低压的酸性水罐被炸飞。

8）检修与维护不当引发的事故。

19.2　国内外加氢裂化装置安全设计进展[1,15~16]

1）HSE 审查：可行性研究、基础设计、施工图设计不同阶段采用不同方式的 HSE 审查。

2）定性和定量风险评价：预先危险性分析法（PHA）、危害与可操作性研究（HAZOP）、故障模型与影响分析（FMEA）、风险矩阵评价法、DOW 火灾和爆炸危险指数评价法、MOND 火灾和爆炸危险指数评价法。

3）新型应用软件，使设计更加准确。例如，高压设备采用以“应力分析为基础”的设计方法，对某些几何不连续和温度不连续的关键部位进行应力分析和应力控制，改善了各部位结构的应力分布，减小了塑性应变振幅，提高了设计的准确性和使用的可靠性。

4）新设备、新材料的应用，提高了设备的安全性。如：开发了主体材质为 2.25Cr-1Mo-0.25V、3Cr-1Mo-0.25V-Ti-B、3Cr-1Mo-0.25V-Cb-Ca 的热壁加氢反应器，提高了室温的抗拉强度、蠕变断裂强度、抗氢腐蚀、抗氢脆、回火脆性、堆焊层剥离的能力及更优的韧性。

5）在材料制备、产品焊接、堆焊、热处理等方面的改进，保证材料获得特殊的性能。

6）催化剂器外预硫化技术的应用，缩短了开工时间，减少了硫化剂（CS_2、DMDS）、H_2S、酸性水对人的危害、对环境的污染和对设备的腐蚀。

7）催化剂器外再生技术的应用，避免了器内再生可能产生的“飞温”、局部过热或超温而危害催化剂和设备，消除了 SO_2、SO_3、含硫含盐污水排放及对设备的腐蚀。

8）催化剂表面成膜钝化处理技术的应用，防止了催化剂卸出时的自燃，减弱了有害物质对催化剂的危害。

9）加工高硫原料时，设置循环氢脱硫设施，将硫化氢的危害降到最小。

10）高压高温、有毒介质采样全部采用密闭方式，防止氢气、硫化氢和可燃物的危害以及高温高压引发的事故。

11）在大量调研和事故分析基础上形成了一整套安全设计规范。

12）高/低压换热器低压侧设计压力取高压侧设计压力的$\frac{2}{3}\left(或\frac{10}{13}\right)$，即：$P_{设(低压)}=\frac{2}{3}\times P_{设(高压)}\left(或\ P_{设(低压)}=\frac{10}{13}\times P_{设(高压)}\right)$。

13）大型旋转机械在线状态监测技术的应用，可随时了解机械的实时和历史信息，利用故障诊断专家系统对机组进行故障自动诊断，及时掌握设备的各种动态。

19.3 加氢裂化装置安全设计[1,11~12]

1）采用先进可靠的工艺技术和合理的工艺流程。

2）装置应设置慢速和快速两种紧急泄压系统，当循环氢压缩机出现故障时，慢速紧急泄压系统开启，反应系统降压。当出现反应器床层温度过高或装置发生严重火灾时，使用快速紧急泄压系统，使反应系统迅速降压，以避免催化剂和设备严重损坏。除上述二个遥控紧急泄压系统外，还应设置手动副线紧急泄压，以便遥控紧急泄压系统一旦失灵，可手动开副线紧急泄压阀，以确保装置安全。

3）装置设置的紧急停车/安全联锁系统(ESD/SIS)及相互关系见图 19-1。

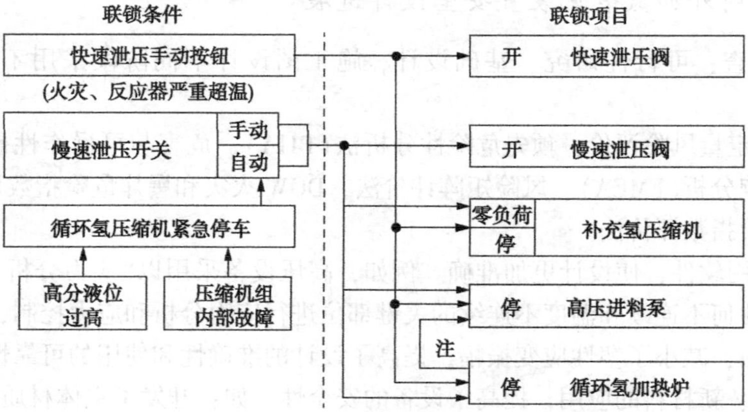

图 19-1 加氢裂化装置联锁及相互关系

4）原料油泵(包括液力透平)、循环油泵、新氢压缩机、循环氢压缩机在中控室、离设备 15 米处均设停机按钮，视情况停止运行。

5）慢速紧急泄压系统的泄压速率应在 0.5~1.0MPa · min^{-1}选取，快速紧急泄压系统的泄压速率应在 1.4~2.1MPa · min^{-1}选取。

6）反应器内构件、高压换热器、循环氢脱硫塔内件应考虑快速紧急泄压时的差压。

7）高压向低压排放应设两位式液位控制的快速切断阀。

8）冷高压分离器(或循环氢压缩机入口缓冲罐)、新氢压缩机入口缓冲罐液位高高测量应采用三取二表决式。

9）燃料压力过低，反应器入口温度过高，反应(循环氢)加热炉流率过低时，反应(循环氢)加热炉应停运。

10）紧急停车逻辑设备(ESD)应独立于 DCS 之外设置：①加氢裂化装置要求 ESD 快速动作，用 DCS 实现起来不甚理想；②DCS 供全装置使用，处理信息多，通讯系统复杂，出现故障的机率较专用的 ESD 要高；③DCS 侧重于过程连续控制，需要频繁的人工干预，其误触发的机率较独立设置的 ESD 要高。

11）对可能泄漏可燃气体或 H_2S 等有毒气体的地方，应设置固定式的可燃气体报警仪和 H_2S 气体报警仪。

12）为保护设备和生产安全，高压到低压的液位调节阀、高压原料(循环)泵出口调节阀应选用风关，急冷氢阀、高压原料(循环)泵最小流量调节阀、新氢压缩机级间调节阀、循环氢压缩机副线阀应选用风开。

13）为防止仪表管道的冻凝和阻塞，高压分离器液位可设置仪表蒸汽伴热系统和高压隔离液滴注系统。

14）新氢压缩机、循环氢压缩机、高压原料(循环)泵、高压贫胺液泵应选用低噪声产品，在高噪声岗位设隔声间。

15）沿海企业加氢裂化装置的高压奥氏体不锈钢设备均应保温(或防烫保温)，避免由于海水蒸发而产生奥氏体不锈钢设备的应力腐蚀。

16）高压原料(循环)泵出口、循环氢压缩机出入口、循环氢脱硫塔副线应采用遥控阀，高压原料(循环)泵入口可采用遥控阀。

17）高压与低压的隔断均应采用双切断阀。

18）装置设计应配备洗眼站。

19）装置紧急泄压应排入密闭的火炬系统，紧急泄压的流速应在允许的马赫数范围内。

20）由于反应器进出口法兰受热应力变化较大，容易出现高压氢气流泄漏着火，在反应器进出口管法兰处可增设中压蒸汽消防圈。

21）油品、水、公用工程管线与高压临氢管线相连时，应设高压单向阀，以防高压含氢流体窜入其他管线。

22）离心式循环氢压缩机应设防喘振线。

23）往复式新氢压缩机应进行机组和管道的振动计算，使压力脉动和管道机械振动在允许范围内，管系设计避开气柱共振区和机械共振区，防止阀板振碎、单向阀阀板焊道和安全阀阀座振裂、机组吸、排气阀损坏、管线法兰泄漏、安全阀失灵。

24）装置内应设置贯通式消防检修通道，并与装置四周的环形消防通道相连。

25）装置平面布置在满足设备、建筑物防火间距要求及与四邻装置安全距离的同时，宜采用露天化、集中化和按流程布置，同类设备相对集中，高低压设备相对分开，反应炉、反应器尽可能靠近并位于装置一侧的原则。

26）按工程场地地震安全性评价工作分级，加氢裂化装置应按第Ⅱ级进行工程场地地震安全性评价；

27）钢制框架应刷防火涂料，以提高耐火等级。

28）装置应设置 UPS 不间断电源，保证装置停电时的仪表用电。

19.4 加氢裂化装置开工安全事项[1,11~12]

1）应设置 UPS 不间断电源，保证装置停电时的仪表用电。车间人员应经过事故诊断专家系统培训，事故诊断专家系统主要是利用计算机把已有的专家经验和合理的正逆向推理系统集成，实时地进行在线诊断，防止异常过程发生。加氢裂化装置稍有波动(如晃电、短时间的停电、停风、停汽、停水等)，对安全影响很大，利用专家系统进行实时诊断，使操作人员对催化剂床层压降异常、催化剂床层超温、高压分离器压力异常、高压分离器液位异常、高低分串压等异常情况及时发现并为解决问题提供了专家处理方案，同时为及时处理问题赢得时间。

2）开工时应配备硫化氢报警仪、防毒面具和空气呼吸器，以便在事故时进行自救、抢救。

3）用盲板隔离操作管线、设备、阀门与非操作管线、设备、阀门，防止发生串压。

4）反应(循环氢)加热炉烘炉可与高压系统干燥结合，烘炉(干燥)介质应采用 N_2，质量应符合标准，并严格遵守烘炉升温曲线。

5）高压系统应严格执行"先升温后升压"的原则，在达到最低升压温度(如：50℃)后才能升压；且温度小于 150℃时，升温速度应小于 25℃/h，以免产生脆性破坏。

6）高压系统应进行气密试验，试验的最高压力应不超过高压分离器的压力，试验介质可采用氮气、氢气分阶段、分步骤实施。

7）开工时高压系统应进行慢速和快速两种紧急泄压试验，检查联锁系统的安全可靠性，进行事故演练，并根据试验结果调整泄压孔板孔径。

8）高压系统不应进行水运，以免损坏催化剂、高压泵，防止水中的杂质损坏设备和管道。

9）反应器内氧含量大于 20%时，装填人员佩戴防尘面罩后方可进入，人进入后应连续通入干燥空气，保持反应器干燥和空气流通。

10）由于催化剂初活性较高，应采用低氮油开工；起始进料量为正常进料量的 20%，待吸附温波通过催化剂床层，高分建立液位并投入自控，逐渐加大进料量到正常进料量的 60%；然后按 25%、50%、75%、100%的开工流程渐增原料油开工。

11）对分子筛催化剂，低氮油开工后，还需进行催化剂的钝化处理。以无水液氨为钝化剂，氨穿透催化剂床层前，精制反应器入口温度应小于 230℃，裂化反应器入口温度应小于 205℃。

12）开工时高压系统应遵守"先提量后提温"的原则。

13）催化剂预硫化产生的酸性水应密闭排放，可采用高分液位定期排放计量或其他密闭方式计量。

14）进入装置人员建议配备防护眼镜、耳塞、手套、安全帽、防护服及防护鞋。

15）仪表投运：

(1) 确认所有仪表能投入使用和性能符合要求；

(2) 自动控制状态下运行时，改变给定值的过程应逐步进行，以防止剧烈波动；

(3) 调节阀逐步引入所要求的安全讯号前确认所有自动控制器均处于"手动"位置，以使在切往“自动”时，调节阀能处于正确位置；

（4）定期观察所有指示的温度计、压力表和调节阀上空气压力信号，并注意其有否变化，如显示有变化时，则表明设备内可能有异常情况的迹象；

（5）非紧急事故，不得按动手动停车按钮。

16）逐步地不断进行操作效果的认定，如果需要时，可对不同的项目进行标定，然后再进行下一步操作。

17）原则上不可对主要工艺过程的操作条件进行改变。

18）管线或设备操作温度调整时，应对管线和设备进行缓慢预热以避免过量的热冲击。

19）对报警信号，应立即处理。

20）异常现象出现时，操作人员应及时向班长报告，并接受其指示。

21）当将操作设备切换到备用设备时，先将两设备并行操作一小段时间，然后关闭原先操作的设备并与系统切断。

22）原先操作的设备停运后与系统切断，应立即对该设备进行清理和检修，以使该设备迅速处于备用状态。

23）阀门操作。

（1）最好不要用扳手关阀，如用手关阀关不严时，则需修理或更换阀门；

（2）管线使用前，应查对每根管线上安装的阀门是否符合操作要求；

（3）应缓慢打开放空阀或排凝阀；

（4）不要同时关闭换热器所有进出阀，以防止堵塞换热器。

24）车间管理人员，各班组岗位应根据气温的变化情况，按照防冻凝实施细则的防护措施，及时投用伴热线，吹扫各停用或间断使用的水线、吹扫阀等，并制定相应的检查制度。

25）各服务点留下的排放防冻凝点，按要求检查，保证在不冻凝的开度上。

26）循环水、锅炉给水、除盐水、净化水、凝结水、压机缸套冷却水、高压空冷注水均应有防冻凝措施，不留盲头、死角。

27）蒸汽要在靠近主管线进行隔离，阀若泄漏，要在放空处接皮带放空。

28）压缩机、机泵的冷却水，缸套冷却水要畅通，予热泵要开预热线，水泵要稍开出口阀，保持介质流动，新氢机要有暖缸措施控制水温冬季应保持在40~35℃。

29）各防冻凝流程若有改动，一定要严格交接班，做到广而告之，人人皆知。

30）备用泵，压机（包括长期停用的机泵），不用的管线或间新投用的工艺管线，不用的设备，低点放空存液，必要时用N_2或风将存液吹净，隔离备用机泵，按规定定时盘车。

31）各公用工程流程、阀门、地下井、要有专人负责检查和处理，一一进行落实确认。

32）仪表要有冻凝要及时联系处理，易冻凝部位要及时向仪表维护人员提出增加防冻凝措施。冬季生产班的第一个白班要联系仪表投用洗油高压仪表冲洗油要保持连续注入不间断，每班要对液面在控制指示的基础上浮动±5%一次。

33）各压力表易冻部位（水线VGO油以上系统）要采取增加隔离小缸，注入防冻液的措施。

34）由工艺、设备和安全人员分别建立防冻凝事故台帐，进行登记造册。

19.5 加氢裂化装置正常生产安全事项[1,8,12]

1）装置内应禁止吸烟；

2）在装置内工作时，所有人员应戴硬质安全帽、穿专用工作服。当搬运危险品、化学品、催化剂时，应戴防护眼镜、手套、穿合适的防护服；

3）经常清扫装置区域和清除空桶和维修工具，以保持装置内干净和道路畅通；

4）每次交接班时应检查所有机械和设备的保护措施，特别是酸碱等是否置于适当的地方；

5）当机动设备运转时，无关人员不得进入围绕机动设备的警戒线内；

6）当设备或机动设备运转时，不能坐于其上面；

7）操作员应经过训练并熟练掌握下述操作：

（1）灭火；

（2）搬运有防护的设备；

（3）进入危险区的规定和预防措施；

（4）装置防爆须知；

（5）防毒知识；

（6）对所在区域造成的危害是由于别的区域或装置造成时，应设主标志牌说明怎样避免其危害；

8）应确保所有控制系统、自保联锁系统投用，严禁切开自控系统人工操作；

9）定期分析原料油、氢气、脱氧水、脱盐水、胺液（MDEA、DEA）中的杂质含量，杂质含量超标时，应及时采取措施，以免损坏设备和管道，引发事故；

10）正常生产负荷应控制在60% ~100%，过高、过低时，均应有相应对策；

11）严格反应温度的控制，不经授权，不能随意超出温度限制值；

12）报警信号应及时处理；

13）温度、压力、流量、液位的波动，应在操作规程确定的范围内；

14）高温高压泵应处于热备状态；

15）高温、高压、临氢、易燃、易爆、有毒介质均应密闭采样；

16）应配备足够的高压氮气，便于处理“飞温”事故；

17）阀门操作：

（1）应经常小心开启阀门，对输送液体的阀，每一次开启1/4圈，对输送
气体或蒸汽的阀门，每一次开启1/10圈，仔细观察阀门有否异常现象，如果一切正常，将阀门全开后并回转1圈。

（2）除非在事故状态下，否则在未取得负责人的许可下不得改变已设置好
的阀门铅封开或铅封关的形式。

（3）为防止仪表、仪表与设备的接头处因破坏而发生大量泄漏，其截止阀
的开度应恰使仪表能正常工作即可。

（4）当从设有双阀排放管的设备排放液体时，先开启靠近设备处的阀门，
然后有控制排放地开启外侧的阀门，关闭时先关外侧的阀门。这样操作步骤的目的是避免损坏难于更换的内侧阀门的阀座。

(5) 当在管线上的双阀双闭后，应确认双阀间的放空阀是开启的。

(6) 不是锁上或关闭设备上的安全阀、超速自动跳闸机构或其他安全设施。

18) 高压氢在250℃以上时，会对材质产生腐蚀．高温临氢管线必须进行防腐处理，并对高压容器和高压管线进行跟踪检测和探伤，建立压力容器的可靠性分析机制；

19) 安全阀内应安装防撞击衬里，避免启动时产生火花；

20) 生产过程中设备发生泄漏时，禁止带压堵漏，以免泄漏加剧。

19.6 加氢裂化装置停工安全事项[1,9~12]

1) 正常停工。

(1) 停工时高压系统应严格执行“先降压后降温”的原则，且温度小于150℃时，降温速度应小于25℃/h，以免产生脆性破坏；

(2) 停工时高压系统还应遵守“先降温后降量”的原则；

(3) 反应压力降到3.5MPa前，反应温度应大于135℃；

(4) 卸催化剂前，高压系统应采用轻油汽提、热氢汽提、氮气的多次升压、泄压流程，直至可燃性气体含量小于1%，苯含量小于$1\mu g \cdot g^{-1}$；

(5) 卸催化剂过程中，操作人员应结伴作业，使用H_2S检测仪，佩戴防毒面具，用氮气连续吹扫掩护，防止卸剂时着火及羰基镍(允许暴露浓度$0.007mg \cdot m^{-3}$)中毒；

(6) 卸催化剂后，操作人员应佩戴氧呼吸器面罩，连续氧分析警报器，在专业救护人员监控下进入反应器；

(7) 停工后应对高压设备进行内外部检验、壁厚检验、磁粉检测、渗透检测、超声检测、硬度检测、堆焊层铁素体含量测定、金相检验等多种检验，确保设备在安全条件下运转；

(8) 停工后应对奥氏体不锈钢设备进行干燥和氮气保护，打开设备前可用符合标准的苏打水溶液进行中和清洗。

2) 紧急停工。

(1) 当发生反应器“飞温”、装置着火等紧急情况时，应启动快速紧急泄压系统，停新氢压缩机、反应(循环氢)加热炉和高压注水泵；

(2) 当循环氢压缩机故障、冷高压分离器(或循环氢压缩机入口缓冲罐)液位过高时，应停循环氢压缩机和高压注水泵，并启动慢速紧急泄压系统；

(3) 高压进料泵出口流量过低、高压进料泵故障时，应停该高压进料泵，并启动备泵；

(4) 反应(循环氢)加热炉流率过低、燃料压力过低、反应器入口温度过高、炉管爆炸或着火时，应停反应(循环氢)加热炉；

(5) 冷高压分离器、热高压分离器、循环氢脱硫塔液位过低时，应关闭从高压到低压的阀门。

(6) 新氢压缩机故障、新氢压缩机入口缓冲罐液位过高、供氢装置发生故障时，应停新氢压缩机和高压进料泵；

(7) 仪表风故障时，应停新氢压缩机和高压进料泵，并维持循环氢压缩机的最大流量和急冷氢的最大流量。

19.7　加氢裂化装置安全性分析[1~6,12]

19.7.1　火灾危险性分析

加氢裂化装置所用原料、所得产品多为易燃、易爆物质，装置火灾危险性为甲类见表19-2。各物料在加工过程中处于高温、高压环境中，当泄漏温度超过其自燃点、泄漏遇静电或遇热就可能引发火灾。

表 19-2　生产过程中主要原料、中间产品、产品火灾危险性分类

介质名称	性　质	爆炸极限/%(体积)	闪点/℃	自燃点/℃	火灾危险类别
氢气	易燃易爆	4.1~74.2		570~590	甲
燃料气	易燃易爆	3~13		650~750	甲
液化气	易燃易爆	2~9		426~537℃	$甲_A$
石脑油	易燃易爆	1.4~7.6	<28	510~530	$甲_B$
航煤	易燃易爆	1.4~7.5	28~45	380~425	$乙_A$
柴油	易燃	1.5~4.5	45~120	350~380	$丙_A$
减压蜡油	易燃		>120	300~380	$丙_B$
DMDS	易燃	2.2~19.7	15	339	甲
MDEA	易燃		>139		$丙_A$
硫化氢	易燃易爆剧毒	4.3~45.5		292~370	甲

1) 氢气(H_2)。

H_2自燃点：570~590℃，爆炸极限：4.1%~74.2%，火灾危险类别：甲。

H_2与空气可形成爆炸性混合物，遇热或明火即发生爆炸。在低凹处不易积存，在室内使用和储存时，漏气上升滞留屋顶不易排出，遇火星会引起爆炸，H_2还会与氯、溴等卤素剧烈反应。

H_2与其他气体相比特点之一是当气体膨胀后其温度上升，即热起来，因此特别小心，H_2释压管线或压缩排到大气时，或任何泄漏均必须用蒸汽吹扫才能有效灭火。灭火操作：

① 灭火剂：雾状水、泡沫、二氧化碳、干粉；

② 切断气源；

③ 若不能切断气源，则不允许熄灭正在燃烧的气体；

④ 喷水冷却着火设备；

⑤ 可能的话，将着火设备从火场移至空旷处。

2) 硫化氢(H_2S)。

H_2S自燃点：292~370℃，爆炸极限：4.3%~45.5%，火灾危险类别：甲。

H_2S与空气可形成爆炸性混合物，高能热或明火即发生燃烧爆炸。遇高热容器内压增大，有开裂和爆炸的危险。

(1) 灭火。

① 灭火剂：泡沫、二氧化碳、雾状水；

② 切断气源；

③ 若不能立即切断气源，则不允许熄灭正在燃烧的气体；

④ 喷水冷却着火设备。

(2) 泄漏处置。

① 应疏散污染区人员至安全区域，并进行隔离，严格限制进入；

② 严格控制一切火源；

③ 喷雾状水稀释、溶释、抽排和强力通风。

(3) 防护措施。

① 工作场地严禁吸烟；

② 生产过程密闭；

③ 全面通风；

④进入着火现场，应穿自供氧式呼吸装备的防护服，防止因缺氧发生危险；

⑤不应携带探照灯、电机及开关等可能产生电火花的设备。

3) 氨(NH_3)。

NH_3自燃点：651℃，爆炸极限：15%～28%。

NH_3与空气可形成爆炸性混合物，高能热或明火即发生燃烧爆炸。与氯、溴等卤素剧烈反应。遇高热，容器内压增大，有开裂和爆炸的危险。

(1) 灭火。

① 灭火剂：泡沫、二氧化碳、雾状水；

② 切断气源；

③ 若不能立即切断气源，则不允许熄灭正在燃烧的气体；

④ 喷水冷却着火设备。

(2) 泄漏处置。

① 应疏散污染区人员至安全区域，并进行隔离，严格限制进入；

② 严格控制一切火源；

③ 喷雾状水稀释、溶释、抽排和强力通风。

4) 液化石油气[7]。

液化石油气的主要组分：丙烷、丁烷、丙烯和丁烯等。在常温常压下能迅速挥发。

丙烷、丁烷、丙烯和丁烯由于比空气重而更为危险。这些烃类从容器中漏出呈云雾状沉积在地面上。除非有4.5m/s以上的风速，这些物质是不易扩散至大气中去的。在装置地面上常设有明火加热炉。对有可能产生云雾状物烃类的操作，将会有潜在导致爆炸的危险。

液化石油气闪点：<28℃，自燃点：426～537℃，爆炸极限：2%～9%，火灾危险类别：甲$_A$。

液化石油气与空气可形成爆炸性混合物，遇高能热或明火即发生燃烧爆炸。与氯、溴等卤素剧烈反应。蒸气比空气重，能经较底处扩散到相当远的地方，遇明火会引起回燃。遇高热，容器内压增大，有开裂和爆炸的危险。

(1) 健康危害。

① 急性危害。

眼睛接触：可引起冻伤。

皮肤接触：可引起冻伤。组织冻伤后引起疼痛。

吸入：本品较空气重，若通风不良可引起窒息。症状有头痛、头昏、呼吸短促、乏力、困倦和耳鸣；如果窒息进一步加重，可引起恶心、呕吐、肌肉无力和意识不清，最后抽搐、昏迷和死亡。

② 慢性危害。长期接触可引起头昏、乏力、视物不清、体重降低或贫血，且影响肝、肾功能。皮肤接触可引起皮肤发红、干燥、皲裂。长期暴露在可燃浓度可引起神经损害、周围神经病、骨髓损害、神经衰弱。

③ 环境危害。对环境有危害，对水体、土壤和大气可造成污染。

④ 燃爆危险。极易燃，与空气混合能形成爆炸性混合物。遇热源和明火有燃烧爆炸的危险。其蒸气比空气重，能在较低处扩散到相当远的地方，遇火源会着火回燃。

(2) 急救措施。

① 皮肤接触。若发生冻伤，立即用冷水冲洗冻伤部位10~15min，最好能将冻伤部位浸入冷水中，不要摩擦。禁用热水和热辐射。用清洁、干燥敷料覆盖，就医。

② 眼睛接触。立即提起上下眼睑，用大量流动清水或生理盐水彻底冲洗至少15min，就医。

③ 吸入。脱离现场至空气新鲜处，患者平卧、保暖并且保持安静，取出假牙，以防阻塞气管。若呼吸困难，给输氧。最好用活瓣气囊面罩通气，呼吸心跳停止时，立即进行心肺复苏术，就医。

(3) 消防措施。

① 危险特性：极易燃，与空气混合能形成爆炸性混合物。遇热源和明火有燃烧爆炸的危险。与氟、氯等接触会发生剧烈的化学反应。其蒸气比空气重，能在较低处扩散到相当远的地方，遇火源会着火回燃。

② 有害燃烧产物：一氧化碳、二氧化碳。

③ 灭火方法：切断气源。若不能切断气源，则不允许熄灭泄漏处的火焰。喷水冷却容器，可能的话将容器从火场移至空旷处。

④ 灭火剂：雾状水、泡沫、二氧化碳。

⑤ 灭火注意事项：消防人员应佩戴正压自给式呼吸器，穿防火服。

(4) 泄漏应急处理。

应急行动：迅速撤离泄漏污染区人员至上风处，并进行隔离，严格限制出入。切断火源。建议应急处理人员戴自给正压式呼吸器，穿防静电工作服。不要直接接触泄漏物。尽可能切断泄漏源。用工业覆盖层或吸附或吸收材料盖住泄漏点附近的下水道等地方，防止气体进入。合理通风，加速扩散。喷雾状水稀释。漏气容器要妥善处理，修复、检验后再用。

(5) 操作处置与储存。

① 操作处置注意事项：密闭操作，全面通风，提供良好的自然通风条件。操作人员必须经过专门培训，严格遵守操作规程。建议操作人员佩戴过滤式防毒面具(半面罩)，穿防静电工作服。远离火种、热源，工作场所严禁吸烟。使用防爆型的通风系统和设备，防止气体泄漏到工作场所空气中。避免与氧化剂、卤素接触。在传送过程中，钢瓶和容器必须接地和跨接，防止产生静电。搬运时轻装轻卸，防止钢瓶及附件破损。配备相应品种和数量的消防器材及泄漏应急处理设备。

② 储存注意事项：储存于阴凉、通风的库房。远离火种、热源。库温不宜超过30℃。

应与氧化剂、卤素分开存放，切忌混储。采用防爆型照明、通风设施。禁止使用易产生火花的机械设备和工具。储区应备有泄漏应急处理设备。

(6) 接触控制与个体防护。

① 工程控制：生产过程密闭，全面通风。提供良好的自然通风条件。

② 呼吸系统防护：高浓度环境中，建议佩戴过滤式防毒面具(半面罩)。

③ 眼睛防护：一般不需要特殊防护，高浓度接触时可戴化学安全防护眼镜。

④ 身体防护：穿防静电工作服。

⑤ 手防护：戴一般作业防护手套。

⑥ 其他防护：工作现场严禁吸烟。避免高浓度吸入。进入罐、限制性空间或其他高浓度区作业，须有人监护。

5) 石脑油。

石脑油的主要组分：戊烷和己烷等。

石脑油闪点：<28℃，自燃点：510~530℃，爆炸极限：1.4%~7.6%，火灾危险类别：甲$_B$。

石脑油蒸气与空气可形成爆炸性混合物，遇高能热或明火即发生爆炸。与氧化剂能发生强烈反应。蒸气比空气重，能经较底处扩散到相当远的地方，遇明火会引起回燃。

(1) 处理石脑油应考虑的事项：

① 取样和排放石脑油可能造成危害，一定要采取适当的设备和措施；

② 当自设备中排放石脑油液体或水时可以冻凝，排放管应伴热保温，以不使水结冰堵塞流动为宜；

③ 密切注意石脑油的泄漏，漏出来的少量液体会导致极为危险的蒸气云雾；

④ 装有石脑油的容器暴露于火焰时，应用水喷淋该容器，以防止器壁破裂；

⑤ 在处理石脑油的区域，不允许有热作业。

(2) 灭火剂：泡沫、二氧化碳、干粉、砂土、蒸汽；

(3) 泄露处置。

① 如有轻烃泄漏，应疏散污染区人员至安全区域，并进行隔离，严格限制进入；

② 切断火源；

③ 切断泄露源；

④ 防止进入下水道、排洪沟等限制性空间；

⑤ 小量泄露用砂土或其他惰性材料吸收；

⑥ 大量泄露构筑围堤或挖坑收容；

⑦ 用泡沫覆盖，降低蒸气危害；

⑧ 用防爆泵转移至槽车或容器内，回收或运至废弃物处理场处理。

6) 喷气燃料。

喷气燃料闪点：28~45℃，自燃点：380~425℃，爆炸极限：1.4%~7.5%，火灾危险类别：乙$_A$。

喷气燃料为高闪点易燃液体，其蒸气与空气可形成爆炸性混合物，遇高能热或明火即发生爆炸。与氧化剂能发生强烈反应。

(1) 灭火剂：泡沫、雾状水、干粉、砂土；

(2) 泄漏处置。

① 如有喷气燃料泄漏，应疏散污染区人员至安全区域，并进行隔离，严格限制进入；

② 切断火源；

③ 喷水雾可减少蒸发；

④ 大量泄露构筑围堤或挖坑收容；

⑤ 收集、转移、回收或无害化处理。

(3) 防护措施。

① 工作场地严禁吸烟；

② 生产过程密闭；

③ 全面通风；

④ 高浓度接触时，佩戴自吸式防毒面具，必要时，佩戴安全防护眼睛和耐油手套；

⑤ 穿防静电服；

⑥ 注意检测空气中的浓度。

7) 柴油。

柴油闪点：45～120℃，自燃点：350～380℃，爆炸极限：1.4%～4.5%，火灾危险类别：丙$_A$。

柴油遇高能热或明火接触，有引起燃烧爆炸的危险。遇高热，容器内压增大，有导致设备开裂和爆炸的危险。

(1) 灭火剂：泡沫、雾状水、干粉、砂土、泡沫；

(2) 泄漏处置：如有柴油泄漏，应疏散污染区人员至安全区域，并进行隔离，严格限制进入；切断火源；喷水雾可减少蒸发；大量泄露构筑围堤或挖坑收容；收集、转移、回收或无害化处理。

(3) 防护措施：工作场地严禁吸烟；生产过程密闭；全面通风；特殊情况，佩带防毒面具，必要时，佩带安全防护眼睛和耐油手套。

8) 催化剂的自燃。未再生的废催化剂黏结和吸附有各种烃类、金属化合物、如 FeS、$Ni(CO)_4$等，打开反应器，废催化剂暴露在空气中，硫化亚铁便迅速与氧发生氧化自燃，，原料中微量铁和低合金钢管及设备脱落的铁可能有助于反应器硫化铁的积聚，硫化铁的自燃能点燃废催化剂，使反应器内着火。

预防措施：为了防止反应器内形成易爆的 H_2+O_2混合物，在卸催化剂的整个过程中，用 N_2连续吹扫废催化剂。用 N_2 封住或用纯碱溶液注满反应器，反应器温度必须冷却到 50～60℃或更低，然后打开反应器，此时废催化剂方可暴露于空气中。反应器必须冷却到低于60℃，以避免硫化铁自燃，原料中微量铁和低合金钢管及设备脱落的铁可能有助于反应器硫化铁的积聚，硫化铁的自燃能点燃废催化剂，使反应器内着火。

9) 硫化亚铁的自燃[5]。加氢裂化装置为典型的载硫装置，反应部分、分馏系统、液化气脱硫部分均处于硫化氢工作环境，硫化氢与设备材质发生化学反应，在设备和管道表面生成 FeS、FeS_2、Fe_2S_3等几种物质的混合物。当打开设备检修时，硫化亚铁便迅速与氧发生氧化自燃，自燃时不产生火焰，只是发热到炽热状态，当达到一定温度时可引起其他物质燃烧，从而损坏设备材质。硫化亚铁自燃时会产生二氧化硫等有毒气体，严重危害设备检修人员的身体健康。

(1) 预防措施。

① 隔离法：用氮气保护、水封保护等防止硫化亚铁与空气中的氧气接触。隔离法适用于在线保护，但在检修过程中很难有效防止硫化亚铁的自燃。

② 钝化法：用钝化剂进行设备处理，将易自燃的硫化亚铁转变为较稳定的化合物。纯粹的钝化法成本较高，且油垢的存在使得不能完全将硫化亚铁从设备上除去。

③ 清洗法：将硫化亚铁从设备上清除，如对设备进行机械清洗、化学清洗等。清洗法包括物理清洗和化学清洗，物理清洗主要是利用特殊机械清洗设备表面垢层，化学清洗通常有碱洗、酸洗、有机溶剂清洗，以及根据不同结垢采用的表面活性剂与碱、有机溶剂等组成的混合化学清洗溶液的清洗。清洗法简便有效，而且成本低，是比较常见的方法。目前化工设备上广泛采用的化学清洗，实际上是传统的清洗法与钝化法的结合，即在化学清洗剂中再适当地添加了钝化剂的成分。

(2) 化学清洗。

① 化学清洗：必须同时具有高效、省时、无腐蚀、无污染，便于操作和使用成本低。

② 硫化亚铁钝化清洗剂：主要由表面活性剂，加入适当比例的碱、螯合剂、缓蚀剂、钝化剂等有效成分合成，具有很强的水溶性和分解性。表面活性剂的作用是降低液体表面张力，具有产生湿润、渗透、去污和发泡等一系列表面活性作用，使设备表面的油污和固体污粒进入清洗液中；螯合剂主要用来使硫化亚铁转化为可溶性的氧化铁和硫，并使硫化氢的释放减少；碱的作用一般是脱脂；缓蚀剂能保护设备表面，使其免遭介质腐蚀；钝化剂则能降低设备材质上铁的电化学活性，使其表面发生变化和钝化，形成保护膜，较好地抑制铁溶解的阳极反应，减少设备清洗后再使用过程中硫化亚铁的的生成，起到对设备的保护作用。

③化学清洗步骤。根据清洗设备的流通体积，按规定溶液浓度准备钝化清洗剂→将钝化清洗剂在准备好的配液槽中与水混合均匀，制成规定溶液浓度→通过加剂泵由临时管线将钝化清洗剂注入清洗设备，并由溢流管线返回配液槽→循环 2~4h→随着清洗过程的进行，钝化清洗剂溶液的颜色逐步变淡，直至无色，此时清洗过程结束→分析溶液的 pH 值、COD 值后，将钝化清洗溶液排放至回收设备(如：污水处理场)。

10) CS_2火灾消防。CS_2为极易燃挥发液体，在白天看不到着火燃烧的火焰，135.6℃自燃，象灯泡、蒸汽管线或废气自排放管等与CS_2接触会发生着火，产生SO_2有害气体。因此，进入着火现场必须穿戴防护服、防化眼镜、防毒面罩、自供氧式呼吸装备，灭火介质可采用CO_2或干燥化学剂，冷却着火区域避免CS_2二次引燃。

19.7.2 生产岗位危险因素分析

生产中主要危险设备及危险岗位见表 19-3。

表 19-3 主要生产岗位危险因素分析

场所或设备	介 质	危 险 性
加氢精制反应器、加氢裂化反应器	油、油气、氢气、H_2S	高温、高玉、泄漏时易燃易爆、有毒
高压换热器	油、油气、氢气、H_2S	高温、高玉、泄漏时易燃易爆、有毒
氢气(或反应进料)加热炉	油、油气、氢气、H_2S	高温、高压、泄漏时易燃易爆、有毒
脱丁烷(戊烷)塔底重沸炉	油、油气、氢气、H_2S	高温、噪声、泄漏时易燃易爆、有毒
常压(减压)分馏塔底重沸炉	油、油气	高温、噪声、泄漏时易燃易爆

续表

场所或设备	介　质	危　险　性
新氢（循环氢）压缩机	氢气、H_2S、烃类气体	高压、噪声、泄漏时易燃易爆
加氢进料（循环油）泵	蜡油	高压、噪声、易燃
分馏部分泵	油气、油	易燃、噪声
高压空冷器	油、油气、氢气、H_2S	高压、噪声、泄漏时易燃易爆、有毒
高压分离器	油、油气、氢气、H_2S	高压、泄漏时易燃易爆、有毒
催化剂装填	粉尘	有毒
硫化剂贮罐系统	DMDS	泄漏时有毒、易燃易爆
分馏部分塔	H_2S、烃类气体	多数有毒、泄漏时易燃易爆
溶剂再生塔	H_2S、烃类气体、胺液	有毒、易燃易爆

19.7.3　有毒、有害物质危险性分析

生产中使用、产生的部分物料为有毒物质，对人体能产生一定程度的危害作用。

1）H_2S[3~4]。加氢裂化装置大部分工艺介质中均不同程度含有 H_2S，高分污水、汽提塔顶、再生塔顶等部位容易造成 H_2S 富集。

（1）H_2S 物理化学特性：常温常压下为无色气体；相对分子质量：34.09；具有强烈的臭蛋样气味；易溶于水生成氢硫酸，也可溶于醇类、甘油、石油制品中；气体比空气略重，相对密度为 1.189；绝热指数：1.30；沸点：−60.2℃；熔点：−82.9℃；标准状态黏度：0.01166（cP，$1cP=10^{-3}Pa \cdot s$）；临界压力：8.73MPa（A）；临界温度：100.4℃；标准状态黏度：0.01166（cP，$1cP=10^{-3}Pa \cdot s$）；爆炸极限：4.3%~45.5%；自燃点：290℃；化学性质不稳定，在空气中容易燃烧及爆炸；对金属具有很强的腐蚀性，也易吸附于各种织物；属于神经性毒物，对呼吸道和眼有明显刺激作用，低浓度时刺激作用明显，高浓度时，表现为中枢神经系统症状，严重时可引起死亡，危害程度Ⅱ级，车间最高允许浓度 $10mg \cdot m^{-3}$。

（2）毒理。

① H_2S 为窒息性气体，进入人体后，使血液运氧能力或组织利用氧的能力发生障碍，造成人体组织缺氧的有害气体。

② H_2S 主要经呼吸道进入，皮肤吸收很少，进入体内后迅速氧化成硫化物、硫代硫酸盐或硫酸盐，经过肾脏由尿排出，小部分则以原来的形态由肺脏排出。

③ H_2S 是强烈的神经毒物，对黏膜有刺激作用。H_2S 对眼和呼吸道粘膜有很强的刺激作用，与粘膜表面的钠作用生成硫化钠，在眼部可引起结膜炎和角膜溃疡；在呼吸道可引起支气管炎，甚至造成中毒性肺炎和肺水肿。

④ H_2S 的危害作用主要是它与细胞呼吸酶中的三价铁结合，抑制了酶的活性，使组织细胞内氧化还原过程发生障碍，造成组织缺氧。同时对其他一些酶的活性也有影响，例如与谷胱甘肽结合，使有关的酶失去活性，并能使脑、肝中的三磷酸腺苷酶的活性降低，H_2S 并不与正常血红蛋白起作用，但可以与高铁血红蛋白结合成硫高铁血红蛋白。

（3）临床表现：由于 H_2S 浓度>$900mg \cdot m^{-3}$，嗅神经麻痹而嗅不出硫化氢的存在，故不能依靠其气味强烈与否来判断硫化氢的危险程度，高浓度时，可直接抑制呼吸中枢，迅速窒息而死亡。

表 19-4 表明：轻度中毒多因较长时间接触低深度 H_2S 所致，主要表现为明显的眼及上呼吸道刺激症状，如眼痛、流泪、羞明，眼脸痉挛、视力模糊或有彩环出现，流涕呛咳、胸痛、胸闷、恶心等；尚有逐渐加重的全身症状，如头痛、头晕、乏力、心悸、呼吸困难、冷汗淋漓、甚至可发生晕厥或意识模糊。

表 19-4 不同浓度 H_2S 对人体的危害

H_2S 浓度/(μg·g^{-1})	人的表现
50~70	眼睛发炎、刺激呼吸道粘膜
100	3~15min 后，引起咳喘、刺激眼睛、失去嗅觉
200	迅速破坏嗅觉，灼烧眼睛和喉咙
500	数分钟内引起眩晕，失去知觉，判断能力和平衡，呼吸困难
700	很快造成昏迷，不省人事
1000	抑制呼吸中枢，迅速窒息而死亡

中度中毒多因轻度中毒后继续吸入 H_2S 气体或吸入较高浓度硫化氢(300~600mg·m^{-3})而直接引起，出现化学性肺炎及化学性肺水肿，患者呼吸困难、胸闷、气短、心悸、头痛、头晕、恶心等明显加重，很快由意识模糊陷入昏迷状态。查体可见患者面色灰白或发绀、皮肤湿冷、意识丧失、呼吸浅快、脉搏频弱、心音低钝、肺内可闻干性可湿性罗音；血压初可正常或偏高，继则下降；瞳孔常散大，各种生理反射减弱或消失；体温升高。

重度中毒多因吸入高浓度 H_2S 引起，重者可在数秒钟内昏迷倒地，似电击样，甚至造成呼吸中枢麻痹、死亡，病人常表现为深度昏迷，全身痉挛或强直，大小便失禁，皮肤湿冷发绀，瞳孔散大或缩小或不等大，生理反射全部消失；呼吸浅快而不规则，肺内可闻及散在的湿罗音；心音低钝，心律快而不齐，心电图可显示 ST-T 波异常及各种心律失常表现；病人常陷入休克状态；肌张力多增高，但严重者肌张力反见低下。比期病人往往有多种合并症存在，如肺炎、肺水肿、脑水肿，酸中毒、休克、心肌损害，肝肾损害等。

(4) 预防：

眼睛防护：戴化学品眼睛和面罩避免眼睛接触；

皮肤防护：穿防护服、避免长期或经常重复接触该物质；

呼吸防护：穿空气呼吸器；

通风：严格遵守安全操作制度，在进入硫化氢环境作业区，应进行充分通风，确认安全后方可进入作业区，要经常检查安全操作制度的执行情况，并加强安全宣传教育。

(5) 治疗：

眼睛接触：睁开眼睛时，立即用新鲜水冲洗眼睛至少 15min；

皮肤接触：脱掉受污染的防护服，用肥皂和水彻底清洗皮肤，并立即去医院；

呼吸接触：立即移送到新鲜空气处，紧急去医院；

急性中毒患者应立即脱离中毒现场，移到新鲜空气处进行抢救；

硫化氢中毒易引起患者昏迷及呼吸心跳停止，应随时进行复苏治疗；

现场急救时可采用高浓度氧治疗，高压氧能明显提高血液溶解氧的含量，有助于氧在组织中的弥散和水肿组织的供氧；

轻度中毒患者移至空气新鲜处，自行缓解，但嗜睡，头痛、头晕乏力、恶心等症状可能延续数日方渐消失，一般无合并症及后遗症发生；

中度中毒患者若移离中毒现场积极抢救，昏迷可较快复苏，但嗜睡、烦躁、头痛、头晕、乏力、恶心、食欲不振等症状可持续相当时日，重度治疗难度大，愈后可能留一些后遗症如神经衰弱、植物神经功能紊乱、性功能障碍等。

2）羰基化合物[3~4]。

羰基化合物是催化剂卸出过程中元素 Ni、Fe、Co、Mo 与 CO 低温反应的产物。

典型的反应：

$$Ni+4CO \longrightarrow Ni(CO)_4$$

$$Fe+5CO \longrightarrow Fe(CO)_5$$

$$Fe+9CO \longrightarrow Fe(CO)_9$$

$$3Fe+12CO \longrightarrow Fe_3(CO)_{12}$$

$$2Co+8CO \longrightarrow Co_2(CO)_8$$

$$Mo+6CO \longrightarrow Mo(CO)_6$$

羰基化合物均具有毒性，而羰基镍[$Ni(CO)_4$]的毒性最大。温度越低越易生成 $Ni(CO)_4$，在相同温度及 CO 浓度下，压力越高越易生成。

Ni、Fe、Co、Mo 的来源：催化剂含有的 Ni、Co、Mo；原料油中 Ni、Fe、Co、Mo 沉积在催化剂上。

CO 的来源：制氢装置产生的氢气中携带的 CO；当停工使用 N_2 保护，氮气中氧含量高、反应器床层温度高时，催化剂上的积炭也可形成 CO。

控制措施：严格控制制氢装置 $CO<10\mu g\cdot g^{-1}$。

在打开反应器检查或卸催化剂前必须确保 $Ni(CO)_4<0.001\mu g\cdot g^{-1}$（即 $0.007mg\cdot m^{-3}$），否则不允许打开反应器或卸催化剂。

（1）羰基化合物物理化学特性见表 19-5。

表 19-5 几种羰基化合物物理化学特性

项 目	$Ni(CO)_4$	$Co_2(CO)_8$	$Fe(CO)_5$	$Fe(CO)_9$	$Fe_3(CO)_{12}$	$Mo(CO)_6$
颜色	清澈	橙色	清澈	黄色	绿色	无色
状态	液体	结晶体	液体	片状	小块	结晶体
沸点/℃	43		104.6			
相对密度	1.31	1.73	1.453	2.085	1.996	1.96
蒸气压/mmHg	238(15℃)	0.72(15℃)	26(16℃)			43(100℃)
形成条件	30℃~50℃	220℃(15MPa)	173℃(20MPa)	$<Fe(CO)_5$		200℃(20MPa)
分解温度/℃	50℃(1MPa)	60℃(1MPa)	130℃(1MPa)		150℃	150℃

注：1mmHg=133.322Pa。

$Ni(CO)_4$其他物理化学特性：

相对分子质量：170.73；$0.5\sim3\mu g\cdot g^{-1}$可嗅到煤烟气味；不溶于水(水中溶解 $200\mu g\cdot g^{-1}$)、稀酸及碱液，溶于有机溶剂和硝酸中；火灾危险性：液体与空气接触在 65℃下可自燃；爆炸下限：20℃时 2%；闪点：<-20℃；熔点：-25℃；致癌剂；化学性质不稳定，可分解，加热到>95.6℃可爆炸；与空气强烈反应和爆炸，可与氯酸盐、硝酸盐、过氧化物等强氧化剂反应。

（2）$Ni(CO)_4$危害。$Ni(CO)_4$为高毒性化学品，60℃时分解成一氧化碳和镍的化合物损害肺毛细管壁而发生肺水肿、出血，中枢神经系统、肝脏、肾上腺和肾脏发生出血性和变性改变。

气体浓度>TLV（临界极限值）后，初始症状：头疼、眩晕、四肢无力、皮肤冷湿、出汗多、恶心、呕吐、胸闷、咳嗽、呼吸困难，移送到新鲜空气处可从症状中解放出来；12～36h会出现剧烈胸痛伴随呼吸急促、体温升高、眩晕、失眠和焦虑不安；严重时中风痉挛、中枢神经系统紊乱、化学性肺炎、肺水肿直至死亡。

眼睛接触：该物质为严重的眼睛刺激剂，可造成眼睛永久损坏和失明，症状：疼痛、流眼泪、肿胀、发红、视物模糊和眼睛发炎，伤害程度取决于进入眼睛的量和急救治疗的速度和彻底性。

皮肤接触：该物质为严重的皮肤刺激剂，症状：疼痛、肿胀、发热、爆皮，伤害程度取决于接触皮肤的量和急救治疗的速度和彻底性。

呼吸接触：可造成体内器官的严重中毒，伤害程度取决于在空气中的浓度和暴露时间长短。

（3）预防。

眼睛防护：戴化学品眼睛和防护面罩避免眼睛接触；

皮肤防护：穿不透气防护服、避免接触该物质；

呼吸防护：穿空气呼吸器；

通风：保持空气中浓度低于暴露标准。

（4）治疗。

眼睛接触：睁开眼睛时，立即用新鲜水冲洗眼睛至少15min；

皮肤接触：脱掉受污染的防护服，用肥皂和水彻底清洗皮肤，并立即去医院；

呼吸接触：立即移送到新鲜空气处，紧急去医院；如果呼吸停止应输氧，对口呼吸有害于施救者；在没有充分对呼吸和皮肤的保护措施前，不要试图营救受害者。

3）氨。

加氢裂化装置氨（NH_3）浓度较高的部位：高分污水、污水汽提单元的脱硫塔、注氨设施等。

氨的来源：脱氮反应产生的氨；催化剂钝化需要的外供无水液氨。

工业企业设计卫生标准规定车间空气中氨的最高容许浓度为30mg·m^{-3}。

（1）NH_3物理化学特性：相对分子质量17.03；标准密度0.771kg·m^{-3}；绝热指数1.407；标准沸点-77.7℃；爆炸极限15.5%～27%；

（2）毒性见表19-6。

表19-6　不同浓度NH_3对人体的危害

NH_3浓度/（mg·m^{-3}）	接触时间/min	人的表现
0.5～1	45	感觉到气味
<3.5	45	可以识别气味
9.8	45	无刺激作用
47.2	45	鼻咽有刺激感，眼有灼痛感

续表

NH_3浓度/(mg · m^{-3})	接触时间/min	人 的 表 现
70	30	呼吸变慢，皮肤电阻逆转
70~140	30	可以工作
140	30	眼和上呼吸道不适，恶心头痛
140~210	28	尚可工作，但有明显不适
175~350	28	鼻和眼刺激、呼吸脉搏加速
553		强烈刺激，可耐受，不能工作
700		立即咳嗽
1750~4500		危害生命
3500~7000		立即死亡

(3) 临床表现。

① 轻度中毒。

症状：流泪、咽痛、声音嘶哑、咳痰，并可伴有干性罗音、头痛、乏力等；

体征：眼结膜、咽部充血、水肿、肺部有干性罗音。

② 中度中毒。

症状：声音嘶哑、剧烈咳嗽、有时伴血丝痰、胸闷、呼吸困，难并常伴有头晕、头痛恶心、呕吐及乏力等；

体征：呼吸频速，轻度紫绀，肺部有干湿罗音。

③ 重度中毒。

症状：剧烈咳嗽、咳大量粉红色泡沫痰、气急胸闷、心悸等，常有烦躁恶心、呕吐或昏迷等。

体征：呼吸窘迫，明显紫绀，双肺布满干湿罗音。

(4) 治疗。

① 轻度中毒：应迅速脱离现场到新鲜空气处，局部有灼烧时可用水冲洗，经医生检查，治疗眼及咽部。

② 中度中毒：迅速将患者移至空气新鲜处，维持呼吸、循环功能，彻底冲洗被污染的眼和皮肤，卧床休息，保持安静，速请医生诊治。

③ 重度中毒：患者应迅速脱离现场，给氧气吸入，控制肺水肿发生，保持安静及空气畅通及时冲洗污染和灼伤的皮肤，可先用水冲洗，再用硼酸溶液冲洗，眼灼伤时也应在早期进行水冲洗，使用油膏防止粘接，迅速请医生诊治，氨腐蚀性极强，呼吸道粘膜受损较重，症状易反复，注意观察防止气胸，喉头水肿，支气管粘膜坏死、脱落导致窒息或纵膈气肿，或较明显的心、肝或肾等脏器的损害，尽可能地进行血气监护。

4) 二硫化碳(CS_2)。加氢裂化装置CS_2浓度较高的部位：注CS_2设施。

CS_2的来源：催化剂硫化需要的外供硫化剂：如CS_2。

(1) CS_2物理化学特性：清澈、无色；恶臭气味；相对分子质量：76.1；沸点：46.5℃；熔点：－110.8℃；闪点（闭口）：－30℃；饱和蒸气压（28℃）：400mmHg（1mmHg = 133.322Pa）；饱和蒸汽密度：2.64；水中溶解度：微溶；相对密度：1.261；单位体积挥发度：100%；挥发速率：大于1($H_2O=1$)；爆炸下限(LEL)：1.3%，爆炸上限(UEL)：44%；自燃点：135.6℃。

(2) 危害。CS_2可造成强烈刺激作用，吸入、皮肤吸收而中毒，从而影响中枢神经系统，引起头痛、恶心、头晕、目眩、有麻醉感觉，甚至死亡。长期接触在CS_2中可能引起肾和肝脏损坏等。

眼睛接触：眼睛与蒸气和液体接触会产生剧烈疼痛和刺激；

皮肤接触：CS_2蒸气接触会导致皮炎、灼伤、皮肤结疤和刺激黏液膜；

呼吸接触：刺激中枢神经系统，吸入低浓度CS_2气体会导致头痛、头晕和昏沉、咽喉和口唇干燥、胃部炎症及体内器官的严重中毒；吸入高浓度CS_2气会产生麻醉、呕吐、伤害神经中枢甚至死亡。伤害程度取决于在空气中的浓度和暴露时间长短；

吞食接触：从食道吸收了该物质，会造成意识模糊、痉挛和死亡。少量吞食会导致呕吐腹泻和头痛。

(3) 预防。

眼睛防护：戴化学品眼睛和防护面罩避免眼睛接触；

皮肤防护：穿不透气防护服、避免接触该物质；

呼吸防护：穿空气呼吸器；

通风：保持空气中浓度低于暴露标准。

(4) 治疗。

眼睛接触：睁开眼睛时，立即用新鲜水冲洗眼睛至少15min；

皮肤接触：脱掉受污染的防护服，用肥皂和水彻底清洗皮肤，并立即去医院；

呼吸接触：立即移送到新鲜空气处，紧急去医院；如果呼吸停止应输氧，对口呼吸有害于施救者；在没有充分对呼吸和皮肤的保护措施前，不要试图营救受害者。

吞食接触：如果还有清醒的意识就喝大量的水。用手指抠动咽喉将胃里的东西呕吐出来，喝水，看医生。

(5) 泄漏后的处理步骤。

立即将泄漏区域人员疏散；

撤去所有的着火源并提供最大量通风；

进入现场人员，应戴好供氧式防毒面具，戴好防护眼镜；

将泄漏区域用坎墙挡好，对于大量的外溢，用水冲洗该溢出区域并用泵将CS_2和水的混合物送入水密闭容器中重新分离；

将可见的溢出液体清除后，用大量苏打水冲洗该区域，并且保护最大通风量直到所有的有害气体消除。

5) 二甲基二硫化物(DMDS)。

加氢裂化装置DMDS浓度较高的部位：注DMDS设施。

DMDS的来源：催化剂硫化需要的外供硫化剂(如DMDS)。

(1) $DMDS_2$物理化学特性：灰黄液体；0.9$\mu g\cdot g^{-1}$可嗅到腐烂的蔬菜味；沸点109.6℃；相对密度：1.0625；蒸气密度：3.24；挥发性：100%；相对分子质量：94.2；冰点：-84.7℃；蒸气压(20℃)：0.32Psia(1Psia=6.896kPa)；不溶于水，溶于酒精和醚；闪点(开口杯)：16℃；自燃温度：>300℃；爆炸下限(LEL)：1.1%，爆炸上限(UEL)：16.1%。

(2) 毒性数据。

口服致死量 LD50(小鼠)：395mg · kg^{-1}；吸入致死量 LC50(大鼠)：805μg · g^{-1}；经皮致死量 DL50(兔子)：>2000mg · kg^{-1}；皮肤刺激性(兔子)：轻微刺激；眼睛刺激性(兔子)：有刺激；活性污泥毒性：500mg · cm^{-3}。

(3) 危害。

眼睛接触：该物质轻微刺激眼睛，可造成视觉长期(数天)模糊，症状：疼痛、流眼泪、肿胀、发红、视物模糊，伤害程度取决于进入眼睛的量和急救治疗的速度和彻底性；

皮肤接触：该物质为中度皮肤刺激剂，可造成皮肤表面长期(数天)伤害，症状：疼痛、肿胀、发热、起皮及变色，伤害程度取决于接触皮肤的量和急救治疗的速度和彻底性；

呼吸接触：可造成体内器官的适度中毒，吸入浓度大于暴露标准会损伤中枢神经系统，症状：头痛、眩晕、无胃口、协调能力消减并损失；伤害程度取决于在空气中的浓度和暴露时间长短；

吞食接触：可造成体内器官的适度中毒。

(4) 预防。

眼睛防护：戴化学品眼睛和防护面罩避免眼睛接触；

皮肤防护：穿不透气防护服、避免接触该物质；

呼吸防护：穿空气呼吸器；

通风：保持空气中浓度低于暴露标准。

(5) 治疗。

眼睛接触：睁开眼睛时，立即用新鲜水冲洗眼睛至少 15min；

皮肤接触：脱掉受污染的防护服，用肥皂和水彻底清洗皮肤，并立即去医院；

呼吸接触：立即移送到新鲜空气处。

(6) 泄漏后的处理步骤。

撤去所有的火源；

用惰性吸附剂吸收容纳，用次氯酸盐溶液消除稀释冲淡气味；

用不产生火花的工具清除溢出物；

放入合适的容器中处理掉。

6) 一氧化碳(CO)。加氢裂化装置 CO 浓度较高的部位：高压反应部分、新氢压缩机部分。

CO 的来源：制氢装置产生的氢气中携带的 CO；当停工使用 N_2保护，氮气中氧含量高、反应器床层温度高时，催化剂上的积炭也可形成 CO。

(1) CO 物理化学特性：无色无味有毒气体；相对分子质量：28；沸点：-191℃；相对密度：0. 967；熔点：-207℃。

(2) CO 毒性。可以替代血液中的氧，如果人体内的浓度过高会在短时间内导致死亡；使得血液中的氧不能到达组织而造成窒息；CO 在空气中的最大允许浓度为 100μg · g^{-1}；它可以燃烧，其爆炸极限为 12. 5%~74%(体积百分数)。

(3) 治疗。如有中毒者，应将其移至空气新鲜处，如果出现呼吸停止症状应做人工呼吸，直至医生到来。

7）氢气(H_2)。

H_2是无色无味，无臭可燃气体。密度极低仅是空气密度的0.07，在低凹处不易积存，爆炸极限为4%~75%极宽，在空气中含量达到爆炸极限范围内均可引起爆炸。H_2本身无毒，但可引起人员窒息，甚至死亡。

H_2与其他气体相比特点之一是当气体膨胀后其温度上升，即热起来，因此特别小心，H_2释压管线或压缩排到大气时，或任何泄漏均必须用蒸汽吹扫才能有效灭火。

H_2物理化学特性：常温常压下为无色气体；相对分子质量：2.016；沸点：-252.78℃；相对密度：0.06952；自燃温度：586℃；爆炸极限：4%~75%。

8）催化剂。加氢裂化装置催化剂主要由Co、Mo、Ni、W等金属组分和Al_2O_3、SiO_2等载体组成。

（1）催化剂物理化学特性：无味、圆形、球形、三叶形、四叶形颗粒；熔点：1684~2240℃；微溶至不溶于水；密度：0.5~1.0$kg \cdot m^{-3}$；挥发度：<3%。

（2）毒性数据。加氢裂化装置催化剂所含的$MoO_3$51%的动物在第十次接触时死亡；Ni化合物具有潜在的致癌作用；

（3）危害。

眼睛接触：该物质轻微刺激眼睛，可造成视觉长期(数天)模糊，症状：疼痛、流眼泪、肿胀、发红、视物模糊，伤害程度取决于进入眼睛的量和急救治疗的速度和彻底性；

皮肤接触：由于催化剂含有敏化剂成分，长时间、反复接触支肤会导致皮肤过敏；

呼吸接触：吸入催化剂粉尘可引起呼吸道炎症，也可能引起过敏性呼吸反应，从而引起哮喘，症状：流鼻涕、喉咙疼痛、咳嗽、支气管炎、肺水肿及呼吸困难；

吞食接触：可引起消化道炎症，症状：恶心、呕吐及腹泻。

（4）预防。

眼睛防护：戴化学品护目镜；

皮肤防护：穿防护服、戴手套避免接触该物质；

呼吸防护：穿空气呼吸器；

通风：保持空气中浓度低于暴露标准。

（5）治疗。

眼睛接触：立即摘下眼睛，翻开眼睑，用新鲜水冲洗眼睛至少15min，若有炎症，立即去医院；

皮肤接触：脱掉受污染的防护服，用肥皂和水彻底清洗皮肤，并立即去医院；

呼吸接触：立即移送到新鲜空气处，若症状不消失，立即去医院；

吞食接触：立即饮用水和奶类，去医院。

参 考 文 献

1 李立权，朱华兴．加氢裂化装置安全性分析[J]．炼油技术与工程，2004，34(5)：54~60

2 IFP. LUBE OIL HYDROPROCESSING UNIT[M]. JUNE 1994

3 于永丰．液化石油气储罐火灾事故的预防[J]．石油库管理与安全，1998，7(6)：17~19

4 韩崇仁主编．加氢裂化工艺与工程[M]．北京：中国石化出版社，2001

5 周国军，李越明，郭仕清．硫化亚铁的化学清洗[J]．安全、环境和健康，2003，(6)：4~5

6　危险化学品安全卫生数据介绍—液化石油气．安全、健康和环境[M]. 2003，3(7)：32~33
7　ATOCHEM. DMDS[M].
8　殷新福．Mond 法对加氢精制高压临氢系统的安全评价[J]. 扬子石油化工．1999，14(4)：56~59
9　加氢裂化装置事故预案[J]. 石油化工安全技术．1997，13(3)：15
10　金国干．加氢裂化装置现场故障剖析[J]. 炼油设计．2000，30(5)：57~59
11　石油化工干部管理学院组织编写．加氢催化剂、工艺和工程技术(试用本)[M]. 北京：中国石化出版社，2003
12　赵培江．加氢裂化装置的安全设计要求[J]. 炼油设计，2002，32(11)：58~61